生态植保理论、技术与实践

刘玉升　李明立　编著

科学出版社

北京

内 容 简 介

本书针对生态文明建设、农业绿色发展的新形势，现代植物保护工作面临的新问题、新转型，构建了生态植保的理论、技术与实践体系。本书将植物保护一级学科的有关内容和相关二级学科的新进展进行凝练，并重新进行有机的组合，形成新的理论、技术与实践体系，构成一个循序渐进的系统性、整体性结构，便于学习和应用。

本书可作为农学、园林、植保专业的大学生和农业科技推广技术人员学习之用，也可供相关管理人员参考。

图书在版编目(CIP)数据

生态植保理论、技术与实践/刘玉升，李明立编著. —北京：科学出版社，2021.6
ISBN 978-7-03-057633-0

Ⅰ. ①生… Ⅱ. ①刘… ②李… Ⅲ. ①植物保护 Ⅳ. ①S4

中国版本图书馆 CIP 数据核字（2018）第 122252 号

责任编辑：吴卓晶 武仙山 / 责任校对：王万红
责任印制：吕春珉 / 封面设计：北京睿宸弘文文化传播有限公司

科学出版社出版
北京东黄城根北街 16 号
邮政编码：100717
http://www.sciencep.com
北京中科印刷有限公司印刷
科学出版社发行 各地新华书店经销
*
2021 年 6 月第 一 版 开本：B5（720×1000）
2021 年 6 月第一次印刷 印张：27
字数：540 000

定价：219.00 元

（如有印装质量问题，我社负责调换〈中科〉）
销售部电话 010-62136230 编辑部电话 010-62143239

《生态植保理论、技术与实践》

编著委员会

序

正值深入学习宣传贯彻落实十九大精神之际，受邀为山东植保战线同仁们编著的《生态植保理论、技术与实践》一书作序，感到非常欣慰。植保战线有这样一群积极思考、勤于实践、锐意进取的中坚力量，使我看到了发展的前景。

我非常乐意鼓励年轻一代进行创新性探索。我本人也不断关注科学热点问题，特别在十九大之后，科学发展日新月异，科技成果不断涌现，植保领域也应该积极创新，适应新时代的需求，解决新时代的问题，为新植保做出贡献。

植保工作内涵丰富、内容庞杂，一方面表现为人类所栽培的植物及其有害生物种类众多，而且通常在一种作物上会同时发生多种有害生物危害，有些有害生物还常常不只为害一种植物；另一方面，我国幅员辽阔，地域差异很大，不同地区的农业生态条件、栽培植物种类和种植结构等多有不同，其有害生物的优势类群和发生特点也存在很大差异；此外，各地的生产条件、生产水平和科技水平以及对有害生物实施综合治理的水平等也都存在着较大的差别。该书系统探讨了生态植保的理论体系，构建了技术体系，并选取了粮食、经济、园艺作物的主要有害生物进行了生态植保实践的论述。

最后，我相信，该书的出版将会为新时代的植保提供新的探索并做出应有的贡献，希望该书在经受实践检验的过程中不断完善。

中国科学院院士 印象初

2021 年 1 月 10 日

前　言

随着世界人口的增加，粮食问题越来越成为社会关注的热点。我国又是世界人口大国，在很大程度上影响全球粮食生产、贸易与消费的局势。

粮食安全依赖农业生产的顺利进行，植物保护是农业生产过程的技术保障措施。在自然经济阶段，生态系统处于自然平衡状态；在人类开发自然资源的初期，人类活动不足以干预自然平衡状态；工业革命以后，人类干预自然能力大增，化学农药作为植物保护的主导手段进入自然生态系统；随着化学农药在农业生产中的连续、强化施用，20 世纪后期化学农药的副作用逐渐显现出来。1962 年《寂静的春天》（蕾切尔·卡逊）在美国出版。其中关于农药危害人类和环境的描述震惊了全球，引发了世人对农药危害的持续关注。至 21 世纪初期，生态破坏、环境污染、食品安全和可持续发展引起社会各界广泛关注。农业必须从发展模式上进行根本改变，植物保护也应该从化学农药应用转向生态植物保护。

在世界农业技术发展过程中，随着工业化进程，美国形成了大规模、单一化的工业化农业模式，随之引发化学农药、化学肥料等化学工业产品的大量应用，导致“三高一低”（高投入、高产出、高污染、低效益）效应，并直接影响环境和食品安全。第二次世界大战后，以工业化思维解决粮食安全的“绿色革命”，并未能成功达到预期目标，反而成为全球气候变暖、土壤退化、水资源枯竭、生物多样性减少和环境污染的直接原因。

在人口、资源、环境与粮食关系的命题影响下，世界各国及我国各界人士更加关注全球和中国的粮食生产及贸易问题。经过 40 年的市场化、现代化和国际化进程，目前我国农业发展进入一个转型提升新时代。总体来看，由于我国区域气候、人口分布、食物供给的差异化极大，应该推进综合性、多元化的发展理念。

我们坚持农业生产是生物学、生态学生产的观点。生物生殖潜力是生物学生产的基础和支撑，生物多样性是生态学生产的基础和支撑。农业有害生物本身也是农业生态系统的组成成分之一。在化学农药主导的植物保护技术体系中，由于设计和使用化学农药控制有害生物时未曾全面、系统、深入考虑复杂的生物生命过程、生物和生态系统，化学农药使用的初衷是针对某一靶标有害生物，但实际上是形成了与生物生命过程、生物和生态系统的对抗。我们可以评估某种化学农药针对少数靶标有害生物的防治效果，但却无法预测化学农药影响整个生物群落的后果。农业生态系统应该成为一个根据“最简生物多样性”原理构建的“人工生态系统”，形成一个整体、综合、协调的系统。

本书共分为六部分，分别是绪论、生态植保理论基础、生态植保技术体系、主要作物生态植保方案、重要有害生物生态防控和农业航空植保。针对不同作物和有害生物，从“三个层面”，即种类记述、主要种类的生态防控、作物防控整体方案论述。在种类记述层面，力争全面体现有害生物的概况；在主要种类的生态防控层面，主要针对单种有害生物的生态防控措施进行论述；在作物防控整体方案层面，则是围绕作物主体和全年发生状况，体现季节性、多病虫、源头治理、全程管理、生物防治、生态调控的综合性、系统性、整体性技术体系。

本书主要由刘玉升教授（山东农业大学）、李明立研究员（山东省农业厅植保总站）编写，其他编写人员有：高兴文（泰安市植保站）、徐德坤（临沂市植保站）、黄渭（山东省农业厅植保总站）、杨勤民（山东省农业厅植保总站）、吕华（莱芜市植保站）、陈倩（北京市西山试验林场）、王圣楠（济南祥辰科技有限公司）、胡宪亮（济南祥辰科技有限公司）、刘震（深圳百乐宝生物农业科技有限公司）、刘俊展（滨州市农科院）、李洪奎（潍坊市植保站）、牟小伟（重庆保绿丰生物科技有限公司）、陆文利（山东农业大学）、张春玲（南京农业大学）、王海堂（阳谷县农业技术推广中心）、苏善柱（阳谷县农业技术推广中心）、张丽（临沂市科技馆）、王炳太（潍坊市农科院）、王少山（高青县农业局）、刘晓辰（山东农业大学）。

限于作者的学识水平，书中难免有不足和疏漏之处，恳请读者和同行予以指正。

作　者

2018 年 5 月

目　　录

第一章 绪　论

自然界存在三大类生物资源，即植物、动物和微生物。其中植物资源是人类赖以生存的重要基础，它为人类生存提供必需的生物质资源，而且在改善生态环境、维持生态平衡方面发挥着重要的作用。在目前生态失衡、环境恶化、食品安全堪忧的状况下，这种作用表现得愈加突出。人类从事植物生产的主要目的是获得衣食住行的必需品和工农业生物原料，并实现国际贸易。近几十年来，我们发展功能农业，如建设野菜农场等，还培育和种植特定生态功能植物，如种植防风固沙植物防止沙漠化以及构建生物系统治理环境污染等。然而，无论是天然的还是人工栽培的植物，在其生长发育过程中，均会遭受各种生物因子和非生物因子的侵害，致使农作物产量和质量下降、森林和草地被毁、园林植物受损。因此，避免或控制这些不良因子的危害，对人类的生存和发展以及维持生态平衡十分重要。《生态植保理论、技术与实践》正是研究有害生物及其控制以获得极佳生态环境效益、社会效益和经济效益的科学。随着全球气候条件的异常变化，以及国际贸易的发展和对外开放的不断加强，特别是在生态文明、农业绿色发展新要求下，生态植保工作在植物生产实践中的作用越来越受到重视。

1.1 植物保护的定义和研究内容

1.1.1 植物保护的定义

在一万年左右的人类农耕史发展过程中，一直面对植物有害生物的危害问题，因为植物为某些有害生物提供了丰富的营养和适宜的环境条件。此外，农产品在贮藏过程中也常遭受有害生物的侵害，因而形成了人类的经济利益与有害生物危害之间的直接矛盾。20 世纪 60 年代末之前的有害生物控制实践，除使用简单的栽培等措施控制病虫害外，主要依赖使用化学农药，片面追求经济效益，忽视生态环境的保护和社会效益问题，从而引发了一系列生态和社会问题，突出表现在有害生物抗药性（resistance）、再猖獗（resurgence）和农药残留（residue）（“3R”）问题，引起了世人的普遍关注。20 世纪 60 年代末有害生物综合治理（integrated pest management，IPM）策略提出，强调有害生物的控制要着眼于生态保护，综合利用多种措施而非主要依赖化学农药，重视包括自然控制作用在内的生物农药，系统考虑经济、生态和社会效益，从而使有害生物控制措施更加综合完善。进入 20 世纪 90 年代以后，人们把可持续发展思想融入植物保护实践，强调所实施的有害生物控制措施不仅对当年有效，而且应有持续控制效应，同时不能对人类的生存环境造成损害，因而逐步形成了“可持续植物保护”（sustainable plant protection，SPP）或“有害生物可持续治理”（sustainable pest management，SPM）的思想。目前，人们把植物保护（简称植保）的定义概括为：植物保护是植物生产管理系统的组成部分，它以生态学的理论为指导，综合运用多学科知识和各种技术措施，将有害生物持续地控制在经济允许损失水平之下或美学容许的范围之内，从而达到植物的可持续生产。因此，防治措施的多样性、有效性、安全性和可持续性是植物保护发展的显著特点。

植物生产中的有害生物是指危害植物并造成经济损失或使之失去观赏价值的各类生物。有害生物危害是最为严重的自然灾害之一。据统计，从危害频率及损失量比较，有害生物的危害超过气候危害，位于自然灾害之首。这些有害生物包括植物病原微生物（细菌、真菌、病毒等）、植物线虫、植食性昆虫、植物螨类、软体动物、鼠、鸟、兽类、寄生性植物和杂草等。它们的危害特点主要表现在：①有些有害生物能为害多种植物。如棉铃虫为害棉花、小麦、玉米和花生等；辣椒疫霉菌能感染番茄、茄子、瓜类和豆类等多种蔬菜。②一种植物常同时遭受多种有害生物的危害。如小麦同时可遭受麦蚜、锈病、纹枯病和白粉病等的侵害；苹果可遭受多种蚜虫、叶螨、叶斑病、腐烂病和轮纹病等的危害；许多植物在果实或种子成熟时，还遭受鼠、鸟、兽类的危害，从而加剧了防治的复杂性。③有害生物的危害方式多种多样。许多病虫害以不同方式造成多种危害，如造成啃蛀食损伤、传播病毒、分泌毒素等，影响作物生长发育，最后导致减产或植株死亡；杂草则同栽培植物竞争营养和生存空间而削弱栽培植物的生长。④在适宜条件的诱发下可异常暴发，酿成生物灾害，给人类造成严重经济损失。如在中国历史上，蝗灾肆虐上千年，成为重大自然灾害之一，人们流离失所。19 世纪中叶，马铃薯晚疫病在欧洲大流行，导致爱尔兰饥馑举世闻名：超过 25 万人饿死，数百万人背井离乡，被迫迁往北美的人数就达 50 多万；1942 年，孟加拉国的水稻胡麻斑病大流行，水稻几近无收，超过 200 万人死于饥荒；20 世纪 90 年代初，棉铃虫在我国暴发成灾，直接经济损失达上百亿元。有害生物的多样性及其危害的严重性和复杂性，充分反映了植物保护工作的艰巨性、综合性和重要性。

1.1.2 植物保护的研究内容

植物保护工作是一项复杂的系统工程，就是保护植物（主要是经济植物），防止植物发生病虫害或其他危害。研究内容涉及以下几个方面。

1）有害生物的形态学和分类学

有害生物的形态学和分类学主要研究各类有害生物的形态结构和功能，以及正确鉴别有害生物的生物系统地位，这是植物保护工作的基础。

2）有害生物的生物学

有害生物的生物学主要研究有害生物的生殖方式、遗传变异、年生活史、生活周期、侵染循环、发育特性和行为习性等，找出其薄弱环节，以便更好地控制其危害。同时，还研究害虫与寄主植物之间、害虫与天敌之间的互作关系，为充分发挥天敌等自然控制因素的作用提供重要理论依据。

3）有害生物的发生规律

有害生物的发生规律是指其种群数量或侵染危害在生态环境条件的影响下，随时间或季节而变化的动态。通过研究有害生物的发生规律，可以清楚地了解影响其发生的环境因子（生物因子和非生物因子），以便预测有害生物的发生期、发生量和危害程度，为及时有效地控制有害生物奠定基础。

4）有害生物的诊断、监测和预测预报

有害生物的诊断、监测和预测预报通过及时有效地诊断为害植物的有害生物，根据有害生物的形态特征、危害症状和生理生化指标测定（如许多病害的诊断）来进行。同时，通过科学的抽样，利用多种方法（如通过建立数学模型）对有害生物的发生期、发生量和危害程度作出准确预测预报。目前，国内外已利用先进技术如信息技术中的“3S”技术［遥感（remote sensing，RS）、地理信息系统（geographic information system，GIS）、全球定位系统（global positioning system，GPS）］、神经网络技术和酶联免疫技术等进行有害生物种群数量或危害程度的动态监测，并已取得较大进展。

5）有害生物的控制策略和技术

有害生物的类群很多，生物学特性复杂，遗传变异速率较快，其发生受环境条件的影响很大。因此，对于不同的有害生物应采用不同的控制策略，有害生物综合治理（IPM）是目前国内外普遍采用的策略。此外，对某些害虫的控制还可采用其他策略，如大面积种群治理（area wide population management，APM）、全部种群治理（total population management，TPM）等。随着可持续发展思想在植物保护领域的渗透，有害生物可持续治理策略也在不断完善和推进中。

在有害生物控制的实践中，常常在某一控制策略的指导下采取多种控制技术，这些技术包括植物检疫、农业防治、物理防治、遗传防治、生物防治和化学防治等。近年来，一些先进有效的植物保护技术，如植物免疫技术、病毒脱毒技术、转基因抗病虫育种等也广泛应用于有害生物的综合治理。随着人们健康水平、环境保护和食品安全意识的不断提高，有害生物控制措施的标准化和无害化成为了今后植物保护的发展方向。

6）有害生物控制技术的推广

有害生物控制技术的推广是植物保护工作的重要组成部分，能否将行之有效的防控技术应用到生产实践，是植物保护工作的关键。不同地区种植区划不同，耕作栽培模式各有差异，有害生物的种类以及发生的轻重程度也不一样。因此，研究建立适合不同区域的防控技术体系，才能真正使有害生物综合治理技术变成生产者的行动。如东南亚和中美洲一些国家，在联合国粮食及农业组织（Food and Agriculture Organization，FAO，简称联合国粮农组织）的指导和支持下，积极创办农民田间学校，推广水稻有害生物治理技术，收到很好的效果；1994～1995 年，我国南方稻区 10 个省（区、市）创办农民田间学校，带动农民实施水稻 IPM 计划，也取得了较大进展。

1.2 植物保护的重要性

栽培植物从种到收，甚至贮藏、加工环节，都会遭到多种有害生物的侵害，造成植物生长发育不良、器官破坏、产量减少、品质降低等严重的损失，轻者减产 10%～20%，重者减产达 50%以上，甚至绝产。据联合国粮农组织估计，世界粮食生产常年因虫害损失 14%，因病害损失 10%，因草害损失 11%；棉花因虫害损失 16%，因病害损失 16%，因草害损失 5.8%。全世界每年因有害生物危害造成的经济损失达 1 200 亿美元。有害生物已成为制约农业生产发展的重要生物因子。我国园林植物病虫害有近 700 种，古树名木和花卉常因病虫危害发生叶片枯焦、树体千疮百孔和树势削弱，草坪成片死亡。由此可见，若不能及时有效地控制有害生物的危害，植物生产就不可能持续稳定地发展。当前，随着我国种植业结构的调整以及全球气候的异常变化，某些有害生物的发生发展也发生新的变化，植物保护工作必须针对这些新的变化，研究探索新的技术措施，确保植物高产、高效和优质目标的实现。

当前世界农业发展主要面临三大难题：一是资源安全，二是生态环境安全，三是食物安全。这在发展中国家表现得更为突出。以化学作为植物保护的主要措施，超量使用或滥用化学农药，已经导致生物多样性丧失、生态环境破坏，并突破了食品安全的底线。

总结长期同农业有害生物斗争的实践，人类越来越清醒地认识到大量、无节制地使用化学农药所带来的负面影响：一是有益生物（如天敌）被误杀，失去自然控制力而引起害虫再猖獗，且害虫发生频率增加；二是导致有害生物的抗药性增强，如目前已有500多种害虫与螨类对一种或数种化学农药产生了抗药性，20多种植物病菌，如小麦白粉菌、黄瓜霜霉病菌、灰霉病菌等对多种杀菌剂产生了抗药性；三是农药残留及在食物链中的积累，已成为引起中毒事件和人类许多疾病的重要因素；四是某些化学农药诱发生物体生长发育和行为异常，如除草剂阿特拉津，可使青蛙雄性变为雌性或出现“阴阳蛙”现象……；五是一些化学农药分解形成危害性更大的物质，如五氯酚钠分解转化成二噁英等。

我国是一个农业大国，也是农药使用大国，农药年使用量在80万～100万t，位居世界首位。农产品中的农药残留问题已成为影响人体健康的普遍性问题。中国加入世界贸易组织（World Trade Organization，WTO）以来，一些国家提高了农产品药残检验标准，对农产品实行严格检查，致使中国大批农产品出口企业遭受严重损失。随着改革开放的不断深入，农产品出口不断扩大，农产品出口的障碍也在不断增多，其中最主要的原因就是农产品的农药残留过高，达不到进口国农产品质量安全标准，“绿色壁垒”已成为制约我国农产品出口的主要障碍。从2000年起，欧盟成员国对农药残留颁布了更严格的标准，如对茶叶检测的农药品种由原来的十几项扩大到100多项，而农药的最大残留限量标准却提高了100多倍；日本也提高了检测标准和范围，检测的农药品种由过去的几种扩大到40多种。因此，在农作物的生产过程中，应从源头上禁止、限制和控制农药的使用，实施“从农田到餐桌”全过程质量安全控制，以保证生产出安全、优质的食品，保持公众健康，保护生态环境，促进农业生产。

1.3 植物保护的发展和成就

一万余年的农耕史中，人类一直在同危害农作物的有害生物进行斗争。在20世纪30年代以前，由于科学技术和社会生产力水平的限制，有害生物的防治方法大多比较原始，主要采用农业防治，如调整播种期、实行轮作和间套作、深耕晒茬、清洁田园等。我国早在公元前239年的《吕氏春秋》一书已提倡适时播种减轻虫灾。随着人类认识水平的提高和科学技术的发展，有害生物防治技术措施逐步多元化。最早的害虫药物防治始于公元前2000年，当时的苏美尔人使用硫化物防治害虫和害螨；19世纪初，欧洲用石硫合剂防治果树白粉病，至今我们仍在使用；1882年，法国人注意到硫酸铜和石灰的混合液（即波尔多液）可以防治葡萄霜霉病。有害生物防治的药物防治方面，曾用植物性、动物性和矿物性原料（如鱼藤、除虫菊、烟草、苦楝树叶）的浸出液防治害虫；用石灰水浸种防治种传病害；用砷化物（砒霜）和马钱子制成的毒饵防治蝗蝻、地下害虫和害鼠等。在物理防治方面，如用灯火、谷草把诱杀害虫，用鼠夹、鼠笼等诱捕害鼠，温水浸种消灭种子上的病虫等。在利用机械防治法治虫方面，我国清代发明了黏虫车防治黏虫。历史上，上述传统的防治方法在减轻农作物有害生物的危害方面曾起了重要作用，但这些方法大都比较费工费时，特别是有时候不得不靠人工捉虫或扑打蝗蝻，效率很低，且防治效果也不理想，每当有害生物大暴发时，常常表现得措手不及而酿成严重灾害和重大经济损失。在生物防治方面，公元304年我国晋代，广州等地橘农利用黄猄蚁防治柑橘害虫，是世界上最早记载的开展生物防治的事例；国外（如德国）许多地方在果树和森林中设置人工鸟巢，招引鸟类消灭害虫；著名的生物防治事例是在1888年，美国加利福尼亚州从澳大利亚引进柑橘吹绵蚧的天敌澳洲瓢虫，解决了吹绵蚧的严重危害问题，开创了传统害虫生物防治的先河。

20世纪三四十年代，随着科学技术的进步和社会生产力的发展，人类防治有害生物的策略和手段得到快速改进和提高，特别是有机杀菌剂（如福美双）和有机杀虫剂（六六六、DDT）等合成农药的问世，使得病虫害防治更为简便和有效。自此之后，又有一系列有机合成农药相继问世，用于农林有害生物的防治，并在植物保护中发挥了巨大作用。但是，大量使用化学农药带来的副作用也日渐突出，最终导致像六六六、DDT、杀虫脒等高残留农药的禁用或限制使用。

为了消除化学农药带来的副作用，1967年，联合国粮农组织和国际生物防治组织（International Organization for Biological Control，IOBC）在罗马联合召开的专家组会议上，首次提出了“有害生物综合防治”（integrated pest control，IPC）的思想；进入20世纪70年代以后，该思想又进一步发展完善为有害生物综合治理（IPM）策略。IPM策略是有害生物防治史上的一次重大变革。该策略的核心是，从整个生态系统出发，通过利用多种战术的协调配合，控制有害生物的危害，而非单纯依靠化学农药；当有害生物的种群数量或危害达不到经济阈值时，就不应采取防治措施。在该策略的思想指导下，1975年我国农业部（现为农业农村部）召开的全国植物保护工作会议确定“预防为主，综合防治”为我国植物保护的工作方针；在1987年全国第二次农作物病虫害综合防治学术讨论会上，对有害生物综合防治作出了更科学、更准确的阐述，即“综合防治是对有害生物进行科学管理的体系。它从农业生态系统总体出发，根据有害生物与环境之间的相互关系，充分发挥自然控制因素的作用，因地制宜地协调运用必要的措施，将有害生物控制在经济允许损害水平以下，以获得最佳的经济、社会和生态效益”。自IPM策略提出后，世界各国致力于大田作物、蔬菜、果树、园林植物和牧草有害生物的综合治理，控制了重要有害生物的危害，降低了化学农药的使用量，取得了明显的经济、社会和生态效益。

进入20世纪90年代以来，在可持续发展战略思想指导下，农业的可持续发展问题日益受到人们的关注。1995年，在荷兰海牙召开的第13届国际植物保护大会上，提出“可持续植物保护造福于全人类”的主题，强调植物保护“要从保护农作物到保护农业生产体系”。可持续农业在技术体系上对植物保护提出了更高的要求，即采取的植保技术不仅要保证当前的作物生产安全，取得良好的经济、生态和社会效益，而且前一时期所采用的技术体系还必须为以后年份的植保管理打下良好基础，兼顾当前和长远、防患于未然，从而保证农业生产的持续稳定发展。显然，未来的有害生物防治技术与实践必须按照可持续农业的要求，组建出与可持续发展相适应的有害生物管理体系和对策，设计出既能有效地控制有害生物，又能保证食物安全和保护生态环境的技术和方法，使植物保护真正造福于人类。

2006 年，农业部提出“公共植保、绿色植保”理念；2008 年，又提出推进绿色防控；2016 年年底，通过减量控害，加强绿色防控，全国农药使用量实现了零增长。

1.4 植物保护与其他学科的关系

植物保护在以保护植物生产为目的的同时，与环境保护、可持续发展、食品安全和农产品的国际贸易等有着密切的关系，这无疑给植物保护赋予了新的内容，并提出了更高的要求。今后的植物保护必须向国际化、标准化、无害化和现代化的方向发展。

植物保护是一门多学科组成的系统科学，它不仅涵盖了植物病理学、昆虫学、杂草学、鼠害学和农药学及其应用技术，而且与植物学、遗传学、生物化学、分子生物学、生态学、环境科学、植物育种学、栽培学、土壤肥料学、气象学、生物统计学、农业经济学和生态工程等学科领域也有着极其密切的关系，同时还涉及许多高新技术特别是现代生物技术和计算机信息技术等。随着新技术（硬科技、深科技和黑科技）的发展和应用，植保技术也在不断地转型、升级与发展，植保人员应有扎实的多学科、博物学基础和宽阔的视野，以适应现代生态循环农业发展的需求。

第二章　生态植保理论基础

2.1　生态植保的概念

生态植保的内涵为以生态文明理念为指导，以农业生态系统为管理对象，采用生物质资源全物质循环利用技术，消除病虫害的携带载体或潜伏场所，消灭病虫源，实施源头治理；强化监测预警、预测预报技术，掌握病虫害发生动态，体现预见性植保特征；广泛使用物理技术措施，压低病虫发生基数；构建最简生物多样性，实施“嵌入式”生物防治；综合运用生物与生物之间相生相克、生物与环境之间共生共荣的生态关系，人为操纵调节，实施生态调控，实现促进可持续治理、农业绿色发展的目标。生态植保的本质是调节生物与生物，生物与环境之间的关系，是一个系统性、综合性的技术体系。

生态植保的理论体系包括：生态系统、生物多样性、食物链与食物网、生物共生相克、生态平衡、系统科学基础、生态植保经济学基础等理论。

生态植保的技术体系包括：预测预报技术、生物质资源利用及病虫害源头治理技术、物理防治技术；“嵌入式”生物防治技术；生态调控技术，即生物之间相生相克的选择、人工生态环境的营造、非单一物种最简生物多样性的构建等。

2.2　生态系统：自然生态系统与人工生态系统

2.2.1　生态系统的概念及其历史演进

2.2.1.1　生态系统的概念

生态系统（ecosystem）简称 ECO，指在自然界一定的空间内，生物与环境构成的统一整体。在这个系统中，生物与环境之间相互影响、相互制约，并在一定时期内处于相对稳定的动态平衡状态。生态系统的范围可大可小，一个菜园、一个果园是一个生态系统，一个池塘是一个生态系统，生物圈也是一个生态系统。生态系统的原始能量来自太阳。地球最大的生态系统是生物圈；最为复杂的生态系统是热带雨林生态系统；人类主要生活在以农田、人工林和城市为主的人工生态系统中。生态系统具有开放性，为了维系自身的稳定，生态系统需要不断输入能量，否则就有崩溃的危险；许多基础物质在生态系统中不断循环。生态系统是生态学领域的一个主要结构和功能单位，属于生态学研究的最高层次。

生态系统概念的提出，使我们对自然界的认识提到更高一级水平。它的研究为我们观察分析复杂的自然界提供了有力的手段，并且成为解决现代人类所面临的人口增长、环境污染和自然资源利用与保护等重大问题的理论基础之一。

生态系统具有以下特征：①具有自我调节能力；②物质循环、能量流动和信息传递是生态系统的三大功能；③生态系统中营养级数目一般不会超过5个；④生态系统是一个半开放的动态系统，要经历一个从简单到复杂、从不成熟到成熟的演变过程，其早期阶段和晚期阶段具有不同特性。

2.2.1.2　人类与生态系统的关系

早在古代，中国的哲学家就阐述了“天地与我并生，而万物与我为一”（《庄子·齐物论》）的生态哲学思想，以老子和庄子为代表的道家学派对人与自然的关系进行了深入探讨。这一时期，人类与生态系统的矛盾并不突出。

最早倡导人与自然和谐共处的是美国作家亨利·戴维·梭罗（Henry David Thoreau）。他在1854年出版的著作《瓦尔登湖》中，对当时正在美国兴起的社会经济和旧日田园牧歌式生活的远去表示痛心。他对康科德四乡本土生物进行了详细考察，并以艺术的笔调记录在《瓦尔登湖》一书中。为此，梭罗被后人称为“生态文学批评的始祖”。

1962年，美国海洋生物学家蕾切尔·卡逊（Rachel Carson），出版了震惊世界的生态学著作《寂静的春天》，提出农药DDT造成的生态公害与环境保护问题，唤起了公众对环保事业的关注。1964年，生态环保先驱卡逊去世，化工巨头孟山都公司针对性地出版了《荒凉的年代》一书，对环保主义者进行攻击，书中描述了DDT等杀虫剂被禁止使用后，各种昆虫大肆传播疾病，导致大众死伤无数。1970年4月22日，美国哈佛大学学生丹尼斯·海斯（Dennis Hayes）发起并组织环境保护活动，得到环保组织的热烈响应，全美各地约2 000万人参加了这场声势浩大的游行集会，旨在唤起人们对环境的保护意识，促使美国政府采取一些治理环境污染的措施。后来，这项活动得到了联合国的首肯。至此，每年4月22日便被确定为“世界地球日”。1972年，联合国在瑞典斯德哥尔摩召开“人类环境大会”，并于5月5日签订《斯德哥尔摩人类环境宣言》，这是环境保护的一个划时代的历史文献，是世界上第一个维护和改善环境的纲领性文件。宣言中，各签署国达成了七条基本共识；此外，会议还通过了将每年的6月5日作为“世界环境日”的建议；会议把生物圈的保护列入国际法之中，成为国际谈判的基础；而且，第三世界国家成为保护世界环境的重要力量，环境保护成为全球的一致行动，并得到各国政府的承认与支持。在会议的建议下，成立了联合国环境规划署，总部设在肯尼亚首都内罗毕。1982年5月10日至18日，为了纪念联合国人类环境会议10周年，促使世界环境好转，国际社会成员国在规划署总部内罗毕召开了人类环境特别会议，并通过了《内罗毕宣言》。在充分肯定《斯德哥尔摩人类环境宣言》的基础上，针对世界环境出现的新问题，提出一些各国应共同遵守的新的原则。《内罗毕宣言》指出了进行环境管理和评价的必要性，及环境、发展、人口与资源之间紧密而复杂的相互关系。宣言指出："只有采取一种综合的并在区域内做到统一的办法，才能使环境无害化和社会经济持续发展。"1987 年，以挪威前首相格罗·布莱姆·布伦特兰（Gro Harlem Brundtland）夫人为主席的世界环境与发展委员会（World Commission on Environment and Development，WCED），在给联合国的报告《我们共同的未来》（*Our Common Future*）中提出了"可持续发展"的设想。

1992 年 6 月 3 日至 4 日，联合国环境与发展大会在巴西里约热内卢举行。183 个国家的代表团和联合国及其下属机构 70 个国际组织的代表出席了会议，其中，102 位国家元首或政府首脑与会。在这次会议中，1987 年提出的"可持续发展"战略得到了与会国的普遍赞同。会议通过了《里约环境与发展宣言》（*Rio Declaration*）又称《地球宪章》（*Earth Charter*），这是一个有关环境与发展方面国家和国际行动的指导性文件。全文纲领 27 条，确定了可持续发展的观点，第一次在承认发展中国家拥有发展权力的同时，制定了环境与发展相结合的方针。

2.2.1.3 生态系统的组成成分

生态系统由非生物的物质和能量、生产者、消费者和分解者组成，其中生产者为主要成分。不同的生态系统有：森林生态系统、草原生态系统、海洋生态系统、淡水生态系统（分为湖泊生态系统、池塘生态系统、河流生态系统等）、农田生态系统、冻原生态系统、湿地生态系统、城市生态系统（金鉴明等，2011）。

无机环境是生态系统的非生物组成部分，包含阳光以及其他所有构成生态系统的基础物质：水、空气、无机盐、有机质、岩石等。阳光是绝大多数生态系统直接的能量来源，水、空气、无机盐与有机质都是生物不可或缺的物质基础。无机环境是环境容量或环境承载力的基础。

无机环境是一个生态系统的基础，其状态的好坏直接决定生态系统的质量和其中生物群落的丰富度；生物群落也可以反作用于无机环境，生物群落在生态系统中既在适应环境，也在改变着周边环境的面貌。各种基础物质将生物群落与无机环境紧密联系在一起，而生物群落的初生演替甚至可以把一片荒凉的裸地变为水草丰美的绿洲。生态系统各个成分紧密联系，使生态系统成为具有一定功能的有机整体。

生产者（producer）在生物学分类上主要是各种绿色植物，也包括化能合成细菌与光合细菌。它们都是自养生物，植物与光合细菌利用太阳能进行光合作用合成有机物，化能合成细菌利用某些物质氧化还原反应释放的能量合成有机物，比如，硝化细菌通过将氨氧化为硝酸盐的方式利用化学能合成有机物。生产者在生物群落中起基础性作用，它们将无机环境中的能量同化，同化量就是输入生态系统的总能量，维系着整个生态系统的稳定，其中，各种绿色植物还能为各种生物提供栖息、繁殖的场所。生产者是生态系统的主要成分，生产者是连接无机环境和生物群落的桥梁。

消费者（consumer）指以动植物为食的异养生物。消费者的范围非常广，包括了几乎所有动物和部分微生物（主要有真菌）。它们通过捕食和寄生关系在生态系统中传递能量，其中，以生产者为食的消费者被称为初级消费者，以初级消费者为食的被称为次级消费者，其后还有三级消费者与四级消费者等。同一种消费者在一个复杂的生态系统中可能处于多个级别，杂食性动物尤为如此，它们可能既取食植物（充当初级消费者）又猎食各种食草动物（充当次级消费者）；有的生物所充当的消费者级别还会随季节而变化。一个生态系统只需生产者和分解者就可以维持运作，数量众多的消费者在生态系统中起加快能量流动和物质循环的作用。

分解者（decomposer）又称“还原者”，它们是一类异养生物，以腐生细菌和真菌为主，也包含屎壳郎、蚯蚓等腐食性动物。分解者可以将生态系统中的各种无生命的复杂有机质（尸体、粪便等）分解成水、二氧化碳、铵盐等可以被生产者重新利用的物质，完成物质的循环，因此分解者、生产者与无机环境就可以构成一个简单的生态系统。分解者是生态系统的必要成分，分解者是连接生物群落和无机环境的桥梁。

2.2.2 自然生态系统与人工生态系统

生态系统类型众多，一般根据人类参与或干预的程度可分为自然生态系统和人工生态系统。自然生态系统尚未或仅仅受到人类轻度参与或干预，还可进一步分为水域生态系统和陆地生态系统。人工生态系统则受到人类较重或完全参与或干预，可以分为农田、人工林和城市等生态系统。

人工生态系统有一些十分鲜明的特点：动植物种类稀少，人的作用十分明显，对自然生态系统存在依赖和干扰。人工生态系统也可以看成是自然生态系统与人类社会的经济系统复合而成的复杂生态系统。300 多年来，自然生态系统遭受到人类严重干预，并已危及生物多样性；同时，单一物种栽培或养殖的脆弱性越来越显著。因此人类又重新审视与反思以生态系统为基础的农业技术。

2.2.3 人工生态系统构建

人工生态系统建设的重要目标之一是实现封闭式生态系统，无须与外界进行物质交换。从理论上讲，这种封闭式生态系统可以将废弃物转化为氧气、食物和水，以维持系统内生命体存活。

在农业中利用生物多样性，本质上是要扭转“工业化农业”简单的、直线的思维方式，把传统经验与最新科技成果相结合，重新恢复农业生物多样性，让经过亿万年进化的生物在农业上完成更多功能，以达到节约资源、保护环境、提高效率、增加生产、降低成本，全面协调农业的社会效益、生态效益和经济效益，使农业转向可持续发展的生态农业道路的目的。农业生物多样性状况直接关系着人类的温饱问题。农业领域蕴藏着取之于自然的最珍贵的生物多样性内涵，丰富多样的栽培植物和家禽家畜及鱼类，构成了农业生物多样性的基础。然而，人类却仅仅依靠 14 种哺乳动物和禽鸟获取其 90%的动物源食物供应。仅仅 4 个物种，即小麦、玉米、水稻和马铃薯，就为人类提供了一半的植物源能量，而家养及牧场获得的肉食则提供了另一半热量。渔业满足了我国一半以上的蛋白质需求。

人工生态系统的构建，就是人为选择相关的物种，进行组合，形成“最简生物多样性”，既满足农业生产的需求，又最大限度地利用生物多样性的潜在优势，形成具有可持续发展能力的农业生态系统。

1961 年以后，美国加利福尼亚中央河谷地区种植葡萄的农民发现了“悬钩子—悬钩子叶蝉（*Dikrella cruentata*）—葡萄叶蝉卵寄生蜂（*Anagrus epos*）—葡萄叶蝉（*Erythroneura elegantula*）—葡萄”的关系（图 2-1）。美国加利福尼亚州当地生长的悬钩子果实味道很好，野兽很喜欢吃，有时过路行人口渴时也会采摘来吃。但通常都被作为杂草对待，因为它的刺多且长得又快。它一旦在河边或空地立足，就会通过种子散播，或通过匍匐茎蔓延，很快繁殖成为一大堆灌木丛。葡萄园附近的悬钩子，冬天不落叶，叶片上出现没有经济危害性的叶蝉。叶蝉全年生活，冬季也有叶蝉卵。葡萄叶蝉卵寄生蜂既可寄生悬钩子叶蝉卵，又可寄生葡萄叶蝉卵。在冬季葡萄落叶时，葡萄叶蝉躲到葡萄园周围杂草、落叶等环境中，不食不动，不越冬的葡萄叶蝉卵寄生蜂在这种环境里没有地方躲藏，无法生存。但是，葡萄叶蝉卵寄生蜂可以迁移到葡萄园周围的悬钩子叶蝉卵中寄生越冬。这种悬钩子为葡萄主要害虫叶蝉的重要天敌提供了越冬场所。因此，如果葡萄园附近有悬钩子存在，越冬的葡萄叶蝉卵寄生蜂的成蜂在春天迁回葡萄园，在初春即可把葡萄叶蝉的发生基数压得很低，葡萄叶蝉的危害就很轻。

自从这个生态关系被发现之后，许多种葡萄的农民都会在他们的葡萄园附近栽种一些悬钩子作为“载体植物”，解决葡萄叶蝉危害问题。在这个人工生态系统中，悬钩子发挥了保护一种主要葡萄害虫的天敌的作用。

自 2017 年以来，山东省临沂市平邑县金银花种植产区金银花生物防治基地构建了“紫藤—紫藤蚜—异色瓢虫—金银花蚜虫—金银花”生物防治人工生态系统。紫藤是一种常见的园林绿化观赏植物，生命力强，枝条多。其当年 4 月以后生枝梢幼嫩部位大量发生紫藤蚜。该蚜虫寄主单一，专性寄生于紫藤，以卵散落在紫藤根颈部土壤中越冬，孤雌胎生，可高密度聚集发生，个体大，耐高温、高湿，可自然诱集各种瓢虫、草蛉、食蚜蝇等，但无寄生蜂。

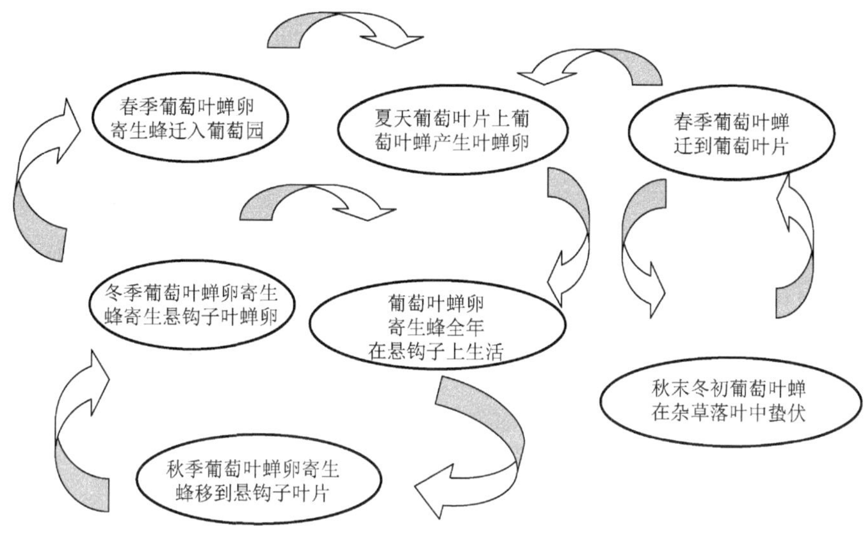

图 2-1　葡萄叶蝉防治人工生态系统构建案例

在金银花蚜虫生物防治区，建立紫藤长廊及布局移动式盆栽紫藤区，配合瓢虫的工厂化生产及释放，解决了金银花蚜虫的生物防治技术问题（图 2-2）。在这个人工生态系统中，紫藤发挥了支持一种金银花蚜虫天敌——异色瓢虫的作用。

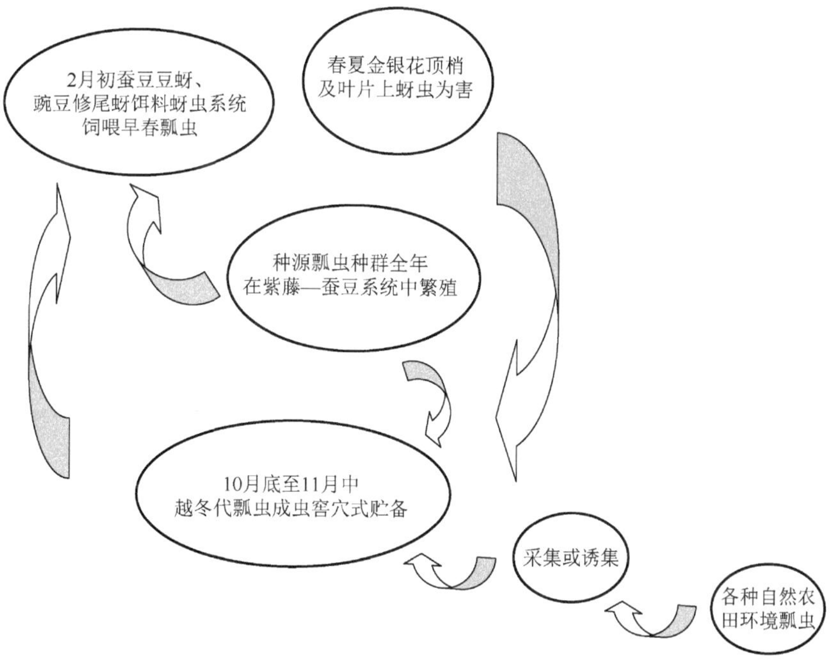

图 2-2　金银花蚜虫防治人工生态系统构建案例

2.3 生物多样性：自然生物多样性与人为生物多样性

2.3.1 生物多样性概念及特征

生物多样性（biodiversity）是指一定范围内各种生活的有机体（动物、植物、微生物）有规律地结合所构成稳定的生态综合体。这种多样性包括动物、植物、微生物的物种多样性、物种的遗传与变异多样性及生态系统多样性。其中，物种的多样性是生物多样性的关键，它既体现了生物之间及环境之间的复杂关系，又体现了生物资源的丰富性。我们目前已经知道大约有 200 万种生物，这些形形色色的生物物种就构成了生物物种的多样性。生物多样性是生物物种及其与环境形成的生态复合体以及与此相关的各种生态过程的总和。

生物多样性虽为现代西方名词，但我们祖先早已将生物多样性理论在生产实践中进行了充分的运用，如间作即为空间序列生物多样性的运用，轮作即为时间序列生物多样性的运用。

2.3.1.1 中国生物多样性状况

我国是世界上生物多样性最丰富的 12 个国家之一，也是世界八大农作物起源中心和四大栽培植物起源中心之一。我国生态系统类型居全球国家之首。种子植物有 3 万余种，仅次于世界种子植物最丰富的巴西和哥伦比亚，居世界第 3 位，其中裸子植物 250 种，是世界上裸子植物最多的国家。我国有脊椎动物 6 300 余种，其中鸟类 1 244 种，占世界总数的 13.7%；鱼类 3 862 种，占世界总数的 20%。不仅如此，特有类型之多，更是我国生物区系的特点。其中脊椎动物有 667 个特有种，约为我国脊椎动物总种数的 10.6%；种子植物有 5 个特有科，247 个特有属，1.73 万种以上特有种。

2.3.1.2 中国生物多样性保护国家行动

我国于 1993 年加入《生物多样性公约》，随即发布《中国生物多样性保护行动计划》，成立了由 24 个相关部门组成的履行《生物多样性公约》工作协调组。该协调组在公约各谈判进程中发挥了重要作用，在生物多样性保护方面取得了令人瞩目的成就。1998 年，我国政府在完成了《中国生物多样性保护行动计划》后，根据《生物多样性公约》的要求和国家生物多样性保护工作的需要，在联合国环境规划署的帮助下，着手编制了《中国生物多样性国情研究报告》。

作为《生物多样性公约》的缔约方之一，我国政府高度重视生物多样性保护。自 1993 年以来，我国已初步建立了生物多样性保护法律法规体系，实施了退耕还林、退牧还草、退田还湖、天然林保护、野生动植物保护、外来有害入侵物种控制及自然保护区建设等重大生态工程，发布并实施了《中国水生生物养护行动计划纲要》和《全国生物物种资源保护与管理规划纲要》。85%的陆地自然生态系统类型、47%的天然湿地、20%的天然林、绝大多数自然遗迹、65%的高等植物群落类型和绝大部分国家重点保护珍稀濒危野生动植物物种得到了初步保护。为响应联合国保护生物多样性号召，我国政府又制定了2010国际生物多样性年中国行动方案。

2.3.1.3 生物多样性的生态系统服务功能

党的十八大以来，我国生态文明建设进入全面发展新阶段。新时代背景下，生物多样性保护成为生态文明建设目标体系的重要内容之一。

自然界生物多样性对于稳定地球和地区的环境起着重要的作用，在农业生态系统中，对人类生存及农业可持续发展起着重要的作用。

生物多样性提供的生态服务很多，折算成经济价值的数值相当大。据中国生物多样性国情研究报告编写组（1998）进行的估算，我国生物多样性可以提供生物资源产品的直接使用价值为1.02×10^{12}元，通过维系有机物生产、固定二氧化碳、释放氧气、实现养分循环、降解污染物、涵养水源等方式提供的间接使用价值为37.31×10^{12}元，间接使用价值是直接使用价值的35倍以上。物种保留的潜在选择价值和潜在保留价值估计为0.22×10^{12}元，约为直接使用价值的1/5。

国家林业局（现为国家林业和草原局）核算了武夷山市生态系统服务总价值，结果显示，2015年武夷山市生态系统服务总价值为2 324.4亿元，为同年全市生产总值的16.7倍，人均101.1万元。核算组根据生态系统服务价值类型，重点对森林、湿地、农田三大生态系统建立评估子指标体系，采用统计调查法、市场价值法、替代价值法等手段，量化绿水青山的价值，既包含林产品等实物价值，也包含固碳量、气候调节等“隐性”的、发挥了作用的价值。

2.3.1.4 人类对生物多样性的破坏状况

人类活动导致物种消失达到了前所未有的速度。据专家估计，由于人类的活动和全球气候变化，目前地球上的生物种类正在正常水平1 000倍的速度消失；全球已知21%的哺乳动物、12%的鸟类、28%的爬行动物、30%的两栖动物、37%的淡水鱼类、35%的无脊椎动物，以及70%的植物处于濒危境地。2009年11月3日，世界自然保护联盟（International Union for Conservation of Nature，IUCN）再次更新了《受威胁物种红色名录》，在47 677个被评估物种中，17 291个物种有濒临灭绝的危险，比例约为36.3%。目前约有3.4万种植物和5 200种动物濒临灭绝。从历史上来看，人类一直视自然界为一个可以无限开采的资源矿，直至近代才开始对濒临灭绝的物种开展保护运动。

地球上的生物不可能单独生存，在一定环境条件下，它们相互之间形成生命共同体。生物学家指出，在自然状态下，物种灭绝的种数与新物种出现的种数基本上是平衡的。随着人口的增加和经济的发展，这种平衡受到破坏。1600～1996 年，世界上消失了 164 种鸟；1871～1970 年，兽类灭绝了 43 种。地球上自有生命以来，共出现过 25 亿种动植物，现在，不少动物处于灭种的边缘。物种平衡的破坏，使人类生存环境恶化，人类本身将遭到巨大灾难。最近 30 年，交通工具汽车、道路的普及完善，再加上先进的捕猎工具，尤其是投毒、电网、电瓶等工具，对野生动物的生存状态产生了严重危害，加速了野生动物的灭绝与濒危。

2.3.1.5　生物多样性保护

中国古代就有朴素的自然保护思想，“夏三月，川泽不入网罟，以成鱼鳖之长”。这条人类历史上最早的有关保护野生动物的法令除了保护动物之外，还说明了一个道理：只要遵循动物的生殖繁衍规律，这个种群就不会灭绝。

一方面，许多大农场作物单一，满足了昆虫的营养需求，促进它们繁衍。农场可以种植营养多样的植物，因为植物的多种类、高营养将是影响昆虫生存发展的天然屏障。

但另一方面，单一的植被便于生产管理，提高产率。那么，如何在种植多种植被抵抗昆虫时，保证其产率呢？针对这个问题，我们可以使昆虫摄食的部位（如叶子、根颈）产生多种营养物质，也可以混种不同营养种类的变种或基因型（Wetzel et al.，2016）。

蜜蜂、菜蛾、熊蜂，甚至蝇类等多数授粉昆虫正在悄悄地消失，如果这个作物授粉群体继续消失下去，大部分食物也将随之消失。

2.3.2　生物多样性的价值

生物多样性的意义主要体现在生物多样性的价值。对于人类来说，生物多样性具有直接使用价值、间接使用价值和潜在使用价值。

1）直接使用价值

生物为人类提供了食物、纤维、建筑和家具材料及其他生活、生产原料。生物多样性还有美学价值，可以陶冶人们的情操，美化人们的生活。如果大千世界里没有色彩纷呈的植物和神态各异的动物，人们的旅游和休憩也就索然寡味了。正是雄伟秀丽的名山大川与五颜六色的花鸟鱼虫相配合，才构成令人赏心悦目、流连忘返的美景。另外，生物多样性还能激发人们艺术创作的灵感。

2）间接使用价值

生物多样性具有重要的生态功能。在生态系统中，野生生物之间具有相互依存和相互制约的关系，它们共同维系着生态系统的结构和功能，提供了人类生存的基本条件（如食物、水和呼吸的空气），保护人类免受自然灾害和疾病之苦（如调节气候、洪水和病虫害）。野生生物一旦减少了，生态系统的稳定性就会遭到破坏，人类的生存环境也就受到影响。

3）潜在使用价值

野生生物种类繁多，人类仅对极少数种类做过比较充分的研究，大量野生生物的价值目前还不清楚。但是可以肯定，这些野生生物具有巨大的潜在价值。一种野生生物一旦从地球上消失就无法再生，它的潜在价值也就不复存在。因此，对于目前尚不清楚其潜在价值的野生生物，同样应当珍惜和保护。

生物多样性是地球上自然界的特征，凡是生命现象蓬勃旺盛的地方，一定是生物多样性存在的地方。相反，沙漠戈壁等缺乏生物多样性的地方，生命一般都很难存在或者兴旺。因此，简单来说，多样性是生命的自然特征，单一性是生命的敌人。

地球上每一种动物、植物或微生物，都有自己的独特性，这些独特性在什么时候对人类产生巨大的作用是不确定的，如青蒿素的功能发现使屠呦呦成为 20 世纪伟大的科学家之一。自然界具有的这些生物独特性大多都无法人工合成，或即使能够人工合成，其稳定性也远不如自然物。

2.3.3　人为生物多样性：由单一物种生产模式到最简生物多样性应用

人为生物多样性就是通过人为选择、配置、构建而成的多物种人工生态系统，如通过天敌生产与释放、人工生草等技术措施，人为调控生物多样性，建立既符合经济发展需求又符合生态学原则的农业生态系统。

农业生态系统单一性的优势是容易扩大规模效应，致命点是极其脆弱。单一性的超规模和长期存在，是造成作物病虫害发生和成灾的根本原因。多样性的优势是稳定性，单一性的优势是效率。多样性与单一性的关系并不是简单的对立关系，自然界总是在两者之间完成一个平衡。而人类社会，特别是资本推动下的商品农业生产，总是为了追求效率而经常打破这种平衡。为了可持续和绿色农业发展，我们必须人为地确定稳定和效率平衡的机制，这个机制就是人为构建“最简生物多样性”。最简生物多样性是追求一种“可控多样性状态”，这一思想源于“可控混乱”理论。“可控混乱”理论出自物理学范畴，是指在一个开放的系统中的“有序”和“混乱”两种状态之间，还存在着“秩序失衡”和“可控混乱”的中间状态。“秩序失衡”状态受到一定影响后，有可能转向“混乱”；而“可控混乱”受到一定影响后，则有可能转向“有序”。这两种变化，只有在体系内存在“混乱源”或者体系外出现引力的情况下，才有可能发生和转变。但是，由于内外力多种多样，难以确定“秩序”的发展方向，主导者需要引导甚至控制这些力量使其向确定的方向变化。

农业生态系统是一个人工生态系统，是指用于人类农业栽培目的，而经过改造和单一化的植物、动物、微生物及其栖息环境的生态系统。或者说，农业生态系统是人们利用生物方法固定、转化太阳能，获得一系列生活资料和生产资料的人工生态系统。农业生态系统的能量流动和物质循环过程，受人类活动的干预很大。人类虽有很大的主观能动性，能够设计、利用和改造生态系统，但决不能违背生态系统的客观规律。

在农业生态系统中，生产者的层次极少，第一生产者大多由一种农林作物构成，拥有巨大的种群。为了保证单一的农作物种群对水和营养的需求，人类采取了翻耕、灌溉、施肥、除草和植物保护等管理措施，排除消费者层次上形成的食物链和物种之间的竞争，使第一生产者的产量达到最高，结果使群落结构十分单纯。农业生态系统以特定作物的生产为目的，人为地阻碍自然发生变化，如保护地利用设施实现反季节栽培。这种生产行为往往导致时间序列上不连贯的植被更新。农业生态系统从人类的经营观点出发，大面积栽培单一的农作物品种（系），植被绝大多数都是单层的，其境界完全不连续。我们可以把各种不同类型的农田视为由各种土地类型嵌合体包围的孤立岛屿——作物岛，这些土地类型包括未开垦荒地、废地、休闲田、种植其他作物的土地。作物岛中的昆虫群落和相邻空间上的昆虫群落的交流十分重要，尤其是多食性的种类，往往需要采用“海洋式”的治理方法。农田生态系统的主要功能是实现农业生产，一方面将收获物（经济产量）剥离出系统之外；一方面又以施肥的方式，从系统外不断予以补充，以维持平衡。农作物固定的能量大部分积累在籽实中，如水稻穗部太阳能积蓄量占全株的53%，茎叶部占44%，留在根部的只占2%～3%。我们收获后把地上部分全部取走，如果不以施肥的形式返还这一当量的有机物，农田生态系统中的分解者会由于缺乏原料而降低活性，甚至部分消亡。土壤结构变坏，土壤生物肥力下降，农田生态系统的平衡就不能维持。农业生态系统中的作物种群完全是人工选择的结果。由于农业生产对作物产量、品质方面的选择、淘汰，作物遗传变异的幅度较窄，个体对环境变化与种群间竞争等的抵抗力也较低。同时，与自然种群相比，作物结构单纯，生长发育进度状态一致，作物营养成分的含量高。在农业生态系统中，有时某些害虫的优势种群数量很大，为了控制其危害，不合理地施用大量农药，这样误伤了天敌和大量的中性昆虫，加重了生物群落的贫乏和不稳定性；经过长期发展、演变而形成的多数害虫和天敌的局域性平衡又被打破，结果次要害虫上升，或主要害虫再猖獗，同时，害虫抗药性水平不断上升而导致农药防效降低甚至完全丧失。

由以上分析可以看出，正是由于农业生态系统第一生产者——作物种群的单一化导致了农业生态系统的脆弱性。可是，农业生态系统的主要功能是农业生产，我们又不可能为了追求生态系统的稳定性和多样性而恢复自然生物多样性的状态，这是一个不可逆的过程。为了兼顾农业生态系统的生产性和生物多样性稳定性，最大限度地排除农药等外源物质的投入，我们提出构建人为最简生物多样性的思路。

“最简生物多样性”在农业生产上实际应用的成功案例为：紫藤—紫藤蚜—天敌瓢虫—有害蚜虫—保护作物系统。这个系统的目标是生物防治有害蚜虫，分为两个亚系统，由 5 个物种组成。亚系统 I 由紫藤、紫藤蚜、天敌瓢虫 3 个物种构成，目标是实现天敌瓢虫生产时间的周年性、数量的大规模、经济的低成本，为伏击式、淹没式、组合式释放应用天敌瓢虫提供物质基础。亚系统Ⅱ由栽培作物、有害蚜虫 2 个物种构成，目标是防治蚜虫，保护作物。传统的作物蚜虫控制模式是将亚系统 I 和亚系统Ⅱ断裂开来，没有形成一个完整的系统。本系统中 2 个亚系统得到对接、5 个物种形成一个完整的系统共同体，完全可以把化学农药这个外源元素排除在外。

间作套种是我国传统农业的精髓。至少两种作物同时生长在同一地块，增加了农田内外杂草、昆虫和蜘蛛等。同时，不同种类的作物，由于根系特征的不同，相关联的土壤微生物和动物不同，进一步驱动了土壤生物的多样性。因此间套作能够有效地增加农田生态系统的生物多样性。种植诱集带诱集天敌和授粉昆虫，这些都是“最简生物多样性”应用的实例。

2.3.4　生物多样性与功能性农业发展

如今我国粮食总产量已经高居世界第一，基本上实现了温饱水平，但“吃饱”和“吃好”“吃健康”之间尚存在很大的距离。世界卫生组织和联合国粮农组织把膳食中缺乏维生素、矿物质称为隐形饥饿（hidden hunger）。隐形饥饿是指机体由于营养不平衡或者缺乏某种维生素及人体必需的矿物质，同时又存在其他营养成分过度摄入，从而产生隐蔽性营养需求的“饥饿状态”。一般认为这是一种由于无法保证正常营养成分吸收而导致的饥饿症状，其重点在于元素不平衡、不充分，而不是饱腹方面的需求。隐形饥饿会导致出生缺陷、免疫系统弱化以及慢性病患病率高等严重健康问题，如果不引起重视，将对人体素质和经济发展带来巨大的损失和沉重的社会代价。

目前，全球约有 20 亿人在遭受隐形饥饿，我国隐形饥饿的人口数量达到了 3 亿之多。隐形饥饿可通过发展功能性农业进行解决。功能性农业依赖于生物多样性资源的产业化利用。功能性农业是通过生物多样性资源功能发掘，以及通过生物营养强化技术，向土壤中添加微量元素矿物质营养剂，改善土壤的矿物质水平与作物根际环境，使作物吸收微量元素，再通过食物食用到达人体，达到功能性调理的目的。

我国未来农业的发展，应该让农产品走向功能化，这符合我国“药食同源”的传统医学观，中医农业也可视为功能性农业的一个类型。

2018 年 5 月 16 日，农业农村部举行新闻发布会，指出了 2018 年度种植意向呈现结构调优的态势。一是水稻、玉米面积调减。预计 2018 年水稻面积 4.4 亿亩（1 亩≈667m^2），比上年减少 1 000 多万亩。玉米面积则继续调减“镰刀弯”等非优势区的玉米面积。二是大豆、杂粮杂豆等面积扩大，有效供给增加。预计大豆面积 1.27 亿亩，比上年增加 1 000 万亩；杂粮杂豆 1.4 亿亩，增加 100 多万亩。这种种植结构的优化调整，客观上通过产业发展形势保护和利用了生物多样性。

2.4　食物链与食物网

2.4.1　生态系统中生物之间的食物关系

生态系统各要素之间最本质的联系是营养关系，食物链和食物网构成了物种间的营养关系形式（图 2-3）。

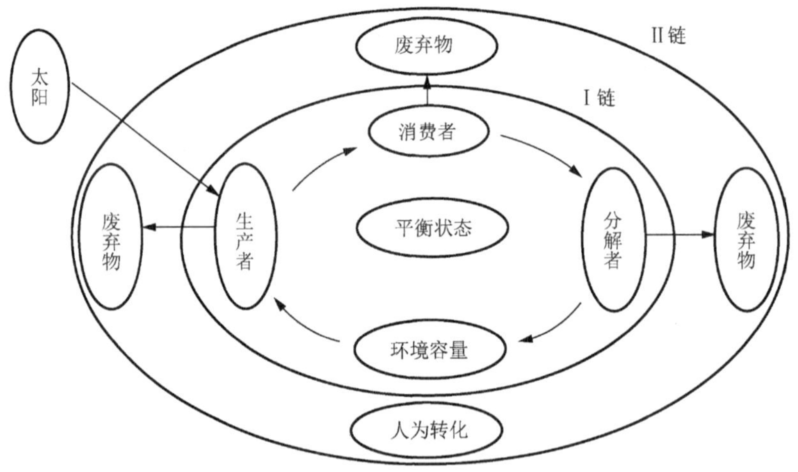

Ⅰ. 生食食物链　Ⅱ. 腐屑食物链。

图 2-3　生态系统中生物之间的食物关系结构图

2.4.2　食物链：生食食物链与腐屑食物链

食物链（food chain）一词是英国动物学家埃尔顿（C.S.Eiton）1927 年首次提出的概念。以植物所固定的能量为基础，通过一系列的取食和被取食关系在生态系统中传递，我们把生态系统中生物之间存在的这种单方向营养和能量传递关系称为食物链。食物链是生态系统营养结构的具体表现形式之一。食物链有累积和放大的效应。一个物种灭绝，就会破坏生态系统的平衡，导致其物种数量的变化，因此，食物链对环境有非常重要的影响。

在一般的自然生态系统中都存在着两种最主要的食物链，即生食食物链（grazing food chain）和腐屑食物链（detrital food chain）。生食食物链包括各种消费者动物，是通过活的有机体以捕食与被捕食的关系建立的，能量沿生产者到各级消费者的途径流动。生食食物链又可分为捕食食物链和寄生食物链。一般来说，生态系统中能量在沿着生食食物链传递时，从一个环节到另一个环节，能量大约要损失 90%。自然界中各种生物以其独特的方式获得生存、生长、繁殖所需的能量，生产者所固定的能量和物质通过一系列取食的关系在生物间进行传递，如食草动物取食植物，食肉动物捕食食草动物，此类不同生物物种之间通过食物而形成的链条式单向联系就构成了食物链。腐屑食物链是动植物死亡后被细菌和真菌所分解，能量直接自生产者或死亡的动物残体流向分解者。在热带雨林和浅水生态系统中该类食物链占有重要地位。

以玉米生产为核心的玉米生食食物链和玉米腐屑食物链关系见图 2-4。

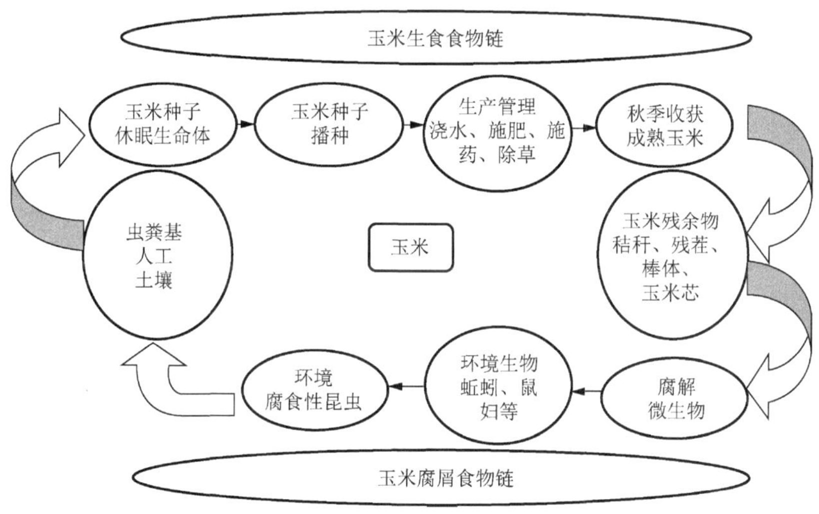

图 2-4　生食食物链和腐屑食物链的关系——以玉米示例

在陆地生态系统中，净初级生产量只有很少一部分通向生食食物链。例如，在一个鹅掌楸—杨树林中，净初级生产量只有 2.6%被植食动物所利用。

一般来说，生态系统中的能量在沿着生食食物链的传递过程中，每从一个环节到下一个环节，能量大约损失 90%，即能量转化效率大约只有 10%。因此，每 4.2×10^6J 的植物能量通过动物取食只能有 4.2×10^5J 转化为植食动物的组织，或 4.2×10^4J 转化为一级肉食动物的组织，或 4.2×10^3J 转化为二级肉食动物的组织。

从这些事实不难看出，为什么地球上的植物要比动物多得多，植食动物要比肉食动物多得多，一级肉食动物要比二级肉食动物多得多……不论从个体数量、生物量或能量的角度来看都是如此。越是处在食物链顶端的动物，数量越少、生物量越小、能量也越少，而顶位肉食动物数量最少，以使不可能再有别的动物以它们为食。因为从它们身上所获取的能量不足以弥补为搜捕它们所消耗的能量。

一般来说，能量从太阳开始沿着生食食物链传递几次以后就所剩无几了，所以食物链一般都很短，通常只由 4～5 个环节构成，很少有超过 6 个环节的。

在大多数陆地生态系统和淡水生态系统中，生物量的大部分没有被取食，而是死亡后被环境微生物分解，因此能量流以通过腐屑食物链运行为主。例如，在潮间带的盐沼生态系统中，活植物大约只有 10%被动物吃掉，其他 90%在死后被腐食动物和微小分解者所利用。据研究，一个杨树林的生物量 6%被动物取食，其余 94%都是在枯死后被分解者所分解。在草原生态系统中，被家畜吃掉的牧草通常不到 1/4，其余部分也在枯死后被分解者分解。腐屑食物链可能有两个去向，微生物和大型食碎屑动物，这些生物类群对能量的最终消散所起的作用已经引起生态学家的重视。但这些生物又构成许多其他动物的食物。

除了生食食物链和腐屑食物链外，还有寄生食物链。由于寄生物的生活史很复杂，寄生食物链也很复杂。有些寄生物可以借助食物链中的捕食者从一个寄主转移到另一个寄主，外寄生物也经常从一个寄主转移到另一个寄主。其他寄生物也可以借助昆虫吸食血液和植物汁液而从一个寄主转移到另一个寄主。

生态系统中能量流动的主要路径为，能量以太阳能形式进入生态系统，以植物物质形式贮存起来，沿着食物链和食物网流动，以动物、植物物质中的化学潜能形式贮存在系统中，或作为产品输出，离开生态系统，或经消费者和分解者生物有机体呼吸释放热能自系统中丢失。生态系统是开放的系统，某些物质还可通过系统的边界输入如动物迁移、水流的携带、人为的补充等进行转移。生态系统能量的流动为单一方向。能量以光能的状态进入生态系统后，以热的形式不断地逸散于环境中。

2.4.3 食物网的概念

食物网是指在生态系统中的不同生物之间存在一种远比食物链更为错综复杂的普遍联系，像一个无形的网状结构把所有生物都包括在内，使它们有着直接或间接的联系。

苹果园是一个典型的人工生态系统，以苹果树为主体，在树体、害虫和天敌昆虫之间形成了食物网关系（图 2-5）。

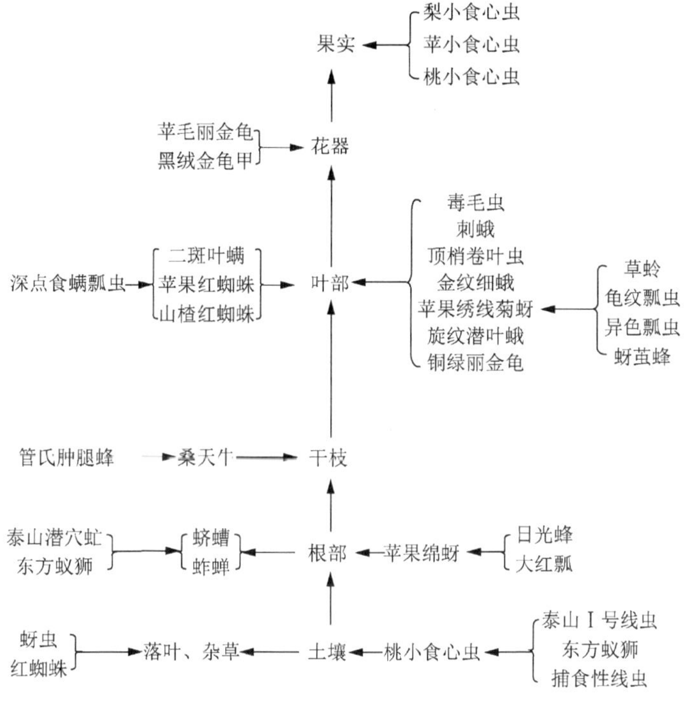

图 2-5　苹果园食物网结构关系图

2.4.4　营养级和生态金字塔

1）营养级

营养级指处于食物链某一环节上的全部生物种类的总和。营养级之间的关系是指一类生物和处于不同营养层次上另一类生物之间的关系。绿色植物首先固定太阳能和制造有机物质，供本身和其他消费者有机体利用，它们属第一营养级。第一性消费者植食动物是第二营养级，如蚱蜢和牛都是植食动物，处于同一营养级。螳螂吃蚱蜢，猫头鹰吃田鼠，这两种捕食者动物都是第二性消费者，占据第三营养级。吃螳螂的鸟和吃猫头鹰的貂是第三性消费者，占第四营养级。还可以有第四性消费者和第五营养级。不同的生态系统往往具有不同数目的营养级，一般为 3～5 个营养级。在一个生态系统中，不同营养级的组合就是营养结构。

2）生态金字塔

生态金字塔指各个营养级之间存在的数量关系，这种数量关系可采用生物量单位、能量单位或个体数量单位表示，采用这些单位构成的生态金字塔分别称为生物量金字塔、生物能量金字塔或生物数量金字塔。

人类认识自然界不同物种之间生态关系的过程，都是从直接到间接、从简单到复杂、由表及里、由单一环节到相互关联等逐步逐级进行的。而实际上，经过亿万年的自然选择、淘汰、平衡，自然界展示在人类面前的是一套极其复杂、缜密的生物系统关系。生态系统中生物之间实际的取食和被取食关系并不像食物链所表达的那么简单，如食虫鸟不仅捕食瓢虫，还捕食蝶蛾等多种无脊椎动物，而且食虫鸟本身不仅被鹰隼捕食，而且是猫头鹰的捕食对象，甚至鸟卵也常常成为鼠类或其他动物的食物。

我们在认识食物链和食物网关系时，应该在食物网中洞悉主体或核心食物链，然后剖析食物链的构成环节，具体开展的工作就是人为塑造各个环节，然后按照食物链的关系进行组装。

2.5　生物共生及相克关系

在自然界，各类生物之间存在广泛的相互作用，存在错综复杂的关系。

2.5.1　共生概念及其分类

2.5.1.1　共生的概念

“共生”（symbiosis）一词的英文或希腊文含义为“共同”和“生活”，是两种或两种以上生物体共同生活在一起的交互作用，形成“生命共同体”。在生物界，不仅存在着环环相扣的食物链，而且也存在动物之间的相互依存、互惠互利的共生现象。

《辞海》的解释为：共生或称“互利共生”，生物种间关系之一。泛指两种或两种以上有机体生活在一起的相互关系。一般指一种生物生活于另一种生物的体内或体外相互有利的关系。有些生态学家把共生概念作为所有生活在一起的两种生物之间不同程度利害的相互关系，包括共栖和寄生。共栖：种间关系之一，指两种都能独立生存的生物以一定的关系生活在一起的现象。寄生：一种生物生活于另一种生物的体内或体表，并在代谢上依赖于后者而维持生命活动的现象；前者通常较小，称寄生物，后者一般较大，称宿主。

2.5.1.2　共生关系的分类

生物之间的共生关系可以分为以下几种形式：

（1）寄生。一种生物寄附于另一种生物，利用被寄附生物的养分生存。

（2）互利共生。共生的生物体成员彼此都从对方得到好处。

（3）偏利共生。对其中一方生物体有益，却对另一方没有影响。

（4）偏害共生。对其中一方生物体有害，对其他共生体成员则没有影响。

（5）专性共生。由两种或两种以上各自不能独立生活而必须结合在一起才能生存下来的生物交互现象，它们之间互相依赖、各自都获得利益。

在大自然同一生境中，许多生物生活在一起，它们彼此间的关系结成生态，在这种关系中它们是交互作用的，突出表现为对另一方的生存或繁殖起到促进或抑制作用，共生就是其中的一种交互作用关系。

2.5.1.3　研究共生关系的意义

共生是生物科学中一个重要的基本概念，目前，生物学中研究种间关系的学说，都要用到共生概念。生物界广义共生概念是德国 Strasbourg 大学微生物学家 Anton deBary 在 1879 年第一个提出的，共生是不同生物密切生活在一起的关系；1884 年他进一步论述了共生、寄生、腐生的问题，描述了生物间多样的共生方式。

生态学的种间关系研究广泛使用共生概念。现代生态学把整个地球看成一个大的生态系统——生物圈。生物圈内，各种各类生物间以及与外界环境间通过能量转换和物质循环密切联系起来，发展成为广义的共生。狭义的共生即是生物圈内的生物之间的组合状况和利害程度的关系。生物学共生方法的本质，就是一种描述生物种间关系和生物与环境关系的系统方法论。

2.5.2　自然界相生相克植物关系

植物之间的相互作用对自然的或人工的生态系统有重大影响，有些植物种类能够“和平相处，共存共荣”，有些植物种类则“以强凌弱，水火不容”，生态植保应该充分利用自然界生物相生相克关系，人为创造不利于有害生物发生与繁育的环境条件，这是生态调控理论的基础之一。

有些植物，由于种类不同，习性各异，在其生长过程中，为了争夺生存空间、营养物质，从叶面或根系分泌出对其他植物有杀伤作用的有毒物质，产生他毒效应，致使与其邻近的它种植物“结怨成伤、你死我活”。如胡桃的根系能分泌出一种叫胡桃醌的物质，在土壤中水解氧化后，有极大的毒性，能造成松树、苹果、桦木及多种草本植物受害或致死。

另外一些不同种类的植物之间，具有习性互补的关系，叶片或根系的分泌物可互为利用，从而使它们能“互惠互利、和谐相处”。如在葡萄园里栽种紫罗兰，结出的葡萄果实品质会更好；茶园间作桂花树，可使茶叶具有桂花香；大豆与蓖麻混栽，蓖麻的气味会驱走危害大豆的金龟甲、具有这种友好关系的植物称为“伴侣植物”（companion plants）。

古今中外，人们对自然界“伴侣植物”关系早有认识，并在生产实践中应用。我国早在公元 1 世纪《氾胜之书》中已有关于瓜豆间作的记载。公元 6 世纪《齐民要术》叙述了桑与绿豆或小豆间作、葱与胡荽间作的经验。明代以后麦豆间作、棉薯间作等已较普遍。在美国，最早应用伴侣植物的例子是三姐妹花园（the three sisters garden）案例，他们把玉米、菜豆和南瓜种在一起，玉米为菜豆爬蔓提供支撑，菜豆根瘤固氮给玉米施肥，而南瓜大大的叶片覆盖着地面防止土壤水分蒸发及压抑杂草生长。常见作物相生相克关系分别见表 2-1 和表 2-2。

表 2-1　相生作物组合关系表

相生作物组合	功能效应
玉米×大豆	大豆通过根瘤（菌）自产氮肥，玉米生产碳水化合物，产物自用并供给对方
普通蔬菜×百合科植物	百合科植物通过挥发物、刺激性气味物质驱避普通蔬菜害虫
小麦×洋葱	洋葱分泌物灭杀小麦黑穗病菌孢子
棉花×大蒜	通过大蒜挥发物驱避棉蚜、金龟甲、根蝽
棉花×高粱	高粱蚜诱集天敌，以捕食棉蚜和棉铃虫（低龄幼虫）
苹果×紫藤	紫藤蚜诱集天敌，控制苹果树各种蚜虫
葡萄×悬钩子	通过葡萄叶蝉卵寄生蜂与悬钩子叶蝉卵共生，实现周年控制葡萄叶蝉
胡萝卜×洋葱	洋葱分泌物驱赶胡萝卜蝇、种蝇

表 2-2　相克作物组合关系表

相克作物组合	功能效应	克服方式
小麦×麻类	麻类分泌物可控制后作小麦生长	避免连作
马铃薯×向日葵、番茄	促进马铃薯晚疫病发生	避免间作
葡萄×松柏	松柏的气味作用使葡萄不容易成熟	避免间作、邻作
芥菜×蓖麻	芥菜分泌物会使蓖麻下部叶片枯死	避免间作
苦苣菜×禾本科作物	苦苣菜根分泌麻醉性毒素，会造成禾本科作物枯黄	避免连作
玉米×荞麦	荞麦根系分泌物，使玉米生长弱	避免连作

由于设计和使用化学农药控制有害生物时，未曾考虑到生态系统的复杂性，化学控制方法实际上在盲目状态下破坏或扰乱了正常的生态系统结构关系。人们可以预测化学物质对付个别种类昆虫的效果，但却无法预测化学物质袭击整个生物群落的后果。

2.6　种群与群落动态理论

2.6.1　物种概念

物种是生物分类阶元的基本单元，物种是生物客观存在的实体表现。不同的历史阶段，人们的认识不同，对物种曾有过不同的定义。

自然分类学的创始人林奈（Linné），在 18 世纪给物种所下的定义是：“同一种生物，其形态相同，在自然情况下能够交配，生出正常的后代来”。这个定义基本上是正确的，但他认为物种的类型不变，在起源和发展上没有任何联系，这是错误的。

达尔文（Darwin）1858 年发表了生物进化论学说，论证了所有生物的种类均由较低等的共同祖先演化而来，不同的物种由不同的环境影响产生，因而生物的种与种之间都存在着血缘关系。这是正确的一面，是达尔文在生物学上的伟大贡献。但达尔文把种的区别仅看作是环境影响下量的变化和程度的差别，处于不停变化的状态，没有认识到质的不同，对物种的相对稳定性强调不够，这就把人们带入了物种“不可知论”的境地。

近代无数分类学家、生态学家和农学家研究表明，种与种之间在空间上存在着质的差别，在时间上具有相对稳定性，在连续性与间断性统一的生物发展史上是一种基本间断形式。由此我们可以理解：物种是能够配育的自然种群的类群，这些类群与其他类似类群有质的差别，并在生殖上相互隔离，是生物进化过程中连续性与间断性统一的基本间断形式。

2.6.2 自然种群

自然种群（population）是自然界中在一定时间内占据一定空间的同种生物的所有个体。种群是在一个时间一个地点上同种生物个体的集合。每个自然种群数量大小、分布集中度、增长形式都具有自身的特点。不同种群之间还会发生互利的影响或者抑制效应。

种群中的个体并不是机械地集合在一起，而是彼此可以交配，并通过繁殖将各自的基因传给后代。种群是进化的基本单位，同一种群的所有生物共用一个基因库。对种群的研究主要是其数量变化与种内关系，种间关系的内容已属于生物群落的研究范畴。

种群生物学的最主要组成部分是种群遗传学（population genetics）和种群生态学（population ecology）。种群遗传学研究种群的遗传过程，而种群生态学则研究种群内各成员之间、种群成员与其他种群成员之间，以及种群与周围环境中的生物和非生物因素之间的相互关系。进化（evolution）是种群中个体基因频率从一个世代到另一个世代的变化过程，是对进化的一种最精细、最流行的定义。进化过程中的决定性阶段为物种形成（speciation）。物种进化通过种群表现出来，从进化论观点看，种群是一个演化单位（evolutionary unit）。

2.6.3 生物群落

生物群落是在一定区域或一定生态环境里各个生物种群相互松散结合的一种

单元。这种单元虽然松散，但由于其组成的种类及一些种群的属性表现出一些新的特征。广义地讲，生物群落是整个生态系统中有生命部分的总和。该部分包括三大类：植物（生产者）、动物（消费者，植食性昆虫为营养的消耗者，部分类群被确定为害虫）和微生物（分解者）。生物群落和生态系统一样是泛指的概念。可以用来指各种不同大小及不同自然特征的有生命物体的总和。小到一棵果树的生物区系，大到广阔的农田、草原和森林。根据其范围大小、物种成分、结构特点，生物群落又可分为主要群落和次要群落。将具有一定大小、结构完整，可相对独立，区别于邻近群落，只要有充分的太阳光能就可以茂盛存在的群落称为主要群落，如棉田植物群落、麦田植物群落等。主要依赖邻近生物群落的生物群体称为次要群落，如果园昆虫群落、玉米田昆虫群落等。昆虫群落是生物群落的一个组成部分或一个类型。昆虫群落在农田生态系统中占有重要的位置，它直接影响作物群落的生长、发育和生物产量，是农业生产管理中主要的治理对象。

生物群落的种类、结构特点及演化尽管是十分繁杂的，但都具有可以描述及研究的机理，有共同的规律。

生物群落和种群一样，也有一系列的属性，这些属性并不是组成群落的各个物种所能包括的，而是只有在群落水平上才具有的。群落的基本特性可以表现在以下 5 个方面。

（1）群落的相对丰富度，即群落中有多少个物种，这是首先要掌握的。一般认为，群落的物种数越多，群落的稳定性越好。

（2）群落中物种的均匀度，即群落中各物种种群数量的分布状况。群落的性质不但取决于各组成物种质的特征，还取决于量的特征。而量的特征就包括上述物种的数目和各物种种群数量两个方面。这两个统计量所描述的群落特点，可用多样性指数表示。

（3）群落的生长形式及其结构，各有其主要的生长形式，如果园、森林、农田、草地等，这些不同的生长形式，又决定群落的垂直分层结构、水平分布结构，以及时间结构变动。

（4）群落优势种，群落物种中并非所有的物种对群落特性都起同样的决定性作用，一般只有少数几种以其体形大、数量多或活动性强而左右着群落的发展。优势种就是那些具有成功的生态学条件，并对其群落内的其他物种具有调控作用的物种。

（5）群落营养结构，主要指群落内的能量转化、食物链和食物网的关系。

2.7 生态平衡、生态演替与生态修复

2.7.1 生态平衡与生态演替

2.7.1.1 生态平衡

生态系统始终处于不断变化发展的状态中，实际上它是一种动态系统。大量事实证明，只要给予足够的时间和外部环境保持相对稳定，生态系统总是按照一定规律向着组成、结构和功能更加复杂化的方向演进。在生态系统的早期阶段，系统的生物种类少，结构简单，食物链短，对外界的干扰反应敏感，抵御能力弱，所以系统比较脆弱而不稳定。当生态系统逐渐演替进入成熟阶段，生物种类多，食物链较长，结构复杂，功能效率高，对外界的干扰压力有较强的抗御能力，此时系统稳定程度高。这是由于系统经过长期的演化，通过自然选择和生态适应，各种生物都占据有一定的生态位，彼此间关系比较协调而依赖紧密，并与非生物环境共同形成结构较为完整、功能比较完善的自然整体，外来生物种的侵入比较困难；此时，还由于复杂的食物网结构使能量和物质通过多种途径进行流动，一个环节或途径发生了损伤或中断，可以由其他方面的调节所抵消或缓冲，不致使整个系统受到伤害。所以，生态系统的生物种类越多，食物网和营养结构越复杂，生态系统便越稳定。即生态系统的稳定性是与系统内的多样性和复杂性相联系的。

当生态系统处于相对稳定状态时，生物之间、生物与环境之间出现高度的相互适应，种群结构与数量比例持久地没有明显的变动，生产与消费和分解之间，即能量和物质的输入与输出之间接近平衡，以及结构与功能之间相互适应并获得最优化的协调关系，这种状态叫作生态平衡或自然界的平衡。

生态平衡是一种动态平衡，是生态系统内部长期适应的结果，即生态系统的结构和功能处于相对稳定的状态。其特征为：①能量与物质的输入和输出基本相等，保持平衡；②生物群落内物种种类和数量保持相对稳定；③生产者、消费者、分解者组成完整的营养结构，具有典型的食物链与符合规律的金字塔形营养级；④生物个体数、生物量、生产力维持恒定。

1. 生态系统自我调节能力

生态系统保持自身稳定的能力称为生态系统的自我调节能力。生态系统自我调节能力的强弱是由多方因素共同作用体现的。一般地，成分多样、能量流动和物质循环途径复杂的生态系统自我调节能力强；反之，结构与成分单一的生态系

统自我调节能力相对弱。热带雨林生态系统有着最为多样的成分和生态途径，因而也是最为稳定和复杂的生态系统；北极苔原生态系统由于仅地衣一种生产者，十分脆弱，被破坏后想要恢复需花费很大的代价。

生态系统通过反馈调节进行自我调节。当生态系统中某一成分发生变化时，它必然会引起其他成分出现相应的变化，这种变化又会反过来影响最初发生变化的那种成分，使其变化减弱或增强。

1）负反馈调节

负反馈调节是生态系统自我调节的基础，是生态系统中普遍存在的一种抑制性调节机制。例如，在草原生态系统中，食草动物瞪羚的数量增加，会引起其天敌猎豹数量的增加和草数量的下降，两者共同作用引起瞪羚种群数量下降，从而维持了生态系统中瞪羚数量的稳定。负反馈调节能够使生态系统趋于平衡或稳态。

2）正反馈调节

与负反馈调节相反，正反馈调节是一种促进性调节机制。它能打破生态系统的稳定性，通常作用小于负反馈调节，但在特定条件下，二者的主次关系也会发生转化。赤潮的暴发就是此类例子。

生态系统中的反馈现象十分复杂，既表现在生物组分与环境之间，也表现于生物各组分之间和结构与功能之间等。在一个生态系统中，当被捕食者动物数量很多时，捕食者动物因获得充足食物而大量发展；捕食者动物数量增多后，被捕食者数量又减少；接着，捕食者动物由于得不到足够食物，数量自然减少。二者互为因果，彼此消长，维持着个体数量的大致平衡。这是两个种群数量相互制约关系的简单例子。说明在无外力干扰下反馈机制和自我调节的作用，而实际情况要复杂得多。所以当生态系统受到外界干扰破坏时，只要不过分严重，一般都可通过自我调节使系统得到修复，维持其稳定与平衡。

2. 抵抗力稳定性

生态系统抵抗外界干扰的能力即为抵抗力稳定性，抵抗力稳定性与生态自我调节能力正相关。抵抗力稳定性强的生态系统有较强的自我调节能力，生态平衡不易被打破。

3. 恢复力稳定性

恢复力稳定性指的是生态系统被破坏后，在原地恢复到原来状态的能力。恢复力稳定性与生态系统的自我调节能力的关系是微妙的，过于复杂的生态系统（比如热带雨林）的恢复力稳定性并不高，原因是其复杂的结构需要很长的时间来重建；而自我调节能力过低的生态系统（比如冻原和荒漠）几乎没有恢复力稳定性，且抵抗力稳定性也很低；只有调节能力适中的生态系统有较高的恢复力稳定性，如草原的恢复力稳定性就比较高。

生态系统的自我调节能力是有限度的。当外界压力很大，使系统的变化超过了自我调节能力的限度即“生态阈限”时，它的自我调节能力随之下降，以至消失。此时，系统结构被破坏，功能受阻，以致整个系统受到伤害甚至崩溃，此即通常所说的生态平衡失调。

2.7.1.2　生态演替

古人云：“观今宜鉴古，无古不成今。”已经在中国存在了几千年的农耕文明，应该能给我们一些有益的启示。

古代人对自然现象的了解肤浅，加之生产力水平低下，被迫敬畏自然。工业革命以来，人类依靠各种科学技术与发明，掌握了自然的部分演变规律，便企图改变自然，结果对自然造成了严重的破坏。

生态演替，是一个生态学概念，是指随着时间的推移，一种生态系统类型（或阶段）被另一种生态系统类型（或阶段）替代的顺序过程，是生物群落与环境相互作用导致生境变化的过程。生态演替依演替趋向可分为进展演替和逆行演替。生态系统是动态的，在地球上诞生生命的几十亿年里，各类生态系统一直处于不断的发展、变化和演替之中。对生态演替理论的理解不仅有助于对自然生态系统和人工生态系统进行有效的控制和管理，而且还是退化生态系统恢复与重建的重要理论基础。

1. 发生过程

（1）先锋期。生态演替的初期，首先是绿色植物定居，然后以植物为生的小型食草动物侵入，形成生态系统的初级发展阶段。这一时期的生态系统，在组成上和结构上都比较简单，功能也不够完善。

（2）顶极期。生态演替的盛期，也是演替的顶级阶段。这一时期的生态系统，无论在成分上和结构上均比较复杂，生物之间形成特定的食物链和营养级关系，生物群落与土壤、气候等环境也呈现相对稳定的动态平衡。

（3）衰老期。生态演替的末期，群落内部环境的变化，使原来的生物物种不太适应而逐渐衰弱直至死亡。与此同时，另一批生物物种从外侵入。

2. 产生原因

生态系统演替的原因可分为内因和外因。

（1）外因。引起生态系统演替的外因有自然因素和人为因素。海陆变迁，火山喷发，气候演变，雷击火烧，风沙肆虐，山崩海啸，虫鼠灾害，外地动植物侵入等属于自然因素；砍伐森林，开垦草地，捕捞鱼虾，狩猎动物，撒药施肥等属于人为因素。这些因素或是单一作用或是综合作用于生态系统。

（2）内因。内因是生态系统内部各组成成分之间的相互作用，是生态系统演替的主要动因。以内因为动因的演替，称为内因演替。外因是外界加给生态系统的各种因素。以外因为动因的演替称为外因演替。外因演替虽然是由外界因素引起的，但演替过程本身是一个生物学过程，即外因只能通过使生态系统各组成成分及其相互关系发生改变，而使系统发生演替。

3. 螺旋式理论

所有生态植被均处于演替状态。演替状态分为不同类型，当没有外力破坏作用，或植被内在生理机制的反作用超过外力破坏作用时，是进展演替，否则是逆行演替。植被的内在生理机制决定着植被演替的方向和趋势，植被的演替是植被所在的空间生态位、时间生态位和信息生态位三种因素综合交织作用的结果。在一定的地区内，植被最后局部或全部达到与该地区相适应的最稳定、最平衡的状态，即顶极。一个气候区的所有系列的群落，只有一个气候顶极，但顶极并非终极，当达到顶极后，由于顶极群落内在生理机制的局限，它最终要回到原来演替的某一阶段，重新产生新的生物群落。这种往复不是简单的回归，群落对环境的改造作用更加强烈，群落继续向气候顶极演替，也可能会产生新的气候顶极。这样循环往复，使生物多样性不断增加，群落的生产力不断提高，对环境具有越来越强的改造作用，是一种螺旋式上升过程。当进行逆行演替时，在外力破坏作用停止，或群落内在生理机制的反作用超过外力破坏作用时，就马上进行进展演替，进入上述的演化循环状态。可见，生态演替是一种波浪式前进、螺旋式上升过程。

4. 演替方向

按演替的方向，生态系统的演替可分为正向演替和逆向演替。正向演替是从裸地开始，经过一系列中间阶段，最后形成生物群落与环境相适应的动态平衡的稳定状态，即演替到了最后阶段。最后阶段的生物群落叫作顶极群落，这一阶段的生态系统属于顶极稳定状态生态系统。

5. 原生演替

原生演替指在原生裸地上发生的演替系列。原生裸地指过去从未生长过植被的地段，如冰川退却、火山爆发、熔岩流的土地以及沙丘地等。按照基质的特征，可将原生演替分为旱生演替、中生演替和水生演替 3 种基本类型。

由裸岩到森林，可作为旱生演替的实例。裸岩缺乏持水能力，缺乏土壤，最初只能生长一些地衣和苔藓，经过长期的低等植物的定居，最后才能出现草本植物、灌木和乔木。这个过程可能长达几千年。

冰川退却的基质上所发生的植物演替，可作为中生演替的实例。

池塘、湖沼的植物演替是水生演替的实例，它要经过沉水植物阶段、漂浮植物阶段、苇塘阶段等，最后演变为森林阶段。

6. 次生演替

次生演替是在次生裸地上发生的植物演替系列。次生裸地是指由于砍伐、火烧、放牧、农业开垦等原生植被受到破坏的地段。这时，原生植被只是受到不同程度的干扰，并未彻底消灭。次生裸地的土壤具有较好的物理、化学和生物性状，适合植物（也包括乔木树种）的定居和生长。从次生裸地发展到稳定的群落，按照 F.E.克里门茨学说，要经历次生裸地→先锋群落→亚顶极群落→顶极群落的阶段。

2.7.2 生态退化与生态修复

2.7.2.1 生态退化

地球生态系统演化约 40 亿年后，为什么到如今发生大规模的退化？主要是由人类过分利用自然资源造成的。首先说明生态系统退化的自然原因。例如，在气候变化背景下，自然界中的物种要么适应，要么消失。60 万年前，北京地区尚分布有野象，当时森林非常茂盛，有大量的食物供应。大象南移显然是气候变化的结果。

全球共有十大类陆地生态系统，我国占其中九类，分别是热带雨林、常绿阔叶林、落叶阔叶林、针叶林、红树林、草原、高寒草甸、荒漠、苔原。我国唯一缺少典型的非洲萨王那群落（稀树疏林草地生态系统），但我国的四大沙地（浑善达克、科尔沁、毛乌素、呼伦贝尔）在健康状态下的结构与功能恰恰属于萨王那类型。这样，我国成为世界上唯一囊括全球所有陆地生态系统类型的国家。

然而，人类的生产生活加剧了自然生态系统的退化。事实证明，半个多世纪以来，我国的生态系统发生了不同程度的退化。生态退化与人类的破坏有很大的关系。20 世纪 60 年代，为了备战备荒，辽阔的三江平原、新疆绿洲、内蒙古草原被开垦，虽然今天变成了“米粮仓”和“棉花垛”，土地荒漠化和沙尘暴却困扰了我国首都和华北地区；70 年代的围湖造田、围海造田，使自然生态系统迅速碎片化、岛屿化，大量湿地消失，地球之“肾”发生萎缩；80 年代初，我国生态学家从丹麦和英国引进大米草护滩，大米草在引进区域并没有护住海岸（那里的大海向陆地侵入了 10km），反而迅速侵占了南到福建、北到辽东湾的海岸线，国家一级保护动物丹顶鹤栖息地因此萎缩，水产养殖也大受其害。由于围海造田，红树林面积由历史上的 25 万 hm^2，下降到目前的 1.5 万 hm^2。

近代发生的自然生态系统退化，大多是人类过分利用自然资源造成的。人们在山地大面积砍伐森林，在草原上过度放牧，在干旱区过分利用地下水、过度开发绿洲，在沿海围海造田等，造成了以森林、草原、荒漠、湿地为主的生态系统严重退化。

2.7.2.2 生态修复

自然界经历了几十亿年的演化后，各种过程都达到了动态平衡。一些自然灾害是环境要素正常波动的结果，即使海啸、火山和地震也是如此。

自工业革命以来，人类对生态系统进行了前所未有的破坏，20 世纪 60 年代后，对生态系统的重建与恢复成为一个重要问题。

生态系统在遭到破坏后对其进行恢复需要运用恢复生态学原理。恢复生态学是研究生态整合性的恢复和管理过程的科学，生态整合性包括生物多样性、生态过程和结构、区域及历史情况、可持续的社会实践等广泛的范围。恢复生态学的目标是重建某一区域历史上曾有的生物群落，并将其生态功能恢复到受干扰前的状态。

对生态系统进行重建关键是恢复其自我调节能力与生物的适应性，主要依靠生态系统自身的恢复能力，辅以人工的物质与能量投入，并利用生态工程的办法进行生态恢复。

利用自然力进行生态恢复最科学、最省力，也最省钱。生态恢复最应当选择那些原本存在的物种，即利用本地物种。人类要做的是帮助消除影响物种定居的破坏因素，如减少草原牲畜的过度啃食，或提供植被建植时必要的土壤条件。生态恢复之所以选择本地物种，是因为长期的自然演化中，本地物种最适合当地气候和土壤。

利用自然力进行生态恢复的过程，可以简单地理解为围封、多区围封和多区开放利用，就是在保证土壤不损失的前提下，保证自然分布的各类繁殖体（种子、孢子、果实、萌生根和萌生苗）等能够安家落户，并得以自然繁衍。在地球上的任何一个角落，只要存在生命生长的条件，这种自然力就能存在。

2.8 系统科学基础

钱学森院士提出，系统科学是从事物的部分与整体、局部与全局以及层次关系的角度对客观世界进行研究。生态植保技术体系是一个包含自然经济和社会经济的大系统，体现出生物与生物、生物与环境、生物与人类的错综复杂的交织关系的特点。以系统论思想为指导，采取系统科学分析方法构建与实践生态植保技术体系，现代植保思维方式必须发生深刻改变。以往研究植保问题，一般是把综合性极强的植保系统问题、植保生态问题分解成若干具体问题，分别研究病虫草鼠等有害生物的单一因素，然后再以单因素性质去说明复杂的植保问题。在病虫害防治上则企图采用单一技术（如化学农药的使用或单一天敌释放）解决复杂的系统性问题，实际上，在很多方面，部分与整体之间根本不存在对应关系。这种分解分析方法着眼于局部或要素，遵循单项因果决定论，虽然几百年来在特定范围内行之有效，但不能揭示事物的整体性和系统性，不能反映事物之间的联系和相互作用，它只适应于认识较为简单的事物，而不能胜任对复杂问题的研究。新时代的生态植保呈现现代科学的整体化和高度综合化发展的趋势，属于一个规模巨大、参数众多、关系复杂的综合性、系统性问题。系统科学分析方法高屋建瓴，纵观全局，站在时代前列，为解决现代植保复杂问题、建立新的生态植保体系提供了有效的思维方式。因此，作为现代科学的新潮流，系统论同控制论、信息论以及全息生物学理论等其他科学一起所提供的新思路和新方法，将为人类的思维开拓新路，促进植物保护及其他各门科学的发展。

2.9 生态植保的经济学基础

从农业生产的角度分析，生态植保是通过一系列的技术措施实现的经济行为，和其他任何经济行为一样，需要进行投资。对于成本和收益之间关系的评价，不能把生态植保经济效益作为一个抽象的、定性描述的概念，而是包含这一经济行为全程可以核算的所有内容。

2.9.1 害虫危害程度与作物产量损失

在作物—害虫子系统中，害虫的危害行为与作物受害后的反应决定着作物受害损失的程度。在农业生态系统中，研究害虫对作物经济产量结构的影响程度，分析作物—害虫子系统与环境之间的关系是测定作物受害损失和制订经济阈值的理论基础。

2.9.1.1 不同口器类型或行为特性害虫的危害特征

在作物—害虫子系统中，害虫对农作物的危害，通常是通过取食活动造成的。只有少数害虫（如飞虱、叶蝉）通过其他方式（如产卵、分泌行为等）也能对作物造成直接或间接危害。不同害虫的危害时期、部位、方式不同，造成的危害程度和表现形式也明显不同。

1. 咀嚼式口器

如蝗虫、黏虫等种类，这类害虫取食作物的叶片，使叶片残缺不全，甚至完全吃掉整张叶片。稻纵卷叶螟、稻苞虫、苹小卷叶蛾、瓜绢螟等则把作物叶片缠缀成苞，幼虫躲藏在苞中食叶；潜叶蛾和潜叶蝇类害虫，幼虫潜入叶内取食叶肉组织。它们的危害都是减少光合作用的面积，直接或间接对作物的产量和品质造成损失。

2. 刺吸式口器

如蚜虫、介壳虫、蝽类、叶蝉、粉虱、飞虱和叶螨等，这类害虫通过刺吸寄主植物体内的汁液，造成营养物质和水分的损失，并可促进病菌的侵入。同时，在刺吸过程中向寄主组织中分泌各种酶和有毒物质引起寄主植物的细胞坏死及新陈代谢机能失调。这类害虫造成的危害各种各样，如枯叶落叶、叶片变厚畸形、虫瘿瘤、变色等。有些刺吸式口器害虫，取食时还能传播病毒，比直接取食造成的危害更为严重。

3. 钻蛀性害虫

这类害虫钻蛀到寄主植物体内的不同组织部位取食生活，形成孔道或毁坏组织。有的直接毁坏收获部分，如果树食心虫类害虫、棉铃虫、桃蛀螟、玉米螟等；有的破坏植物的输导组织，造成寄主部分组织枯死，如稻螟虫、高粱条螟、豆秆蝇等；有的造成树势衰退，甚至死亡，如天牛、吉丁虫类。

4. 地下害虫

如蝼蛄、蛴螬、金针虫类等，这类害虫全生活史或部分生活史在土壤环境中完成，咬断植物根部或近地面的茎部，造成寄主植物枯死或虫伤株，常引起缺苗断垄。

总之，不同类别的害虫，有其不同的危害时期、危害部位和危害方式，因而造成危害损失的程度有明显的差异，最终集中表现在作物的品质和产量方面。

2.9.1.2　害虫种群密度与作物损失的关系

同一种害虫对农作物是否造成危害，主要取决于害虫的种群数量，即单位样方中的害虫数量。一般情况下，随着害虫种群密度的加大作物受害损失加重。但是作物—害虫子系统并不是简单的直线相关关系。害虫数量（或危害量）与作物产量的关系是一般的曲线关系（图 2-6）。虽然该曲线并不一定完全符合所有害虫的危害特征，但它明确指出在一定的虫量范围内（种群密度小时），并不会引起作物的产量损失。由此可知，在一定的虫量范围内，很多化学农药的使用是无效且毫无必要的，此期应该实施生物防治，保持低密度控制；当害虫密度增大时，由于作物具有一定的补偿能力，也不会造成作物产量太大的损失；但当害虫数量或密度超过作物所具有的补偿能力时，随着害虫数量的增加，作物产量会直线下降。这是进行作物产量损失测定、确定化学农药使用、实施生物防治计划的基本依据。

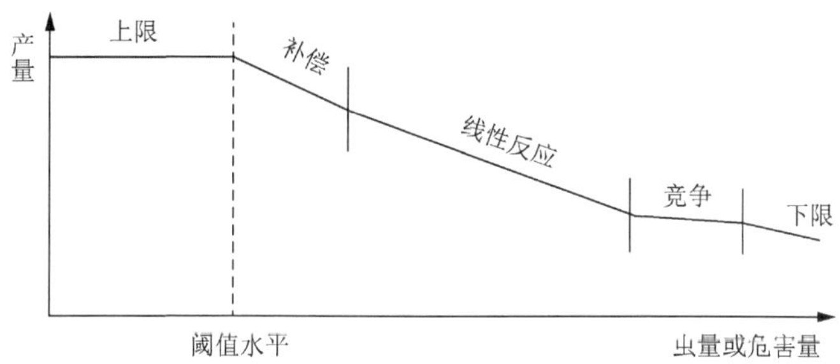

图 2-6　害虫数量与作物产量关系曲线图

2.9.1.3　作物的补偿能力

作物作为自组织能力极强的生命体，既有单株个体的自我保护本能，也有群体的生态维护功能，作物的受害损失不仅取决于害虫的数量（种群密度），而且也取决于作物对害虫危害产生的反应。作物并非在任何受害程度下都会引起减产，因为作物本身有一定的个体和群体补偿能力。在生态植保理论中，不可仅把害虫看成有主动进攻性的生命，把受害植物视为完全被动的无生命状态。作物受害虫危害后，其补偿作用的大小，随作物种类、品种、被害时期、被害部位及受害的程度等不同而有显著的差异。

水稻、小麦、谷子是分蘖力很强的密植作物，如在幼苗期遭受害虫（地下害虫、稻螟、麦秆蝇等）危害造成枯心苗或死苗时，可通过增加分蘖数避免或减轻受害损失。

棉花幼苗受蚜虫的危害造成卷叶，植株矮小，中、后期棉株生长发育具有极强的补偿能力，因而减产不明显。棉农的谚语有“棉花猴一猴，棉桃压塌楼”“棉蚜多，结的棉桃成疙瘩”，这在一定程度上说明棉花的补偿能力强。其原因是棉苗处于 6 片真叶前受害，营养物质应暂时受到阻碍，叶腋间正芽首先受到抑制，而副芽仍能继续生长发育，营养物质集中为果枝所利用，所以在危害程度不太严重时，蕾铃发育基本不受影响。但受害过程中，副芽也会受到抑制而推迟果枝的发育造成减产。

多年生果树和树木，受害虫危害后，补偿能力更强。柑橘全爪螨的危害，当叶面受害在 50%以下时，对成年柑橘树的生长、果实产量和品质没有显著影响。山楂遭受蛀食幼果害虫——山楂萤叶甲毁灭性危害时，山楂树能把当年 2/3 的营养贮存在树体中，形成足够的花芽，使第二年的产量比常年的产量增加 60%左右。这说明果树有年际补偿能力（王运兵和王连泉，1995）。

总之，作物受害后具有普遍的补偿能力，研究测定各种作物对不同害虫危害的补偿能力能更正确地评价作物受害程度。同时，可利用作物的补偿能力，为生物防治释放天敌昆虫提供更大的缓冲时空空间，有利于提高生态植保的经济效益、生态环境和社会效益。

2.9.1.4 环境条件对作物受害损失的影响

害虫危害造成的产量损失，主要取决于害虫的种群数量和危害程度，但环境条件也具有重要影响。在同一害虫密度和受害水平下，作物的不同品种、不同营养状况和不同的水肥条件等，作物产量损失往往有显著差异。作物品种在这方面的作用最为突出，如小麦吸浆虫危害时，'3039'小麦品种减产十分严重，而'豫原一号'小麦品种则基本不减产。

作物的播种期与受害程度存在密切关系。播种早的麦田比播种晚 10d 的麦田，冬前蚜量高出 5～12 倍。

棉盲蝽在植株的不同部位危害，对棉花的损害程度有明显差别，其中嫩叶、幼蕾受害损失严重，幼铃次之，而老叶及大龄叶则极少受害（王运兵和王连泉，1995）。

水肥条件与受害关系密切。如麦蚜在小麦灌浆期危害时，如果遇天气干旱则减产更大；如果水分供应充足、及时，则减产较少。

总而言之，影响害虫危害（或作物受害）造成损失的原因很多，机制也很复杂。

2.9.2 作物受害损失估测

生态植保的目的是运用生态植保技术体系，保证作物的产量和品质，兼顾经济、生态环境和社会综合效益。我们只有通过估测害虫危害对作物造成的损失，才能确定出科学合理的经济阈值，建立科学的技术体系，准确指导有害生物防治。

2.9.2.1 作物受害损失的表示方法

作物的受害损失包括作物的产量和品质两个方面。衡量损失大小的标准应以未受害的正常产量为参照。作物受害损失，通常用下列几种方式表示。

1）被害株百分率（有虫株率）

指调查受害株或有虫株占调查总株数的百分率。

$$P=\frac{m}{n}\times 100\%$$

式中，P 为被害株百分率；n 为调查总株数；m 为被害（有虫）株数。

2）损失系数

$$Q=\frac{a-e}{a}\times 100\%$$

式中，Q 为损失系数；a 为健康单株平均产量；e 为被害单株平均产量。

3）产量损失百分率

$$C=\frac{QP}{100}$$

式中，C 为产量损失百分率；Q 为损失系数；P 为受害株百分率。

4）单位面积实际损失量

$$L=\frac{\alpha Mc}{100}$$

式中，L 为单位面积实际损失量；α 为健康单株平均产量；M 为单位面积总株数；c 为损失百分率。

如果考虑田间各植株的受害程度不同，可将受害株分为几个等级。各级的标准可因害虫种类、寄主作物种类、危害部位、危害方式等而定。一般可分为4～6级受害标准。然后根据分级标准，分别调查统计各级的被害株百分率和损失系数，最后采用下式计算出产量损失百分率。

$$C=\frac{Q_1P_1}{100}+\frac{Q_2P_2}{100}+\frac{Q_3P_3}{100}+\frac{Q_4P_4}{100}+\frac{Q_5P_5}{100}$$

式中，Q_1～Q_5 为各级损失系数；P_1～P_5 为各级被害株百分率。

2.9.2.2　测定作物产量损失的基本方法

测定作物产量损失，通常采用模拟试验、田间实际调查和接虫控制密度试验等方法。

1. 模拟试验法

模拟试验是通过人为模仿害虫危害，进而间接推算作物受害损失的方法。模拟技术根据作物和害虫的种类不同而异，如棉铃虫为害棉花的蕾铃，可采用人工摘除不同数量蕾铃的办法；分析食叶性害虫（如黏虫）的危害，多采用去叶（剪叶）法进行模拟。模拟试验可用于田间，也可以用于室内。为避免实验误差，供试作物的长势及栽培条件应尽量保持一致。

多数学者认为，模拟方法的条件容易控制，能反映客观现状，特别对食叶性害虫危害损失的测定，是一种有效的辅助手段。但必须指出的是，有时用人工模拟害虫危害对产量和品质的影响，在时间和空间上与害虫实际危害的差异较大，且这种方法也难以模拟植株修补受伤组织和补偿损失的能力，因而与自然情况下害虫造成的产量损失有较大的差异。如人工去叶在很多方面都不同于害虫的实际取食，人工去叶把叶片一次性剪掉，而昆虫取食方法是在几天或几个星期内逐渐完成的，在这段时间里作物仍在生长，并补偿一些受损伤的组织；昆虫取食幼叶面积也是不连续的，呈大小不等的缺刻或孔洞，而人工去叶则是去除叶片的相同部分。

为克服人工模拟与害虫实际危害之间的差异，应在人工模拟时尽量做到如实同步。一是对害虫危害的所有器官都有模拟；二是要与害虫危害的进度一致逐步模拟；三是与害虫的危害空间基本一致。

2. 田间实际调查法

用此法估测害虫危害所造成的损失，最简单的试验方法是利用害虫自然种群的侵害和使用杀虫剂保护对照区不受损害，然后根据危害状分级统计，直接推算出作物受害的损失。应用这种方法的关键是受害分级标准要恰当正确，对受害与否要及时标记。

利用这种方法测定食叶害虫造成的损失时，为了获得作为对照的健康叶面积，常在一地段喷洒杀虫剂进行保护（其实杀虫剂使用也会产生一定影响），或直接选择健株进行统计。虽然植株之间叶面积的大小有差异，但通过足够的样本量便可求得统计学上有意义的结论。

2.9.2.3 人为接虫控制危害的试验

在人为控制的一定时间阶段和空间范围内，接入一定数量的害虫，将其危害量进行分级，再测定各级受害程度产量的损失。对世代周期短、繁殖力强的害虫，如蚜虫、粉虱、螨类等，其危害状难以分辨，往往以虫量或危害时间为依据进行受害损失测定。

王连泉等（1981）采用人工接蚜控制危害的方法，测定麦蚜混合群体危害与小麦产量损失的关系。试验采用群体接蚜控制危害（表 2-3）和单株接蚜控制危害（表 2-4）两种方法，得出不同蚜量危害后小麦千粒重的下降程度，并通过相关分析得出小麦千粒重与蚜量的回归方程式。

群体接蚜控制危害试验，孕穗至成熟期，$y = 41.11 - 0.19xr = -0.996\ 0$；抽穗至成熟期，$y = 34.79 - 0.20xr = -0.996\ 7$。

单株接蚜控制危害试验，孕穗至成熟期，$y = 36.97 - 0.11xr = -0.990\ 9$；抽穗至成熟期，$y = 33.82 - 0.13xr = -0.980\ 7$。

人为接虫控制危害的试验，除上述方法外，利用生命表技术也可为作物损失测定提供可靠的依据，或可直接进行作物产量损失的测定。

表 2-3 群体接蚜控制小麦产量损失

生育期	0	5～10 头		15～20 头		25～30 头		35～40 头		40～45 头		65～70 头	
	千粒重/g	千粒重/g	下降率/%	千粒重/g	下降率/%	千粒重/g	下降率/%	千粒重/g	下降率/%	千粒重/g	下降率/%	千粒重/g	下降率/%
孕穗期	37.1	36.3	2.2	34.9	5.9	33.4	10.0	32.9	11.3	31.9	14.0	27.6	25.6
抽穗期	34.5	32.5	5.8	30.8	10.7	29.8	13.6	29.3	15.1	27.7	19.7	24.6	28.7

资料来源：王连泉，石生福，王运兵，等，1981．麦田蚜虫发生特点与产量损失研究初报[J]．河南科技学院学报（自然科学版）(1)：30-38.

表 2-4 单株接蚜控制小麦产量损失

生育期	0	5 头		15 头		25 头		35 头		45 头		65 头	
	千粒重/g	千粒重/g	下降率/%	千粒重/g	下降率/%	千粒重/g	下降率/%	千粒重/g	下降率/%	千粒重/g	下降率/%	千粒重/g	下降率/%
孕穗期	40.9	39.6	3.3	38.9	4.9	36.6	10.5	34.5	15.7	32.4	20.8	28.4	30.6
抽穗期	35.1	33.8	3.7	32.0	8.8	29.5	16.0	27.5	21.7	25.4	27.6	22.4	36.2

资料来源：王连泉，石生福，王运兵，等，1981．麦田蚜虫发生特点与产量损失研究初报[J]．河南科技学院学报（自然科学版）(1)：30-38.

2.9.2.4 影响作物受害损失测定的因素

准确测定作物受害损失是一个十分复杂的问题，除了精确计算“作物—害虫”子系统中害虫的数量（或密度）或危害量，还有其他很多因素。

1）危害类型

一种害虫或多种害虫混合群体具有不同类型的危害。如玉米螟幼虫取食玉米心叶、钻蛀茎秆或直接为害雌穗；桑天牛则以幼虫钻蛀树干危害。它们造成的损失程度不同。

2）作物的补偿功能

影响作物补偿功能的因素很多，且被害株本身的补偿作用受作物生育期的影响也很大，而密植作物如小麦、水稻还有很强的群体补偿能力。

3）施肥

施肥影响作物产量相当复杂，在同一植株田即使土壤条件都相同，若在不同部位施肥不均匀，也会影响试验的准确性。

4）农药的影响

使用杀虫剂调节害虫密度水平时，农药除影响害虫和天敌外，也会不同程度地影响作物的产量和品质。目前，很多化学农药的使用目的本末倒置，本是为了保证作物产量和品质而去防治有害生物，但实际操作中反而在防治有害生物的同时严重影响了作物产量与品质。

5）与其他病虫害的关系

一种作物可能同时或同期遭受几种病虫害的侵袭。如果测定某一种害虫的产量损失，则需防治其他病虫的危害。如果测定几种病虫的危害损失，则需设计不同组合的复杂试验。

2.9.3　有害生物防治的经济阈值

对生态植保技术体系应有度、有序、有节奏地利用。经济阈值是技术应用控“度”的理论指标之一。经济阈值（economic threshold）的概念随着害虫综合治理的研究和发展不断完善，并在生产上广泛应用。

2.9.3.1　经济受害水平

作为害虫综合治理的一个基本概念，经济受害水平建立在技术与经济利益平衡关系上，其含意是，作物存在耐害性和补偿能力，因而存在受害允许密度。这种受害允许密度表达了不能见虫就打或不能除虫务尽的思维。病虫生活史是一个过程，种群数量积累也需要一个过程，病虫发生与造成危害不是等同的概念。对于有害生物的防治，在“治早、治小、治了”思维中，“治早、治小”是正确的，但是“治了”在生态学上是不现实的，更需要从经济效益角度进行分析。作物受害允许密度可视为作物本身的一种自然适应的生物学特性，为了明确描述害虫、作物受害和防治技术经济效益三者之间的关系，应明晰受害允许密度、受害允许水平、经济受害允许密度、经济受害允许水平等术语。

受害允许密度，是指作物所能忍受的害虫密度。在这个密度下，害虫并不引起作物产量损失和品质下降。产量损失和品质下降的大小完全由作物自身的耐害性和补偿能力所决定。如果害虫直接为害作物收获器官，而且只要有一个害虫危害，就势必引起产量和品质下降，那么该作物的受害允许密度为零。如果害虫只为害非收获器官，该危害与最终产量或品质的关系较为复杂。大多数作物具有耐害性和补偿能力，可以忍受一定数量害虫的危害而不至于影响产量或品质，这些作物的受害允许密度不为零。与受害允许密度相对应的作物受害水平，称为受害允许水平（图 2-7）。

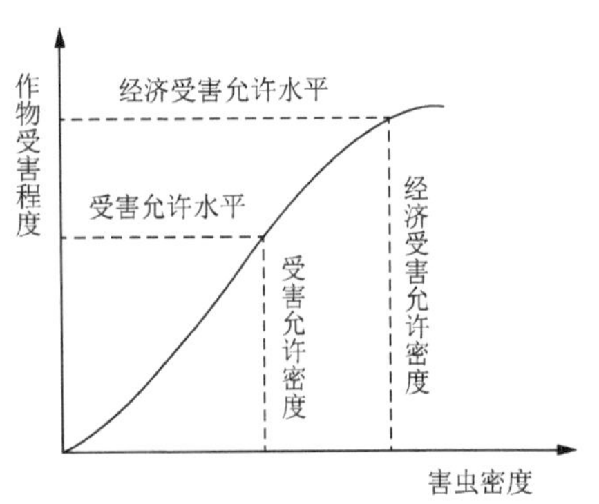

图 2-7　作物受害程度与害虫密度的关系

有关技术防治害虫的效果是随着害虫数量的增加而增加的。当害虫密度减少时，技术费用则逐步上升。当产量的增长与技术费用的升高相当时，与之相应的害虫密度则为经济受害允许密度。低于此点，技术费用大于产量的增长，但产量将遭到损失。同时，如果从生态环境角度分析，技术费用应把防治措施引起的生态平衡破坏（如生物多样性破坏和杀伤天敌）以及环境问题（污染及农药残留等）综合考虑进去。经济受害允许水平是指经济受害允许密度下的作物受害水平。这样理解便于把作物受害中的耐害性或补偿力、害虫密度和技术经济效益三方面的意义区别开来，有利于作物受害过程分析及防治阈值的研究。

2.9.3.2　经济阈值

目前，国内外对经济阈值概念存在许多不同的解释和推理，至今没有完全统一。普遍接受的经济阈值（或称防治阈值），是指应采取防治措施以防止害虫达到经济受害水平的害虫密度，即引起经济损害的害虫最低密度。这个定义认为，作为指导害虫防治的经济阈值必须在害虫达到经济为害水平之前，即经济阈值应低于经济受害水平。因而必须预先确定害虫发生导致的经济受害水平，然后根据害虫的种群增长曲线（具有预测性），求出需要提前进行控制的防治适期的害虫密度，这个密度就是“经济阈值”（图 2-8）。

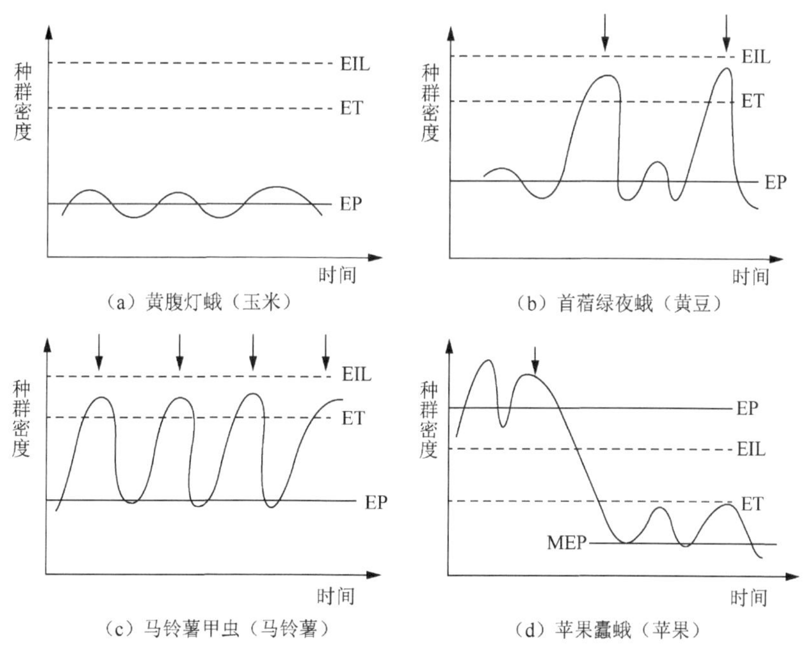

EIL. 经济受害水平　ET. 经济阈值　EP. 种群平衡位置　MEP. 改善后的平衡位置　↓. 控制害虫的投资。

图 2-8　几种典型情况下害虫的经济受害水平和经济阈值

这种意义下的经济阈值，在害虫种群数量尚未达到经济受害允许水平之前，使所采取的防治措施发挥作用，从而为使用天敌昆虫或其他生态植保技术提供了安全的时间幅度。

在生产实践中，往往存在害虫的主要危害期与最佳防治期不一致的状况。例如，一般认为防治稻褐飞虱，以大力压低主害代的前一代的种群数量为基础，从而控制主害代的种群数量，甚至再提前一代进行源头治理为较好的策略。鳞翅目害虫，高龄幼虫的食量大、抗药性强，对作物造成的危害最大。对鳞翅目害虫的最佳防治期应在低龄期，甚至应实施全虫态防治。因此，用于确定经济受害水平的害虫虫态（或时期）与防治虫态（或时期）不一致，后者往往需要提前。

2.9.3.3　经济阈值模型

在有关经济阈值理论研究的基础上，国内外学者经过深入的研究，提出各种形式的经济阈值计算模型。

1. 固定经济阈值模型

害虫的经济阈值常常因作物种类、害虫种类、天敌因素、气候因素、防治技术及防治费用等因素而不同，把这些特定因素条件下的经济阈值称为固定经济阈值，其模型为

$$T=\frac{C}{P\cdot D\cdot F}$$

式中，T 为经济阈值；C 为防治成本；P 为产品市场价格；D 为单位虫量所造成的损失；F 为防治效果。

一般要在求出单位虫量所造成的损失后，代入产品市场价格、防治效果和防治成本的固定值，便得到固定经济阈值，无须了解其他信息，即把经济阈值只看成是害虫种群数量的函数。

2. 建立害虫种群数量（为害量或危害程度）与危害之间关系的数学模型

这类数学模型是通过反函数关系来确定经济阈值的。王运兵和王连泉（1995）测定了麦蚜数量与小麦千粒重下降的关系，建立了直线相关回归式：

$$y=29.628\,8-0.026\,999\,2x$$

式中，y 为千粒重；x 为麦蚜数量。

一般防治小麦蚜虫在 4 月底至 5 月上旬，以每亩需药（氧化乐果）1.00 元，耗工费 1.50 元，机具损耗费 0.35 元，施药造成的人为损失 0.25 元，合计每亩费用 3.10 元。防治效果为 95%，小麦价格为 0.46 元/kg。这样推算出防治一次小麦蚜虫每亩需要保护的小麦产量为

$$3.10\div0.46\div0.95=7.09\text{（kg）}$$

小麦的产量一般为每亩350kg，故产量允许损失率为 $7.09 \div 350 = 2.03\%$，$y = 2.03$，求反函数 x 为，$x = (29.628\ 8 - 2.03) / 0.026\ 999\ 2 = 1\ 022$（头/百株），1 022 头/百株即为麦蚜的经济阈值。

3. Chiang 氏通用模型

Chiang（1979）认为经济阈值的确定通常应包括影响害虫田间种群数量及作物受害形成过程的若干因素，提出以下模型：

$$\mathrm{ET} = \frac{\mathrm{CC}}{\mathrm{EC} \cdot Y \cdot P \cdot \mathrm{YR} \cdot \mathrm{SC}} \times \mathrm{CF}$$

式中，ET 为经济阈值；CC 为防治费用，包括农药、人工、机具磨损费等；EC 为防治效果；Y 为产量，因作物品种、密度、栽培技术等而异；P 为产品价值（单价），常受市场因素影响而波动；YR 为害虫危害所造成的产量损失（%）；SC 为生存率；CF 为临界因子，通过校正防治费用进一步确定经济阈值的因子。

在这个模型中，防治费用（CC）和产品价值（P）为影响经济阈值的主要因素，应首先加以研究。至于其他因素的影响，公式中只反映出外界条件对害虫种群密度的影响，并且包含预测预报的内容。显然这个模型对于为害期（确定经济受害水平时）与防治时期不一致且距离较长或年份间有变化的害虫更有意义。

王运兵和王连泉（1995）曾用这个模型研究麦蚜的经济阈值。根据试验结果，未受害小麦亩产 496.8kg，小麦当时的单价为 0.46 元/kg，防治费用为每亩 3.075 63 元（包括药费 1.575 63 元，人工费用和机具损耗费 1.5 元），防治效果为 99%，平均每头蚜虫造成的损失为 0.000 013 787kg，为害期的存活率为 0.92%，临界因子确定为 1，将数据代入上式为

$$\mathrm{ET} = \frac{3.075\ 63 \times 1}{99\% \times 496.8 \times 0.46 \times 0.92\% \times 0.000\ 013\ 787} = 107\ 177.068$$

经换算，防治指标为

$$107\ 177.068 \times 787 \times 0.000\ 013\ 787 = 1\ 163\text{（头）}$$

这样，麦蚜的防治阈值为每百株 1 163 头，与上种方法测定的阈值相接近。

4. 生物防治的经济阈值

陈常铭（1984）在研究稻纵卷叶螟的经济阈值时，先求出无天敌时的经济阈值（每百丛 54 头幼虫），然后求出主要天敌稻纵卷叶螟绒茧蜂寄生功能反应的 Holling 模型：

$$n = \frac{0.402\ 3 \times t}{1 + 0.067\ 7x}$$

式中，n 为被寄生的幼虫数；x 为寄生密度；t 为间隔时间。

若每百丛水稻有绒茧蜂 1 头，4d 后则可以寄生的稻纵卷叶螟幼虫头数为

$$n=\frac{0.402\ 3\times t}{1+0.067\ 7x}=\frac{0.402\ 3\times 54\times 4}{1+0.067\ 7\times 54}=18.66$$

因此，考虑到天敌因素时，稻纵卷叶螟幼虫的经济阈值可放宽到 54+18.66=72.66 头。此研究对探讨天敌对经济阈值的影响提供了方法。

两种天敌昆虫组合或两个生防因素的叠加效应也可以用这个方法进行推算。

5. 复合经济阈值

生态植保防治害虫有两种主要类型，即种群治理和群落治理。种群治理为孤立的单一天敌利用，群落治理是嵌入式生物防治或生态调控。由于群落治理要涉及两个及更多的害虫种类，切不可采取一项防治措施，因此研究起来比较复杂。目前多研究两种或三种害虫为害损失的复合经济阈值，采用的方法可以分为以下两类。

1）混合为害损失指标法

用这种方法的要领是建立混合种群为害损失模型。章首北和龚慧青（1985）建立了褐飞虱和白背飞虱混合为害的损失模型：

$$y=-0.161\ 2+0.287\ 9x_1+0.725\ 2x_2\pm 2.222\ 9$$

式中，y 为产量损失率；x_1 为白背飞虱每百丛虫量；x_2 为褐飞虱每百丛虫量。

如果稻飞虱混合种群药剂防治一次约需成本 2.5 元/亩，水稻产量水平按 400kg/亩，虫害损失量为 3%计算，喷药可挽回损失 2.6 元/亩，收支近平衡。因此，经济受害水平应在 3%以上，初步认为 3%～5%较适宜（章首北和龚慧青，1985）。这样可以根据上述模型进行决策。把田间实际调查的 x_1、x_2 数据代入上式，如果 y 大于 3%，说明已得到混合种群的经济阈值，必须及时进行防治，反之则否。

2）标准害虫经济阈值法

对于危害方式相似或相同的有害生物，如吸汁、食叶、蛀茎等可采用为害损失当量法。例如，已知禾缢管蚜的经济阈值为 1 200 头/百株，麦长管蚜的防治指标为 799 头/百株，设麦长管蚜的当量系数为 1，则禾缢管蚜的当量系数为 799÷1 200=0.665 8。如果田间调查麦长管蚜为百株 500 头，禾缢管蚜为百株 800 头，则标准化头数（危害当量数）= 麦长管蚜头数×麦长管蚜当量系数+禾缢管蚜头数×禾缢管蚜当量系数=500×1+800×0.665 8=1 033 头，说明已达到 799 头的麦长管蚜的经济阈值，应及时开展防治。

2.9.4　生态植保降低农业生产成本增加经济效益分析

在现代农业生产体系中，病虫害的发生除了造成直接的产量损失，还诱导化学农药的使用，其成本占整个农业生产成本的比例很大。有人统计山东省小麦亩生产成本/收益状况（表 2-5）。

表 2-5 流转 1 000 亩种植小麦的成本/收益表

序号	项目名称	亩投入/元
1	租金	600
2	种子	50～60
3	整地	200
4	肥料	150
5	农药	60～70
6	浇水	50
7	收割	80
小计		600～1 210

资料来源：刘玉升 2018 年所进行的社会调查（没发表）。

1 亩投入成本 600～1 210 元，有些项目成本会有所下降。以亩成本 600 元、投入农药 60 元计，化学农药成本占比为 1/10，而采用生态植保技术至少可使成本降低到农药成本的 50%。

第三章 生态植保技术体系

生态植保技术体系，应强化病虫害源头治理措施，以预测预报数据为依据，大力推进物理防治技术。也应大力推进生物防治，全面利用生态调控手段，实现农业绿色发展的目标。

在病虫害源头治理领域，要建立两个概念之间的关系，一是病虫携带载体或潜伏场所的生物质资源性，二是促进生物质资源或有机废弃物的产业转化。突出“微生物—环境昆虫”组合技术，推进昆虫资源现代产业发展，通过经济发展的内在动力促进清洁田园、环境，实现压低原始病虫源基数。

在预测预报领域，应充分利用大数据分析等技术和手段，提高预测准确性。

在物理防治技术领域，要大面积试验推广，研发多功能一体化装备。

生物防治，突出天敌昆虫的生产繁育、释放应用和效果评价，以及生物农药、特异性杀虫剂、性诱剂、食诱剂的研发与应用。

生态调控，除环境温湿度和光照等调控外，应根据种植作物的不同突出人工生草、人工生态庇护所的建造，为天敌昆虫的培育、释放和植株自繁创造条件。将生物防治与生态调控相结合，构建生物治理技术嵌入型农业生态系统。

有害生物的管理应建立在深入了解有害生物，及与之相关的有益生物的生物学特性，以及它们在农业生态环境中的相互作用和它们生命周期的薄弱环节等基础之上。即针对不同作物种类、有害生物种类及重要性，并结合不同的生态环境条件，采取一系列科学管理的调控技术，实现农业绿色发展。解决复杂的农业生产问题，需要整合相关领域的先进技术成果，构建完整的技术体系。生态植保体系的研究与实践正符合这一趋势。

生态植保涵盖的预测预报、生物质资源利用消除病虫源、物理技术、生物防治和生态调控多个领域，已有的研究成果均呈分离和单方面存在的状态。生态植保技术体系的根本点在于将多项技术措施融合，互为补充、互为条件、取长补短、协同增效、一体化运行，使体系内的各项技术要素科学化和合理化地发挥作用。

3.1 病虫害源头治理技术

在农业生产过程中，除种子、果实和瓜菜可食部分外，还有秸秆、秧蔓、枝叶，以及落果、烂果、烂瓜和块根等生物质。这些都是可以利用的生物质资源。

近十几年来，我国大面积推行秸秆还田，起到积极的提升地力的作用，但未腐熟的秸秆以及尾菜进入农田，导致病虫源积累，发生与危害逐年加重，如地下害虫（如蛴螬、金针虫）等。近年还诱发了一些新害虫，如玉米田的二点委夜蛾、小麦田的白眉野草螟等。

有机废弃物的资源化利用，不仅有利于解决环境污染，而且可以从源头上减少病虫源积累，防控病虫害的发生与危害，催生新产业，促进农业可持续发展。

3.1.1　有机废弃物收集、运输和贮存

有机废弃物——田园废弃、散落的作物有机物料为多种作物病虫害的携带载体或潜伏场所，是下一年度、下一季节或下茬作物、下代病虫害发生之源。

田园卫生主要是借助农事操作，清除农田内的病虫害携带载体及其滋生场所，改善农田生态环境，减少病虫害的发生与危害。作物的间苗、打杈、摘顶、脱老叶，果树的修剪、刮老树皮，清除田间的枯枝落叶、落果、遗株等，均可将部分害虫和病残体带出田外，减少田间的病虫害数量。田间杂草也是病虫害的野生过渡寄主或越冬场所，清除杂草可以减少作物病虫害的侵染源。因此，清理田园，尤其是冬季果园的清理，已成为一项有效的病虫害防治措施。

采用适当的方法、机具和后处理措施适时收获作物，对病虫害的防治具有重要作用。一些害虫在作物成熟时即离开寄主，进入越冬场所，及时处理是有效的防治措施。如取食大豆的大豆食心虫和豆夹螟，在大豆成熟时幼虫脱荚入土越冬，如能及时收割、尽快干燥脱粒，即可阻止幼虫入土，减少次年越冬虫源；桃小食心虫也具有类似习性，因而适时处理果实堆放场所，可以减少其越冬虫量；对于一些晚发害虫，如果提早收获作物，中断害虫的食物来源就会加速其死亡；水稻螟虫在植株基部茎内越冬，采用高茬收割，可使大部分幼虫留在稻桩内，随后利用耕翻沤田而将其杀死。

随着乡村振兴战略的实施，环境卫生越来越受到重视，由城乡环卫扩展至乡村庭院环卫，由农村村落环卫进而扩展至农田环卫已经可以实现，借助于环保装备农机化可以大大提高清洁田园的效率（图 3-1 和图 3-2）。

图 3-1　环卫清扫收集车

图 3-2　环卫收集装袋的绿化行道树落叶

3.1.2　有机废弃物堆腐技术

绝大多数农作物、果树、蔬菜以及其他各种植物残体均是各种病虫害的依附载体或越冬潜伏场所，通过堆腐处理，是一种有效的灭菌除虫方法。

在堆积、腐热制作昆虫秸秆饲料的过程中，产生的高温可杀死杀伤大部分病原菌和害虫，压低病原基数，降低虫口密度，还可以产生一些有益微生物，从而减轻作物病害的发生，如小麦的根腐病、纹枯病，西瓜重茬病，马铃薯晚疫病等。同时也减轻虫害和草害的发生，还具有解决重茬、固氮、解磷钾、改善农作物品质等多种功效。

3.1.2.1　有机废弃物堆腐原理及过程

有机废弃物堆腐处理，可通过科学施用腐解菌剂，加快有机物料的腐熟速率，打破病菌与寄主载体的同步发展关系，恶化病菌的营养条件和环境，从而使病菌饥饿而死。

腐解菌剂的主要菌种包括：乳酸菌群（植物乳酸菌、戊糖片球菌、嗜酸乳酸杆菌、布氏乳酸杆菌），酵母菌，促生长因子等。特效性制剂活菌总数大于 1.0×10^{10}cfu/g；普通型制剂活菌总数大于 5.0×10^{9}cfu/g。

菌种协同酵化机理，乳酸菌群（嫌气性）以嗜酸乳酸杆菌为主导。乳酸具有很强的杀菌能力，能有效抑制有害微生物的活动和加快有机物的急剧腐败分解，维持生态平衡，被称为“后抗生素”。乳酸菌在有机物酵化分解上发挥重要作用，它能分解常态下不易分解的木质素和纤维素，并消除未分解有机物产生的种种弊端，合成各种氨基酸、维生素，并产生消化酶。

3.1.2.2　田间有机物料堆腐杀虫及灭菌的效果

很多害虫以不同虫态附着或潜藏在作物病残体上。如白粉虱、潜叶蝇等，通过堆腐处理可以直接灭杀。如玉米螟存在于玉米秸秆髓部、玉米果穗根茬等部位越冬，可采用早春封垛处理或在羽化前加工、处理秸秆的方法防治。茭白一代螟虫防治采取在越冬代化蛹前处理茭白桩（蔸），将茭白桩（蔸）用于烧焦泥灰或用于沤肥的方法。茶、桑、果园采用修剪、清园、摘除虫茧等方法，可减少越冬虫源。

对于病菌，由于病菌的发育与其附着的原寄主组织的腐败过程之间存在同步进展的关系，若人为施用腐解菌剂，加速植物组织的腐败进程，其上附着的病菌的生存环境受到破坏，病菌将得不到充足的营养，不能完成正常的生长发育过程，从而达到“饿死”而灭杀病菌的效果。

3.1.3　改良融合大型沼气工程技术

在目前农业生产、社会经济发展的大背景下，发展沼气的主要矛盾发生了变化。我国初期发展的分布式中小型沼气工程，主要是为了解决农村能源问题。近二十年来发展的大型沼气工程，主要是伴随着畜牧业的规模化发展，大量集中产生的畜禽粪污处理的需求而发展起来的。经过长期的运行实践证明，无论分布式中小型沼气工程还是大型沼气工程都存在一些技术或运行的缺陷，如产气不足、产气不稳、受物料气候影响较大、沼液沼渣的二次处理、受新能源冲击巨大、存在安全隐患等问题。

改良融合大型沼气工程技术的优点表现为：一是一次性贮存有机物料数量大，二是不再以产气指标为目的，三是不再苛求产气不稳，四是配套相应规模的昆虫养殖场和生物系统处理工艺，对沼渣、沼液进行实时全量转化处理。

3.1.4　玉米秸秆制备环境昆虫饲料的模式案例

作物秸秆的传统利用方式中以发酵有机肥最为普遍，有机肥国家标准中有机质含量达到45%、腐殖酸含量保持10%左右。为了突破玉米秸秆的传统利用途径，实现玉米秸秆等农业废弃物的环保、清洁、高速、高效、高值化利用，探索了堆腐—微生物分解—环境昆虫饲料化新工艺。

以玉米秸秆为主要堆腐对象，分别以泥炭和牛粪作为堆腐辅料，研究发酵过程中有机质、腐殖酸、发酵温度的变化。结果显示，秸秆和泥炭组，在发酵27d时有机质含量达到47.01%（>45%），腐殖酸含量最高（24.31%），酵堆温度为51.4℃。说明秸秆和泥炭、秸秆和牛粪混合堆腐制备环境昆虫饲料是可行的。

3.1.5　蚯蚓过腹转化

蚯蚓是环节动物门寡毛纲的陆栖无脊椎动物。蚯蚓遍布世界各地，多达2 500余种，我国已发现和定名的蚯蚓有150种左右，主要养殖种类可根据地域条件和转化处理的有机废弃物类别进行选择。蚯蚓为腐食性，畜禽粪便以及稻草，各种鲜、干杂草，树叶、瓜果、尾菜，甚至餐厨废弃物等经过发酵后都能食用。经过堆腐的各种田间有机物料均可通过蚯蚓转化处理。蚯蚓一天的摄食量与自身体重大致相等，其中一半作为蚓粪排出。生产1t鲜蚯蚓，要利用70～80t堆腐有机物料。

3.1.6　环境昆虫过腹转化

昆虫种类繁多，食性分化明显。据统计，在所有的昆虫中，取食植物的约占48.2%，称为植食性；取食腐烂物质的约占17.3%，称为腐食性；寄生性昆虫占

2.4%；捕食性昆虫占 28%；后两项合称肉食性；其他都是杂食性的，它们既吃动物性食物，又吃植物性食物。

腐食性昆虫以生物的尸体、粪便为食，有的将尸体掩埋入土，成为地球上最大的“清洁工”。粪食性和腐食性的昆虫同微生物联合分解各类有机废物，对净化环境、自然界的能量循环起着十分重要的作用。

环境昆虫是指腐食性昆虫，如蜣螂、水虻、蝇蛆、蛴螬、埋葬甲等，它们以动植物残体或排泄物为生，是地球上最大、最勤劳、最高效率的“清洁工”。腐食性昆虫一方面可以直接破碎、裂解有机废弃物碎屑，另一方面由于先期的破碎、裂解活动大大加强了微生物对生物残骸的分解，二者相互促进，加速了这些物质的再循环，对环境修复发挥了巨大的作用。其中有些已经成为经典案例，如澳大利亚为了解决牛、羊等反刍动物粪便对牧草的毁坏，从我国引进神农蜣螂。

3.1.7 其他病虫害“源头治理”措施

1）种苗消毒处理

种苗消毒处理包括浸种、晒种、种子包衣、育苗嫁接等措施，使种子、苗木不带病原菌等有害生物，这是培养健康种苗的重要环节。近年来为防止黄瓜绿斑花叶病毒病的发生，在播种前，无论是西瓜或葫芦的种子都必须进行种子消毒处理。将干种子放在 70℃以上的高温处理 2d，可使黄瓜绿斑花叶病毒完全丧失活力而死亡。此法有效控制了该病的快速扩散蔓延。

2）生石灰土壤消毒

作物连茬种植，不进行轮作倒茬，会使土壤中的病菌和虫卵（蛹）积累，严重影响作物生长，尤其是大棚生产，棚内长期与外界环境隔断，处于高温高湿的人工“微环境”，非常有利于病菌和虫害的繁衍，所以，对土壤进行消毒尤为重要。撒施生石灰消毒土壤是最便捷的方法之一。

3）人工机械防治

人工机械防治是利用人工或简单机械，汰选或捕杀防治有害生物的一类措施。如种子筛选、水选或风选，可以汰除杂草种子和一些带病虫的种子，减少有害生物传播危害；拔除病株、剪除病枝病叶或刮除茎干溃疡斑等，对于控制种传单循环病害具有很好的控制效果。对害虫防治常使用捕打、震落、网捕、摘除虫枝虫果以及刮树皮等方法。如用适当的工具对拍，防治缀叶营巢危害的稻苞虫；利用夜间为害后就近入土的习性，人工捕杀小地老虎高龄幼虫；利用细钢钩勾杀树干中的天牛幼虫；利用某些害虫的假死行为，将其震落消灭等。此外，人工机械除草、利用捕鼠器捕鼠等也是有效的防治技术。

4）深耕灭茬

农业生产常用手段，如翻耕、灌水、修剪、轮作、间套种、覆盖等均可达到消灭病虫源的目的。如防治越冬代水稻螟虫可采用冬翻、灌水杀蛹，降低越冬基数。

土壤翻耕，特别是进行深耕整地和改变环境，可使生活在土壤中和以土壤、作物根茬为越冬场所的有害生物经日晒、干燥、冷冻、深埋或被天敌捕食等而被治除。冬耕、春耕或结合灌水常是有效的防治措施。对生活史短、发生代数少、寄主专一、越冬场所集中的病虫，防治效果尤为显著。中耕则可防除田间杂草。

5）田间管理

田间管理贯穿整个植物生长的全过程，包括育苗期间和栽培生长期间的田间管理。具体管理措施有清洁田园处理残枝落叶、灌溉、增施有机肥，以及及时收获等。清洁田园对于果园、菜园等高效经济作物田病虫防治具有重要作用。每年冬春季节结合果树修剪，刮除树干翘皮、清理田间残枝落叶等，可有效破坏果园越冬害虫环境；菜田收获后，及时清理秧蔓，可减少下茬病害侵染源。灌溉可使害虫因缺氧而窒息死亡，采用高垄栽培模式，降低大白菜田间湿度，可减少白菜软腐病的发生。腐熟有机肥，可杀灭土壤中的病原物、虫卵，合理施用氮、磷、钾肥，可减轻病虫危害程度。收获时期及收获后的处理，也与病虫防治密切有关。如大豆食心虫、豆荚螟，均以幼虫脱荚入土越冬，若收获不及时，或收获后堆放田间，就有利于幼虫越冬繁衍。因此，作物成熟后，应及时收获，并进行田间清理。

3.2　病虫害预测预报技术

生态植保更加注重病虫害源头治理、全程防控，将“突击式末端治理”转变为“系统化整体治理”模式。病虫害预测预报技术强化了“病虫害是今天发现的，但不是今天发生的”的动态过程意识。预测预报是提高防控技术效率效果的基础和前提。

3.2.1　病虫害主要调查方法

农作物有害生物调查方法是否恰当，与预测结果密切相关。因此，调查项目、调查时期、调查次数、调查方法都要根据有害生物的种类不同而制定出相应的科学规范，从而达到准确预测的目的。

3.2.1.1　害虫种群密度调查

害虫种群密度是表征害虫种群数量在时间、空间上分布的一个基本统计量。害虫种群密度可分为绝对密度和相对密度，前者是指一定面积或容量内害虫的总个体数。通常人们是通过一定数量的小样本取样，如每株、每平方米、每千克等来推算绝对密度，或通过一定取样工具（如诱捕器、扫网等）的虫数来推算绝对密度。常用的相对密度调查方法有直接观察法、拍打法、诱捕法、扫网法、吸虫器法和标记—回捕法。

1. 直接观察法

直接观察法是取单株或一定面积、长度、部位、容量为样方，直接观察记载所调查对象的数量或行为、危害状等项目。在调查群落时先观察记载大型的移动快的种类或虫态，再调查其他小型的移动慢的种类或虫态，最后调查固定的种类或虫态。调查时要根据病虫发生特点，注意观察植株的相应部位或指定的部位，如叶的正反面、茎秆、叶柄、叶腋、花、果实等。指定的部位如查红铃虫卵重点注意调查花萼下，调查豆荚螟卵时除荚毛上，要重点注意花萼下。调查时要同时记载植株的生育期，果树还要记载所查部位及树冠、树干方位等。

单株调查适合用于高大植株的成熟期或有整齐株行距的作物，如棉花花铃期、玉米结实后等。该法尤其适用于群落或复合种群的研究调查，同时也可用于研究种群空间分布型的调查。

一定面积或行长、部位调查，则常用于作物苗期、密植作物（如直播稻田）或果树、林木。取一定枝条或叶片调查观察。

绝对密度换算：

单株调查：

$$N=\left(\sum n_i\right)/n\times D \tag{3-1}$$

式中，N 为每公顷害虫数；n_i 为第 i 株的害虫数；n 为调查总植株数；D 为每公顷总植株数。

一定行长调查：

$$N=\left(\sum n_i\right)\times 10\ 000/\left(L\times M\right) \tag{3-2}$$

式中，N 为每公顷害虫数；n_i 为第 i 行样的害虫数；$\sum n_i$ 为调查的总害虫数；L 为行距（m）；M 为行样的长度（m）。

式（3-2）中 10 000 是由于 $1\text{hm}^2=10\ 000\text{m}^2$。

2. 拍打法

拍打法是用一种接虫工具如白色盆或样布，用手拍打一定植株或行长植株，再用目测或吸虫管计数害虫种类及数量的方法。

拍打法适用于调查假死性昆虫，如稻象甲、某些叶甲或鳞翅目幼虫、半翅目盲蝽等，一般不适用于易飞动或跳动的昆虫。此法在植株苗期适用，在成长期调查时误差较大。增加一定拍打次数可提高捕获率。

在以株为单位拍打时可换算为百株密度或每公顷密度。以一定行为单位拍打时，可按式（3-2）换算。

3. 诱捕法

诱捕法是利用一种诱引工具或物质，通过引诱捕获来调查害虫的相对数量。通常只用来比较不同地点或时间的种群密度，如用单位时间（如日）或世代累计诱捕数来做比较，必要时也可通过标记—回捕法先测试出引诱的范围和效果（诱捕率），再粗略推算绝对密度。

应用最广泛的诱捕法是灯诱法和性诱法，其他方法还有，杨树把诱棉铃虫，糖醋酒液诱黏虫、小地老虎、梨小食心虫等，稻草把诱黏虫卵，黄色水盆诱蚜虫，粘胶板诱美洲斑潜蝇，草堆诱蝼蛄，薯片诱甘薯小象甲等。

（1）灯诱法。灯诱法是利用昆虫对一定光波光源的趋性来诱捕昆虫，它所取的单位也是相对密度单位，即以日虫量或高峰期虫量或世代累计虫量表示。

（2）性诱法。昆虫雌雄交尾的化学信息联系物质即信息素或称性激素。可人工合成其标准化合物，制成性诱剂和诱芯，放在诱捕器上诱捕昆虫。性激素主要有雌激素和雄激素，目前在生产上应用的大都为雌激素。

性诱法除用雌激素作诱源外，还有雄激素、追踪信息素、聚集信息素、警报信息素或种间的利他素（kairomone），或益己素（allomone），但多处于研究阶段，应用实例较少。

4. 扫网法

扫网法捕捉和调查害虫密度的效率高、省工、省时，适用于调查体形小、活动性大的昆虫如潜蝇类、粉虱类、盲蝽类、叶蝉类，以及寄生蜂、蝇类等。

扫网的方法可有两种，一种方法是按一定作物行长面积逐行调查，扫网时先将网口插入植株叶层中部，网口向前作“S”前进式扫网，每一网到头时，网口作180° 转向。这种扫网法有面积单位。另一种方法是按顺序每隔一定距离扫网一次，常以百网虫数计算，只作相对密度比较，无面积单位。

扫网法所得数据常以百网虫数作相对密度进行比较，但对上述按行长扫网，可按式（3-1）换算成绝对密度。

5. 标记－回捕法

用标记－回捕法估计种群密度的原理是，先捕捉一定数量的活个体，用人工标记后，重新释放到自然中去；被标记的个体均匀地分布到自然种群中，和未标记的其他自然种群个体充分混合；然后用各种高效率的诱捕方法进行再捕捉；根据再捕捉到的标记个体在总捕捉数中所占的比例，来估计自然种群的状况。标记－回捕法适用于一些活动性大的动物或昆虫，或调查环境特殊、用一般方法难以查清的情况，如大草原、森林、水域或特定的越冬场所等。在研究昆虫迁飞规律时曾用来测定黏虫、稻飞虱、稻纵卷叶螟等的迁飞特性及路径，也可用来测定小范围内的迁移、扩散和种群寿命等，还可以调查食物链中天敌与寄主植物和害虫之间的捕食关系。

3.2.1.2 害虫监测调查抽样方法

害虫调查时，在样本单位、大小和数量都确定后，必须在总体之中科学合理抽样。按照抽取样方布局形式的不同，抽样方法基本可分为两大类，即随机抽样和顺序抽样（或称机械抽样）。从调查的步骤上还可分为分层抽样、分级抽样、双重抽样以及几种抽样方法的配合等。

1. 随机抽样

随机抽样是指抽样单位被直接从总体中随机抽出，而不是随便或随意抽出。害虫监测调查一般因总体很大，不考虑抽样不放回的影响。

随机抽样的步骤为，先将要查的样方编好序号或方位，如为田块间随机抽样，只需先将各田块编成一定序号；如在一块田中随机抽样则要先编好各样方方位，田块较大或行株距不明显的，可先将田的长边与宽边分为若干步长，长边每一步长定为 x，宽边每一步长定为 y，便将全田分为若干小样方，每一小样方植株或面积都有了特定的坐标（x, y）；对稀植作物如玉米、果树等也可取行株号为坐标单位。第二步为随机抽取一定样方，可有 3 种方法，即抽签法、计算器查找法和随机数字表法。

2. 顺序抽样

顺序抽样是指按照总体的大小，选好一定间隔，等距地抽取一定数量的样本。另一种理解是先将总体分为含有相等单位数量的区，区数等于拟抽出的样方数目。随机地从第一区内抽取一个样本，然后隔相应距离分别在各区内各抽一个样本，这种抽样方法又称为机械抽样或等距抽样。病虫田间调查中常用的五点抽样、对角线取样、棋盘式取样、“Z”形取样、双直线跳跃取样等严格地讲都属于此种类型。顺序取样的好处是方法简便，省时省工，样方在总体中分布均匀。

3. 分层抽样

当调查的总体如乡、村或田块有不同栽培方式、品种、生育期、长势等，有不同土质、地形，或属不同经济结构水平等明显的差异时，便需要做分层调查，通常也称为类型田。可先按差异类型分为几种类型，分别调查计算各类型田的平均数和方差，有的每种层次还需有几个田块重复（如田块内用顺序抽样方法时），然后可用方差分析检验其相互间的异同点。不同层次还可作统一的综合指标分析，不过分析时应以各层次在总体中所占成数作为权重加以校正。

4. 两级或多级抽样

在随机抽样或顺序抽样时，都假定组成总体的小单位是可以直接抽取的，但在有的情况下，不可能将划定的抽样单位全部检查计数。例如，调查果树上的螨类、蚜虫或介壳虫、粉虱等，不可能检查整株树上的虫数，可将之分为两级或多级，再作抽样数虫。可先按随机法确定若干树作为第一级，再按树冠的朝向（如阴、阳面；东、南、西、北面）顺序取样作为第二级，再随机选某个枝条作为第三级，最后在枝条上顺序选叶片或枝长，作为第四级，直接数虫检查。分的级数可根据调查对象的性质、要求来确定，从两级到多级。

5. 双重抽样

双重抽样是一种间接取样的方法。特别适用于某种不易观察或损耗性很大的观察性状的调查。它是用另一种易于观察的，而且与不易观察性状有密切关系的性状来作间接的推算。例如，剥秆调查豆秆蝇幼虫损耗大、费时多，故可利用豆秆黑潜蝇的成虫数量与幼虫蛀茎率间的相关性，来做双重取样。只需调查成虫数量便可推测或预测未来幼虫的蛀茎率。双重取样法在应用时，两个性状间必须具有显著的相关关系，且存在某一性状不易观察或取样的破坏性很大等问题。

3.2.1.3　病害监测调查抽样方法

病害监测同样需要科学合理地抽取调查样本，了解田中病害的发生和危害情况。这类调查往往采用属性取样或成数取样，注重大范围的普查和分类调查以获得较好的代表性。为了解病害发生动态和规律，常以病害种类、病田率、病点率为代表值，坚持定时、定点、定量的病害调查，强调调查数据的规范性，以便长期积累、相互比较。

1. 病害监测的调查类型

（1）系统调查。系统调查是监测一种病害数量或密度动态变化的方法。通过选择一些固定的调查单位，如一定面积的作物、固定的植株或叶片甚至病斑，按照一定的时间间隔进行监测。系统调查并不苛求每一次调查所得数据对当时情况的代表性，而注重以时间为横坐标，病情（或其他监测项目）为纵坐标的直角坐标图上各次调查数据的点标。用虚线连接这些点或用统计学方法拟合一条曲线，形象地说明病害流行动态。为此，在适宜的观测期内起码要进行 5 次调查。各次调查的方法和标准应该一致。此种方法也广泛适用于对寄主、病原物以及各种环境因素的动态监测。

（2）大田普查。对田间经常发生的病害，有时不一定要做系统调查，而是在发病始期和盛发期在易感品种和主栽品种上做 1～2 次普查，即可了解田间的病情。大田普查的面可以很广，可以通过随机取样的方法确定调查田块，也可以根据需要选定具有代表性的田块进行调查。大田调查的记载标准多以目测为准，也可以随机取样进行病害发生率和严重度的调查。主要是了解病情发生发展的趋势，凭此普查结果估计未来发展趋势和做出损失估计，以及是否需要采取防治措施来控制等。

2. 调查取样方法

由于生物种群特性、种群栖息地内各种生物种群间的相互关系和环境因素的影响，某一种群在空间散发的状况会有或多或少的不同，即空间格局的不同。调查病害的空间格局有助于了解病害传播的规律。单位空间内个体出现频率的变化总能找到类似的概率分布函数，分布格局也常被称作“空间分布型”。

病害空间分布格局大体有 4 种类型，即泊松分布、二项式分布、奈曼分布和负二项式分布。病害调查的取样方法必须适合具体病害的空间格局，否则就不可能得到准确的代表值。病虫害调查取样方法有顺序取样、典型取样、纯随机取样、分层取样、两级或多级取样等方法。取样调查中经常采用的单（双）对角线法、大五点法、棋盘式法、“Z”形法等都属于顺序抽样法，其取样方法简单但缺乏统计分析的理论根据（马育华，1982）。为了估计取样误差，可采用顺序取样与整群取样相结合或顺序取样与两级取样相结合的方法。前者的主要改进是在第一组内随机抽取几个样本，然后分别以它们为初始样点按同样的规则在其他组内顺序取样，这样就获得几个随机的单位群，可以用整体取样计算取样误差的方法计算误差。后者只用随机方法确定初级单位的分配，次级单位采用顺序取样方法。从实用的角度考虑，顺序抽样法可以用于符合泊松分布和二项式分布的病害调查，而不适合奈曼分布和负二项式分布的病害。奈曼分布和负二项分布的病害调查应该采用分层取样法，这样就能在获得样本代表的同时对取样误差做出分析。

在确定监测项目、选定监测时间和地点（包括确定分层取样的分级和确定典型调查的对象)、识别病害症状、评估病害严重度、发病面积、极端值取舍等方面，监测者的直观判断能力具有十分特殊的意义。

3. 菌量调查

在植物病原物中，接种体包括真菌的菌核、菌丝体、孢子，细菌细胞，病毒粒子，线虫的卵、幼虫和成虫，寄生植物的种子等。对依靠初侵染源为主造成流行的病害类型如种子带菌的麦类黑穗病、稻干尖线虫病等积年流行病，初侵染源的数量就成为最关键的因子；对于单年流行的麦类锈病、稻瘟病、玉米大斑病、玉米小斑病，初侵染源的数量同样重要。由于它们在适合发病的条件下，菌量增长速度快，种群数量可以在较短时间内翻番，即指数式增长。因此，调查间隔期要短，定时定点调查的次数要增加，且调查的精度要求也较高，否则得出的结论将不可靠或误差较大。

调查菌量的方法很多，常用的有以下几种。

1）土壤中菌量的调查方法

土壤是病原物越冬、越夏或休眠的主要场所，也是病害初次、再次侵染的主要来源地。涉及病害的菌量调查都要从土壤调查开始。调查土壤中菌量的方法主要有淘洗过筛法和诱集法两种。

淘洗过筛法对于存在于土中的真菌菌核，胞囊或根结线虫、虫卵，寄生植物的种子都非常有效。

对于在土壤中存活的真菌，诱集法是用选择性的培养基来诱集，如用黄瓜片或马铃薯片等距离摆放在田间土壤中，引诱附近的菌丝体在瓜片或马铃薯片上生长，从而判断田间土壤中有何种真菌以及菌量多少。

2）介体（昆虫）数量的调查

有许多病害是依靠昆虫介体在田间传播的，特别是病毒病，蚜虫和飞虱是最重要的媒介昆虫。玉米细菌性枯萎病菌、蚕豆染色病毒的媒介昆虫是甲虫。对于在土壤中或田间越冬的昆虫，包括传病媒介昆虫，主要靠安装诱虫器来诱集。常用的诱虫器有黑光灯和黄色皿，装有性引诱剂的诱虫笼，盛放有食物的诱虫器等。在英国，还专门设计安装了可在20cm～1m的空气中捕捉昆虫的吸虫器，用来调查春季和秋季在空中迁飞的蚜虫等昆虫，并将它们接种在指示植物上，以监测它们是否带菌或带有病毒，从而预测未来几个月某种病害的发生量。例如，根据秋季麦苗上空捕捉到的蚜虫数量和携带病毒的比例可以预测第二年春季麦苗病害，如果秋季麦苗上麦蚜带毒率在50%以上，则第二年春季的麦苗病毒将会严重，应该立即在秋季治蚜。

中国稻飞虱和稻纵卷叶螟防治协作组还进行了在黄山顶上甚至在飞机上安装捕虫网来捕捉昆虫的研究，并取得了较好的结果。

3）病斑产孢量测定

病原物发育进度，如子囊壳成熟进度可作为小麦赤霉病、梨黑星病等病害中短期预测的依据。也可以测定病斑的产孢面积和单位面积上产孢数量。产孢面积可用印有直角坐标网格的胶片来测量，也可以用直尺测量长、宽，再乘以一定的系数来计算较大病斑的面积。产孢量测定方法很多，通常采用套管法，即将产孢叶片插入开口朝上的大试管内。为防止试管内通风不良、凝结水汽，也可以改用两端开口的“J”形管。每次换管前要将叶片上的孢子抖落在管中，也可以用少量0.3%吐温液冲洗（包括管壁）。冲洗液离心后，用血细胞计数器镜检孢子数目。也可以用透明胶带粘在叶片上，使孢子堆附近形成一个小的气室的方法测定单个病斑上的产孢量。

利用空中孢子量测定气传病害的传播体数量是病害预测预报的重要依据。空中孢子捕捉的方法很多，大体可分为有动力和无动力两种。最简单的莫过于玻片法。只要将凡士林涂在玻片上，平放在作物冠层内的不同高度，或在田间竖一木杆，在其不同高度和不同方向锯成一些缺口，再将两片涂了凡士林的玻片卡在缺口处。定时更换玻片镜检每视野孢子数或整张玻片上的孢子数量。有动力的孢子捕捉器如旋转胶棒孢子捕捉器、车载孢子捕捉器，即使在无风的天气条件下也能达到较好的捕捉效果。在20世纪80年代，全国植物保护总站与上海市测报站联合研制了新一代的电动孢子捕捉器，该捕捉器以电力驱动，在转动轴的上方可以垂直摆放6片载玻片，捕捉器可以任意设置转动的起始时间和持续转动的时段。但基本原理仍然是在载玻片上涂上凡士林，以粘捕空气中的孢子。每个载玻片必须经过镜检才能知道捕捉到的孢子数。这一工具在小麦赤霉病、锈病和稻瘟病的预测中曾广泛使用。

4）种子检验

对于种传病害，检测种子的带菌量是十分重要的。种子带菌的检测技术在近20年有很大的发展。传统的检验方法是肉眼检查菌核、菌瘿以及霉变或变色（如大豆种子的种脐变色）等方法。20世纪70年代发展应用了分离培养的方法和血清学检测的技术。近10年来又进一步发展了分子生物学检测技术。将检测的灵敏度提高到单个孢子、单条线虫甚至单个细菌的水平。

检测方法的改进和检测精度的提高，能够提高检测菌量的准确性。这对要求测定初始菌量的预测方法来说是极为关键的一步。有可靠的初始菌量，再测定其生长速率，在此基础上就可以预测未来时段内的病害数量。

5）病原菌小种的监测

病原菌的小种是种、变种或专化型内有致病力分化的群体。病原菌小种之间在形态上无差别，主要根据它们对不同品种的毒力差异来划分。在病害流行预测中重要的是了解病原物群体中不同小种的比例和变化。为此，需要大量采集病原菌标样，经过单孢分离（或单病斑、单孢子堆分离），然后在一套鉴别寄主上鉴定其小种。由此获得各小种出现频率（或比例）。我国 1964 年以来先后开展了小麦条锈病菌、稻瘟病菌和稻白叶枯病菌小种的监测工作，这项监测是作物病害流行预测的重要依据。

4. 测量值、估计值和准确度

植物病害监测大多是通过肉眼观察和仪器测量获得测量值和估计值，或通过抽样调查和数理统计获得相对可靠的代表值。无论观测值、估计值还是代表值，它们与真值之间都会有一定的误差。不断改进监测技术的目的就是使这些值更加接近真值。

和误差的概念相反，准确度是指估测值或代表值接近真值的程度，也称可信度。准确度也是评价一种监测技术好坏的重要标准。严格地讲，在提供监测数据的同时也应该说明其准确度，而目前尚未做到。病害监测准确度评估方法和预测准确度评估方法基本一致。

调查精度是指计数的最小单位。在抽样调查中，调查的单位和每样方的单位数量是影响调查精度的主要因素。如病害发生的普遍程度可以用病田率、病株率、病叶率表示，但它们所反映的精度有明显差别。如果采用同一种指标（如病株率）进行调查，每样方查 100 株，其病株率的调查只能是 1%，无论怎样增加取样次数都不会改变这个精度。如每样方查 1 000 株，精度可提高到 0.1%。另外，调查精度也和观测仪器或观测者的素质有关。

5. 病害监测与调查

1）普遍率、严重度、病情指数

病情通常用病害的普遍率、严重度和病情指数来表示。普遍率（incidence，I）代表植物群体中病害发生的普遍程度，是将观测的单元分成病、健两类，计算发病的植物单元数占调查单元总数的百分比。植物单元可以是植株、叶片、茎、果、穗等，相应于普遍率的名词为病株率、病叶率、病果率、病穗率等。

$$I = (D / T) \times 100\% \tag{3-3}$$

严重度（severity，S）是指已发病单元发生病变的程度，通常用发病面积或体积占该单元总面积或总体积的百分比表示。如小麦条锈病严重度是以叶片上条锈菌夏孢子堆及其所占的面积与叶片总面积的相对百分率表示，设 1%、5%、10%、20%、40%、60%、80%、100% 8 级。在此，须注意的是“夏孢子堆及其所占的面积”，100%的严重度并不一定是叶片上布满了夏孢子堆，只是说叶片上已经不能再容下更多的孢子堆了。以小麦叶锈病为例，当病害严重度达到 100%时，夏孢子堆仅占叶面积的 37%。

当我们获得若干样本的严重度数值后，可以用加权平均法计算出平均严重度（$\overline{S}$）：

$$\overline{S}=\sum_{i=1}^{n}(X_i\times S_i)/\sum_{i=1}^{n}X_i \tag{3-4}$$

式中，i 为病级数（1～n）；X_i 为病情为 i 级的单元数；S_i 为病情为 i 级的级值（如小麦条锈病各级的百分数）。

病情指数（disease index，DI）是将普遍率和严重度结合起来，用一个数值全面反映植物发病程度，通常用 0～1 的小数表示，或 0～100 来表示，其计算公式为

$$\text{DI}=I\times S/10000 \tag{3-5}$$

当发病率用 0～100%表示、S 用 0～100 数值表示计算时用 10 000；当 S 为 0～10 表示计算时用 100。

对系统性侵染病害，还可以根据严重度分级标准，用 0～9 的数值表示病害严重度，从而反映植物发病程度。表 3-1 和表 3-2 分别为小麦黄矮病和玉米小斑病的严重度分级标准。

表 3-1　小麦黄矮病严重度分级标准

级别	国内标准（11 级法）	国际标准（10 级法）
0	健株	无病，免疫或逃避了侵染
1	部分叶尖黄化	部分叶尖轻微黄化，植株生长旺盛
2	旗叶下 1 片叶黄化	叶片局部黄化，变色面积比例较大，黄化叶片比较多
3	旗叶下 2 片叶黄化	黄化中度，不矮化，分蘖不减少
4	旗叶黄化 1/4，旗叶下 1 片叶黄化	黄化扩大，不矮化，植株生长正常
5	旗叶黄化 1/4，旗叶下 2 片叶黄化	黄化更大，植株生长势差，有点矮化
6	旗叶黄化	高度黄化，植株长势差，明显矮化
7	旗叶黄化，旗叶下 1 片叶黄化	严重黄化，穗小，中度矮化，长势差
8	旗叶和旗叶下 2 片叶黄化	所有叶片全部黄化、矮化，分蘖明显减少，穗变小，一些穗不育
9	植株矮化，但能抽穗	显著矮化，完全黄化，很少或没空穗，可认为不育，被迫提早成熟或干枯
10	植株矮化显著，不抽穗	

资料来源：李光博，曾士迈，李振岐，1990．小麦病虫草鼠害综合治理[M]．北京：中国农业科技出版社．

表 3-2　玉米小斑病严重度分级标准

级别	分级标准
0	叶上不产生病斑
1	抗病，只在最下面叶片有少量分散的病斑
2	抗病，最下面叶片轻度发病，下面第二叶片上有分散的病斑
3	抗病，下面第三张叶片轻度发病，最下面叶片发病中等或较重
4	中抗，下面叶片中度到轻度发病，扩展到中部，中部下叶片轻度发病或只有分散的病斑
5	中感，下面叶片严重发病，中部下叶片轻度或中度发病，中部以上叶片不发病
6	中感，植株下面 1/3 部分严重发病，中部叶片中度发病，中部以上叶片有零星病斑
7	感病，中部和中部下叶片严重发病，上面病害扩展到剑叶下面的叶片，或剑叶也有少量感染
8	感病，中部和中部下叶片严重发病，植株上部 1/3 部分中度或严重发病，剑叶发病显著
9	高感，所有叶片都严重发病，穗状花序也有一定程度发病

依据这种分级调查数据，则采用下式计算病情指数：

$$\mathrm{DI}=\sum_{i=0}^{n}(X_i\times S_i)\Big/\sum_{i=0}^{n}(X_i\times S_{\max})\tag{3-6}$$

式中，$S_{\max}$为最高病级的级值。注意此处在进行累加时也是从 0～n 级，即对全部观测样本进行统计，相当于对全部调查单元的病级进行加权平均。

冯锋等将小麦条锈病反应型 0、1、2、3、4 分别赋予 0、0.01、0.16、0.51 和 1.00。这样，在病害预测中就能充分利用常规的抗病性鉴定资料。反应型主要依据侵染点坏死反应的强弱、病斑大小、形状、色泽和产生子实体等特征来划分（表 3-3）。

表 3-3　小麦条锈病反应型的划分标准

代码	抗病性等级	特点
0	免疫型	叶上不产生任何可见的症状
0;	近免疫塑	叶上产生小型枯死斑，不产生夏孢子堆
1	高度抗病型	叶上产生枯死条点或条斑，夏孢子堆很小，数目很少
2	中度抗病型	夏孢子堆小到中等大小，较少，其周围叶组织枯死或显著褪绿
3	中度感病型	夏孢子堆较大，较多，其周围叶组织有褪绿现象
4	高度感病型	夏孢子堆大而多，周围不褪绿

资料来源：中华人民共和国国家标准 GB/T 15795—1995 小麦条锈病测报调查规范。

2）普遍率与严重度的关系（I-S）

在田间调查普遍率和严重度时，相对而言，前者较简单且较少出现人为误差，后者比较烦琐，费时费力且误差较大。如果能够建立普遍率和严重度之间的定量关系，根据普遍率推算严重度，则可以节省观测所需的人力物力。在植物病害流行学中，将普遍率（I）和严重度（S）之间的关系称作 I-S 关系，它们可以用函数表示。坎贝尔等提出分别适用于如下三种情况的理论公式。

当普遍率很低时，病斑分布为随机分布（泊松分布），则

$$S = -\ln(1-I)/M \tag{3-7}$$

式中，M 为植物调查单元中可能发生病斑数的极大值（下同）。

当普遍率较高时，病斑很可能呈二项分布，且病斑常聚集产生，则

$$S = 1-(1-I)^b \tag{3-8}$$

式中，b 为每一病斑集团的病斑数除以每植物调查单元可能发生的病斑数的极大值。

如病斑呈负二项式分布，则

$$S = k[(1-I)^{-1/k}-1]/M \tag{3-9}$$

式中，k 为负二项式分布的聚集度参数。

上列三式中的参数 M、b、k 均因具体病害种类而异，需通过统计多年多点的实地调查数据来推算。也可以依据不同田块或不同发病时期的普遍率和严重度的成对数据拟合一定的关系式。但须注意：不论是用理论公式还是用经验公式，当普遍率接近饱和时，不能从普遍率推算严重度。

在病害监测中经常要用眼睛进行观测，为此有必要了解一些关于感觉的知识和理论。早在 19 世纪中期，德国解剖学家、生理学家韦伯（F. H. Weber）和物理学家费希纳（G. T. Fechner）认为，主观感觉量不能直接测量，但不同的感觉可以相互比较。当刺激量的变化达到一定程度，即达到判别感觉阈限时，会在心理上引起一个最小觉差，其大小可以由相应的物理刺激量来表示。实验证明在刺激强度按几何级数增加时，感觉强度仅按算术级数增加，即 $E=\mathrm{K}\log I+\mathrm{c}$，$E$ 为感觉强度；I 为刺激强度；K 和 c 为常数。这就是韦伯-费希纳定律，医学中采用的对数视力表就是按照这一定律设计的。

3.2.2　病虫害预测方法

农作物有害生物预测是根据某种有害生物发生发展现状、生长发育及栖息生态环境、农作物种植结构与品种抗性、未来气象条件等多种因素，应用相应的科学原理与方法，对将来一定时期这种有害生物发生时期、发生程度、发生区域、防治适期等做出科学判断，进而做出预报。

3.2.2.1　害虫发生期预测方法

害虫发生期预测是根据害虫现在发生情况，结合其生长、发育、栖息环境条

件和气象因素，参考历史资料，估计下一世代或虫态的发生时期，为科学及时防治害虫提供依据。

以生物学为基础的害虫发生期预测方法已经比较成熟，短、中期预测的准确性较高。目前害虫发生期预测的主要方法有：历期预测法、分龄分级预测法、卵巢发育分级预测法、期距预测法、有效积温预测法和物候预测法。

对害虫发生期预测，必须掌握害虫的发育进度。常将某害虫发生数量的时间分布进度划分为始见期、始盛期、高峰期、盛末期和终见期。其中始见期和终见期的划分标准比较明确，而对始盛期、高峰期和盛末期划分的具体数量标准，存在不同的意见。通常的标准是：累计发育进度达到16%为始盛期；累积发育进度达到50%为高峰期；累计发育进度达到84%为盛末期。

利用历期法、分龄分级法、卵巢发育分级法进行发生期预测时，首先必须准确把握害虫的发育进度，在当前发育进度的基础上对下一个虫态或虫龄的发生期进行预报。因此，这几种发生期预测法又统称为发育进度预测法。

田间虫情调查是唯一较为准确的获得害虫发育进度的方法。但其工作量较大，要求有一定的技术水平，在实际工作中往往还要结合诱虫和室内饲养（如灯诱、性诱及观察滞育发生代次及比率等）来随时补充和验证田间的调查结果。发育进度的预测预报需做好以下关键性工作。

第一，查准当前的发育进度。发育进度预测法是以当前发育进度为基线，加上某一虫态或虫龄的历期，通过曲线平移做出下一虫态或虫龄的预测发育进度曲线，从而得到发生期预测值。因此，发育基线的准确性直接关系到预测的准确性。要得到较准确的发育进度，在田间调查时，必须根据害虫的发生规律和危害特点，选择好调查日期、调查方法、系统田及类型田。调查的开始和间隔日期一般根据当地历史资料和当时温度情况，以不能漏查主要虫态（期）的始见期、始盛期、高峰期和盛末期为原则。抽样方法和抽样数量可因虫种不同而异。特别要注意选择某种害虫的主要虫源田。因为害虫产卵、取食等对寄主植物种类、品种、生育期和长势等有选择性，所以不同类型作物田内虫口数量和发育进度等有可能不同。查准害虫发育进度还需掌握其生物学资料，如休眠和滞育发生的虫代、虫期或比率，为下一代发育进度的调查提供指导。

第二，获得准确的害虫历期或期距资料。发育进度预测法中除应掌握害虫基准发育进度外，还应掌握害虫的历期或期距值。害虫发育历期或期距值因地、因时、因不同寄主植物而有差异，因此在预测时除参考文献上的数据，更重要的是必须结合当地实际积累资料，确定当地害虫的历期。历期资料的获得一般有以下3个途径。

一是查找文献资料。从文献上搜集有关害虫的一些历期与当年温度关系的资料，分析出发育期与温度的关系。根据当地的温度变化规律，计算出害虫的历期。

二是实验测定。在人工控制的不同温度下，或自然变温条件下饲养害虫，观察记录各世代、虫态、虫龄和发育级别出现的时间，从而得到各历期与温度的关系。实际运用时把当地某时段的温度值代入历期与温度的关系式中，得出相应的历期。

三是统计。根据当地实验观察、田间调查和诱测的多年多次资料，应用统计学方法进行统计分析，找出某种或某些重要害虫各世代、各虫态、虫龄和级别的历期。历期资料不仅可从饲养中求得，也可以从田间调查和诱集中求得。探讨田间害虫自然发育历期，往往以害虫群体来推算，采用定田、定期系统调查方法，计算前一虫态（期）的始盛期或高峰期与后一虫态（期）的始盛期或高峰期之间的时间距离，即为前一虫态的历期。如化蛹 50%至羽化 50%之间的时间距离，可视为田间蛹的历期。

在累积多年调查资料的基础上进行统计分析，统计的历期数据有平均数、标准差和置信范围。在统计自然状况下害虫的历期时，要注意应用正确的抽样方法并分析气候异常、耕作制度突变年份，以及农药处理后对历期统计值的影响，对异常年份或季节的资料可考虑予以剔除。

1. 历期预测法

历期预测法是通过对田间某种害虫前一个虫态发生情况的系统调查，明确其发育进度，如化蛹率、羽化率、孵化率及各龄幼虫，确定其发育达始盛期、高峰期和盛末期的时间，在此基础上分别加上当时当地气温下各虫态的平均历期，推算出后一个或几个虫态、虫龄发生的相应日期。值得注意的是，预测时只能以上一个始盛期预测下一个始盛期，以上一个高峰期或盛末期预测下一个高峰期或盛末期，绝对不可以始盛期预测高峰期或盛末期、以高峰期预测下一个始盛期或盛末期。历期法预测害虫的发生期较为简单，目前在农作物害虫、果树害虫、花卉害虫等的发生期预测上被广泛应用。

这种方法的预测值是否准确，首先取决于正确的抽样技术和类型田的选择，每次获得活虫和蛹至少要达 20 头以上，还需要定期多次调查，常常费时费工。

历期预测法只考虑害虫某一虫态或虫龄的发育进度，如卵的孵化、化蛹和羽化进度等，没有考虑种群内其他的虫态（龄），即种群整体的年龄分布进度。并且只按虫态区分，故年龄区分较粗。如稻纵卷叶螟的卵期为 4d，如果调查时机掌握不佳，调查时卵已发育到了第 3 天，并且此时又为卵高峰，如用这一卵高峰加上 4d 来预测孵化高峰，则明显会偏迟 3d，误差过大。用幼虫期进度预测时，如不分龄期则误差更大。因此，历期预测法要求调查次数多，这样才能较准确地把握各虫态的发育进度。所以历期预测法花功夫较多，误差较大。

2. 分龄分级预测法

为了减少调查工作量，又不影响预测的准确性，在 20 世纪 60 年代初期，病虫害预测预报工作者发明了分龄分级预测法，首先在三化螟预测工作中得到应用。分龄分级预测法是通过对害虫作 2～3 次田间发育进度调查，仔细进行卵分级、幼虫分龄、蛹分级，并分别计算其所占百分率，再从后往前累加其百分率，当累加值达到始盛期（16%）、高峰期（50%）、盛末期（84%）标准之一时，将起算日加上该虫态或虫龄的历期，即可推算出下一代成虫的出现期，即始盛期、高峰期、盛末期。这种预测方法多适用于各虫态发育历期较长的昆虫，如果各虫态历期较短，则用历期预测法和分龄分级预测法的预测准确性相差不大。分龄分级预测法不但可用于始盛期和高峰期，还可以较准确地预测始见期，如查到始蛹后进行分级，则可预测出始蛾期。由于分龄分级预测法较细致地区分了虫龄、蛹级、卵级等发育进度的年龄分布，还可预测出一些多峰型害虫发生的各峰次出现的时间。

分龄分级预测法是根据害虫各虫态的发育与形态或解剖特性的关系，将害虫各虫态的发育进程细分出不同虫龄和等级，通过一次综合记载和对虫态各级别的发育进度分析来进行预测。如卵分成不同级别、幼虫分龄、蛹级和雌蛾卵巢分级。目前全国广泛应用害虫的分龄分级法做短、中期预测，均获得良好效果。

分龄分级预测法，首先要确定目标害虫卵、蛹和卵巢分级和幼虫分龄的标准，以及它们各自的历期，然后采用历期预测法进行预测。

3. 卵巢发育分级预测法

卵巢发育分级预测法是根据雌蛾卵巢发育分级特征，预测田间产卵盛期和二、三龄幼虫盛发的防治适期。应用卵巢发育分级预测法预测害虫发生时期，必须对害虫的卵巢进行解剖。解剖害虫卵巢的具体要求是：当灯下或糖醋液等方法诱到雌蛾时，即进行卵巢解剖。参照卵巢分级标准，记录每天解剖出的各级卵巢的雌蛾量。自蛾出现后，每天记录诱得的雌、雄蛾数量，每天或每隔 1～2d 解剖一次，每次抽查雌蛾 20 头，如诱蛾量少于 20 头，则全部解剖，直至发蛾末期为止。记录检查日期、取样来源、检查头数和各级卵巢出现的头数，并计算解剖各级蛾量占解剖总蛾量的百分率。

卵巢发育分级预测法预测害虫发生时期，是各期加上当时气温下的卵历期。如孵化始盛期和高峰期加上卵历期即得孵化始盛期和高峰期，如再加一龄期即得二龄幼虫始盛期和高峰期。各地所用标准不尽一致，例如上海地区，当小地老虎 4～5 级雌蛾占剖查蛾数的 15%～20%时为产卵始盛期，占 45%～50%时为产卵高峰期。其他害虫如棉铃虫、黏虫也可用这种方法预测发生期，但事先必须调查确定各始盛期和高峰期所对应的卵巢级别，然后才能根据历期预测法进行预测。对迁飞性害虫的卵巢级别的分析，可判断该代成虫是否将迁出或是否为迁入虫源。因为将迁出的雌虫卵巢级别始终处于幼嫩阶段（1～2 级），而迁入虫源一出现则处于 2 级以上。

4. 期距预测法

期距预测法是根据当地累积多年的历史资料，总结出当地某种害虫两个世代之间或同一世代各虫态之间间隔期经验值即期距，作为发生期预测的依据。再将田间害虫发育进度调查结果，加上一个虫期或世代期距，推算出下一个虫态或下一个世代发生期。

期距是指任何两种带有必然性的现象之间的时间间隔。期距与害虫的各虫态虫期的历期有关，但并不代表或等于历期。期距可以是害虫的同一世代的不同虫态出现的时间间隔，也可以是跨世代间的虫期时间间隔，还可以是害虫某一时期（如化蛹）与某一自然现象（如枯心苗出现）发生的时间间隔，因此期距的时间概念相当广泛。是否能作为期距使用，在于这一时间间隔在每一自然循环中的表现，也就是所选的两个自然现象的发生是否有期距的必然性。如一代灯下发蛾高峰与下一代或下两代发蛾高峰时间的间隔、两个始盛期之间、两个高峰期之间、始盛期与高峰期之间等的时间间隔，均可称为期距。

任何两种具有必然性的现象间的时间间隔往往会随年度的变化有所不同，因此期距只是变化群体中的一个统计值。通常期距是集若干年的或若干地区记录资料统计分析而得来的时间间隔。要获得这一时间间隔，必须拥有相当长时间的观察值（如 10 年），然后求得期距值和所对应的标准差及置信区间。期距的求算不受世代、虫期划分的限制。期距用于发生期预测时相当简单，只要观察到两种自然现象中先发生的一种，加上期距值就是另一种现象发生的时间。这种预测风险在于期距的可靠度。

期距预测法虽已被广泛应用，但它的地区性较强，甲地的期距，未必能适用于乙地。气候变化、作物生长异常、耕作制度变革、作物品种更换、农药使用更新换代等，往往会导致发生期、发生期距的变动，使预测结果与实际情况有显著偏差。因此，这种预测法需辅以其他预测法进行矫正，同时分析引起偏差的原因，供以后预测参考。

5. 有效积温预测法

害虫出现的迟早、发育速度的快慢均受气温、营养等环境因素的影响，并且以温度对发生期的影响最大。当测得害虫某一虫期或龄期的发育起点温度和有效积温后，就可根据当地常年的平均气温，结合近期气象预报，利用有效积温公式对害虫下一个虫期或龄期的发生期做出预测，这就是有效积温预测法。

测定出某害虫的某虫期的发育起点温度和有效积温后，还要对害虫的某一发育始盛期和高峰期发生的时间进行调查，然后根据当地的旬（10d）、候（5d）气温的预报值，带入有效积温公式中，求得相应时段内害虫完成某一发育阶段所需的时间，从而得到下一虫期的始盛期或高峰期。

6. 物候预测法

物候预测法是根据自然界生物群落中两种或两种以上生物对同一地区综合的外界环境条件有同步的反应时间，参照其中一种生物生长发育阶段的出现期，预测另一种生物某一生长发育阶段的到来。生物有机体的发育周期与季节现象是长期适应其生活环境的结果，因此各生物现象之间的关系有相对的稳定性。害虫发生的物候预测法，是通过长期的观察，找出与害虫某一虫期发生相关的其他某一生物的表现形式，称为害虫发生的物候，如“榆钱落，幼虫多；桃花一片红，发蛾到高峰”，说的就是预测小地老虎发生期与榆树、桃树生长现象之间的关系。对以后的预测，则只需观察物候出现的时间，即可判断发育的情况。这种方法是长期生产经验的总结，有一定的地域限制性，即一个地方某一害虫的物候到另一地区不一定适用。物候预测法操作简单，便于使用。但要得出害虫发生期的物候，需通过科学的观察与检验。害虫发生期的物候关系确定方法有以下几种。

1）与害虫生物学和生理学有直接联系的物候现象

害虫的某一虫期与其寄主植物的一定生长阶段常同时出现，可依据寄主生育期来估计害虫可能发生的时期。例如，越冬棉蚜卵孵化后必须有食物供其取食，越冬寄主，如木槿芽吐绿后，棉蚜才会孵化，因此可用“木槿吐绿棉蚜孵化”来预测棉蚜的孵化时间。又如，梨实蜂成虫盛发期与梨树开花盛期的物候相联系，因为该虫只能产卵于梨花花萼的表皮组织内，经长期适应后，二者发生期在时间上便相吻合。辽宁北镇梨树的盛花期在4月下旬到5月初，北京的在4月中旬，这是两地梨实蜂成虫的盛发期。这种有直接联系的物候现象是生物长期适应的结果，因此受地域条件的限制较小，且容易获得，基本可以借用。

2）与害虫无直接关系的物候现象

这类物候与害虫发生期无直接的关系，但在发生时间上二者具有长期的相对稳定的同步性。即一种现象出现后的一定时间内，害虫某一虫期即会发生。如在吉林省，高粱蚜越冬卵孵化期约在杏花含苞时，有翅蚜第一次迁飞在榆钱成熟时；在湖南湘西花垣，水稻二化螟越冬幼虫始蛹期为“蝌蚪见，桃花开”之时，化蛹盛期为“油桐开花，燕南来”之时，越冬代蛾盛发在“小旋花抽藤”时。这些物候关系与害虫的发生不存在内在的关联性，仅因为对气候条件适应的相似性，达到物候上的吻合。

由于一种害虫的某一虫期和其他动植物的一定发育阶段同时受制于相同的自

然条件，如大气温度和湿度等，从而使生物间某些生育阶段并行发展，或按先后顺序发生。这种间接的物候关系一定要经过多年观察，找出两者的相关性后，才能应用于害虫发生期预测。

研究害虫发生的物候关系，主要是观察当地动、植物优势种的生育过程与主要害虫发生间的关系，如华北地区研究花椒与棉蚜的关系。在物候预测研究上，最好选木本植物或有季节性活动的动物，也可选害虫的寄主植物或与害虫生态亲缘关系很密切的植物，系统观察其萌芽、出生、放叶、现蕾、开花、谢花、结果、落叶等生长发育过程，或观察当地某些动物如候鸟的季节性活动规律、出现和消失情况，包括出没、鸣叫、迁飞等。

7. 统计分析预测法

对某一害虫发生时间的长期观测的资料进行统计分析与建立数学模型，找出发生时间与某些条件关系，然后根据条件因子值的大小，估算出发生时间，这称为发生期的统计分析预测法。

3.2.2.2　害虫发生量预测方法

害虫发生量预测是依照当时害虫的发生动态和环境条件，参考历史资料，估计未来发生数量。害虫发生量与农作物受害程度和损失率有直接关系。掌握害虫种群的发生基数、发育速率、存活率、繁殖率和环境因素对数量影响的大小，是害虫发生量预测的基础。害虫发生量预测的方法基本可分两大类，即以生物学指标为基础的生物学方法和数理统计预测方法。这里仅初步介绍有关以生物学为基础或指标的预测方法。

1. 有效虫口基数及增殖率预测法

有效虫口基数及增殖率预测法就是根据当时某种害虫的田间正常生长发育的数量即基数，以及多年研究总结出来的该种害虫的繁殖系数即增殖率，预测该种害虫下一个世代的发生数量。

$$N_{n+1}=N_nR_0 \text{（}R_0\text{ 为增殖率，}N_n\text{ 为基数）} \tag{3-10}$$

$$N_{n+1}=N_{nI} \text{（}I\text{ 为种群数量趋势指数）} \tag{3-11}$$

此法的计算十分简便，但其关键在于获得可靠的增殖率（或变异系数）。这需要经过多年或多点的调查统计，获得其平均数及标准差，才能有良好的预测效果。

2. 气候图预测法

每种害虫对温度、湿度都有一定的选择性和适应性，处于适宜温度、湿度，特别是最适温湿度条件下，种群数量会迅速扩大，猖獗成灾，否则即受到抑制。许多害虫在食料得到满足的情况下，其种群数量变动主要由气候中的温湿度引起。

对这类害虫可以通过绘制生物气候图来探讨其发生量与温度、湿度或两种气象要素的关系，从而进行发生量预测。

气候图预测法就是以当地月或旬总降雨量或相对湿度为纵坐标，月或旬平均温度为横坐标，汇成散点图，用线把这些点连成闭合不规则多边形图，与历史上害虫大发生年和小发生年，或多发地区和少发地区的生物气候图比较，估计其发生程度即发生量。

3. 聚点图预测法

聚点图预测法又称散点图预测法。这种预测方法与气候图预测法有相似之处。气候图预测法仅用于发生程度的定性分析和预报，聚点图预测法可总结和量化出与害虫发生程度有关的气候指标，这些指标不但包含平均数附近的常年发生情况，尤其可概括出远离平均值的异常发生的量化指标。

4. 经验指数预测法

经验指数预测法是在分析当地害虫发生的主导因素的基础上，将历史资料中害虫发生量与主导因素进行统计分析，推算出害虫发生量趋势的经验指数值，以此用于害虫发生量趋势预测。目前这些指数较多，主要有温湿系数、气候积分指数、综合指数、天敌指数等。

5. 形态指标预测法

形态指标预测法是利用害虫体内和体外形态的变化，预测其发生趋势。如因不同环境条件出现的害虫翅型变化、雌雄性比变化、脂肪含量和卵巢含卵量变化等，都对害虫下一代的数量有影响。环境条件对害虫的影响都要通过害虫本身的内因而起作用。害虫对外界条件的适应也会从外部形态特征上表现出来。如虫型、生殖器官、性比、幼虫重量、蛹重及脂肪含量等都会影响下一代或下一虫态的数量和繁殖力。如蚜虫及介壳虫的多型现象，飞虱的长、短翅型等。一般在食料、气候等适宜条件下，无翅蚜多于有翅蚜，短翅型飞虱多于长翅型飞虱。这样的现象产生时，就意味着种群数量将扩增，有猖獗成灾的可能性。因此，可以通过形态指标来预测害虫发生的未来趋势。

6. 生理生态指标预测法

生理生态指标预测法是根据害虫的生理生态特性对未来发生趋势进行预测。害虫休眠与滞育的发生，是对不良环境条件的适应。当不良条件发生时，害虫如果不能及时地进入休眠或滞育状态，种群则可能会受到突如其来的打击而造成大量死亡，田间表现为轻发生趋势；反之种群可保存完好，存活虫量多，田间表现为大发生趋势。因此，害虫的休眠和滞育特性的发生时期和发生比例，可用于对未来或来年发生数量趋势的预测。

3.2.2.3　病害预测方法

农作物病害预测是对病害未来发展趋势或程度做出定性或定量的估计。

病害预测的方法很多，各种病害所用的预测方法不完全相同。按照植物病害预测原理和依据的差异，将病害预测方法分为综合分析预测法、物候预测法、指标预测法、发育进度预测法、预测圃法，及数理统计预测法、计算机模拟模型法和专家评估法等。

1. 综合分析预测法

农作物病害综合分析预测法又称专家预测法，是植物保护等专家和有经验的工作者根据已有知识、信息和长期实践积累的经验，如有效积温、关键期和雨量指标等，权衡多种因素的作用效果，凭逻辑推理做出的判断。综合分析预测法做出的预测属于定性的预测。应用这种方法进行病害预测，可以是单个专家完成，也可以邀请多位专家以会商的方式完成。这种方法做出的病害预测的准确性，完全取决于专家的技术水平、信息质量、会商研讨气氛和综合各种意见的科学方法。

2. 物候预测法

物候是指自然界中反映气候季节变化的生物和非生物现象，其中包含物理学、化学以及生物学机理。物候现象提供了自然界季节变化的综合（多因素和一定时段）信息。物候预测就是利用预测对象和预测指标之间的某种内在联系，或者是利用二者感受到环境的某些变化而发生同步变化的现象进行预测。通过类推原理，利用变化明显的现象推测变化不明显的或将要发生的现象。

3. 指标预测法

病害预测的指标可以是气候指标、菌量指标或寄主抗病性指标等。英国西部应用气候指标预测马铃薯晚疫病发生时期，就是这种预测方法的典型事例。即只要同时满足 48h 内最低气温不低于 10℃，空气相对湿度在 75%以上，预测 3 周后将在田间发生马铃薯晚疫病。这种方法基本属于直观经验预测，影响因子和预测结果比较单一，仅适用于特定地域。

4. 发育进度预测法

苹果花腐病是利用作物易感病的生育阶段和病原菌侵入期相结合进行预测的一个事例。该病不但危害花及幼果，而且可危害叶及嫩枝，因此，可根据感病品种黄太平或大秋果的萌芽状态进行叶腐防治的适期预测，花芽萌动、幼叶分离、中脉暴露时为叶腐防治适期。花腐防治适期则是始花期至初花期；果腐防治适期则在盛花期至花末期。这种方法基本属于直观经验预测，影响因子和预测结果比较单一，仅适用于特定地域。

5. 预测圃法

预测圃法是在容易发病的地区种植感病品种，同时创造利于发病的条件，诱导作物发病，依据预测圃的发病情况可以直接预测大田病害的发生趋势。利用预测圃法进行病害发生始期和防治时期预测是一种简便易行的预测方法，而且效果也比较理想，但建立预测圃时一定要注意预测圃的地点选择和种植品种的代表性。

6. 数理统计预测法

应用数理统计学方法对病害发生的历史资料进行统计分析，提取预报值与预报因子之间的相关关系，并建立数学公式，然后依据公式进行定量预测。这种预测方法把病害流行系统看成一个封闭整体，不究其详细过程和内部机理，所以又称为整体模型预测。常用的建模方法有回归分析、逐步回归分析、逐步判别分析等。这类预测方法适用于流行主导因素比较少，而且有长期定量调查数据的病害。

3.3　物理防治技术

物理防治（physical control）是指利用各种物理因子、人工和器械防治有害生物的植物保护措施，如光、热、电、温度、湿度和放射能、声波等物理防控措施。包括最原始、最简单的徒手捕杀或清除，以及近代物理最新成就的运用，可描述为一类古老而又年轻的防治手段。人工捕杀和清除病株、病部及使用简单工具诱杀、设置障碍防除，仍不失为有效防控措施。徒手法常归于栽培防治技术。人们也常用升高或降低温、湿度（超出病虫害的适应范围），如晒种、热水浸种或高温处理竹木及其制品等防治某些病虫害。利用昆虫趋光性灭虫自古就有。我国早在春秋时期就有物理防虫的记述，《诗经·小雅·大田》里描述“秉畀炎火”，即指用火光诱杀害虫。近年黑光灯和高压电网灭虫器应用广泛，用仿声学原理和超声波防治等均在研究、实践之中。原子能放射也能直接杀灭病虫，或用放射能照射导致害虫不育等。随着近代科技的发展，物理防治技术将很有发展前途。

常用方法有人工和简单机械捕杀、温度控制、诱杀、阻隔分离以及微波辐射等。物理防治见效快，常可把病虫消灭在盛发期前，也可作为害虫大量发生时的一种应急措施。但通常比较费工、效率较低，一般只作为辅助措施来使用。

3.3.1 害虫物理阻隔技术

害虫物理阻隔技术，顾名思义，就是利用物理的手段，将害虫阻隔在需保护的植物之外，使植物免受其害。物理阻隔技术防治害虫，简单易行，不污染环境，便于掌握和推广。

3.3.1.1 物理阻隔技术常见形式

（1）防虫网。主要在蔬菜上应用。夏天覆盖遮阳防虫网，既可有效阻止成虫进入产卵和幼虫直接为害，从而有效地控制害虫，又可遮阴降湿。防虫网可防止多种害虫如小菜蛾、菜青虫、夜蛾类以及蚜虫、潜叶蝇等害虫的侵入。由于网纱隔离，不用药或少用药，节省了农药成本，且减轻了农药对蔬菜的污染和对天敌的杀伤。

（2）地膜覆盖。用塑料薄膜覆盖地面，可切断害虫入土化蛹，阻止羽化成虫出土。地膜覆盖往往作为一种辅助性的措施，很难隔离成虫的迁飞和移动。

（3）果实套袋。主要在水果生产上应用，用纸套套在果实上阻隔害虫钻蛀为害。这种方法能有效防止害虫及鸟类、蜂类接触果实，从而提高果实品质。可阻止水果食心虫类在果实上产卵，从而减轻危害。

（4）树干刷白。在树干上刷白，可防止果树害虫下树越冬或上树为害或产卵，同时兼有防冻和防日灼作用。由于李树、梨树、桃树等树干裂皮、翘皮比较多，常常成为多种病虫的越冬场所，刷白可阻止其在树干上越冬。

（5）扎防虫树裙。扎裙所用材料为塑料薄膜、塑料胶带等。在离地面约 1m 高树干处，先把树干粗皮刮掉 20 多厘米宽，使得树干扎裙部位平滑，然后把塑料薄膜在树干上紧紧缠绕一圈，用塑料胶带把下边和竖缝粘好，树裙就做好了。这样即可防止幼虫从地面爬到树上为害。一般在春天 2～3 月实施。

另外，针对枣尺蠖、草履蚧、蚱蝉，还有其他一些物理性障碍法，可阻止有害生物的扩散。如桃小食心虫主要以幼虫形式在树干周围附近的土中越冬，在早春化蛹羽化前，地上培土 10cm，可有效阻止成虫出土；梨尺蠖和枣尺蠖的雌成虫无翅，必须从地面爬到树上才能交配产卵，若在树干上涂胶、绑缠塑料薄膜等，就能阻止其上树。

（6）粘虫胶

粘虫胶配方：松香 10 份、蓖麻油 8 份、石蜡 0.5 份，三种原料加热至熔化均匀即可。将粘虫胶均匀涂布在树干平滑的环带区，可维持 15～20d 的防效。

3.3.1.2　害虫物理阻隔技术的应用

1）害虫物理阻隔技术应用的成效和存在的弊端

目前，害虫物理阻隔技术已广泛应用于农林业害虫防治。害虫物理阻隔技术是一种较理想的绿色防控技术，成本低廉、操作简单、持效期长、防治害虫效果显著。但是，害虫物理阻隔技术也有一定的局限性，部分物理阻隔技术仍需要与其他生态植保技术结合使用才能获得良好的防控效果。该技术实践性要求高，相关人员需掌握目标害虫的习性，根据其特点应用该技术。

2）害虫物理阻隔技术应用改进措施

害虫物理阻隔技术要形成一定的规模，需大面积统一实施才能取得最佳防治效果。要树立“生态植保”的理念，开展大面积的典型示范及推广，以拓展害虫物理阻隔技术的应用范围。

3.3.1.3　物理阻隔目标害虫生物学的作用

物理阻隔技术依据害虫发生规律及生活习性，设置相应的障碍物，例如根据害虫特殊的生物学习性利用捕捉网捕捉害虫。害虫捕捉网网眼的大小是根据成虫的体宽大小特殊订制的，使成虫上下树时被卡在捕捉网的网眼内，从而发挥防治效果。该法可以高效率地捕捉害虫。

3.3.2　诱虫灯的应用

研究表明，某些害虫对特定波长的光波具有趋性。灯光诱杀是利用害虫对光的趋性引诱杀灭害虫的方法。

3.3.2.1　农林害虫杀虫灯防治技术

1）诱虫灯的应用现状

目前，国内市场上杀虫灯均采用波长365nm±100nm宽谱诱虫光源，符合国家标准《植物保护机械　频振式杀虫灯》（GB/T 24689.2—2009）规定。特别需要指出的是，该光源不仅对某些害虫的成虫具有很强的引诱性，而且对于一些益虫、天敌同样具有一定的诱杀作用，在应用中存在不足，一些相关学科专家对大面积推广杀虫灯持有异议。

为完善杀虫灯技术，一些研究者和生产厂家试图找出特定昆虫趋光的光谱范围，如利用LED技术来实现特定波长±10nm，但研究发现很难找出这个狭小的波长范围，大多数昆虫趋光行为是一个宽波段感应，人为去设定或试验一个波段难以做到臻善臻美，不同昆虫趋光波段存在重叠，对365nm区间波段范围均具有趋光性。所以单纯通过一种特定波长的诱虫光源来避开杀虫灯对益虫的诱杀，理论可行，但技术目前尚未能实现。

另外，有的生产厂家尝试改变杀虫灯高压电网丝间距（3～10mm）诱杀特定害虫。如生产 3mm 间距的杀虫灯诱杀仓储害虫，实质是提高对小型害虫的诱捕、诱杀率。此在特定环境下可行，但在农田和林地，不能减轻对天敌的误杀率。因为很多寄生蜂体积都很小，这项技术反而增加了对天敌的诱杀。

国家标准规定杀虫灯夜间分时段启闭，相关植保专家已经找到某些昆虫夜间活动的节律，改变杀虫灯启闭时间可以避开天敌活动的时间段，最大限度地减少对天敌的诱杀。

2）杀虫灯质量差异较大

目前，我国杀虫灯生产厂家生产的杀虫灯质量良莠不齐，有些厂家简单地认为，杀虫灯就是一个“诱虫光源+高压网丝”。劣质假冒的杀虫灯投放市场，干扰了杀虫灯应用及行业的健康发展。

3）杀虫灯是农林病虫害综合防治措施之一，但并不能完全解决病虫害防治问题

一些人对杀虫灯应用的误解，夸大了杀虫灯的作用，实际上杀虫灯只是对减少害虫田间（林间）密度、减少农药使用有一定的作用。实践中如何正确合理使用杀虫灯，才是真正发挥杀虫灯在生态植保中作用的关键所在。

3.3.2.2 杀虫灯与物联网技术相结合

1）物联网技术实现杀虫灯操控的无线启闭

应用物联网技术，建设物联网平台下的杀虫灯运行监控平台，实现网络定时启闭及运行参数监控，根据益虫活动的节律进行杀虫灯的关闭；也可以根据害虫的虫口密度实现杀虫灯启闭数量的控制，实现对益害比的调节。

2）物联网技术实现杀虫灯网丝电压的无线控制

不同靶标害虫对杀虫灯网丝间电压承受性不同。通过电压调节，实现对靶标害虫的击杀。系统可以根据害虫个体大小自动调节网丝电压在 2 150～6 000V，如对小个体的稻飞虱类可以将网丝间电压调整到 6 000V 进行击杀，而对水稻二化螟类可以将网丝电压调整到 2 000V 进行击杀。

3）物联网技术实现杀虫灯控制的自动化和智慧化

（1）自动虫情测报灯+杀虫灯技术。

根据自动虫情测报灯诱杀昆虫的数量及时间段，控制杀虫灯的开启（图 3-3）。原理是根据自动虫情测报灯捕获昆虫的数量来控制杀虫灯的启闭数量，减少杀虫灯的使用数量，维护生物的多样性和生态平衡。

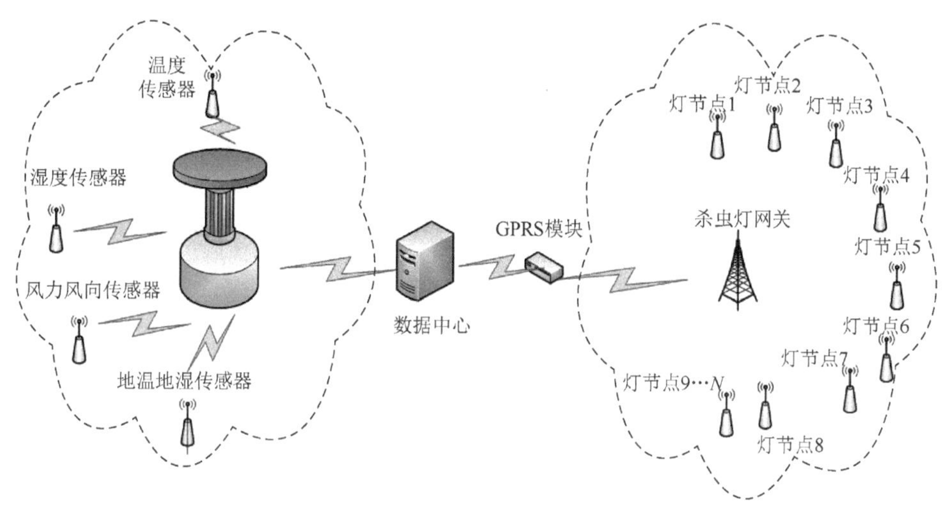

图 3-3 自动虫情测报灯+杀虫灯技术

（2）靶标害虫自动识别系统+杀虫灯技术。

靶标害虫自动识别系统是对特定的害虫进行监测，根据特定害虫的活动节律（时间）和捕捉的害虫数量实现对杀虫灯的开启及开启数量的控制（图 3-4）。该技术的核心是根据靶标害虫诱集的数量，开启杀虫灯和进行其数量的控制，科学合理地启动不同数量的杀虫灯，击杀相应范围的害虫。

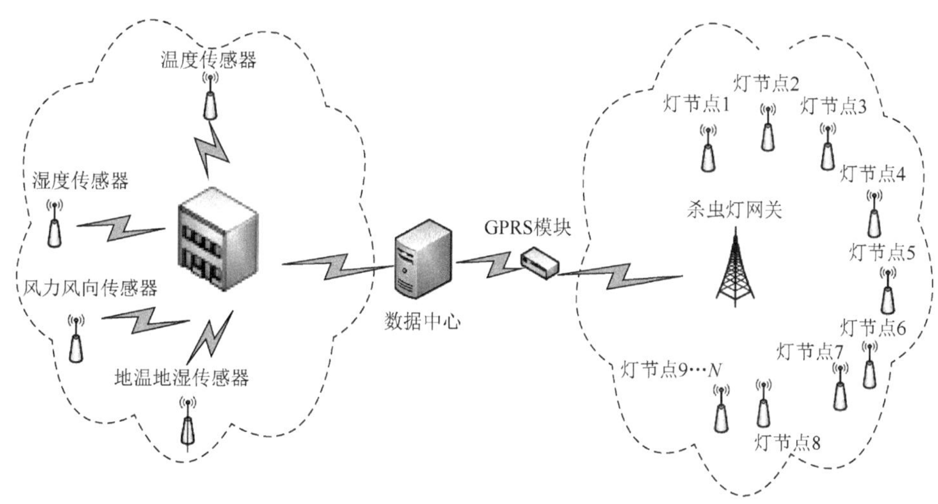

图 3-4 靶标害虫自动识别系统+杀虫灯技术

3.3.2.3　昆虫夜间活动节律研究

国内生态学家对昆虫夜间活动节律研究已经取得很大进展，主要体现在以下几个方面。

1）昆虫夜间活动的节律应用

大多害虫和益虫的夜间活动时间段已被发现，顾国华等（2004）给出 7 种害虫的夜间活动节律（表 3-4）。

表 3-4　几种夜出性昆虫夜间扑灯节律

昆虫	时段											
	18:00～19:00	19:00～20:00	20:00～21:00	21:00～22:00	22:00～23:00	23:00～24:00	24:00～1:00	1:00～2:00	2:00～3:00	3:00～4:00	4:00～5:00	5:00～6:00
棉铃虫	26	50	26	18	9	15	16	23	26	22	8	0
暗黑金龟甲	0	369	186	85	24	25	13	11	6	6	12	0
非洲蝼蛄	0	3	15	17	6	3	3	0	0	0	0	0
大豆毒蛾	0	13	20	5	1	0	0	0	2	3	9	0
稻螟蛉	6	8	16	24	44	39	20	24	22	9	2	0
桃蛀螟	0	6	4	1	1	2	14	4	5	2	0	0
稻纵卷叶螟	288	117	84	87	72	40	50	43	99	104	89	7

从表 3-4 中可以看出，防治暗黑金龟甲和非洲蝼蛄，可以设定 19:00～24:00 亮灯；防治棉铃虫可以实行间歇式亮灯，时间为 18:00～22:00 和 1:00～5:00 亮灯。这样可以避开益虫活动的时间，减少对益虫的诱杀。

2）害虫的生态学规律应用

通过对区域害虫的生态学研究和实践，已经掌握许多害虫的发育规律，比如，美国白蛾在山东中西部 1 年发生 3 代，第一代一般在每年的 4 月中下旬；二点委夜蛾在黄淮海小麦玉米连作区 1 年发生 4 代，根据当地的气候数据，大致可以预测其第一代的发生期。这些给物理防治美国白蛾、二点委夜蛾提供了数据支撑，我们可以在其成虫发生时，开启杀虫灯进行诱杀。

3）区域植物主要益虫的生态学应用

天敌主要通过寄生和捕杀害虫的卵、幼虫，实现对害虫的生物防治。根据此作用机理，杀虫灯的启闭可以避开益虫的活动时间，只在害虫成虫活动及活动的活跃期开启杀虫灯以及进行启闭数量的控制，这样就可以很好地降低杀虫灯的捕杀益害比。

3.3.3 色板诱控技术

该技术是利用害虫对不同色彩的敏感性，制成不同色彩的粘虫板诱杀靶标害虫。如黄曲条跳甲对黄色和白色的趋性强，桃蚜和美洲斑潜蝇对黄色最敏感，小菜蛾成虫对绿色敏感性最强，多数蓟马对蓝色特别敏感等。该技术具有成本低、环保、制作方便等特点，主要应用于蔬菜田或保护地和果园中。

3.3.3.1 黄板诱杀

白粉虱、蚜虫、美洲斑潜蝇、黄条跳甲等具有趋黄特性。一般田间悬挂黄色粘虫胶纸或设置黄盆均可进行诱杀。黄板为塑料薄板制成，一般为长方形。要耐日晒、抗老化，黏性持久；板材平展不卷曲，作用面积大。

使用黄色板诱捕昆虫，放置黄板的密度因虫害的种类、密度和黄板的面积而定。一般情况下，每 30～80m^2 放置 1 块即可。黄板应略高于蔬菜，田间设置高度不宜超过 1m。在播种出苗后 4 周或定植缓苗后，紧靠菜地四周张挂黄板，果园与菜地基本类似。

3.3.3.2 蓝板诱杀

针对蓟马类对蓝色有趋性的特点，可用蓝板诱杀蓟马类。

3.3.3.3 银灰地膜

主要是利用蚜虫、烟粉虱等小型害虫对银灰色的忌避性驱避害虫，同时预防病毒病的发生。

3.3.4 性诱技术

许多昆虫往往释放信息素引诱异性交配等。信息素一般为两类，一类为警报激素（signal pheromone），使动物能够识别捕食者，引发快速的生理逃避反应；另一类为性信息素（也叫启动信息素，primer pheromone），使动物能够识别有生殖能力的异性，促使异性性成熟，压制同性的性发育。

昆虫羽化之后，往往寻找配偶交配，利用人工合成的雌性信息素来诱杀雄虫，成为近年来一种新型的绿色防控技术。利用昆虫性信息素，不仅可以对害虫的发生期、发生量以及分布区域等进行监测，而且可以对害虫进行诱杀防治，或通过干扰交配而降低下一世代基数，从而起到控害的目的。

性信息素迷向技术是通过干扰害虫交配来实现防治害虫的目的。如梨小食心虫性信息素迷向技术，就是利用制造充满梨小食心虫性信息素气味的田间环境，使梨小食心虫雄虫丧失寻找雌虫的定向能力，干扰田间雌雄交配，从而使下一代虫口密度急剧下降，起到控害的目的。

利用害虫性信息素迷向技术防治果树害虫，与常规防治技术比较，具有选择性强、环境友好、不会引起抗药性、对人畜安全等优点。目前，生产上应用成功的案例有梨小食心虫、苹果蠹蛾、苹淡褐卷蛾、舞毒蛾等性信息素迷向技术。

3.3.5　食诱技术

根据某些害虫和害鼠对食物的特殊气味趋性，配制食饵，以诱杀它们。如糖醋液可以诱杀小地老虎和黏虫等夜蛾类成虫，新鲜马粪可以诱杀蝼蛄等。

近些年来，针对昆虫趋向花源或食源的习性，提取花粉或食源植物中的特异性气味组分，研制出引诱昆虫的食诱剂。目前，市场上开发的昆虫食诱剂主要有桔小食蝇食物诱剂、瓜食蝇食物诱剂、大食蝇食物诱剂、夜蛾食物诱剂、金龟甲食物诱剂、棉铃虫引诱剂等。

3.3.6　潜所诱杀

许多害虫具有选择特殊环境潜伏的习性，据此可以诱杀它们。如田间插放杨柳枝把，可诱集棉铃虫成虫潜伏其中，次晨再用塑料袋套捕，可大大减少田间蛾量。

3.3.7　温控技术

有害生物对环境温度有一定的适应范围，温度过高或过低都会导致其死亡或失活。温控法就是利用高温或低温来控制或杀死有害生物的物理防治技术。如播种前温水浸种、暴晒种子等，能消灭种子携带的多种病虫；高温季节，通过闷棚、覆膜晒田等，可将地温提高到60～70℃，杀死多种有害生物。低温也可抑制多种有害生物的繁殖与危害活动，常被用来作为蔬菜和水果的保鲜技术。将粮食贮藏温度控制在 3～10℃，可抑制大部分有害生物的危害；对于少量的种子，可在不影响发芽率的情况下，置于冰箱冷冻室内处理1～2 周，进行低温杀虫。

3.3.8　辐射技术

辐射技术是利用电波、γ射线、X 射线、红外线、紫外线、激光以及超声波等电磁辐射对有害生物进行防治的技术，包括直接杀灭和辐射不育等。如用钴-60（^{60}Co）作为γ射线源，在 25.76 万 R①的剂量下处理黑皮蠹、玉米象、谷蠹等贮粮害虫，24h 后绝大多数即行死亡，少数存活者也常表现为不育；利用适当剂量放射性同位素衰变产生的粒子或射线处理昆虫，可引起雌性或雄性不育，进而进行害虫种群治理。

① $1R=2.58\times10^{-4}$ C/kg。

3.3.9　驱避技术

驱避技术是利用害虫活动习性或病原菌传播途径而设计的有针对性的防范措施，主要包括应用无纺布、水袋驱蝇技术、覆盖银灰地膜和种植趋避植物带等措施。

1）应用无纺布

在保护地或果园中可用作物保护布、育秧布、灌溉布以及保温幕帘等无纺布达到防病治虫的目的。设施保护地昼夜温差大、湿度高、易结露，常常造成病原菌随露滴而传播病害。在早春与晚秋，采取无纺布覆盖或铺盖，可起到降低湿度、减少结露的作用，从而预防灰霉病、菌核病、疫病等的发生，或降低其发病程度。同时，还起到防虫、保温和防止霜冻的作用。

2）水袋驱蝇技术

选择白色透明的塑料袋，内放 4～6 枚干净硬币，加入半袋清水，扎好袋口，悬挂于蝇类易活动处。蝇类的复眼很灵敏，对多方位反射光非常敏感而趋避。

3.3.10　草木灰在病虫害防治中的应用

草木灰肥料含有几乎所有的植物矿质元素，主要成分是碳酸钾（K_2CO_3）。

1）草木灰抑制病害效果

苗圃每亩撒施草木灰 30～50kg，可保护种子、根系、茎秆，减少病虫危害，防止立枯病、炭疽病、白粉病、锈病等。每平方米施 2.5～5kg，有防治根腐病的作用。

2）草木灰抑制害虫效果

喷施 3%～5%草木灰浸出液，可防治蚜虫、粉虱、红蜘蛛等有害生物。韭菜、大蒜有根蛆危害时，用草木灰撒在剪割韭菜伤流处，阻止成虫产卵，撒于根部可防治根蛆幼虫。

3.3.11　病菌孢子捕捉器的应用

病菌孢子捕捉器是一种可检测随空气流动、传染的病害病原菌孢子及花粉尘粒的仪器，主要用于监测病害孢子存量及其扩散动态，为预测和预防病害流行、传染提供可靠数据。可为病理研究提供可靠数据；可收集各种花粉，满足应用单位的研究需要；可测试区域空气中的漂浮物。

孢子捕捉器主要分为 3 类：固定式孢子捕捉器、车载式孢子捕捉器、便携式孢子捕捉器。

（1）固定式孢子捕捉器，可固定在测报区域内，定点观察特定区域孢子种类及数量。技术参数为：①生产及检验标准符合植物保护机械孢子捕捉仪国家标准；②采用电、数控技术，兼容 ATCSP 病虫测防系统；③交流电源电压为 220V；④功率为 180W；⑤材料为不锈钢；⑥定时可设置 8 个时间段；⑦集气口风速 0.3～5m/s；⑧载玻片规格，长 76.2mm，宽 25.4mm，厚 1～1.2mm；⑨绝缘电阻≥2.5MΩ。

（2）车载式孢子捕捉器，可安放在自行车、摩托车、工具车等运动的载体上，便于流动监测孢子。技术参数为：①生产及检验标准符合植物保护机械孢子捕捉仪国家标准；②电源电压 DC12V，不低于 10.8V 时正常工作；③功率为 0.4W；④材料为不锈钢；⑤载玻片规格，长 76.2mm，宽 25.4mm，厚 1～1.2mm；⑥绝缘电阻≥2.5MΩ。

（3）便携式孢子捕捉器，体积小，可手持，方便移动，可随时随地监测所到区域的孢子。技术参数：①生产及检验标准符合植物保护机械孢子捕捉仪国家标准；②电源电压 DC12V，不低于 10.8V 时正常工作；③功率为 0.4W；④材料为不锈钢；⑤载玻片规格，长 76.2mm，宽 25.4mm，厚 1～1.2mm；⑥绝缘电阻≥2.5MΩ。

3.4　生物防治技术及其应用

生物防治（biological control or management）是利用有益生物及其产物控制有害生物种群数量的一种防治技术。自然界中，各种生物通过食物链和生活环境等相互联系、相互制约，形成了复杂的生物群落和生态系统，其中任何一种生物或非生物因素的改变，均会导致不同生物种群数量的变化。生物防治就是根据生物之间的相互关系，人为地增加有益生物的种群数量，从而取得控制有害生物的效果。传统狭义的生物防治主要是利用有益生物活体进行有害生物的种群数量控制。随着科技的发展，人类已从直接利用生物活体防治有害生物，发展到利用生物产物——将生物产物进行分子改造和工厂化合成，防治有害生物。

生物防治是劳动人民长期以来在认识自然、改造自然的过程中发展并逐步完善成熟起来的理论与实践体系。利用生物防治害虫，在我国有悠久的历史。公元 304 年晋代嵇含著《南方草木状》和公元 877 年唐代刘恂著《岭表异录》都记载了利用黄猄蚁防治柑橘害虫的事例。19 世纪以来，生物防治在世界许多国家迅速发展。我国约在 20 世纪 30 年代开始研究农业害虫生物防治问题。新中国成立以来，生防研究机构在全国范围内陆续建立，并不断充实提高。1972 年，我国最早统计生防面积为 80 000hm^2；1990 年统计，全国生物防治推广面积已发展到 23 000 000hm^2，占病虫害防治总面积的 10%～15%，生物防治措施成为我国病虫害防治的重要措施之一。2006 年农业部提出“绿色植保”理念，并大力提倡绿色防控技术。诺贝尔奖获得者 Noman K.Borlang 曾说过“没有农药，人类将面临饥饿的危险”，这一偏颇的论断极大地促进了化学农药的发展，遏制了生物防治技术的推广。实际上，生物防治技术同样可以取得理想的防治效果且无副作用。

3.4.1　生物防治的途径

生物防治的途径主要包括保护有益生物、引进有益生物、人工繁殖与释放有益生物以及开发利用生物产物等。

（1）保护有益生物。自然界有益生物种类很多，但由于不同种类的有益生物生态学特性及受不良环境和人为干预影响，常不能维持较高的种群数量。如草蛉类、小花蝽类、蜘蛛类天敌，只适用于建立人工生态庇护所保护，而不适合人工生产繁育释放。要充分发挥其对有害生物的控制作用，常需要采取一定的措施加以保护。保护利用有益生物可分为直接保护、利用农业措施保护等。直接保护是指专门为保护有益生物而采取的措施。如人工采集水稻螟虫的卵，让寄生蜂产卵繁殖；冬季利用窖穴、草堆、草把等为天敌提供适宜的越冬场所，使其翌年种群数量快速增长等。农业措施保护主要是结合栽培措施保护有益生物。如在果园中种植藿香蓟、紫苏、大豆或丝瓜等为捕食螨提供食料和栖息场所；通过耕作、施肥促进作物根际拮抗微生物的繁殖等。

（2）引进有益生物。引进有益生物防治害虫在生物防治中也十分重要，尤其对异地引进作物品种上的病虫害，从其原产地引进有益生物进行防治，常可取得明显效果。但引进有益生物应做充分的调查研究和安全评估，以防止盲目引进后演化成有害生物。

（3）人工繁殖与释放有益生物。很多自然种群数量大的种类并不适于人工生产繁育应用，因此有益生物种类的选择是能否成功进行人工生产繁育并释放应用的前提。同域天敌和异域天敌的选择各有自己的优缺点。人工繁殖与释放不仅可以增加天敌的自然种群数量，而且可以使有害生物在大发生之前得到有效的控制。如工厂化生产赤眼蜂，用于防治鳞翅目害虫；天敌昆虫的生产繁育及释放应用将很快形成新型的产业态势。

（4）开发利用生物产物。生物体内产生的次生物质、信号化合物、激素和毒素等天然产物，对有害生物具有较高的活性，且选择性强，对生态环境影响小，无明显的残留毒性问题，均可被开发用于有害生物的防治。例如，很早以前人们就使用含有杀虫杀菌活性的巴豆、鱼藤、烟草以及除虫菊等植物防治多种病虫害。随着生物学的发展，更多的天然化合物被开发利用。如害虫的性外激素被用于诱捕害虫或迷向干扰交配；害虫激素被用于干扰其正常生长发育；微生物的拮抗物质及内毒素被开发为生物农药等。有些生物产物不仅可以直接用于有害生物的防治，还可以作为母体化合物，进行人工模拟、改造，用于开发新的农药。

3.4.2　生物防治的内容

昆虫在生长发育过程中，常由于其他生物的捕食或寄生而死亡，这些生物称为昆虫天敌。昆虫天敌主要包括食用动物、致病微生物和天敌昆虫，它们是影响昆虫种群数量变动的重要因素。

3.4.2.1　动物天敌的利用

动物天敌种类很多，从高等哺乳类动物到节肢动物、线虫和原生动物，都可通过捕食或寄生而成为某些有害生物的天敌。

（1）动物天敌治虫。许多鸟类如燕子、啄木鸟、灰喜鹊等，两栖类如青蛙、蟾蜍等，捕食性昆虫如瓢虫、步甲、草蛉、螳螂、食蚜蝇、食虫虻、食虫蝽、蚂蚁、胡蜂以及捕食螨等，寄生性昆虫如姬蜂、茧蜂、小蜂、小茧蜂等，都是农业害虫的天敌。通过对其进行保护、引进和人工繁殖释放，可以有效地控制农作物的虫害。原生动物中的部分微孢子虫，是害虫的较专一的寄生物，其中有的种类已被开发用于大面积防治蝗虫等。此外，养禽治虫、稻田养鸭不仅可以防治害虫，对草害也有一定的控制作用。

（2）动物治草。20 世纪初澳大利亚从美洲原产地引进仙人掌螟蛾防治草原恶性杂草仙人掌，是以虫治草的成功先例。其后，100 多种昆虫被用于控制杂草的危害。此外，水田养鱼治草，在生产上也有不少成功的案例。如东欧一些国家从中国引进胖头鱼防治池塘中的水生杂草，我国利用稻田养鱼养蟹防治杂草，均取得了成功。日本养山羊除草，我国养鹅除草也有非常成功的案例。

（3）天敌治鼠。鼠类的自然天敌大都是陆生肉食性动物，如猛禽、猛兽、蛇等。如一只长耳枭一个冬季可以捕鼠 360～540 只，一只体重 700g 的艾虎一年可捕鼠兔 1 543 只、鼢鼠 470 只。

3.4.2.2　病原微生物的利用

我国微生物资源丰富，为发展微生物农药提供了广阔的空间。

（1）微生物治病。目前研究较多的是利用重寄生真菌或病毒防治作物真菌和线虫病害。如土壤中的腐生木霉菌可以寄生于立枯丝核菌、腐霉、小菌核菌和核盘菌等多种作物病原真菌，其中重要的生防菌种哈姿木霉、康宁木霉和绿色木霉已被开发用于大田作物病害的防治。在自然界，线虫被真菌寄生或捕食也很普遍。病毒寄生植物病原真菌后，常使其致病力降低而成为弱致病菌株。

（2）微生物治虫。昆虫病原微生物主要有细菌、真菌和病毒，一般将病原线虫、病原原生动物也归入致病微生物，此外，有些立克次氏体也对昆虫有致病作用。寄生真菌的寄生行为具有相当的广泛性和专一性，几乎所有昆虫都会被真菌感染，而几乎每一种昆虫都有一种特殊的真菌物种。许多害虫种类的病原微生物已被工厂化生产，制成生物农药。如细菌中用于防治鳞翅目、双翅目和鞘翅目害虫的苏云金杆菌；专杀土壤中蛴螬的乳状芽孢杆菌；真菌中用于防治鳞翅目、同翅目、直翅目和鞘翅目害虫的白僵菌、绿僵菌、拟青霉菌、多毛菌、赤座霉菌和虫霉菌等。昆虫病毒由于寄主十分专一，通常只寄生于一种亲缘关系很近的虫种，而且环境适应能力强，一些包涵体病毒在室温下1～2年不失活，在土壤中生存数年仍有侵染能力，所以开发利用也十分迅速。

（3）微生物治草。杂草和作物一样也受多种病原生物的侵染而发生病害，目前在生物防治中开发利用较多的是病原真菌。如山东农科院利用寄生菟丝子的炭疽菌研制成“鲁保1号”真菌制剂，用于大豆菟丝子的防治。新疆地区利用列当镰刀菌防治埃及列当，云南等地利用黑粉菌防治马唐等，也都取得了明显成效。

3.4.2.3　拮抗生物的利用

拮抗生物主要通过产生抗生物质，占据侵染位点，以及通过营养和生态环境的竞争来控制有害生物，因而常被用来防治植物病害和草害。如生产上利用诱变技术处理野生型烟草花叶病毒，获得可以侵染但不表现症状的弱毒株系，并通过接种来保护烟草不受致病性野生型烟草花叶病毒的危害。在自然界还存在大量可以产生抗生素的微生物，包括真菌和细菌，它们可以杀死和溶解病原生物，对病害具有良好的控制作用。此外，一些拮抗微生物在土壤中大量繁殖，与土壤的理化特性共同作用，形成可以控制病害发生流行的天然“抑菌土”，也被用于植物病害的生物防治。

3.4.2.4　生物产物的利用

用于有害生物防治的生物产物种类很多，主要包括植物次生化合物和信号化合物、微生物抗生素和毒素、昆虫的激素和外激素等。它们大都可以被开发成生物农药或制剂，用于有害生物的防治。如具有较强杀虫活性的苦皮藤、印楝的天然成分，以及微生物发酵产物——阿维菌素被加工成生物杀虫剂；许多微生物产生的抗生素被用于生产杀菌剂，在我国广泛使用的井冈霉素、内疗素、链霉素、多抗霉素、庆丰霉素和放线酮等均属此类；害虫的性外激素经过分离鉴定后，被用于大田诱捕害虫或迷向干扰害虫交配；害虫激素被用于干扰害虫的正常生长发育；一些植物和微生物信号化合物则被用于刺激植物启动免疫防卫系统。

3.4.2.5　抗性品种的应用

具有抗性的作物品种在灾害条件下，能通过耐受灾害、抵抗灾害，以及灾后补偿作用，减少灾害损失。作物品种的抗性包括抗干旱、抗涝、抗盐碱、抗倒伏、抗虫、抗病和抗草害等，这里特指对病虫害的抗性。

1. 植物的抗性

植物的抗性涉及多种不同机制，不同品种的抗性，可能是多基因的综合效应，也可能是个别主效基因的作用，因而所表现的抗性程度和类型不同。

1）植物抗性的类型

植物的抗性根据抗性的表现程度分为免疫、高抗、中抗、中感和高感等类型。免疫是指不受某些病虫害的侵害，其他类型是根据不同病虫害危害的症状和造成损失的程度等，经过相互比较具体划分的。

抗性也可以根据其对病原菌生理小种或害虫生物型的反应，分为垂直抗性和水平抗性。垂直抗性是指作物品种只对一种或某几种病原菌生理小种或害虫生物型表现抗性，而对另一些则不表现抗性。垂直抗性常表现出较高水平的抗性，但容易因病原菌生理小种或害虫生物型的变化而丧失抗性。水平抗性是指作物品种对病原菌的各种生理小种或害虫生物型具有相似的抗性，抗性水平常较低，不会因病原菌生理小种或害虫生物型的变化而丧失抗性。大多数抗性品种的抗性介于两者之间，即对一种或某几种病原菌生理小种或害虫生物型表现较高的抗性，而对另一些则表现为较低的抗性。

2）植物抗性的机制

植物抗性机制在昆虫学和植物病理上有多种分类，综合起来大致可以分为抗选择性、抗生性、避害性和耐害性。

（1）抗选择性。主要是由于受植物体内或表面挥发性化学物质、形态结构以及植物生长特性所造成的小生态环境的影响，不吸引甚至拒绝害虫取食产卵，不刺激或抑制病原菌萌发侵染。如有些植物叶片或茎覆盖尖锐的刺或蜡质层。植物表面的毛状体也有一定的防御作用，有些甚至可以捕杀昆虫，如茅膏菜上的腺毛。还有一些植物的针叶可以分泌出树脂，把昆虫困于其中。另外，研究人员还发现，有些草叶中含有的二氧化硅可以加速昆虫下颚的磨损。如菜粉蝶仅在含有芥子苷甲茚的植物上产卵，蚜虫较少在叶面多绒毛的植物上定居。一些抗病品种植株表面缺少病原物的识别因子，无法刺激病原菌产生必要的酶、附着胞、侵入钉及吸器，而不会被侵染。

（2）抗生性。是由于植物体内存在有害的化学物质，缺乏必要的可利用的营养物质，以及内部解剖结构的差异和植物的排斥反应，对害虫和病原菌造成不利影响，使害虫大量死亡、生长受到抑制、不能完成发育或延迟发育、不能繁殖或繁殖率降低，使病原物不能定植扩展。如含有较多有毒化合物“布丁”的玉米，可导致玉米螟幼虫大量死亡；含有高浓度棉酚的棉花，对棉铃虫具有抗性。

（3）避害性。主要包括两个方面，一是由于植物具有某种特性，害虫和病原菌虽能侵染，但不能造成危害和损失。如向日葵螟和桃蛀螟在向日葵坚皮品种上产卵，幼虫孵化后取食花粉和花冠，3 龄后为害种子时，坚皮品种的种皮内已形成了坚硬的木栓层，使幼虫无法咬破、蛀入为害。有些小麦品种的气孔早晨张开迟，以致叶面结露已干，从而使只能从张开气孔侵入的小麦秆锈病夏孢子不能侵入。二是由于作物品种的生长发育特性不同，使作物的易受害期与病虫的发生期错开，一旦作物的易受害期与病虫的发生期吻合，即失去避害能力。因此，也有人称此为“假抗性”。

（4）耐害性。是指有些作物品种在病虫定植寄生取食后，表现出较强的忍受和补偿能力，不引起明显症状或产量损失。如禾谷类耐害品种具有较强的分蘖能力，在主茎受钻蛀性害虫危害枯死后，可以迅速分蘖形成新茎，从而不致显著影响产量；小麦的耐锈品种和十字花科植物的耐肿根病品种，均具有较强的根系再生能力，用以补充体内的水分和养分消耗，从而减轻病虫危害。

2. 作物抗性品种的选育

植物对病虫害的抗性是一种可遗传的生物学特性，抗性品种所受病虫危害的程度一般较非抗性品种轻或不受病虫危害。抗性品种天然的免疫系统可识别病菌并表现出抗性，该种抗性可以迅速攻击新的病菌小种。除了天然的免疫系统，抗性品种还表现出多种防御措施。因此，选用抗病虫害品种是作物健康栽培的基础，也是最有效的绿色防控措施之一。针对不同地区作物发生的主要病虫害，筛选应用相应的抗性或耐性品种，是防止该病虫害的最直接、最经济、最有效的方法。

1）育种目标的确定

确定抗性育种目标主要是为了提高育种的投入效益，解决生产上的重大问题，减少常规植物保护措施对环境的副作用。因此，抗性育种首先要选择重要的经济作物；二是要选择相当大范围内持续发生、已成为某一作物栽培生产限制因素的重要病虫害；三是选择其他植物保护措施难以实施、难以承担的昂贵的植物保护投入或使用现有植物保护措施对环境和农产品的安全生产副作用较大的作物病虫害。以解决这些问题为目标育成的抗性品种作用大、效益高，易于推广应用。此外，有时还要根据有害生物的分布范围和迁移能力，确定选育垂直抗性品种或水平抗性品种。

2）抗源材料的搜集

抗源材料主要是指转入作物体内可以遗传，并能产生抗性表现的基因或遗传物质，包括同种或近缘种植物的抗性基因。不同生物体内表达产生抗性物质的基因，甚至有害生物体内表达产生抗性物质的基因等。采用不同的育种技术可以选用不同的抗源材料。传统抗性育种大多利用同种或近缘种的抗性基因；而现代生物技术育种则可将远缘生物体内的抗性基因和有害生物体内的遗传物质，转入目标作物体内使之产生抗性。如将苏云金杆菌的毒素蛋白基因转入植物体内育成作物抗虫品种，将病毒 RNA 反向转录后或将其卫星 RNA 基因转入植物体内育成作物抗病品种等。

抗源材料的搜集应考虑如下几个方面：第一，从作物传统种植地，或有害生物大发生田挑选同种作物的抗性植株；第二，从野生同种植物或近缘种的植物中筛选分析抗性基因性状；第三，从病虫天敌体内分离抗性基因；第四，从有害生物体内分离适宜的遗传物质；第五，通过诱变筛选获得抗性种质材料。

3）抗性育种方法

抗性育种方法包括传统抗性育种、诱变技术、组织培养技术和分子生物学技术等。

（1）传统抗性育种。主要是利用选种、系统选育获得抗性作物品种，通过和优良农艺性状品种杂交和回交进行选育。选种是从有害生物大发生的田间，选取高抗植株进行采种。系统选育是将田间选择的高抗作物种子，隔离繁殖，并人工接种有害生物，对其后代进一步进行筛选。杂交是以具有优良农艺性状的作物品种为母本，与抗性品种、野生植株或近缘种进行杂交选育。

（2）诱变技术。是指在诱变源的作用下，诱导植物产生遗传变异，再从变异个体中筛选抗性个体。这种方法比较随机，但可以获得新的抗源材料。诱变源包括化学诱变剂和物理诱变因素。生产上使用较多的是辐射诱变，即辐射育种。

（3）组织培养技术。是在无菌条件下培养植物的离体器官、组织、细胞或原生质体，使其在人工条件下继续生长发育的一种技术。该技术可以快速克隆不易经种子繁殖的抗性植物；可以与诱变技术相结合，分离抗性突变体；可以利用花粉、花药选育单倍体抗性植株，再经染色体加倍形成抗性同源植物；还可通过原生质体融合技术将不同抗性品种或种的遗传性状相结合，克服杂交困难，培育高抗和多抗品种。

（4）分子生物技术。应用分子生物技术可以将各种生物的抗性基因转入目标作物品种体内，以解决传统育种技术无法克服的远缘杂交问题。如将苏云金杆菌的毒素蛋白基因转入植物体内，形成抗虫作物品种；通过对植物基因的改造，创造新抗源等。分子生物技术大大提高了抗性育种的效率，在抗性育种领域将发挥更重要的作用。

3. 抗性品种的利用

作物健康栽培是贯彻绿色发展理念、实施农药减施增效的重要组成部分。抗性品种是作物健康栽培的基础。

利用作物抗性品种防治病虫害是一种经济有效的措施。其主要优点表现在：使用方便，潜在效益大；对环境影响小，与其他植物保护措施有很好的相容性；对作物病虫害具有较强的后效应，能长期控制有害生物等。但也有较大的局限性：一是受抗性基因资源和有害生物生物学的限制，并非所有病虫害均可利用作物抗性品种进行防治；二是有害生物具有较强的变异适应能力，使作物抗性品种丧失抗性；三是由于有害生物种类繁多，抗性品种控制目标病虫后，常使次要有害生物种群上升，危害加重。

因此，合理利用抗性品种，以最大限度地发挥其应有的作用，避免过早地丧失抗性是十分重要的。①把抗性品种的利用纳入综合防治体系，与其他防治措施相配套，以减缓抗性品种对有害生物的选择压力，延缓有害生物对抗性品种的适应速度；②合理利用垂直抗性和水平抗性；③采取不同抗性品种轮作、镶嵌式种植或利用庇护地措施等，以减轻有害生物对抗性品种的适应速度；④培育多抗性品种，使之同时兼抗多种有害生物，以提高抗性品种在植物保护中的作用。

3.4.3　天敌昆虫生产及应用技术

3.4.3.1　天敌昆虫的分类

天敌昆虫一般分为两类；一类是捕食性天敌昆虫，一类是寄生性天敌昆虫。两者的区别在于寄生性天敌昆虫在发育的过程中仅仅吃掉一个寄主，而捕食性天敌则需要吃掉几个个体才能成熟，而且两者在食性、习性和形态上也有很多的区别。

寄生性天敌较重要的目科有，膜翅目：姬蜂科、茧蜂科、蚜茧蜂科、小蜂科、金小蜂科、赤眼蜂科、瘿蜂科、细蜂科等，通称为寄生蜂。双翅目：寄蝇科、食蚜蝇科。捕食性天敌种类较多，较重要的目科有，半翅目：猎蝽科、花蝽科、蝽科、盲蝽科；脉翅目：草蛉科、粉蛉科、蚁蛉科；鞘翅目：步甲科、虎甲科、瓢甲科；膜翅目：胡蜂科、土蜂科、蛛蜂科、蚁科；双翅目：食蚜蝇科（幼虫捕食蚜虫、蚧、叶蝉、蓟马、小型的鳞翅目幼虫等）。

3.4.3.2　天敌昆虫与寄主的自然跟随关系

在自然界中，任何一种有害生物都会存在一种或多种天敌，天敌与害虫之间存在跟随关系，天敌与害虫之间的跟随关系是一种自然现象。《害虫生物防治》（1982）论及天敌跟随现象，就生态体系而言，天敌的消长，总是跟随在害虫之后。所谓跟随，包含两个含义：第一，从发生的时间看，天敌侵入农田，是在害虫建立种群之后，犹如害虫侵入农田，是在田里已经种了农作物之后一样。第二，就发生的数量来看，在天敌与害虫发生联系的初期，天敌的自然种群数量很少。随着害虫种群数量的逐步增加，自然天敌增长速度加快，害虫的种群数量大幅度下降，随之自然天敌种群数量也下降。

在经典生物防治理论中，选择有效天敌的依据基本上是根据同一生态域中天敌与害虫之间的跟随关系。二者是限于同一生态环境中共同发生的关系；对于入侵害虫的天敌资源的需求也是限于原发生地区。实际上，在自然界中还存在一种类型的关系，就是天敌与害虫二者并不处于同一生态环境，而恰恰由于二者的异域性被人为地整合在一起，可以达到较为明显的效果，如将草坪、林地中发生的捕食性步甲（绿步甲、黑广肩步甲）引入草原控制蝗虫发生。

3.4.3.3　天敌昆虫、化学农药与害虫发生之间的对应关系

从生态系统食物链关系角度分析，制订现代化学农药防治害虫的计划时，缺乏 3 个方面的考虑。一是真正有效、长效控制农业生态系统有害生物的因子应是内源性、密切相关的元素，而非外源性投入的化学农药。这些内源性元素包括生存空间、食物数量、气候和天气情况、生态位竞争生物、捕食性或寄生性天敌等。二是一旦制约性环境防御作用被削弱，或者害虫的抗药性水平达到一定程度，某些害虫的惊人繁殖潜力就会暴发。昆虫天敌生产并释放应用就是发掘这些内源性环境防御因素的重要方面。三是化学农药在很多情况下表现为“假杀死”：有些个体会在中毒不重的情况下很快恢复生命力；存活下来的个体及其后代抗药性剧增；对于卵胎生的孤雌个体蚜虫，虽然可杀死母体，但对其体内的后代个体并无杀伤力。

化学农药使用与害虫发生之间存在 6 个方面的“不对应”。①时间关系的不对应。害虫发生由无到有，由总到面，由少到多，由发生到成灾是一个连续动态过程，而化学农药使用仅在一个时间点进行，难以对应全程动态的防控。②空间关系的不对应。由昆虫空间分布型研究结果可知，昆虫无论在田间的平面分布，还是在植株上的立体分布，都是不均匀的，而化学农药的使用技术和要求均为均匀喷布用药。③害虫发生量与农药使用量之间关系的不对应。往往在害虫发生数量少时不用药，而害虫发生数量大了又超量用药。④害虫危害性与化学农药使用关系之间的不对应。在害虫危害性不显著时疏忽防控，而在危害性显露时用药则已失去了意义或完全失控。⑤害虫的迁移性与化学农药药滴着落固定性之间关系的不对应。⑥害虫的增殖性与化学农药药效丧失性之间的不对应。

目前，我国成熟的繁育释放天敌产品主要有：龟纹瓢虫、异色瓢虫、七星瓢虫、多异瓢虫、稻螟赤眼蜂、豌豆潜蝇姬小蜂、烟蚜茧蜂、少脉蚜茧蜂、蠋蝽、大眼长蝽、烟盲蝽、大草蛉、丽草蛉、中华通草蛉、智利小植绥螨等 20 多种活体天敌产品。国内很多地区已在不同作物上开展多种天敌产品的示范应用和效果评价等工作。

许多害虫具有很强的生态适应性和很大的生殖潜力，而并未疯狂生长或繁殖，天敌的存在是其一个主要的原因。从一些外来入侵生物的危害成灾可以看出天敌

的作用。如美国加州的澳洲瓢虫历史上长期控制吹绵蚧（Caltagirone and Doutt，1989），但20世纪40年代，DDT在加州一些柑橘园中的应用，使澳洲瓢虫被农药清除，吹绵蚧的危害比以往更加严重。不使用农药，情况才又慢慢好转。1998～1999年，昆虫生长调节剂的应用，也对澳洲瓢虫产生了影响，使加州的某些地方吹绵蚧重新为害。在自然界，天敌的数量是相当丰富的，如松毛虫有359种捕食性和寄生性天敌昆虫（陈昌洁，1990），小麦田已记录的瓢虫就有68种（虞国跃，2005）。

近20年来，我国在天敌昆虫研究与利用领域远远落后于西方一些国家。目前很多工作仍停留在实验室或研究院所的试验区中，主要由国家项目经费支持，没有供社会应用的系列产品、没有推进到社会生产、没有实现产业化。国际上天敌昆虫扩繁、商业化的生产成就极其显著。规模较大的天敌公司已经有80～100家，其中欧洲30余家、北美10家，澳洲、拉丁美洲、亚洲和俄罗斯各有5家。北美已经商品化生产的天敌昆虫有130余种，主要种类为赤眼蜂、丽蚜小蜂、草蛉、瓢虫、中华螳螂、小花蝽、捕食性螨类等，同时有经销商143家。英国的BCP天敌公司年创汇100万英镑，1996年获女皇奖；荷兰Koppert公司生产的天敌昆虫商品已占据欧洲大部分市场，广泛应用于果园、大田、温室以及园艺作物生产。

对于天敌昆虫的生产与应用研究，应分为以下8个层次：①天敌昆虫资源调查；②天敌昆虫生物生态学研究；③单种天敌昆虫的生防效应评估；④生防元素的组合应用，包括天敌昆虫组合、天敌昆虫与微生物组合、天敌昆虫性诱剂组合；⑤生防元素与物理防治技术的组合；⑥嵌入式生物防治技术；⑦人为生物多样性及人工生态系统构建；⑧生态庇护所建设与应用。一般把⑥、⑦、⑧三项措施作为与生态调控相重合的内容。

3.4.3.4　捕食性天敌的繁育生产与应用

捕食行为是生态学中一种生物互动方式，在这种方式中，捕食者会捕食其他的生命，捕食者即为这些被捕食者的捕食性天敌。捕食性天敌昆虫指专门以其他昆虫或动物为食物的昆虫。这类天敌直接蚕食害虫体的一部分或全部；或者刺入害虫体内吸食害虫体液使其死亡。一般情况下捕食性天敌昆虫较其寄主猎物都大，发育过程要捕食许多猎物。通常情况下，一种捕食性天敌昆虫在幼虫和成虫阶段都是肉食性，以同样的寄主为食，独立自由生活，如螳螂目的螳螂和鞘翅目瓢虫科的绝大多数种类。部分昆虫幼虫和成虫食性不一样，如多数食蚜蝇幼虫为捕食性，而成虫则很少捕食。目前国内广泛应用的主要有草蛉、瓢虫、步甲、蚁狮、穴虻等。

1. 异色瓢虫的人工生产繁殖与释放应用

1）异色瓢虫的生物学基础

异色瓢虫 *Harmonia axyridis*（Pallas）属鞘翅目 Coleoptera 瓢虫科 Coccinellidae。全国各地普遍分布。成虫翅鞘斑纹变化极大。成、幼虫以蚜虫、木虱和飞虱等为食。

异色瓢虫为全变态类型，具有成虫、卵、幼虫和蛹 4 个虫态。

成虫：体长 5.4～8.0mm，体宽 3.8～5.2mm。虫体卵圆形，半球形拱起，两鞘翅近端部 1/5 处各有一个横脊，翅鞘合拢时相对接，明显，为该种的典型特征。

卵：纺锤形，橙黄色或黄色，长度 2.1mm，宽度 0.5mm，卵粒排列整齐。

幼虫：幼虫 4 龄，长形，足明显，常常有骨化的片和刺，第 1 腹节、第 4 腹节和第 5 腹节的突起为橙黄色。

蛹：老熟幼虫尾部黏着在叶背或枝干上蜕皮化蛹。长约 6mm，宽约 4mm，橘黄色，大小与成虫相似。

异色瓢虫以成虫越冬，具有群集习性，在北方地区 1 年发生 2～4 代。辽宁地区每年发生 3 代，第 1 代发生在 4 月下旬，第 2 代发生在 7 月下旬，第 3 代发生在 8 月下旬，11 月初以成虫越冬。山西省每年发生 4 代，4 月下旬越冬代开始活动并交配产卵，6 月上旬第 1 代成虫产卵，7 月上旬第 2 代成虫产卵，8 月上旬第 3 代成虫产卵，11 月初第 4 代成虫越冬。山东省每年发生 4 代，立春时节越冬代成虫开始活动，交配产卵，10 月底至 11 月初第 4 代成虫群集进入越冬状态。

异色瓢虫属于捕食性昆虫，整个幼虫和成虫阶段均可捕食蚜虫、介壳虫、木虱、鳞翅目昆虫的卵和小幼虫。成虫寿命较长，可生活几个月，有的长达 1～2 年。大龄幼虫平均每天捕食 100 只蚜虫，速度与使用化学农药相当，是很好的生物防治的物种。

由于成虫寿命长、取食量大，释放后可立即发挥对目标害虫的控制作用，并且随着成虫产卵和幼虫的孵化，其控制作用越来越强。其种群建立与蚜虫防治之间呈现“此起彼伏”的效应。我国曾用异色瓢虫防治松树害虫——日本松干蚧，取得了良好的效果。

2）异色瓢虫的人工生产繁育技术

（1）饲养条件与饲养工具。

① 饲养条件。温度 18～30℃；光源为自然光或白炽灯，光照时间∶黑暗时间=14∶10；湿度为 60%～80%。

② 饲养工具。改制塑料矿泉水瓶为饲养工具。在塑料矿泉水瓶瓶体与上部收缢处剪分，将上部倒扣入瓶体内，瓶盖保留；在瓶体上、下部各扎一圈针孔通气。还需纱布、橡皮筋、镊子、毛笔等。

（2）越冬群体保存。采用两种方式保存异色瓢虫越冬群体。一种方式是利用异色瓢虫的群集越冬习性，在10月初设置越冬诱集场所，诱集或捕捉越冬群体自然越冬。另一种方式是将人工生产繁育的群体，11月上旬分装于塑料矿泉水瓶，每瓶放100只，然后将其放入泡沫箱，最后放入50～100cm深的窖穴集中越冬。根据需求，可随时取出一定数量回暖饲养，备用。

（3）饵料蚜虫的培养。异色瓢虫喜食各类活体蚜虫，称为饵料蚜虫。饵料蚜虫的培养，目前已经构建了成熟的紫藤—紫藤蚜饵料蚜虫主系统，以蚕豆—豌豆修尾蚜、金银花—金银花蚜虫为辅助饵料蚜虫系统。饵料蚜虫应保持新鲜、足量，每天更换1～2次，每次要保证饵料蚜虫足量并稍有剩余。

（4）成虫饲养及卵卡制作。

① 成虫饲养。养虫瓶内放入10头异色瓢虫成虫（雌雄比例1∶1），每天投放带有新鲜蚜虫的植物枝条或叶片，并清理虫粪和残枝。异色瓢虫产卵期，则每日更换养虫瓶，将成虫移入新瓶中饲养，记录原瓶中的卵量。

② 制作卵卡及保存。同一天产的卵块用胶水或糨糊粘贴在硬纸片上，制成卵卡，并统计数量。

（5）幼虫饲养。将相同日期的卵卡取出，放在饲养瓶或培养皿中，当卵粒变黑时，表明小幼虫即将孵出，应立即投放蚜虫。不同龄期的幼虫分开饲养，并保持足够饵料蚜虫，随时清理容器，取出枯叶和死虫，保持容器洁净。

（6）化蛹管理。在老熟幼虫取食量明显减小，身体缩短变粗、颜色变暗时，加入化蛹诱集物，诱使老熟幼虫进入化蛹。化蛹诱集器为内径0.5～1.0cm的纸筒。

（7）异色瓢虫大群体（>1 000头）混合虫态繁育。建造30～60m^2的网棚，网纱柔韧，网目60目，棚门设缓冲区。内置盆栽紫藤，棚外四周栽种3行紫藤苗（树），也可以间种金银花或蚕豆。

（8）异色瓢虫的保存。异色瓢虫的适宜保存温度为12℃，成虫保存3个月，卵保存10～20d。

（9）异色瓢虫的质量检测。异色瓢虫卵的质量检测标准为虫卵颗粒饱满，颜色正常；成虫的质量检测标准为大小正常，体长5.4～8.0mm，体宽3.8～5.2mm，外形正常，无缺翅，无畸形。

（10）异色瓢虫的包装和运输。

① 包装。制作纸盒（5cm×5cm×7cm），将卵卡或成虫分装纸盒中。一般每盒可装500～1 000粒卵，50只成虫。

② 运输。运输时间不宜超过2d。短距离运输可在常温条件下，不受热，不暴晒，避免紫外线照射。

3）异色瓢虫的释放应用

（1）防治对象。异色瓢虫的防治对象为多种蚜虫、蚧虫、木虱、蛾类的卵及小幼虫等。

（2）释放最佳时间及使用方法。

在蚜虫危害初期，随着气温上升，温室内蚜虫危害呈上升趋势。蚜虫危害初期呈点片状，个别“中心植株”蚜虫数量高达 1 000～1 500 头/株，严重影响植物生长。

释放异色瓢虫卵卡防治蚜虫，应以发生蚜虫的“中心植株”为重点。释放异色瓢虫的参照方案为，释放 3 次，释放总量 100 只/亩，每只控制域约为 $6m^2$。在只有干母或干母孤雌生殖阶段，初次释放 20 只，在干雌成熟初孤雌生殖时，释放 30 只，在世代重叠现象出现时，释放 50 只。如果错失第一、第二次释放时机，则需要将释放方案调整如下：第一次释放 80 只，相隔一周后再释放 20 只，根据实际情况，可一周后再强化释放 50 只。

释放异色瓢虫前，先进行踏查，确定基本的释放点和释放分布布局。傍晚或清晨将异色瓢虫卵卡、成虫包装盒悬挂在植株的蚜虫危害部位附近，以便幼虫孵化后能够尽快取食猎物。悬挂位置应避免阳光直射。

（3）最佳释放量。释放异色瓢虫成虫，一般瓢蚜比在 1∶200 以上。每公顷 3 000～4 000 头成虫可控制蚜虫。悬挂异色瓢虫卵卡，瓢蚜比应达到 1∶（10～20）。

4）防效评估

（1）检查内容。检查虫口减退率和成灾率，以此来表示防治效果。虫口减退率及成灾率计算公式为

$$\text{虫口减退率}(\%)=\frac{\text{防治前活虫数}-\text{防治后活虫数}}{\text{防治前活虫数}}\times 100\% \tag{3-12}$$

$$\text{成灾率}(‰)=\frac{\text{成灾面积}}{\text{寄主总面积}}\times 1\,000‰ \tag{3-13}$$

（2）检查时间。在释放异色瓢虫成虫 3～5d 后检查 1 次，悬挂卵卡则应在 5～15d 检查 3 次。

（3）检查方法。调查植物受害株数（受害率）和每株平均蚜簇数及每蚜簇平均蚜虫数。

5）注意事项

① 成虫的释放一般以傍晚为宜。因为此时气温较低，光线较暗，异色瓢虫比较稳定，不易迁飞。

② 释放后 2d 内不宜进行灌水、中耕等大型田间活动，以免引起异色瓢虫迁飞或死亡。

③ 最好在释放前进行灌水和浅耕。

④ 对释放前的成虫进行 24～48h 的饥饿处理或冷水浸渍处理，以降低异色瓢虫的迁飞能力。

2. 龟纹瓢虫的人工生产繁育与释放应用

1）龟纹瓢虫的生物学基础

龟纹瓢虫，属鞘翅目瓢虫科。取食蚜虫、粉虱、叶蝉等害虫。分布于全国各地。

成虫：成虫体长圆形，体长 3.4～4.5mm，体宽 2.5～3.2mm。头部雄虫唇基黄色；雌虫唇基具三角形黑斑，有时黑斑扩大，以至头部全为黑色。复眼黑色，触角、口器黄褐色。前胸背板中央有一黑色大斑，基部与后缘相连，有时黑斑扩展，几乎占据整个前胸背板，仅前缘和侧缘为黄色。小盾片和鞘缝黑色，鞘翅上有黑色斑点、花纹，或几乎全为黑色；或鞘翅上无黑斑，全为黄色。足黄褐色。腹部腹板中部黑色，边缘黄褐色。

卵：纺锤形，大小为 1.0mm×0.5mm。初产时乳白色，近孵化时灰黑色。

幼虫：初孵幼虫浅灰褐色，前胸浅灰白色。老熟幼虫体长 6.8～7.8mm，浅灰黑色，前胸背板前缘和侧缘灰白色，中后胸中部有灰白色或橙黄色斑，侧下刺瘤灰白或橙黄色。

蛹：黄白色至灰黑色。前胸背板后缘中央有 2 个黑斑，有的个体黑斑外侧有 1 个黑点。后胸背部及腹部第 2～5 节背面各有 2 个黑斑。

龟纹瓢虫以成虫越冬，除冬季外均可发现成虫，但在早春特别多。常见于农田杂草，以及果园树丛。捕食多种蚜虫。龟纹瓢虫耐高温。7 月下旬后受高温和蚜虫凋落的影响，其他瓢虫数量骤降，龟纹瓢虫因耐高温、喜高湿的习性，在棉花、芋头、豆类等作物田数量占绝对优势（90%以上）。7～8 月其在棉田捕食伏蚜、棉铃虫和其他害虫的卵及低龄幼若虫。7～9 月是果园内的重要天敌，在苹果园取食蚜虫、叶蝉、飞虱等害虫。

2）龟纹瓢虫的人工生产繁育技术

（1）饲养条件与饲养工具。

① 饲养条件。温度 20～35℃。光源为自然光或白炽灯，光照时间∶黑暗时间=14∶10。湿度保持在 60%～80%。

② 饲养工具。改制的塑料矿泉水瓶为饲养工具。在塑料矿泉水瓶瓶体与上部收缢处剪分，将上部倒扣入瓶体内，在接缘处贴加一层宽 1.0～1.5cm 的胶带，瓶盖保留；在瓶体上、下部距边沿 1.0～2.0cm 处各扎一圈小孔，用于通气。还需纱布、橡皮筋、镊子、毛笔、剪刀、培养皿、滤纸等。

（2）越冬群体保持。10 月初将人工生产繁育的群体，分装于塑料矿泉水瓶中，每瓶放 100 只，集中饲养。11 月初，将越冬龟纹瓢虫瓶装，然后放置于泡沫箱中，最后放入 50～100cm 深的窖穴中集中，自然越冬。根据需要，可随时取出一定数量回暖饲养，备用。

（3）饵料昆虫培育。龟纹瓢虫饵料昆虫可选择蚜虫和粉虱。

① 饵料蚜虫的培养。目前已经构建了成熟的紫藤—紫藤蚜饵料蚜虫主系统，和蚕豆—豌豆修尾蚜饵料蚜虫辅助系统，能够完成全年足量饵料蚜虫的生产。

② 饵料粉虱的培育。针对粉虱类害虫的生物防治，以饵料蚜虫系统基础，研制了多寄主连续性三重繁育食粉虱龟纹瓢虫群体，培育偏好粉虱的龟纹瓢虫群体。

选择适宜的粉虱寄主植物，番茄、黄瓜、烟草、棉花、薄叶甘蓝、萝卜苗、向日葵、龙葵等，培育植物幼苗。待长出 4 片真叶后，接入粉虱。在植株上粉虱虫态（成虫、卵、幼虫、蛹）俱全时，连同植物叶片一起剪除，可以作为龟纹瓢虫饵料粉虱。

薄叶甘蓝、萝卜苗、龙葵对粉虱类有很强的吸引性，但由于其叶片较薄，不足以保证粉虱完成生活史，因此，既可实现获得大量粉虱卵及 1～2 龄若虫作为龟纹瓢虫饵料的目的，又可避免粉虱发育到成虫飞逸，造成扩散的风险。

（4）成虫饲养及卵卡制作。

① 成虫饲养。在养虫瓶放入 20 头龟纹瓢虫成虫（雌雄比为 1∶1），每日投放带新鲜蚜虫或粉虱的植物枝条或叶片，并清理虫粪和残枝叶等杂物。在成虫开始产卵后，每日更换养虫瓶，将成虫移入新瓶中饲养，并记录原瓶中的卵量。

② 制作卵卡及存放。将同一天所产的卵块用胶水或糨糊粘贴在硬纸片上，制成卵卡，并统计数量，记入生产档案。

（5）幼虫饲养方法。将相同时期的卵卡取出，放入培养皿或饲养杯、饲养瓶中，当卵粒变黑时，表明胚胎发育已经完成，小幼虫即将孵出，立即投放蚜虫。不同龄期的幼虫分开饲养，随着龄期增大，饲养瓶中幼虫的数量逐渐减少，由 100 只，渐次过渡到 60 只、40 只、20 只。幼虫饲养过程中，应保持足够的饵料蚜虫，提供理论捕食量的 120%。随时清理容器，取出枯叶和死虫，保持容器洁净和干燥。

（6）化蛹管理。在老熟幼虫取食量明显减少，身体缩短变粗，体色变暗、体壁增厚时，将其转移到装有化蛹诱集器的饲养瓶中。化蛹诱集器为内径 0.5～1.0cm 的纸筒。

（7）龟纹瓢虫的保存。在塑料矿泉水瓶中，12℃保存，成虫可保存 3 个月，卵可保存 10d。

（8）龟纹瓢虫的质量检测。龟纹瓢虫卵的质量检测，应观察虫卵颗粒饱满，颜色正常、均匀一致。龟纹瓢虫成虫的质量检测，应观察虫体大小正常，体长 3.4～4.5mm，体宽 2.5～3.2mm，外形正常，无缺翅，无畸形。

（9）龟纹瓢虫的包装和运输。

① 包装。制作纸盒（5cm×5cm×7cm），将卵卡或成虫分装纸盒中。一般每盒可装 500～1 000 粒卵，50～100 只成虫。

② 运输。运输时间不宜超过 3d。短距离可在常温条件下运输，不受热、不暴晒，避免紫外线照射。

3）龟纹瓢虫的释放应用

（1）防治对象。主要用于防治蚜虫、粉虱类害虫，也可控制叶蝉、红蜘蛛等。龟纹瓢虫是一种组合性释放较好的种类，在以蚜虫为主、兼治粉虱的情况下，可与异色瓢虫组合释放；在以红蜘蛛为主，兼治粉虱、蚜虫的情况下，可与深点食螨瓢虫组合释放。

（2）最佳释放时间及使用方法。在蚜虫危害初期，生产中发现以蚜虫、粉虱、红蜘蛛为主，将龟纹瓢虫卵卡、成虫包装盒悬挂或释放在有蚜虫危害的植株上。

4）龟纹瓢虫的防效评估

（1）检查内容。检查虫口减退率和成灾率，以此表示防治效果。虫口减退率及成灾率计算方法同式（3-12）和式（3-13）。

（2）检查时间。在释放成虫 3～5d 后检查一次，10～15d 检查第 2 次，1 个月检查第 3 次；悬挂卵卡时，则分别在 10～15d、30d、35～40d 各检查 1 次，分析防治效果。

（3）检查方法。调查植物受害株（受害株率）和每株平均蚜簇数及每蚜簇平均蚜虫数。

3. 深点食螨瓢虫的人工生产繁育与释放应用

1）深点食螨瓢虫的生物学基础

深点食螨瓢虫属鞘翅目瓢虫科。低龄幼虫捕食叶螨的卵及若螨，高龄幼虫和成虫捕食成螨。深点食螨瓢虫与叶螨在田间出现的时间较接近。深点食螨瓢虫耐低温的能力为成虫>幼虫>蛹，成虫有一定的耐饥能力。捕食叶螨的数量与叶螨密度呈负加速曲线关系。

成虫：雌虫体长 2.00～2.60mm，宽 1.10～1.50mm。卵圆形，中部最宽。体黑色，口器、触角黄褐色，有时唇基亦为黄褐色。步形足腿节基部黑褐色，末端或端部褐黄色；胫节及跗节褐黄色。后基线呈宽弧形，完整，后缘达腹部 1/2。头、头胸背板、鞘翅及腹面具刻点，全身密生白毛。腹部能见 6 节，以第一节最长。第六腹板后缘弧形外突。雄虫第六腹板凹入。生殖器阳基细长，侧叶及侧叶末端的毛突全长接近于中叶的长度，中叶细长而末端尖锐。从侧面看，自基部开始，渐次向内弯而端部稍外弯，弯管细长，自 1/2 处开始细丝状。

卵：长椭圆形。长约 0.45mm，宽约 0.21mm。初产时为淡黄白色，后变为黄色，孵化前变黑色。

幼虫：共 4 龄，各龄期主要特征：一龄初孵黄白色，体长 1.61mm，宽 0.47mm；头长 0.18mm，宽 0.25mm。胸部背中线两侧各有 1 深色斑点；腹部第 1～8 节各有毛疣 6 个，每个毛疣上生 1 根刚毛。二龄体长 2.29mm，宽 0.72mm；头长 0.29mm，宽 0.34mm。三龄体长 2.60mm，宽 0.81mm；头长 0.30mm，宽 0.37mm。四龄体长 3mm，宽 0.95mm；头长 0.31mm，宽 0.43mm。

蛹：离蛹，卵圆形。长 3.48mm，宽 1mm。刚化蛹时为橘黄色，几小时后变黑，蛹期时间愈长颜色愈暗。体密生长刚毛，腹部第一节背面有 2 个较大毛疣，第 2～6 节背面各有 4 个毛疣，各毛疣上有 4～5 根刚毛。

深点食螨瓢虫在 24～28℃、相对湿度 78%的条件下，完成一个世代需 20～26d，其中卵期 3～4d，一龄幼虫期 2d，二龄幼虫期 2～3d，三龄幼虫期 2d，四龄幼虫期 2d，全幼虫期 8～9d；蛹期 6～8d；成虫寿命 32～52d。越冬代成虫寿命长达 220d 左右。深点食螨瓢虫的幼虫在 20～25℃可蜕皮 4 次共有 5 个龄期。在 25℃以上，大部分 4 个龄期，也有 3 个龄期的个体（江汉华等，1984）。

深点食螨瓢虫在辽宁省复县 9 月下旬开始越冬，翌年 5 月下旬，当温度上升到 12℃以上时开始活动，6 月中、下旬结束越冬，全年发生 4～5 代。在山东省泰山、河南省镇平县，10 月中、下旬当气温下降到 5℃时，成虫在树皮裂缝、墙缝、土块缝隙和枯枝落叶下越冬，翌年 3 月下旬至 4 月上旬开始活动，在梨、苹果、杂草上繁殖一代，后迁至春玉米田繁殖 2～3 代，7 月迁入棉田，在棉田内繁殖 2 代。9 月以后迁至越冬场所进行越冬，在该地区估计全年发生 5～6 代。

深点食螨瓢虫的雌虫和雄虫均有多次交配习性。产卵前期一般 3～5d，产卵期在 22d 左右，产卵量 100 粒左右；越冬代成虫产卵期可达 90～160d，产卵量在 500～700 粒。卵散产在棉叶螨周围或棉叶螨网上。幼虫孵化后在原处待 15min 左右就开始取食。雌虫产卵量多少与食物、温度等因素有关。25℃是产卵的最适温度，产卵期最长可达 191d，产卵量平均 210.50 粒，多者可达 338 粒。深点食螨瓢虫的成虫和幼虫均可捕食各个发育阶段的棉叶螨。一龄幼虫以捕食叶螨的卵为主；二、三、四龄幼虫和成虫以捕食棉叶螨的若螨和成螨为主。一头成虫日平均捕食成螨 15 头和卵及幼螨 21 头（粒），各龄幼虫日平均捕食 25 头（粒）；四龄幼虫日食量最高，可达 30 头以上。

2）深点食螨瓢虫的人工生产繁育技术

（1）饲养条件及饲养工具。

① 饲养条件。温度 20～28℃。光源为自然光源或白炽灯，光照时间∶黑暗时间=14∶10。湿度保持 60%～80%。

② 饲养工具。改制的塑料矿泉水瓶为饲养工具。在塑料矿泉水瓶瓶体与上部收缢处剪分为二部分，将上部倒扣入瓶体内，在接缘处贴加一层宽 1.0～1.5cm 的胶带，瓶盖保留；在瓶体上、下部距边沿 1.0～2.0cm 处各扎一圈小孔，用于通气。还需纱布、橡皮筋、镊子、毛笔、剪刀、培养皿、滤纸等。

（2）越冬群体保持。将人工繁育的群体，9 月初分装于塑料矿泉水瓶，每瓶放入 200 只，集中越冬前驯养。10 月底将越冬群体饲养瓶放置于泡沫箱，最后放入 50～100cm 深的越冬窖穴中集中贮放，自然越冬。根据需要，随时可取出一定数量回暖饲养，备用。

（3）饵料叶螨培育。培育棉花、花生、实生桃苗、山楂、樱桃等幼苗，当长至 4 片真叶时，接山楂红蜘蛛、苹果红蜘蛛或二斑叶螨，培育群体备用。

（4）成虫饲养及卵卡制作。

① 成虫饲养。在饲养瓶放入 60 头深点食螨瓢虫（雌雄比为 1∶1），每日投放带有活动叶螨的植物叶片，并清理杂物。在成虫开始产卵后，每日更换养虫瓶，将成虫移入新瓶中饲养，检查并记录原瓶中的卵量。

② 制作卵卡及保存。将同一天产的卵块用胶水或糨糊粘贴在硬纸片上，制成卵卡，并统计数量，记入生产养殖档案。

（5）幼虫饲养。将相同时期的卵卡取出，放入培养皿或饲养杯、饲养瓶中，当卵粒变黑时，表明胚胎发育已经完成，小幼虫即将孵出，立即投放蚜虫。不同龄期的幼虫分开饲养，随着龄期增大，饲养瓶中的幼虫数量逐渐减少，由 200 只，渐次过渡到 100 只。幼虫饲养过程中，应保持足够饵料叶螨，达理论捕食量的 120%。随时清理容器，取出枯叶和死虫，保持容器洁净和干燥。

（6）化蛹管理。在老熟幼虫取食量明显减少，身体缩短变粗，体色变暗，体壁增厚时，将其转移到装有化蛹诱集器的饲养瓶中。化蛹诱集器为内径 0.5～1.0cm 的纸筒，压扁而成。

（7）深点食螨瓢虫的保存。在塑料矿泉水瓶中，12℃保存，成虫可保存 3 个月，卵可保存 10～20d。

（8）深点食螨瓢虫的质量检测。深点食螨瓢虫卵的质量检测，应观察虫卵颗粒饱满，颜色正常、均匀一致。深点食螨瓢虫成虫的质量检测，要求成虫大小正常，体长 2.0～2.6mm，体宽 1.10～1.50mm，外形正常，无畸形，善活动。

（9）深点食螨瓢虫的包装和运输。

① 包装。制作纸盒（5cm×5cm×7cm），将卵卡或成虫分装纸盒中。一般每盒可装 1 000～2 000 粒卵，100～200 只成虫。

② 运输。运输时间不宜超过 3d。短距离运输可在常温条件下进行，不受热、不暴晒，避免紫外线照射。

3）深点食螨瓢虫的释放应用

（1）防治对象。主要用于防治各种叶螨。深点食螨瓢虫的食性比较专一，仅捕食各种叶螨，如果需要兼治蚜虫、粉虱等害虫，需要与异色瓢虫、龟纹瓢虫组合释放。

（2）释放最佳时间及使用方法。在红蜘蛛危害初期，以生产中刚刚发现红蜘蛛为准，将深点食螨瓢虫卵卡、成虫包装盒悬挂或释放在有红蜘蛛危害的植株上。

4）深点食螨瓢虫的防效评估

（1）检查内容。检查虫口减退率和成灾率，以此表示防治效果。虫口减退率及成灾率计算方法同式（3-12）和式（3-13）。

（2）检查时间。在释放成虫 3～5d 后检查一次，10～15d 检查第 2 次，1 个月检查第 3 次；悬挂卵卡时，则分别在 10～15d、30d、35～40d 各检查 1 次，分析防治效果。

（3）检查方法。调查植物受害株（受害株率）和每株平均叶螨簇数及每个叶螨簇平均叶螨数量。

4. 黑广肩步甲的人工生产繁育与释放应用

1）黑广肩步甲的生物学基础

黑广肩步甲 *Calosoma maximociczi* Morawitz，属鞘翅目步甲科 Carabidae。捕食柞蚕等多种鳞翅目、鞘翅目昆虫，凶猛，食量大，地面树上均可捕食。分布于胶东半岛和辽东半岛柞蚕放养区。

成虫：全体黑色，琵琶形，体壁坚硬，有金属光泽。雄虫体长平均 29mm，体宽平均 13mm。雌虫体长平均 30mm，体宽平均 14mm。头近梯形，具横皱纹。上颚发达，呈钳形；上唇黑色，向前弯曲；下颚须和下唇须均呈黑色；触角丝状，由 11 环节组成，前 4 节无毛，后 7 节生棕褐色毛。前胸较宽，两侧外缘呈弧形，微翘；中间有纵沟 1 条，但不达到前、后缘；背面有细刻点及粗皱纹。鞘翅较宽，有 15 条纵隆线，第 4、8、12 条线上有 9～12 个绿色星点，侧缘密布数列绿色发亮小刻点。腹面黑色，体侧多生小刻点。雌雄区别：雄虫前足跗节第 1～3 节比雌虫宽大。雌虫体一般比雄虫大。

卵：乳白色，长椭圆形稍弯曲。平均长 4.9mm，宽 2.3mm。卵壳韧而软。孵化前半透明，可见蠕动的幼虫。

幼虫：老熟幼虫平均体长 36.3mm，平均体宽 8.3mm。体躯扁平，背面黑色，微显光泽。腹面灰色，有大小不同具毛的褐色斑纹。前胸最长，中胸次之，腹部各节较短。胸及腹部（第 9 节除外）背面中间有一条纵沟。第 9 腹节背面褐色，其末端有黑色角突（尾毛）1 对。胸足 3 对，较发达，每足尖端有爪 2 个。

蛹：初化蛹时乳白色，后为浅灰色。体躯稍弯曲，呈橄榄形。腹部背面及体侧有褐色刚毛。

黑广肩步甲在山东栖霞地区 1 年 1 代，以成虫在土壤中越冬。翌年 5 月中下旬及 6 月间少数成虫出土活动，7 月末 8 月上中旬大量成虫出土活动，捕食柞蚕，并于该发生盛期产卵土中，8 月中下旬卵孵化为幼虫，9 月中下旬幼虫在土中做土室化蛹，10 月上中旬蛹羽化为成虫，成虫在原土室内越冬。

2）黑广肩步甲的人工生产繁育技术

（1）饲养条件及饲养工具。

① 饲养条件。温度 25～30℃。光源为自然光源或白炽灯，光照时间∶黑暗时间=14h∶10h。湿度保持在 60%～80%。

② 饲养工具。塑料盒，底部铺一层 2～3cm 厚的细沙，再覆盖一层由 2～3 片阔叶树叶片组成的叶片层，内部混杂一些直径 0.5～1.0cm 的细枝条。

（2）越冬群体保持。将人工饲养的成虫群体，于 9 月底至 10 月上旬分装于塑料矿泉水瓶或大可乐瓶，瓶内放入一些花生壳，每瓶放入 10 头，集中进行越冬驯化。10 月底将越冬群体塑料瓶放入泡沫箱，最后放入 50～100cm 深的窖穴中集中冬贮，自然越冬。

（3）饵料昆虫种类。黑广肩步甲食料很杂，可用于饵料的昆虫种类有黄粉虫、白星花金龟、黄粉鹿角花金龟、小青花金龟、黑水虻（幼虫）、家蚕、玉米螟、桃蛀螟等。

（4）成虫与幼虫的饲养。黑广肩步甲成虫与幼虫捕食习性相似。在每一饲养盒（30cm×40cm×8cm）中放入成虫 50 只、幼虫 100 只。每日投放混合饵料昆虫，并清理杂物。成虫开始交配后，将成对成虫分出，单独饲养于罐头瓶饲养器，并每日更换饲养瓶，将成虫移入新瓶中饲养，检查并记录原瓶中的卵量。

（5）黑广肩步甲的保存。12℃保存，成虫可保存 6 个月，卵可保存 3 个月。

（6）黑广肩步甲的质量检测。黑广肩步甲卵的质量检测：卵颗粒饱满，颜色正常、均匀、一致。黑广肩步甲成虫的质量检测：大小正常，体长 29～30mm，体宽 13～14mm，外形正常，无畸形，行动快速敏捷。

（7）黑广肩步甲的包装和运输。

① 包装。用孔径 1～2cm 的玻璃管，填塞一只花生壳，放入 2～3 条黄粉虫，放入 1 只黑广肩步甲成虫，如此重复，直至玻璃管装满为止。

② 运输。运输时间不宜超过 1 周。短距离运输可在常温条件下，要求不受热、不暴晒，避免紫外线照射。

3）黑广肩步甲的释放应用

（1）防治对象。黑广肩步甲主要用于防治鳞翅目、鞘翅目等害虫。

（2）释放最佳时间及使用方法。在各种鳞翅目、鞘翅目害虫初现时，释放黑广肩步甲成虫或幼虫。将盛装成虫或幼虫的玻璃管塞拔除，用带钩的铁丝将玻璃管中花生壳一一掏出，同时把黑广肩步甲成虫或幼虫取出释放。

4）黑广肩步甲的防效评估

（1）检查内容。检查虫口减退率和成灾率，以此表示防治效果。虫口减退率及成灾率计算方法见式（3-12）和式（3-13）。

（2）检查时间。在释放成虫或幼虫 3～5d 后检查一次，10～15d 检查第 2 次，1 个月检查第 3 次。

（3）检查方法。调查植物受害株（受害株率）和每株平均叶螨簇数及每个叶螨簇平均叶螨数量。

5. 叉角厉蝽的生产繁育与释放应用

1）叉角厉蝽的生物学基础

叉角厉蝽 *Cantheconidae furcellata*（walff），属于半翅目猎蝽科。主要分布于四川、广西、海南省区。善于捕食食叶害虫，是一种重要的农林业捕食性天敌。

成虫：雌虫体长 14.66～15.96mm，体宽 6.32～6.51mm，雄虫体长 11.54～13.22mm，体宽 4.89～5.70mm。体色黄褐与黑褐混杂，密布刻点。头黑色，中线黄褐色，触角第 1 节短，不超过头的前端，第 2～5 节基部浅黄色；喙粗壮，共 4 节，浅黄，端部黑。前胸背板前端两侧角黑色、分 2 支，前支长、尖锐、略弯向上前方，后支极短、圆钝、略弯向后方；小盾片大，三角形，长超过前翅爪片，端部钝圆，基部黑褐，基角各有一大黄斑。前翅革质片后部有一黑色斑，膜翅纵脉多，中央有一灰黑纵带。雌虫腹部卵圆形，雄虫腹部近三角形。前足胫节外侧叶状扩展，宽与胫节相等，胫节端部黑，基部白，跗足 3 节。

卵：圆桶形，灰黑色，有金属光泽。长 1.1mm，宽 0.9mm，假卵盖圆形，直径约为卵宽的 75%，边缘有 10～12 根刺状精孔突。

若虫：末龄若虫卵圆形，黄色表皮与黑褐色革质片相间，头部中叶与侧叶分界明显，中叶前端弧形，略长于侧叶，前胸背板侧角弯向后方，黑色；小盾片明显，三角形，部分革质化；翅芽明显，革质化，长达第 3 腹节；腹背中线有 4 对对称黑斑，背侧也有对应的 4 块黑斑，以第 2、3 对黑斑为大；前足胫节外侧叶状扩展。

叉角厉蝽在福建省长泰县一年发生多代，世代重叠。林间调查 6 月中、下旬有卵和成虫，7～11 月可见各种虫态。6 月底至 7 月初从初孵若虫开始饲养，为不完整 3 代，第二代成虫在枯落叶下越冬，越冬成虫翌年 3～4 月天气晴好时开始活动。饲养第一代 7 月中旬成虫羽化。第二代卵出现于 7 月下旬，若虫出现于 8 月上旬，成虫出现于 8 月下旬。第三代卵始见于 9 月初，若虫见于 9 月下旬。但第三代若虫未能完成发育，后期卵不孵化。

2）叉角厉蝽的人工生产繁育技术

叉角厉蝽是目前我国规模化饲养量较大的捕食性天敌种类之一。饲养场地设施、器具包括各种规格的塑料盒/瓶、种源、饲料、人工饲养胶囊（赤眼蜂卵卡）、黄粉虫蛹。室内观察表明，叉角厉蝽捕食范围广，捕食能力强，捕食量大。一头叉角厉蝽能捕食斜纹夜蛾低龄幼虫 8～10 头/d，高龄幼虫 4～5 头/d；菜青虫 10～15 头/d；小菜蛾幼虫 20～30 头/d。

3）叉角厉蝽的产品及应用

产品规格为 400 头/盒（瓶）。亩释放量为 800～1 200（1 000）头。应用领域常用于防治农林业鳞翅目害虫。是农林业生物防治鳞翅目害虫的理想天敌。还可用于防治鳞翅目、膜翅目、鞘翅目、半翅目等 40 种以上的幼虫，如斜纹夜蛾、甜菜夜蛾、菜青虫、小菜蛾、玉米螟等。

3.4.3.5　半寄生性天敌昆虫繁育生产与应用

1. 花绒寄甲的繁育生产与应用

1）花绒寄甲的生物学基础

花绒寄甲 *Dastarcus helophoroides*（Fairmaire），属鞘翅目寄甲科 Bothrideridae，是迄今发现的寄生天牛类害虫最主要的寄生性天敌昆虫。花绒寄甲在我国的分布广泛，北起吉林的梅河口，南至广东的深圳，西至宁夏中宁。广泛分布在广东、江苏、安徽、河北、河南、山西、山东、宁夏、陕西、北京、吉林、辽宁等地。

成虫：体长 3.2～11.0mm，宽 1.1～4.1mm；深褐色，或铁锈色；体壁坚硬。头大部分藏入前胸背板下；复眼黑色，卵圆形。触角短小，11 节，端部几节膨大呈扁球形。雌雄从外表很难辨认。

卵：乳白色，近孵化时黄褐色，长 0.8～1.0mm，宽 0.2mm，中央稍弯曲。

幼虫：初孵幼虫为蛃型幼虫，头、胸和腹部分区明显，胸足 3 对，腹部 10 节。2 龄幼虫至老熟幼虫为蛆型幼虫，头部很小，缩入胸内，胸部和腹部分区不明显，胸足退化。

茧：长卵形；长 2.1～12.1mm，宽 2.1～4.9mm；灰白色至深褐色；丝质。

蛹：裸蛹，蛹体黄白色。

花绒寄甲的初孵幼虫体小，胸足发达，到处爬动，寻找寄主。找到寄主天牛后，蜕皮，第 2 龄幼虫开始在天牛幼虫的体节间将头部插入寄主体壁内取食，营寄生生活。花绒寄甲的成虫能捕食天牛的幼虫、预蛹和蛹。在有食物的条件下，花绒寄甲成虫寿命为 105～368d，平均为 200.5d。

花绒寄甲可寄生松褐天牛、光肩星天牛、锈色粒肩天牛 *Apriona swainsoni*、云斑天牛等蛀干害虫。

花绒寄甲防治天牛类害虫的机制，以松材线虫病的主要媒介——松墨天牛为例。松墨天牛通过成虫传播松材线虫，花绒寄甲则通过在松墨天牛侵入孔附近产卵，孵化后的花绒寄甲幼虫对松墨天牛的幼虫和蛹进行寄生。被寄生后的松墨天牛幼虫或蛹不能羽化为成虫，从而不能携带松材线虫进行传播，这就从根源上切断了松材线虫的传播途径。

2）花绒寄甲的人工生产繁育技术

花绒寄甲生产流程图见图 3-5。

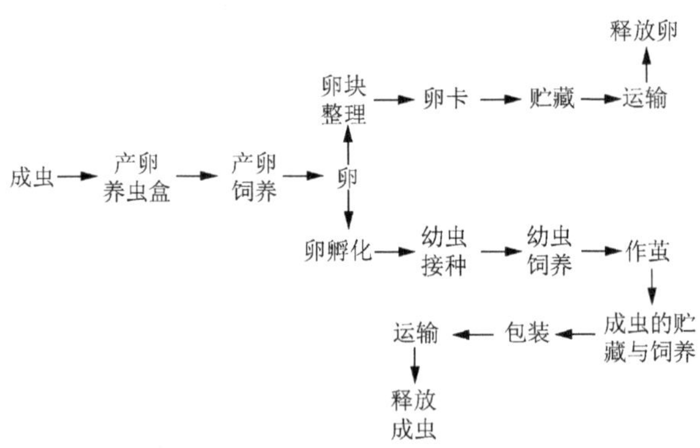

图 3-5　花绒寄甲生产流程图

（1）准备材料。塑料盒、纱网、饲料盒、镊子、勺子、牛皮纸片、载玻片、水瓶、产卵木块、消毒乙醇、试管盒、M 型纸片、棉塞、勾线笔、消毒水、黑色橡胶板、卫生纸、小号镊子。

（2）成虫饲养。

在干净的塑料盒中铺好纱网，用小勺挖取一勺饲料放入饲料盒中，放在塑料盒的一角，然后将已经产卵的花绒寄甲的塑料盒打开，检查供水的试管内水位，如果低于 1/2，则将试管的海绵塞打开，用水瓶注水至 1/2，然后将注好水的试管放入新塑料盒内与饲料盒同一边的另一角。如果供水试管外表脏了，就另换一组新的供水试管。

然后揭开产卵木块的皮筋，轻轻取下玻璃片和卵片，把粘连在一起的三片卵片轻轻撕开，放入卵片盒。如果玻璃片和产卵木块上也有卵块，用小毛笔蘸取水将卵块轻轻取下。观察产卵木块中的幼虫是否变黑，如果变黑，就另放入一条新虫子。如果没有变黑，则不用换。放好新虫子之后，取大、中、小三片卵卡纸，把最大的纸片放在最下面，其次是中、小纸片，盖在木块刻槽里的虫子上方，然后用盖玻片压好，再用皮筋固定好。放入塑料盒的另一端。把花绒寄甲休息的纸片移到新塑料盒里，然后将花绒寄甲也轻轻移入，一般产卵期每盒放虫 60 头，雌雄性比 1∶1。把盖子盖好，换饲料、水及卵卡的工作就完成了。

（3）幼虫接虫。

将已经孵化的花绒寄甲幼虫轻轻从卵卡上抖落在黑色橡胶板上，用勾线笔蘸取消毒水后揩之半干，然后轻轻蘸取 8 头花绒寄甲幼虫，接在寄主的腹部第三、四节上。用小镊子夹住接好虫的寄主放入塑料盒的试管中，接着放入 M 形纸片，塞好棉塞。接好一盒后，用记号笔标好日期和操作人员姓名。然后放入培养室，温度（24±2）℃，相对湿度 50%。

花绒寄甲幼虫寄生一星期左右后会化蛹，然后经过 30d 的蛹期，成虫羽化。成虫羽化后会啃食蛹壳，吃完蛹壳后，将花绒寄甲成虫从塑料试管中倒出。从塑料试管中倒出成虫后，可以冷藏或者正常续代饲养。

（4）花绒寄甲的成品标准。产品有两种形态，卵卡规格为每盒 80 粒新鲜卵粒，卵期 1～3d，孵化率 90%以上。成虫规格为每管或每盒 30 头，雌雄比 1∶1，虫体活力强，健壮。体长 3.2～11.0mm，宽 1.1～4.1mm。

（5）花绒寄甲的包装和运输。花绒寄甲包装于纸盒或者指形管（用棉花塞口，保证透气），运输环境需保证低温（不超过 25℃）。

3）花绒寄甲的释放应用

（1）防治对象。松褐天牛、光肩星天牛、锈色粒肩天牛、云斑天牛。

（2）释放时期。释放之前，应提前调查林间天牛幼虫发生情况。一般在每年的 4 月至 7 月上旬天牛的大龄幼虫期和 7 月下旬至 9 月天牛的低龄幼虫期释放花绒寄甲比较好。大龄幼虫期应增加 50%的花绒寄甲卵或成虫的释放量。

（3）天敌释放量。释放前，应提前调查虫害率，①当光肩星天牛的危害株率在 50%以下时，每 15～20 棵树上释放一盒成虫或每棵树释放一盒卵卡；②当光肩星天牛的危害株率在 50%以上时，每 5～10 棵树上释放一盒成虫或每个虫孔释放一盒卵卡。

（4）释放方法。释放成虫时，片林可采取点状释放，以释放点为半径，面积内有 15～20 棵树放一盒成虫。如果逐棵释放，每棵树释放一盒卵卡。用大头钉将装有花绒寄甲成虫或卵的纸盒钉于树高 2m 以上的天牛排粪孔旁即可。

4）花绒寄甲的防效评估

（1）检查内容。检查虫口减退率和成灾率，以此来表示防治效果。虫口减退率及成灾率计算公式同式（3-12）和式（3-13）。

（2）检查时间。释放后 2 个月和第二年相同时间各检查一次。

（3）检查方法。

释放后 2 个月在释放地进行防治效果检查，剖查所有标记坑道，记载其中害虫、天敌数量，害虫、天敌的虫态，计算天牛新侵入坑道有虫株率、有花绒寄甲株率；同时剖查对照地，采集同样的数据进行比较。

第二年相同时间，进行第二次防治效果检查，在释放花绒寄甲的试验林内没有发现天牛的新侵入孔，则表明该林区的天牛已得到了控制。

连续监测释放区害虫和天敌的种群数量以检验防治效果，观察花绒寄甲是否在这些林区安全越冬和立足定居。

（4）防效综合评估。花绒寄甲在林间生存时间长、产卵量大，对天牛类寄主的搜索能力强；同时，其抗逆能力强，耐高温和低温、耐饥饿能力强，能在我国大部分地区进行释放。不仅如此，花绒寄甲食性较为复杂，既取食松树树皮，也取食其他昆虫死后的尸体，但是对于健康的树木和其他天敌昆虫没有危害，是一种非常安全的生防天敌昆虫。

（5）花绒寄甲与管氏肿腿蜂的组合应用。经过大量的室内实验和林间观察，确证管氏肿腿蜂对于低龄天牛幼虫，也就是天牛体型较小的阶段寄生效果较好；而花绒寄甲则对于大龄天牛幼虫和天牛的蛹防治效果较好。在一年中的不同阶段分别释放这两种天敌昆虫，充分发挥组合作用，可以保证对天牛从低龄到高龄直至蛹期的长期的防治效果。

3.4.3.6　寄生性天敌的研究与应用

昆虫寄生性天敌昆虫的寄生习性是多种多样的。寄生性天敌按其寄生部位，可分为内寄生和外寄生。内寄生昆虫的幼虫生活于寄主体内，并形成适应于寄主体内生活的特有形态（如表皮构造、呼吸方式、取食及养分吸收的特点等）。外寄生昆虫生活于寄主体外，或附着于寄主表面，或在寄主所造成的披盖物内取食，同样也形成适应于体外寄生的特有形态。

寄生性天敌按寄主的发育期，可分为卵寄生、幼虫寄生、蛹寄生和成虫寄生。卵寄生昆虫的成虫把卵产入寄主卵内，其幼虫在卵内取食、发育、化蛹，至成虫才咬破寄主卵壳外出自由生活。例如赤眼蜂科、缘腹卵蜂科（黑卵蜂）、平腹蜂科、缨小蜂科的大多数种类等。幼虫寄生昆虫的成虫把卵产入寄主幼虫体内或体外，其幼虫在寄主幼虫体内或体外取食、发育，成熟幼虫在寄主幼虫的体内或体外化蛹，羽化为成虫后自由生活。例如小蜂总科的许多种类，姬蜂总科的许多种类，寄蝇、麻蝇的许多种类等。蛹寄生昆虫的成虫把卵产于寄主蛹内或蛹外，其幼虫在寄主蛹内或蛹外取食，在寄主蛹内或蛹外化蛹，成虫期自由生活。例如小蜂总科、姬蜂总科、寄蝇、麻蝇的许多种类等。成虫寄生昆虫的成虫把卵产于寄主的成虫体内或体上，其幼虫在寄主体内或附在寄主体上取食、发育，在寄主体内或离开寄主化蛹。小蜂总科、姬蜂总科、寄蝇、麻蝇等中的一些种属于这个类群。

除此以外，还有一些比较特殊的寄生现象。例如，广黑点瘤姬蜂 *Xanthopimpla punctata* Fabricius 产卵于老龄的寄主幼虫体内，寄主化蛹后仍在蛹内大量取食，在寄主蛹内结茧化蛹，成虫破寄主蛹壳而外出自由生活。具有这样生活习性的可称为“幼虫—蛹寄生”。又如，一些甲腹茧蜂 *Chelonus* spp.产卵于寄主卵内，蜂卵或初孵幼虫落入寄主胚体之中，至寄主孵化后发育至一定时期才大量取食、迅速发育、化蛹羽化。其发育过程跨越寄主卵、幼虫两个虫态。具有这样寄生习性的可称为“卵—幼虫寄生”。还有一些“卵—蛹寄生”或“若虫—成虫”寄生的类群。这些寄生现象也称为跨期寄生。

寄生性天敌按其寄生形式，还可分为下面的类群。

（1）单寄生。一个寄主体内只有一个寄生物。例如，在卵寄生中，平腹小蜂在一个寄主卵内只能寄生一头幼虫；在幼虫或蛹寄生中，姬蜂在一个寄主体内或体外只寄生一头幼虫。

（2）多寄生。一个寄主体内可寄生两个或两个以上同种的寄生物。例如，在赤眼蜂属中，在较大的寄主卵内可同时寄生 10～100 个幼虫，育出 10～100 个成虫；一些绒茧蜂 *Apanteles* spp.，寄生于大型的鳞翅目幼虫体内，一条寄主幼虫可育出数十个至数百个个体。

（3）共寄生。一个寄主体内有两种或两种以上的寄生物同时寄生。例如，欧洲玉米螟 *Ostrinia nubilalis*（Hubner）幼虫体内有时可以发现寄生在脂肪组织内的寄蝇 *Zenillia roseanae*、寄生在气管系统的寄蝇 *Paraphoracerasenilie* 和寄生于体内的姬蜂 *Angitiapunctoria* 三种寄生物同时寄生。共寄生现象常会引起种间竞争，最后只留下一个优势种。例如，稻瘿蚊 *Orseoia oryzae*（Wood-Mason）幼虫被黄柄黑蜂 *Platygaster* sp.寄生后，也会被斑腹金小蜂 *Obtusicava oryzae* Rao 所寄生（外寄生），最后，只有斑腹金小蜂能正常发育。

（4）重寄生。一个寄主体内寄生两种以上的寄生物，但它们是食物链式地寄生，即第一种寄生物寄生于寄主体内，第二种寄生物又在第一种寄生物上寄生。这样，第一种寄生物称为寄生物或原寄生物，第二种寄生物称为重寄生物；如果重寄生物上还有寄生物则称为二重寄生物。重寄生现象是常见的。例如，次生大腿小蜂 *Brachymeria secundaria*（Raschka）及同属的不少种常重寄生于其他膜翅目或寄蝇的幼虫中。

重寄生物因寄生于寄生性天敌而带来害处。在引进外地天敌时要求隔离饲养数个世代，原因之一在于防止重寄生物的引入。如果重寄生物寄生于有害的寄生物上则带来益处。例如，广东在紫胶的生产上曾经利用重寄生的白虫茧蜂 *Bracon greeni* Ashmead。白虫茧蜂寄生于白虫 *Eublemma amabilis* 体内，白虫是紫胶虫 *Laccifer lacca* 的捕食性昆虫，对紫胶的生产带来威胁。利用白虫茧蜂防治紫胶白虫，解决了紫胶生产上的一个问题，恢复了紫胶在广东的生产。

1. 赤眼蜂的人工繁殖与应用

赤眼蜂 *Trichogramma* 是膜翅目 Hymenoptera 纹翅卵蜂科 Trichogrammatidae 的一个属。赤眼蜂属与近缘属拟赤眼蜂属 *Trichogrammatoidea* 的区别为：赤眼蜂属前翅具径横毛列，雄性触角棒节不分节。拟赤眼蜂属的前翅无径横毛列，雄性触角棒节分为 3 节，痣脉延长。我国已知 24 种赤眼蜂，以松毛虫赤眼蜂为例进行介绍。

1）松毛虫赤眼蜂的生物学基础

松毛虫赤眼蜂 *Trichogramma dendrolimi* Matsumura 属于膜翅目纹翅卵蜂科赤眼蜂属。成虫体小，体长约 0.2～1.0mm。体色黄或黄褐色，复眼和单眼均呈红色；触角鞭状，雌雄异形。雄性触角具长毛，触角由柄节、鞭节和梗节组成；雌性触角在鞭节基部又分化成两微小的环状节、两节索节和端部的棒状节；前胸短宽，中胸发达，后胸和第一腹节紧密连接成并胸腹节；具有前后两对翅和三对胸足。松毛虫赤眼蜂与其他赤眼蜂的区别在于其阳基背突有明显的近半圆形的侧叶，且该侧叶与中叶的区分不明显，形成弧形内凹的侧缘，阳基背突末端伸达 D 的 3/4 以上，侧叶宽圆，腹中突长大，其长度相当于 D 的 3/5～3/4。

松毛虫赤眼蜂的个体发育需经卵、幼虫、预蛹、蛹和成虫 5 个发育阶段，除羽化出蜂，均在寄主卵内完成。其发育期的长短与温度密切相关。在 25℃条件下，以蓖麻蚕卵作寄主卵，松毛虫赤眼蜂全发育期 10～12d，其中卵期约 1d，幼虫期 2d，预蛹期 3.5d，蛹期 4d；温度为 30℃时，8d 即可完成一个世代。松毛虫赤眼蜂在人工繁殖情况下，只要室内控制适宜的温度、湿度，全年可连续繁殖 50 代。在自然条件下，松毛虫赤眼蜂的年发生代数及世代历期的长短因地区而异。广西南宁终年都繁殖；广东一年繁殖 30 代；湖南长沙繁殖 23 代；山东济南玉米地发生 14 代；内蒙古呼和浩特发生 10 代。

松毛虫赤眼蜂可以防治落叶松毛虫、马尾松毛虫、西伯利亚松毛虫、苹果小卷叶蛾、桑毒蛾、拟小黄卷蛾甘蓝夜蛾、玉米螟、二化螟、二点螟、银杏大蚕蛾等害虫。松毛虫赤眼蜂雌蜂可将自己的卵产在寄主卵中，其卵在寄主卵内很快孵化成幼虫，吸食寄主卵内的物质，以供给自身生长发育，寄主卵液被吸干后，便不能再孵化幼虫出来为害，以此达到防治寄主害虫的目的。据调查，在辽宁省，松毛虫赤眼蜂于 9 月中、下旬在野核桃树的银杏大蚕蛾卵、榆树的榆毒蛾卵、杨柳树的柳毒蛾卵、山荆子和海棠树的天幕毛虫卵内产卵越冬。5 月上、中旬，松毛虫赤眼蜂从越冬卵内羽化出蜂。

2）松毛虫赤眼蜂的人工生产繁殖技术

（1）蜂种准备。

① 种蜂采集。采集对目标害虫寄生率高、适应性强的、寄主卵内的松毛虫赤眼蜂。

② 种蜂鉴定提纯。种蜂采回后，用试管分装、编号，自然温或加温，待羽化后投入饲料喂养，接入寄主卵，出蜂后进行鉴定提纯选优，去除杂蜂、弱蜂，获得优质蜂种。

③ 扩繁条件与方法。中间寄主卵：未经冷藏处理的新鲜柞蚕卵。繁蜂温度：25℃。繁蜂湿度：80%。蜂卵比：2∶1。接蜂时间：10～12h。扩繁代数：不超过7代。种蜂扩繁：提纯后的种蜂，用玻璃筒扩繁2～3代，幼虫冷藏。翌年2～3月，按种蜂寄生卵和寄主卵比1∶20再扩繁。

④ 复壮。种蜂繁育5代后，采取更换寄主卵或中间寄主卵等方法进行复壮。

⑤ 冷藏。在1～4℃、相对湿度60%～70%的条件下冷藏，时间不超过30d。

⑥ 保温。温度25℃、相对湿度80%。

（2）中间寄主卵的筹集。

① 选茧与贮存。自东北地区采选二化性、无病柞蚕卵，雌茧率80%以上，50只雌茧约重500g。将柞蚕茧包装好，放置于2～5℃、50%～60%相对湿度的冷库中保存。注意冷库中禁止存放农药、化肥等有毒和刺激气味的物品，并做好防潮工作。

② 中间寄主卵的制备。在18～25℃、70%相对湿度条件下将贮存的柞蚕茧加温。待蛾羽化率达90%时，每天收蛾1～2次，同时将雌雄蛾分开。将活蛾存于0～5℃冷库，贮存时间不多于7d。剖蛾腹部取卵。去除不成熟的柞蚕卵，清洗，漂净杂物。将洗净的寄主卵（柞蚕卵）晾干，收集备用。忌在阳光下暴晒。

（3）商品蜂的生产。

① 生产前准备工作。根据当年放蜂面积、时间、需蜂量，分期、分批制订繁蜂计划。准备接蜂室。对接蜂室、繁蜂用具进行常规消毒。对寄生有松毛虫赤眼蜂的寄主卵用新洁尔灭50倍液浸后捞起晾干。

② 扩繁条件与方法。繁殖方式：以散卵繁蜂为主。蜂卵比：（1.5∶1）～（2∶1）。中间寄主卵厚度：1～1.5粒卵厚度。育蜂温、湿度：25℃、80%相对湿度。接蜂时间：10～12h。接蜂方法：当种蜂发育到蛹后期，将种蜂卡装入容器中，待羽化蜂达10%时再接蜂，接蜂前将寄主卵按比例装入浅盘铺平，然后将提前羽化的种蜂和蜂卡一起投入浅盘，在暗室条件下接蜂10～12h后，取出已经羽化的种蜂卡，筛去残留的成蜂，编号注明日期，置于25℃条件下让其发育至老熟幼虫虫态，然后统一贮存。

精选：去除未寄生卵、种蜂的寄主卵壳和杂质，以待制卡。制蜂卡：采用16开、质量为70～80g的书写纸为蜂卡卡体，用排笔将优质乳白胶刷于卡上，将寄主卵撒粘其上，粘成3条（21.5cm×3cm），共193.5cm^2，晾干制成蜂卡。

（4）松毛虫赤眼蜂蜂卡的包装、运输和贮存。

① 包装和贮存。将蜂卡每 10 张用旧报纸包成一包，注明批次、日期，置于 3～5℃条件下贮藏待用，冷藏时间不超过 40d。

② 运输。在放蜂前计算好出蜂期，从冷库中取出冷藏蜂卡。经过 25℃、70%相对湿度的加温保湿后，蜂卡大部分蜂体进入中蛹期，可向放蜂地发放。

蜂卡每 10 张用旧报纸包成一包，立式放置于包装箱内，运输时不与有毒、有异味的货物混装；要求通风，严禁重压、日晒和雨淋。

3）松毛虫赤眼蜂的释放应用

（1）防治对象。松毛虫、玉米螟等。

（2）防治最佳时间。在田间诱测到越冬害虫成虫（始见期），为第一次放蜂适期，选择合适的气象条件即可放蜂。

（3）防治最佳剂量。常规放蜂量为每亩 1 万～1.5 万头，如危害严重，可加大放蜂量。每代卵期放蜂 4 次，间隔期 3～4d。也可逐株放蜂，每株放 1 000 头。

（4）使用方法。害虫卵初期开始放蜂。放蜂在晴朗天气的上午 10 时或下午 4 时左右，将卵卡用大头针别在树叶的背面，也可将卵卡折起挂在树枝下面。禁止大风天、雨天放蜂。

（5）效果调查。放蜂后 8～10d 在放蜂区检查寄主害虫卵粒寄生率，并与不放蜂区对比作物生长状况。

2. 白蛾周氏啮小蜂的人工繁殖与应用

1）白蛾周氏啮小蜂的生物学基础

白蛾周氏啮小蜂 *Chouioia cunea*（Yang），属膜翅目小蜂总科 Chalcidoidea 姬小蜂科 EuloPhidae 啮小蜂亚科 Tetrastichinae 周氏啮小蜂属 *Chouioia*，内寄生在美国白蛾 *Hyphantria cunea*（Druy）等鳞翅目害虫的蛹中。

成虫：雌虫体长 1.1～1.5mm，红褐色稍带光泽，但头部、前胸及腹部色深；雄虫体长 1.4mm，近黑色略带光泽，并胸腹节色较淡，腹柄节，腹部第一节基部为淡黄色。卵：初产时白色，半透明，牡蛎形，长 0.054～0.065mm，大的一端宽 0.021～0.033mm，1h 后即吸水膨大，长度达 0.196～0.217mm，大的一端宽度增至 0.054～0.072mm，经 2～3d 即孵化。幼虫：蛆形，无头无足，生活在寄主蛹内。蛹为裸蛹，群集在寄主空蛹壳内，以尾部附着于寄主蛹内壁，头部均向内直伸，与寄主蛹体壁垂直，排列非常整齐。

对白蛾周氏啮小蜂成虫的解剖研究，发现雌蜂最高怀卵量可达 680 粒，平均为 270.5 粒，为人工繁蜂时接蜂量及防治时放蜂量的确定提供了依据。研究得出其发育起点温度为 6.14℃，有效积温为 365.12 日度。据此，做出白蛾周氏啮小蜂发育历期与温度的函数关系曲线图，极大地方便了人工繁蜂时温度值的确定。

通过利用不同的寄主进行繁蜂试验，找到适宜的繁蜂替代寄主——柞蚕蛹，其出蜂量大（每头蛹出蜂最高达 11 256 头，平均 7 856 头），取材方便，成本低廉，而且繁殖出的小蜂个体大小正常，寄生力强。根据试验得出的替代寄主的常年保存技术，保存的柞蚕蛹 300d 后仍能繁殖出健壮的小蜂。为防止恒温条件下人工饲养的白蛾周氏啮小蜂生活力和控制力退化，在人工繁殖 8～10 代后需进行蜂种复壮。经过复壮的小蜂，繁殖和寄生能力均有显著提高。

杨忠岐（2004，2009）研究白蛾周氏啮小蜂在林间的发生世代及转主寄主的种类及其生物学。结果表明，小蜂年发生 7 代，而美国白蛾年发生 2～3 代。有 7 种其他食叶害虫是小蜂的转主寄主，而且这些寄主的蛹期互相衔接。因此，小蜂在释放后，除寄生美国白蛾蛹外，还可以转移寄生其他寄主，特别是在两代美国白蛾蛹期之间。因而白蛾周氏啮小蜂可以在自然界保持较高的种群数量。

在美国白蛾老熟幼虫期和化蛹初期分别放蜂 1 次，放蜂量为美国白蛾幼虫数量的 5 倍，连续放蜂防治两代，就可将寄主种群数量有效控制，使天敌的总寄生率达到 92.67%，有虫株率降到 1.25%。对美国白蛾生命表的研究表明，小蜂释放后具有有效控制下一代美国白蛾种群数量的能力。放蜂防治后连续 5 年，共追踪调查 10 代美国白蛾的发生情况，发现美国白蛾在防治后第 2 年至第 5 年有虫株率保持在 0.1%以下的低水平，天敌的寄生率仍高达 92%，持续控制作用十分显著。几年来美国白蛾防治面积达 3.74 万 hm^2，占全国美国白蛾发生面积的 1/3，取得了良好的防治效果。

2）白蛾周氏啮小蜂的人工生产繁殖技术

（1）繁殖室条件。温度应控制在 21～24℃，相对湿度控制在 40%～70%，避光。

（2）寄主。新鲜、健康的柞蚕茧蛹。

（3）饲养工具。接蜂工具宜选用 11 号或 12 号手术刀和宽 5mm 的透明胶条。辅助工具有直径 1cm 的指形管、毛笔、毛刷、漏斗等。

（4）繁殖方法。

① 缓温。柞蚕茧，从冰箱或冷库中取出后，不能直接接蜂，必须先在 8℃下缓温 12h，再移至 15℃缓温 12h，两次缓温后，移至室温（20～25℃）下接蜂。

② 削茧。接蜂时先用手术刀将茧带有“系绳”的一端（为自然界柞蚕茧附着于柞树枝条的一端）斜切一刀，形成一个孔径 1.5cm 左右的圆孔，注意不要完全削断，使削下的茧皮与茧体还能相互连接，以便接蜂后密封。

③ 健康蛹体的要求。选择蛹体饱满、有光泽、活性好，颅顶板透明，发育程度低的蛹。削茧时，剔除腐烂茧蛹、感病蛹和蛹体软弱、干硬、节间收缩的弱蛹。

④ 收集蜂种。用毛笔或毛刷将蜂种扫入漏斗内，收集到漏斗下端连接的直径为 1cm 的指型管里。

⑤ 接蜂。将收集的蜂种按每蛹 65～75 头蜂的比例接入柞蚕茧内（注：周氏啮小蜂成虫雌雄性比为（45～96）：1，故雄蜂的数量可忽略不计）。

⑥ 密封。接蜂后，将茧皮覆盖回茧体上，尽量保持原状，然后用透明胶条封实，不能留有缝隙。

⑦ 管理。将接好蜂的茧蛹置于有散射光的繁蜂室里 24h，然后移到调整好温、湿度并遮光的繁蜂室，第 5 天时，去除包扎柞蚕茧的透明胶条，并及时检查柞蚕蛹体，有腐烂流水的应及时挑出，避免相互感染。10d 左右，小蜂将发育至老熟幼虫，此时是最佳的保存时机。

（5）白蛾周氏啮小蜂的保存。从繁蜂室取出培育 10d 的孕蜂茧蛹，先在 15℃冰箱或冷库中缓温 12h，然后保存在 1～5℃的冰箱或冷库中，保存时间最长不应超过 60d。白蛾周氏啮小蜂成虫自羽化之日起，在 5℃之下可保存 10d。

（6）白蛾周氏啮小蜂的质量检测。

贮存前，挑选蛹体饱满、有光泽、弹性好的孕蜂蛹；剔除腐烂蛹、流水的感病蛹和蛹体软弱、干硬、节间收缩的弱蛹。

用随机抽样的方法，取适量孕蜂蛹，用刀剖开蛹，观察蛹内是否布满小蜂，以及小蜂是否处于老熟幼虫或蛹的阶段。一般，一个柞蚕蛹可繁殖 6 000～8 000 只白蛾周氏啮小蜂。

当白蛾周氏啮小蜂出蜂后，可在双目解剖镜下检查其大小是否达到 1.1～1.5mm。

（7）白蛾周氏啮小蜂的包装、运输。

① 包装。将孕蜂茧蛹放入纸箱中，密封，每箱放入 1 000 只茧蛹。

② 运输。常温条件下，不受热，不暴晒，最好不过夜。

3）白蛾周氏啮小蜂的释放应用

（1）防治对象。美国白蛾蛹。

（2）防治最佳时间。第一代美国白蛾化蛹高峰期防治最佳。

每年物候差异较大，以当年各代虫情预测预报为准。在北京地区，正常年份，第一代美国白蛾幼虫发生期为 5 月下旬至 7 月上旬，放蜂最佳时间应为 7 月初。

（3）放蜂量。一个孕蜂蛹对应一个美国白蛾网幕。

4）白蛾周氏啮小蜂的防效评估

（1）检查内容。检查虫口减退率和成灾率，以此来表示防治效果。虫口减退率及成灾率计算公式同式（3-12）和式（3-13）。

（2）检查时间。当年可检查下一代幼虫发生情况，第二年可检查第一代幼虫发生情况。

（3）检查方法。在幼虫发生期，针对美国白蛾危害林木的树冠处进行调查。每个调查区以林班、行政村或自然村为单位，划定标准地。按每 $50hm^2$ 不少于 2 块、每 $100hm^2$ 不少于 5 块、每 $500hm^2$ 不少于 15 块设置标准地，调查防治前后的活虫数。标准地内随机选取 20 株作为标准株，逐一进行详查。

（4）注意事项。放蜂时避开下雨天。防治的最佳时间为早晨和傍晚。参考美国白蛾危害准确的预测预报。

3. 管氏肿腿蜂的人工繁殖与应用

1）管氏肿腿蜂的生物学基础

管氏肿腿蜂 *Scleroderma guani* Xiao et Wu，属膜翅目肿腿蜂科 Bethylidae。

雌蜂体长 3～4mm，分无翅和有翅两型。无翅型头、中胸、腹部及腿节膨大部分为黑色，后胸为深黄褐色；触角、胫节末端及跗节为黄褐色；头扁平，长椭圆形，前口式；触角 13 节，基部两节及末节较长；前胸比头部稍长，后胸逐渐收狭；前足腿节膨大呈纺锤形，足胫节末端有 2 个大刺；跗节 5 节，第 5 节较长，末端有 2 爪。有翅型前、中、后胸均为黑色，翅比腹部短 1/3，前翅亚前缘室与中室等长，无肘室，径室及翅痣中室后方之脉与基脉相重叠，前缘室虽关闭但其顶端下面有一开口，这些特征是肿腿蜂属所具有的特征。雄蜂体长 2～3mm，亦分有翅和无翅两型，但 97.2%的雄蜂为有翅型。体色黑，腹部长椭圆形，腹末钝圆，有翅型的翅与腹末等长或伸出腹末之外。

管氏肿腿蜂一年的发生代数随其种类及所在地区的气候不同而异。在山东、河北一年发生 5 代，在粤北山区一年发生 5～6 代，在广州一年可完成 7～8 代。肿腿蜂以受精雌虫在天牛虫道内群居越冬，翌年 4 月上中旬出蛰活动，寻找寄主。肿腿蜂广泛应用于防治松褐天牛 *Monochamus alternatus* Hope、青杨天牛 *Saperda populnea* Linnaeus、双条杉天牛 *Semanotus bifasciatus* Motschulsky 等，其钻蛀能力极强，能穿过充满虫粪的虫道寻找到寄主。雌蜂爬行迅速，1min 可爬行 0.5m 左右。用天敌昆虫防治蛀干害虫是迄今为止最有效的办法。

管氏肿腿蜂为体外寄生蜂，其寄生活动可分为 5 个步骤：①麻痹寄主；②取食发育；③清理寄主周围环境；④产卵；⑤育幼。肿腿蜂用尾刺蜇刺寄主注入蜂毒，将寄主麻痹后，拖到隐蔽场所，然后守卫警戒。肿腿蜂通过取食寄主体液补充营养，为产卵作准备。有些小型昆虫，在肿腿蜂蜇刺取食过程中就已死亡；而一些体型过大的寄主，不能被其麻痹。

管氏肿腿蜂的产卵量在几粒至几十粒不等。在青杨天牛幼虫上一次最多能产 76 粒，若寄主营养足够，其能正常发育成子代蜂。一头雌蜂一生能产卵 29～290 粒，平均 136 粒。管氏肿腿蜂产卵后，能将掉离寄主的卵或幼虫移到寄主体表，搬开发霉有病的寄主体，将老熟幼虫从寄主残体处移至干净的地方集中吐丝作茧化蛹，始终守护后代。有学者推测母蜂有与子代蜂交尾，继续寻找寄主繁殖后代的习性。一头雌蜂一生最多能寄生 5 头青杨天牛幼虫，可繁子蜂 247 头。育出的子代蜂若超过 100 头，则 25%为雄蜂。雄蜂羽化早于雌蜂 1～2d，常咬破蜂茧与茧内雌蜂交尾。雌蜂寿命长于雄蜂，野外自然发生的越冬代雌蜂可存活 210d 左右，当年各代在找到寄主的条件下能存活 60～90d，否则 20d 左右即死亡。雄蜂寿命一般 6～9d。雌蜂在 2～5℃下平均寿命 283d，可较长期冷藏，仍不失去生命力。由于管氏肿腿蜂是寄生性天敌，对树木无害，对环境无任何影响。

2）管氏肿腿蜂的人工生产繁育技术

（1）设施条件。

① 基础设施。繁育管氏肿腿蜂需配备面积比为 2∶6∶1 的接蜂室、培养室和贮存室。生产能力为每批 2 000 万头的单位应至少配备接蜂室、培养室和贮存室各 $20m^2$、$60m^2$、$10m^2$。

接蜂室，需配备超净台和座椅。

培养室，需配备风淋室、换气扇、培养架（90cm×35cm×200cm，共 8 层）、加湿器、冷暖空调、紫外灯和干湿温度计。

贮存室，需配备保鲜柜和冰柜。

② 繁蜂工具。指形管（10mm×50mm）、接蜂笔（1 号平头毛笔）、饲养筐（30cm×20cm×8cm，塑料网筐）、棉塞等。

（2）繁蜂寄主选择与贮存。

① 繁蜂寄主选择。繁蜂寄主应选择虫体体壁完整、有弹性、有光泽、未感病的健康活体。可选择青杨楔天牛 *Saperda populnea*（L.）老熟幼虫、双条杉天牛老熟幼虫、大蜡螟 *Galleria mellonella*（L.）老熟幼虫、亚洲玉米螟 *Ostrinia furnacalis* 老熟幼虫、桃蛀螟 *Conogethes punctiferalis*（Guenée）老熟幼虫、黄粉甲 *Tenebrio molitor*（L.）蛹（初蛹期）或大麦虫 *Zophobas morio*（Fabricius）蛹（初蛹期）、人工大规模生，产繁育的曲牙锯天牛 *Dorysthenes hydropicus* 幼虫。

② 繁蜂寄主贮存。青杨楔天牛老熟幼虫和双条杉天牛老熟幼虫存放于−10℃的冰柜中，贮存时间不超过 180d。大蜡螟老熟幼虫和玉米螟老熟幼虫存放于 3℃保鲜箱中，贮存时间不超过 45d。黄粉甲蛹和大麦虫蛹存放于−4℃的冰柜中，贮存时间为 20～30d。曲牙锯天牛幼虫自然存放于原生产场所，根据需求挖取，备用。

（3）种蜂准备。

① 种蜂要求。种蜂应是健壮、交配过的无翅雌蜂，体色黑亮，体长 3.5mm 以上，反应灵敏。

② 种蜂来源。野外采集，在双条杉天牛幼虫期，剖木采集幼虫上寄生的管氏肿腿蜂幼虫或茧，然后在温度 25℃、相对湿度 70%的培养室中饲养至成虫，选择个体健壮、适应性和繁殖力强的成虫作为种蜂。

③ 种蜂引进。从其他单位引进个体健壮、适应性和繁殖力强的管氏肿腿蜂种蜂。

④ 种蜂扩繁。将野外采集饲养的或引进的管氏肿腿蜂成虫用青杨楔天牛、双条杉天牛老熟幼虫等进行种蜂扩繁，扩繁不超过 11 代。

⑤ 种蜂贮存。种蜂于 5℃保鲜柜中低温保存，保存时间不应超过 90d。

⑥ 种蜂复壮。复壮频次，种蜂应至少两年复壮 1 次，繁殖代数不超过 11 代。

复壮方法：于 6～7 月，在野外选取被双条杉天牛幼虫危害的侧柏 *Platycladus orientalis* (L.) Franco 或桧柏 *Sabina chinensis* (L.) Ant.，释放无翅雌蜂，1 个月后，解剖上述原木，采集管氏肿腿蜂的幼虫或茧，饲养至成虫，选择无翅雌蜂作为种蜂。

（4）繁育方法。

① 消毒。玻璃指形管于烘干箱内 121℃高温消毒 1h；塑料指形管用 10% NaClO 溶液浸泡消毒 1h；接蜂笔用 75%的乙醇浸泡消毒 30min；培养室用紫外灯光照消毒 30min。

② 接蜂。在超净台中，混合 3 支以上不同种蜂管的种蜂，用接蜂笔将其扫入盛有繁蜂寄主的指形管。接蜂的单管虫蜂比见表 3-5。

表 3-5　人工繁育管氏肿腿蜂的单管虫蜂比

寄主	寄主虫态	单管虫蜂比	备注
青杨楔天牛	老熟幼虫	6∶6	繁育后获取种蜂难
双条杉天牛	老熟幼虫	1∶4	繁育后获取种蜂难
大蜡螟	老熟幼虫	1∶2	可规模饲养
亚洲玉米螟	老熟幼虫	1∶2	可规模饲养
桃蛀螟	老熟幼虫	试验中	可规模饲养
黄粉甲（黄粉虫）	蛹	4∶4	可规模饲养
大黑甲（大麦虫）	蛹	1∶3	可规模饲养
曲牙锯天牛	老熟幼虫	1∶5	可规模饲养

注：单管虫蜂比中的数值分别代表接蜂时一支指形管中繁蜂寄主数和管氏肿腿蜂数。如以青杨楔天牛老熟幼虫为繁蜂寄主时，应在指形管中接入 6 头青杨楔天牛老熟幼虫和 6 头管氏肿腿蜂。

③ 培养。每 300 支接蜂后的指形管放入 1 个饲养筐，并置于消毒过的培养室中进行培养，培养温度为 24～28℃、相对湿度为 60%～75%。每日检查并及时清除发霉的寄主。培养过程中每日早、午、晚各强制通风 30min。培养 35～45d 后，管氏肿腿蜂开始羽化。

（5）质量检验。

① 检验指标。繁育出的管氏肿腿蜂中，健康管氏肿腿蜂的数量达 90%以上、有翅雌蜂的比例小于 5%者方为合格。健康管氏肿腿蜂应具备以下特征：体色黑亮，体长 3.5mm 以上，反应灵敏。

② 检验方法。产量小于每批 1 万管时，随机抽取 1%的指形管；产量大于每批 1 万管时，随机抽取的指形管数不少于 100 管。将随机抽取的指形管中的管氏肿腿蜂倒在桌面上，目测其体色、体长；用手指敲击桌面，观察管氏肿腿蜂反应是否灵敏。

（6）包装、贮存、运输。

① 包装。直接采用繁育管氏肿腿蜂的指形管为基本包装，选择规格为 240mm×270mm×180mm 的瓦楞纸箱为外包装。每个纸箱内无规则盛放 1 000 支指形管。包装内附有管氏肿腿蜂的使用说明书。包装外应标有防雨、易碎及低温图标，并标明管氏肿腿蜂数量、出蜂日期、保质期、保存条件和注意事项等信息。

② 贮存。管氏肿腿蜂宜在 4～8℃低温保存，时间不超过 180d。

③ 运输。可在 4～25℃下进行运输，运输时间不超过 7d。

3）管氏肿腿蜂的释放应用

（1）主要防治对象。

可用于防治危害林木枝干的鞘翅目害虫的幼虫和蛹：青杨楔天牛、双条杉天牛、松褐天牛、光肩星天牛 *Anoplophora glabripennis*（Motsch）、栗山天牛 *Massicus raddei*（Blessig）、云斑天牛 *Batocera horsfieldi*（Hope）、星天牛 *Anoplophora chinensis*（Forster）等。

（2）林间释放技术。

① 虫情调查。

a．生活史调查。查清拟防治的天牛的生活史、发生地点和面积。及时掌握天牛幼虫的发生时期和发育进度，以便决定放蜂的最佳时期。

b．虫口密度和有虫株率调查。放蜂前，在天牛发生区设立标准地，在标准地内选取样树 20 株，调查天牛平均虫口密度和有虫株率，为确定放蜂量提供依据。

② 放蜂。

a．放蜂适期。虫体小的寄主幼虫期即可，一般在 7～8 月为好。体形较大的天牛宜在 2～3 龄幼虫期或蛹期放蜂较好。

b．放蜂时间。放蜂时间应选择气温 20℃以上（最佳温度为 25～28℃）、晴朗无风的天气，上午 9:00～11:00 或下午 3:00～6:00。具体放蜂时间应根据各地气候和天牛发育进度确定。

c．放蜂量。防治体形较小的天牛，一般放蜂量按蜂与天牛虫口数之比（2∶1）～（3∶1）；防治体形较大的天牛，比例可加大到（3∶1）～（7∶1）。

d．释放地点。选择有天牛蛀孔树，集中连片林分，不宜药剂防治或其他措施防治困难的天牛发生区。

e．释放方法。采用逐株释放法或隔株释放法，将指形管中的棉球拔出，把指形管套在细树枝上或卡在树杈上，让管氏肿腿蜂爬出。也可用毛笔帮助管氏肿腿蜂扩散到树干上。应注意防雨、防晒。放蜂 4h 后，即可将空管收回。

③ 放蜂注意事项。应避开阴雨天、大风天放蜂。若放蜂后遇上大风、阴雨天应补放；在有蚂蚁危害的林地放蜂时，蜂管应远离地面，不应放在树基部；放蜂林地内，禁止使用化学农药。

4）管氏肿腿蜂的防效评估

（1）检查内容。检查天牛的有虫株率和虫口密度。防治效果用管氏肿腿蜂寄生率的提高和天牛虫口密度及有虫株率的降低来表示。

（2）调查时间。防治效果的调查分阶段进行，初次效果调查在放蜂后 20～30d 进行。以后每隔 1 个月调查一次，1 年内进行 2～3 次防治效果调查，以一年内防治结果来评价总的防治效果。

（3）检查方法。

选择有代表性的放蜂林分，设立标准地。一般片林每 $20hm^2$ 左右设一块标准地；林网每 $60hm^2$ 左右设一块标准地，每个标准地内的树木不少于 200 株。

标准地内随机抽取标准树 20 株。对四旁绿化及防护林带每隔 100～300 株选 1 株进行调查。调查天牛排粪孔的变化，计算死亡率。

在标准地内，随机抽取有天牛危害的样树 5 株或 100 个以上虫瘿，剖木或剪开虫瘿。调查天牛幼虫被肿腿蜂寄生情况，计算寄生率。

在未放管氏肿腿蜂的天牛发生区选择与放蜂区状况接近的林分设立对照区，在对照区随机抽取有天牛危害的样树 5 株或 100 个以上虫瘿，剖木或剪开虫瘿，调查天牛死亡率。

计算公式为

$$\text{防治效果}(\%)=\frac{\text{放蜂区虫口死亡率}-\text{对照区虫口死亡率}}{1-\text{对照区虫口死亡率}}\times 100\% \tag{3-14}$$

$$\text{寄生率}(\%)=\frac{\text{被寄生天牛幼虫数}}{\text{调查天牛总幼虫数}}\times 100\% \tag{3-15}$$

（4）管氏肿腿蜂在林间定殖情况调查。在林间释放管氏肿腿蜂后，经过一个或几个繁殖世代或经过一个越冬期后，调查肿腿蜂的存在情况。调查内容主要有：寄生情况、数量、林间的扩散范围、越冬情况、翌年是否有存活等。调查树皮内、虫道内、树体上是否有肿腿蜂踪迹。

4. 平腹小蜂的人工繁殖与应用

1）平腹小蜂的生物学基础

平腹小蜂 *Anastatus japonicus*，又名荔蝽卵平腹小蜂、日本平腹小蜂，属膜翅目旋小蜂科平腹小蜂属。平腹小蜂在我国主要分布于福建、广东和广西等省区。

成虫虫体呈古铜色，雌蜂体长 3～3.5mm，雄蜂体长 2～2.5mm；复眼发达，背面 3 个单眼排列成等边三角形；触角 13 节，被有短毛，略短于胸部；中胸背板前中部有舌状隆起，古铜色，后部铜蓝色、微陷，略短于舌状部、被毛；雌蜂中胸背板小盾片和三角片有顶针状刻点；前翅淡褐色，有短毛，基部透明，中央有一透明弯形横条斑。雄蜂触角比雌蜂粗长，中胸背板及三角片无顶针状刻点，翅全部透明。

平腹小蜂可寄生荔蝽、松毛虫、茶翅蝽、黄斑蝽等害虫的卵，其卵、幼虫、蛹均在寄主卵内度过，成虫羽化后咬破卵壳飞出，从而抑制寄主卵的数量，达到防治害虫的目的。2000 年在广西北流潮塘、荔宝、花果山等果场进行了平腹小蜂防治荔枝蝽象试验，总面积约 20hm^2，8～10 年生龙眼、荔枝树约 4 000 株。结果显现：在放蜂区和对照区内，荔枝蝽象卵寄生天敌平腹小蜂、跳小蜂的总寄生率分别为 94.3%和 18.9%，相比效果明显，同时，果园中若虫数量显著降低，控制在经济危害阈值之下。

2）平腹小蜂的人工生产繁殖技术

（1）平腹小蜂的种蜂采集和扩繁。

① 种蜂采集。采集对目标害虫寄生率高的、适应性强的、寄主卵内的平腹小蜂。

② 种蜂鉴定提纯。种蜂采回后，用试管分装、编号，自然温或加温，待羽化后投入饲料喂养，接入寄主卵，出蜂后经鉴定提纯选优，去除杂蜂、弱蜂，得到优质蜂种。

③ 种蜂扩繁。提纯后的种蜂，用玻璃筒在 25℃、80%相对湿度的条件下扩繁 2～3 代，幼虫期冷藏。

④ 冷藏。在 0～5℃、相对湿度 60%～70%的条件下冷藏，时间不超过 30d。

（2）中间寄主卵的筹集。

① 选茧与贮存。采选二化性、无病柞蚕卵，雌茧率 80%以上，50 只雌茧约重 500g。将柞蚕茧包装好，放置于 2～5℃、50%～60%相对湿度的冷库中保存。注意冷库中禁止存放农药、化肥等有毒和刺激气味的物品，并做好防潮工作。

② 中间寄主卵的制备。在 18～25℃、70%相对湿度条件下将贮存的柞蚕茧加温。待蛾羽化率达 90%时，每天收蛾 1～2 次，同时将雌雄蛾分开。将活蛾存于 0～5℃冷库，贮存时间不多于 7d。剖蛾腹部取卵。去除不成熟的柞蚕卵，清洗，漂净杂物。将洗净的寄主卵（柞蚕卵）晾干，收集备用。忌在阳光下暴晒。

（3）商品蜂的生产。

① 设备。

a．繁蜂室。需消毒灭菌。需光线充足。温度保持 26～28℃，相对湿度 70%～80%。

b．繁蜂箱。用紫外线消毒，次氯酸钠清洁。

② 繁殖技术。备好种蜂。首先，把发育至将近羽化的蛹期平腹小蜂放进繁蜂箱内，待蜂种羽化充分交尾后，取出蜂种卵卡。放进够蜂种寄生 2d 的新鲜柞蚕卵供其寄生。每两天后要把已寄生的柞蚕卵倒出，重新放入未寄生的蚕卵。连续繁殖 20d 后，产卵量显著减少，需更换蜂种。

在繁蜂期间，每天必须供给平腹小蜂新鲜的蜂蜜水。

寄生卵放在繁蜂室发育至老熟幼虫后，放在 0～5℃的温度下保存，制成蜂卡。

③ 制蜂卡。采用 16 开、质量为 70～80g 的书写纸为蜂卡卡体，用排笔将优质乳白胶刷于卡上，将寄主卵撒粘其上晾干制成蜂卡。

（4）包装、贮存和运输。

① 包装和贮存。将蜂卡每 10 张用旧报纸包成一包，注明批次、日期，置于 3～5℃条件下贮藏待用，冷藏时间不超过 40d。

② 运输。在放蜂前计算好出蜂期，从冷库中取出冷藏蜂卡。经过 25℃、70%相对湿度的加温保湿后，蜂卡大部分蜂体进入中蛹期，可向放蜂地发放。

蜂卡每 10 张用旧报纸包成一包，立式放置于包装箱内，运输时不与有毒、有异味的货物混装；要求通风，严禁重压、日晒和雨淋。

3）平腹小蜂的释放应用

（1）防治对象。茶翅蝽、黄斑蝽、荔枝蝽和斑衣蜡蝉等农林害虫。

（2）防治最佳时间。在害虫产卵始盛期释放平腹小蜂。

（3）最佳释放量。放蜂量参照以下数据：每棵桃树（树高 3～4m，树冠直径 5～6m）每批 3 次共放蜂 500 头；每株四年生国槐（高 2.5～4m，树冠直径 2～3m）放蜂 500 头；泡桐树每棵放蜂 800～1 000 头，每批放蜂分 3 次，比例为 2∶2∶1，分别在茶翅蝽卵的初发期、盛发期和末发期。

（4）使用方法。释放时将蜂卡撕成小片逐棵钉于树叶上。

4）防效评估

放蜂后 8～10d 在放蜂区检查寄主害虫卵粒寄生率，并与不放蜂区对比作物生长状况。

5. 丽蚜小蜂的人工繁殖与应用

1）丽蚜小蜂的生物学基础

丽蚜小蜂 *Encarsia formosa* Gahan，属膜翅目蚜小蜂科恩蚜小蜂属，是一种世界广泛商业化的用于控制温室作物粉虱的寄生蜂。丽蚜小蜂最初是 1924 年从天竺葵上一种未知名粉虱标本上获得的。1927 年 Speyer 对其形态特征进行了描述。

成虫：雌成虫体型微小（约 0.6mm 长），头胸黑色，腹部黄色，雄性罕见，体呈黑色。至少寄生于 8 属 15 种粉虱。人们主要关注丽蚜小蜂对温室白粉虱、烟粉虱危害的控制和能否成功地在温室繁殖。丽蚜小蜂必须寻找潜在的寄主，估计寄主的性质并且利用若虫进行取食或寄生。在寄主栖息地释放后，丽蚜小蜂使用视觉和味觉寻找被害作物。在寻找新叶片时，该蜂并不区分叶的上下表面，也不偏好叶中或叶边缘。其碰到寄主的概率取决于丽蚜小蜂的行走速度、粉虱大小、一片叶上的寄主多少。爬行速度会由于下列因素而减慢：叶脉、叶片刺毛多，过多的蜜露，遇到合适的若虫（取食或产卵），温度下降，低气压和体内卵少。

卵：卵呈乳白色半透明，初产卵为长卵圆形，一端较圆，一端稍尖。卵长0.136mm，最宽0.04mm，最窄0.026mm。随着胚胎的发育，卵的形状逐渐变为卵圆形，孵化前一天的卵长0.102mm，最宽0.044mm，最窄0.032mm。

幼虫：自初孵到老熟幼虫，虫体均为乳白色半透明，没有附肢，身体分节明显，体节12节。初孵幼虫虫体前端较膨胀，后端较尖细，体长0.32mm，体最宽0.08mm。随着幼虫的生长和发育，其虫体逐渐膨大延长，并明显地弯曲成“C”形。老熟幼虫虫体粗壮，长1.06mm，最宽0.26mm，占寄主体腔的2/3。

预蛹：幼虫停止取食后即进入预蛹期。预蛹的虫体前端较后端宽，形成头胸宽而尾尖的蜂蛹体型，且头部与胸部分界明显。预蛹体不弯曲，体长0.66mm，胸宽0.28mm。

蛹：当翅芽、足芽及外生殖器芽等翻出体外以后，丽蚜小蜂即发育为蛹。初形成的蛹，头部及胸部为淡灰色，复眼为淡灰黄色，触角及胸足均黏附于蛹体腹面。随着蛹体的发育其头部与胸部的颜色逐渐加深，成虫羽化前一天的蛹，其头部棕色，复眼和三个单眼为棕红色，胸部黑色，雌性腹部为黄色、雄性为棕黑色。蛹体长0.64mm，宽0.25mm。

丽蚜小蜂是单寄生、内寄生，每天有8～10个卵成熟。蜂龄大时卵量和产卵量下降。成虫靠取食蜜露或用产卵器穿破虫体取食血淋巴，穿刺取食时并不产卵。丽蚜小蜂在白粉虱成虫和卵期以外的各个虫期都可取食，但更喜欢二龄若虫和蛹期；对烟粉虱的若虫期和蛹期取食嗜好性相同。丽蚜小蜂取食时用产卵器穿刺蛹或若虫6min以上，用它们的下颚扩大伤口进行取食。如此穿刺并取食将杀死寄主。丽蚜小蜂不会在已取食过的若虫上产卵，也不会取食已被寄生过的粉虱。

丽蚜小蜂产卵于白粉虱的未成熟期（除卵和1龄期）的各个虫态，偏好产卵于两种粉虱的3、4龄和预蛹期，在这些虫态的寄生率最高。

用白粉虱饲养丽蚜小蜂每天可产5粒卵（死亡前产59粒卵），每天取食3个若虫，在其12d的预期寿命中平均可杀死95个若虫。雌成虫在羽化前会在第4龄若虫的背面咬一个圆形的出口。在21℃寄生于3龄白粉虱，产卵至成虫历期25d。

丽蚜小蜂的产雌单性生殖是由于细菌 *Wolbachia* 感染引起的。将雌性放置于抗菌剂或高温（31℃）保持2代以上，抑制细菌活性，则雌性可成功地产出雄性后代。但共生体被消灭后其生殖力下降。雄性是卵经内寄生发育的。交配现象曾有描述，不过不能成功受孕。

2）人工生产繁殖技术

（1）饲养繁殖方法。根据各地设施条件及生产规模的不同，丽蚜小蜂的生产有下列若干类型。

① 罩笼繁蜂法。在 75cm×75cm×90cm 的方形罩笼（木框，50 目尼龙纱）内盆栽培育清洁番茄苗。

a．接种粉虱虫卵。当盆栽番茄苗长至 25～30cm 高时，移入另一罩笼内，然后接入适量的白粉虱成虫，接虫时间可随接入虫数的增加而缩短。以每平方厘米叶面积上有 30～40 粒卵为宜。得到合适的卵量后，可将粉虱成虫用敌敌畏熏死。

熏蒸方法是，将盆栽植株搬出，集中在一个较背阴的地方，每盆插一根长约 20cm 上端带钩的铁丝，在钩上挂一条长 9～10cm、宽 1.5cm 的滤纸条，每条纸条上用橡皮头滴管滴上敌敌畏原液 2～3 滴（0.1～0.2mL），严防药液接触叶片而造成药害。这时用铁丝架支撑起来，盖严塑料薄膜，从傍晚 6 点到次日早晨，即可杀死全部粉虱成虫，而卵仍能正常孵化。切勿在炎热的中午和太阳暴晒的条件下熏蒸。

b．培育粉虱若虫。将只带有白粉虱虫卵的植株移入另一罩笼内培育，加强水肥管理，约 15d，当白粉虱若虫发育到 2～3 龄时即可接入丽蚜小蜂。

接蜂时，接蜂量可根据实际的若虫数量而定，一般接蜂比例为 1∶（20～30），即 20～30 头白粉虱若虫接 1 头丽蚜小蜂。如果每平方厘米叶面积上白粉虱若虫密度为 20～30 头，则最少要接 1 头成蜂。接入的方法是，将带有丽蚜小蜂黑蛹的叶片装进尼龙网袋，挂在罩笼内，成虫羽化后即可寻找寄主寄生。但要求丽蚜小蜂成虫羽化期要与白粉虱若虫 2～3 龄期相吻合，否则寄生率会大为下降。笼内适当光照，可提高寄生率。

接蜂后 8～9d，被寄生的白粉虱若虫即变黑蛹，待未被寄生的白粉虱羽化为成虫后，再采下带有黑蛹的叶片，这样，可避免把白粉虱成虫带进作物生产温室。但采摘时间不宜过迟，因为在 27℃的恒温条件下黑蛹从变黑到羽化出成蜂仅需 6～7d，通常在变温的温室内为 8～9d，所以一定要在成蜂尚未羽化之前 5～6d 采摘、冷藏。

② 单室繁蜂法。将育好的番茄苗（或烟苗）定植在温室内的地里或花盆内，当番茄苗长至 25～30cm 高时，接入适量的白粉虱成虫，约两个星期后，当大部分粉虱若虫发育到 2～3 龄时，在尼龙网袋内装入一定量带有黑蛹的叶片，挂在竹竿上，黑蛹量约为接入粉虱成虫的 2 倍。也可释放成蜂，至少平均每平方厘米叶面有蜂 1 头。这样随着植株的生长，粉虱和寄生蜂也随之繁殖，可以分期分批采收带有黑蛹的叶片，采摘后可放在 10～12℃的低温下贮存备用或直接用于田间防治（图 3-6）。

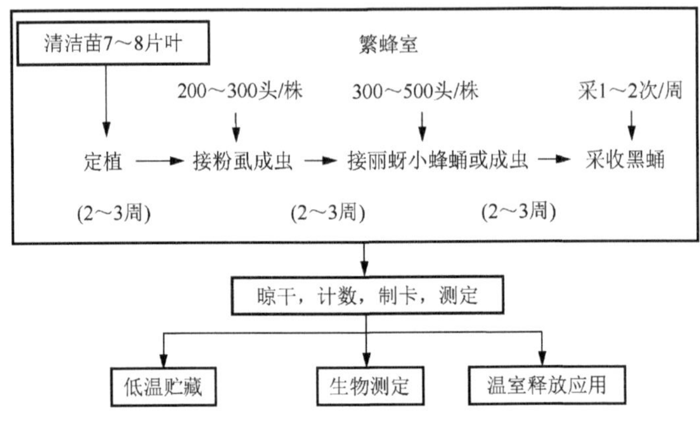

图 3-6　单室繁蜂法流程图

为了保持温室内有足够的寄生蜂，采摘时要保留少部分带有黑蛹的叶片，不要摘得过分干净，留的部分可羽化出蜂；如果蜂量仍然不足，应及时补充小蜂。另外，温室内温度应保持在 20～30℃。这种繁蜂方法一般每 3～4 个月需要重新种植一次寄主植物。

单室繁蜂需要及时发现问题，适时采取措施，才能维持白粉虱与寄生蜂之间的平衡。如果粉虱量太多，则可用人工捕捉或黄板诱杀等方法减少其种群数量。如果粉虱量不足，则应随时补充。

③ 四室繁蜂法。此方法生产需要 4 间温室，即清洁苗生产室、粉虱饲养及接种室、粉虱若虫培育室、接蜂室，均设在温室内，要求白天温度为 21～35℃，夜间温度 15～28℃，相对湿度 40%～50%，光照自然。

a. 清洁苗生产室。此间温室保持无病虫污染，专门用于培育清洁的寄主植物（番茄、黄瓜、矮生四季豆等）。当苗长至约 10cm 高时，移植到直径 25～30cm 的花盆内，加强水肥管理，培育壮苗。每隔 20d 左右育一批苗，供循环繁蜂之用。

b. 粉虱饲养及接种室。此间温室种植寄主植物，饲养大量粉虱，作为接虫的来源。当植株因严重受害或衰老而营养条件不好时，应随时更换或补充寄主植物。如果粉虱成虫数量不足，可随时引进粉虱成虫，使室内保持足够的粉虱数量。

接种粉虱的方法为，将培育出的清洁而健壮的番茄苗（高约 30cm）移入粉虱饲养室，此时将会有大量粉虱飞去产卵，在接虫过程中要轻轻摇动植株数次，以保证粉虱能较均匀地在叶片上产卵。接虫时间一般夏季 10～12h，而在冬季特别是阴天，要延长到 24～28h。为了避免以后粉虱若虫过多，分泌大量蜜露，影响小蜂活动产卵，应适当控制粉虱卵量，一般以每平方厘米的叶面上不超过 40 粒卵为宜。即在接虫结束时轻轻摇动植株，赶走大多数粉虱成虫，将盆栽植株搬出，并用敌敌畏熏蒸杀死滞留在植株上的粉虱成虫。

c. 粉虱若虫培育室。将熏蒸后只带有粉虱卵的植株移入粉虱若虫培育室进行培育。摘去生长点，使叶面积扩大，注意水肥管理，约两个星期以后，当若虫发育到 2～3 龄时，即可接蜂。

d. 接蜂室。将带有合适龄期粉虱若虫的植株移入接蜂室，把当天羽化的丽蚜小蜂成虫轻轻抖落在植株上。为了保证得到较高的寄生率，每平方厘米的叶面上应不少于 1 头成蜂。放蜂后 8～9d，黑蛹普遍出现，即可采摘发育进度整齐的黑蛹，贮藏备用或直接用于田间防治害虫。

④ 五室繁蜂法。丽蚜小蜂五室繁蜂法生产流程见图 3-7。

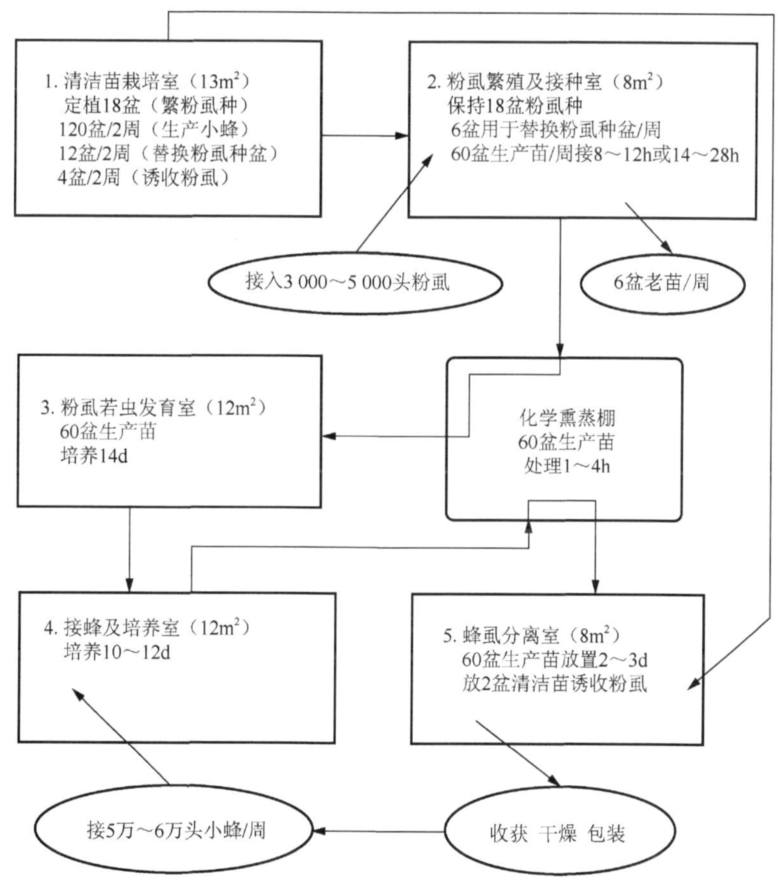

图 3-7　丽蚜小蜂五室繁蜂法生产流程

采用此法生产可在一面坡温室中进行，占地 50 余 m^2，分成 5 间隔离室，分别为清洁苗培育室 $13m^2$，粉虱繁殖和接种室 $8m^2$，粉虱若虫发育室 $12m^2$，接蜂及培养室 $12m^2$，蜂虱分离室 $8m^2$。温室温度为日平均 21～27℃，相对湿度 60%～85%。

a．清洁苗的培育。在清洁苗室，将番茄种子放入50℃温水中浸泡10min后，播在育苗盘中。每两周播一批，每批播种250粒。两片真叶时分苗1次，苗高10～15cm。5片真叶时，按两周用苗的需要量，选出136株壮苗，定植在直径20～25cm的花盆内，每盆1株。加强肥水管理，植株约经3周，长至7～8片真叶时，即可接种粉虱。

b．繁殖和接种粉虱。在粉虱繁殖和接种室大量繁殖粉虱，在繁蜂前3周准备一些粉虱成虫作为种虫，为大量繁殖丽蚜小蜂准备寄主。将7～8片真叶的清洁番茄苗18盆搬入繁殖室，接上粉虱成虫3 000～5 000头，当下代粉虱成虫大量羽化时，搬进66盆清洁番茄苗，进行接种。夏季一般接种8～12h，阴天及冬季接种24～28h，接种期间，要常摇动已有大量粉虱的18盆番茄植株，使粉虱成虫飞到清洁苗上产卵，同时也要轻轻摇动新苗4～5次，使粉虱均匀地在叶片上产卵，一般在叶背面每平方厘米有卵35粒以上时，即可结束接种。摇动植株，赶走大量粉虱成虫后，将其中60盆搬出室外进行敌敌畏处理：将已产有粉虱卵的番茄植株盖上塑料罩，用敌敌畏药条（每隔1株挂1条）熏蒸4h，杀死滞留在植株上的粉虱成虫。留下的6盆番茄苗，用于更换繁殖粉虱成虫的老植株，每周换6盆，3周将老植株全部换完。将老植株拔下来，挂在原室内，待粉虱全部羽化后再清理出室。

c．粉虱若虫生长发育。将熏蒸处理后的60盆盆栽番茄搬入粉虱若虫发育室。剪去植株的生长点，并加强肥水管理，以促进植株叶片的增长，2周后粉虱若虫发育到2～3龄时即可用于接种小蜂。

d．接种小蜂及培养。将带有2～3龄粉虱若虫的番茄苗，从粉虱发育室搬到接种小蜂室，同时引入小蜂黑蛹或成蜂5万～6万头，保证每平方厘米叶片上有1头小蜂成虫。经10～12d培养，当有小蜂黑蛹零星出现时，即可移出小蜂接种室。并用敌敌畏药条熏蒸1h，以杀死滞留在叶片上的丽蚜小蜂成虫。

e．分离小蜂和粉虱。将带黑蛹的番茄植株搬入蜂虱分离室，停留2～3d，使未被寄生的粉虱大量羽化，然后把番茄苗（60盆）搬出分离室，用敌敌畏熏蒸4h，杀死滞留在植株上的粉虱成虫。然后采收黑蛹叶片，并在室内晾1～2d，即可包装贮藏或在田间应用。在未被寄生的粉虱大量羽化的同时，在分离室放入2盆清洁苗，以接收滞留在分离室的粉虱成虫，每周换1次。如小蜂寄生率达90%以上时，则不需分离，可在运入分离室后直接采收、包装和贮存。一般情况下，每批可收小蜂黑蛹35万头以上，以每公顷放蜂15万头计算，可供2.33hm^{2}温室或大棚应用1次。

⑤ 各种传统繁蜂法的特点比较。

利用罩笼繁蜂，虽不需占用较大面积的温室，但光照度受到影响，苗子容易徒长，丽蚜小蜂的寄生率也会受到一定影响。采用 1 间温室繁蜂的方法，占用温室面积小，投资少，设备简单，操作要求也不严格。但不易得到发育整齐的黑蛹，更换寄主植物时也有困难。如果此方法在两间温室间交替进行，这一问题则可得到一定程度的解决。

在有条件的情况下，采用 4 间隔离温室繁蜂有一定的优越性，可有计划地得到发育进度整齐的黑蛹，而且繁蜂量大，可供几公顷温室的防治。但我国多数农户应用此法尚有一定困难。

五室繁蜂法的特点：

a．繁蜂量多。在同样条件下，单室繁蜂法用 38m^2，五室繁蜂法用 35m^2 繁蜂，从 3 月 20 日至 6 月 29 日（13 周），单室繁蜂法可繁蜂 190 余万头，平均每周繁蜂 15 万头；五室繁蜂法可繁蜂 210 万头，平均每周繁蜂 16 万头。单室繁蜂法全年可繁蜂两茬，年繁蜂量为 590 余万头，五室繁蜂法可繁蜂 840 余万头，五室繁蜂法比单室繁蜂法繁蜂量增加约 40%。

b．小蜂发育整齐，出蜂时间集中。小蜂发育的整齐度可从羽化期长短反映出来，它直接影响小蜂的商品生产、贮存和运输。五室繁蜂法比单室繁蜂法的小蜂发育整齐，出蜂时间集中，开始羽化的头两天羽化率可接近 50%，第 4 天全部结束；而单室繁蜂法繁蜂从开始到羽化基本结束历时 9d。这主要由于单室繁蜂法繁蜂寄主龄期不整齐，被寄生的时间先后不一致，在较长时间的贮存和运输中有的小蜂很快羽化为成蜂而早期死亡。五室繁蜂法集中在 8～12h 或 24～28h 内接粉虱，粉虱若虫龄期整齐，因此小蜂羽化相对集中。

c．蜂种质量规格化。单室繁蜂法一般采叶后不经加工直接应用，小蜂数量有多有少，发育有早有晚，产品没有一定规格指标要求。五室繁蜂法各生产环节、工艺流程指标明确，产品有一定的包装要求，无霉变、无空壳，每张蛹卡黑蛹数量一定，小蜂发育一致，有利于掌握田间释放时机。

d．便于计划生产。五室繁蜂法由于规格化批量生产，生产间隔时间短，便于依照市场需要进行计划性生产。

影响繁蜂效果的因素：

a．白粉虱若虫密度对丽蚜小蜂寄生率的影响。在繁蜂中，如白粉虱密度过大，分泌蜜露多，则会造成植株叶片煤污病严重，光合作用降低，过早衰老。因而，适宜的白粉虱密度是提高丽蚜小蜂寄生率的基础。

b．不同寄主植物的繁蜂效果。在番茄、芸豆、茄子、串红和黄瓜 5 种植物上进行的繁蜂试验表明，繁蜂最好的寄主植物是番茄。番茄叶片较其他 4 种植物不易衰老，而且在大量采摘中下部黑蛹叶片后，对其生长影响不大。

c．番茄栽培密度与繁蜂的关系。边行番茄植株单叶片上可有黑蛹 500 粒，而较郁闭的植株内部单叶片上仅有 30 粒。株行距 0.6m×0.6m，黑蛹量、寄生率也较高。

⑥ 改良型多寄主连续性三室繁蜂法。该方法生产需要 3 间温室，即清洁苗生产室，粉虱接种及全虫态培育室，丽蚜小蜂接蜂培育及黑蛹采收室。

a．清洁苗生产室。第一间温室保持无病虫污染。专门用于粉虱类的原生寄主、载体植物、保护作物的育苗，培育植物种类有番茄、黄瓜、矮生四季豆、大白菜、小油菜、甘蓝、龙葵、向日葵、茄子等。当苗高达到 10cm 以上时，移植到直径 25～30cm 的花盆中，加强肥水管理，增施叶面肥，培育壮苗，并按大小一致性分区放置。相隔 15～20d 培育一批新苗，供循环繁蜂之用。

b．粉虱接种及全虫态培育室。第二间温室培养由第一间温室挑选植株健壮、长势一致的洁净苗，作为接种粉虱的基础寄主材料。接种粉虱时引进粉虱成虫，在接种过程中轻轻摇动已有粉虱成虫着落的植株数次，以保证粉虱能比较均匀地散布在植物叶片上产卵；接种时间一般夏季保持 10～12h，冬季或阴天天气，要延长至 24～48h，以保证粉虱成虫产下足量的卵；一般保持每叶片每平方厘米不超过 40 粒卵为宜。然后将目标植株上的粉虱成虫驱赶干净，套上尼龙网罩，让粉虱卵发育。在粉虱若虫发育过程中，摘除植物生长点，促使叶面积扩大，约 15d 后，若虫发育至 2～3 龄备用。

c．丽蚜小蜂接蜂培育及黑蛹采收室。第三间温室为丽蚜小蜂接蜂培育及黑蛹采收室。选择待接蜂的载有 2～3 龄粉虱若虫的植株移入该室，把当天羽化的丽蚜小蜂成虫轻轻抖落在植株上，每平方厘米应保持 1 头成蜂之上。放蜂后 8～9d，黑蛹普遍出现，即可采摘发育进度整齐的黑蛹，贮存备用或直接应用于田间防治。

改良型多寄主连续性三室繁蜂法的特点：

i．改进了多寄主植物培育：分为原生寄主、载体植物、保护作物三种类型。

ii．保持三室，既克服了一、二室繁蜂法功能不清、效率不高的缺点，又解决了四、五室繁蜂法功能分散、投资大、管理烦琐的问题。

iii．增加了粉虱和丽蚜小蜂培育罩笼设施，保证了整齐度。这个繁蜂方法应是今后推广的主要方式。

（2）蛹卡的制作、保存。小蜂商品包装销售的形式一般为卡片式、纸本式和纸袋式。

① 卡片式蛹卡的制作。用搪瓷盘一个，上面放一块木板或平面玻璃，将采来的新鲜带黑蛹的叶片，叶背向上平铺在板上，然后用毛刷把黑蛹刷下来，刷下的黑蛹羽化率为 70%～80%，比自然对照的 84%稍低。

在卡片纸上，在准备粘蛹的位置（约五分硬币大小），涂上一层加水稀释一倍的普通胶水，然后均匀撒上刷下的黑蛹，抖去多余黑蛹即成卡片蛹卡，稍晾干后即可贮存或包装邮寄。一般每卡 1 000 头黑蛹，可供 30～50m^2 温室释放。

② 纸本式和纸袋式蛹卡的制作。将黑蛹叶片采下来，在室内展平、晾干，按一定数量将叶片直接粘贴在纸本的纸页上即成纸本卡；若将上述黑蛹叶片，直接放在带有小孔的纸袋内，则成纸袋卡。纸本卡和纸袋卡一般装黑蛹叶片 4～6 片，含黑蛹 2 000 头。可供 80～100m^2 的温室释放。释放时，将上述蛹卡挂在温室作物的植株上，小蜂羽化后，即飞出去寻找粉虱产卵寄生。

（3）蛹卡产品的贮存。

暂时不用的蛹卡，可在低温中贮存。在（12±1）℃的低温箱内贮存 20d，其羽化率为 70%～75%，接近自然对照（77%）。经贮存的蛹卡在常温下 2～3d 即开始羽化。需邮寄时以木盒包装为好，落蛹率平均约为 4%。

贮存以黑蛹为宜，将培育好的黑蛹叶片剪下来，置于一般室温的屋内，平铺在纸上，使叶片稍干后，随即放入木盒（35cm×28cm×5cm），置于低温（10～12℃）贮存。通常，在 10℃时可贮存 41～50d，羽化率为 30%；在 12～13℃时，贮存 36～43d 后，羽化率为 50%～60%；在 13℃条件下，贮存 20d，再置于 22℃，羽化率为 68%。贮存时应注意每放一层叶片夹一层吸水纸，贮存初期要勤检查，勤换纸，以免叶片湿度过大而霉烂。另外，在需要放蜂前，必须提前 2d，将黑蛹取出，在恒温室中加温，检查其羽化率。

3）释放应用

（1）田间释放方法。

国外最初报道应用害虫预先引入法，即在放蜂前使植株上有少量人工释放到温室中去的粉虱，这种方法要人为地把害虫引入温室，所以农民不易接受。其后，有人提出多次少量放蜂法，即当温室内有少量粉虱发生时，将蜂多次引入，或不管有无粉虱发生，在定植之后，就将蜂多次引入。再后来，英国又提出引入虫源植物法，即植物上既有被丽蚜小蜂寄生的粉虱（黑蛹），又有少量未被丽蚜小蜂寄生的粉虱（白蛹），将这种盆栽虫源植物，按一定比例移入温室。这样，即可从一开始就使寄生蜂和粉虱之间在数量上保持一定的平衡关系。从小蜂成虫的成活和产卵上看，采用害虫预先引入法和引入虫源植物法，有着明显的优势，可保证提供成蜂的寄主，但如果放蜂迟了，就会导致防治失败，使作物受害。

目前，在欧洲较普遍采用的是多次放蜂的方法，如从发现番茄上有粉虱，至上部叶片平均有粉虱成虫 0.08 头/叶时，每公顷放蜂 3 万头，每 2 周放 1 次，放 2～3 次，可以有效控制虫害。

采用不同虫龄组配的“黑蛹”，防治效果可能会好一些，这是因为田间的粉虱年龄不会非常一致。美国 R.G.Helgesen 在一品红上采用多次少量放蜂法，效果较好，蜂虫比以 1∶3 为宜。

放蜂应用的关键是要在粉虱发生初期，虫量极少时释放一定数量的成蜂，使随后粉虱和寄生蜂种群之间一直能保持适当的平衡状态。放蜂时应有适宜虫龄的粉虱若虫，且放蜂点要均匀分布。要保证温室内的一定条件，如温度、湿度、光照、作物品种等，以有利于丽蚜小蜂的活动。如放蜂时粉虱密度很大，寄生蜂难以控制时，可先用农药压低害虫基数，然后再放蜂。

放蜂前，首先把白粉虱基数压低到 0.5 头/株以下，温室内温度控制在 20～35℃，夜间不低于 15℃，放蜂量一般以每株 5～20 头为宜，放蜂 3～4 次，隔 7～10d 放蜂 1 次。放蜂后，调查白粉虱成虫的消长及黑蛹量、寄生率的变化。

温室应用的关键如下。

① 温度。温度是决定防治效果好坏的关键。早春、秋冬温室中常因温度偏低，粉虱量过大而造成防治失败。在粉虱基数和放蜂量相同的情况下，日平均温度 25℃比 19℃寄生率明显提高，因此，可以用提高温度的方法来控制白粉虱数量，使两者种群数量能保持一定的平衡，达到较好的防治结果。

② 培育清洁苗。培育清洁苗是压低粉虱基数的有效措施。在放蜂量和其他措施基本相同的情况下，粉虱基数 0.2 头/株比 7 头/株的寄生率提高 57%左右。因此，温室在定植前要清除杂草，尽量定植清洁苗。放蜂前一定要把粉虱基数压低到 0.5 头/株以下。这是保证防治效果的基础。

③ 综合防治，黄板诱虫。白粉虱成虫对黄色有趋性，在温室中用黄板诱杀白粉虱成虫效果很好，且对黑蛹和寄生蜂比较安全。

（2）防治应用实例。

① 单项防治应用实例。北京地区小型温室试验（任惠芳等，1981），白天室温 21～35℃，夜间 15～28℃，相对湿度 40%～50%。第一个试验用番茄苗 86 株，共放蜂 4 次，首次放蜂在引入粉虱后 20d（5 月 5 日），每株放 3 头，以后隔 10d 放蜂 1 次，每株放蜂 5 头，4 次合计每株放蜂 18 头。第二个试验用番茄苗 65 株，共放蜂 3 次，首次放蜂于 5 月 17 日进行，每株放蜂 5 头；以后隔 10d 放蜂 1 次，连续 2 次，分别每株放 5 头和 7.6 头，3 次合计每株放蜂 17.6 头。放蜂后 11d 开始调查，每隔 7d 取样调查放蜂区和对照区全株番茄上白粉虱成虫、若虫、蛹及黑蛹的数量，直至收获为止（最后一次调查上部 4 片复叶上的成虫数量）。

结果显示，在番茄粉虱成虫平均每株 0.5 头、1 头的情况下，在整个作物生长过程中，对照区的粉虱成虫和若虫数量不断增长，放蜂区则被控制在一定范围。作物收获结束时，上述两个试验的对照区若虫数量分别达到每株 8 044 头和 3 431 头，而放蜂区仅为 118 头和 11 头，对照区比放蜂区若虫多 67 倍和 311 倍。在收获前 1 周，对照区每株成虫达 710 头和 271 头，而放蜂区仅 77 头和 10 头。收获时，对照区植株上部 4 片叶每叶平均有成虫 195 头和 34 头，而放蜂区仅 13 头和 1.5 头，对照区比放蜂区分别高 14 倍和 21.7 倍。黑蛹数和寄生率也随着时间不断增加，至收获时放蜂区的寄生率达 83.4%和 87.9%。试验证明，在加热升温的温室条件下，释放丽蚜小蜂，可以有效控制白粉虱危害。

② 蔬菜塑料大棚实例。北京海淀上庄乡塑料温室试验（田毓起，1983）。供试温室为生产温室，面积 334m^2，室内用火砖砌成地炉，安装陶土烟筒作火道，以煤火供暖。温室内日平均温度为 12.5～26.5℃，昼夜温差大，白天最高温度可达 46℃，而夜间最低可降至 8.5℃；日平均相对湿度为 72%～97%；光照为自然光。

放蜂区番茄苗于 2 月 10 日定植，3 月 3 日开始放蜂，当时平均每株番茄有 0.57 头粉虱成虫，平均每株放 3 头成蜂。方法是在放蜂的前一天将存在低温箱内的黑蛹取出置于 27℃的恒温室内，促使小蜂快速羽化，第二天计数后，将丽蚜小蜂轻轻抖到植株上。3 月 17 日和 4 月 14 日分别释放两次，每次每株各放 6 头。3 次合计每株放蜂 15 头。

对照区设置在另二间生产番茄的温室，为化学防治对照。番茄于 1 月 23 日定植，3 月 3 日粉虱成虫基数为平均每株 28.8 头。3 月 15 日开始使用杀虫剂，先后共用药 6 次，其中用 2.5%的溴氰菊酯 2 000 倍液喷雾 4 次，80%敌敌畏熏烟和喷雾各 1 次。

结果表明，放蜂区白粉虱成虫数一直被控制得很低，最高只有 11 头/株，而对照区最高达 62 头/株，相当于放蜂区的 5～6 倍。至拉秧前夕，放蜂区的粉虱成虫数只有 11 头/株，对照区为 53 头/株，化学防治比放蜂区高 4～5 倍。从单次效果来看，化学防治区比放蜂区的同期效果好，但从持续效果来看，放蜂区明显优于化学防治区。试验表明，丽蚜小蜂对白粉虱的寄生能力较强，寄生率始终维持在 90%左右。此外，寄生的普遍率也很高，黑蛹株率为 100%，说明丽蚜小蜂搜索寄主的能力很强。丽蚜小蜂的种群总是跟随粉虱的种群变动，当粉虱伪蛹总数增加时，丽蚜小蜂种群数也随即上升，当它下降时，丽蚜小蜂种群数也随即下降。

河北邯郸 1982～1984 年在 2hm^2 的温室及 1 534m^2 的露地上应用丽蚜小蜂防治白粉虱，也收到好的效果，粉虱的寄生率为 70%～90%，优于化学防治。1982 年，河北邯郸市郊区农业局在四季青乡繁蜂，1 间温室繁殖的黑蛹可供 0.59hm^2 温室的防治，每 667m^2 的防治成本为 1.57 元。

（3）丽蚜小蜂与黄板诱杀配合应用。

① 大型温室。北京海淀区四季青乡玻璃钢温室试验（朱国仁等，1983）的温室内设暖气加温，面积为 1 000m^2。1981 年 2 月初在前茬芹菜收获后（室内基本无虫），定植约 4 100 株番茄，所带的虫量较低，至 2 月 17 日放蜂时，单株番茄总虫量为 7.44 头（成虫 0.52 头、卵 1.82 粒、若虫 5.1 头）。以清洁温室定植“无虫苗”作为白粉虱综合防治的基础。

② 措施及方法。按丽蚜小蜂与白粉虱成虫约 2∶1 的比例，每 2 周释放 1

次丽蚜小蜂寄生的黑蛹，共 3 次，分别为 2 000 头、4 000 头和 8 000 头，隔行均匀施放在株间。因 4 月底进行温室管理打掉番茄基部老叶，消灭了一些白粉虱，也损失了一定数量的小蜂—黑蛹，所以 5 月又补放 2 次成蜂，共 3 800 头。黄板（橙皮黄色）诱杀法是挂设小黄板（1m×0.17m）42 块、大黄板（1m×0.5m）4 块，均匀挂在番茄行间，黄板中部与番茄顶叶等高。计数黄板上诱集的成虫数量后，再将黄板擦净，两面涂 10 号机油（加少许凡士林）继续使用。温室的栽培管理均按生产要求进行，曾喷洒杀菌剂及叶面追肥各 1 次。

③ 防治结果。从每 4d 白粉虱成虫的实测数量曲线分析，除 4 月 28 日和 5 月 1 日两次调查外，成虫的数量均低于经济界限；而且此时番茄已全部“打顶”，植株对白粉虱危害的耐受能力增强，直至拉秧长势良好；约 1.2%植株因白粉虱发生较多，出现个别煤污叶和煤污果。2 月中旬至 4 月中旬，由于白粉虱虫口基数较低、温室温度（平均为 15.8℃）不高及释放丽蚜小蜂等综合原因，白粉虱种群数量发展缓慢，成虫数量很低。据 4 月 15～16 日随机取样 162 株的中下部 1 052 片复叶的调查结果，丽蚜小蜂对白粉虱的寄生率达 92%，对四龄若虫的寄生率为 49.2%，说明寄生蜂在温室番茄上已建立了种群，对控制白粉虱的种群数量起了一定的作用。在较低的温度下，白粉虱比寄生蜂种群增长速度快，从 4 月下旬开始白粉虱成虫数量呈明显的上升趋势。随着白粉虱成虫数量的增长，黄板诱杀发挥作用，黄板诱集量相应增加。当白粉虱成虫数量达到防控指标时，5 月 28～30 日曾采取人工辅助诱杀的措施，即手持黄板在行间边走边轻轻抖动植株叶片，以提高诱杀效果。4 月 18 日～6 月 13 日黄板累计诱杀白粉虱成虫约 300 万头，平均单株番茄诱杀白粉虱成虫 733 头。该方法成为中后期控制白粉虱种群数量的主要方法。通气温室平均温度 16.8℃，6 月 10 日丽蚜小蜂对四龄若虫的寄生率为 52.70%，丽蚜小蜂起了一定的作用。

④ 防效评估。中国农业科学院生物防治研究所 1986～1988 年共生产丽蚜小蜂 2 747 万头，应用面积 18.6 万 m^2，其中在黑龙江大庆温室共放蜂示范 16 万 m^2，粉虱平均寄生达 95%以上；1987 年在 1.5 万 m^2 示范田共放蜂 2 次，放蜂前单株番茄粉虱成虫数 56.1 头，历时 4 个月，粉虱成虫数连续下降，直至拉秧时平均单株番茄粉虱成虫数 0.6 头，减退率为 98.9%；化防区 0.4 万 m^2，连续喷农药 5 次，4 个月后粉虱成虫由喷药前的平均单株番茄粉虱成虫数 6.25 头，上升为 525 头。化防区的粉虱量相当于放蜂区的 875 倍，放蜂效果十分明显。在北京地区蔬菜温室示范放蜂应用。1987 年，在 0.44 万 m^2 的番茄田，全季放蜂 1 次，至 12 月拉秧前平均单株番茄有粉虱成虫 6.7 头；而喷 14 次化学农药的对照区，至拉秧前平均单株番茄有粉虱成虫 556.7 头，差异显著。1988 年，在 1.54 万 m^2 番茄田放蜂，拉秧前调查，平均单株番茄粉虱成虫数为 9.6 头，防效也十分明显。

3.4.4 捕食螨的研究与应用

捕食螨是一种以常见植物叶螨为主要猎物的一种杂食性益螨。用捕食螨防治害螨，成为绿色农林生产发展的重要技术之一。捕食螨是许多益螨的总称，其范围很广，包括赤螨科、大赤螨科、绒螨科、长须螨科和植绥螨总科等。目前研究较多且已用于生产防控害螨的捕食螨，还局限于植绥螨科中的如下种类：胡瓜钝绥螨、智利小植绥螨、瑞氏钝绥螨、长毛钝绥螨、巴氏钝绥螨、加州钝绥螨、尼氏钝绥螨、纽氏钩绥螨、德氏钝绥螨和拟长毛钝绥螨等。

1. 胡瓜钝绥螨的人工繁殖与应用

胡瓜钝绥螨 *Amblyseius cucumeris*（Oudemans），属于植绥螨科，钝绥螨属。广泛分布于世界各地，在害虫的生物防治上发挥重要的作用。利用胡瓜钝绥螨有效控制蓟马和叶螨等害虫有 20 多年的历史。引入我国后成功地控制了多种作物上的害螨。

1）人工繁殖

（1）室内饲养。室内饲养器具为直径约 15cm、深 3cm 的培养皿或类似的器皿，内铺一块比器皿小 1cm、厚 1cm 的泡沫塑料，泡沫塑料上加一块略小些的黑布与聚乙烯薄膜。加水浸湿泡沫塑料，防止捕食螨外逃。薄膜边内放两小堆花粉和一小块浸有 30%糖水的棉球作饲料，三者呈“品”字型排列。中间放一小束棉丝供捕食螨产卵和栖息。然后用小毛笔将捕食螨成螨移入薄膜上。每天更换作饲料的花粉和添加糖水，同时更换棉丝，使卵块集中在一起待孵。尽可能使龄期一致，以减少互相残杀。

养虫室条件：温度 25～30℃，相对湿度 80%。

（2）粉螨饵料。利用麦麸饲养粉螨，再以粉螨为饵料饲养捕食螨。

2）释放应用

（1）防治对象。柑橘全爪螨、柑橘锈壁虱、柑橘始叶螨、二斑叶螨、截形叶螨、土耳其斯坦叶螨、山楂叶螨、苹果全爪螨、侧多食跗线螨、茶橙瘿螨、咖啡小爪螨、南京裂爪螨、竹裂螨、竹缺爪螨等害螨，瓜蓟马、葱蓟马、稻蓟马、西花蓟马等蓟马。

（2）应用方法。

清园。释放捕食螨前 20～40d，要对全园进行 1～2 次全面彻底的清洁，清理所有落叶、枯枝、杂草等。

释放捕食螨的果园应当留草。释放前，果园草长的要进行一次刈割。果园不得使用除草剂。

释放捕食螨的最高防治指标为每叶害螨虫（卵）2 头（粒）。

晴天宜在下午 5 时后释放捕食螨，阴天可全天释放，雨天不宜释放。不宜将装有捕食螨的纸袋放在阳光下暴晒。

释放时，将装有捕食螨的纸袋，剪除纸袋侧面上方一尖角（1～2cm）后，用图钉等固定在不被阳光直射的树冠中下部枝杈处，并与枝干充分接触，不可吊在空中。

释放捕食螨后一般 1～2 月达到最高防治效果。此时，捕食螨虫口增多，体呈红色，不可误认为是红蜘蛛而喷药消灭。

捕食螨出厂后应尽早释放，一般不超过 7d。如遇到不宜释放情况，应在 15℃条件下贮存。

2. 智利小植绥螨的人工繁殖与应用

智利小植绥螨 *Phytoseiulus persimilis* 属植绥螨总科植绥螨科小植绥螨属。

1）人工繁殖

将小塑料托盘放入稍大的大塑料托盘内，托盘间注水形成水栅，阻止智利小植绥螨向外逃散。置于温度（26±1）℃、光照时间∶黑暗时间=16∶8、相对湿度 80%的饲养室内培养。

选用菜豆作为叶螨寄主植物，菜豆苗展开第一对真叶时，接入朱砂叶螨。叶螨接入后置于温度（26±1）℃、光照时间∶黑暗时间=16∶8、相对湿度 60%～70%的温室内培养。2 周左右，引入智利小植绥螨，接种量视朱砂叶螨在菜豆苗上的侵染严重程度而定，一般接入的智利小植绥螨与朱砂叶螨比例为 1∶50。可将带有智利小植绥螨的叶片直接放入饲养朱砂叶螨植株的间隙内，智利小植绥螨在植株间自由扩散、繁殖。饲养期间及时给营养钵加水保湿，继续对植株进行修剪管理。当朱砂叶螨数量显著降低、智利小植绥螨因食物短缺大量向外逃逸前对捕食螨进行收集包装。

2）释放应用

（1）防治对象。智利小植绥螨为狭食性，以叶螨为食。主要防治二斑叶螨和朱砂叶螨。

（2）应用方法。释放方式和释放量因作物种类、叶螨发生严重程度而异，一般推荐应用益害比例为 1∶（10～20），如叶满呈聚集分布发生，则集中释放捕食螨才能达到很好的控制效果。释放时可将包装袋剪开悬挂于植株中下部，或者将袋内蛭石与捕食螨轻柔地倒出，散放在植物叶片上。因为智利小植绥螨控害能力很强，释放后叶螨会被迅速吃光，食螨也会随之死亡。因此推荐初次释放后的一般频度为每周 5 头/m^2，可视害螨发生严重程度和作物种类酌情增减。

3.4.5　天敌昆虫功能团的研究与应用

天敌昆虫功能团（intra guild predation，IGP）是研究天敌昆虫组合种类间相互作用的协同/竞争机制，研究捕食性天敌功能团之间以及捕食性与寄生性天敌功能团的协同/增效/竞争抑制效应，揭示天敌的不同时空生态位与天敌功能团内稳定性机制的关系，研究天敌昆虫功能团（IGP）的演化规律及其控害效果。

3.4.5.1 异色瓢虫与蚜茧蜂组合控制害蚜

异色瓢虫是捕食性瓢虫的一大类，成虫和各龄幼虫都能捕食各种害蚜。具有抗性强、繁殖力强、取食量大的特性，且在与同类竞争中处于上风地位，近年来成为天敌瓢虫控制蚜虫的新星。

蚜茧蜂是害蚜的寄生性天敌，成虫将卵产于高龄若蚜或成蚜的体内，卵在蚜虫体内孵化并以蚜虫为食，使寄生的蚜虫成为僵蚜，成虫发育成熟后从僵蚜中出来，继续寄生害蚜。其在生产上已经得到广泛应用，并取得一定效果。

异色瓢虫和蚜茧蜂都有不能够捕食或寄生的时期，如异色瓢虫处于卵期和蛹期，蚜茧蜂处于僵蚜期时，都不能发挥作用。因此单独防治害蚜的效果不佳。若将两者组合起来，形成互补效应，则可充分利用生态位，提高单位面积天敌数量，减少防治空档期，提高防治效果。

通过构建紫藤—紫藤蚜—异色瓢虫＋蚜茧蜂—保护作物—害蚜嵌入式生物组合式防治体系，可进一步提高防治害蚜效果。

3.4.5.2 龟纹瓢虫与丽蚜小蜂组合控制粉虱类害虫

粉虱是保护地蔬菜的一大类害虫，我们采用龟纹瓢虫和丽蚜小蜂组合控制粉虱类害虫。粉虱类害虫以烟粉虱为主，生命力很强，并且是一种入侵害虫，为目前主要的粉虱害虫。龟纹瓢虫能够取食粉虱的卵和低龄（1～2 龄）的若虫；丽蚜小蜂将卵产在粉虱大龄若虫（3 龄）和蛹里。由于龟纹瓢虫的卵期和蛹期不能取食粉虱，这个时期可用丽蚜小蜂来控制粉虱的数量。

3.4.5.3 深点食螨瓢虫与捕食螨组合控制害螨

目前，针对叶螨进行生物防治的天敌主要有捕食螨、食螨瓢虫等。人工繁育捕食螨是针对叶螨进行防控的有效途径，但规模化生产的捕食螨很难将其从饲养介质中分离出来，捕食螨通常是和其饲养介质及介质中所包含的捕食螨的猎物——粉螨一起释放，这不仅降低了花卉等植物的观赏价值同时可能对寄主作物的生长产生不利影响。另外，捕食螨体型微小、无翅，人工释放后在植株间扩散困难，尤其是植株间叶片尚未相互接触时，所以应用捕食螨对叶螨进行防控仍具有一定的局限性。

深点食螨瓢虫是食螨瓢虫中的优势种，具有分布广、食量大和繁殖周期短等特点，是叶螨的重要天敌，对叶螨的扩散具有很好的控制作用。但在农林经济作物的管理条件下，深点食螨瓢虫的繁殖容易受化学农药、农事操作等人为因素的干扰，导致其种群数量较低，这限制了其对害螨的控制作用。

通过试验观察发现，深点食螨瓢虫不取食胡瓜钝绥螨。因此，利用深点食螨瓢虫与捕食螨组合释放，优势互补，可更好地保护果树、蔬菜。

3.4.5.4　东方蚁狮与白僵菌组合控制地下害虫

蚁狮属脉翅目，蛟蛉科，成虫与幼虫皆为肉食性，以其他昆虫为食，幼虫生活于干燥的地表下，在沙质土中造成漏斗状陷阱。小型昆虫不小心落入陷阱中，即被其尖锐的大小颚砌合成的吸管，刺吸而死。蚁狮的耐饥饿能力惊人，试验证明蚁狮能忍受长达100多天的饥饿期，有的甚至能结茧化蛹。

白僵菌是一种高效生物农药，对于蛴螬有很好的防治效果，具有不污染环境，防治成本低，不易产生抗药性，寄主范围较窄，杀虫效果好的优点。主要对鞘翅目昆虫有极好的防治效果，在多种农林害虫的生物防治中都取得了明显的效果。

白僵菌应用于草原、菜园、果园等效果不理想。主要在于白僵菌作用于虫体，首先要求虫体有侵染伤口，其次要有湿度。蚁狮和白僵菌组合可很好地控制地下害虫——蛴螬，利用蚁狮咬伤害虫，形成伤口，便于白僵菌侵入，发挥效果。

3.4.5.5　天敌昆虫与微生物制剂的组合利用技术

加拿大最新研究表明，捕食螨和微生物制剂联合（携菌捕食螨）可有效控制蓟马种群。西花蓟马是花卉作物的主要害虫，危害花卉叶片的蓟马高龄虫态，98%的种群需要在土壤中化蛹。加拿大科学家针对蓟马蛹的防治，将两种商业化的捕食螨（捕食蓟马蛹的品种）、微生物颗粒剂（白僵菌GHA和绿僵菌F52）以及昆虫病原线虫，联合应用于盆栽菊花土壤表面，结果表明，该方法相对于单独使用任何一种生防产品的效果都好，蓟马蛹的致死率达到90%以上。该结果证明了土壤中生活的捕食螨种类和微生物颗粒剂具有兼容性，其联合应用对蓟马防治具有增效作用。

在零星分散的蔬菜田中，菜田的昆虫群落与周围其他作物田进行着广泛的交流，特别是在一定季节里，多食性害虫和天敌，将会在菜田集中，形成蔬菜害虫群落的旺盛阶段。在9月中下旬至10月上旬，玉米、谷子田里95%的多食性害虫会转移到十字花科蔬菜田为害，棉花田70%的害虫会转移到各类蔬菜田，甚至还有一部分果树和林木的多食性害虫在蔬菜田为害，构成了这一时期菜田独特的害虫群落。

利用亲缘关系较远的蔬菜品种轮作换茬，对控制一些单食性、寡食性害虫作用显著，如葱蒜类与十字花科蔬菜间作，减轻了菜蚜、菜青虫、小菜蛾的危害；

玉米和番茄、青椒间作减轻了棉铃虫和烟青虫的危害。施用腐熟的有机肥不利于种蝇产卵，以此降低虫口密度已成为葱蒜类生产最基本的技术。根据害虫对寄主及生育阶段的强依存性和强选择性，通过调节播期或移栽期，在较大程度上减轻了菜蚜、菜螟、跳甲等的危害。大面积应用“拆桥断代，集中扫残”，已从根本上控制了菜青虫的危害。

3.4.6　蜘蛛的捕养与利用

3.4.6.1　蜘蛛的概述

蜘蛛属于节肢动物门蛛形纲蜘蛛目，中小型。

据科学文献记载，世界上的蜘蛛估计有 3 000 种，分属于 66 个科。我国的蜘蛛资源有 39 科，约 3 000 种。最大的蜘蛛体长达 9cm，最小的仅有 1mm。蜘蛛的种类繁多，分布较广，适应性强，它能生活或结网在土表、土中、树上、草间、石下、洞穴、水边、低洼地、灌木丛、苔藓中、房屋内外，或栖息在淡水中（如水蛛），海岸湖泊带（如潮蛛）。总之，水、陆、空环境中都有蜘蛛的踪迹。

在我国古籍中，记载蜘蛛的异名甚多，如网虫、扁蛛、圆蛛等。在李时珍著的《本草纲目》中记载：“蜘蛛即尔雅土蜘蛛也，土中有网”。

蜘蛛与人类的关系非常复杂，主要是对人类有益。例如，农田、果园、菜地中蜘蛛捕食大量的农作物害虫；同时，许多中医药书典中，都有用蜘蛛入药的记载。因此，保护和利用蜘蛛具有重要的意义，特别是农林生态系统中保护蜘蛛有三大益处：一是有效地稳定了生物种群的平衡；二是减少了化学农药的使用；三是降低了生产成本，可促进增产增收。所以，在生态植保中，应高度重视蜘蛛类资源的发掘、保护和利用。

3.4.6.2　蜘蛛的生物学特征及习性

蜘蛛体外被几丁质外骨骼，身体明显地分为头胸部及腹部，二者之间往往有腹部第一腹节变成的细柄相连接，无尾节或尾鞭。蜘蛛无复眼，头胸部有附肢 6 对，第一、二对属头部附肢，其中第一对为螯肢多为 2 节，基部膨大部分为螯节，端部尖细部分为螯牙，牙为管状，螯节内或头胸部内有毒腺，其分泌的毒液即由此导出。第二对附肢称为脚须，形如步足，但只具 6 节，基节近口部形成颚状突起，可助摄食，雌蛛末节无大变化，而雄蛛脚须末节特化为生殖辅助器官，具有储精、传精结构，称触肢器。第三至六对附肢为步足，由 7 节组成，末端有爪，爪下还有硬毛一丛，故适于在光滑的物体上爬行。

蜘蛛大部分都有毒腺，螯肢和螯爪的活动方式有两种类型，穴居蜘蛛大多都是上下活动，在地面游猎和空中结网的蜘蛛，则如钳子一般的横扫。

无触角，无翅，无复眼，只有单眼，一般有 8 个眼，但也有 2 个、4 个、6 个眼者，个别属甚至没有眼，就眼的色泽和功能而言，分夜和昼两种。

蜘蛛的口器，由螯肢、触肢茎节的颚叶，上唇、下唇所组成，具有毒杀、捕捉、压碎食物，吮吸液汁的功能。

有些蜘蛛的跗节爪下，有由黏毛组成的毛簇，毛簇有使蜘蛛在垂直的光滑物体上爬行的能力。结网的蜘蛛，跗节近顶端有几根爪状的刺，称为副爪。

大多数蜘蛛的腹部不分节。有无外雌器（称生殖厣）是鉴定雌体种的重要特征。在腹部腹面中间或腹面后端具有特殊的纺绩器，三对纺绩器按其着生位置，称为前、中、后纺绩器，纺绩器的顶端有膜质的纺管，周围被毛，不同蜘蛛的纺管数目不同，不同形状的纺管，纺出不同的蛛丝，纺管的筛器，也是纺丝器官，像隆头蛛科的线纹帽头蛛的筛器上有 9 600 个纺管，可见其纺出的丝是极其纤细的。经由纺管引出体外的丝腺有 8 种，丝腺的大小及数目随蜘蛛的成长和逐次蜕皮而增加。蜘蛛丝是一种骨蛋白，十分纤细坚韧而具弹性，吐出后遇空气而变硬。

雌雄异体，雄体小于雌体，雄体触肢跗节发育成为触肢器，雌体于最后一次蜕皮后具有外雌器。

蜘蛛卵生，卵一般包于丝质的卵袋内。雌体保护和携带卵袋的方式不一，或置网上、石下、树枝上，或用口衔卵袋、胸抱卵袋等。为不完全变态，营结网或不结网生活。网有圆网、皿网、漏斗网、三角网、不规则网等。

蜘蛛在内部构造上较特殊的是呼吸器官的书肺。书肺内部为一囊状，每一囊的囊壁向内突入许多叶状褶皱，如同书页一样。蜘蛛毒腺为圆筒形，腺壁由一层细胞构成，毒腺的前方有导管，在螯爪的前端附近开口。毒腺分泌出毒液，对小动物有致死效果，有的对人也能危及生命，如被红斑毒蛛或穴居狼蛛螯咬后，必须及时治疗，以防危及生命。

蜘蛛为肉食性动物，其食物大多为昆虫或其他节肢动物。但蜘蛛口无上颚，不直接蚕食固定食物。当用网捕获食饵后，先以螯肢内的毒腺分泌毒液注入捕获物内将其杀死，由中肠分泌的消化酶灌注在被螯肢撕碎的捕获物组织中，很快将其分解为汁液，然后吸进消化道内。蜘蛛消化道分为前肠、中肠及后肠三部分。前肠包括口、咽、食道及吸吮胃，管状的咽及吸吮胃可把液体食物吸进消化道并运送至中肠。中肠包括中央的肠管及两侧的盲囊。中肠之后为后肠，是排泄物汇集的场所。排泄器官具一对起源于内胚层的马氏管。除马氏管外，幼蛛还有一对茎节腺进行排泄，但成蛛的茎节腺多退化，没有排泄作用。

蜘蛛的生活方式有两大类型，即游猎型和定居型。游猎型者，到处游猎、捕食、居无定所，完全不结网、不挖洞、不造巢，有鳞毛蛛科、拟熊蛛科和大多数的狼蛛科等。定居型种类，有的结网，有的挖穴，有的筑巢，有固定场所，如壁钱、类石蛛等。蜘蛛均有一定的捕猎域，凡营独立生活者，个体之间都保持一定的间隔距离，维持一定的空间，互不侵犯。

蜘蛛不但雌雄异形，雄小于雌，而且有的种类还表现雌雄异色，如跳蛛科的雄性个体体色明亮，雌性个体晦暗；巨蟹蛛科的雄性背面有红色斑纹，雌性则全为绿色。

雄性蛛比雌性蛛的性成熟时间早，雄性蛛出现的时间短，一般采集到的蜘蛛大多数是雌性。蜘蛛的交配方式独特，如交尾后，雄性不被雌性杀死而能逃脱者，则能再次交尾。

雌性蛛产卵前，只用丝做“产褥”，产卵其上，然后又用丝覆盖，编成固定形式的卵袋。一个雌性蛛，一般只产一个卵袋，也有产多个卵袋的，如圆蛛产 5～6 个，红斑毒蛛产 13 个。一个雌性蛛的产卵数可由几个到几百个，如红斑毒蛛可产 60～720 个，圆蛛科的某些种类可产 1 000 个。

从卵壳孵出的幼蛛仍旧停留在卵袋内，经 1 次蜕皮后，才离开卵袋。由于蜘蛛不仅带卵袋游猎，而且当幼蛛孵化后，还有携幼的习性，故称狼蛛为褓姆蛛。雌性蛛有的种类在编成卵袋后即死亡；有的种类在幼蛛脱离卵袋后，继续生活一段时间才死亡；有的种类被自己孵出的幼蛛活活咬死为食。

蜘蛛在成熟期以前，须经多次蜕皮，蜕皮次数和间隔时间，很不一致。一般而言，小型蛛一生蜕皮 4～5 次；中型蛛 7～8 次，大型蜘蛛 11～13 次，如红斑毒蛛雄蛛蜕皮 5 次，雌蛛 7 次。

与一般昆虫相比，蜘蛛寿命长。大多数蜘蛛完成一个生活史需 8 个月至 2 年。如水蛛和狡蛛能活 18 个月，穴居狼蛛能活 2 年，巨蟹蛛能活 2 年以上，还有捕鸟蛛的寿命可长达 20～30 年。雄蛛是短命的，交尾后不久即死亡。

所有的蜘蛛生活都善于用丝。丝由丝腺细胞分泌，在腺腔中为黏稠的液体，经纺管导出后，遇到空气很快凝结成丝状。丝的比重为 1.28，强韧而富有弹性。

网穴蜘蛛，白天在网内，夜晚守在洞口，伺机猎食或外出觅食。熊蛛在土块下挖一个浅坑，穴居狼蛛在地下挖一垂直的深洞，舞蛛在洞口还加编活动穴盖。这种活动穴盖由多个丝层构成。庞蛛的洞深达 1m，该蛛体小，毒性强，穴兔被咬伤后，4min 即可致死。

幼蛛在开始结网时，蛛丝如附着不到任何物体，恰好有上升的气流，则腾空而起，在空中顺风漂飞，如圆蛛科、狼蛛科、盗蛛科、跳蛛科等都有“飞行”本领。这对避免自相残杀，疏散过大密度，具有巨大的作用。

蜘蛛为肉食性，食性杂，食谱广，但主要是捕食昆虫，有时能捕食比其本身大几倍的动物，如南美的捕鸟蛛，有时捕食小鸟、鼠类等。

蜘蛛的天敌很多。蛙类、蟾蜍、蚊、蜥蜴、蜈蚣和鸟类都捕食蜘蛛，有的寄生蜂寄生于蜘蛛卵内，有的寄生蝇的幼虫在蜘蛛卵袋中发育。小头蚊虻昆虫几乎全部都是以幼虫的形式寄生在蜘蛛体内。蜘蛛常用多种方式方法御敌，如排出毒液、隐匿、伪装、拟态、保护色、振动等。当逃脱不掉，自己的附肢被敌害夹持时，蜘蛛可以自断其肢一走了之，自断的步足在蜕皮时还可再生。

3.4.6.3　蜘蛛的生产繁育技术

由于蜘蛛性情凶残，均为肉食性，自相残杀剧烈，故单独饲养容易成功，群养较难。又由于蜘蛛的肉食性杂，耐饥饿，生命力强，只要保证食物、水分及庇护所三个基本条件，即可饲养。

1. 蜘蛛饲养设施及器具

改建普通的养虫室，要求具有一定的面积，门窗齐整、密封。保温、保湿、供光条件完善。水管良好，水源充足。

各种小型玻璃、塑料、器皿、小毛刷等。毛笔、记录本、胶带、剪刀等。乙醇：75%～85%，最好在乙醇中加入0.5%～1%的甘油，使虫体软化。镊子、铲子、扩大镜、培养皿、试管、昆虫针、棉花、纱布、采集袋，捕蛛网：用白色光滑而结实的绢或布，裁成20cm宽，60cm长的梯形布四块，缝制成网袋，并用8cm的白棉布做成袋口。网格可由2～3节缝合。

2. 蜘蛛种源采集

采集蜘蛛动作要稳、快、准。蜘蛛的生态不同，采集方法不一样。采集目的不同，处理方法也不一样，要尽可能采集到成熟的个体，保护肢体完整；要尽可能不用手直接捕捉，以免被毒蜘蛛伤及。最后及时做好各项记录，如采集时间、地点、种类、色彩、斑纹等。要先进行环境观察，然后再进行采集。蜘蛛不受惊扰不会逃跑。若遇到雌雄蜘蛛在一起活动，要尽力同时采集到，并合装在一个玻璃管内。

采集游猎型蜘蛛时，可采用击落法和扫捕法。将捕蛛网、白棉布或塑料盒、盘，放在枝条下方，用竹木棍敲振枝叶，蜘蛛受到剧烈振动，自行坠落，用玻管扣捕即可。或在草丛枝叶间，用捕蜘网横扫、直扫，如狼蛛科、猫蛛科、壁蛛科、跳蛛科。

采集结网型蜘蛛时，要区别对待，织造圆网的圆蛛科，夜晚喜蹲守在网心捕食，白天或烈日下，常躲在网的一角，叶的背面，隐蔽起来。可轻拨蛛网，诱蛛上网，利用蜘蛛受惊扰沿丝下降的习性，可用玻管从下方承接。造漏斗网的漏斗蛛科，动作敏捷，较难捕捉。要将网轻轻拨动，将蛛诱出，迅速将漏斗口堵塞，用培养皿或玻管扣捕。对造褛网的褛网蛛科，同样诱捕。对不规则网的蜘蛛，要看准其在网上的位置，若以假死动作跌落在草丛中，可拨开草丛扣捕。对常在墙根，地表挡洞穴的蜘蛛，要首先寻找，撒开洞口周围的新鲜湿土粒，据此找到洞口位置。先用小草轻拨活动盖，诱使蜘蛛爬到洞口，再用铲子从洞旁斜铲入土中，使其洞穴隔截，堵死退路，扣捕。

采到蜘蛛以后，或用于制作标本，或用于人工饲养。如要做种类鉴定时，则要对蜘蛛的螯肢、雌蛛的外雌器、雄蛛的触肢器做进一步的观察。

3. 蜘蛛人工饲养的饵料

目前，蜘蛛的人工饲料尚未实现大规模生产，主要依靠人工活体饵料饲养。主要种类有：黄粉虫、大麦虫、白星花金龟、小麦花金龟、黄粉鹿角花金龟、东方蚁狮、泰山潜穴虻、桃蛀螟、玉米螟、大蜡螟等。蜘蛛对不同饵料取食量有很大差别。蜘蛛的种类多，食性杂，因而研制成有效的人工饲料，并非易事。在汽灯罩内饲养、观察体长1cm左右的拟环纹狼蛛，每日捕食飞虱、叶蝉、家蝇7～12头。拟环纹狼蛛，在供水不供食的情况下，可耐饥34～112d。蜘蛛耐饥力强，与其食量大有关。一般温度越高，耐饥力越弱。

4. 蜘蛛的人工饲养管理

对于单体饲养管理方式，游猎型蜘蛛，由于不结网，使用的饲料器皿、容器可以较小，像玻璃瓶、玻璃管、灯罩均可。捕纹狼蛛，玻璃管口配装软木塞，软木塞中间带有小玻管，小玻管内下端塞有小棉球，可通过小玻管顶端注入清水供给水源，或注入10%蜜糖液（饲养幼蛛用）。也可利用小玻管投入飞虱、叶蝉、蚜虫、家蝇、黑水虻等活体饵料虫。灯罩饲养适于中型不结网蜘蛛。灯罩上方用纱布扎口，纱布上开一小口，装一玻管，作为供水和食物的通道。灯罩上方座于较灯罩大的白色瓷盘上，盘内可铺肥土，种与该蛛生活条件相适应的植物。可饲养成蛛和幼蛛。木箱饲养适合于结网型蜘蛛，如圆蛛、肖蛸等。木箱高度以1m左右为宜，木板只要求外面光滑，内面可粗糙，便于蜘蛛爬行，箱内两侧下方，各设一活门，便于箱内操作，箱顶的四侧均用尼龙网围住，以便通风透光。箱内布置可模拟自然生活条件，便于张网、栖息和捕食，可放一盛水培养皿（用棉球储水，又不致淹死蜘蛛），另放一皿盛装人工饲料。

对于群体饲养管理的方式，可设计较大的木箱，增加蛛种和蛛量，箱内布置模拟蜘蛛的自然生态条件。另有一种用铁窗纱作笼壁的饲养箱，可直接罩入稻草，笼顶装一漏斗状的收虫器，利用灯光诱虫。群体饲养的方法，难以达到理想的效果，很多技术还应深入探索。

5. 蜘蛛人工生态庇护所的建造与维护

蜘蛛是一类非常优良的农林害虫天敌，是构建人工生态庇护所天敌生物系统的最佳选择。在农业生态系统中，选择隐蔽场所，开挖 40cm 宽、30cm 深的槽沟，里面铺垫 20cm 厚的稻草、小麦秸秆、玉米秸秆，同时掺杂马唐、牛筋草等杂草、树叶，然后撒入黄粉虫等饵料昆虫干虫粉末，建造人工生态庇护所。最后，将人工饲养的蜘蛛放入其中，进行生长发育和繁殖，用于扩大蜘蛛数量。

3.4.7 昆虫病原体的研究与应用

昆虫病原体种类很多，已发现的有 2 000 多种。按照微生物分类可分为细菌、真菌、病毒、原生动物和捕食性线虫等。目前，国内研究开发应用并形成商品化产品的主要有细菌类杀虫剂、真菌类杀虫剂、病毒类杀虫剂、线虫杀虫剂等。

1. 昆虫病原线虫的人工繁殖与应用

昆虫病原线虫是一类重要的新型杀虫剂，其体内带有共生细菌，可随线虫进入昆虫体内，造成昆虫败血症而死亡。昆虫病原线虫对隐蔽性害虫的防控表现出独特的优势和良好的效果。

小卷蛾斯氏线虫 *Steinernema carpocapsae* 隶属于尾感器纲小杆目斯氏线虫科，是害虫生物防治中应用最广泛、最具潜力的昆虫病原线虫之一。

1）人工培养

NBTA 培养基（共生菌鉴别培养基）成分：营养琼脂 18g；溴百里酚蓝 0.01g；氯化三苯基四氮唑 0.016g；蒸馏水 400mL。

NA 培养基（营养琼脂培养基）成分：营养琼脂 45g；蒸馏水 1 000mL。

LB 培养液（蛋白胨牛肉浸膏培养液）成分：牛肉膏 3g；蛋白胨 3g；氯化钠 10g；蒸馏水 1 000mL（pH=7.4～7.6）。

线虫固体培养基（海绵营养培养基或 NS 培养基），见表 3-6。

表 3-6 海绵营养培养基或 NS 培养基成分表

成分	比例/%	质量
黄豆粉	15	240g
面粉	5	80g
蛋黄粉	0.5	8g
蛋白胨	1	16g
酵母膏	1.5	24g
熟猪油	5	80g
海绵	10	152g
水	62	1 000mL

（1）灭菌。

普通材料的灭菌：在高压蒸汽灭菌锅中 121℃下灭菌 20～30min。

线虫固体培养基灭菌：在高压蒸汽灭菌锅中 121℃下灭菌 40～45min。

（2）共生菌的保存。将共生菌在 NBTA 固体平板培养基上划线活化，置于 25℃培养，至菌落颜色可清晰辨析，然后挑取蓝色单菌落在 NA 斜面培养基上成"之"字形划线，置于 25℃培养 48h，以液体石蜡法保存。

（3）共生菌的培养。将活化的共生菌接入 LB 培养液，于 28℃160r/min 下振荡培养 1d，待用。

（4）线虫种管制作。取凝固的 NA 斜面，每管加入灭菌的大蜡螟 2～3 头，灭菌的 NS 培养基 3～4 块。接入适量的共生菌液于 25℃培养 2～3d 后，接入线虫培养 3～4 周，以"划线法"挑选未受污染的种管，置于 4℃保存。共生菌液的接入量以海绵上未见明水为宜。

（5）线虫种瓶制作。在灭菌的 NS 培养基中按 5mL/80g 接入适量共生菌液，25℃培养 3d 后，接入线虫种管中的线虫培养 3～4 周，以"划线法"挑选未受污染的种瓶，置于 4℃保存。

（6）线虫的大量培养。在灭菌的 NS 培养基中按 5mL/80g 接入适量共生菌液（振动使均匀），25℃培养 2～3d 后，以 10 万 IJs/80g 的量接入线虫培养 3 周，然后清洗收获。

注意事项：昆虫病原线虫培养的操作均需严格进行无菌操作，杂菌污染会严重降低产量。

（7）线虫质量测定方法。采用沙埋法将 0.101～0.150g 的大蜡螟幼虫单头放入直径 4.2cm、高 5.6cm 的塑料盒中，每盒放入含水 7%的消毒细沙 80g，滴入 1mL 含 100 条侵染期线虫的悬液，盖盒，置于 25℃培养室中，24h 后取出，用清水冲洗去掉体附细沙，置于 25℃恒温室，1d 后解剖大蜡螟死虫，用解剖镜检查进入虫体内的线虫数量，计算侵入率。

$$侵入率(\%)=\frac{侵入大蜡螟的线虫数}{侵染试验所施线虫数}\times 100\% \tag{3-16}$$

当线虫的侵入率在 7%～10%时，可认为线虫的质量较好。

2）野外应用

（1）寄主范围。小卷蛾斯氏线虫寄主范围较广，对木蠹蛾类（主要危害白蜡、国槐、元宝枫、悬铃木等行道树，苹果、梨、桃、核桃等仁果类、核果类等果树）、天牛类蛀干害虫、桃小食心虫 *Carposina niponensis* Walsingham、玉米螟等多种林业害虫防治效果明显，防效可达 80%。

（2）剂型包装。休眠状态三龄幼虫，海绵吸附，每袋约含线虫 1 亿头。

（3）使用技术。将线虫从海绵中洗出，每袋线虫加水 100kg 稀释，充分摇匀后用洗瓶盛取线虫液，查找蛀孔，注入虫道，以线虫液从树干较高蛀孔注入，从较低处虫道流出为宜。

防治地下害虫使用以上浓度的线虫悬浮液喷施于地面，每袋可防治一亩地，土壤含水量应不低于 5%，施用前灌溉地面可增加使用效果。

注意事项：线虫悬浮液使用前应摇匀。线虫最佳侵染温度为 25～28℃，环境温度低于 20℃或高于 30℃时不利于线虫寄生。

（4）贮存条件与保质期。冷藏保存（4～8℃），保质期为 6 个月。

2. 昆虫病毒的人工繁殖与应用

昆虫病毒是引起昆虫致病和死亡的重要病原体。关于昆虫病毒的记载最早在中国 1149 年出版的《农书》，家蚕的“高节”“脚肿”病，就源于现在所称的核型多角体病毒。我国真正开展昆虫病毒的研究始于 20 世纪 50 年代。20 世纪 70 年代提倡害虫生物防治，科学工作者开始重视昆虫病毒资源的开发，以便应用于农林害虫的防治。

昆虫病毒具有以下优点：对寄主昆虫有高度的毒性和致病性，害虫极少或不产生抗性；能形成保护性的包涵体，病毒粒子被包埋在蛋白质基质中，对环境因子稳定，不易丧失活性；寄主范围仅限于无脊椎动物，不会破坏生态平衡，有利于环境保护，且对人、畜、植物安全，无药害；在自然条件下容易引起害虫种群病毒病流行，可控制当代和子代种群数量。

1）美国白蛾核型多角体病毒

美国白蛾 *Hyphantria cunea*（Drury）属鳞翅目 Lepidoptera 灯蛾科 Arctiidae，又名网幕毛虫、美国白灯蛾、秋幕毛虫、秋毛虫、秋幕蛾，是我国进出境检疫性有害生物和林业检疫性有害生物，危害多种林木、果树、花卉、农作物、蔬菜及野生植物。幼虫孵出即吐丝做网幕并在其内群集取食为害树叶。老熟幼虫寻觅树皮裂缝、树洞、树下、土块、瓦砾、枯枝落叶、包装物及建筑物缝隙等隐蔽处化蛹越冬或越夏。成虫有一定飞翔能力和趋光性。卵多产于寄主树冠周缘叶片背面。

美国白蛾核型多角体病毒 *Hyphantria cunea nuclear polyhedrosis virus*，简称 HcNPV，由包涵体蛋白、囊膜和核壳体组成，对环境因子稳定、不宜丧失活性。美国白蛾核型多角体病毒是一种具有较高宿主特异性的昆虫病毒，害虫不产生抗性，只对美国白蛾产生高效的致病杀死效果，对人、畜、植物安全，无害，有利于保护环境和生态平衡。该病毒感染寄主细胞后，幼虫病症表现为食欲减少，行动迟缓，腹部肿胀；刚死幼虫头部下垂，口腔内向外吐出黏稠液体，体色变浅。在自然条件下容易引起害虫群体病毒流行，以控制当代和子代种群数量。

（1）HcNPV 的室内增殖。

① 增殖室条件。温度 25℃，光照时间∶黑暗时间=14∶10，光源为白炽灯。

② 饲料。人工饲料配方。

③ 饲养工具。透明塑料养虫杯，底直径 3.5cm，顶直径 5.0cm，杯高 5cm。

④ 增殖方法。在养虫杯内放入 1 片消毒的即将孵化的美国白蛾卵片，每 3d 更换一次新鲜饲料和养虫杯，并将幼虫分至 40 头/杯；待幼虫发育至 3 龄末时，开始喂饲带毒饲料（将 1mL 浓度为 1.0×10^6 PIB/mL 的 HcNPV 液体倒入养虫杯内的人工饲料表面，阴干后喂饲）；5d 后更换带毒饲料，及时清理养虫杯内的虫粪，防止虫体感染杂菌。待 80%幼虫死亡时，收集所有幼虫，−10℃长期贮存。

（2）HcNPV 的提纯。

① HcNPV 的提取。将收集的幼虫加 2 倍无菌水稀释，在高速组织捣碎机上，粉碎 3min 后取出，先用三层纱布初步过滤，然后再用 80 目筛子进一步过滤，滤液用 16 000r/min 离心机离心，滤液分为三层，上层清液为水，弃之；中间浅褐色沉淀为病毒粗提物，保留；底部黑色沉淀为杂质，弃之。

② 粗提物的测定。取 1g 病毒粗提物稀释至 1 000 倍，然后取 1mL 稀释液滴于血球计数板上，盖盖玻片，在显微镜 15×40 倍状态下计数，对角线取样，共取 80 小格，颗粒边缘不在同一小格内的不计，并按式（3-17）计算病毒内 PIB 含量。如果粗提物含量低于 1.0×10^{11}PIB/mL，表明病毒粗提物中杂质含量过高，应加 2 倍无菌水混匀，重新离心提纯，除杂质，直至含量合格。

$$\text{每克 PIB 含量}=\text{平均每格颗粒体数}\times4\,000\,000\times1\,000 \quad (3\text{-}17)$$

注：1 000 为稀释倍数。

（3）HcNPV 制剂的配制。将含量合格的 HcNPV 加 7%的盐水，与 50%中性甘油混合，三者重量比为 1∶49∶50，制成甘油病毒悬液。

（4）HcNPV 制剂的质量检测。用多点抽样的方法，取 1mL 保存的甘油病毒悬液，测定 HcNPV 制剂含量在 1.0×10^9 PIB/mL 以上，表示合格。

（5）HcNPV 制剂的包装、运输和贮存。

① 包装。将上述甘油病毒悬液加无菌水调节浓度至 1.0×10^9 PIB/mL（出厂浓度），分装在 5kg 塑料桶中，密封。

② 运输。常温条件下，不受热，不暴晒，并避免紫外线照射。

③ 贮存。避光、避紫外线照射。4℃可保存 2 年；常温可保存 6 个月。

（6）HcNPV 制剂的应用。

① 防治对象。美国白蛾幼虫。

② 防治最佳时间。低龄幼虫期（1～3 龄）防治最佳。

每年物候差异较大，以当年各代虫情预测预报为准。在北京地区，正常年份，第一代低龄幼虫在 5 月上旬至 5 月中下旬，第 2 代低龄幼虫在 7 月中下旬，第 3 代低龄幼虫在 9 月上中旬防治最佳。

③ 防治最佳剂量。防治低龄幼虫，每亩用 HcNPV 制剂 1.0×10^{11} PIB；防治其他龄期幼虫，用量加倍，即每亩用 2.0×10^{11} PIB。

④ 使用方法。具体使用方法见表 3-7。

表 3-7　美国白蛾病毒制剂使用方法

喷雾类型		稀释倍数
常量喷雾	地面喷雾防治	1 000
	飞机喷雾防治	30
低量喷雾	地面喷雾防治	100
	飞机喷雾防治	10
超低容量喷雾	地面喷雾防治	4

（7）效果调查。

① 检查内容。检查虫口减退率和成灾率，以此来表示防治效果。虫口减退率及成灾率计算方法同式（3-12）和式（3-13）。

② 检查时间。制剂喷洒后第 10d 和第 15d 各检查一次。

③ 检查方法。在幼虫发生期，针对美国白蛾危害的阔叶树的树冠处进行调查。每个调查区以林班、行政村或自然村为单位，划定标准地。按每 50hm^2 不少于 2 块、每 100hm^2 不少于 5 块、每 500hm^2 不少于 15 块设置标准地，调查防治前后的活虫数。标准地内随机选取 20 株作为标准株，逐一进行详查。

（8）注意事项。

HcNPV 制剂为胃毒剂，为达到良好的防治效果，应将制剂均匀喷洒到树叶上。

防治的最佳时间为傍晚。

一般在防治 6～8d 后美国白蛾幼虫开始死亡，10～12d 达到死亡高峰。

准确的预测预报十分重要，如果防治时机把握不好，病毒制剂用量需要加倍，否则会影响防治效果。

2）舞毒蛾核型多角体病毒

舞毒蛾 *Lymantria dispar* Linnaeus，属鳞翅目毒蛾科 Lymantridae，又名秋千毛虫、柿毛虫、杨树毛虫、松针黄毒蛾，是一种杂食性、暴食性食叶害虫。1 年发生 1 代。幼虫 2 龄以后白天潜伏在枯叶、落叶或树皮缝内休息，黄昏后取食叶片；老熟幼虫有较强的爬行转移危害能力；成虫有一定飞翔能力和趋光性；卵多产于涵洞、电线杆、石块、墙壁和树干上。

舞毒蛾核型多角体病毒 *Lymantria dispar nuclear polyhedrosis virus*，简称 LdNPV，由包涵体蛋白、囊膜和核壳体组成，对环境因子稳定、不宜丧失活性。舞毒蛾核型多角体病毒是一种具有较高宿主特异性的昆虫病毒，害虫不产生抗性，且只对舞毒蛾产生高效的致病杀死效果，对人、畜和植物安全，无害，有利于保护环境和生态平衡。该病毒感染寄主细胞后，幼虫病症表现为食欲减少，行动迟缓，腹部肿胀，刚死幼虫头部下垂，口腔向外吐出黏稠液体，体色变浅。在自然条件下容易引起害虫群体病毒流行，以控制当代和子代种群数量。

（1）LdNPV 的室内增殖。

① 室内条件。温度 25℃，光照时间与黑暗时间比例为 14h∶10h，光源为白炽灯。

② 饲料。人工饲料。

③ 饲养工具。透明塑料养虫杯，底直径 3.5cm，顶直径 5.0cm，杯高 5cm。

④ 增殖方法。在养虫杯内放入约 200 粒已消毒即将孵化的舞毒蛾卵粒，每 3d 更换一次新鲜饲料和养虫杯，并将幼虫分至 40 头/杯；待幼虫发育至 3 龄末时，开始喂饲带毒饲料，将 1mL 浓度为 1.0×10^{7} PIB/mL 的 LdNPV 液体倒入养虫杯内的人工饲料表面，阴干后待其取食；5d 后更换带毒饲料，及时清理养虫杯内虫粪，防止虫体感染杂菌。待 80%幼虫死亡时，收集所有幼虫，−10℃长期贮存。

⑤ LdNPV 的提纯。

a．LdNPV 的提取。将收集的幼虫加 2 倍无菌水稀释，在高速组织捣碎机上，粉碎 3min 后取出，先用三层纱布初步过滤，然后用 80 目筛子进一步过滤，滤液用 16 000r/min 离心机离心 15min。滤液分为 3 层，上层清液为水，弃之；中间浅褐色沉淀为病毒粗提物，保留；底部黑色沉淀为杂质，弃之。

b．粗提物的测定。取 1g 病毒粗提物稀释至 1 000 倍，然后取 1mL 稀释液滴于血球计数板上，盖盖玻片，在显微镜 15×40 倍状态下计数，对角线取样，共取 80 小格，颗粒边缘不在同一小格内的不计，按式（3-17）计算粗提物内 PIB 含量。如果粗提物含量低于 1.0×10^{11}PIB/mL，表明病毒粗提物中杂质含量过高，应加 2 倍无菌水混匀，重新离心提纯，除杂质，直至含量合格。

c．LdNPV 制剂的配制。将含量合格的 LdNPV 加 7%的盐水，与 50%中性甘油混合，三者重量比为 1∶49∶50，制成甘油病毒悬浮液。

⑥ LdNPV 制剂的质量检测。用多点抽样的方法，取 1mL 甘油病毒悬浮液，测定 PIB 含量，LdNPV 制剂中 PIB 含量在 1.0×10^{9} PIB/mL 以上为合格。

⑦ LdNPV 制剂的调制。将上述甘油病毒悬浮液加无菌水，调节浓度至 1.0×10^{9} PIB/mL（出厂浓度）。

⑧ LdNPV 制剂的运输和贮存。

a．运输。25℃以下运输，避免受热、暴晒，避免紫外线照射。

b．贮存。密封，避光，避免紫外线照射。0～4℃条件下保质期 2 年；25℃以下保质期 6 个月。

（2）LdNPV 的野外应用。

① 防治对象。舞毒蛾亚洲亚种幼虫。

② 防治适期。最佳防治龄期为 1～3 龄幼虫。在正常年份，3 月中旬舞毒蛾亚洲亚种幼虫陆续孵化，3 月中旬至 4 月中旬为最佳防治时期；也可依据常见植物的物候期预测最佳防治时期。

③ 使用剂量。防治 1～3 龄期幼虫，每公顷用 1.5×10^{12} PIB，即 1 500mL LdNPV 制剂；防治 4 龄以上幼虫，用量加倍，每公顷用 3.0×10^{12} PIB，即 3 000mL LdNPV 制剂。

④ 施用方法。使用时，用水稀释制剂，均匀喷洒到树叶上。具体施用方法见表 3-8。

表 3-8　舞毒蛾亚洲亚种核型多角体病毒制剂施用方法及施用浓度

喷雾类型		防治 1～3 龄幼虫稀释倍数	防治 4 龄以上幼虫稀释倍数
常量喷雾	地面喷雾	1 000	500
	飞机喷雾	30	15
低量喷雾	地面喷雾	100	50
	飞机喷雾	10	4
超低容量喷雾	地面喷雾	4	1.5

⑤ 防治效果调查。

a．调查指标。检查校正虫口减退率表示防治效果。校正虫口减退率越高，表示防治效果越好。

b．调查时间。制剂喷施前调查一次，喷施后第 20d 再调查一次。

c．调查方法。在幼虫发生期，针对舞毒蛾危害的树木进行调查。选择有代表性的地块设立标准地。标准地面积一般为 0.2hm^2。人工林每 100hm^2 设立标准地 1 块，天然林每 300hm^2 设立标准地 1 块。在标准地内随机选取 20 株树为标准株，采用标准枝法和阻隔法调查防治前后的幼虫数量。

d．计算公式。虫口减退率计算方法见式（3-12），校正虫口减退率计算方法为

$$\text{校正虫口减退率}(\%)=\frac{\text{防治区虫口减退率}-\text{对照区虫口减退率}}{100-\text{对照区虫口减退率}}\times100\% \tag{3-18}$$

3．昆虫病原细菌的人工繁殖与应用

细菌类杀虫剂是国内研究开发较早的生产量最大、应用最广的微生物杀虫剂。目前，研究应用的细菌类杀虫剂有苏云金杆菌、青虫菌、日本金龟甲芽孢杆菌和球形芽孢杆菌，其中苏云金杆菌是最具有代表性的品种。

苏云金杆菌（*Bacillus thuringiensis*，Bt），是一种包括许多变种的产晶体芽孢杆菌，可做微生物源低毒杀虫剂，以胃毒作用为主。该菌可产生两大类毒素，内毒素（伴胞晶体）和外毒素。内毒素使害虫停止取食，最后害虫因饥饿而死亡；外毒素作用缓慢，在蜕皮和变态时作用明显，这两个时期是 RNA 合成的高峰期，

外毒素能抑制依赖于 DNA 的 RNA 聚合酶。该药作用缓慢，害虫取食后 2d 左右才能见效，持效期约 1d，因此使用时应比常规化学药剂提前 2～3d，且在害虫低龄期使用效果较好。对鱼类、蜜蜂安全，但对家蚕高毒。

Bt 的主要活性成分是一种或数种杀虫晶体蛋白（insecticidal crystal proteins，ICPs），又称δ-内毒素，对鳞翅目、鞘翅目、双翅目、膜翅目、同翅目等昆虫，以及动植物线虫、蜱螨等节肢动物都有特异性的毒杀活性，而对非目标生物安全。因此，Bt 杀虫剂具有专一、高效和对人畜安全等优点。目前苏云金杆菌商品制剂已达 100 多种，是世界上应用最为广泛、用量最大、效果最好的微生物杀虫剂，因而倍受人们关注。但是，Bt 商品制剂在生产防治中也显示出某些局限性，如速效性差、对高龄幼虫不敏感、田间持效期短以及重组工程菌株遗传性状不稳定等已成为影响 Bt 进一步推广使用的制约因素。因此，为了提高 Bt 制剂的杀虫效果，对其增效途径的研究已成为世界性的研究热点，主要包括：筛选增效菌株；利用化学添加剂、植物他感素、几丁质酶作为增效物质；利用昆虫病原微生物间的互作增效等。

1）人工繁殖

Bt 的生产过程包括菌种制备、发酵、后处理（浓缩、干燥）、产品质量和安全检测 5 道工序。

① 菌种。我国现有菌种有 H_1 的 CT-43 菌株、H_3 的库斯塔克亚种 HD-1 菌株、云金杆菌蜡螟亚种、苏云金杆菌武汉亚种、苏云金杆菌库斯塔克亚种 7216 菌株、Mp-341 菌株等。

② 发酵。发酵培养基可因地制宜选用各种农副产品为主要原料，以合适的配比组成，常用的原料有黄豆饼、花生饼、棉籽饼以及玉米浆、玉米粉、淀粉、酵母粉等。发酵单位含菌量达到 70 亿～80 亿孢子/mL，后处理工艺采用离心富集、刮板浓缩或薄膜浓缩。发酵液收得率可达 50%以上。

③ 质量检测。检测内容包括含水率、悬浮率、细度、pH、湿润时间和毒力效价等。除毒力效价，其余各项内容的检测方法皆参照化学农药方法进行。国际上采用毒力效价作为检测 Bt 制剂的主要质量指标，以国际单位/毫克（IU/mg）来表示。

2）野外应用

① 防治对象。对菜青虫、小菜蛾、斜纹夜蛾、玉米螟、稻苞虫、稻纵卷叶螟、二化螟、三化螟、棉铃虫、棉小造桥虫、茶毛虫、茶尺蠖、松毛虫、天幕毛虫、毒蛾和刺蛾等鳞翅目害虫有很好的防治效果，且有杀卵作用。此外对膜翅目、双翅目、鞘翅目等害虫及大豆拌种防治地下线虫也有特效。这些害虫是 Bt 的主要的防治对象。

② 应用方法。Bt 杀虫剂可用于喷雾、撒施、灌心和制成颗粒剂或毒饵等，也可进行大面积飞机喷洒，也可与低剂量的化学杀虫剂混用以提高防治效果。

此外，死虫还可再利用。将被 Bt 毒死发黑变烂的虫体，在水中揉搓，每 50g 虫尸洗液加水 50～100kg 喷雾，对多种害虫均有较好的防治效果。

防治草坪害虫：兑水稀释 2 000 倍喷洒或用乳剂 1 500～3 000g/hm^2 与 52.5～75kg 的细沙充分拌匀，制成颗粒剂撒入草坪草根部，防治危害根部的害虫。

防治玉米螟：每亩用可湿性粉剂 150～200g，拌细沙土 3～5kg，拌匀撒于玉米心叶内。

防治菜青虫、小菜蛾、甜菜夜蛾、烟青虫：每亩用可湿性粉剂 100～150g，兑水 50kg 喷雾。

防治棉铃虫、棉小造桥虫、稻纵卷叶螟、螟虫：每亩用可湿性粉剂 100～200g，兑水 50～70kg 喷雾。

防治松毛虫、食心虫、茶毛虫、茶尺蠖：每亩用可湿性粉剂 150～200g，兑水 50kg 喷雾。

3）注意事项

施用期一般比使用化学农药提前 2～3d，对害虫的低龄幼虫效果好。

使用 Bt 需在气温 18℃以上，宜傍晚施药。30℃以上施药效果最好。

不能与内吸性有机磷杀虫剂或杀菌剂混合使用，不能与碱性农药等物质混合使用；随配随用，从稀释到使用，一般不要超过 2h，使用间隔 10～15d。

建议与其他作用机制不同的杀虫剂轮换使用，以延缓抗性产生。

4. 昆虫病原真菌的人工繁殖与应用

真菌杀虫剂是一类寄生谱较广的昆虫病原真菌，是一种触杀性微生物杀虫剂。目前，主要研究利用的真菌杀虫剂种类有：白僵菌、绿僵菌、拟青霉、座壳孢菌和轮枝菌。

1）白僵菌

（1）液固两相快速产孢工艺。

液固两相快速产孢生产白僵菌工艺的原理是，在发酵罐中生产菌丝体，于固体载料上直接、快速地形成分生孢子，使两相生产连为一体，突破了过去分级生产的传统方法（图 3-8）。其优点是生产量大，杂菌污染极少，成品率高，载体无须灭菌，同时培养时间可比传统方法缩短一半左右，大幅度降低了生产成本。

① 生产步骤及培养基。

斜面菌种培养基：马铃薯 20%、蔗糖 2%、蛋白胨 0.3%、琼脂 2%、水 100%。

种子罐培养基：淀粉 3%、蔗糖 2%、豆饼粉 0.5%、酵母粉 0.5%、KH_2PO_4 0.1%，消沫剂 0.05%。

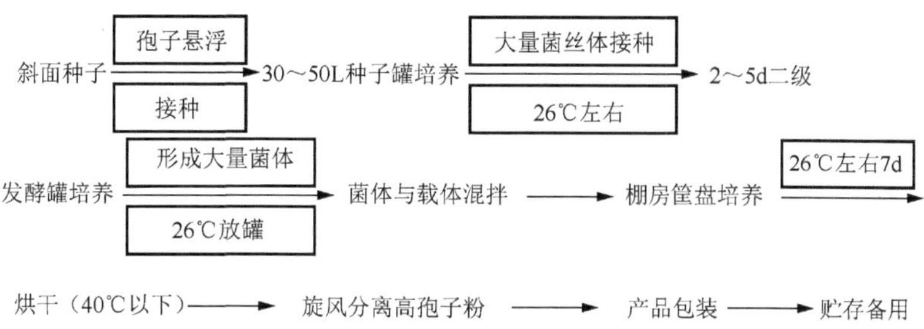

图 3-8　液固两相快速产孢工艺生产流程图

发酵罐培养基：选用 NB4、NBb 或 NDA-10 培养基，培养基原料除部分化学产品外，大部分为农副产品。

② 发酵设备及发酵培养条件。种子罐 30～50L，装量 22～40L，接种量 2%，（26±1）℃培养 24h，罐压为 0.5kg/cm^2，搅拌速度 180r/min，加 0.5%消沫剂。

载体培养：将培养好的菌液与 C-4 载体按重量（3.5～4）∶1 拌匀，以 5～6cm 厚度平铺于约 0.5cm^2 面积的尼龙纱网柜上，柜距 5～6cm，间隔叠放于 22～29℃的培养房内。培养 6d 后移入 37℃左右的烘房内，干燥 32～48h，最后通过旋风分离设备收集高孢子粉。

质量标准：高孢子粉 1 000 亿/g，粉剂为平均活孢子 80 亿/g，幅度 50 亿～120 亿/g，孢子萌发率 90%以上，水分 5%以下。颗粒剂，含活孢子 50 亿/g。油悬浮剂含活孢子 100 亿/mL。

主要剂型：可湿性粉剂、粉剂、油悬浮剂、颗粒剂。

（2）野外应用。

① 防治对象。可防治蛴螬、蝗虫、马铃薯甲虫、蚜虫、叶蝉、飞虱、多种鳞翅目幼虫如玉米螟、松毛虫、桃小食心虫、二化螟等。

② 使用方法。在生产防治上，防治森林害虫，目前主要采取地面或飞机喷洒白僵菌制剂的方式进行施药。也可在雨季从林间采集叶部害虫活幼虫集中撒上白僵菌原菌粉，或配成含量为 5 亿孢子/mL 的菌液，采集的活虫在菌液中蘸一下再放回树上任其自由爬行。这些带菌虫死后，长出很多分生孢子，即形成许多白僵菌流行点，逐步促成林间害虫白僵病流行。

防治松毛虫，用孢子 150 万亿～180 万亿个，可直接兑水喷雾。也可将菌粉与防治松毛虫的化学杀虫剂的粉剂如敌百虫混合，使含孢子 1 亿/g，用混合粉 22.5～30kg/hm^2。也可采集发病死亡虫尸，放到松林中，扩大染病面积。

防治蔬菜害虫，菌粉用水溶液稀释配成菌液，每毫升菌液含孢子 1 亿以上，用菌液在蔬菜上喷雾。或菌粉与 2.5%敌百虫粉均匀混合，每克混合粉含活孢子 1 亿以上，在蔬菜上喷粉。也可以将病死的昆虫尸体收集研磨，配成每毫升含活孢子 1 亿以上（每 100 个虫尸加工后，兑水 80～100kg）的菌液，在蔬菜上喷雾。

防治玉米螟，可向喇叭口撒颗粒剂（按 1∶10 与煤渣混合，每株约 2g），或灌菌液。油悬浮剂可用超低量喷雾。

（3）注意事项。

养蚕区不宜使用。

菌液配好后要 2h 内用完，以免过早萌发而失去侵染能力，颗粒剂也应随用随拌。

不能与化学杀菌剂混用。

贮存在阴凉干燥处。

人体接触过多，有时会产生过敏性反应，出现低烧、皮肤刺痒等。施用时应注意皮肤的防护。

2）绿僵菌

绿僵菌代表种类有金龟甲绿僵菌、罗伯茨绿僵菌和蝗绿僵菌等。不同绿僵菌种类杀虫范围不同，如金龟甲绿僵菌为广谱性杀虫真菌，而蝗绿僵菌只能感染蝗虫等直翅目昆虫。在自然界，不同绿僵菌种类主要进行无性繁殖，其有性生殖阶段被鉴定为 Metacordycpes，属于广义虫草菌。我国利用蝗绿僵菌防治草原蝗虫，以及北美利用蝗绿僵菌防治蚱蜢均取得了成功。由蝗绿僵菌孢子加工的商业制剂 Green Muscle 在澳洲、非洲均成功用于飞蝗的大面积防治。

（1）人工增殖。绿僵菌真菌形态接近青霉素，菌落绒毛状或棉絮状，最初白色，产孢子时呈绿色。绿僵菌制剂是通过孢子浓缩经吸附剂吸收后制成的，外观颜色因吸附剂种类不同而异。制剂含水率小于 5%，分生孢子萌发率 90%以上。具体生产工艺类似白僵菌。

（2）野外应用。绿僵菌寄主范围广，主要用于防治飞蝗、地下害虫、蛀干害虫、桃小食心虫、小菜蛾、菜青虫和蚜虫等。

绿僵菌对飞蝗、土蝗、稻蝗、竹蝗等多种蝗虫有效。尤其对滩涂、非耕地的飞蝗，亩用 100 亿孢子/g 可湿性粉剂 20～30g，兑水喷雾；或亩用 100 亿孢子/mL 油悬浮剂 250～500mL，或亩用 60 亿孢子/mL 油悬浮剂 200～250mL，用植物油稀释 2～4 倍，进行超低容量喷雾。飞机喷雾时有效喷幅可达 150m。也可将相同用量的菌剂喷洒在 2～2.5kg 饵剂上，拌匀后田间撒施。一般于蝗蝻 3 龄盛期施药，由于该药速效性差，着药后 3～7d 蝗蝻表现出食欲减退、取食困难和行动迟缓等中毒症状，7～10d 大量集中死亡。由于速效性差，不宜在蝗虫大发生的年份或地区使用。

防治蛴螬包括东北大黑鳃金龟甲、暗黑金龟甲、铜绿金龟甲等多种幼虫，可在花生、大豆耕种时，采用菌土或菌肥方式撒施。亩用 23 亿～28 亿孢子/g 菌粉 2kg，与细土 50kg 或有机肥 100kg 混匀后使用。

防治小菜蛾和菜青虫，将菌粉加水稀释成每毫升含孢子 0.05 亿～0.1 亿个的菌液喷雾。

防治蛀干害虫柑橘吉丁虫，在害虫为害柑橘的“吐沫”和“流胶”期，在“吐沫”处用刀刻几刀，深达形成层，再用毛笔或毛刷涂刷菌液（2 亿孢子/mL）或菌药混合液（2 亿孢子/mL 加 45%杀螟硫磷乳油 200 倍液）。

防治青杨天牛可喷洒 2 亿孢子/mL 菌液。

防治云斑天牛可用 2 亿孢子/mL 菌液与 40%乐果乳油 500 倍液的混合液注射虫孔。

（3）注意事项。

应用绿僵菌防治农林害虫应与虫情测报、气象预报紧密结合，掌握好施药时期，提高防治效率。

绿僵菌加水配成菌液，应随用随配，不应超过 2h，以免孢子萌发，降低感染力。

3.4.8　生物防治相关技术的研究与应用

3.4.8.1　昆虫信息素

昆虫信息素是由昆虫特有的腺体所分泌的极其微量的化学物质，是昆虫化学通讯的媒介物。昆虫信息素在个体间起信息传递的作用，影响到昆虫的行为和某些生理功能。人工合成的昆虫信息素，又称作昆虫行为调节剂。一般这类药剂并不直接杀死害虫，而是通过干扰昆虫的正常行为，如交配行为、产卵行为、取食行为、集结行为和自卫行为等，达到控制和防治害虫的目的。目前研究最多的是性信息素、集结信息素、产卵引诱激素和利它素等。

我国 20 世纪 70 年代初开始昆虫信息素的系统研究。主要研究方向是昆虫性信息素的结构鉴定、合成、行为、生理和生化等，同时开展了应用试验。迄今已有 50 多种昆虫性信息素被研究。

昆虫信息素研究需多学科的综合协同配合，包括昆虫学、化学、生态学、生理学、生物化学和行为学等学科，需要配备各种精密的化学分析仪器和较强的化学合成手段，需要化学家和生物学家的密切合作。在应用方面，昆虫信息素已经广泛用于害虫的监测和防治。

1. 昆虫信息素的生物学基础研究

包括昆虫信息素的生物学、行为学、生理学和生物化学等基础研究。例如在昆虫的求偶、交配行为、昆虫信息素分泌腺体部位、形态、超微结构、释放节律、飞行定向行为以及嗅觉化学感受电生理学、性信息素的生物合成和内分泌调控等方面均开展了一些研究。

在昆虫性信息素分泌腺体的部位和形态结构研究方面，对玉米螟、二化螟、红尾白螟、二点螟和桃蛀螟进行了研究。对棉红铃虫、大袋蛾、亚洲玉米螟、茶尺蠖进行了雄虫触角扫描电镜观察。对三化螟虫进行了求偶行为研究。对大袋蛾、桃蛀螟进行了昆虫性信息素释放节律研究。对棉铃虫进行了昆虫性信息素的单细胞感受研究。对亚洲玉米螟进行了性信息素的生物合成途径研究。

2. 昆虫信息素的化学研究

当人们了解了昆虫与昆虫之间，昆虫与其他生物间存在的化学联系之后，首要的问题就是弄清这些化学物的结构和组成。由于这些物质含量甚微，组分又比较复杂，要弄清其结构和组分并非易事。初期需要取材几十万头昆虫。由于高灵敏度的分析仪器的应用，结构分析所用虫源锐减到几百头、几十头，并能做单腺体内昆虫信息素的全组分分析。再检验过去鉴定为单组分的昆虫性信息素，往往是多组分的。为了提高昆虫性信息素的活性，有必要进行再研究。

我国已鉴定昆虫性信息素的昆虫有马尾松毛虫、白杨透翅蛾、杨干透翅蛾、葡萄透翅蛾、蒙古蠹蛾、槐尺蠖、松干蚧、枣黏虫、梨大食心虫、亚洲玉米螟、甘蔗二点螟、甘蔗条螟、甘蔗红尾白螟、水稻三化螟、茄黄斑螟、黏虫、桑毛虫、烟青虫和大豆食心虫等。棉红铃虫、桃蛀螟等的昆虫性信息素结构在国外已鉴定，但在中国的材料中发现了新的组分或不同的组分比例。通过田间筛选发现性诱剂的有红微梢斑螟、大螟、油松毛虫、核桃举肢蛾和棘草禾螟等。昆虫信息素的生态型问题也受到重视。

为完成昆虫信息素的结构鉴定和活性试验，合成了一批昆虫性信息素，包括梨小食心虫、桃小食心虫、桃蛀螟、金纹细蛾、桃潜蛾、马尾松毛虫、舞毒蛾、油松毛虫、苹果蠹蛾、杨树透翅蛾、棉褐带叶蛾、棉红铃虫、亚洲玉米螟、甘蔗二点螟、甘蔗条螟、小菜蛾、棉铃虫、二化螟和槐尺蠖等鳞翅目的昆虫性信息素。合成的其他种类昆虫信息素为田间应用试验提供了物质基础。在合成方法上力求结合我国原料情况，提出改进的合成路线，以便降低成本并有利于批量生产。

3. 昆虫信息素剂型的研究

使昆虫信息素在田间发挥作用，使昆虫信息素能以一定的速率释放到空间，并能稳定保持相当时间，需要有各种缓释剂型。最常用的是以天然橡胶或塑料为载体的剂型，例如用于测报的各种性信息素诱芯。为用于交配干扰，也研究了塑料夹片剂型和微胶囊剂型。

4. 昆虫信息素的应用

20 年来，我国昆虫信息素的研究与应用紧密结合。初期我国主要针对重大害虫的性信息素进行结构鉴定或合成，目的是探讨害虫防治的新途径。昆虫性信息素主要用于害虫监测和直接防治两个方面。用于害虫监测的昆虫性信息素，具有灵敏度高、特异性强、方法简便、成本低廉的优点，指导防治可以提高防治质量，减少施药次数。国外已经有 100 多种昆虫性诱剂商品用于测报，国内也有 30 多种，如桃小食心虫、梨小食心虫、金纹细蛾、桃蛀螟、棉红铃虫、甘蔗螟虫、杨树透翅蛾和棉铃虫等。一般每个测报点挂 3～5 个诱捕器，逐日记载诱蛾数量，根据监测到的成虫发生高峰期和发生数量，结合卵量和幼虫量调查及其他防治阈值，决定是否喷药和喷药时期。

昆虫性信息素用于防治主要分为两种方法。①诱捕防治技术：大量设置诱捕器，将大部分雄蛾捕获，压低虫口密度，使雌蛾没有交配的机会，以减少危害。一般需要诱捕 85%～90%的雄蛾，诱捕器达到一定数目才能有效。如果虫口密度太大，诱捕法很难奏效，需要先用其他方法压低虫口密度，再采用诱捕法防治。如果害虫一生只交配一次，诱捕法防治比较有效。但多数昆虫一生交配不止一次。因此诱捕法防治与其他方法相结合可以获得综合防治效果。昆虫性诱剂诱捕防治对于保护天敌很有好处。②交配干扰或迷向防治：大量设置散发器（特制的塑料管或橡皮头），或喷洒性诱剂微胶囊缓释剂，使气味散发到空间，使害虫分辨不出真假，失去交配的机会，从而压低虫口度。迷向防治法用性诱剂量比较大，每公顷设置 1 500～7 500 个散发器，或 30～75g 药剂，因此成本较高，但操作简单。迷向防治法国内外都有研究，国外已经有几种商品出售，如棉红铃虫、葡萄小卷蛾、梨小食心虫的性信息素等。国内在防治棉红铃虫、梨小食心虫、桃小食心虫、甘蔗条螟等方面进行了一些试验，取得较好的结果。

1）防治果树害虫

我国研究开发的果树害虫性信息素，有梨小食心虫、桃小食心虫、苹小卷叶蛾、金纹细蛾、枣黏虫、苹果蠹蛾、桃潜蛾的性信息素。由于果品生产的经济价值大，农药使用频繁，准确测报是指导害虫防治的重要措施。上述昆虫性信息素在测报上得到广泛的应用。由于测报准确及时，防治质量提高，一般可节省药费一半。同时好果率提高，经济效益非常明显。

在用性信息素直接防治桃小食心虫方面进行了试验。1983～1985 年中国科学院动物研究所与辽宁省绥中县合作，开展用性信息素诱捕法防治梨树上的桃小食心虫的试验。采取的措施是，地面喷洒杀虫剂杀死出土幼虫，树上挂桃小食心虫诱捕器（15 个/hm^2）诱杀雄蛾。试验结果证明，诱捕区基本不用在树上喷药，就能达到防治的目的。虫果率比对照区（化防区）低 48%，成本也有所下降。

2）防治森林害虫

我国开发的森林害虫性信息素有马尾松毛虫、白杨透翅蛾、舞毒蛾、桑毛虫、微红梢斑螟、油松毛虫和槐尺蠖等的性信息素。

（1）马尾松毛虫 *Dendrolimus punctatus*（Walker）。马尾松毛虫性信息素是我国研究最早的昆虫信息素，用于测报，效果不够稳定。近来，赵成华等发现，马尾松毛虫性信息素除去原来鉴定的三种组分外，还有另外两种成分。说明昆虫性信息素的复杂性。

（2）白杨透翅蛾 *Paranthrene tabaniformis*（Rottenberg）。林业昆虫性信息素在害虫防治上的应用，最成功的是用诱捕法防治白杨透翅蛾。由于此虫一年发生一代，一生交配一次，一般虫口密度比较低，最容易用诱捕法防治成功。用诱捕法使这一重要害虫得到有效的防治。用性信息素黏胶涂干法防治白杨透翅蛾既经济又有效。

3）防治蔬菜害虫

蔬菜害虫中小菜蛾和烟青虫性信息素的研究和应用较多。

（1）小菜蛾 *Plutella xylostella*（Linnaeus）。小菜蛾是危害十字花科植物的世界性大害虫。中国科学院动物研究所系统开展了此虫性信息素的合成和应用研究。对合成方法进行改进、摸索最佳配比、并进行测报和防治方面的应用研究。特别是在国际上首次研制醛类化合物的光敏衍生物。用这种光敏衍生物配制的诱芯持效期比常规诱芯高 3～5 倍。此项发明开创了研制高效、长效诱芯的新途径。小菜蛾性信息素在测报上的应用已在全国十几个省（自治区、直辖市）推广，经济效益非常明显。王维专报道用性信息素对小菜蛾种群控制的研究结果，指出在低的种群密度下，性信息素诱捕法对种群有很好的控制作用，14d 后效果达 56.6%；在中等或高密度下，效果则不理想。迷向防治法可以提高防治效果 18%，定向抑制率为 68.6%。

（2）烟夜蛾（烟青虫）*Heliothis assulta*。烟青虫性信息素已被鉴定为田间诱蛾活性很高，腺体提取物含 6 种组分。田间试验表明，Z_9-十六碳烯醛与 Z_{11}-16-十六碳烯醛两组分（93∶7）诱芯效果最佳。

4）防治大田作物害虫

大田作物害虫包括棉红铃虫、棉铃虫、亚洲玉米螟、黏虫、茄黄斑螟、大螟、二化螟、三化螟、甘蔗二点螟、甘蔗条螟和甘蔗红尾白螟等，其中许多是大害虫。其性信息素的研究及在测报和防治上的应用均备受重视。

（1）棉红铃虫 *Pectinophora gossypiella*（Saunders）。棉红铃虫性信息素是推广时间最久、面积最大、效果最显著的一种。杨樟法等总结 1975～1987 年用性信息素在棉田做测报的经验，指出性信息素诱捕器测报，比室养虫、田间查虫花、田间查羽化孔等常规方法更符合田间棉红铃虫的发生情况，是一种可靠的测报工具。

棉红铃虫性信息素在国内外都最早应用于防治。上海昆虫研究所进行棉红铃虫性信息素迷向防治试验，所用剂型为该所开发的塑料夹层剂型，防治效果十分理想。该所还用美国阿尔巴尼公司的开口纤维管剂型（NoMate PBW）进行棉红铃虫大面积防治试验。第一次施放在棉株现蕾前。整个植棉季节，共放 7 次。NoMate PBW 总用量为 200g/hm^2，含棉红铃虫性信息素活性成分 15.2g/hm^2，可以控制棉红铃虫的危害。

（2）亚洲玉米螟 *Ostrinia furnacalis*。亚洲玉米螟性信息素是我国较早鉴定的昆虫性信息素之一。用于测报和鉴别我国玉米螟种类分布的研究受到重视。张家口农业专科学校曾进行该昆虫的交配干扰防治试验。试验在亚洲玉米螟产卵场所（小麦地或大蒜地）进行。试验表明每 100m^2 用性信息素散发器 675～900 个（相当于性信息素 450～750mg/hm^2），对越冬代亚洲玉米螟可起到有效防治。

昆虫性信息素的研究取得较大的进展，但离人们的期望还有很大距离。从化学生态学角度来看，昆虫性信息素只不过是生物信息化合物的一部分。这一领域的工作刚刚起步，一些基础理论问题有待深入探讨。目前国际上对于昆虫的化学感受机理、生物合成途径，内分泌激素、神经肽对鳞翅目昆虫性信息素的生物合成的调控等很关注。对昆虫性信息素的组分应结合行为反应进行研究。对行为学、行为生理学应给予更多的重视。在应用方面，昆虫性信息素应与综合防治的其他措施相结合，如杀虫剂、病毒或其他生物制剂等。应区别不同对象，分别制定防治策略。有的害虫可以以昆虫性信息素防治为主，有的昆虫性信息素只能作为辅助手段。在化学合成方面，应努力降低成本。针对同时发生几种害虫的情况，应开发复合昆虫性信息素制剂。由于昆虫性信息素是天然产物，用量较小，特异性强，容易分解，可以预期，昆虫性信息素的应用在害虫综合治理中将会发挥更大的作用。

3.4.8.2 生长调节剂

昆虫生长调节剂是一类特异性杀虫剂，在使用时不直接杀死昆虫，而是在昆虫个体发育时期阻碍或干扰昆虫正常发育，使昆虫个体生活能力降低、死亡。这类杀虫剂包括保幼激素、抗保幼激素、蜕皮激素和几丁质合成抑制剂等。

防治卫生害虫的主要药剂有保幼激素类似物和几丁质合成抑制剂。常见的农药品种有除虫脲、灭幼脲、氟虫脲和米满等。

1. 保幼激素

保幼激素亦称“返幼激素”。昆虫在发育过程中由咽侧体分泌一种激素。在幼虫期，能抑制成虫特征的出现，使幼虫蜕皮后仍保持幼虫状态；在成虫期，有控制性的发育、产生性引诱、促进卵子成熟等作用。已知天蚕类昆虫体内有保幼激素 I 与保幼激素 II 两种，现已能人工合成。将保幼激素喷洒在昆虫幼虫上，可使幼虫增加蜕皮次数；喷洒在成虫上，则产生不孕现象；喷洒在卵上，能阻止胚胎发育，引起昆虫各期的反常现象，故可用以防治害虫。

保幼激素名称最早由 V. B. Wigglesworth 在吸血蝽蟓使用。Bergot 等于 1981 年用环氧-倍半萜烯类在虫体及咽侧体的组织培养液中，发现有构造稍微不同的 3 种活性物质，分别称为 JHⅠ、JHⅡ、JHⅢ。其中最常见的是 JHⅢ。JHⅢ的主要作用是：①保持幼虫的特征；②维持前胸腺；③提高卵巢的成熟作用。在幼虫期，保幼激素分泌以后，分泌前胸腺激素时，会引起幼虫蜕皮。到末龄可能是昆虫体内保幼激素的分泌减少，或激素很快失去活性，引起昆虫化蛹（不完全变态的昆虫，则变为成虫）。因此保幼激素被认为是具有维持幼虫特征作用的激素。对吸血蝽蟓 *Rhodnius prolixus* 等的成虫，若给予保幼激素和蜕皮激素，则在蜕皮后的表皮上，会发生部分的幼虫特征，因此认为具有促进幼生代的作用。在幼虫末期，若给予保幼激素，有时可产生残留幼虫特征的蛹（后成现象，metathetely），推测是破坏了前胸腺激素平衡的缘故。如将保幼激素供给蛹，则蜕皮后可再次化为蛹（第二次蛹，second pupa）。此外，保幼激素能引起成虫期生殖腺的成熟。

一些保幼激素的类似物能由体表渗入体内，同样发挥生理作用。在中国南方一些蚕区，养蚕后期如桑叶比较富裕，将微小剂量的高效保幼激素类似物喷洒到末龄蚕体表，可以适当延长老熟蚕的生长期，从而增加蚕丝的产量。

七星瓢虫是我国控制早春棉苗蚜虫的有效天敌，点滴保幼激素类似物到七星瓢虫体表或拌入人工饲料中，可以促使越冬的成虫提前产卵，有利于天敌昆虫的繁殖。

国外保幼激素主要用于蚊幼虫、仓库害虫的防治。国内应用的情况如下。

1）防治森林害虫

国内曾对越冬代落叶松毛虫 *Dendrolimus superans*（Butler）进行试验，ZR-515（10%微胶囊剂）1 000mg/L 的防治效果最好，ZR-515、734-Ⅲ、ZR-619 等的效果也很好。对蛹的杀伤力，以 ZR-515、ZR-619 为最好。使用 ZR-515、ZR-777 浓度 1 000mg/L 杀卵率为 100%；ZR-512、734-Ⅱ、734-Ⅲ浓度 1 000mg/L 杀卵率达 80%以上。浙江农业大学林学系使用 ZR-512 浓度 1 000mg/L 和 100mg/L 对越冬代马尾松毛虫 *Dendrolimus punctatus* Walker 老熟幼虫的药效，分别达到 80%和 44%，并产生畸形幼虫或畸形蛹、幼虫-蛹中间型，影响成虫的羽化和卵的孵化。

2）防治蚜虫

昆虫保幼激素的某些品种对于蚜虫有高度的生物活性，不仅可以直接杀死害虫，而且能引起间接不育，控制害虫种群的繁殖。1974 年以来，国内应用保幼激素类似物对几种蚜虫进行防治试验，取得初步结果。包括菜缢管蚜 *Rhopalosiphum pseudobrassicae*、小麦长管蚜 *Macrosiphum granarium* Kriby（蒋志胜等，1997）、棉蚜 *Aphis gossypii* Glover 和落叶松球蚜 *Adelges laricis* Val.等。所用保幼激素有

ZR 系列，国内研制的 738、734-Ⅱ、734-Ⅲ等。这些保幼激素类似物对于所试蚜虫均表现控制作用，尤以 ZR-777、738 和沪农 20 效果突出。例如 0.2% ZR-777 防治菜蚜可控制 17d，0.1%的 ZR-777 及 738 对于小麦长管蚜具有相当高的防治效果，药效在喷药后 10d 与乐果接近。还见到蚜虫形态畸变，幼蚜和成蚜不育。

3）防治大田作物害虫

三化螟 *Tryporyza incertulas*（Walker）昆虫保幼激素类似物 ZR-515、J002、738 对三化螟卵块有一定的杀卵效果。用 25mg/L 的浓度喷雾，J002 使三化螟卵减低孵化率达 96.7%，ZR-515 达 61%。用 10.25μg/mm^2 ZR-515，使三化螟接触 1min，可以引起不育。

亚洲玉米螟陈霈等曾经将 ZR-515、ZR-512、ZR-777、734-Ⅱ等 5 种昆虫保幼激素类似物分别加入玉米螟人工饲料，5 龄幼虫取食后可产生没有生命力的各种异常变态。应用保幼激素对虫卵进行处理，可以降低卵的孵化率，并有一定的杀卵活性。

广东农林学院植物保护教研组曾经用 15～30μg/mm^2 保幼激素类似物 738，使甘蔗黄螟 *Tetrarnoera schistaceana*（Snellen）雄蛾接触 20s，所产生的卵几乎都不孵化，达到绝育的目的。ZR-512、ZR-515 亦可引起不育。

4）防治其他害虫

国内在 20 世纪 70 年代中期还进行了昆虫保幼激素类似物防治卫生害虫、仓储害虫的试验，获得一定的结果。

综上所述，20 世纪 70 年代以来，我国对于昆虫保幼激素类似物的应用试验是很有价值的。无论在蚕丝增产上，还是在防治害虫方面均进行了非常有益的探索。保幼激素类似物具有多种很高的生物活性，既可调控益虫繁育，亦可控制害虫种群数量。这类化合物具有突出的生物活性，易于分解，残毒小，较少污染环境，对害虫天敌比较安全；但是，杀虫作用慢，要选择昆虫发育的一定阶段施用才有效，同时还存在稳定性差、成本较高等不足。到目前为止，国内外还没有出现一个较为成熟的产品可用于农业害虫防治，因此，还要做深入的研究。

2. 灭幼脲

灭幼脲属苯甲酰脲类昆虫几丁质合成抑制剂，为昆虫激素类农药。通过抑制昆虫表皮几丁质合成酶和尿核苷辅酶的活性，来抑制昆虫几丁质合成，从而导致昆虫不能正常蜕皮而死亡。影响卵的呼吸代谢及胚胎发育过程中的 DNA 和蛋白质代谢，使卵内幼虫缺乏几丁质而不能孵化或孵化后随即死亡；在幼虫期施用，使害虫新表皮形成受阻，延缓发育，或缺乏硬度，不能正常蜕皮而导致死亡或形成畸形蛹死亡。对变态昆虫，特别是鳞翅目幼虫表现为很好的杀虫活性。

1）防治对象

该类药剂被大面积用于防治桃树潜叶蛾、茶黑毒蛾、茶尺蠖、菜青虫、甘蓝夜蛾、小麦黏虫、玉米螟及毒蛾类、夜蛾类等鳞翅目害虫。同时，还发现用灭幼脲Ⅲ号 1 000 倍液浇灌葱、蒜类蔬菜根部，可有效地杀死地蛆；灭幼脲Ⅲ号对防治厕所蝇蛆、死水湾的蚊子幼虫也有特效。主要表现为胃毒作用。对益虫和蜜蜂等膜翅目昆虫和森林鸟类几乎无害。但对赤眼蜂有影响。

2）常用制剂

25%灭幼脲悬浮剂，25%阿维·灭幼脲悬浮剂，25%甲维盐·灭幼脲悬浮剂。

3）应用方法

防治森林松毛虫、舞毒蛾、舟蛾、天幕毛虫和美国白蛾等食叶类害虫，用 25%悬浮剂 2 000～4 000 倍液均匀喷雾。飞机超低容量喷雾每公顷 450～600mL，在其中加入 450mL 的尿素效果会更好。

防治农作物黏虫、螟虫、菜青虫、小菜蛾和甘蓝夜蛾等害虫，用 25%悬浮剂 2 000～2 500 倍液均匀喷雾。

防治桃小食心虫、茶尺蠖和枣步曲等害虫，用 25%悬浮剂 2 000～3 000 倍液均匀喷雾。

4）注意事项

灭幼脲类药剂在 2 龄前幼虫期进行防治效果最好，虫龄越大，防效越差。

本药于施药 3～5d 后药效才明显，7d 左右出现死亡高峰。因此忌与速效性杀虫剂混配。

灭幼脲悬浮剂有沉淀现象，使用时要先摇匀后加少量水稀释，再加水至合适的浓度，搅匀后喷用。在喷药时一定要均匀。

灭幼脲类药剂不能与碱性物质混用，以免降低药效；和一般酸性或中性的药剂混用，药效不会降低。

不宜在桑园附近使用。

3. 氟虫脲

20 世纪 80 年代出现的苯甲酰脲类昆虫生长调节剂，可由异氰酸-2，6-二氟苯甲酰酯与相应的邻氟对苯氧基苯胺反应制取，属苯甲酰脲类杀虫剂，是几丁质合成抑制剂，其杀虫活性、杀虫谱和作用速度均具特色，并有很好的叶面滞留性，尤其对未成熟阶段的螨和害虫有高的活性。

1）防治对象

用于果树、蔬菜、棉花等植物，防治刺瘿螨、短须螨、全爪螨、锈螨、红叶螨等叶螨，还有苹果越冬代卷叶虫、苹果小卷叶蛾、果树尺蠖、梨木虱、柑橘叶螨、柑橘木虱、柑橘潜叶蛾、蔬菜小菜蛾、菜青虫、豆荚螟、茄子叶螨、棉花叶螨、棉铃虫、棉红铃虫等。

2）应用方法

氟虫脲主要通过喷雾防治害虫及害螨。在苹果、柑橘等果树上喷施时，一般使用 50g/L 可分散液剂 1 000～1 500 倍液喷雾；在蔬菜、棉花等作物上喷施时，一般每亩使用 50g/L 可分散液剂 30～50mL，兑水 30～45L 喷雾。喷药时应均匀、细致、周到。

4. 除虫脲

除虫脲属灭幼脲类杀虫剂，是 20 世纪 70 年代发现的昆虫生长调节剂。可广泛使用于苹果、梨、桃、柑橘等果树，玉米、小麦、水稻、棉花、花生等粮棉油作物，十字花科蔬菜、茄果类蔬菜、瓜类等蔬菜，及茶园、森林中的多种植物。

除虫脲为苯甲酸基苯基脲类除虫剂，与灭幼脲Ⅲ号为同类除虫剂，杀虫机理也是通过抑制昆虫的几丁质合成酶的合成，抑制幼虫、卵、蛹表皮几丁质的合成，使昆虫不能正常蜕皮，虫体畸形而死亡。害虫取食后造成积累性中毒，由于缺乏几丁质，幼虫不能形成新表皮，蜕皮困难，化蛹受阻；成虫难以羽化、产卵；卵不能正常发育，孵化的幼虫表皮缺乏硬度而死亡，从而影响害虫整个世代，这就是除虫脲的优点所在。主要作用方式是胃毒和触杀。

1）防治对象

主要用于防治鳞翅目害虫，如菜青虫、小菜蛾、甜菜夜蛾、斜纹夜蛾、金纹细蛾、桃线潜叶蛾、柑橘潜叶蛾、黏虫、茶尺蠖、棉铃虫、美国白蛾、松毛虫、卷叶蛾和卷叶螟等。

2）主要剂型

20%悬浮剂；5%、25%可湿性粉剂；75%可湿性粉剂；5%乳油。

3）应用方法

20%除虫脲悬浮剂适合于常规喷雾和低容量喷雾，也可采用飞机作业，使用时将药液摇匀后兑水稀释至使用浓度，配制成乳状悬浮液即可使用。

5. 米满

米满，又名虫酰肼，为蜕皮激素类杀虫剂，是一类作用机理比较独特的杀虫剂，属于昆虫生长调节剂类。该药模拟一种蜕皮激素作用，使“早熟的”昆虫蜕皮开始后却不能完成生活史。

该药能引起昆虫，特别是鳞翅目幼虫早熟，使其提早蜕皮死亡。同时可控制昆虫繁殖过程中的基本功能，具有较强的化学绝育作用。具有杀虫谱广、高效低毒、持效期长的特点，广泛应用于稻、棉花、果树和蔬菜等植物及森林上，防治各种鳞翅目、鞘翅目和双翅目等害虫。

3.4.8.3 昆虫不育技术

昆虫不育技术是利用遗传学的方法防治害虫，其优点是不污染环境，害虫不易产生抗性，而且防治效果迅速，甚至可在几个世代内导致害虫种群的下降、基本消灭或更替。

昆虫不育技术法是将一种不育的昆虫，释放到昆虫的野生种群中去，不育昆虫与野生昆虫交配后，产生不育卵，从而使野生昆虫种群减少、基本消灭或被取代的一种方法。目前不育技术防治包括辐射不育、化学不育、杂交不育、胞质不亲和性及染色体易位和转基因不育等，研究较多的是辐射不育。

辐射不育是利用辐射源对害虫进行照射处理，在昆虫体内产生显性致死突变，即染色体断裂，导致核分裂反常，产生不育并有交配竞争能力的昆虫。而后因地制宜地将大量不育雄性昆虫投放到该种的野外种群中去，造成野外昆虫产的卵不能孵化，或者即使孵化但因胚胎发育不良而死亡。最终可达到彻底根除该种害虫的目的。

辐射源主要有α射线、β射线、γ射线、微波、红外线、可见光、紫外线和中子等。由于γ射线有强的穿透力且研究较多，通常采用具^{60}Co和^{137}Cs的辐射源。照射一般在雄虫精子成熟时进行。照射的剂量，以不影响其交配竞争力和寿命，且能在后代中表现高的显性致死率为标准。

20 世纪 50 年代初，美国在库拉可岛利用不育蝇消灭重大畜牧业害虫新大陆螺旋蝇 *Cochliomyia hominivorax*，是人类历史上第 1 次成功灭绝自然界 1 个害虫种群。美国 1982 年宣布不再发现螺旋锥蝇危害，随后美国与墨西哥合作实施根除螺旋锥蝇项目，在 1992 年宣布实现了螺旋锥蝇的根除。日本采用辐射技术于 1978 年彻底根除了瓜实蝇 *Bactrocera cucurbitae*（Coquillett）。危地马拉于 1984 年开始实施不育蝇释放项目，对地中海果蝇 *Ceratitis capitata* 进行了根绝。美国从 1967 年开始在加州圣金华流域的重要棉产区研究辐射不育技术，成功地阻止了从南方扩散来的棉红铃虫建立种群。现在已开始在加州南部的 Impearl 棉产区开展消灭棉红铃虫项目。加拿大已在 British Columbia 的 8 000hm^2 果园消灭了苹果蠹蛾 *Cydia pomonella*，建立的人工饲养苹果蠹蛾周产 1 400 万头。

在国内，马怀云等开展^{60}Co-γ射线对桑天牛 *Apriona germari*（Hope）雄成虫的辐射不育试验，可育率降低 9%，且子代幼虫无一成活，雌虫对辐照敏感。唐桦等采用^{60}Co-γ射线辐射光肩星天牛雌成虫，对其产卵行为产生了显著影响。杨长举等对绿豆象 *Callosobruchus chinensis* 的卵、幼虫、蛹和成虫进行辐射处理，对雌雄虫均产生了不育效果。李咏军等利用^{60}Co-γ辐射羽化前 12～24h 的烟青虫 *Helicoverpa assulta* 蛹，研究了羽化后成虫的飞行能力和生殖能力。结果表明烟青虫成虫的平均飞行距离和平均飞行速度无明显的降低趋势，烟青虫成虫寿命差异不显著；但烟青虫雌虫经过辐射处理后，产卵量显著低于未辐射雌虫；辐射处理雌虫与正常雄虫杂交后代，受精卵的孵化率明显下降；辐射剂量达到300Gy时，受精卵的孵化率降为1.23%。

从防治方面来看，释放不育雌虫的作用较大，两性不育虫都有防治作用。陈云堂等用 ^{60}Co-γ辐射对烟草中黑粉虫 *Tenebrio obscurus* 进行生物学效应研究。结果表明，50Gy的 ^{60}Co-γ射线就可以完全阻止烟草中的黑粉虫幼虫产生下一代，100Gy及以上剂量的 ^{60}Co-γ射线辐射可以有效控制黑粉虫幼虫的取食和生长，并最终导致其死亡。用γ射线辐射处理刺桐姬小蜂 *Quadrastichus erythrinae* Kim，刺桐姬小蜂幼虫化蛹率和蛹的羽化率均显著降低，成虫活动减弱，寿命缩短，交配次数、怀卵量和产卵量随处理剂量增高而降低。王胜利等利用辐射技术确定了舞毒蛾的成虫、幼虫、卵的灭杀辐射剂量。陈小帆等用不同剂量的 ^{60}Co-γ射线处理纵坑切梢小蠹 *Tomicus piniperda* 成虫，不同剂量致死所用时间不同，确定纵坑切梢小蠹存活和繁殖能力与辐射剂量之间符合剂量效应关系。牟建军等对松墨天牛 *Monochamus alternatus* 的辐射不育效应进行研究，结果表明通过释放松墨天牛辐射不育虫来降低林间松墨天牛的种群数量，达到防止松材线虫病扩散和蔓延是切实可行的。

3.4.9　植物病害的生物防治

植物病害生物防治是利用有益微生物和微生物代谢产物对农作物病害进行有效防治的技术与方法。目前，用于植物病害生物防治的生防因子很多，包括拮抗微生物、抗生素和植物诱导子等。微生物种类繁多，有细菌、真菌、放线菌和病毒。这些生防菌控制植物病害的机制主要有：①与病原体竞争生态位和营养物质；②分泌抗菌物质；③寄生于病原体；④多种生防机制对病原体的协同拮抗作用；⑤诱导寄主植物产生对病原体的系统抗性（induced systemic resistance，ISR）；⑥促进植物生长，提高植物的健康水平，增强其对病害的抵御能力；⑦对寄主植物微生态系进行微生态调控，实现对植物病害的防治。目前在生产上广泛应用的真菌有木霉、毛壳菌、酵母菌、淡紫拟青霉、厚壁孢子轮枝菌及菌根真菌等。细菌主要有芽孢杆菌、假单胞杆菌等促进植物生长菌和巴氏杆菌等。放线菌主要有链霉菌及其变种产生的农用抗生素。其他还包括病毒的弱毒株系，原菌的无致病力的突变菌株等。近年来，研究利用植物免疫诱导药物如壳寡糖和微生物蛋白激发子控制植物病害也取得了一定的进展。

1. AE206根癌生防菌

根癌病是由根癌农杆菌 *Agrobacterium tumefaciens* 引起的一种世界范围的细菌性病害。病菌寄主范围广，可侵染93科331属643种高等植物，除侵染桃、李、杏、樱桃、梨和苹果等主要果树外，还能为害葡萄、枣、木瓜、板栗和核桃等多种果树。病树树势衰弱，生长迟缓，产量降低，寿命缩短，严重者绝产甚至死亡。葡萄土壤杆菌菌株 AE206 为细菌生物制剂，该菌属于土壤杆菌，能在葡萄等苗木根部定植，保护伤口，产生抗菌素抑制根癌病菌，对根癌病有良好的预防作用。

1）人工繁殖

（1）种名及菌落特征。该菌为葡萄土壤杆菌菌株 AE206，在平板培养基上培养菌落圆形，灰白色，突起，表面湿润、有光泽、边缘整齐，不产生色素。

（2）培养基配方及培养条件。平板培养基（牛肉膏 5g/L，蛋白胨 10g/L，NaCl 5g/L，琼脂 15g/L，pH 7.0～7.2），25～33℃，48h。

（3）菌种保存。

长期保存方法：冷冻干燥保存。

短期保存方法：试管斜面液体石蜡封存，2～4℃低温保存。

（4）菌种的制备。

① 平板及试管菌种的制备。将低温保存的菌种在平板培养基上划线，25～33℃活化，挑取单菌落在斜面培养基上扩繁备用。

② 摇瓶菌种的制备。

a. 摇瓶培养基配方。蔗糖 5g，蛋白胨 5g，牛肉膏 5g，酵母（抽提）粉 1g，$MgSO_4 \cdot 7H_2O$ 0.5g，蒸馏水 1 000mL，消前的 pH 7.0～7.2。

b. 摇瓶培养条件。摇瓶装量 1/3，(28±1)℃下，24～36h，摇床转速为 180r/min。

（5）接种。用无菌水将试管斜面菌种配制成菌悬液，按 2%～5%体积比接种。

（6）合格菌种的标准。显微镜下菌体为短杆状，单细胞，革兰氏染色为阴性；摇瓶菌种微黄色，无臭味，活菌量在 109cfu/mL 以上。显微镜下菌体形态与纯菌种一致，菌体为短杆状，单细胞。

（7）种子罐发酵技术。

① 种子罐培养基。蔗糖 20g，谷氨酸钠 5g，酵母膏 5g，$(NH_4)_2SO_4$ 2g，K_2HPO_4 3g，NaH_2PO_4 1g，$MgSO_4 \cdot 7H_2O$ 0.3g，KCl 0.15g，$CaCl_2$ 0.01g，$FeSO_4 \cdot 7H_2O$ 2.5mg，水 1 000mL，pH 7.0～7.5。

② 种子罐灭菌、接种量和接种温度。灭菌 121℃，1h。接种量 5%体积比。接种温度（28±1）℃。

③ 发酵控制及发酵时间。装罐系数 0.6～0.7，（28±1）℃，通气量为 0.6～0.8V/Vmin（每分钟体积比），消沫剂用植物油 1%或消沫剂 0.04%，搅拌速度为 200～300r/min，取样间隔时间为 4h。发酵时间为 18～24h。

④ 合格种子液的标准。微黄色，无臭味，活菌量在 109cfu/mL 以上。在显微镜下观察菌体形态，与纯菌种一致，菌体为短杆状，单细胞。

（8）生产罐发酵技术。

① 生产罐培养基。绵白糖 20g，味精 5g，玉米浆膏 15g，$(NH_4)_2SO_4$ 2g，KCl 0.15g，$CaCl_2$ 0.01g，$FeSO_4·7H_2O$ 2.5mg，水 1 000mL，消前 pH 7.0～7.2，消后不需调节。

② 生产罐灭菌、接种量和接种温度。灭菌 121℃，1h。接种量 2%体积比，接种温度（28±1）℃。

③ 发酵控制及发酵时间。装罐系数 0.6～0.7，温度（28±1）℃，通气量为 0.6～0.8V/Vmin（每分钟体积比），消沫剂用植物油 1%或消沫剂 0.04%，搅拌速度为 200～300r/min，不需调节 pH。取样间隔时间为 3h，发酵时间为 24～30h。

④ 合格菌液的标准。微黄色，无臭味，活菌量在 109cfu/mL 以上。在显微镜下观察菌体形态，与纯菌种一致，菌体为短杆状，单细胞。

（9）制剂及贮存。

① 制剂原料的配方和比例。葡萄土壤杆菌菌株 AE206 根癌生防菌制剂配方见表 3-9。

表 3-9　葡萄土壤杆菌菌株 AE206 根癌生防菌制剂配方

成分	含量	作用
含菌量	$5×10^8$ cfu/g	有效杀菌成分
草炭	60%～80%	载体、营养
甲基纤维素	0.1%～0.5%	脱水防护剂、紫外线防护剂、稳定剂
黄原胶	0.1%～0.5%	脱水防护剂、紫外线防护剂、稳定剂
玉米粉	4%～8%	营养、分散剂

② 成品制备技术。草炭灭菌后，将黄原胶和甲基纤维素按上述重量百分比混入，形成固体填充物。将 AE206 发酵液直接与固体填充物按照重量份数比 1∶（3～5）的比例混合，搅拌均匀，然后遮阴风干。使其成为含水量为 10%～30%的粉状制剂，分装即可。

③ 成品的质量标准。AE206 根癌生防菌制剂质量标准，见表 3-10。

表 3-10　AE206 根癌生防菌制剂质量标准

性能项目	数值指标
AE206 活菌/（cfu/g）	$≥2×10^8$
水分含量/%（W/W）	15～30
pH	6.5～7.5

④ 产品的贮存。常温（18～25℃）避光保存，防止日晒，避免与强酸、强碱等接触，避免与挥发性农药共同存放。保质期为 100～120d。

2）野外应用

AE206 根癌生防菌制剂为细菌生物制剂，内含活菌（$\geq 2\times 10^{8}$cfu/g）。该菌属于土壤杆菌，能在葡萄等苗木根部定殖，保护伤口，产生抗菌素抑制根癌病菌，对根癌病有良好的预防作用。

（1）防治对象。主要防治葡萄、桃和樱桃等果树的根癌病，对葡萄根癌病效果最好，最高防效可达 80%；对核果类（桃、樱桃、李、杏等）、仁果类（梨、海棠等）和一些林木、花卉根癌病也有较好的效果。

（2）剂型包装。湿粉剂，塑料袋密封，1kg/袋。

（3）施用技术。

① 拌种催芽。将菌剂加一倍水调匀拌（浸）种后覆沙催芽，或直接用菌剂与沙混合覆盖种子催芽。

② 蘸根。将菌剂加一倍水后调匀蘸根 15～30min 再定殖，有瘤子的植株要先剪掉瘤子及附近组织，然后蘸根。

③ 刮瘤涂抹。已定植的植株如果发现有瘤，要先刮掉瘤子及附近组织，然后涂抹菌剂保护伤口。

葡萄下架埋土之前，用菌剂涂抹保护修剪伤口。

建议一年生苗木蘸根时每千克菌剂处理 50 棵左右；拌种或催芽要根据种子大小酌情用量，以每粒种子都能沾上菌剂为宜。

（4）注意事项。

常温（16～24℃）避光保存，防止日晒，贮存期不要超过 100d。

拌种或沾根后立即覆土，防止干燥。

避免与强酸、强碱等接触。

避免与挥发性农药共同存放。

2. 淡紫拟青霉

淡紫拟青霉菌 *Paecilomyces lilacinus*（Thom.）Samson 属真菌门半知菌纲丛梗孢目，可寄生许多植物病原线虫的卵及雌虫，包括危害最为严重的根结线虫 *Meloidogyne* spp. 和孢囊线虫 *Heterodera* spp.。淡紫拟青霉菌株可在植物根际定殖，抵抗根际有害线虫侵染，对植物根际土壤微生物菌群产生一定影响，利于植物生长发育，减少化学农药的使用。

1）室内繁殖

（1）菌落特征。淡紫拟青霉菌株具有以下特征：菌落毡状，表面初为白色，产孢时变为葡萄酒红色，并且产孢量越多，颜色越深，背面呈白色或酒红色。

（2）常用培养基配方。

马铃薯葡萄糖琼脂培养基（PDA）：马铃薯去皮后切成块，200g 煮沸 20min，纱布过滤后，向滤液中加葡萄糖 20g，琼脂粉 15g，用蒸馏水定容至 1 000mL，分装，高压蒸汽灭菌 20min 后备用。

液体培养基：蔗糖 30g，酵母 6.12g，K_2HPO_4 1g，$MgSO_4$ 0.5g，KCl 0.5g，$FeSO_4$ 0.01g，$ZnSO_4 \cdot 7H_2O$ 10mg，蒸馏水 1 000mL，pH 为 6.5。

（3）菌株培养条件。菌株生长的温度范围为 8～38℃，最佳为 25～30℃。在 pH 为 2～11 均可以生长，适宜 pH 为 5～9。光照对其生长和产孢有一定抑制，完全黑暗培养生长、产孢效果最好。

（4）菌种保存。可采用普通试管 PDA 培养基块法（切取生长在 PDA 培养基上生长良好的菌块放置在 1mL 无菌离心管中），低温下（4℃）至少保存 1 年并具有较高的活力。

（5）菌种的制备。

① 菌种活化。将低温保存的菌种转接至 PDA 培养基斜面上，28～30℃条件下培养 3～4d，充分活化培养后，便可接种摇瓶进行种子培养。

② 摇瓶菌种的制备。液体培养基：蔗糖 30g，酵母 6.12g，K_2HPO_4 1g，$MgSO_4$ 0.5g，KCl 0.5g，$FeSO_4$ 0.01g，$ZnSO_4 \cdot 7H_2O$ 10mg，蒸馏水 1 000mL，pH 为 6.5。

控制摇瓶装量≤150mL/500mL 瓶，摇床转速为 150r/min，培养温度 29～30℃，时间约 72h。

（6）接种。采用培养基块直接接种摇瓶即可，由于该菌可以产生大量分生孢子，因此一个摇瓶接入直径 0.5mm 培养基块 4 块即可。

（7）合格菌种的标准。在 PDA 培养基上颜色正常。镜检无其他杂菌孢子存在，无细菌菌脓等杂质，无酸性气味存在。

（8）种子罐发酵技术。

① 种子罐培养基。液体培养基：蔗糖 30g，酵母 6.12g，K_2HPO_4 1g，$MgSO_4$ 0.5g，KCl 0.5g，$FeSO_4$ 0.01g，$ZnSO_4 \cdot 7H_2O$ 10mg，蒸馏水 1 000mL，pH 为 6.5。

② 种子罐灭菌、接种量和接种温度。121℃灭菌 30min，此时 pH 范围在 6.0～6.5。发酵液按一级种子罐装量的 4%接种，接种温度为 30℃以下。

③ 发酵控制及发酵时间。装罐系数 0.6～0.7，(28±1) ℃，通气量为 0.6～0.8 V/Vmin（每分钟体积比），消沫剂用植物油 1%或消沫剂 0.04%，搅拌速度为 200～300r/min，取样间隔时间为 4h。发酵时间为 18～24h。

④ 合格种子液的标准。合格菌液呈土黄色至深褐色，较为黏稠，孢子含量达到 8×10^7/mL。

（9）生产罐发酵技术。

① 生产罐培养基。液体培养基：蔗糖 30g，酵母 6.12g，K_2HPO_4 1g，

$MgSO_4$ 0.5g，KCl 0.5g，$FeSO_4$ 0.01g，$ZnSO_4 \cdot 7H_2O$ 10mg，蒸馏水 1 000mL，pH 为 6.5。

② 生产罐灭菌、接种量和接种温度。培养液经 121℃灭菌 30min，接种量 4%体积比，接种温度为 30℃以下。

③ 发酵控制及发酵时间。装罐系数 0.6～0.7，温度（28±1）℃，通气量为 0.6～0.8V/Vmin（每分钟体积比），消沫剂用植物油 1%或消沫剂 0.04%，搅拌速度为 200～300r/min，不需调节 pH。取样间隔时间为 3h，发酵时间为 42～50h。

④ 合格菌液的标准。菌液呈土黄色至深褐色，较为黏稠，发酵液中液生孢子含量在 4×10^8/mL 以上，菌体干重在 1.5%以上。

（10）制剂及贮存。

① 发酵液的后处理。淡紫拟青霉菌在大罐发酵完成后，在发酵罐中经过充分搅拌，分散菌丝以及孢子，以用于制备菌悬液。

② 物料混合。将已经充分溶解好的 4%浓度的海藻酸钠溶液与罐内菌悬液按照 1∶1 比例在搅拌罐中彻底搅拌混匀，随即加入 10%（重量/体积）的无菌硅藻土，混合均匀成为矿土溶液。将该溶液加入制备好的微球发生器内，液滴自小孔滴出，微球发生器下方为 0.2mol/L 氯化钙溶液，液滴与氯化钙接触后，立即形成海藻酸钠微球。

③ 成品制备技术。淬水 1h 后，捞出微球，用无菌水冲洗 3 遍，平铺在干净水泥地板，室温条件下阴干，需时 5～7d，干燥后待微球制剂含水量降至 2%以下后包装使用。

④ 成品的质量标准。每克微球制剂中有效成分含量应≥10^7cfu/g 制剂菌落数为宜，微球制剂颗粒大小范围为（4±1）mm，千粒微球质量范围为 10～15g。

⑤ 产品的贮存。采用塑料袋抽真空保存。本制剂在室温条件下存放 6 个月后，制剂有效成分仍然保持活力。

2）野外应用

淡紫拟青霉菌可寄生许多植物病原线虫的卵及雌虫，包括危害最严重的根结线虫和孢囊线虫。淡紫拟青霉菌株可在植物根际定殖，抵抗根际有害线虫侵染，对植物根际土壤微生物菌群产生一定影响。

（1）防治对象。各种土传植物病原线虫，包括单子叶植物、双子叶植物、草本植物和木本植物的病原线虫，对大多数粮食作物、油料作物、纤维作物、烟草、茶叶、果树、蔬菜、药材和花卉等的根结线虫及孢囊线虫有良好效果。

（2）剂型包装。颗粒剂，塑料袋密封，1kg/袋。

（3）质量标准。用柠檬酸钠法将一定质量微球放置在柠檬酸钠溶液中，振荡破碎后涂布 PDA 平板，计算每克微球制剂所含有制剂活性成分，含量应以

≥10^7cfu/g 制剂菌落数为宜。微球制剂颗粒大小范围为（4±1）mm，千粒微球质量范围为 10～15g。

（4）施用技术。淡紫拟青霉菌微球制剂在苗木定植前或生长期内施于土壤中，苗木生长期内可多次重复使用，适宜用量为 4kg/亩以上。

（5）贮存条件与保质期。常温（18～25℃）避光保存，保质期为 6 个月。

对于植物病害生物防治的植物源杀菌剂研究较少。目前对商陆、蓖麻、金银花的防治效果比较引人注目。

3.4.10　杂草的生物防治

杂草生物防治是指利用寄主范围较为专一的植食性动物或植物病菌，将影响人类经济活动的杂草种群控制在经济、生态或从生态环境角度考虑可以允许的水平。“成功的”杂草生物防治一般是指：①十分成功，在天敌建立种群的地方无须使用其他防治方法；②比较成功，以应用天敌为主，控制杂草种群仍然需要用其他方法配合，但其他方法可以明显减少，如减少除草剂用量或使用频率；③部分成功，尽管天敌存在，但控制目标杂草仍需其他方法。在 100 多年的传统杂草生防史中，41 种杂草利用引进昆虫和真菌、3 种利用本地真菌的生物防治获得成功。生物防治杂草成功率达 1/3。

1. 紫茎泽兰的生物防治

紫茎泽兰是一种检疫性杂草。1845 年美国从墨西哥引进泽兰实蝇到夏威夷防治紫茎泽兰，取得较好的效果。1984 年，中国科学院昆明生态研究所在西藏聂拉木县樟木区找到泽兰实蝇，大量繁殖，对 63 种植物进行食性安全性的测定和控制效果的研究。1985 年、1988 年又从美国、澳大利亚引进泽兰尾孢菌，但未取得良好进展。此外，云南微生物所在当地分离了 6 种寄生在紫茎泽兰的病原菌，发现飞机草菌绒孢菌 *Mycovellosiella eupatorii-odorati*（Yen）Yen 对紫茎泽兰的致病力较强，但未形成田间实际应用；目前，南京农业大学正在研究链格孢菌对紫茎泽兰的致病力。

1）泽兰实蝇的人工繁殖

大量繁殖泽兰实蝇可在网室内进行，先将盆栽的紫茎泽兰实生苗置于网室内，然后接入泽兰实蝇成虫，使其交配产卵于盆栽的紫茎泽兰上，产生虫瘿。

2）泽兰实蝇的野外应用

泽兰实蝇在紫茎泽兰上繁殖一代后，能显著地抑制紫茎泽兰的生长高度、节数、光合叶面和光合量。泽兰实蝇对紫茎泽兰的控制作用：一是在形成虫瘿时，截获紫茎泽兰植株的大量营养源；二是影响紫茎泽兰根系矿质营养及水分的吸收，导致营养不足，使根系发育不良。

泽兰实蝇释放方法：多点顺风释放，以每虫占有 10 个枝条为宜。

2. 空心莲子草的生物防治

1964 年，美国昆虫学家 Vogt 在阿根廷发现莲草直胸跳甲，将其引入美国防治水生型的空心莲子草，取得了良好效果。中国农业科学院植物保护研究所 1986 年从美国引进莲草直胸跳甲；1987 年对我国具有重要经济价值的 21 个科 39 种植物进行食性专一性测定，详细研究生物学特性和生态学特性，认为其可以在我国安全利用，随后进行大量饲养与释放以及控制效果评价，莲草直胸跳甲已在湖南、四川、福建、云南、江西、广西等地建立了种群，在水域上取得了显著成效。1999～2000 年，调查研究证明空心莲子草至少在我国南方 18 个省（自治区、直辖市）自然发生，莲草直胸跳甲已分布扩散于我国 14 个省（自治区、直辖市）；通过对莲草直胸跳甲低温适应性以及对寄主植物化蛹的适应性研究，提出莲草直胸跳甲在我国的应用范围，指出旱生型和高纬度地区的空心莲子草仍是生物防治的难点。空心莲子草的生物防治是我国首次利用国外引进的天敌昆虫防治外来杂草项目，也是目前我国最成功的杂草生物防治项目。

莲草直胸跳甲成虫和幼虫均能取食空心莲子草叶片及茎秆。幼虫食尽叶片后，钻入茎秆内继续取食、化蛹，能有效地阻碍茎节生长；同时能分泌有毒物质，抑制植株生长，被害的伤口常引起病原微生物感染，使植株生活力下降，加速死亡过程。控制每平方米 345 株的空心莲子草，释放 50 头成虫，45d 即可。

3. 豚草的生物防治

美国、加拿大和苏联 20 世纪 60 年代开始研究豚草的生物防治，在原产地找到 400 多种天敌，并筛选出优势种：豚草条纹叶甲和豚草卷蛾。中国农业科学院生物防治研究所 1987 年自国外引进 6 种天敌，引进并释放了这两种天敌，系统研究了豚草条纹叶甲的生物学、生态学、食性专一性及控制效果，取得了一定的效果。湖南省农业科学院调查了豚草上的几种病原菌，但致病性测验结果都不理想。目前我国的豚草生物防治还不能达到立竿见影的效果，需进一步进行田间生态评价或引进新的天敌。

1）豚草条纹叶甲

豚草条纹叶甲属鞘翅目叶甲科，原产北美。成幼虫只取食普通豚草，属单食性昆虫。

大量饲养叶甲必先在室内栽培豚草。豚草种子需先在 4～6℃贮存 2 个月以上，加 1%赤霉酸促进发芽，然后栽植土中，施复合肥，光照 14h 以上，温度 22～28℃为宜。豚草株高 25cm 时即可饲养叶甲，单对饲养成虫可获卵 300 粒。相对湿度 70%～90%时，25cm 的植株可饲养幼虫 15 头。入土化蛹的土质宜疏松，干湿适宜。饲养成虫以60%～70%叶片被食为止。成虫可通过冷藏，在翌年异地释放。成虫室内贮存于3～8℃时，用沙埋法。室内饲养不宜超过三代，以防种群退化。

豚草幼苗期是叶甲有效控制期。4叶期豚草每株释放2头1龄幼虫，幼虫成熟期控制效果可达95.7%。10叶的营养生长期，每株放5.4头成虫，24d控制效果为87.2%，次年豚草株数减少89.1%。叶甲成虫有群集取食性。

2）豚草卷蛾

豚草卷蛾属鳞翅目卷蛾科，分布于北美洲。成虫只在豚草、三裂叶豚草、银胶菊和苍耳上产卵。幼虫偏嗜豚草，可完成发育，形成虫瘿、化蛹和羽化。

人工饲养豚草卷蛾可在温室内进行，25～29℃，光照14h，相对湿度70%～90%，豚草营养盛期饲养最好。释放方法可用释放成虫、虫瘿、越冬茎秆、初龄幼虫和排卵等方法。

4. 水葫芦生物防治

中国农业科学院生物防治研究所1994年引进两种象甲，2000年引进一种盲蝽，进行生物防治。主要研究了象甲的生物、生态学特性和食性安全性，饲养、释放技术，监测了田间种群扩散和控制效果。生物防治和综合治理在浙江、福建进行了小范围试验，取得了较好效果，但应用面积和力度仍然不够。通过研究象甲与水葫芦及其他生物和非生物因子的互作关系，提出了以生防为主，辅以化学、机械和物理等其他措施的综合治理技术体系。

每只象甲每年繁殖数量可达100多头，成群的象甲聚集在水葫芦叶片、根颈等部位，蚕食它的茎脉，在根部打洞、结茧、产卵、繁殖，使植株腐烂、枯萎。象甲是水葫芦的头号天敌。

在杂草的生物防治中，还应进行逆行思维，采用反向的技术，即不是向杂草滋生地释放生防元素（专食性昆虫或专性寄生菌），而是将杂草清除，集中于环境昆虫饲养场所进行转化处理。这个生防除草途径需要注意3点：一是杂草分布范围较为狭窄，容易人工收除；二是养殖的昆虫种类已经初步形成产业链；三是目前成功的案例有东亚飞蝗、白星花金龟和黄粉虫等十几个种类。

3.4.11　生物多样性在生物防治中的应用

（1）生物防治首先必须评价天敌昆虫种群在当地生态系统中的相互作用和对有害生物的控制效果。

目前，国外广泛使用的技术有周期性释放赤眼蜂控制鳞翅目害虫，保护生境，提高瓢虫、草蛉、蜘蛛及一些捕食性甲虫的种类数量，以达到控制害虫的目的。Pywell等（2005）报道，在植物生境中，甲虫和蜘蛛的丰富度提高，成熟的植株篱笆能很好地保护禾谷类蚜虫和作物害虫的重要捕食性天敌。

在棉花生产中，许多捕食蝽、草蛉、蜘蛛、寄生蝇和寄生蜂、昆虫病毒、寄生性真菌和细菌等害虫（棉铃虫、烟青虫、甜菜夜蛾、蚜虫和蓟马等）具有较强的控制能力（Guerena and Sullivan，2003）。

（2）天敌作用的发挥需要生物多样性。

对于多数天敌来说，充分发挥它们的作用是有基础条件要求的，如优越的环境条件，其中最重要的一个方面是物种多样性。实际上，生物防治研究的重点是创造有利于天敌栖息繁殖的场所，保护和利用自然天敌控制有害生物。研究表明，在田间保留杂草带且不清除枯草，春夏秋冬都有利于天敌生存、繁殖。天敌的生存，需要良好的环境条件。如果没有良好的生存环境，生物防治的效果就不可能体现，作用就不可能持久。如红环瓢虫是控制草履蚧的最重要天敌，但如果破坏了红环瓢虫的生存（越冬越夏）环境，草履蚧可以年复一年的大量发生。

北京平谷桃园以生物多样性保护为主要内容的有害生物生态控制技术试验，主要措施有桃园内留草、释放赤眼蜂防治卷叶蛾、释放捕食螨防治红蜘蛛，取得了很好的效果。与除草桃园相比，留草桃园的昆虫明显丰富，天敌的数量也相当多，虽有一部分害虫，但没有造成大的危害；使用化学农药的次数大大减少，比对照少用 5 次，用量少 60%。

在茉莉花有害生物防治上，广西横县开展增加田内生物多样性、释放赤眼蜂防治花蕾螟的试验，基本上控制了花蕾螟的危害。

3.5 生态调控技术及其应用

生态调控技术是从生态学观点出发，通过实施不同种植模式、不同耕作制度、农田景观多样性、生草保护自然天敌等措施，提高田间生物群落多样性指数，确保农田有益、有害物种丰富度，进而实现植物有害生物的可持续治理。是随着人们对农业发展的可持续性问题的思考，以及化学农药防治弊端的显现而提出的，是基于生态学理论的可持续治理技术。

该技术不是从单种农业害虫控制入手，而是从将农田视为人工生态系统、人为生物多样性、最简生物多样性角度，通过整个农田生态管理，合理调节整个农田生境中的植物、有害生物以及天敌等不同食物层级的动态平衡，从而达到控制有害生物的目的。生态调控技术主要是针对不同农田状况、主要有害生物发生危害的情况等，结合生产实际而采取的有针对性的调控措施。如近年提倡的果园生草技术、保护地蔬菜温湿度调控技术、生态治蝗技术、小麦条锈病源头治理技术以及生态工程控制水稻害虫技术等，都是生态调控技术在生产上的具体应用。

3.5.1　自然界生物的各级生物学生态学水平

自然界中，任何一种生物都具有不同的生物学水平，且处于不同的生态学水平上，生物学与生态学水平在个体水平上衔接（图 3-9）。

生态系统
群落
种群
个体
器官系统
器官
组织
细胞
细胞器
生物分子
生物基因

图 3-9　自然界物种生物学生态学水平

在不同的生物学、生态学水平上，都有相应的研究技术，如基因水平的基因编辑（转基因）技术；分子水平的分子生物学技术；细胞水平的细胞培养技术；器官水平的器官移植技术。在个体水平上，则表现出取食、交配、繁殖等相应的个体生物学技术，同时，也有个体生态学的研究技术；种群水平的种群生态学技术；群落水平的群落生态学技术；生物系统的宏观生态学研究技术等。

3.5.2　生态调控或生态编辑技术

按照生态植保的目标和要求，依据生物多样性原理和生物之间相生相克的生态关系，以物种为基础单元，选择不同的物种，人为地进行物种组合与搭配（如间作、轮作），构建人工生物系统关系，促进农业生态系统的稳定性，这实际上就是一种生态编辑行为。

3.5.2.1　人工构建农田准生态系统多样性、准物种多样性和物种内准遗传多样性

利用生物多样性持续控制农业有害生物，是一项系统工程。国际水稻所已开创利用生物多样性稳定控制水稻病虫害的国际合作研究先河，提出建立绿色走廊，建立天敌繁殖区，混合种植或交叉种植抗性品种等方法。

通过实践认为，利用生物多样性持续控制农业有害生物，最基本的方法应是仿照大自然，使生产农田中尽可能具备 3 个多样性，即准生态系统多样性、准物种多样性和物种内准遗传多样性。

（1）准生态系统多样性。要求旱作中具有微水生生态、微湿地生态；水作中

有微陆生生态；田头地尾有不进行耕作的微自然生态。如在旱地条件下，通过简单的挖塘贮水，可使被称为庄稼保护者的蛙类成倍增加，进而有效控制害虫暴发。

（2）准物种多样性。是全面改变目前的作物单一种植模式，实行超常规带状间套轮作。要求大片农田内，所有可互惠互利的作物，包括粮食作物、经济作物、饲料作物、蔬菜类、药用植物及果树、经济林木，还有培肥用的绿肥、具特定作用的陪植植物等，均以条带状间套轮种植。间套轮作物不是几种，而是十几种到几十种直至上百种，不再有棉田、麦地、茶园等单一种植概念。根据“一种植物周围往往相伴着一定的其他生物”的规律，就可生成在一定程度上的物种多样性（即准物种多样性）。多样性种植控制有害生物的效果是明显的。如资料显示，198 种植食性昆虫，在多样化作物系统中 53%的种类数量比单一种植作物的少，只有 18%的种类增多。就食性分类，专性植食性昆虫在多样化作物系统中 61%的种类减少，只有 10%增多；广谱植食性昆虫 27%的种类减少，但 44%的增多。又如纯针叶林松毛虫危害严重，但通过间种阔叶树木，就基本得到控制。

（3）物种内准遗传多样性。即一种作物内尽可能做到基因多样，包括多品种混合种植或相间种植；育种时最好不进行单株系统选育。如云南近年研究，不同水稻品种间种明显减轻了感病品种稻瘟病的发生。

3.5.2.2　利用生物多样性控制有害生物暴发与流行的机制

病虫害的暴发与流行必须具备 3 个基本条件：一是积累有大量致病力强的病原物或大量高危害的虫源；二是有大面积连片种植的感病或感虫品种，且处于感病或感虫状态；三是有该病或虫暴发流行的气候条件。通过创建农田准生态系统多样性、准物种多样性和物种内准遗传多样性，首先就破坏了第一个基本条件，并能在一定程度上破坏第二个条件，从而实现对病虫害暴发与流行的控制。

现有两种假说具体解释多样化种植使害虫减少。一是“天敌假说”，认为多样性种植拥有更多的害虫捕食者和寄生者。因为与单一种植相比较，多样化种植能为天敌提供更好的生存条件，能在多个时段提供多种多样的花粉和蜜源以吸引天敌并增加它们的繁殖能力；可增加昆虫多样性，以使主要害虫减少时，有替代食物源而使天敌继续保留在本系统内。二是“资源密度假说”，认为专性害虫减少的原因是多样化种植同时包含有寄主与非寄主作物，以致寄主作物空间分布上不像单作那样密集，且各种作物具有不同的颜色、气味，使得害虫很难在寄主作物上着落、停留与繁育后代。两种假说同样适用于解释病害的减轻。

多样性种植对杂草的抑制可能主要源于空间竞争。因为多样化种植一般不存在单一种植周期性存在的播种前后及作物幼苗期土地大面积裸露，以致利于杂草暴发的环境条件。

3.5.3 轮作和间套作

在作物品种搭配和茬口安排方面，主要是依据有害生物对寄主和生态环境的要求，采用合理的轮作和间作，切断有害生物的寄主供应；利用作物间天敌的相互转移或土壤生物的竞争关系，恶化有害生物的发生环境，减少田间有害生物的积累。

3.5.3.1 轮作

轮作是利用不同习性或不同类别的植物进行轮换种植的一种耕作制度。对于食性单一、寡食性或寄主范围狭窄的有害生物，轮作可恶化其营养条件和生存环境，或切断其生命活动过程的某一环节，有效控制其发生。如大豆食心虫仅为害大豆，采用大豆与禾谷类作物轮作，就能防止其危害。再如，实行稻、麦或稻、棉水旱轮作，可有效防治小麦红吸浆虫和棉花枯萎病，对于不耐旱或不耐水的杂草等有害生物的防治效果更佳。

3.5.3.2 间套作

间套作实际上是间作和套种的总称。间作是指在同一地块上，同一生长期内，分行或分节种植两种或者两种以上作物的种植方式。套种是指在前作物生长后期的株行间，播种或者移栽后季作物的种植方式。两种种植方式都有两作物的共生期，所不同的是共生期的长短不同。

合理选择不同植物实行间作、套作或插播，是防治病虫害的有效途径。目前，很多地区的生态调控措施，利用不同植物对病虫害的趋避习性，进行间作或插播。如麦、棉间作可使棉蚜的天敌如瓢虫等顺利转移到棉田，从而抑制棉蚜的发展，并可由于小麦的屏障作用而阻碍有翅棉蚜的迁飞扩展。高矮秆作物的配合也不利于喜温湿和郁闭条件的有害生物发育繁殖。但如间套作不合理或田间管理不好，则会促进病、虫、杂草等有害生物的危害。

3.5.3.3 间套作与轮作的部分案例

目前国外较好的间作方式有两种方式：小麦大豆间作和玉米大豆间作，在免耕条件下能控制杂草的危害。作物轮作也是控制杂草危害的有效方法，与间作一样，轮作作物同样要精心设计作物品种、播种时间和轮作顺序等。例如，与连作小麦田比较，冬小麦—黍—免耕或冬小麦—向日葵—免耕轮换，两年后杂草数量分别减少 99.7%或 99.8%（Sullivan，2003）。

山东省金乡县推广“大蒜棉花辣椒三元间套作和轮作种植制度”，得到农业部棉花绿色高产创建、山东省棉花耕作制度创新示范等项目的支持，形成两种典型的种植模式。一是年度内蒜棉椒间套作种植模式。该模式在传统蒜棉套种的基础上，在棉花行间条带状间作辣椒，头年 10 月种植大蒜，第二年 4 月套种棉花和辣椒，蒜棉椒共生 1 个月左右，大蒜 6 月收获，棉椒间作共生至 10 月初收获。该模式可有效分解辣椒单一种植的市场风险和涝实绝产风险。第二种模式是年际间蒜棉套作与蒜椒套作轮作的种植方式。该种植方式第一年采用大蒜套种辣椒，第二年采用大蒜套种棉花的倒茬种植方式。这一模式可有效解决辣椒连作重茬种植病害重、品质下降的问题。

3.5.4 土壤健康

土壤环境质量状况也是生态植保的基础之一。地球上有 90 多种化学元素，人类生命需要其中的 30 多种，称之为生命元素。在农作物生产过程中，农作物会把土壤中的生命元素吸入作物。

土壤是许多有害生物的栖息和活动场所，土壤中的水、气、温、肥和生物环境不仅影响作物的生长发育，同时也影响有害生物的生存繁衍。

（1）土壤耕作。土壤耕作通常包括收获后和播种前的耕翻，以及生长季的中耕。土壤耕作对有害生物的影响主要表现在 3 个方面：一是可以改善土壤中的水、气、温、肥和生物环境，有利于培养健壮的作物，提高作物对有害生物的抵抗和耐受能力；二是可以使土壤表层的有害生物深埋，使土壤深处的有害生物暴露在地表，破坏其适生条件；三是还会因机械作用，直接杀伤害虫，或破坏害虫的巢室而使其致死。

（2）土地培肥。土地培肥措施，如农田休闲、轮作绿肥等，可以改变有害生物的生存环境，大幅度地降低有害生物的种群数量，尤其对那些寄主范围较窄、活动能力较差的有害生物更为有效。如菜田在夏季病虫高发期休闲晒垡，稻田冬耕冻垡及沤田都是土地培肥兼控制病虫害的有效措施；选择适当的绿肥植物品种进行轮作，可以诱发真菌孢子和线虫卵萌发和孵化，随后因找不到适宜的寄主而死亡消解，从而降低这些有害生物在土壤中的种群数量。

3.5.5 作物和品种布局

合理的作物布局，如有计划地集中种植某些品种，使其易于受害的生育阶段与病虫发生侵染的盛期相配合，可诱集歼灭有害生物。在一定范围内采用一熟或多熟种植，调整春、夏播面积的比例，均可控制有害生物的发生消长。如适当压缩春播玉米面积，可使玉米螟食料和栖息条件恶化，从而减低早期虫源基数等。但如作物和品种的布局不合理，则会为多种有害生物提供各自需要的寄主植物，从而形成全年的食物链或侵染循环条件，使寄主范围广的有害生物获得更充分的食料。如桃、梨混栽，有利于梨小食心虫转移为害；不同成熟期的水稻品种混种于邻近田块，有利于水稻病虫害的侵染或转移；两种具有共同病原的作物连作，有利于病害的传播蔓延等。此外，种植制度或品种布局的改变还会影响有害生物的生活史、发生代数、侵染循环的过程和流行。如单季稻改为双季稻，或一熟制改为多熟制，不仅可增加稻螟虫的年世代数，还会影响螟虫优势种的变化，必须特别重视。

3.5.6　调节播种时期和方式

结合种苗精选和药剂处理，适当调整播种时期、深度、密度等，一方面可使苗齐苗壮，减少苗期病虫危害；另一方面可使作物易受害的生长阶段避开主要病虫发生侵染高峰期，从而减轻病虫危害。如，适当推迟冬小麦的播种期，可减少丛矮病的发生。适当推迟夏玉米播种期，可防止玉米粗缩病的发生。

3.5.7　害虫防治的推拉系统

害虫防治的推拉系统就是通过对害虫及其天敌人为进行行为调控，改变害虫或有益昆虫的分布或丰富度（目标主要针对害虫），从而达到防治害虫的目的。其使被保护的作物变得对害虫无吸引力或不适宜害虫取食（推系统），同时将害虫引诱到另一个吸引源上去（拉系统），这样就形成了害虫的迁移，使害虫远离保护作物，避免受害。

英国洛桑研究所的 Samantha M. Cook 等（2007）阐述了推拉系统的原理，列举了几种推拉系统的构成并总结了近年来推拉系统的发展及运用现状。Cook 指出推拉系统中很重要的一个方法是生态多样性，即通过间套作技术（将主栽作物与趋避植物间套作）和种植诱集植物，引导害虫到达一个集中区域加以扑灭。那么何谓趋避植物和诱集植物呢？所谓趋避植物是指会散发出害虫讨厌的浓香或毒性物质的植物，阻碍有害生物的接近。诱集植物则相反，它会散发出吸引害虫的物质，引诱害虫取食，将害虫从主栽作物上吸引过来，使害虫集中，以便于集中消灭。

趋避植物和诱集植物之所以有这种神奇的高效，得益于它们产生的挥发性物质。正是这些物质对害虫产生趋避或吸引作用。趋避植物产生的扰乱物质、驱散信息物、警报信息物、产卵抑制物质和拒食剂等让害虫望而却步；而诱集植物产生的聚集信息物、性信息素、产卵刺激物和味觉刺激物等令害虫心驰神往。但值得注意的是，趋避物质和诱集物质的概念都是相对的，它们在一定程度上可以相互转化。一些趋避物质在趋避害虫的同时还可以吸引自然天敌，对于天敌而言，这些趋避物质就变成吸引物质，如蚜虫的警报信息物（*E*）-β-金合欢烯。

Cook 提出，推拉系统有优势但也有不足。推拉系统相对于传统杀虫剂很大的优势是害虫难以产生抗性，因为它基于植物自然的驱虫特性，防效持久，同时也可以减少化学农药的输入，保护土壤、作物及环境的安全。推拉系统的弊端，主要在于推拉系统的合理利用需要大量的知识储备（如行为学、寄主害虫互作的化学生态学等）及足够的科研成果和理论支持。对于大型农场来说，推拉系统的使用方法会比较复杂，包含决策和监控系统，花费的成本稍高。但从总体的生态和社会效益来讲，推拉系统的优势远远大于弊端。

目前，推拉系统运用较为成功的案例是非洲东南部地区用于调控玉米和高粱上螟虫的推拉技术，融合了间作和植物挥发物的调控作用（Kfir et al.，2002；Pickett et al.，2004）。该技术由趋避植物（糖蜜草 *Melinis minutiflora*、山蚂蝗 *Desmodium racemosum* Thunb）和诱集植物［象草 *Pennisetum purpureum* Schum、苏丹草 *Sorghum* sudanense（Piper）Stapf.］组成，对靶标害虫及天敌进行种群调控。糖蜜草与玉米间作能干扰螟蛾产卵，糖蜜草花期释放的挥发物提高大螟盘绒茧蜂 *Cotesia sesamiae* 对螟虫的寄生率（Khan et al.，1997）。糖蜜草释放的活性化合物为（*E*）-β-罗勒烯、α-萜品油烯、β-石竹烯、葎草烯和（*E*）-4,8-二甲基-1,3,7-壬三烯（DMNT）（Kimani et al.，2000，Khan et al.，2000）。山蚂蝗同样也释放（*E*）-β-罗勒烯和 DMNT，并产生大量其他倍半萜，如α-柏木烯（Khan et al.，2000）。诱集植物，象草和苏丹草释放 q 的壬醛、萘、4-烯丙基苯甲醚、丁香酚和（R,S）-芳樟醇等活性化合物能诱集靶标害虫（Khan et al.，2000）。整体策略通过植物的上行调控作用和天敌的下行调控作用直接、间接地调控靶标害虫（Pare and Tumlinson，1997）。

Cook 提出，当前的推拉系统更多关注的是害虫而非天敌，因此调节自然天敌的行为以提高生防效果的推拉系统，或许能在将来得到更广泛的应用。

3.5.8　陪植植物及其生态调控功能

陪植植物即在农作物周围，或与农作物以一定比例相间隔，有意种植一些对害虫具有毒杀或忌避、引诱作用，对天敌具有补充营养作用的蜜源植物或可以“以害繁益、以益灭害”的植物。陪植植物治虫是指用能够毒杀、驱除、引诱害虫或诱集、繁殖天敌的植物种植在作物的四周、行间，以防治作物的害虫。陪植植物治虫在国内外均有研究和利用，有的称为“间作治虫”，有的称为“害虫生态控制”或称为“补充寄生植物助长天敌”等。

陪植植物治虫主要有以下 4 方面作用。

1. 利用陪植植物毒杀害虫

用有毒且是某些害虫嗜食的作物作为陪植植物，诱杀害虫。在自然界具有这种特性的植物不多，因而应用有限。已知日本丽金龟能取食实际上对它有毒害的七叶树和天竺葵的花而致死。大黑金龟甲、黑皱金龟甲等嗜食蓖麻叶，食后不久即麻痹，大都不能复活。

2. 利用陪植植物引诱害虫

一些植物对害虫有引诱作用，利用这个特性可将害虫诱集，聚而歼之。诱集植物的种类很多，比如苜蓿可以引诱棉田的棉盲蝽；菽麻可诱集豇豆上的豆荚螟；金银花还能吸引山茶上的华山茶蟓。棉田适当栽种一些玉米和高粱，有诱集棉铃虫产卵的作用；玉米喇叭心内，也常诱集大量棉铃虫成虫隐藏于其中。棉花和玉米通过 10∶1 间作，对二代棉铃虫的诱集产卵效果为 45.3%～69.8%。陪植玉米的棉田，棉铃虫卵量与对照比较少 70.7%，这样就改变了棉铃虫的卵量分布，减少棉花虫害，也便于集中杀灭。

香根草是一种著名的诱集植物。香根草 *Vetiveria zizaniodes* 又名岩兰草、陪地茅，为禾本科香草根属植物。它是多年生草本植物，原产于印度次大陆与中南半岛。香根草生长迅速，茎干直立，成熟时一般可以高达 1.5m。叶子对生，细长且较硬，花为紫色但不易结籽。它的根系十分发达，垂直向下生长呈网状结构，可扎入土中 2～3m 深，因此也常被用于生态环境治理和水土保持。香根草的根具有特殊的香气，可以提炼精油、制作香水，因而在南亚还作为草药使用。早在 19 世纪，人们就发现香根草可以与害虫互相作用。在之后的研究中，科学家发现香根草可以诱集玉米螟在其上产卵，从而防止玉米受害。科学研究也发现，香根草可以诱集水稻二化螟 *Chilo suppressalis*。水稻二化螟也偏好在香根草上产卵，在稻田中种植香根草可以对水稻二化螟起到很好的诱集作用。更重要的是，对于水稻二化螟幼虫来说，香根草好吃但却是毒药。香根草体内含有有毒活性物质，这些物质通过抑制水稻二化螟幼虫体内解毒酶的活性，使幼虫逐渐丧失解毒代谢能力，从而死亡。另外，相对水稻而言，香根草的营养物质匮乏，水稻二化螟幼虫取食香根草后会营养不良，消化功能紊乱，最终走向死亡。

3. 利用某些陪植植物的忌避作用驱除害虫

有些陪植植物的作用不一定是诱集，而是忌避作用。

有些植物因含有挥发性油、生物碱和其他一些化学物质，害虫不但不取食，反而避之，这就是忌避作用。如香茅油可以驱除柑橘吸果夜蛾，除虫菊、烟草、薄荷、大蒜等对蚜虫都有较强的忌避作用。棉田套种绿肥胡卢巴，其香豆素气味能减少棉蚜的迁入量，同时也不利于蚜虫的繁殖。辽宁省义县农科所曾做过试验，当棉花和胡卢巴 2∶1 间作时，平均可使棉蚜减少 72.4%，棉卷叶率下降 74.4%，可少用药 3～4 次。

4. 利用陪植植物构建“嵌入式生物防治”系统

以最简生物多样性理论为指导，将相关陪植植物纳入农业生态系统中，使其功能嵌入农业生态系统中发挥作用。

（1）蜜源诱集作用。许多天敌昆虫需补充营养，特别是一些大型寄生性天敌，如姬蜂，若缺少营养，就会影响卵巢发育，甚至失去寄生功能；小型寄生蜂，如补充营养，能延长寿命，增加产卵量；一些捕食性天敌如瓢虫和螨类，在缺少捕食对象时，花粉和花蜜是一种过渡性食物。因此，大田周边环境适当种一些蜜源植物，能够诱集一些天敌。

（2）“诱集陪植植物”繁殖天敌作用。许多寄生蜂早期因找不到寄主而死亡，当害虫发生时，由于寄生蜂天敌的基数低而不能充分发挥作用。一些捕食性天敌在早期滞后，繁殖天敌可使作物害虫的天敌得到大量补充，与害虫同步发展“以益灭害”。山东省聊城利用冬油菜春种，陪植在棉田内，其上繁殖大量的蚜虫、菜青虫等，诱集和繁殖大批捕食性和寄生性天敌，如蜘蛛、草蛉、蚜茧蜂和小花蝽等，使早期棉田益害比在 1∶15 以内，有时甚至天敌超过棉蚜，不仅对整个苗期蚜虫起防治作用，而且对“伏蚜”也有推迟和减轻作用。江苏省邳县占城果园，多年来坚持在苹果园内陪植苕子，利用苕蚜大量繁殖天敌，控制苹果树上的蚜虫和螨类，取得理想的防治效果。

3.6　有害生物绿色防控

3.6.1　有害生物绿色防控概念及植保策略进展

3.6.1.1　有害生物绿色防控概念

有害生物绿色防控是植物保护工作的一个技术性概念。2011 年，农业部办公厅印发《关于推进农作物病虫害绿色防控的意见》（农办农〔2011〕54 号）指出，“农作物病虫害绿色防控，是指采取生态调控、生物防治、物理防治和科学用药等环境友好型措施控制农作物病虫危害的植物保护措施。推进绿色防控是贯彻‘预防为主、综合防治’植保方针，实施绿色植保战略的重要举措。”

目前我国农作物病虫害防控主要依赖化学农药防治措施，在控制病虫危害损失的同时，也带来了病虫抗药性上升和病虫暴发等问题。绿色防控不仅是持续控制病虫灾害，保障农业生产安全的重要手段，而且是降低农药使用风险、保护生态环境的有效途径。有害生物绿色防控，最大限度地减少化学农药的使用量，确保农业生产安全、农产品质量安全和农业生态环境安全。

3.6.1.2　植保策略的进展

回顾中华人民共和国成立以来的有害生物防治工作，植物保护战略和植保工作方针不断演进，大体经历了 4 个阶段：第一是以人工扑打为主、化学防治为辅的阶段；第二是以化学防治为主的阶段；第三是有害生物综合治理的探索及实施阶段；第四是以绿色防控为主的有害生物综合治理阶段。

1）人工扑打为主、化学防治为辅的阶段

中华人民共和国成立之初至1955年，我国植保工作方针为“防重于治”，植物病虫防治工作突出“防”字。在此阶段，主要是广泛组织发动群众，人工除虫，开展田间清洁活动，推行“除草防虫”，清除害虫越冬场所，减少病虫害传播，推广温汤浸种及其他农业防治技术，并组织植物性和矿物性农药的生产应用，形成人工防治和药物防治相结合、土农药与化学农药相结合、传统防治技术与新技术相结合的防治阶段。

2）以化学防治为主的阶段

1956～1975年，随着农药工业的发展、进口农药的增多，化学农药防治成为防控病虫害的主要手段。1955年国家制定“积极扩大病虫害防治面积，充分利用药械，结合农业措施及早彻底防治；积极开展植物检疫工作，严禁危险病虫传入保护区；封锁疫区，并迅速肃清局部发生的危险病虫”的植物保护工作方针，使人们错误地认为利用化学药剂就可以彻底解决病虫害问题。大量农药导致一系列严重问题，最为突出的是农药残留、生物抗药性和有害生物再猖獗等问题。

3）化学农药防治与生物防治并行阶段（有害生物综合治理的探索及实施阶段）

1974～1977年，由于化学农药的副作用逐渐被认识，我国注重生物防治技术的引进、研究与推广。在采用化学农药防治病虫害的同时，大力发展生物防治技术，大搞群众性生产、应用微生物农药活动，繁殖赤眼蜂防治玉米螟，大规模助迁瓢虫、草蛉等防治棉花害虫。但由于生物防治技术基础研究薄弱、生物防治效应迟缓、受农药化工的挤压，生物防治热情逐渐下降，完全走上了依赖化学农药的轨道。

4）以绿色防控为主的有害生物综合治理阶段

1978年开始，从棉花和小麦病虫害综合防治入手，研究、示范、推广综合防治技术。1987年，制定了小麦、棉花、大豆、花生等多种作物综合防治技术规范，并进行了大面积推广应用。之后，山东省实施出口农产品绿卡行动计划，制定颁布了近30项出口农产品良好农业操作规范（good agricultural practices，GAP），标志着作物病虫害综合防治成果的成功应用。

2006年以来，随着农业可持续发展战略的提出，人们开始对农业发展的可持续性进行认真思考，逐步改变过去将某些有害生物作为植保管理单位的观点，开始调查研究生态系统中各组成成分的功能、反应以及生物与环境之间的相互关系等，从生态学观点出发，通过实施不同种植模式、不同耕作制度、农田景观多样性、生草保护自然天敌等生态调控技术措施，确保田间益、害物种丰富度，促使田间生物群落多样性指数提高，实现有害生物的可持续治理。同时，随着全国人民生活水平的提高，人民对农副产品的要求不再停留在能否解决温饱问题，而是要求优质、安全、可靠，这也对有害生物治理提出了更高的要求。人们开始在棉田、稻田、菜园、果园等生态系统中探索有害生物治理的生态调控措施。

3.6.2　有害生物绿色防控指导思想和基本原则

1）推进绿色防控的指导思想

有害生物绿色防控，必须坚持以科学发展观为指导，贯彻“预防为主、综合防治”植保方针和“公共植保、绿色植保”的植保理念，分区域、分作物优化集成农作物病虫害绿色防控配套技术。通过加大政策扶持和宣传发动等措施，大力示范推广绿色防控关键技术，为农业生产安全、农产品质量安全及生态环境安全提供支撑作用。

2）绿色防控的基本原则

（1）预防为主原则。“绿色防控”这一技术性概念，是国家根据“预防为主、综合防治”的植保工作方针，结合现阶段植物保护的现实需要和可采用的技术措施提炼形成的。其采取的各项措施，无论是单项的技术，还是集成的模式，都遵循“预防为主”这一前提，以实现有害生物的绿色防控。

（2）植物健身栽培原则。培育健康植物，保持植物健壮生长，从而增强植物抵御病虫害危害的能力。健身栽培主要通过以下途径来实现：一是选用抗性或耐性品种，这是健康栽培的基础；二是进行种苗消毒处理，包括浸种、晒种、包衣、嫁接等措施，使种子、苗木不带病原菌等有害生物，这是培养健康种苗的重要环节；三是培育健壮种苗、加强田间管理，包括育苗期间和栽培生长期间的田间管理、平衡施肥，以及合理使用植物免疫诱抗剂等，这需要贯穿整个植物生长的过程。

（3）保护生态原则。保护生态是实现绿色防控的重要原则之一。实施有害生物绿色防控中的保护生态原则包括两个方面。一是建立良好的土壤生态环境，从生产管理来说，通过合理的水肥管理和生态调控等措施，保持或创造有利于植物生长的良好的土壤生态环境，而不利于有害生物生长繁殖，目的是促进植物根系发育，保障植物健康生长，保护生物多样性和自然天敌，发挥生态调控功能，减少或抑制植物病虫害发生发展；二是建立良好的农业生态环境，通过推广应用绿色防控技术、科学使用农药等措施，减少化学农药使用量，降低农药对生态环境带来的负面作用，进而保护农田生态环境，减少农产品农药残留以及环境污染等。

（4）发挥天敌控害原则。实施有害生物绿色防控，必须遵循保护利用自然天敌和人工繁育补充天敌，以充分发挥天敌控害作用的原则。

① 保护利用自然天敌。生态环境中的有益生物，包括捕食性天敌、寄生性天敌、昆虫病原线虫、土壤微生物等，一般情况下均可有效抑制有害生物的发生，将病虫害控制在经济损失允许水平以下。因此，采取适当措施，保护和应用有益生物来控制有害生物。一般可采取保护或提供栖息场所、越冬场所，种植天敌食源植物，采用选择性诱杀技术控制害虫，采用局部或保护性施药技术防止杀伤有益生物种群等措施；同时，通过加强植被管理、应用功能景观以及优化田间环境关系等，以充分发挥自然天敌控害的目的。

② 人工繁育释放天敌。如果田间自然天敌种群难以达到自然控害所需的数量，必须通过人工饲养繁育、规模化生产、科学释放等进行补充，以达到有效控害的目的。近年来，天敌昆虫资源的开发与利用成为生物防治技术领域的研究热点。然而，天敌资源的筛选、规模化生产以及田间利用技术等仍是制约天敌昆虫资源控害应用的瓶颈。目前，比较成熟的技术有人工繁殖赤眼蜂防治玉米螟，人工繁殖丽蚜小蜂防治温室白粉虱，人工繁殖食蚜瘿蚊、蚜茧蜂、瓢虫等防治蚜虫。人工繁育东亚小花蝽、胡氏钝绥螨防治蓟马以及以螨治螨、以螨治虫、以螨带菌治虫等技术。以上技术正在生产中实践应用。

3.6.3 有害生物绿色防控技术模式与集成

自 2007 年以来，为贯彻落实“公共植保、绿色植保”理念，农业部在全国范围内建立了众多绿色防控示范区，开展农业植物病虫害绿色防控技术模式的试验示范与模式集成等工作。先后组建形成了以作物、靶标有害生物、防控技术产品和生产基地为主线的一系列技术模式，涉及粮棉油、果菜茶以及油料等作物。2014 年全国农业技术推广服务中心汇编了《农作物病虫害绿色防控技术模式》，共 82 个成功的实例，其中水稻病虫害绿色防控技术模式 16 个，小麦病虫害绿色防控技术模式 7 个，玉米病虫害绿色防控技术模式 5 个，马铃薯晚疫病绿色防控技术模式 2 个，蔬菜病虫害绿色防控技术模式 23 个，果树病虫害绿色防控技术模式 19 个，茶树病虫害绿色防控技术模式 7 个，棉花病虫害绿色防控技术模式 2 个，油菜和花生病虫害绿色防控技术模式各 1 个。

3.6.3.1 以作物为主线的绿色防控技术模式

以作物为主线的绿色防控技术模式，系针对作物生长发育全过程所发生的病虫害进行防控，将各项技术措施与多种植保产品进行集成，实施全过程绿色防控，保障绿色产品的生产和供应。有的地区将作物不同生育时期分别采取的主要绿色防控技术进行集成，有的地区将主要病虫害分别采取的主要绿色防控技术进行集成，最终均形成全程绿色防控技术模式。

如上海市金山区根据当地水稻发生的主要病虫害纹枯病、纵卷叶螟、褐飞虱、恶苗病和螟虫（二化螟、三化螟、大螟）等，水稻病虫害绿色防控技术模式，基本是以水稻生育期来实施的。包括 6 部分：一是苗前以农业防治为主（精选种子+翻耕灌水+种子处理），提高幼苗抗逆能力，压低病虫基数；二是苗期以物理防治为主，诱杀螟虫和飞虱，隔离灰飞虱的传毒危害；三是移栽前，打起身药，带药移栽，加强前期的防控；四是分蘖至拔节期，综合应用灯光诱杀、性诱剂诱杀和生物及高效环保化学农药；五是穗期以药剂防治为主，主要防治穗期病害，兼治虫害；六是全生育期应用太阳能杀虫灯和螟虫性诱剂诱杀害虫。

辽宁省盘锦市盘山县根据当地水稻主要发生的水稻二化螟、纹枯病和稻瘟病三种病虫害，集成的绿色防控技术模式关键技术包括 3 部分：一是针对二化螟防治，采取设置频振式杀虫灯诱杀+水稻本田施用 100 亿孢子/g 苏云金杆菌 50g；二是针对水稻纹枯病防治，采取春季水耙地时将田中菌核同漂浮草及稻根等捞出掩埋或烧掉，发病初期使用井冈霉素喷雾防治；三是针对水稻稻瘟病，根据生育期，用枯草芽孢杆菌+春雷霉素防治。

3.6.3.2　以靶标有害生物为主线的绿色防控技术模式

以靶标有害生物为主线的绿色防控技术模式，系针对重点有害生物，组织、集成各种绿色防控技术措施进行有效防控。如黑龙江省针对玉米螟集成了“杀虫灯+赤眼蜂+白僵菌”技术模式，有效控制玉米螟的发生与危害。

3.6.3.3　以防控产品为主线的绿色防控技术模式

以防控产品为主线的绿色防控技术模式，系指以绿色防控产品为主，辅助其他绿色防控技术措施，实施绿色防控。如以杀虫灯为核心的绿色防控技术模式，在水稻产区，采用杀虫灯+鸭/鱼等技术；在玉米产区，采用杀虫灯+赤眼蜂/白僵菌；在蔬菜产区，采用杀虫灯+色板/紫外线；在果树上，采用杀虫灯+性诱剂/色板。再如，针对昆虫性诱剂组装的绿色防控技术模式，在水稻上，采用性诱剂+天敌、性诱剂+生物农药等；在蔬菜上用性诱剂+色板、性诱剂+微生物农药等多种技术模式。

3.6.3.4　生产基地绿色防控技术模式

生产基地绿色防控技术模式，按照目标产品的绿色生产标准，制定农药、化肥等农资产品的使用技术规范，确保生产出绿色农产品。

3.6.4 有害生物绿色防控技术展望

随着我国全面建设小康社会的推进，社会越来越关注生态与安全问题，对农产品和食品的要求不断提高。党的十七届三中全会和十八届五中全会相继提出生态农业和绿色、协调发展等理念，强调绿色和协调对现代农业发展的作用；发展现代农业，呼吁以绿色防控为引领的生态植保技术体系。

为满足绿色消费，服务绿色农业，提供绿色产品，自 2006 年开始，全国农业技术推广服务中心在全国范围内开展了绿色防控技术的示范与推广工作。但我国绿色防控技术示范推广工作尚处在起步阶段。主要表现在 4 个方面：一是当前绿色防控技术体系单一，集成程度不高，系统性不强；二是示范展示区点多面小，不成规模，未引起政府和社会的足够重视；三是推广工作中存在不同程度的上层热下层凉、业内热业外凉的现象；四是技术储备不够，实用性强的绿色防控关键技术还不多，绿色防控发展后劲不足。

3.7 生态植保技术体系的多元性

以美国为代表的大规模工业化农业是资本密集型农业，成就斐然，但代价惊人。高投入、高消耗、高污染、高补贴、高风险是其突出特点。我国的农业历史悠久，精耕细作是几千年来形成的宝贵经验；我国农业生产方式多种多样，与本土自然条件、人文习惯和适生作物紧密对应。我国农业发展的时代背景、资源禀赋、经济社会结构、体制环境、经营方式均不同于美国。美国的技术也是以美国自身的条件和问题为背景研究与发展起来的，和我国的农业生产条件并不对应。复制美国农业模式，非但难以解决我国问题，反而会衍生许多新的麻烦。我国农业必须走多元化并存的发展模式，走自然资源节约、劳动和技术集约经营、精耕细作的传统技术和农业现代化技术相结合的道路，采取低投入、高收益、与生态环境相容的技术路线。

生态植保技术体系，就是遵循生态学原理，充分利用各种自然因素，最大限度地减少化学农药的使用，一是直接降低生产成本，二是保护生态环境，三是保证农产品质量安全，减少化学农药残留。大面积采取病虫害源头治理技术，全程推进绿色防控技术，确保农产品安全、高产、优质、可持续发展。

第四章 主要作物生态植保方案

自十九大以来，绿色农业发展成为生态文明建设的重要内容。植物保护在农业绿色发展中处于突出位置，更加要求植保工作在农作物有害生物的防控中突出植保的生态性、综合性、整体性、系统性，而不是简单的绿色防控产品加技术。生态植保更强调通过生态调控，有效控制病虫害的发生与危害，保护环境，在实施过程中，根据区域特色、种植习惯和气候的变化，密切结合实际，制订针对性强、反应快的生态植保方案。

生态植保方案在县域实践也有成功的案例。山东省邹城市以全国绿色防控示范区建设项目为带动，以专业化统防统治组织为依托，大力推进生态植保理念，实施农作物病虫害绿色防控。全市农作物病虫害绿色防控技术覆盖率达到65.4%，突破性实现925万亩花生、20万亩蔬菜、15万亩果树全覆盖。①强化政策扶持、着力推动物理生态防控技术。2008年，邹城市政府就将“万灯杀虫工程”列入生态邹城建设的重要内容，选取当地农业的支柱作物——花生为重点，以主要地下害虫——蛴螬为靶标，本着整体布局、科学规划、积累推进的原则，打造以杀虫灯为主推技术的绿色生态防控网。政府共计补贴安装杀虫灯1.2万盏，投入400余万元。之后，通过农产品质量提升工程、生态农业示范县建设、粮食绿色生产技术示范等项目，使得全市杀虫灯保有量达1.7万盏，性诱捕器达3.6万套，成功打造了3个以集中展示生态防控技术的大型示范区，终结了单纯依靠化学农药防治花生蛴螬的历史。②培育实施主体，推进统防统治与生态防控融合发展。邹城市以统防统治组织和专业合作社为主体，以特色种植大户、家庭农场为基地，创新形成了专业合作社+种植基地、专业合作社+家庭农场等多种推广服务模式。将诱虫灯安装管护权、收益权全部交付植保专业合作社，以村社风险共担，收益共享，从而解决了后续管护问题。同时，通过实施“山东省农业重大有害生物防控体系建设项目”“山东省农业病虫害专业化统防统治能力建设示范项目”“山东省玉米一防双减补助项目”等，购置大中型植保器械477台，扶持统防统治服务组织，并定期开展专业培训，提升了实施主体植保机械装备水平和生态植保技术水平。③探索创新技术模式，实施以花生为代表的作物病虫全程生态治理。

4.1　粮食作物生态植保方案

粮食作物主要包括小麦、玉米、水稻、马铃薯四大主粮和杂粮作物。

4.1.1　小麦生态植保

小麦是我国特别是北方地区最重要的粮食作物，有着悠久的种植历史。在小麦生产过程中常因多种病虫害的危害造成严重损失，直接影响小麦的高产和优质。据统计，小麦病害有 50 余种，经常发生并造成危害的有 30 种，其中以锈病、白粉病、赤霉病、全蚀病和纹枯病等对小麦生产威胁最大；虫害有 230 余种，其中具有重要经济意义的 30 多种，包括地下害虫、麦蚜和吸浆虫等；此外麦秆蝇、麦叶蜂等在局部地区发生较重；近年来，麦田还新发生害虫——白眉野草螟。

4.1.1.1　小麦病虫害种类

1. 小麦病害

1）小麦锈病

小麦锈病俗称麦疸、黄疸等，包括条锈病、叶锈病和秆锈病，其中以条锈病、叶锈病危害最重。3 种锈病的病原均属于真菌担子菌中的柄锈菌属，分别为小麦条锈菌 *Puccinia striiformi*、小麦叶锈菌 *Puccinia recondita* 和小麦秆锈菌 *Puccinia graminis*。

小麦感染 3 种锈病后共同的症状特点是在叶片、叶鞘或茎秆上产生鲜黄色或红褐色铁锈状粉疱，即锈菌的夏孢子堆，粉疱破裂后散出的粉状物是锈菌的夏孢子；小麦生长后期，病部长出黑褐色的疱斑，即冬孢子堆，其中的黑褐色粉状物是冬孢子。3 种锈病的症状可根据夏孢子堆和冬孢子堆的形状、大小、颜色、着生部位及排列方式等区分，人们将 3 种锈病概括为“条锈成行叶锈乱，秆锈是个大红斑”。条锈病发生部位以叶片为主，叶鞘和穗次之，夏孢子堆小，椭圆形，鲜黄色，排列成行，表皮开裂不明显；冬孢子堆黑色，狭长，排列成行，不破裂。叶锈病发病以叶片为主，叶鞘和茎秆次之，夏孢子堆红褐色，中等大小，近圆形，散乱，表皮开裂一周；冬孢子堆黑色，圆形至长椭圆形，散生，不破裂。秆锈病发病以茎秆和叶鞘为主，夏孢子堆锈褐色，大，长椭圆形，排列散乱，大片开裂且反卷；冬孢子堆黑色，椭圆形，排列散乱，表皮破裂，卷起（图 4-1）。

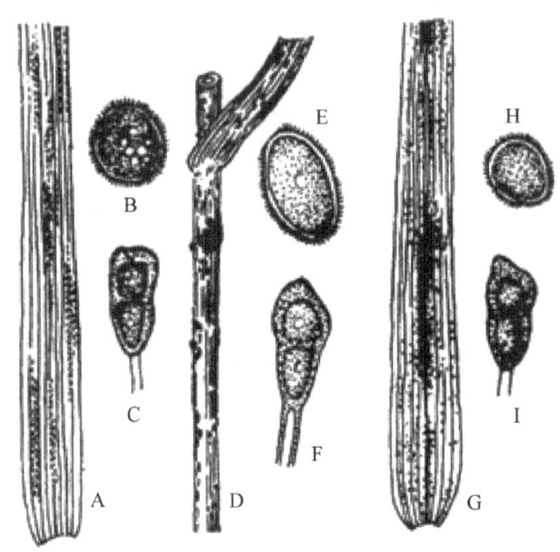

A. 条锈病症状　B. 条锈菌夏孢子　C. 条锈菌冬孢子　D. 秆锈病症状
E. 秆锈菌夏孢子　F. 秆锈菌冬孢子　G. 叶锈病症状
H. 叶锈菌夏孢子　I. 叶锈菌冬孢子。

图 4-1　小麦锈病

3 种锈菌都属活体营养寄生，即在自然条件下只能依赖活的寄主生长发育，都是通过夏孢子传播为害。小麦锈病的侵染循环可分为锈菌的越夏、秋苗侵染、越冬和春季流行 4 个阶段。3 种锈菌的萌发和侵染均要求与水滴或水膜接触，而对环境温度的要求有很大差异。夏孢子萌发侵入的最适温度，条锈菌为 9～13℃、叶锈菌为 15～20℃、秆锈菌为 18～22℃。条锈菌越夏的最高旬平均气温为 22～23℃，我国北方地区常年夏季最热月份旬平均气温在 25.8℃以上，因而不能越夏。小麦收获后，夏孢子随气流传播到我国高海拔地区，侵染为害晚熟冬小麦、春小麦，秋季再经气流传播到华北地区秋苗侵染为害，以菌丝体的形式潜伏在小麦叶片组织内越冬，由于冬季温度低，有些菌丝体随叶片一起死亡。春季随气温回升和降雨增多，条锈菌扩展蔓延，引起春季流行。叶锈菌对温度适应范围较广，在华北地区能在自生麦苗上越夏，也可以菌丝体潜伏在小麦叶片组织内越冬。秆锈菌耐高温不耐低温，夏孢子在华北地区越冬率较低，流行主要受南方春季传来的菌源影响。在华北地区以条锈病危害最重，叶锈病次之，秆锈病最轻。但近年来，叶锈病有逐年加重的趋势。

北方冬麦区，小麦孕穗至抽穗期，经常受到锈病的侵袭。小麦被锈菌侵染后，叶绿素被破坏，进行光合作用制造养分的叶面积减少，后期叶片表面破裂，水分从裂口处大量散失，最终导致株高、穗长、穗粒数和千粒重显著降低。

由于春季干旱少雨，孢子不能侵入叶片。因此小麦孕穗前，北方冬麦区条锈病一般不能严重发生。到了小麦孕穗至抽穗时，条锈病发生的轻重取决于外来菌量：当南部地区条锈病发生严重时，大量夏孢子会随气流向北方传播，如果北方地区 4～5 月雨水充沛，雨水滋润了夏孢子，就有利于锈菌的侵入，条锈病在北方就会突然大发生。

小麦条锈病是一种通过空气传播的低温真菌病害，是世界小麦生产的主要危害因素之一，在一般流行年份，这种病害可使小麦减产 10%～20%，在特大流行年份，可使小麦减产 60%以上，严重时甚至绝收。康振生院士在国际上首次发现自然条件下小麦条锈病在小麦和野生灌木小檗上转主寄主完成生活史和病害循环，更新了真菌基础生物学知识体系和小麦条锈病病害循环理论体系；揭示了小檗在条锈病毒性变异中的重要作用及变异规律，破解了我国西北“越夏易变区”成为条锈病菌小种策源地的谜团；提出了不同生态区条锈病分区治理策略。3 月是西南麦区小麦条锈病流行期，更是该病由冬繁区向春季流行区扩展的关键时期。此期应加强监测，密切关注和掌握病害发生动态，及时发布趋势预报，指导科学防控。3 月，我国大部分东部麦区气温偏高或常年稳定，降水正常。随着气温快速回升，加之前期多地多雪雨天气，田间湿度大，有利于小麦条锈病繁殖和扩散。

在北方大部分地区，小麦叶锈病菌既能忍受酷暑，又能度过严寒。小麦收获后，越夏的叶锈病菌在麦田内外的自生麦苗上安家。秋天自生麦苗上产生的夏孢子又感染秋苗，因此小麦出苗越早，秋苗受叶锈病的危害越重。随着小麦的返青，叶锈病的危害也逐渐加重，但 4 月底雨水到来之前，叶锈病不能猖獗。到小麦孕穗至抽穗时，大量的雨水为叶锈病菌夏孢子的侵入提供了条件，在本地叶锈病菌和南来叶锈病菌的强大攻势下，小麦就会得叶锈病了。

小麦秆锈病在冬麦区的发生情况与条锈病、叶锈病非常相似。在我国主要发生在华东沿海、长江流域、南方冬麦区及春麦区。主要发生在叶鞘和茎秆上，也为害叶片和穗部。真菌病原 Ug99（1999 年因其在乌干达的鉴定而得名），在全世界范围内影响小麦产量，严重时甚至可以导致绝产。该锈病目前没有明显抗病性基因被发掘利用。

现在我们已知道小麦条锈病、叶锈病和秆锈病是由气流传播的突发性病害。这三种锈病发生的程度受 3 个因素的共同影响：一是小麦孕穗至抽穗期外来菌量的多少；二是适宜发病期雨水的多少；三是栽培品种的抗性。在这三个因素中，能够人为控制的只有品种。在雨水多、外来菌量多的年份，品种抗病性是决定锈病发生程度的基本条件。如果栽培的是抗性品种，则小麦受锈病危害较轻。

条锈病菌耐低温但不耐高温。华北地区冬小麦收获后，当气温升到23℃以上时，大量的条锈病菌死亡，剩余部分则随气流传到西北高原，侵染当地的春小麦。当春小麦收获后，夏孢子再通过气流传回华北地区，侵染秋播的冬小麦。

叶锈病菌可在华北地区越冬，但越冬的冬孢子大量死亡，因而早春叶锈病在田间很少见到。随着温度的升高，叶锈病越来越严重，3 月下旬后逐渐成灾。

秆锈病菌喜温但不耐寒，只能在南方冬麦区越冬。来年早春通过气流传到华北地区，侵染当地的冬小麦。

2）小麦全蚀病

小麦全蚀病由禾顶囊壳菌 *Gaeumanomyces graminis* 引起，在我国麦区普遍发生。

病原菌主要侵染根部和茎基部 1～2 茎节及叶鞘，初期种子根、地下茎和根茎部变黑褐色，引起根系腐烂，造成苗黄、衰弱甚至死苗；拔节后茎基部叶鞘内侧和茎秆表面在潮湿时形成黑色菌丝层，呈“黑膏药”或“黑脚”状，叶鞘内侧有许多黑色颗粒状物，为病原菌的子囊壳；灌浆至成熟期病株形成白穗并枯死（图 4-2）。

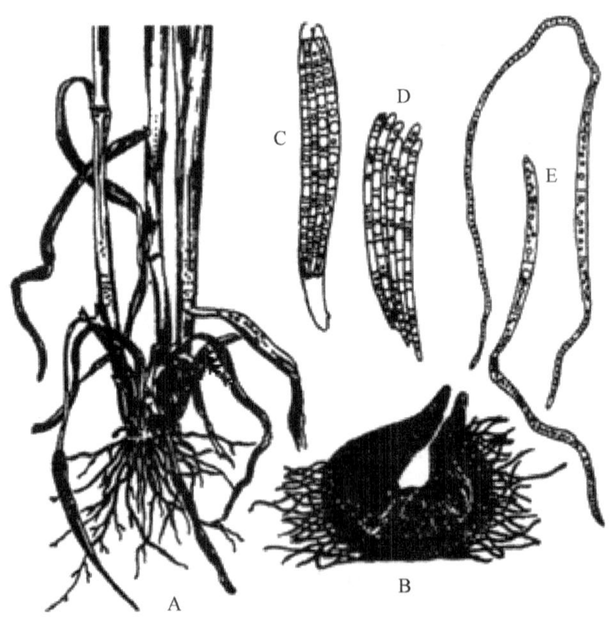

A. 症状　B. 子囊壳　C. 子囊　D. 子囊孢子　E. 子囊孢子萌发。

图 4-2　小麦全蚀病

田间土壤中的病根茬、用病残体沤积的粪肥及混有病株残屑的种子是翌年病害的主要初侵染来源。病原菌侵染适温为 12～18℃，发育适温为 15～24℃，致死温度为 52～53℃。病地连作、土壤肥力差尤其缺磷，常引起病害加重。

3）小麦纹枯病

近年来各主产麦区小麦纹枯病发生普遍，危害逐年加重，已成为小麦高产、稳产的重要限制因素。小麦各生育期都可以受害。

小麦纹枯病的症状识别有 3 个要点：干、白穗和死苗。小麦发芽感病后，芽鞘变褐色，严重时烂芽枯死。秋苗至返青期感病，叶鞘上出现中部灰色、边缘褐色病斑，叶片渐呈暗绿色水渍状，以后失水枯黄，严重者死亡。拔节后植株基部叶鞘出现椭圆形水渍状病斑，后发展为中部灰色、边缘褐色的云纹状病斑，病斑扩大相连成花秆烂茎，主茎和大分蘖常不能抽穗而形成枯孕穗，或虽能抽穗但形成枯白穗。

主要由禾谷丝核菌 *Rhizoctonia cerealis* 引起，病原菌以菌核形式在土壤中或以菌丝体形式在土壤的病残体内和周边环境杂草中越冬，主要在土壤中。其季节流行过程，包括冬前始病期、越冬静止期、返青病株率上升期、病位上移和发病高峰期。年前小麦约三片叶时，出现感染高峰和弱苗现象。3 月中旬后温度上升、5 月中旬左右（孕穗期）分别形成感染高峰。纹枯病在 10～30℃均可发病，发病适温为 15～20℃。一般土壤湿度大、小麦品种感病性强、播种早，多苗期侵染；氮肥水平高、田间杂草多，则有利于病害的发生流行。

4）小麦白粉病

由禾布氏白粉菌 *Blumeria graminis* 引起，是一种因麦田水肥条件的改善和种植密度的增加而严重发生的病害。近年来，在我国麦区呈加重趋势。麦株从幼苗到成株期均可被侵染。

病原菌主要为害叶片，严重时也可为害叶鞘、茎秆和穗部。病部最初出现白色霉点，以后扩大成白色霉斑，严重时霉斑连成一片，甚至整个叶片或全株均为霉层覆盖。霉层初为白色，以后逐渐变为灰白色至淡褐色，霉斑上出现许多小黑点（病原菌的闭囊壳）。霉层下的叶片组织初期无明显变化，随后褪绿、发黄以至枯死。发病严重时，小麦植株弱小，不抽穗或抽出的穗短小。

闭囊壳内的子囊孢子是秋苗发病的主要初侵染源，一般以菌丝体在麦苗上越冬，春季产生分生孢子，分生孢子借气流在田间传播，反复多次再侵染，引起病害流行。白粉病在 0～25℃均可以发展，但 0℃以下和 28℃以上一般不发病。施用氮肥过多，种植密度过大，田间湿度大，均有利于该病的发生流行。

5）小麦黑穗病

俗称“乌麦”，主要包括散黑穗病、腥黑穗病和秆黑粉病。腥黑穗病又分为网腥黑穗病和光腥黑穗病。分别由小麦散黑穗病菌 *Ustilago tritici*、网腥黑穗病菌 *Tilletia caries*、光腥黑穗病菌 *Tilletia foetida* 和秆黑粉菌 *Urocystis tritici* Korn 引起。

散黑穗病菌在小麦扬花期侵入，潜伏在种胚内，随种子越冬。播种后随种子萌动形成系统侵染，但在茎叶上不表现症状，至孕穗期，菌丝体在小穗内迅速发展，破坏花器，在麦穗上产生大量的黑粉（即冬孢子）。病原菌在 1 年内只侵染 1 次，种子带菌是发病的唯一来源。腥黑穗病主要以病原菌冬孢子附着在种子表面和混入土壤与肥料，带菌种子、土壤和肥料为主要侵染源，病原菌自小麦幼苗侵入，形成系统侵染，最后在穗部表现症状。病株一般稍矮且分蘖多；病穗短直，颜色较健穗深；颖片略开裂，病粒短胖，初为暗绿色，后变灰黑色，易破碎，并有鱼腥味。病原菌侵入麦苗的最适温度是 9～12℃，任何不利于小麦出苗的因素，都会加重该病的发生。秆黑粉病主要以带菌土壤、肥料和种子为主要侵染源，病原菌从幼苗芽鞘侵入至生长点。自下而上依次在叶片、叶鞘及茎秆上出现黄白色至银灰色条斑，条斑里充满黑粉；病株矮化、叶畸形卷缩；重病株提早枯死，轻病株穗小、多不结实。病原菌侵入的最适温度为 14～21℃，播种期及影响出苗的因素与病害发生有较密切关系。

6）小麦病毒病

小麦病毒病种类较多，我国北方麦区比较重要的有黄矮病、丛矮病和土传花叶病 3 种，分别由大麦黄矮病毒 *Barley yellow dwarf virus*（BYDV）、北方禾谷花叶病毒 *Northern cereal mosaic virus*（NCMV）和小麦土传花叶病毒 *Wheat soil-borne mosaic virus*（WSBMV）侵染引起。黄矮病主要由麦蚜传播，其中麦二叉蚜为主要传毒媒介；丛矮病的传毒媒介为灰飞虱；土传花叶病主要由土壤中的禾谷多黏菌 *Polymuxa graminis* 传播。

小麦感染黄矮病后，从新叶叶尖开始逐渐向叶身扩展发黄，有时病部出现与叶平行但不受叶脉限制的黄绿相间的条纹，黄化部分占全叶面积的 1/3～1/2，病叶质地光滑。感病植株生长不良，分蘖减少，植株矮化。小麦感染丛矮病后分蘖明显增加，植株矮缩。最初基部叶片浓绿，在心叶上有黄白色断续的细线条，尔后发展成不均匀的黄绿色条纹。冬前显病的植株大部分不能越冬而死亡，轻病株在返青后分蘖继续增多，生长细弱；病株严重矮化，一般不能拔节抽穗而提早枯死。土传花叶病在秋苗期感染，翌年返青后开始显症，麦苗发黄，至拔节期症状明显，植株矮化，新叶出现花叶，有纵向不规则的短线状条斑，穗短小，籽粒秕瘦，易贪青晚熟。轻病株至抽穗期症状逐渐隐退。一般感病性强的品种，早播的田块以及传毒昆虫发生重的年份，有利于病毒病的发生流行。

2. 小麦害虫

根据中国农业科学院植物保护研究所报道(1980),我国小麦害虫达200余种,其中60余种应列为防治对象。

1）地下害虫

地下害虫种类较多，一生全过称或一至几个阶段生活在土壤中，危害小麦根系和茎基部，主要有蛴螬、金针虫和蝼蛄等，主要取食萌发的种子、根系、茎部，造成缺苗断垄，是小麦播种期和苗期的常发性害虫。

（1）蛴螬。

蛴螬是金龟甲幼虫的统称。在我国北方麦区主要有华北大黑鳃金龟 *Holotrichia oblita* Faldermann、暗黑鳃金龟 *Holotrichia parallela* Motschulsky 和铜绿丽金龟 *Anomala corpulenta* Motschulsky 等。属鞘翅目、金龟甲科。成虫取食植物叶片，蛴螬（幼虫）则在地下为害多种植物的根系、块根、块茎、果实及萌芽的种子。

华北大黑鳃金龟成虫体长 17～22mm，黑褐色至黑色，有光泽，鞘翅各有明显的 3 条纵肋，臀板向体下前方弯折，故腹部末端钝圆；幼虫 3 龄，老熟时体长约 40mm，头部橘黄色，前顶刚毛每侧 3 根，臀节腹板覆毛区仅有钩状刚毛，肛门三裂形（图 4-3)。暗黑鳃金龟成虫体长 16～22mm，黑褐色至黑色，无光泽，鞘翅有不明显的 4 条纵肋，臀板与腹板会合于体末端，臀板不向腹面包卷，故腹末端具棱边；幼虫与华北大黑鳃金龟相似，主要区别是头部前顶刚毛每侧 1 根。铜绿丽金龟成虫体长 16～22mm，背面为铜绿色，前胸背板色深，两侧有黄褐色饰边，雄虫腹面多为黄褐色，雌虫为黄白色；老熟幼虫体长 30～33mm，污白色，头部前顶刚毛每侧 6～8 根，臀节腹板覆毛区中央有 2 列长针状刚毛组成的刺毛列，每列 11～20 根，肛门横裂型。

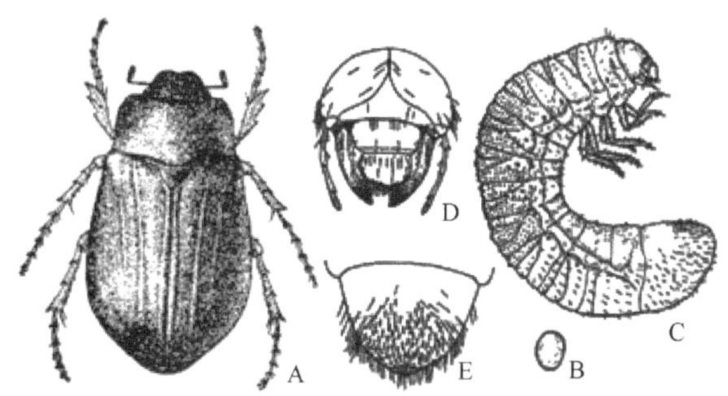

A．成虫　B．卵　C．幼虫　D．幼虫头部正面观
E．幼虫臀节腹面观。

图 4-3　华北大黑鳃金龟

华北大黑鳃金龟在我国北方1～2年1代，以成虫和幼虫在土中隔年交替越冬。越冬成虫于4月底至5月上旬进入出土盛期，产卵盛期在5月下旬至7月上旬，幼虫孵化盛期在6月中旬至7月中旬，7月下旬至8月大部分进入2龄幼虫期，主要为害小麦等作物的根系。8月下旬以后，多数幼虫陆续蜕皮进入3龄，严重危害秋作物，11月向深土层移动并越冬。次年春天4月上旬移至土表为害，4月中旬至5月使小麦和各种春播作物受害严重。在华北地区奇数年份，幼虫越冬数量大，成虫越冬数量少，当年春季作物地下部分受幼虫为害重，秋季则轻；偶数年份幼虫越冬数量少，成虫越冬数量多，当年春季作物地下部分受幼虫为害轻，而秋季则重。在奇数和偶数年份，幼虫在春季和秋季危害程度不同，表现为幼虫危害严重程度“单春双秋”的规律。暗黑鳃金龟在黄淮地区每年发生1代，以老熟幼虫在土中作土室越冬。4月下旬至5月初越冬幼虫开始化蛹，6月中旬至7月上中旬为出土高峰，同时大量产卵，7月上中旬前后为孵化盛期，7月下旬至8月上旬为2龄幼虫盛发期，8月中下旬后进入3龄盛期，严重危害秋作物，小麦播种出苗后严重危害麦苗。铜绿丽金龟每年发生1代，以2、3龄幼虫在土中越冬。北方一般在3月底至4月上旬上移活动为害，4月下旬至5月下旬为危害盛期。成虫出土盛期在6月中旬至8月上旬，并为害多种林木果树叶片。成虫交配后3d产卵，6月下旬幼虫大量孵化，开始为害多种农作物、林木和花卉，10月下旬下移至土壤深处越冬。三种金龟甲昼伏夜出，其中华北大黑鳃金龟有隔年出土、暗黑鳃金龟有隔日出土的习性。金龟甲的卵分批散产于作物根际周围土中。成虫具趋光性，铜绿丽金龟趋黑光灯最强，暗黑鳃金龟趋光性次之，华北大黑鳃金龟趋光性最弱。华北大黑鳃金龟成虫喜食花生、大豆叶片，暗黑鳃金龟和铜绿丽金龟喜食杨、柳、榆、槐、桑、梨和苹果等乔木和豆科作物叶片，严重时常将树木叶片食尽。金龟甲成虫昼伏夜出，产卵于土中，每头雌虫一般产40～80粒卵。

（2）金针虫。

金针虫是叩头甲幼虫的统称。属鞘翅目、叩头甲科。主要有沟金针虫 *Pleonomus canaliculatus* 和细胸金针虫 *Agriotes subrittatus* Motschulsky 两种。沟金针虫分布广泛，以黄河、辽河流域发生较重，多发生在有机质含量较少的沙土和沙壤土旱田。细胸金针虫分布于华北、东北和西北地区，以有机质丰富的黏土地、淤地、水浇地和低湿地发生较重。近些年来，随着地力的培养、土壤有机质含量增加，水浇地面积扩大，金针虫危害呈上升趋势。金针虫主要为害禾谷类、薯类、豆类、棉、烟、麻和蔬菜等。以幼虫蛀害发芽的种子，取食胚乳，咬断幼苗，造成缺苗断垄；根颈受害时，断口呈不整齐的丝状。

沟金针虫成虫体长 14～18mm，棕红至栗褐色，密被细毛，雄成虫体瘦狭，鞘翅长约为前胸的 5 倍；雌成虫触角短锯齿状，鞘翅长约为前胸的 4 倍，后翅退化。老熟幼虫体长 20～30mm，金黄色，略扁平；体背中央有 1 条细纵沟，臀节背面斜截形，末端叉状，外侧具小齿突 3 对，内侧 1 对。细胸金针虫成虫体长 8～9mm，暗褐色，密被黄茸毛；前胸背板略呈圆形，后角尖锐略向上翘；鞘翅每侧有 9 条纵列点刻。老熟幼虫体长约 23mm，圆筒状，细长，淡黄色；臀节圆锥形，背面近基部有 1 对圆形褐色斑，斑下有 4 条褐色纵线（图 4-4）。

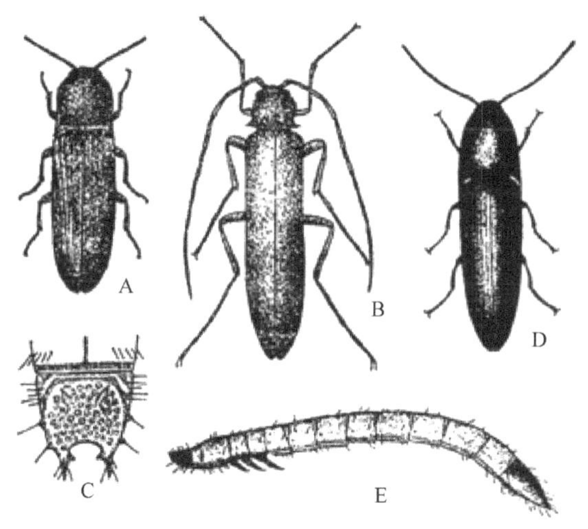

A. 沟金针虫雌虫　B. 沟金针虫雄虫　C. 沟金针虫臀节背面观
D. 细胸金针虫成虫　E. 细胸金针虫幼虫。

图 4-4　金针虫

沟金针虫 3 年完成 1 代，以成虫和各龄幼虫在土壤深处越冬。在北方一般 3 月上旬越冬成虫开始出土，3 月中旬开始产卵，卵散产于土下 3～7cm 处。5 月上中旬为幼虫孵化盛期，开始为害小麦等农作物，至 6 月下旬下移越夏。9 月中下旬上移继续为害，至 11 月中旬下潜越冬。第 2 年 3 月初两年龄幼虫开始上移为害，3 月下旬至 5 月上旬返青期至拔节期危害最重，至秋季上移为害麦苗。第 3 年春季三年龄幼虫上移活动为害，“立夏”节气后进入越夏状态，9 月羽化为成虫并直接进入越冬状态。幼虫危害受土壤湿度影响很大，最适土壤湿度为 15%～18%。成虫昼伏夜出，交配后在途中产卵，每头雌虫产卵 100 多粒。

（3）蝼蛄。

蝼蛄俗称拉拉蛄。属直翅目蝼蛄科。主要有华北蝼蛄 *Gryllotalpa unispina* 和东方蝼蛄 *Gryllotalpa orientalis* Burmeister。前者主要分布于我国长江以北地区，以盐碱地和河泛冲积平原发生为多。后者全国各地均有分布，但以南方危害较重，多发生在水浇、低湿的壤土和轻黏土田中。成、若虫喜食禾谷类、烟、麻、蔬菜等作物，也为害棉花、油料作物和果林幼苗。其咬食播下的种子，咬断作物的嫩茎和幼根，在土表层开掘隧道，将发芽种子架空，引起植株枯死或发育不良。

华北蝼蛄成虫体长36～56mm，黄褐色至黑褐色，前足腿节外下方有一缺刻，后足胫节背面内缘有棘1～2个；若虫体色和形态与成虫相似，共13龄。东方蝼蛄成虫体长 30～35mm，灰褐色，前足腿节外下方平直无缺刻，后足胫节背面内缘有棘3～4个。

华北蝼蛄3年发生1代，以成虫和若虫在土下60～70cm深处越冬。在北方一般3月上中旬开始逐渐向地表层活动。4月正值小麦返青拔节期和春播期，达危害高峰。9月中下旬严重危害小麦秋苗。东方蝼蛄在长江以南地区每年发生1代，东北和西北约2年完成1代，黄淮地区1～2年1代，以成虫和若虫在土下30～70cm处越冬。在北方一般3月上中旬越冬成虫和若虫开始上升活动为害，4月进入危害盛期。两种蝼蛄均具趋光性，趋湿性，趋鲜马粪和趋香、甜物质习性。

2）麦蚜

麦蚜俗称腻虫、蜜虫。属同翅目蚜总科，是麦田常发性害虫，主要有麦二叉蚜 *Schizaphis graminum*（Rondani）、禾谷缢管蚜 *Rhopalosiphum padi* 和荻草谷网蚜（*Sitobion miscanthi*）。麦蚜分布极广，我国西北春麦区以麦二叉蚜为主，其他地区以荻草谷网蚜和禾谷缢管蚜为主。麦蚜除为害麦类外，还为害玉米、高粱、鹅冠草、看麦娘以及狗尾草等禾本科植物，禾谷缢管蚜也为害稠李、李子、榆叶梅等李属植物。麦蚜常群集于植株的叶、茎、穗部刺吸组织汁液，还是小麦黄矮病的传播媒介，对小麦危害很大。

麦二叉蚜有翅胎生雌蚜体长1.8～2.3mm，体绿色，腹背中央有深绿色纵纹，前翅中脉分二叉，腹管有瓦纹；无翅胎生雌蚜体淡黄绿至绿色，触角为体长的一半或稍长，腹背中央有深绿色纵线。荻草谷网蚜有翅胎生雌蚜体长2.4～2.8mm，体黄绿至浓绿色或橘红色，背腹面两侧有褐斑4～5个，触角比体长，前翅中脉分三叉，腹管长，末端具网纹；无翅胎生雌蚜体淡绿色、黄绿色或橘红色，背侧有褐色斑点，触角与体等长或超过体长。禾谷缢管蚜有翅胎生雌蚜体长约1.6mm，体暗绿带紫褐色，腹背后方具红色晕斑2个，触角比体短，前翅中脉分三叉，腹管近圆筒形，黑色，近端部缢缩如瓶颈状；无翅胎生雌蚜浓绿色或紫褐色，触角仅为体长的一半，腹部后方有红色晕斑（图4-5）。

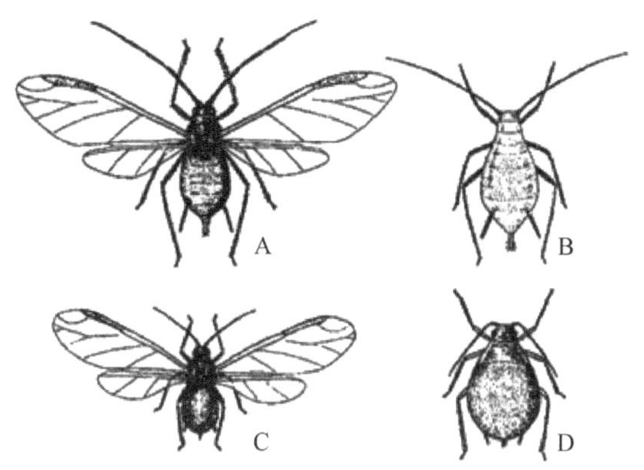

荻草谷网蚜：A．有翅胎生雌蚜　B．无翅胎生雌蚜
禾谷缢管蚜：C．有翅胎生雌蚜　D．无翅胎生雌蚜。

图 4-5　麦蚜

麦二叉蚜在我国北方地区每年发生 20～30 代，一般以无翅胎生雌成蚜和若蚜在麦叶、根颈部和土缝中越冬，翌年 3 月上中旬开始恢复活动，4 月下旬小麦孕穗期，蚜量急增，至小麦乳熟期大量有翅蚜迁向附近的禾本科植物继续繁殖。10 月上中旬秋苗出土后再迁入麦田为害，11 月陆续越冬。荻草谷网蚜在淮河以南地区每年发生 20～30 代，以无翅胎生雌成蚜和若蚜在麦田中越冬，在华南地区冬季可继续繁殖；在北方每年发生 16～20 代，虫源由南方的有翅蚜迁飞而来，4 月上中旬为迁入高峰。5 月上旬小麦抽穗期，蚜量急增，并由中下部叶片向上部叶片和穗上转移，进入危害盛期。5 月中下旬小麦灌浆期，蚜量达高峰，多集中于穗部危害。5 月底至 6 月上旬小麦陆续黄熟，以有翅蚜大量迁出麦田，转移到凉爽的山上和北方春麦区的小麦、水稻及禾本科杂草上繁殖为害，至 9 月下旬又以有翅蚜回迁到小麦秋苗上繁殖为害。但由于北方冬季低温而不能越冬。禾谷缢管蚜每年发生 30 代左右，在北方一般于翌年 3 月下旬小麦返青期，有翅蚜开始由越冬寄主迁入麦田，4 月上中旬为迁入盛期，5 月上旬至 6 月上旬进入危害盛期。小麦黄熟期产生大量有翅蚜迁向玉米、高粱、自生麦苗及杂草上繁殖为害。秋季麦苗出土后迁回麦田繁殖为害，11 月中旬小麦盘墩后蚜量达高峰。

麦蚜天敌种类很多，主要有七星瓢虫、异色瓢虫、龟纹瓢虫、草蛉、食蚜蝇、蚜茧蜂、姬猎蝽和蜘蛛等。这些天敌对蚜虫控制作用很大，应注意保护利用。

3）小麦吸浆虫

小麦吸浆虫俗称麦蛆。属双翅目瘿蚊科。有麦红吸浆虫 *Sitodiplosis mosellana*（Gehin）和麦黄吸浆虫 *Contarinia tritici* 两种，前者分布广泛，尤以沿河流域的低洼地和平原地区水浇地危害严重，后者多发生于山区高原地区。小麦吸浆虫以幼虫刺吸小麦嫩粒浆液，造成秕粒，是一类毁灭性害虫。麦红吸浆虫在 20 世纪 60 年代曾得到控制，20 年间回升，80 年代大面积严重发生。

麦红吸浆虫成虫体长 2.0～2.5mm，橘红色，触角念珠状，鞭节具两圈刚毛。雌虫腹部末短细长，形成伪产卵器；雄虫体略小，腹末端略向上弯曲，抱握器基部和末端均有齿。老熟幼虫体长 2.0～2.5mm，橙色或金黄色，蛆形，前胸腹面具“丫”形剑骨片，前端分叉较深，腹部末端有 2 对突起。

麦红吸浆虫每年发生 1 代，以老熟幼虫在土中结圆茧（休眠体）滞育越夏、越冬，翌春 3 月小麦拔节时，越冬幼虫破茧上移至土表 3～8cm 处，3 月底至 4 月上旬开始破茧上移至表土，数量基本稳定。4 周底至 5 月成虫羽化，羽化盛期一般在 5 月上中旬。卵产在麦穗护颖和外颖间隙，有时产在颖壳外、小穗间或穗轴上。幼虫孵化后，正值小麦扬花盛期和灌浆初期，即可从内外颖间隙钻出，贴附于子房或正在灌浆的嫩粒上吸食。小麦渐近黄熟期，老熟幼虫从颖壳内脱皮而出，弹跳到土中，钻入土中结茧越夏、越冬。

小麦吸浆虫的寄生性天敌较多，主要有宽腹姬小蜂和尖腹黑蜂，寄生率最高达 75%。此外吸浆虫常被蚂蚁、蜘蛛与虻虫捕食。

4）白眉野草螟

白眉野草螟幼虫在小麦返青期开始为害，昼伏夜出，白天吐丝结网藏于根颈处或土缝间，夜晚出来取食，咬食小麦苗茎基部及叶片，形成孔洞。受害严重的麦苗被齐根咬断，造成麦茎折断或叶片圆缺，致使麦苗萎蔫枯死，发生严重的地块造成缺苗断垄现象。具有转株为害习性，顺垄为害，喜阴暗。高龄幼虫活泼，无假死现象，受惊后后退爬行。有夏滞育习性，滞育时间长。成虫趋光，卵单粒散产，有聚集趋势。其危害症状与二点委夜蛾、地老虎等常见地下害虫相似，易混淆。

调查发现，2 月下旬田间已经出现受害症状，发生地块呈点片状分布，发生程度较轻。3 月中旬后，随气温的回升，幼虫开始恢复生长发育，取食量增加，危害程度加重，此时田间主要为 2～3 龄幼虫。4 月后，小麦进入返青期，田间幼虫大多发育为 4 龄幼虫，部分受害严重地块已出现麦苗被食尽或因茎基部被咬断而枯死，出现缺苗断垄现象。4 月中下旬，田间主要以 4、5 龄幼虫为主，受害严重的地块已成荒地。

将麦田主要害虫的发生时期与二十四节气和小麦物候相联系，整理成图 4-6，便于对麦田害虫发生情况进行系统性、整体性把握。

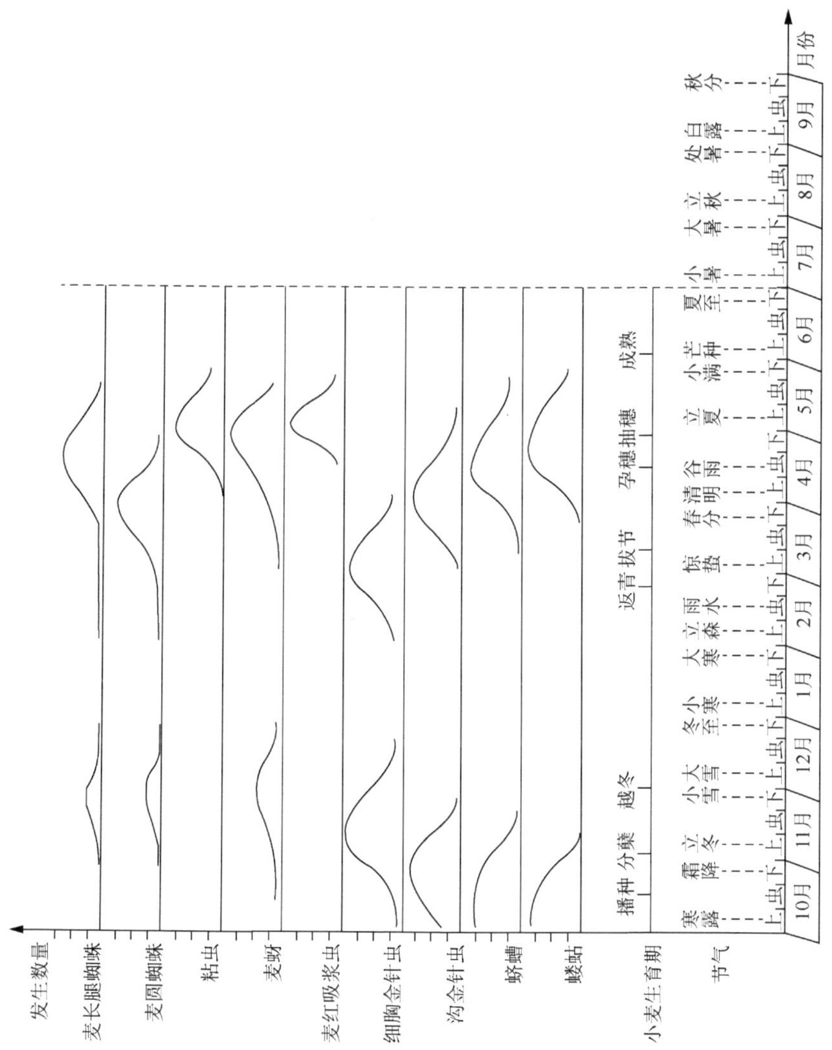

图 4-6 麦田主要害虫发生时期与二十四节气和小麦物候的关系

4.1.1.2　小麦主要病虫害生态防控

1）小麦锈病生态防控

①小麦条锈病源头治理技术是根据自然条件下，小麦条锈病菌在小麦和野生灌木小檗上转主寄生完成生活史和病害循环的规律，在破解我国西北“越夏易变区”是条锈病菌小种策源地的基础上，围绕“越夏菌源控制、秋苗病情控制、早春应急防治”三道防线，提出不同生态区条锈病分区治理的策略。主要技术是做好“源头治理与农民脱贫致富、生态治理与综合防治、产业开发与市场引导”三个结合，采取“作物多样性、品种多样性和防治技术多样性”保护，以达到持久控制小麦条锈病流行危害的目的。该技术包括退麦改种、结构调整、抗性品种合理布局、自生麦苗铲除、秋播药剂拌种、适期晚播、秋苗及早春专业化统防统治7 项技术。该技术适用于西北、华北、西南等冬小麦种植区。②选择抗病性的小麦品种，因地制宜种植抗病品种，是防治小麦锈病的基本措施。做好大区抗病品种合理布局，切断菌源传播路线。③铲除杂草，施足底肥，早施追肥，增施磷、钾肥，在分蘖到拔节期追施草木灰、钾肥，在拔节到抽穗期喷施磷肥，增加植株抗病能力。④小麦收获后，部分自生麦苗可诱捕锈病菌，适时清除可减轻秋季叶锈病的发生。⑤加强栽培管理对锈病也有一定的控制作用。适当晚播，秋苗受锈菌侵染的机会减少，条锈病、叶锈病的发生明显减轻。

2）小麦白粉病生态防控

①选种抗病品种。②采用配方施肥技术。提倡施用酵素菌沤制的堆肥或腐熟有机肥，适当增施磷钾肥，根据品种特性和地力合理密植。中国南方麦区雨后及时排水，防止湿气滞留。中国北方麦区适时浇水，使寄主增强抗病力。③自生麦苗越夏地区，冬小麦秋播前及时清除掉自生麦，可大大减少秋苗菌源。④调节播期。根据品种和地力，播种时合理安排播量，推迟播期，控制群体不宜过大。增施磷钾肥，合理施肥浇水，加强田间管理，促使小麦生长健壮。

3）小麦病毒病生态防控

①选用抗、耐病品种，在常年发病地区可根据当地情况选用繁 6、8165、80、86、西凤、宁丰、济南 13、堰师 9 号、陕农 7895、西育 8 号等优良抗病品种。②轮作倒茬，与非寄主作物油菜、大麦等进行多年轮作减轻发病。冬麦适时迟播，避开传毒介体的最适侵染时期。增施基肥，提高苗期抗病能力。③加强管理，避免通过带病残体、病土等途径传播。

4）地下害虫的生态防控

①深耕土壤，精耕细作。翻耕伤及虫体，及翻出虫体被鸟啄食，可减少虫口数量 20%～35%。②施用腐熟厩肥或虫粪基人工土壤，改良盐碱地，可减少蝼蛄和蛴螬的危害。③清除或改种田边杂草，清除地老虎早春产卵寄主和场所，切断

幼虫往田间迁移的路线，减少田间危害。④合理轮作，适当调整播期可减轻危害。有条件的地方，发现地老虎发生时，及时灌水，也可获得一定防治效果。⑤防控成虫，采用灯光诱杀，堆草诱杀或人工捕杀。⑥释放钩臀蚁蛳或黄缘青步甲，然后喷施球孢白僵菌，可获得理想效果，并具有持久控制效应。

5）小麦蚜虫生态防控

小麦蚜虫各地发生时期不同，气温较高地区，小麦苗期（4 月初）即可发生，主要在 4～5 月发生。防治指标为百穗蚜量≥500 头。①合理布局作物，冬、春麦混种区尽量使其单一化，秋季作物尽可能为玉米和谷子等。②选择一些抗虫耐病的小麦品种，造成不良的食物条件。播种前用种衣剂加新高脂膜拌种，可驱避地下病虫，隔离病毒感染，而不影响萌发吸胀功能，还可加强呼吸强度，提高种子发芽率。③冬麦适当晚播，实行冬灌，早春耙磨镇压。作物生长期间，要根据作物需求施肥、给水，保证氮磷钾和墒情匹配合理，以促进植株健壮生长。雨后应及时排水，防止湿气滞留。在孕穗期要喷施壮穗灵，强化作物生理机能，提高授粉、灌浆质量，增加千粒重，提高产量。

6）小麦吸浆虫生态防控

①选用抗虫品种。吸浆虫耐低温而不耐高温，因此越冬死亡率低于越夏死亡率。土壤湿度条件是越冬幼虫开始活动的重要因素，是吸浆虫化蛹和羽化的必要条件。不同小麦品种，小麦吸浆虫的危害程度不同，一般芒长多刺，口紧小穗密集，扬花期短而整齐，果皮厚的品种，对吸浆虫成虫的产卵、幼虫入侵和为害均不利。因此要选用穗形紧密，内外颖毛长而密，麦粒皮厚，浆液不易外流的小麦品种。②轮作倒茬。麦田连年深翻，小麦与油菜、豆类、棉花和水稻等作物轮作，对压低虫口数量有明显的作用。在小麦吸浆虫严重田块及其周围，可实行棉麦间作或改种油菜、大蒜等作物，翌年后再种小麦，利于减轻危害。

7）白眉野草螟生态防控

①小麦及玉米收获后及时清除田间秸秆、麦糠和杂草等覆盖物，可在麦田施用秸秆腐熟剂，及早去除麦茬，减少地表覆盖物，恶化害虫生存环境。②由于该虫有夏滞育习性，老熟幼虫在地表 2～3cm 处结土茧滞育，因此，可以在收割小麦、换种玉米时实施机耕深翻、耙耱镇压等农田管理措施，使土茧裸露于地表。经调查验证，裸露于地表的土茧无法抵御夏季中午的极端高温，裸露于地表的土茧内滞育幼虫大多都会死亡。③人工释放黑广肩步甲、东方蚁狮、泰山潜穴虻。

4.1.1.3　小麦生态植保整体解决方案

新中国成立以来，我国在小麦害虫的研究防治方面取得显著的成绩。通过普查，查明我国主要小麦害虫和天敌的种类、分布和发生情况，建立了主要害虫的测报系统；通过改造害虫发生地、改革耕作制度、提高栽培技术水平、选用抗虫品种和化学农药防治等一系列技术，在很长一段时间内控制了东亚飞蝗、小麦吸浆虫的危害。采取合理密植、施肥、灌溉等措施，对喜光的麦秆蝇、麦长腿红蜘蛛等的发生有明显的抑制作用，同时增强了对地下害虫危害后的补偿作用。选用抗虫品种对控制小麦吸浆虫、麦秆蝇等的发生起到巨大的作用。20 世纪 90 年代以后，农药的使用在小麦病虫害防治方面取得了很大效益，但目前负面效益也日益显现。在由增产导向转向质量导向、绿色导向的新形势下，急需研发生态植保替代化学农药的技术方案。目前，随着土地制度的改革，生产水平的提高，高产品种的大面积推广，施肥、灌溉、耕耙等条件的变化，小麦病虫害群落发生了很大的变化。需要根据小麦病虫害发生的新特点，构建小麦生态植保方案，抓好源头治理，推进生物防治技术，保证小麦高产、稳产、优质和可持续生产。

小麦病虫害的生态防控应根据不同生态区域病虫害的发生特点，综合协调应用源头治理、生物防治和生态调控等措施，充分发挥自然控制作用，将主要病虫害控制在经济允许损失水平以下。播种前，充分做好玉米秸秆的离田处理，间接还田工作，从源头上压低病虫源基数。早春，麦田是多种天敌昆虫的繁殖地，是棉花等害虫天敌的库源。防治麦田害虫时，要充分考虑麦田在整个农业生态系统中的特殊作用，强化保护天敌，人工释放天敌，促进农田生态系统的良性循环。

1）掌握病虫源状况，实施源头治理

小麦的越冬特性使麦田成为一些病虫害的越冬场所（表 4-1 和表 4-2）。小麦一般于 10 月播种，出苗后经过 1～2 月的生长时期，然后才匍匐越冬。这一时期其他作物都已收获或接近收获，害虫主要迁向麦田或田边杂草上越冬，同时也有一些害虫的天敌迁向麦田越冬。麦田成为害虫的重要越冬场所。

表 4-1　常见小麦病害病源状况

小麦病害	越冬	越夏	发生
小麦锈病（3 种）	以冬孢子堆（冬孢子）越冬	以夏孢子堆（夏孢子）越夏	活体营养寄生
小麦全蚀病	在田间土壤中的病根茬、用病残体沤积的粪有机肥及混杂病株残屑的种子中越冬	以菌丝体越夏	活体营养寄生
小麦纹枯病	以菌核在土壤中或以菌丝体在土壤的病残体内越冬	以菌丝体越夏	活体营养寄生
小麦白粉病	一般以菌丝体在麦苗上越冬	以菌丝体越夏	活体营养寄生
小麦黑穗病（4 种）	病原菌潜伏在种胚内，随种子越冬	以菌丝体越夏	活体营养寄生
小麦病毒病	通过带毒种子越冬	通过带毒植株越夏	由蚜虫/飞虱/禾谷多黏菌传播

表 4-2　常见小麦害虫源状况

小麦害虫	越冬	越夏	发生
金针虫（2 种）	以成虫和各龄幼虫越冬	以各龄幼虫越夏	5 月上中旬为幼虫孵化盛期，3 年完成一代
麦蚜（3 种）	以雌成蚜或若蚜越冬	以若蚜、成虫越夏	3～4 月迁入麦田为害
小麦吸浆虫	以老熟幼虫在土中结圆茧越冬	以老熟幼虫在土中结圆茧越夏	5 月上中旬为成虫羽化盛期，一年发生 1 代
华北大黑鳃金龟	以成虫和幼虫在土中隔年交替越冬	以成虫和幼虫在土中隔年交替越夏	3 月出土，7 月 1 代成虫，10 月下旬越冬；大多数 1 年 1 代，少数 2 年 1 代
暗黑鳃金龟	以 3 龄幼虫越冬	以成虫越夏	3 月活动，7 月成虫，10 月下旬越冬；1 年 1 代
铜绿丽金龟	以 2～3 龄幼虫越冬	以成虫越夏	3 月活动，7 月成虫，10 月下旬越冬；1 年 1 代

对于麦田的前茬玉米，应坚持秸秆清洁离田、间接还田的原则。具体技术有：粉碎腐熟，加入环保促腐剂，深度发酵制作有机肥还田，或轻度发酵堆腐后作为环境昆虫——白星花金龟的饲料，经其过腹转化后，以虫粪颗粒还田。

2）掌握生物防治资源，大力推行生物防治

据天敌昆虫名录，山东、河南等省麦田天敌达 218 种，隶属 4 纲 10 目 47 科。在黄淮平原地区，常见的麦田天敌有 15 科 27 种。主要种类有螟蛉悬茧姬蜂、黑足凹眼姬蜂、螟蛉绒茧蜂、黏虫绒茧蜂、黏虫缺须寄蝇、螟蛉裹尸姬小蜂、燕麦蚜茧蜂、菜蚜茧蜂、黑带食蚜蝇、斜斑鼓额食蚜蝇、梯斑黑食蚜蝇、大灰食蚜蝇、短翅细腹食蚜蝇、七星瓢虫、异色瓢虫、龟纹瓢虫、中华草蛉、丽草蛉、大草蛉、中华金星步甲、青翅蚁形隐翅虫、华野姬蝽、黄足蠼螋、草间小黑蛛、黄褐新圆蛛、茶色新园蛛、三突花蟹蛛、鞍形花蟹蛛、T 纹豹蛛、中华卵索线虫、蛴螬乳状菌等。

麦田害虫和天敌在发生时间和种群数量方面，表现出典型的“跟随现象”。据中国科学院植保所等在河南调查，小麦整个生长季节天敌种类和数量的变化规律是：一般小麦秋苗害虫和天敌的数量都较少，天敌只有少量的瓢虫、蜘蛛及乳状菌。第二年 3 月小麦返青拔节后，麦红蜘蛛、麦叶蜂和麦蚜相继发生，天敌也陆续活动、繁殖，种群数量开始上升，天敌密度达 1.4～11.4 头/m^2。这一时期的主要天敌有瓢虫、蜘蛛，其次为食蚜蝇、草蛉、姬猎蜂等。小麦扬花到灌浆期，天敌进入盛发期，密度可达 17.3～43.5 头/m^2，主要有瓢虫、蜘蛛、食蚜蝇、蚜茧蜂、中华卵索线虫，其次是草蛉、步甲和隐翅虫。虽然这一时期天敌的种类和数量均大幅增加，但仍属典型的“跟随现象”，并未能“超车”害虫的种类和数量。小麦灌浆期以后，一代黏虫进入高龄期，麦蚜混合种群也处于高水平状态；步甲数量迅速上升，食蚜蝇和蚜茧蜂数量达到高峰。小麦乳熟期以后，由于害虫数量急剧下降，天敌食料缺乏，且小麦植株叶片开始干枯，气温干热，生态条件发生剧烈变化，天敌开始向附近春播作物田转移。麦田天敌数量锐减，而相邻的春玉米、春棉花和烟草等田块的害虫天敌数量则迅速上升，其中龟纹瓢虫、草间小黑蛛和隐翅虫等数量成倍增加。由此可见在保护利用麦田天敌的基础上，增加天敌释放数量和种类，不仅可提高对小麦害虫的控制能力，而且对邻近春作物及后茬作物田的害虫也起到一定的控制作用。

麦田实施自然天敌的保护利用与释放天敌相结合，天敌群落在麦田和春作物田之间的迁移尚需细致的研究与评估。

人工释放天敌，研究麦蚜与天敌之间的数量关系表明，4月，当麦蚜混合种群数量逐渐增多时，麦蚜的各类自然天敌才逐渐形成低密度的群落；随着蚜量的增加，天敌因食物的增多、气温的适宜而数量增多，因此，人工释放瓢虫的时间应掌握在4月上中旬。经过一个短期的“相持阶段”，天敌数量达到一个水平，麦蚜的总体数量开始下降，一般将这个时期称为麦蚜混合种群的“数量转换期”，这个时期的天敌数量水平称为“有效控制数量水平”(每百株小麦8.15个天敌单位)，天敌与麦蚜的数量比例称为“天敌控制阈限制”，益蚜比（益虫和蚜虫的比例）为1∶（147.8～155.5）。

人工大规模、低成本、周年生产繁育瓢虫，并进行释放应用，一是要在4月上中旬进行初次释放，改变天敌—蚜虫“跟随现象”的节奏，实现防治时间“伏击式”效应；二是促进麦蚜混合群体自然“数量转换期”人为提前10d左右。数量转换期以后，在麦蚜数量逐渐下降的同时，天敌的生育潜能和生存潜能均处于最佳状态，因此数量还会继续增加。当天敌增加到一个数量水平时，蚜量呈断崖式陡然剧减，导致天敌食料条件不足，营养条件恶化，天敌数量开始下降，这个时期称为“天敌数量转换期”，这个时期的麦蚜密度为麦蚜对天敌的“反馈密度”，此期的天敌与麦蚜的数量比为“天敌饥饿阀限制”，益蚜比为1∶（16.5～18.8）。以后时期，麦蚜和天敌均呈下降趋势并处于低密度状态，这样就完成了一个“自然跟随和人为释放胁迫周期”。但是，要随时监控麦蚜发生动态，当条件适宜，麦蚜出现反弹苗头时，应及时释放第二次瓢虫，“淹没式”压制麦蚜混合种群恢复，直至5月底6月初，小麦几近成熟时，小麦—蚜虫—天敌共同体也趋向于破散。

天敌与麦蚜的“跟随现象”，用相位图的形式表示构成一个不规则的圆环，为此，可以把麦蚜与天敌密度的相互制约关系周期分为4个阶段：①蚜虫优先发生期；②共同增长期，天敌与麦蚜的数量均呈持续增长趋势；③天敌有效控制期，麦蚜的数量开始下降，天敌的数量仍持续上升，这一时期可不采取任何防治措施；④共同下降期，天敌和麦蚜的数量均呈下降趋势，这一趋势直至小麦—麦蚜—天敌共同体破散。

天敌的捕食量是其控制作用的重要指标之一，麦田蜘蛛的日捕食量如表 4-3 所示。

表 4-3　八种蜘蛛的日捕食量

蜘蛛种类	最多蚜量/头	最少蚜量/头	平均蚜量	备注
草间小黑蛛	8	3	5.4	饲养观察期间，日平均温度为 18.9～21.5℃
卷叶刺蛛	15	5	7.8	
拟环纹狼蛛	13	3	7.9	
T 纹豹蛛	14	3	8.8	
沟渠豹蛛	16	6	9.4	
黑腹狼蛛	13	0	8.0	
浙江豹蛛	11	0	7.4	
真水狼蛛	11	2	6.4	

资料来源：金德锐，王运兵，王连泉，等，1993．天敌对麦蚜自然控制效能的研究[J]．河南职技师院学报(4)：1-6.

综合国内研究资料，几种麦田天敌的日捕食量为：七星瓢虫 4 龄幼虫和成虫单头日补蚜量为 72.9 头和 66.7 头；大灰食蚜蝇 3 龄幼虫单头日捕蚜量为 72.8 头；黑带食蚜蝇 1～3 龄幼虫单头日补蚜量分别为 7.0、30.3、72.3 头；蚜茧蜂平均每头雌蜂寄生蚜虫 52.6 头。

人为释放天敌瓢虫防控小麦蚜虫（以异色瓢虫防控麦二叉蚜为例）方案：全年共释放异色瓢虫 3 次；释放虫态为低龄（1、2 龄幼虫）或卵；释放数量以初次 100 头/亩为基础。在 3 月中下旬，释放第一次，此时麦二叉蚜为越冬个体早春活动初期，尚未开始孤雌胎生繁育后代；4 月中下旬，释放第二次，此时为小麦孕穗前期，麦二叉蚜初步形成群体；5 月中旬，释放第三次，此时根据蚜虫种群数量，确定增加或减少瓢虫的释放量。

几种天敌对黏虫卵的捕食量为：大灰食蚜蝇幼虫 6.5 头/d；七星瓢虫幼虫 2.625 头/d；青翅蚁形隐翅虫 4.80 头/d；侧纹褐蟹蛛 3.65 头/d；T 纹豹蛛 2.8 头/d；三突花蛛 0.625 头/d。上述天敌对 1～2 龄黏虫幼虫的日取食量分别为：2.83、2.67、3.83、2.0、1.83 和 1.67 头；对 3 龄黏虫幼虫的日食量分别为：1.25、1.25、1.67、2.83、2.17 和 0.83 头；对 4 龄以后的幼虫几乎不捕食。中华金星步甲是高龄黏虫和蛹的主要天敌，其幼虫和成虫单头日捕食黏虫幼虫 1.32～6.7 头。中华卵索线虫是寄生黏虫的优势种天敌。

小麦地下害虫的天敌种类很多，如已发现的金龟甲乳状菌，利用价值较大；金龟甲长喙寄蝇能寄生多种蛴螬；土蜂是蛴螬的外寄生天敌；短鞘步甲喜食蝼蛄及卵；黄褐蠼螋捕食非洲蝼蛄；捕食性线虫可寄生蛴螬；另外，鸟类、蛙类等都能大量捕食地下害虫。山东农业大学开展了利用蚁狮和穴虻进行地下害虫防治的研究。我国莱阳曾人工助迁大黑臀钩土蜂防治蛴螬，每亩放蜂 1 000 头左右，效果达 60%～70%，基本上控制危害。

3）播种出苗期主要病虫害防治

播种出苗期主要病虫害包括种传病害（小麦腥黑穗病、秆黑粉病等）、土传病害（纹枯病、全蚀病等）、苗期感染病害（条锈病、白粉病等）和地下害虫。

①选用抗性品种。目前生产上推广的抗性品种多表现为对单一病虫的抗性，因此，可根据当地重要病虫种类选择适宜的抗性品种。如地下害虫危害严重的地区，可选用分蘖强的品种，以增强补偿能力；小麦吸浆虫发生严重的地区，应选用护颖坚硬有刺、内外颖扣合紧密的品种。鲁麦系列的大多数品种都较抗（耐）小麦锈病，鲁麦 14、烟农 15 等品种能兼抗条锈病、叶锈病、白粉病和纹枯病，且农艺性状较好，可优先选择种植。②合理轮作和实行间作套种。小麦与水稻轮作可以控制地下害虫和吸浆虫的危害；小麦与蔬菜、大豆、花生、甘薯等轮作可以减轻全蚀病的发生；小麦与油菜间作可增加麦蚜天敌数量，能有效地控制麦蚜；小麦与棉花、玉米、花生、烟草等套种，可以充分利用光热资源和地力，但要注意丛矮病和赤霉病的防治。③改善麦田环境，实施健身栽培。搞好田间排灌系统，以利于在多雨年份及时排水，降低田间湿度，减轻喜湿性病虫如赤霉病、纹枯病、小麦吸浆虫和麦圆叶爪螨的发生与危害；在干旱年份可适时浇水，减轻小麦害螨、金针虫、麦蚜和病毒病的发生与危害。适度深翻和精耕细作，可破坏地下害虫的生存环境，并通过机械作用杀死部分害虫；合理密植防止小麦群体过大，可减轻白粉病、锈病、纹枯病和黏虫的发生；适当晚播可减轻黄矮病、锈病、白粉病和麦蚜的发生；合理施肥，如多施基肥和充分腐熟的有机肥，合理安排氮、磷、钾的比例，能促使小麦生长健壮，增强对多种病虫害的抗耐能力。

4）秋苗阶段病虫害防治

秋苗阶段病虫害主要有锈病、白粉病、地下害虫和麦蚜等，同时也要注意丛矮病、黄矮病、秋残蝗以及土蝗等的防治。

在小麦与棉花、玉米等秋作物间作、套种的地区或早播麦田，应及时清除田间、地边杂草，以减少传毒媒介蚜虫、灰飞虱虫源；对丛矮病、黄矮病发生重的地区，在传毒昆虫初发期，消灭传毒媒介昆虫；对土蝗多发地区，应于播种后、出苗前释放黑广肩步甲幼虫于地面捕杀蝗虫，并可携带绿僵菌提高效果。

5）返青拔节期病虫害防治

小麦拔节后，锈病、白粉病、纹枯病、病毒病和麦蚜等开始点片发生；小麦红蜘蛛的种群数量也迅速增加，并开始造成明显危害；麦秆蝇和麦叶蜂等害虫开始产卵，并逐渐达到危害高峰；麦田天敌也随之发生。这一时期的重点是做好病虫监测和早发病虫害的防治。

对小麦害螨发生严重的地块，可结合浇水振落淹没杀死害螨。虫口数量大的麦田，当0.33m行长有螨200头以上时，或小麦上部叶片20%的面积有白斑时，提前释放捕食螨或深点食螨瓢虫。对于麦蚜、锈病、白粉病等发生较早的田块，应及时采取防治措施，将其控制在点片发生阶段。

6）孕穗至灌浆期（4月中旬至5月下旬）病虫害防治

此时期是多种重要病虫害的发生与流行期。赤霉病、吸浆虫容易在小麦抽穗期侵入为害，锈病、白粉病、纹枯病、麦蚜等也在麦田迅速蔓延。由于该时期天敌种群数量急剧上升，在控制害虫的同时，要注意保护和利用天敌。

当百穗蚜量达500头以上，且天敌与麦蚜的比例低于1∶150时，当每平方米有黏虫3龄幼虫25～30头时，用25%灭幼脲Ⅲ号悬浮剂1 500～2 000倍液或20%除虫脲（灭幼脲Ⅰ号）悬浮剂75～150g/hm^{2}喷雾防治。在小麦抽穗阶段，当麦叶蜂、棉铃虫等发生与危害时，于低龄幼虫期可用20%除虫脲悬浮剂或25%灭幼脲Ⅲ号悬浮剂喷雾防治。

天敌与麦蚜比在1∶150以下、天敌与黏虫比在（1∶20）～（1∶30）时，具有自然控制力。

4.1.2　玉米生态植保

玉米是我国仅次于水稻和小麦的第三大粮食作物，玉米病虫害是玉米生产的主要障碍之一。我国报道的玉米病害约40种，主要有大斑病、小斑病、瘤黑粉病、纹枯病、青枯病和粗缩病等。玉米虫害有50余种，常发性害虫有10多种。玉米苗期普遍受蛴螬、金针虫、蝼蛄和地老虎等地下害虫危害，生长季节常遭受玉米蚜虫、亚洲玉米螟和多种穗期害虫等严重危害。

4.1.2.1　玉米病虫害种类

1. 玉米病害

1）玉米大斑病

玉米大斑病由玉米大斑凸脐蠕孢菌 *Exserohilum turcicum* 引起，是我国玉米产区普遍发生的重要病害之一，主要分布于东北、西北和南方春玉米产区以及华北夏玉米产区。

自然条件下，玉米大斑病在苗期很少发病，抽穗后病情逐渐加重，抽穗至灌浆期最易感病。主要为害叶片，严重时也能为害苞叶和叶鞘。在水平抗性的品种上，病斑表现为萎蔫型，叶片受害后，病斑初为水渍状或灰绿色小点。在感病品种上，病斑沿叶脉迅速扩大，形成梭形大斑（图 4-7）。病斑的大小、颜色及形状常因品种不同而异。病斑一般长 5～10cm，宽 1～2cm，有的可长达 15～20cm 以上。后期病斑干枯，多个病斑连接，使叶片提早枯死。田间湿度大时，病斑反面密生一层黑色霉状物，即病原菌的分生孢子梗和分子孢子。在垂直抗性的品种上，病斑表现为褪绿斑，通常较小，周围有褪绿晕圈，病斑上很少产生霉状物。

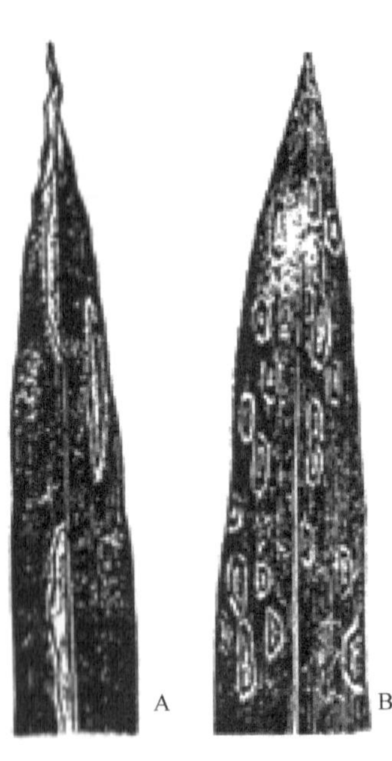

A．玉米大斑病病叶
B．玉米小斑病病叶。

图 4-7　玉米大斑病和玉米小斑病

大斑病菌以菌丝体或分生孢子在病残体内外或散落于土壤中越冬，成为翌年的初侵染源。在玉米生长季节，病残组织中的菌丝体产生新的分生孢子或越冬分生孢子，随雨水的飞溅或气流传播到玉米叶片上进行再侵染。病原菌可直接侵入或从气孔侵入叶片表皮细胞内。玉米品种对大斑病的抗性有明显差异，感病品种的种植是引起该病原菌大流行的主要原因。玉米大斑病多发生于温度较低、气候冷凉、湿度较大的地区，温度 20～25℃，相对湿度 90%以上有利于孢子萌发和侵染。

2）玉米小斑病

玉米小斑病由玉蜀黍平脐蠕孢 *Bipolaris maydis* 引起，是世界各玉米产区普遍发生的一种重要病害。夏玉米受害最重，从苗期到成株期都可发生，以抽雄前后发病为重。

小斑病菌主要侵染叶片，也可为害叶鞘、苞叶、果穗和籽粒。叶片上的症状因品种抗病性不同而异，通常表现为 3 种类型：①病斑椭圆形，中间黄褐色，具明显的深褐色边缘，病斑扩展受叶脉限制。②病斑椭圆形或纺锤形，扩展不受叶脉限制，灰褐色，一般无明显的深褐色边缘，病斑上有时有纹轮（图 4-7）。在高温高湿条件下两种类型的病斑表面均有灰黑色霉层（分生孢子梗和分生孢子），病斑数量多或连片时叶片提早干枯。③在高抗品种上，病斑为黄褐色坏死小点，一般不扩大，周围有明显的黄绿色晕圈。

病原菌主要以菌丝体或分生孢子在病残体内外越冬。地面病残体上的病原菌至少可以存活 1 年以上，土中的病残体腐烂后病原菌死亡。翌年温湿度比较适宜时，在病残体中越冬的病原菌即产生大量的分生孢子。分生孢子通过气流或雨水传播到玉米植株上，当叶面具有水滴时，分生孢子经 4～8h 即可萌发，并由气孔或直接侵入叶内。病原菌有生理小种分化现象，玉米自交系和杂交种之间的抗病性差异显著。月平均温度在 25℃以上，雨日、雨量、露日、露量较多，病害就容易流行。

3）玉米黑粉病

玉米黑粉病又称瘤黑粉病，由玉蜀黍黑粉菌 *Ustilago maydis* 侵染引起，广泛分布于世界各玉米产区，局部地区危害严重，是玉米生产的重要病害之一（图 4-8）。

图 4-8　玉米黑粉病

玉米黑粉病是局部侵染病害，植株的气生根、茎、叶、叶鞘、腋芽、雄花及果穗等的幼嫩组织都可被害。被侵染的部位细胞强烈增生，体积增大，发育成肿瘤。病瘤生长很快，大小与形状变化较大。幼嫩病瘤肉质白色，软而多汁，外面被有寄主表皮形成的薄膜。随着病瘤的增大和瘤内冬孢子的形成，颜色由浅变深，质地由软变硬，最后薄膜破裂，散出大量黑色粉末状的冬孢子。

玉米收获后，病原菌以冬孢子在土壤和病残体或残留在秸秆上的病瘤内越冬，成为来年的主要侵染源。越冬的冬孢子产生担孢子和次生担孢子，随风、雨、昆虫等传播到植株，再随叶片承接的雨水移至叶片和叶鞘的基部缝隙中，并侵染叶片基部、茎秆、节部、腋芽和雌雄穗等幼嫩分生组织，从而引起发病。玉米自交系和杂交种间抗病性有明显差异，玉米连作，田间菌量积累越多，发病就越重。

4）玉米青枯病

玉米青枯病由鞭毛菌亚门腐霉菌 *Pythium* spp.和半知菌亚门禾谷镰孢菌 *Fusarium graminearum* 混合侵染引起，是玉米产区普遍发生的一种重要的土传病害。

玉米青枯病多在成株期发病，从玉米灌浆期开始侵染，乳熟末期至蜡熟期为显症高峰。寄主受害后出现明显根腐，整个根系呈褐色腐烂状，根髓呈紫红色，病株极易拔起；茎基节间产生纵向扩展的不规则状褐斑，病部与健康组织界限不明显，病部松软，茎内变棕褐色略带紫红色，维管束呈丝状游离；病株叶片由叶尖向叶柄、由叶缘向中脉表现局部失水或呈水烫状，并由下而上出现青枯，引起整叶乃至全株迅速青枯凋萎；果穗发病，从苞叶开始，初为局部水烫状褪色，后逐渐变黄，穗柄柔韧，果穗下垂，籽粒干瘪。

玉米青枯病菌主要在土壤和病残体或混有病残体的土杂肥中越冬，并作为翌年发病的主要侵染来源。腐霉菌可以卵孢子、厚垣孢子或菌丝体越冬，翌年玉米生长季节开始萌发，产生菌丝体或游动孢子，借雨水传播，主要侵染玉米根系。禾谷镰孢菌主要以菌丝体越冬，翌年释放出子囊孢子，借气流传播，主要侵染玉米地上部分。8 月降雨量是影响青枯病发生的重要因素，玉米散粉期至乳熟初期如遇大雨、雨后暴晴，就会引起严重发病。在播种期相同的条件下，一般早熟品种发病最重，中熟品种次之，晚熟品种发病最轻。

5）玉米粗缩病

玉米粗缩病俗称“万年青”，由玉米粗缩病毒 *Maize rough dwarf virus*（MRDV）侵染引起。近年来在我国北方地区呈明显上升趋势，危害严重。

玉米整个生育期都可发病，苗期发病最重。玉米出苗后即可感病，至 5～6 叶时开始表现症状。病株先在心叶中脉两侧的细脉间出现透明的褪绿虚线小点，以后透明线点增多，叶背、叶鞘和雌穗苞叶的叶脉上产生许多蜡白色条点状突起。病株叶片浓绿、节间缩短、植株明显矮化。轻病株雄穗发育不良、散粉少，雌穗短、花丝少、结实少。重病株不能抽雄或无花粉，雌穗畸形不实或籽粒很少。病株根系少而短，不足健株的 1/2。一般感染越早发病越重，后期感染的植株发病较轻。

玉米粗缩病毒主要由灰飞虱传播，病毒可在冬小麦、多年生禾本科杂草及传毒介体中越冬。因此，凡是毒源植物多或适宜灰飞虱发生的条件下，都有利于该病发病。

2. 玉米害虫

据统计，玉米害虫有 227 种，危害较重的种类只有十几种。按危害方式不同可以分为以下几类：①钻蛀性害虫有玉米螟、桃蛀螟、棉铃虫、高粱条螟、栗灰螟等。这些害虫钻蛀茎干、雌穗，危害方式隐蔽，造成产量损失很大。②刺吸汁液性害虫有玉米蚜、高粱蚜、斑须蝽、红蜘蛛等。③食叶性害虫有蟋蟀、蝗虫、红腹灯蛾等。④地下害虫有蝼蛄、蛴螬、地老虎等。

1）亚洲玉米螟 *Ostrinia furnacalis*

亚洲玉米螟俗称玉米钻心虫。属鳞翅目螟蛾科。广泛分布于各玉米产区。主要为害玉米、高粱、谷子、小麦和棉花等。主要以幼虫蛀食玉米心叶、茎秆和穗部，造成危害。

成虫体长 12～15mm，雄蛾前翅黄褐色，有 2 条褐色长波状横线，两线间有 2 个暗色短纹，近外缘有一褐色横带；后翅淡黄色，中部也有 2 条横线，与前翅的内、外横线相接。雌蛾前翅淡黄褐色，暗纹较横线色深，后翅黄白色，线纹常不明显。卵在卵块中呈鱼鳞状排列。老熟幼虫体长 25mm，背面黄白色或灰褐色，体背有 3 条暗褐色纵线，腹足趾钩 3 序缺环（图 4-9）。

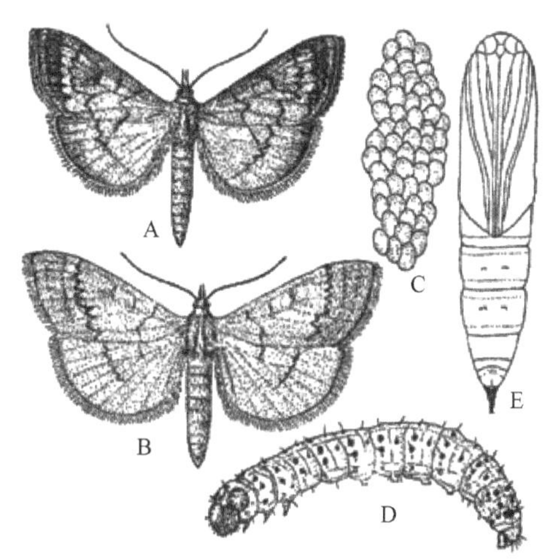

A. 雄成虫　B. 雌成虫　C. 卵块　D. 幼虫　E. 蛹。

图 4-9　亚洲玉米螟

玉米螟发生世代随地理纬度、海拔高度不同而不同，在我国自北向南年发生 1～6 代。北方大部分地区年发生 2～3 代，以老熟幼虫在寄主茎秆、穗轴或根茬内越冬。越冬幼虫翌年 5 月上旬化蛹，5 月下旬至 6 月上中旬为越冬代成虫羽化盛期。越冬代成虫自 5 月底开始产卵，6 月中下旬第 1 代幼虫开始为害春玉米心叶，有时也转移到小麦、棉花上为害。第 1 代成虫羽化盛期为 7 月中旬，第 2 代幼虫危害盛期在 7 月中下旬，8 月上中旬为第 2 代成虫盛发期。8 月中下旬为第 3 代幼虫危害盛期，持续危害到 9 月下旬。第 1 代卵主要产于春玉米、春高粱的心叶和小麦叶片背面；第 2 代卵主要产于夏玉米心叶末期，产卵部位比较分散；第 3 代卵主要集中于夏玉米穗期，多产在叶片背面中脉附近。初孵幼虫先取食心叶的叶肉，仅保留下表皮，被害叶长出喇叭口后，呈现不规则的半透明孔洞，称为“花叶”；蛀穿心叶待叶展开后，呈现“排孔”。在孕穗期，幼虫主要集中到植株上部为害未抽出的雄穗；玉米抽穗后，开始蛀食穗柄和雌穗以上茎秆；雌穗抽出花丝后，幼虫多集中在果穗顶部啃食花丝，龄期稍大后，又多集中在果穗顶部啃食玉米籽粒，并钻蛀穗轴或茎秆。

2）地老虎

地老虎俗称土蚕、切根虫等。属鳞翅目夜蛾科。主要有小地老虎 *Agrotis ypsilon* Rottemberg 和黄地老虎 *Agrotis segetum* 两种，前者在我国普遍发生，后者在北方分布普遍。主要为害玉米、小麦、谷子、高粱、棉花、蔬菜和烟草等。低龄幼虫取食作物的子叶、嫩叶和嫩茎，3 龄后从齐地面处咬断幼茎，造成缺苗断垄。

小地老虎成虫体长 16～23mm，前翅暗褐色，内横线和外横线为双线，中横线单线，环形纹、楔形纹和肾形纹明显，肾形纹外侧有 1 个黑色楔形纹，与亚外缘线内侧的 2 个黑色楔形纹相对；幼虫体长 37～50mm，黄褐色至黑褐色，表皮具小颗粒，臀板黄褐色，有两条深褐色纵带；蛹红褐色至暗褐色，腹部第 4～7 节基部有 1 圈刻点，大而明显。黄地老虎成虫体长 14～19mm，前翅黄褐色，内横线、中横线和外横线为双线，但多不明显，环形纹、楔形纹和肾形纹明显；幼虫体长 33～43mm，黄褐色，体表具皱纹，臀板暗褐色，有 1 条黄色纵带（图 4-10）。

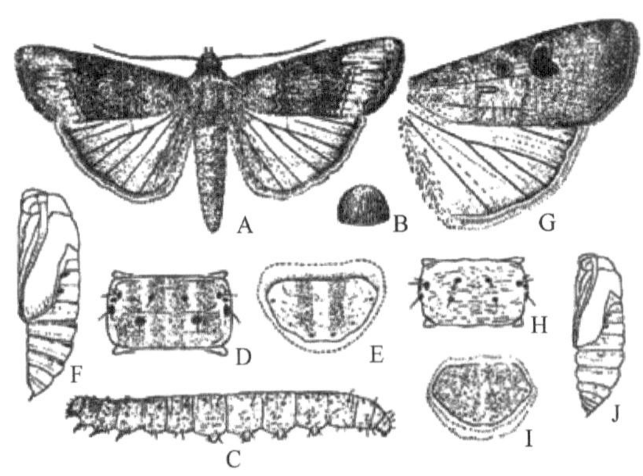

小地老虎：A. 成虫　B. 卵　C. 幼虫　D. 幼虫腹部体节毛片特征　E. 臀板　F. 蛹

黄地老虎：G. 成虫前后翅　H. 幼虫腹部体节毛片特征　I. 臀板　J. 蛹。

图 4-10　地老虎

小地老虎是一种迁飞性害虫，我国北方地区虫源均由南方迁飞而来。发生世代自北向南2～7代。北方地区多发生3～4代，一般2月下旬始见成虫，3月中旬至4月中旬为盛发期，4月中旬幼虫大量孵化并为害春播作物和小麦，是全年危害最严重的时期。其余各代发生量较小。黄地老虎在北方年发生2～4代。山东年发生4代，以3～6龄幼虫和少量蛹在麦田、菜田等的土中越冬。越冬代成虫盛发期在5月上中旬，第1代幼虫于5月下旬至6月上旬为害玉米、棉花、烟草、大豆、蔬菜较重。其余各代发生量较少。

小地老虎成虫具趋光性和趋化性，对酸甜味和半干的杨柳枝把趋性较强，喜食花蜜；卵多产于土块和地面缝隙中，幼虫对泡桐叶有一定趋性。黄地老虎趋化性弱，卵多产于草棒和须根上。

3）玉米蚜 *Rhopalosiphum maidis*（Fitch）

玉米蚜属同翅目蚜科。除主要为害玉米外，还为害小麦、谷子、高粱和水稻等。成蚜和若蚜在心叶上群聚为害，抽穗后主要为害穗部，吸食植株汁液并传播多种禾谷类病毒病。

无翅孤雌蚜体长1.3～2.0mm，灰绿至蓝绿色，腹管周围略带红褐色，触角短，长度约为体长1/3，腹管暗褐色、端部稍缢缩，尾片短、中部稍收缢。有翅孤雌蚜体长1.5～2.5mm，头胸部黑色，腹部灰绿色，腹管前各体节有暗色侧斑。

玉米蚜在我国北方年发生20余代，以成、若蚜在小麦及禾本科杂草的心叶、根际处越冬。翌年3月中下旬开始活动，4月中旬至5月初，产生大量有翅蚜，迁往春玉米、高粱、谷子及禾本科杂草上繁殖为害，形成春季第1次迁移扩散高峰。5月下旬至6月上旬，自麦田向麦套玉米上转移，至7月中下旬，产生有翅蚜向套种玉米和夏播玉米田迁移，形成第2次迁飞高峰。8月上中旬玉米抽雄授粉期，繁殖速度加快，蚜量激增，进入危害盛期。

4）玉米蓟马

我国北方危害玉米的蓟马常见种为玉米黄呆蓟马 *Anaphothrips obscurus*（Muller）和禾蓟马 *Frankliniella tenuicornis*（uzel），属于缨翅目蓟马科，前者为优势种。玉米黄呆蓟马多以成、若虫集中在叶片反面刺吸为害，被害叶片背面出现断续的银白色条斑，正面则呈现黄色条斑。受害严重时，叶片正反面均出现成片的银灰色斑并伴有微小黑点。受害严重的植株，心叶卷曲或叶片端半部枯干。雌成虫体暗黄色，前翅灰黄色，触角8节，雌成虫有长翅型、半长翅型和短翅型。若虫体纺锤形，2龄为乳黄色或乳青色，有灰色斑纹。

玉米黄呆蓟马在我国北方可能发生2代，以成虫越冬。开春后，越冬代成虫主要为害小麦，其中一部分迁至春玉米及杂草上为害。自5月下旬危害开始加重，

6 月中旬出现第 1 代成虫高峰，严重为害春玉米和套种夏玉米。第 2 代若虫孵化盛期为 6 月下旬初，6 月下旬为第 2 代若虫高峰期，严重为害套种玉米。7 月上旬为第 2 代成虫高峰期，主要为害套种玉米，并转移到夏玉米上为害。全年以 6 月中下旬危害最重，以苗期和喇叭口期发生量大。

5）东方黏虫 *Mythimna seperata*（Walker）

东方黏虫俗称行军虫、五色虫等。属鳞翅目夜蛾科。主要为害麦类、谷子、玉米、水稻等禾本科作物和甘蔗、芦苇等。1～2 龄幼虫剥食叶肉，将叶片食成小孔，3 龄后残食叶片，形成缺刻，5～6 龄为暴食期。大发生时，常将作物叶片全部吃光，将穗茎咬断，造成严重减产甚至绝收。

成虫体长 15～17mm，体灰褐或暗褐色。前翅环形纹和肾形纹呈两个淡黄色圆斑，肾形纹后端有 1 个小白点，其两侧各有 1 个小黑点，自翅顶角斜向后缘有 1 条暗黑色短斜纹；后翅暗褐色，基部色淡。老熟幼虫体长 38mm，体色变化较大，头部黄褐色，中央沿蜕裂线有一“八”字形黑褐色纹。体背有 5 条纵纹，背中央的背线白色较细，两侧各有 2 条黄褐色至黑色镶有灰白色细线的宽纵带。腹足外侧有黑褐色斑（图 4-11）。

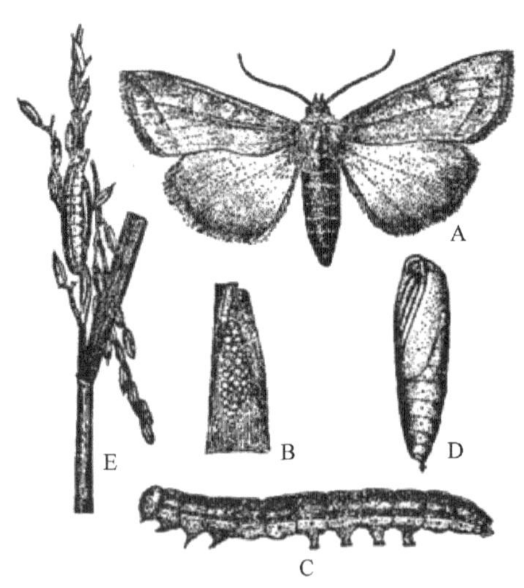

A. 成虫　B. 卵　C. 幼虫　D. 蛹　E. 被害状。

图 4-11　东方黏虫

东方黏虫为迁飞性害虫，在我国东部北纬 33° 以北地区不能越冬，每年年初发生的虫源均由南方迁飞而来。南方地区年发生 5～8 代，北方多数地区年发生 3～4 代。山东省年发生 4～5 代，2 月中下旬可见成虫，成虫盛期在 4 月上中旬。第

1代幼虫在5月上中旬发生，主要为害小麦，第1代成虫盛发期在6月上中旬。第2代幼虫盛发期在6月下旬，主要为害麦套玉米，成虫盛期在7月底至8月初。第3代幼虫盛期在8月上旬，主要为害夏玉米、谷子等，成虫盛期在9月上中旬。9月下旬发生第4代幼虫，10月下旬至11月上旬成虫羽化，南迁。成虫昼伏夜出，趋光性强，以桃、李、杏、苹果、刺槐、大葱、油菜、小蓟和苜蓿等植物的花蜜为补充营养，对糖酒醋混合液有强烈趋性。雌虫产卵选择性强，在小麦多产在上部3、4片叶尖端或枯叶及叶鞘内，在谷子多产在枯心苗和中、下部干叶的卷缝或上部的干叶尖上，在水稻则多产于叶尖部位，尤其喜欢产于枯黄叶上。高温、低湿可明显降低产卵量和孵化率，一般雨水多的年份东方黏虫发生重。

6）东亚飞蝗 *Locusta migratoria manilensis*（Meyen）

东亚飞蝗属直翅目蝗科。分布广泛，嗜食禾本科和莎草科作物及杂草，其中以芦苇、稗草和荻草最为喜食，作物以小麦、玉米、水稻、谷子和甘蔗等受害最重。成虫和若虫取食植物叶片和嫩茎，大发生时可将作物食成光杆或全部食光，造成颗粒无收。

雌虫体长38～52mm，雄虫体长32～48mm，体绿色或黄褐色。口器的上颚青蓝色。前胸背板中隆线发达，散居型略呈弧状隆起，群居型则较平直，中隆线两侧常具棕色纵纹。前翅褐色，具许多暗色斑点。后足腿节内侧基半部黑色，近端部具黑环，胫节红色，外缘具刺10～11个（图4-12）。

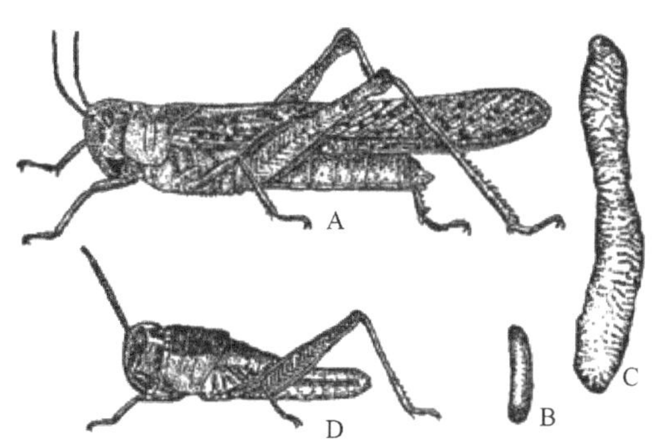

A．雌成虫 B．卵 C．卵囊 D．若虫。

图4-12 东亚飞蝗

东亚飞蝗在黄淮流域和长江流域年发生2代，以卵在土下4～6cm处越冬。在江苏、安徽、山东2代区，4月底至5月中旬越冬卵孵化，5月上中旬为孵化盛期。夏蝻期40d左右，6月中旬至7月上旬羽化为夏蝗，夏蝗产卵前期15～20d，

7月上中旬为产卵盛期。卵期约20d，7月中旬至8月上旬孵化为秋蝻，秋蝻期约30d，8月中旬至9月上旬羽化为秋蝗。东亚飞蝗在干旱季节食量大、危害重。成虫产卵多选择植被覆盖度25%～50%、土壤含水量10%～22%、含盐量0.2%～1.2%，且结构较坚固的向阳地带。群居型蝗蝻在2龄以前多集中于植物上部，2龄以后喜群居于绿地或稀草地，并逐渐聚集成群，进行迁移活动。当群居型蝗蝻发育为成虫时，便可进行远距离迁飞。东亚飞蝗的发生与气候、水文、土壤、植被及天敌等因素有密切关系。在水旱交替的低海拔地区，由于旱涝明显，往往雨季汛期水位上升，汛期过后又随着水位下降出现大面积裸滩，特别适合东亚飞蝗的发生。

7）二点委夜蛾

二点委夜蛾 *Proxenus lepigone*（Moschler）（异名 *Athetis lepigone*）属鳞翅目夜蛾科。体长10～12mm，灰褐色，前翅黑灰色，上有白点、黑点各1个。后翅银灰色，有光泽。老熟幼虫体长14～18mm，最长达20mm，黄黑色到黑褐色；头部褐色，额深褐色，额侧片黄色，额侧缝黄褐色；腹部背面有两条褐色背侧线，到胸节消失，各体节背面前缘具有一个倒三角形的深褐色斑纹；气门黑色，气门上线黑褐色，气门下线白色；体表光滑。有假死性，受惊后蜷缩成C字形。

幼虫主要从玉米幼苗茎基部钻蛀到茎心后向上取食，形成圆形或椭圆形孔洞，钻蛀较深切断生长点时，心叶失水萎蔫，形成枯心苗；严重时直接蛀断，整株死亡；或取食玉米气生根系，造成玉米苗倾斜或侧倒。成虫昼伏夜出，白天隐藏在麦秸、枯草下，或玉米叶背，或土缝间，夜间活动。成虫喜在麦秸较多的玉米田活动，将卵散产于麦秸上、麦秸下土表，玉米苗基部和附近土壤，卵期3～5d，孵化后幼虫躲在玉米根际还田的碎麦秸下或2～3cm的土缝中为害玉米苗，1株玉米苗少则有虫1～5头，多则20头以上。麦秆较厚的玉米田发生较重。

此外，在玉米上发生较重的还有其他一些害虫，如穗期害虫桃蛀螟、棉铃虫和高粱条螟等，均以幼虫啃食果穗籽粒，严重影响玉米产量与品质。

将玉米田主要害虫的发生时期与二十四节气和玉米物候相联系，整理制作成图4-13，以便对玉米田害虫发生情况进行系统性、整体性把握。

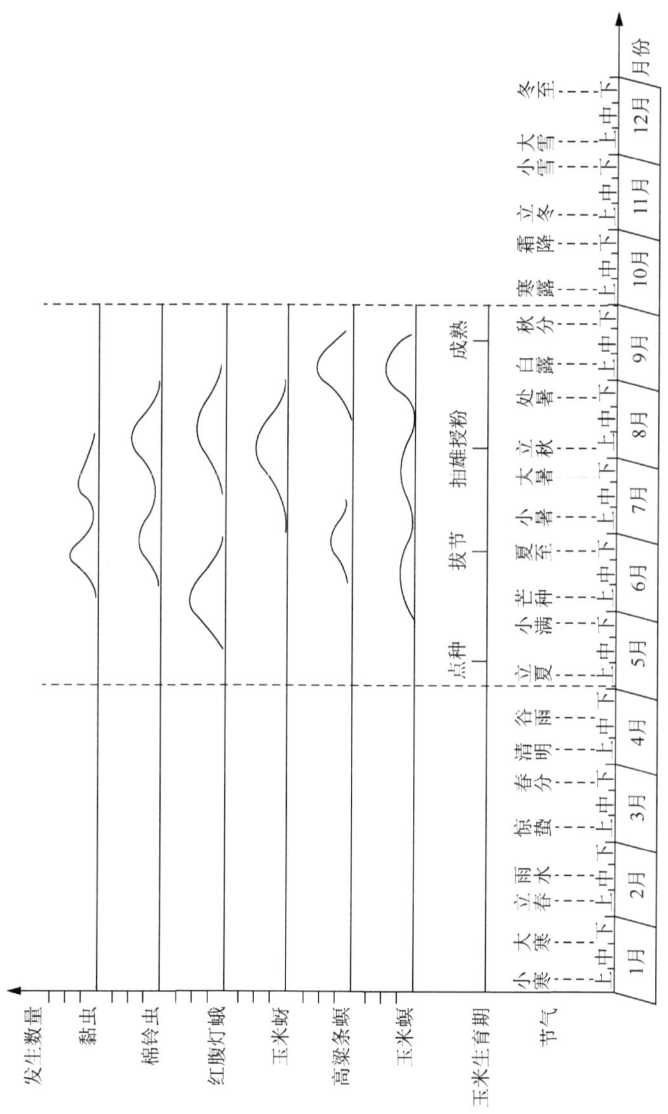

图 4-13　玉米田主要害虫发生与二十四节气和玉米物候关系

4.1.2.2　玉米主要病虫害生态防控

1）玉米大斑病生态防控

玉米大斑病的防治应以种植抗病品种为主，加强农业防治，辅以必要的药剂防治。①选种抗病品种，根据当地优势小种选择抗病品种，注意防止其他小种的变化和扩散。选用不同抗性品种及兼抗品种。具体品种选择可根据当地气候与具体情况综合分析，不可一概而论。②适期早播，避开病害发生高峰。施足基肥，增施磷钾肥。做好中耕除草培土工作，摘除底部2～3片叶，降低田间相对湿度，使植株健壮，提高抗病力。③玉米收获后，清洁田园，将秸秆集中处理，经高温发酵用作堆肥；经过堆腐饲养环境昆虫。④实行轮作。

2）玉米小斑病生态防控

①因地制宜选种抗病杂交种或品种。②清洁田园，深翻土地，控制菌源。③摘除下部老叶、病叶，减少再侵染菌源。降低田间湿度。④增施磷、钾肥，加强田间管理，增强植株抗病力。

3）玉米黑粉病生态防控

采用控制和减少菌源为主导的技术措施。①减少菌源。彻底清除田间的病残株，带出田外集中深度堆腐，或做堆肥，或做腐蚀性昆虫饲料，进行洁净转化，以减少菌源，防止再侵染。②实行秋翻地。深翻土地，把散落在地表的菌源，深埋地下，减少初侵染源。③轮作、倒茬。重病地段实行三年以上轮作，可与大豆等其他作物倒茬种植。④加强栽培管理。合理密植，避免偏施氮肥，灌溉要及时，特别在抽雄前后易感病阶段，必须保证水分供应充足，以及彻底防治玉米螟等，均可减轻发病。

4）玉米青枯病生态防控

①加强栽培管理，提高防病能力。如及时中耕及摘除下部叶片，使土壤湿度降低，通风透光好。②合理密植，不宜高度密植，造成植株郁闭。③前期增施磷、钾肥，以提高植株抗性。④提倡轮作，以减少土壤中的病原菌，如玉米与棉花的轮作或套种等。重病地块与大豆、红薯、花生等作物轮作，减少重茬。⑤及时消除病残体，并集中深度堆腐或做堆肥或做腐蚀性昆虫饲料。⑥收获后深翻土壤，可控制和减少侵染源。⑦玉米生长后期结合中耕、培土，增强根系吸收能力和通透性，及时排出田间积水。⑧增施肥料，每亩施用优质农家肥3 000～4 000kg，纯氮13～15kg，硫酸钾8～10kg，加强营养以提高植株的抗病力。

5）玉米粗缩病生态防控

在玉米粗缩病的防治上，要坚持以控制毒源为基础，以灰飞虱防治为主，消除传播媒介、减少虫源为核心的综合防治措施。①加强监测和预报。在病害常发地区有重点地定点、定期调查小麦、田间杂草和玉米的粗缩病病株率和严重度，同时调查灰飞虱发生密度和带毒率。在秋末和晚春及玉米播种前，根据灰飞虱越冬基数和带毒率、小麦和杂草的病株率，结合玉米种植模式，对玉米粗缩病发生趋势做出及时准确的预测预报，以指导防治。②要根据本地条件，选用抗性相对较好的品种，同时要注意合理布局，避免单一抗源品种的大面积种植。在山东省曲阜市，玉米杂交种鲁单 50、鲁原单 14 等对粗缩病的抗性较好。③调整播期。根据玉米粗缩病的发生规律，在病害重发地区，应调整播期，使玉米对病害最为敏感的生育时期避开灰飞虱成虫盛发期，以降低发病率。春播玉米应适当提早播种，一般在 4 月下旬、5 月上旬；麦田套种玉米适当推迟，一般在麦收前 5d，尽量缩短小麦、玉米共生期，做到适当晚播。在山东省曲阜市玉米种植模式主要有麦套玉米、抢茬玉米和晚播玉米 3 种，其中以麦套玉米发病最重，其次为抢茬玉米，再次为晚播玉米。春播玉米应当提前到 4 月中旬以前播种；夏播玉米则应在 6 月上旬播种为宜。④路边、田间杂草是玉米粗缩病传毒介体灰飞虱的越冬越夏自然寄主。玉米粗缩病病毒主要在小麦、禾本科杂草和灰飞虱体内越冬。因此，应在玉米粗缩病重发区，适当人为播种牧草，诱集灰飞虱迁离玉米田，并同时设置生态庇护所，半人工养殖蜘蛛捕食灰飞虱。⑤加强田间管理。结合定苗，拔除田间病株，集中深埋或烧毁，减少粗缩病侵染源；合理施肥、浇水。促进玉米生长，缩短感病期，减少传毒机会，并增强玉米抗耐病能力。

6）玉米螟生态防控

玉米螟是玉米最重要的害虫之一。20 世纪 50 年代初，人们就开始注重处理越冬载体、破坏越冬场所而消灭越冬虫态，随后用药液灌心和撒毒土防治玉米螟。50 年代末，中国农业科学院植物保护研究所研究推广了应用颗粒剂治螟，简单易行，效果良好。60 年代一些地区已基本控制了螟害。70 年代以后，随着耕作制度的改变，玉米螟防治采用白僵菌封垛、释放赤眼蜂、应用黑光灯和性诱剂等。80 年代，由于麦垄点种玉米普遍出现玉米螟、桃蛀螟混生的情况。在“预防为主、综合防治”植保方针指导下，防治技术措施趋向多元化，穗期螟虫逐步向综合治理方向发展。90 年代至今，化学农药使用成为主导措施，其他措施则逐渐被淡化。

玉米螟生态防控是构建以越冬虫源源头治理为基础、以赤眼蜂释放为主导措施的技术体系。玉米螟的天敌主要有寄生卵的赤眼蜂、黑卵蜂，寄生幼虫的寄生蝇、白僵菌、细菌、病毒等。捕食性天敌有瓢虫、步行虫、蜻蜓等，都对玉米螟有一定的抑制作用。①赤眼蜂灭卵。在玉米螟产卵始、初盛和盛期释放玉米螟赤眼蜂或松毛虫赤眼蜂 3 次，每次放蜂 15 万～30 万头/hm^2，释放蜂点 75～150 个/hm^2。放蜂时蜂卡经变温训练后，夹在玉米植株下部第五或第六叶的叶腋处。②利用白僵菌治螟。在心叶期，将每克含分生孢子 50 亿～100 亿的白僵菌拌炉渣颗粒 10～20 倍，撒入心叶丛中，每株 2g。也可在春季越冬幼虫复苏后化蛹前，将剩余玉米秸秆堆放好，用土法生产的白僵菌粉按 100～150g/m^3，分层喷洒在秸秆垛内进行封垛。

③利用苏云金杆菌治螟。苏云金杆菌变种、蜡螟变种、库尔斯塔克变种对玉米螟致病力很强，工业产品拌颗粒成每克含芽孢 1 亿～2 亿的颗粒剂，从心叶末端撒入心叶丛中，每株 2g，或用 Bt 菌粉 750g/hm^2 稀释 2 000 倍液灌心，穗期防治可在雌穗花丝上滴灌 Bt 200～300 倍液。

7）玉米蚜生态防控

①采用麦套种玉米栽培法比麦后播种的玉米提早 10～15d，能避开蚜虫繁殖的盛期，可减轻危害。②在预测预报基础上，根据蚜量，调查天敌单位占蚜量的百分比、气候条件及该蚜发生情况，确定用药种类和时期。

8）东方黏虫生态防控

①诱杀成虫。东方黏虫田间数量开始上升时，设置糖醋酒诱杀盆 15 个/hm^2，或设置杨树枝把或谷草把 30～45 个/hm^2，逐日诱杀成虫，可压低田间落卵量和幼虫密度。②诱卵和采卵。自田间成虫产卵初期开始，麦田插小谷草把 150 个/hm^2 诱卵，每两天换一次，将谷草把带离田间烧毁。谷田在卵盛期，可顺垄采卵，连续进行 3～4 次，能显著减轻田间虫口密度。

9）东亚飞蝗生态防控

①兴修水利，稳定湖河水位，大面积垦荒种植，减少蝗虫发生基地。②植树造林，改善蝗区小气候，消灭飞蝗产卵繁殖场所。③因地制宜种植飞蝗不食的作物，如甘薯、马铃薯、麻类等，断绝飞蝗的食物来源。④于 6 月、8 月两次释放黑广肩步甲。与白僵菌相结合，防控效果更好。

10）二点委夜蛾生态防控

二点委夜蛾是典型的由环境变化诱导发生的新害虫，主要在小麦秸秆还田的玉米根际发生与危害。①麦收后使用灭茬机或浅旋耕灭茬后再播种玉米，即可有效减轻二点委夜蛾危害，也可提高玉米的播种质量，苗齐苗壮。②及时人工除草和化学除草，清除麦茬和麦秆残留物，减少害虫滋生环境条件；提高播种质量，培育壮苗，提高抗病虫能力。③人工释放黑广肩步甲、东方蚁狮、泰山潜穴虻。

4.1.2.3 玉米生态植保整体解决方案

玉米病虫害种类繁多，不同生育阶段的种类各有差异。在防治时，要在明确主要病虫害发生规律的基础上，因地制宜地协调应用各种必要措施，有效地控制病虫危害。

1. 掌握病虫源状况，实施源头治理

详细掌握玉米病虫源状况，是实施源头治理的基础和前提。玉米病害和虫害的越冬、越夏源头状况分别见表 4-4 和表 4-5。

表 4-4　常见玉米病害病源状况

玉米病害	越冬	越夏	发生
玉米大斑病	以菌丝体或分生孢子在病残体内外或散落于土壤中越冬	在玉米生长季节为新生分生孢子	初侵染靠雨水或气流传播，再侵染直接侵入或从气孔侵入叶片
玉米小斑病	以菌丝体或分生孢子在病残体内外越冬	在玉米生长季节为新生分生孢子	初侵染靠雨水或气流传播，再侵染直接侵入或从气孔侵入叶片
玉米黑粉病	以冬孢子在土壤、病残体或残留在秸秆上的病瘤内越冬	在玉米生长季节为新生担孢子和次生担孢子	担孢子随风、雨、昆虫传播至植株侵染
米青枯病	在土壤和病残体或混有病残体的土杂肥中越冬	腐霉菌以菌丝体或游动孢子越夏；禾谷镰孢菌以子囊孢子越夏	菌丝体或游动孢子借雨水传播侵染；子囊孢子借气流传播侵染
玉米粗缩病	病毒可在冬小麦、多年生禾本科杂草及传毒介体中越冬	在玉米毒株或带毒灰飞虱体内越夏	由灰飞虱传播

表 4-5　常见玉米虫害虫源状况

玉米虫害	越冬	越夏	发生
亚洲玉米螟	以老熟幼虫越冬	以幼虫、成虫越夏	发生世代随地理纬度、海拔高度不同而不同；自北向南年发生 1～6 代
小地老虎	迁飞性	以成虫越夏	发生世代自北向南 2～7 代
黄地老虎	以 3～6 龄幼虫和少量蛹在麦田、菜田等土中越冬	以幼虫、成虫越夏	北方发生 2～4 代
玉米蚜	以成、若蚜在小麦及禾本科杂草的心叶、根际处越冬	以成虫越夏	北方年发生 20 余代
玉米蓟马	以成虫越冬	以若虫、成虫越夏	北方玉米可能发生2 代
东方黏虫	迁飞性	以幼虫、成虫越夏	南方地区年发生 5～8 代；北方多数地区年发生 3～4 代
东亚飞蝗	以卵在土下 4～6cm 处越冬	以夏蝗越夏	在黄淮流域和长江流域年发生 2 代

2. 掌握生物防治资源，全面推进生物防治

综合有关资料，黄淮海地区玉米田的天敌在 150 种以上，其中以螟虫类的天敌为多。玉米田主要的寄生性天敌种类有：玉米螟赤眼蜂、松毛虫黑卵蜂、大螟瘦姬蜂、玉米螟长距茧蜂、小茧蜂 *Bracon*.sp.、黄金小蜂、广大腮小蜂、玉米螟历寄蝇、螟黑纹茧蜂和各种蚜茧蜂等。在螟虫卵寄生蜂中，玉米螟赤眼蜂占总寄生率的 97.3%；在幼虫和蛹寄生蜂中，越冬期间以玉米螟长距茧蜂占绝对优势，寄生率在 30%左右；生长季节的大螟瘦姬蜂的数量最多，占幼虫总寄生率的 85%以上。蚜茧蜂多在 8 月对玉米蚜的寄生率高。

捕食性天敌主要有瓢虫类、草蛉类、步甲类、食虫蝽类、食虻类和蜘蛛类。据调查，七星瓢虫、龟纹瓢虫在 5 月下旬至 6 月上旬能大量捕食玉米螟的卵和初

孵幼虫。其次是蜘蛛的捕食作用强，其他天敌对各种不同螟虫均有不同程度的控制作用。对于蚜虫类的捕食作用，以瓢虫、草蛉、蜘蛛的控制作用更强。

害虫致病菌有：白僵菌、苏云金杆菌、绿僵菌、微孢子虫、蚜霉菌、寄生螨类等。其中白僵菌对玉米螟等各种螟虫越冬代的寄生率较高；苏云金杆菌在湿度大的年份寄生率高；蚜霉菌在 8 月中下旬极易流行，导致蚜虫数量下降。

细菌性杀虫剂有苏云金杆菌系列品种，常制成颗粒剂防治玉米螟，即用 1kg 菌粉（100 亿孢子/g）加 10kg 颗粒剂制成细菌性颗粒剂使用。

3. 生长期病虫防治

1）播种前防治

选用抗、耐病虫品种。根据当地发生的病虫害种类，选用优良的抗、耐病虫高产品种，并合理安排品种布局和品种轮换。①深耕灭茬和冬耕冬灌。东北地区玉米收获后，彻底深翻土壤或实行冬耕冬灌，将病残体翻入土中，加速腐烂分解，可有效地消灭地下害虫、棉铃虫越冬蛹，及减少纹枯病、黑粉病的侵染来源。②秸秆处理。于春季玉米螟化蛹前，采用烧、轧、封等方法彻底处理玉米、高粱秸秆，玉米穗轴和棉柴等，可消灭大部分越冬玉米螟、高粱条螟和桃蛀螟幼虫，压低虫源基数。③清洁田园。清除田间、地边与沟边杂草，切断病虫发生的桥梁寄主植物，能有效地预防玉米粗缩病、玉米蓟马和红蜘蛛的发生。

2）播种期防治

①种子包衣。因地制宜使用包衣种子，或使用玉米专用种衣剂进行种子包衣，既可防治多种地下害虫，又能兼治苗期蚜虫、蓟马及灰飞虱等害虫，同时还可减轻玉米粗缩病等病害的发生。②药剂拌种。未采用包衣种子或种衣剂处理的，应针对当地的主要病虫选择使用相应的药剂进行拌种。如在防治地下害虫时，可用 50%辛硫磷乳油拌种；防治玉米青枯病时，可选用粉锈宁可湿性粉剂拌种，也可用生防菌哈氏木霉、绿色木霉菌拌种或穴施，都有明显的防治效果。③调整播期。山东省适期晚播可以错开媒介昆虫灰飞虱盛发期，减轻玉米粗缩病的危害。④实行轮作和间套作。因地制宜实行玉米和棉花、蔬菜、花生、甘薯等轮作，可抑制某些病害的发生。如对青枯病发病严重的地块与甘薯等作物实行 2～3 年轮作，有明显控制效果；玉米与矮秆作物大豆、花生、马铃薯等间作套种，可增强田间通风透光能力，对控制玉米大、小斑病有重要作用。

3）苗期防治

苗期防治对象主要有地下害虫（如地老虎、金针虫）、玉米蚜、蓟马、黏虫和玉米粗缩病等。①加强肥水管理。采用配方施肥，避免偏施氮肥，培育壮苗，增强植株抗病虫能力。低洼地应注意排水，降低田间湿度，以减轻多种病害的发生；

干旱时应适时浇水，以促进玉米植株早发快长，增强植株的抗病虫能力。②铲除除草。清除毒源寄主和切断媒介昆虫（如飞虱、蚜虫）的桥梁寄主，以预防多种虫传病害的发生。③结合定、间苗，拔除粗缩病、矮花叶病株和虫株，带出田外沤肥，可减少病虫的再侵染和传播蔓延。对粗缩病发生轻的地块可尽早喷施抗病毒剂。

4）心叶期至穗期防治

心叶期至穗期主要防治对象有纹枯病、大叶斑病、小叶斑病、黑粉病、锈病、玉米螟、红蜘蛛、玉米穗虫、黏虫和蝗虫等。

清洁田园。及时摘除病叶、摘除黑粉病菌瘤，铲除青枯病、粗缩病等病残体并销毁，消灭病原菌的再侵染来源。

4. 生态治蝗技术

生态治蝗技术是通过垦荒铲除芦苇、白茅、马绊草等蝗虫适宜的植被，改为种植小麦、玉米、棉花、水稻、苜蓿、牧草等东亚飞蝗不喜食植物，从而改造东亚飞蝗滋生地，创造不利于蝗虫生长发育的生态环境，压低蝗虫发生密度，以确保东亚飞蝗不造成大的危害损失。

该技术主要适用于山东、河南、河北、天津等省（直辖市）的沿海、滨湖、黄河滩涂地、撂荒地和农田夹荒地等。

4.1.3　水稻生态植保

我国最早于 9 000 年前种植水稻，并发明了复杂的灌溉系统。目前，水稻是我国特别是南方，以及世界上一半国家的主要粮食作物。水稻的整个生育期均会遭受多种病虫害的危害，一般引起稻谷损失 20%～30%。我国记载的水稻病害有 60 多种，其中重要的 20 余种，主要包括稻瘟病、纹枯病、白叶枯病、胡麻斑病、恶苗病和病毒病等；水稻虫害近 80 种，其中常年造成危害的有 10 余种，如稻飞虱、稻纵卷叶螟、二化螟、稻苞虫、稻瘿蚊、稻蓟马和中华稻蝗等。

4.1.3.1　水稻病虫害种类

1. 水稻病害

1）稻瘟病

稻瘟病由稻瘟菌 *Magnaporthe oryzae* 侵染引起，是发生广泛、危害严重的水稻病害之一，俗称水稻“癌症”。

稻瘟病在水稻整个生育期中都可发生，根据发病部位的不同，可分为苗瘟、叶瘟、节瘟、穗颈瘟和谷粒瘟等，其中以节瘟、穗颈瘟危害较重。叶瘟的典型病斑通常呈纺锤形，少数为圆形或长条形；病斑最外层为黄色的中毒部，内层为褐色的坏死部，中央为灰白色的崩溃部，两端常有延伸的褐色坏死线。在阴雨、高湿气候条件下，感病品种上常出现暗绿色、水渍状、近圆形或椭圆形，产生大量灰色霉层的急性型病斑；在不适宜的环境条件下，病斑常为白点型；在抗病品种及老叶上多为褐点型（图 4-14）。

病原菌以菌丝体和分生孢子在病稻草和病谷越冬，其中病稻草是翌年病害初侵染的主要来源。发病期间，病原菌可产生大量分生孢子，以气流传播，不断进行再侵染。由于病原菌生理分化明显，品种抗病性差异很大。通常适温（25～28℃）、高湿（相对湿度>90%）有利病害的发生和流行。

深入研究水稻—稻瘟病互作机制，对提出新的病害防治策略和培育抗稻瘟病的水稻新品种具有重要意义。

2）水稻纹枯病

水稻纹枯病由立枯丝核菌 *Rhizoctonia solani* 引起，是稻区普遍发生的重要病害。随着矮秆品种的推广种植和施肥水平的提高，纹枯病发生日趋严重，尤以高产稻区最为突出。

水稻纹枯病以分蘖后期至抽穗期发生为盛，主要侵害叶鞘及叶片，严重时可为害穗部和茎秆内部。通常病斑边缘褐色，中央灰绿色或灰白色，呈不规则云纹状（图 4-15）。

A. 叶瘟　B. 穗茎瘟。

图 4-14　稻瘟病

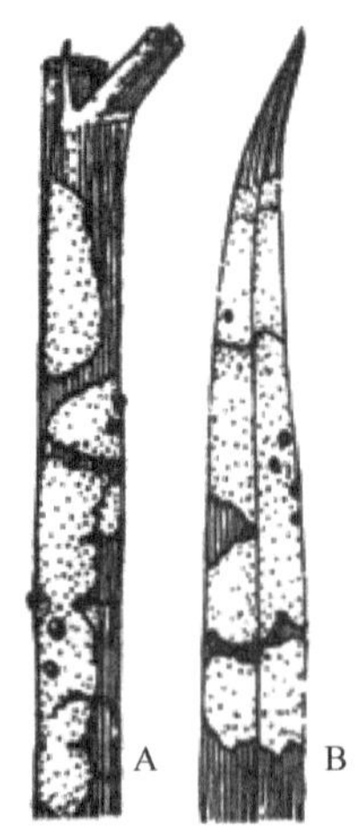

A. 枯鞘　B. 枯叶。

图 4-15　水稻纹枯病

病原菌主要以菌核在土壤中越冬，成为次年或下季的主要初侵染来源。该病是一种典型的高温高湿病害，在 28～32℃和相对湿度 97%以上时病情发展最快。

3）水稻白叶枯病

水稻白叶枯病由黄单胞菌水稻致病变种 *Xanthomonas campenstris pv. oryzae* 引起，以华东、华中、华南稻区发生较重。

该病多在分蘖期后发生，主要侵染水稻叶片，沿叶尖、叶缘或中脉形成长条状病斑，初为黄褐色，后为枯白色；重病症状表现为病叶灰绿色，向内卷曲呈青枯状。在南方稻区有时可见凋萎型或枯心型症状。在高湿或晨露未干时，各种症状的病部表面常有蜜黄色黏性菌脓，干燥后呈鱼籽状小胶粒，易脱落。

水稻白叶枯病的初侵染来源以病种和病稻草为主。病原菌一般经伤口和水孔侵染叶片，形成中心病株，病株上的病原菌随雨水飞溅或灌水传播，不断进行再侵染。不同品种的抗感性差异很大。在适温（25～30℃）下，决定病害流行的气候因素是雨湿，特别是大风暴雨或洪涝的侵袭，造成高湿环境，使大量稻叶受伤，更有利于病原菌的传播、侵入和扩展。

4）水稻恶苗病

水稻恶苗病由串珠镰孢菌 *Fusarium moniliforme* 引起。20 世纪 90 年代以来，由于肥床旱育技术的推广和种子处理工作的放松，水稻恶苗病发生较为普遍，特别是在江苏、浙江、山东和东北等粳稻区危害较重。

该病从苗期至抽穗期都有发生。秧田病苗通常表现徒长，比健苗高而细弱，叶片淡黄绿色，根部发育不良。本田一般分蘖期始现病株。症状与苗期相似，同时分蘖减少，下部茎节生有许多倒生的不定根，叶鞘和茎秆上有淡红至灰白色粉霉，严重时病株枯死。

水稻恶苗病是水稻重要的种传病害，带菌种子是主要的初侵染来源。在水稻浸种过程中，若不进行种子处理或种子处理的质量不好，带菌种子上的病原菌就会污染无病种子，因而使带菌种子大量增加，引起病害蔓延。

5）稻胡麻斑病

稻胡麻斑病由稻平脐蠕孢菌 *Bipolaris oryzae* 引起，是水稻病害中分布较广的一种病害。

稻胡麻斑病主要为害叶片、叶鞘，也可发生在谷粒、穗颈和枝梗上。叶片上病斑椭圆形，典型病斑中央黄褐色，外缘褐色，周围有黄色晕圈。严重发生时，叶片上病斑密生，多达数十个至数百个，使叶片提早枯死。谷粒、穗颈发病，在湿度大时，病部表面产生大量黑色绒毛状霉层，即病原菌的分生孢子梗和分生孢子。

病稻种和病稻草是稻胡麻斑病的主要初侵染来源，病原菌经气流、风力和雨水传播，适宜条件下可进行多次再侵染，短期内就会引起病害流行。

6）稻曲病

稻曲病由绿核菌 *Ustilaginodea virens*（Cke.）Tak. 引起，是我国常见的水稻穗部病害。

病原菌侵入谷粒后，形成膨大的孢子球包裹颖壳，呈黄绿色至墨绿色。孢子球最后龟裂，表面散布墨绿色粉末，即病原菌的厚壁孢子。有的病粒可产生少量黑色菌核。

病原菌主要以落入土中的菌核和附在种子或土中的厚壁孢子越冬。翌年，菌核产生子座，子座内形成子囊壳和子囊孢子；厚壁孢子萌发产生分生孢子。子囊孢子和分生孢子随风雨传播，主要在孕穗末期至抽穗期侵染稻穗。一般穗大粒多、密穗形及晚熟品种发病重。氮肥用量大和抽穗前后低温、多雨有利于发病。

7）稻细菌性条斑病

稻细菌性条斑病由水稻黄单胞菌 *Xanthomonas oryzae* 稻生致病变种引起，是我国南方稻区的重要检疫性病害，山东稻区尚未见报道。

该病在水稻整个生育期都有发生，典型症状是在叶片上形成短条状、暗绿色至黄褐色病斑。严重时，短条斑增多而联合，呈不规则、黄褐色至枯白色斑块。病斑上常有大量小露珠状蜜黄色菌脓，干燥后不易脱落。

病稻谷和病稻草是稻细菌性条斑病的主要初侵染来源。带菌种子的调运是病害远距离传播的主要途径。病原菌主要通过灌溉水、雨水接触秧苗，从气孔或伤口侵入。病斑上溢出的菌脓可借风雨、露滴、水流及叶片接触等传播，进行再侵染。病害的发生流行要求高温、高湿条件，偏施过量氮肥常是病害流行的诱因。

8）稻病毒病

稻病毒病种类较多，发生在我国的有 11 种，以南方稻区发生较为普遍，危害较严重的有条纹叶枯病和普通矮缩病等。

条纹叶枯病由水稻条纹病毒引起，多在苗期至分蘖期发生，典型症状为心叶沿叶脉呈现断续的黄绿色或黄白色短条纹，后扩展成不规则黄白色条纹。通常高秆品种发病后，心叶黄白色、细长柔软、卷曲下垂，呈枯心状。病毒粒体丝状，主要由灰飞虱传播。普通矮缩病由水稻矮缩病毒引起，病株矮缩，分蘖增多，叶片浓绿而僵直，叶片和叶鞘上出现与叶脉平行的黄白色虚线状条点。病毒粒体球状，主要通过黑尾叶蝉传播。

2. 水稻虫害

1）稻飞虱

稻飞虱俗称稻虱。属同翅目飞虱科。我国有 3 种：褐飞虱 *Nilaparvata lugens*（Stal）、白背飞虱 *Sogatella furcifera*（Horváth）和灰飞虱 *Laodelphax striatellus*，在全国各稻区都有发生。前两种为偏南方种类，主要为害水稻；灰飞虱属偏北方种类，除为害水稻外，还为害小麦、玉米等。稻飞虱的危害主要表现在 3 个方面：一是以成、若虫群聚于稻丛下部刺吸植株汁液，影响养分运输，严重发生时，稻株下部变黑、腐烂、倒伏，造成严重减产；二是成虫除刺吸为害外，雌虫产卵时刺伤茎秆组织或将卵产在叶主脉内，使稻株水分散失，伤口处易感染菌核病或纹枯病；三是传播水稻病毒病，灰飞虱除传播水稻病毒病外，还传播小麦丛矮病和玉米粗缩病，这种传毒为害造成的间接损失更大。

褐飞虱成虫有长翅型和短翅型，长翅型体长3.6～4.8mm，体淡褐至黑褐色，有油状光泽，小盾片褐色至暗褐色，3条隆线明显；成长若虫灰白至黄褐色，腹部第4、5节背面有1对清楚的三角形白色斑纹。白背飞虱成虫也有长翅型和短翅型之分，长翅型体长3.8～4.5mm，体淡黄至黄色，头顶显著突出，小盾片中央黄白色，两侧黑褐色；成长若虫灰褐至灰黑色，第3、4腹节背面各有1对清楚的三角形乳白色斑纹（图4-16）。灰飞虱体长3.5～4.0mm，体黄褐至黑褐色，头顶略突出，雌虫小盾片中央淡黄色，两侧暗褐色，雄虫小盾片全部黑褐色；成长若虫灰黄至黄褐色，第3、4腹节背面各有1对浅色“八”字形斑纹。

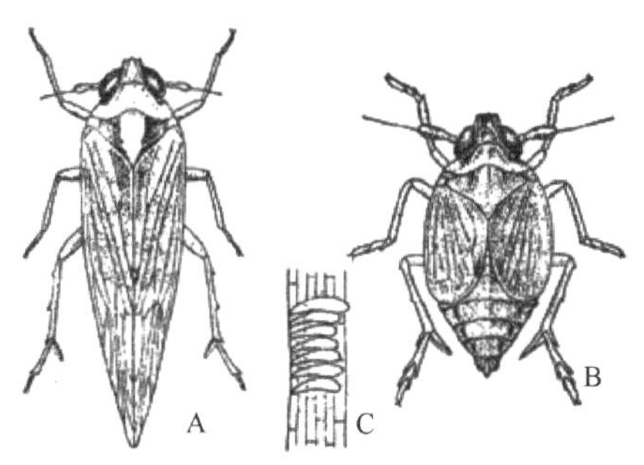

A. 长翅型成虫　B. 短翅型成虫　C. 稻组织中的卵。

图4-16　白背飞虱

褐飞虱属长距离迁飞性害虫，我国的最初虫源来自东南亚国家，我国北方的虫源是从南方迁飞而来，该虫在北方不能以任何虫态越冬。自北向南，年发生1～11代不等，北方稻区常发生2～3代，7月中下旬为长翅型成虫迁入始期，7月下旬开始发生第1代若虫，8月上中旬发生第1代成虫，同时也有大量外来成虫迁入，此时进入初盛期。至9月上中旬为全年第2代成虫盛期，也是全年的危害盛期。褐飞虱的长翅型为迁飞型，田间长翅型增多，预示大量虫源迁入或迁出；短翅型为居留型，其数量增多，标志着危害严重。褐飞虱生长发育适温为20～30℃，相对湿度为80%以上。田间氮肥施用过多，有利于其发生。白背飞虱也属迁飞性害虫，随纬度高低1年发生2～8代。在北方年发生4代，长翅型成虫始见期在6月初，主要迁入期在7月中旬至8月上旬，田间主害期在8月上中旬，一般在主迁期后10～20d，即第2龄若虫危害高峰期，此时正值水稻孕穗期。白背飞虱的发生喜温暖潮湿环境，适宜温度为22～28℃，相对湿度为80%～90%。产卵明显表现为“趋稗性”，喜将卵产在稗草上。水稻的分蘖盛期至孕穗期最适宜其取食。灰飞虱无长距离迁飞习性，在我国北方能安全越冬，南方稻区1年发生7～8代，北方稻区1年发生4～5代。在北方稻区以3～4龄若虫在麦田及杂草丛中越冬。

3 月越冬若虫在麦田、杂草活动取食，4 月成、若虫为害小麦，5 月中下旬第 1 代成虫羽化，迁入秧田和旱栽本田为害，5 月下旬至 6 月中旬第 2 代若虫为害苗期水稻。7 月上旬第 3 代若虫开始为害本田水稻，8 月上旬为第 4 代若虫盛发期，此时正值水稻拔节孕穗期。8 月中下旬为第 4 代成虫羽化、产卵，危害盛期，9 月上中旬为第 5 代若虫危害期，此时正值抽穗至乳熟期。至 10 月转移至麦田为害，10 月下旬以 3～4 龄若虫越冬。

稻飞虱的天敌种类很多。卵期主要有寄生蜂和黑肩绿盲蝽。常见的寄生蜂有稻虱缨小蜂、褐腰赤眼蜂等，田间寄生率一般为 5%～16%。黑肩绿盲蝽一头成虫日均取食 7.1 粒卵；一头高龄若虫日均取食 5.3 粒卵，一生可取食 200 多粒卵，且能随着稻飞虱的迁飞而迁飞。成虫和若虫期的天敌有稻虱红螯蜂、稻虱线虫、稻虱跗煽、白僵菌等。一般总的寄生率在 20%～40%。捕食成虫和若虫的天敌有蜘蛛隐翅虫、宽黾蝽、步甲和瓢虫等，其中以蜘蛛的种类和数量多，控制作用强。

2）稻纵卷叶螟 *Cnaphalocrocis medinalis*（Guenee）

稻纵卷叶螟俗称白叶虫、小苞虫。属鳞翅目螟蛾科。在我国稻区广泛分布。除主要为害水稻外，也为害小麦、谷子等作物及稗草、马唐、芦苇等杂草。幼虫卷叶结苞为害，剥食稻叶上表皮和叶肉，仅留下表皮，形成白色条斑，由叶缘开始向正面纵卷成筒状。大发生时，田间虫苞累累，白叶连片。

成虫体长 7～9mm，体和翅均为黄褐色；前翅前缘暗褐色，外缘有 1 条暗褐色宽带，内、外横线暗褐色，两横线间近前缘有暗褐色短横线；后翅有黑褐色横线 2 条。雄蛾较小，前翅短纹前有 1 黑色毛簇组成的眼状斑纹。幼虫共 5～6 龄，细长，体长 14～19mm，黄绿至绿色，老熟时呈橘红色；中、后胸背部各有 8 个毛片（图 4-17）。

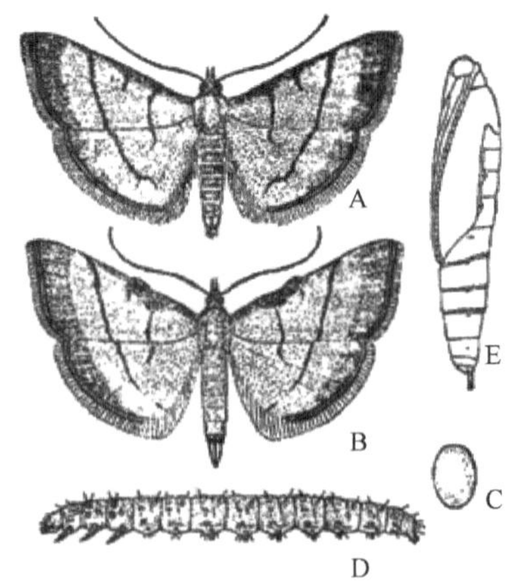

A. 雌成虫　B. 雄成虫　C. 卵　D. 幼虫　E. 蛹。

图 4-17　稻纵卷叶螟

稻纵卷叶螟具有远距离迁飞习性，在我国北方不能以任何虫态越冬，越冬北界为北纬 30° 左右，虫源是由南方迁飞而来。长江以南稻区 1 年发生 5～11 代不等，长江以北地区发生 5 代以下。山东稻区年发生 4 代，5 月下旬末始见越冬代成虫，成为第 1 代蛾源。第 2 代蛾源在 6 月底至 7 月中旬迁入，蛾峰在 7 月上中旬，第 2 代幼虫盛发期在 7 月中下旬，主要为害春稻及早夏稻，成为当地的主害代。第 3 代蛾源于 7 月底至 8 月中下旬迁入，是全年发生盛期，第 3 代幼虫以为害夏稻最严重。成虫趋向生长嫩绿、茂密的稻田产卵，卵多散产于叶片近中脉处。稻纵卷叶螟的发生喜中温高湿，温度在 22～28℃、相对湿度在 80%以上，有利于成虫产卵、孵化和幼虫存活。

稻纵卷叶螟天敌很多，已知有 11 科 80 余种。其中卵期天敌 3 种，幼虫期天敌 12 种，幼虫—蛹跨虫态天敌 8 种，蛹期天敌 9 种。从卵到蛹均受天敌抑制。全代寄生率达 20%～50%，以三、四代寄生率为高。作用较大的天敌为：卵期天敌稻螟赤眼蜂、拟澳洲赤眼蜂；幼虫期天敌稻纵卷叶螟绒茧蜂、拟螟蛉绒茧蜂、赤带扁股小蜂；蛹期天敌稻苞虫、寄生蝇，此外还有步甲、隐翅虫、蜘蛛等，各种蜘蛛对 1～2 龄的幼虫控制作用强。

3）二化螟 *Chilo suppressalis*（Walker）

二化螟属鳞翅目螟蛾科。全国稻区都有分布，以幼虫钻蛀稻株为害。除主要为害水稻外，还为害茭白、甘蔗、小麦、玉米等作物和稗草。

成虫雄蛾体长 10～12mm，前翅褐色或灰褐色，翅面散布褐色小点，外缘有 7 个小黑点；雌蛾体长 12～15mm，前翅黄褐色，前翅仅外缘有 7 个小黑点。卵扁平，椭圆形，呈鱼鳞状排列。老熟幼虫腹背有 5 条暗褐色纵线。

二化螟在我国不同地区一年发生 1～5 代不等。山东稻区年发生 2 代，主要以幼虫在稻桩和稻草中越冬。翌春，土温达到 7℃以上时，越冬幼虫在茎秆中化蛹。越冬代成虫盛期和第 1 代卵盛期在 5 月下旬，幼虫孵化盛期在 6 月上旬，此时幼虫开始为害苗期和孕穗期水稻，水稻分蘖期受害，会造成“枯心苗”。7 月下旬为第 1 代成虫蛾盛期，8 月上旬为第 2 代卵盛期，8 月上中旬为幼虫孵化盛期，此时幼虫开始为害穗期稻株，造成“虫伤株”和“白穗”。雌虫喜选叶色深绿、生长旺盛的稻株产卵。初孵幼虫群聚于叶鞘内为害，2 龄后分散蛀茎，幼虫在茎秆内化蛹。

二化螟的天敌种类较多，已知的有 50 多种。如寄生性天敌稻螟赤眼蜂、螟卵啮小蜂、二化螟绒茧蜂、寄生蝇和寄生线虫等。捕食性天敌有蜘蛛、隐翅虫、步甲、蜻蜓等。

4）直纹稻苞虫 *Parnara guttatus*

直纹稻苞虫又称稻弄蝶。属鳞翅目弄蝶科。在我国稻区危害水稻的稻苞虫有10余种，其中直纹稻苞虫分布广、发生量大、危害最重。除主要为害水稻，还为害玉米、高粱、谷子等作物和芦苇、狗尾草、稗草等杂草。

成虫体长16～20mm，黑褐色，有金黄色光泽，前翅有7～8个近四边形半透明斑，排列成半环状；后翅有4个半透明白斑，排成“一”字形。老熟幼虫体长19～35mm，纺锤形，灰绿色，头正面中央有“W”形褐色纹，腹部两侧有白色蜡块。

直纹稻苞虫在我国年发生3～8代，黄河以南至长江以北地区年发生4～5代，黄河以北2～3代。以幼虫在背风向阳的田边、沟边、池塘边的杂草丛中越冬。1～4代幼虫危害盛期分别在6月中下旬、7月中旬至8月上旬、8月中下旬和9月中下旬，全年以第2代危害最为严重。雌虫喜在叶色嫩绿、生长旺盛的分蘖期稻田产卵，1～2龄幼虫纵卷叶尖成小虫苞，3龄幼虫纵卷或横卷单叶上中部成苞，4、5龄幼虫后缀多个叶片成大虫苞于其中为害。温度在20～30℃，相对湿度在75%以上，且时晴时雨，有利于该虫发生。

5）中华稻蝗 *Oxya chinensis*

中华稻蝗属直翅目蝗科，是稻蝗中的优势种。除为害水稻，还为害玉米、谷子、高粱、麦类及禾本科杂草等。以成、若虫取食水稻叶片，轻者形成缺刻，重者将叶片全部吃光。水稻抽穗后可咬断小穗，造成断穗、白穗。乳熟时还可直接咬食谷粒。

成虫雌虫体长36～44mm，雄虫体长30～33mm，体绿色、黄绿色或褐绿色，前翅绿色，头部在复眼后沿前胸背板两侧具褐色纵条纹。若虫与成虫体形相似，翅发育尚未完全，自2龄后头胸两侧黑纹逐渐明显。

中华稻蝗在我国一年发生1代，卵在卵囊中于地边、田埂等环境的土中越冬。越冬卵自4月下旬开始孵化，孵化盛期在5月上旬；1～2龄若虫盛期为5月下旬至6月上旬，并转移到秧田为害；3～4龄若虫盛期在6月中下旬，逐渐转移到本田为害；5～6龄若虫盛期为7月中下旬，进入暴食期。成虫于8月上中旬羽化，在9月下旬水稻近收获时为害。

将水稻主要害虫的发生时期与二十四节气和水稻物候相联系，整理成图4-18，便于对水稻害虫发生情况进行系统性、整体性把握。

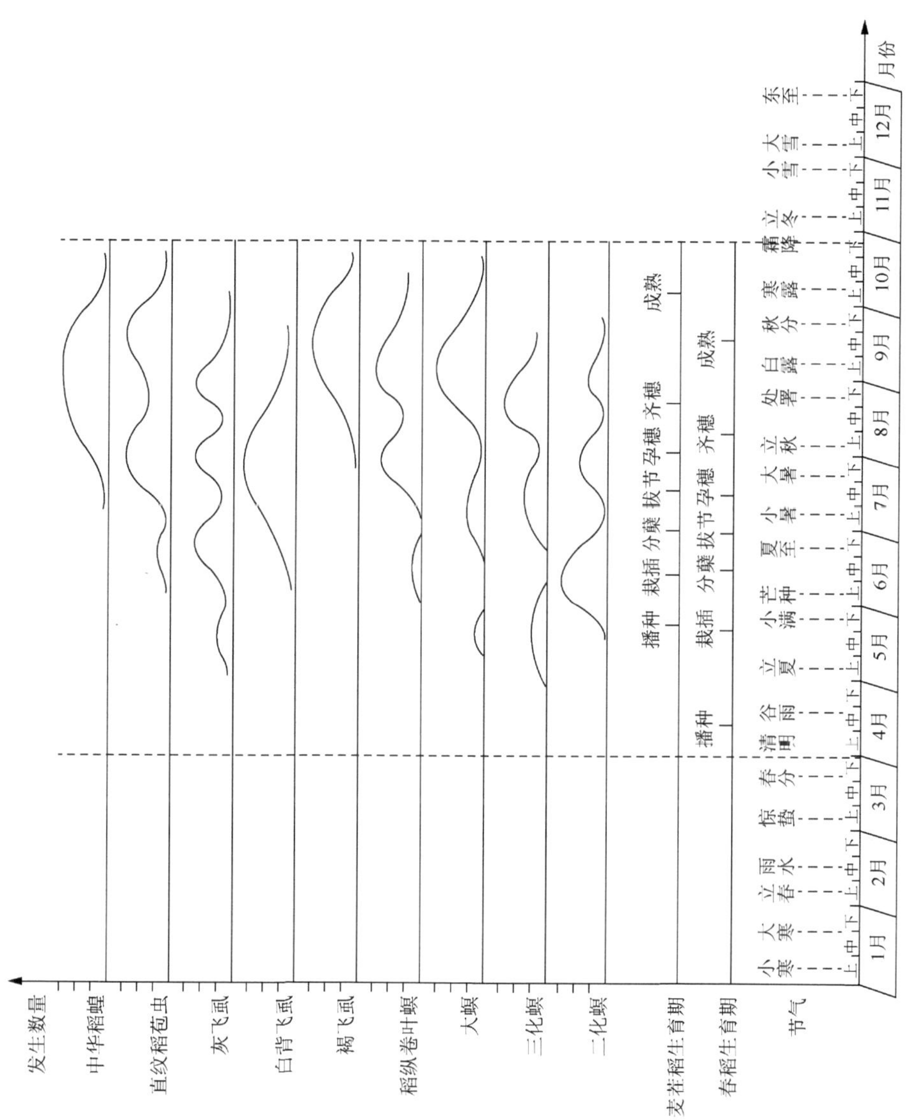

图 4-18　稻田主要害虫发生与二十四节气和水稻物候关系

4.1.3.2　水稻主要病虫害生态防控

1）稻瘟病生态防控

①废弃水稻秧资源化利用，妥善处理田间遗留病株，减少初侵染源。②选用排灌方便的田块，不用带菌稻草作苗床的覆盖物和扎秧草；不种植感病品种，选用抗病、无病、包衣的种子，如未包衣则用拌种剂或浸种剂灭菌；因地制宜选用2～3个适合当地的抗病品种。③肥料管理，提倡施用酵素菌沤制的或充分腐熟的有机肥，采取“测土配方”技术，和“早促、中控、晚保”的方针，重施基肥，科学施用氮肥，增施磷钾肥。根据当地预报及时检查田间症状。合理施肥，底肥足，追肥早，巧补穗肥，多施农家肥，节氮增施磷钾肥，防止偏施迟施氮肥，以增强植株抗病力，减轻发病。④水分管理，浅水勤灌，防止串灌；烤田适中。⑤加强栽培管理，催芽不宜过长，拔秧要尽可能避免损根。做到“五不插”，即不插隔夜秧，不插老龄秧，不插深泥秧，不插烈日秧，不插冷水浸的秧。发现病株，及时拔除烧毁或高温沤肥。加强田间管理，培育壮苗，增强植株抗病力，有利于减轻病害。⑤2%春雷霉素水剂500～700倍液或展着剂效果更好。

叶瘟要连防2～3次，穗瘟要着重在抽穗期进行保护，特别是孕穗期（破肚期）和齐穗期是防治适期。

大田分蘖期开始每隔3d调查一次，主要查看植株上部三片叶，如发现发病中心或叶上急性型病斑，即应施药防治；预防穗瘟，应根据病情预报，以感病品种、多肥田为对象，在破口期打药。

2）水稻白叶枯病生态防控

①用抗病品种。选用适合当地的抗病丰产品种，或从无病区留种，并做好种子消毒。②加强栽培管理。合理施肥和浅水勤灌，增强水稻抗病力，排灌分开，适时晒田；施足基肥，早施追肥，避免氮肥施用过迟、过量。③防止人为传播病原菌。

3）水稻细菌性条斑病生态防控

①加强检疫，把水稻细菌性条斑病菌列入检疫对象，防止远距离调运带菌种子。实施产地检疫，对制种田在孕穗期做一次认真的田间检查，可确保种子是否带菌。严格禁止从疫情发生区调种、换种。②选用抗（耐）病杂交稻，如桂31901、青华矮6号、双桂36、宁粳15号、珍桂矮1号、秋桂11、双朝25、广优、梅优、三培占1号、冀粳15号和博优等。③种子消毒处理。对可疑稻种采用温汤浸种的办法，即稻种在50℃温水中预热3min，然后放入55℃温水中浸泡10min，期间，至少翻动或搅拌3次，处理后立即取出放入冷水中降温。该法可有效杀死种子上的病原菌。④采用配方施肥技术，避免偏施、迟施氮肥，配合磷钾肥；忌灌串水和深水。

4）水稻病毒病生态防控

①防治策略。采取“切断毒源，治虫控病”的防治策略，控制条纹叶枯病、黑条矮缩病的危害，同时兼治大螟、二化螟，为夺取水稻丰收打基础。②用药时间。移（机）栽后3～5d用药；直播稻随现青随用药，隔5～7d用第二次药。

5）稻飞虱生态防控

①选育抗虫丰产水稻品种，如汕优10、汕优64等。②栽培和管理措施，创造有利于水稻生长发育而不利于稻飞虱发生的环境条件。对水稻种植要合理布局，实行连片种植，防止稻飞虱来回迁移、辗转为害。在水稻生育期，要实行科学管理肥水，施肥要做到控氮、增钾、补磷；灌水要浅水勤灌，适时烤田，使田间通风透光，降低田间湿度，防止水稻贪青徒长。灰飞虱可结合冬季积肥，清除杂草，消灭越冬虫源。③生物防治。保护利用自然天敌，调整用药时间，改进施药方法，减少施药次数，用药量要合理，以减少对天敌的伤害，达到保护天敌的目的；其次，可采用草把助迁蜘蛛等措施防治飞虱；放鸭啄食。

6）水稻螟虫类的生态防控

①合理施肥，加强田间管理，促进水稻生长健壮，以减轻受害。②人工释放赤眼蜂。在稻纵卷叶螟产卵始盛期至高峰期，分期分批放蜂，每一亩每次放3万～4万头，隔3d放1次，连续放蜂3次。③喷洒杀螟杆菌、青虫菌。每一亩喷每克菌粉含活孢子量100亿的菌粉150～200g，兑水60～75kg，配成300～400倍液喷雾。为了提高生物防治效果，可加入药液量0.1%的洗衣粉作湿润剂。

7）中华稻蝗生态防控

①中华稻蝗喜在田埂、地头、渠旁产卵并越冬。发生重的地区组织人力铲埂、翻埂杀灭蝗卵，具有明显的效果。②针对3龄前中华稻蝗群集在田埂、地边、渠旁取食杂草嫩叶特点，突击防治。③保护青蛙、蟾蜍，可有效抑制中华稻蝗发生。④中华稻蝗大面积发生时应使用飞机投放饥饿的黑广肩步甲。

4.1.3.3 水稻生态植保整体解决方案

水稻在生长发育过程中，常常受多种病虫危害，如历史上记载的“北蝗南螟”害虫，数量多，危害重，给水稻生产带来很大影响。水稻害虫的防治，新中国成立以来，华中、华东等地基本控制了稻螟虫的危害；近年来稻纵卷叶螟、稻飞虱、稻蝗等的防治取得了很大进展；20世纪50年代控制了稻负泥虫、稻铁甲虫等严重危害；70年代的种群生态学、生物学，对水稻抗虫性和综合防治等进行了深入的研究；尤其是80年代以后，对稻纵卷叶螟、稻飞虱害虫天敌资源保护与利用技术进行了广泛的研究。

水稻病虫害的防治，应从稻田生态系统出发，明确水稻各种植环节和各生育阶段的主要防治对象，以病虫害源头治理为基础，以生物防治为主导，构建生态植保方案。应充分发挥自然控制因素，因地制宜地应用关键防治技术，将病虫害控制在经济允许水平之下。在水稻害虫中，褐飞虱、白背飞虱和稻纵卷叶螟是重要迁飞性害虫，其发生常具有突发性，因此，做好异地测报工作尤为重要。

生态植保控制水稻害虫技术，主要通过田间合理布局，增加稻田生物多样性，增加重点天敌以及采取稻鸭共育等措施，调节恢复稻田生态系统的平衡，使水稻害虫种群处于相对较低的水平。该技术适用于全国所有水稻产区。

1. 掌握病虫源状况，实施源头治理

水稻常见病虫害病源状况见表 4-6 和表 4-7。

表 4-6　常见水稻病害病源状况

水稻病害	越冬	越夏	发生
稻瘟病	以菌丝体和分生孢子越冬	以分生孢子越夏	通过分生孢子在空气中传播；发育最适温度为 25～28℃
水稻纹枯病	以菌核在土壤中越冬	以新生菌核越夏	主要侵染叶鞘及叶片；发育最适温度为 28～32℃
水稻白叶枯病	细菌在种子内越冬	以新生病原菌越夏	高温高湿、多露、台风、暴雨是病害流行条件；气温在 26～30℃，相对湿度在 90%
水稻恶苗病	通过带菌种子越冬	以新生病原菌越夏	通过带菌种子传播；土温 30～35℃时易发病
稻胡麻斑病	病原菌以分生孢子附着在稻种或病稻草上，或以菌丝体潜伏在病稻草内越冬	以新生病原菌越夏	病稻上的病原菌产生大量分生孢子，随气流传播，引起秧田和本田的侵染
稻曲病	病原菌以落入土中的菌核或附着在种子上的厚垣孢子越冬	以新生子囊孢子和分生孢子越夏	通过子囊孢子和分生孢子随风雨传播；气温 24～32℃病原菌发育良好，26～28℃最适，低于 12℃或高于 36℃不能生长
稻细菌性条斑病	通过带菌种子越冬	以新生病原菌越夏	病原菌可借风、雨、露水及叶片接触等传播，也可通过灌溉水和雨水传到其他田块；生长适温 28～30℃

表 4-7　常见水稻虫害虫源状况

水稻虫害	越冬	越夏	发生
稻飞虱	以迁飞性害虫态越冬	以若虫、成虫越夏	北方一年发生 4～5 代
稻纵卷叶螟	以成虫越冬（南方）	以幼虫越夏	北方一年 5 代
二化螟	以幼虫在稻桩和稻草中越冬	以幼虫越夏	不同地区一年发生 1～5 代
直纹稻苞虫	以幼虫在背风向阳的杂草丛中越冬	以幼虫越夏	年发生 3～8 代
中华稻蝗	以卵在卵囊中，在地边、田埂的土中越冬	以成虫越夏	一年发生 1 代

2. 掌握稻田生物防治资源，全面推进生物防治

稻田天敌资源相当丰富。有关资料表明，我国水稻害虫天敌有 1 303 种，《水稻害虫天敌图说》（何俊华等，1986）中列出天敌昆虫 225 种，天敌蜘蛛 44 种，

这仅属常见的主要种类。其中膜翅目昆虫 133 种，寄生蝇 41 种，捻翅虫 4 种，捕食性天敌昆虫 26 种。

膜翅目寄生型天敌在稻田种类多、数量大、控制作用强。大多数寄生蜂属单期寄生，分别寄生卵、幼虫、蛹和成虫。例如赤眼蜂科、缨小蜂科、缘腹细蜂（黑卵蜂）科的种类，只在昆虫的卵期寄生。大多的姬蜂科和茧蜂科的天敌，寄生于害虫的幼虫和蛹期。但也有一些跨期寄生者，例如广黑点瘤姬蜂，成虫产卵于幼虫体内，寄主化蛹后才完成发育。在膜翅目天敌中，控制作用较强的种类有稻螟赤眼蜂、拟澳赤眼蜂、螟卵啮小蜂、黄眶离缘姬蜂、二化螟绒茧蜂、稻纵卷叶螟绒茧蜂、螟蛉悬茧姬蜂、广黑点瘤姬蜂、稻苞虫凹眼姬蜂、蝶蛹金小蜂、稻虱缨小蜂、稻虱红螯蜂和黑尾叶蝉樱小蜂等。

稻田常见的寄生蝇类主要是寄蝇科种类，常寄生鳞翅目昆虫，如稻苞虫、大螟、稻纵卷叶螟、二化螟和稻螟蛉等。头蝇科的种类主要寄生叶蝉，如黑尾叶蝉、电光叶蝉等。稻田常见的寄生蝇类有稻苞虫管狭颊寄蝇、日本追寄蝇、稻苞虫寄生蝇、黑尾叶蝉头蝇等。

捻翅目天敌昆虫在稻田常见的种类有二点栉蝙、白翅叶蝉栉蝙、透斑栉蝙、稻虱跗蝙等，常寄生叶蝉、飞虱等同翅目害虫。

稻田常见的捕食性鞘翅目天敌昆虫有步甲、瓢虫、隐翅虫、芫菁等。芫菁科的昆虫成虫为植食性，幼虫取食蝗科昆虫的卵，成为稻蝗等卵期的重要天敌。隐翅目科的种类可捕食飞虱、叶蝉和鳞翅目昆虫的卵，常见种类为青翅蚁型隐翅虫。瓢虫科的稻红瓢虫、八斑瓢虫、狭臀瓢虫、龟纹瓢虫等种类捕食蚜虫，压制稻蚜至罕见危害的水平。步甲类天敌多捕食鳞翅目昆虫的幼虫等。

在稻田内，捕食性半翅目常见类群有龟蝽、花蝽、盲蝽、姬蝽和猎蝽等。龟蝽属水面生活的种类，对飞虱、叶蝉若虫的捕食量大。淡翅小花蝽常捕食蓟马，黄褐刺花蝽捕食虫卵。黑肩绿盲蝽捕食飞虱、叶蝉的卵，控制作用十分强。赤须盲蝽常捕食各种虫卵。猎蝽科昆虫绝大多数为捕食性，主要捕食鳞翅目、鞘翅目等体软而行动迟缓的种类。华野姬猎蝽等以蚜虫、叶蝉、飞虱、蓟马等为食。

稻田蜘蛛对蜘蛛害虫的捕食控制作用，愈来愈受到人们的重视。在稻田蜘蛛中，有织结不规则小网于植株基部捕食小型昆虫的微蛛；有不结网游猎性捕食的狼蛛、猫蛛等。管巢蛛还经常进入卷叶内捕食稻苞虫、稻纵卷叶螟等。蜘蛛每天的捕食相当于自身体重的害虫，达 2～10 头。蜘蛛在稻田内的数量常占捕食性天敌总量的 60%～70%，是一个非常重要的自然控制因素。

在进行稻田天敌资源普查及效能评价的基础上，近年来许多学者深入研究了天敌的种群增长和对害虫控制的功能，建立了数学模型。这些研究为天敌对害虫的控制作用的定量描述提供了依据，结合其他方面的因素，可制订生物防治的经济阈值。

（1）保护稻田天敌。稻田生态系统中，天敌种类多、发生量大、自然控制能力强，因此，要科学地使用化学农药，协调化学防治与生物防治的矛盾，以保护稻田中的自然天敌。主要措施有：一是避免使用广谱性杀虫剂；二是避开天敌高峰期用药，当害虫和天敌同时大发生时，可使用选择性杀虫剂如吡虫啉、扑虱灵、杀虫双和巴丹等；三是改进用药方式，如撒施颗粒剂防治害虫，减少药剂与天敌接触。当田间蜘蛛与飞虱数量比为 1：（5～6）时，可不必采用化学防治，而依靠蜘蛛等天敌控制飞虱的危害；水稻分蘖期应尽量减少用药，以利于天敌建立种群，联合控制孕穗期和抽穗期飞虱等害虫的危害。

（2）创造天敌的适生环境。稻田田埂或田边保留一定数量的杂草，可招引某些种类的天敌，如蜘蛛、寄生蜂等，或为天敌提供取食、繁殖、隐蔽及越冬场所，以增加天敌数量。待稻田中害虫大量发生时，这些天敌即可转移到稻田中，控制其危害。

（3）释放赤眼蜂。在鳞翅目害虫产卵始盛期、产卵盛期和盛末期释放赤眼蜂，每隔 3～4d 释放 1 次，视害虫卵量的多少每次每亩放蜂 1 万～3 万头，连放 3～4 次，有很好的控制作用。

（4）稻田放鸭。可根据当地情况，在稻田放鸭啄食稻飞虱或稻蝗等害虫。一般以放养 0.25～0.4kg 重的小鸭为好，以便吃虫而不伤苗。

（5）使用生物农药。在稻纵卷叶螟等鳞翅目害虫幼虫孵化盛期、未钻蛀或卷叶之前，每亩用苏云金杆菌（Bt）可湿性粉剂 150～200g，兑水 30～40kg 喷雾；防治水稻纹枯病、稻曲病时，每亩可用 5%井冈霉素 100mL 兑水 50kg 喷雾。

3. 本田期病虫害防治

选用抗病品种，提倡浅水勤灌和适时搁田；二化螟重发区，在越冬代二化螟化蛹高峰期全面实施翻耕灌水杀蛹，减少越冬虫源；黑条矮缩病重发区，提倡适期统一栽秧，减少水稻感染率；稻瘟病重发区，应将抗病品种应用作为重要防病措施。

（1）种植抗病虫品种。各稻区应根据本地病虫害发生的具体情况，有针对性地选育和推广抗稻飞虱、稻瘟病、白叶枯病等主要病虫或病虫兼抗的优良品种。

（2）苗期。秧苗移栽返青后的主要病虫害种类和防治方法基本与秧苗期相同。

（3）分蘖、孕穗期。此期是纹枯病、稻瘟病（叶瘟）、白叶枯病、稻飞虱、二化螟以及稻纵卷叶螟等多种病虫害的上升时期，是防治的关键时期，同时又是多种天敌发挥自然控制作用的时期。因此，必须在加强肥水管理，恶化病虫发生环境的基础上，充分发挥水稻的补偿能力，适时防治。

（4）抽穗结实期。此期是多种病虫害危害高峰时期，主要的病虫害有穗颈瘟、白叶枯病、稻飞虱和稻纵卷叶螟等。当稻飞虱达到防治指标（抽穗期平均每丛 10 头左右，乳熟期每丛 15～20 头）时应立即防治。

对于稻蝗，要进行联防。狠抓 3 龄若虫前及虫口密度较高的稻田的防治。

对调运或引进的种子或稻草，应严格进行检疫，防止危险性病虫传入。如细菌性条斑病、稻水象甲等，都是重要的检疫对象，要采取切实可行的措施，杜绝其传播蔓延。

4. 水旱合理轮作

实行水旱轮作对水稻病虫害有很好的控制作用。

在临沂和历城区进行稻—菜轮作、水—陆交替的技术体系示范，取得良好效果。

水旱轮作不仅能减少土壤和地上害虫危害，而且可以减轻土传病害发生。

5. 结合农事操作防治病虫

人工摘除二化螟卵块和稻纵卷叶螟、稻苞虫的虫苞并拔除病虫株；冬季耕翻灭茬，消灭越冬二化螟幼虫及减少纹枯病的越冬菌核数量；春季插秧前，坚持打捞“浪渣”，可减少纹枯病菌数量和消灭漂浮在水面上的稻蝗卵囊；拔除吸引白背飞虱或灰飞虱产卵的稗草；合理密植，防止稻田郁蔽，达到田间通风透光等，都可起到恶化病虫害发生环境的作用。

6. 水稻田生态系统调节

（1）实践证明水旱田块交叉，水稻与其他旱田作物间插种植，使水旱田的天敌能够互相交流，能够增加水稻田的天敌种类和数量。

（2）田埂上种植豆类作物，如种黄豆，具有招引、保护、繁殖、引渡天敌的作用，其中对蜘蛛的保护，效果尤为显著。

（3）适当增加稻田小麦、油菜的种植面积，有利于黄淮水稻病虫害的发生。危害表现的共同特征为：危害期比较集中在秧苗期和抽穗期前后，尤以抽穗期前后危害最重；病虫源复杂；主要病虫的发生与水稻生育敏感状况关系密切等。因此，水稻田生态植保策略为，以清洁、消除病虫源为基础，抓好秧田期防治，着重抽穗期前后防治，精准监测，提前预防迁入虫源。

4.1.4　马铃薯生态植保

马铃薯的病虫害，目前发生比较普遍的病害有晚疫病、早疫病、环腐病、黑胫病、病毒病等；主要虫害有马铃薯瓢虫、蚜虫、蛴螬、金针虫、地老虎等。其中马铃薯病毒病是影响马铃薯产量的主要因素。

4.1.4.1　马铃薯病虫害种类

1. 马铃薯病害

1）马铃薯晚疫病

叶片上面多从叶尖或叶缘开始，先发生不规则的小斑点，随着病斑的扩大病斑变成暗褐色，感病的叶面全部或大部被病斑覆盖。空气潮湿时，病叶呈水浸状软化腐败，蔓延极快，在叶背面健康与患病部位的交界处出现一层状似绒毛的白色霉层（孢囊梗和孢囊）；有时叶面和叶背的整个病斑上，也可形成此种霉轮。这是马铃薯晚疫病症状最显著的特征。茎和叶柄上常表现纵向发展的褐斑。空气潮湿或重露之后，也可在病斑上产生白色霉轮。病害严重时，干旱条件下表现全株枯死，多雨条件下整株腐败而变黑。块茎感病时形成大小不等、形状不规则、微凹陷的褐斑。病薯的切面可见皮下组织呈红褐色；变色区域大小和厚薄，依发病程度不同。

2）马铃薯早疫病

叶片有明显同心轮纹的病斑，叶片病斑多从植株下部的叶片上先发生，渐次向上蔓延。空气潮湿时，病斑表面可形成黑褐色或黑色霉层；严重时叶片干枯凋萎。块茎产生微凹陷的圆形或不规则的黑褐色病斑，大小不等，有的病斑，直径可达 2cm。健康与患病组织的边缘明显，有时略微突起。病斑下块茎组织变褐，呈木栓化干腐。

3）马铃薯癌肿病

被害块茎或匍匐茎由于病原菌刺激，细胞不断分裂，形成大大小小花菜头状的瘤，表皮常龟裂；癌肿组织前期呈黄白色，后期变黑褐色，松软，易腐烂并产生恶臭。病薯在窖藏期仍能继续扩展，甚者造成烂窖，病薯变黑，发出恶臭。田间病株初期与健株无明显区别，后期病株较健株高，叶色浓绿，分枝多。重病田块，部分病株的花、茎、叶均可被害而产生癌肿病变。

4）马铃薯粉痂病

主要为害块茎及根部，有时茎也可染病。块茎染病初表皮现针头大的褐色小斑，外围有半透明的晕环，后小斑逐渐隆起、膨大，成为直径 3～5mm 不等的“疱斑”，其表皮尚未破裂时，为粉痂的“封闭疱”阶段；后随病情的发展，“疱斑”表皮破裂、反卷，皮下组织现橘红色，散出大量深褐色粉状物（孢子囊球），“疱斑”下陷呈火山口状，外围有木栓质晕环，为粉痂的“开放疱”阶段。根部染病于根的一侧长出豆粒大小单生或聚生的瘤状物。

5）马铃薯干腐病

茄病镰孢侵染块茎。发病初期薯块表皮局部颜色发暗、变褐色，以后发病部略微凹陷，逐渐形成褶皱，呈同心环纹状皱缩；后期薯块内部变褐色，常呈空心，空腔内长满菌丝；最后薯肉变为灰褐色或深褐色、僵缩、干腐、变轻、变硬。剖开病薯可见空心，空腔内长满菌丝，薯内则变为深褐色或灰褐色，终致整个块茎僵缩或干腐，不堪食用。

6）马铃薯病毒病

马铃薯病毒病主要有卷叶类型和花叶类型，另外还有丛生矮化类型和束顶类型。

（1）卷叶类型。甘肃省马铃薯卷叶病毒病主要是由卷叶病毒引起的。卷叶症状表现为叶片向上卷曲，叶片变厚、变脆，一般基部叶片卷曲严重。初感染时顶端叶片首先卷曲，有的品种并伴随有茎部和块茎维管束坏死。

（2）花叶类型。引起花叶症状的病毒很多，如 PVX、PVY、PVA、PVM、PVS 等。这些病毒可单独或两种以上复合感染引起花叶症状。根据花叶感染程度可分为轻花叶、重花叶、皱缩花叶和黄斑花叶。甘肃省花叶病毒主要是由 PVX、PVY 引起的。

（3）丛生矮化类型。一是丛矮，植株分枝多丛生，叶片变小，感病块茎产生纤细芽，可能由类菌原体引起；二是黄矮，顶端叶片黄化，植株矮缩，块茎内有坏死斑。可能由马铃薯黄矮病毒（PRDV）引起。

（4）束顶类型。植株顶部叶片小，变黄，微卷卷曲；有的表现出顶端叶片成锐角，向上直立。可能由马铃薯纺锤块茎类病毒 *Potato spindle tuber virus*（PSTVd）引起。

7）马铃薯环腐病

叶片初期症状为叶脉间退绿，呈斑驳状，以后逐渐变黄、变枯。叶片边缘也可变黄变枯，并向上卷曲。发病一般先从植株下部叶片开始，逐渐向上发展到全株。茎和块茎横切面出现棕色维管束，一旦挤压可能会有细菌性脓液渗出。块茎维管束大部分腐烂并变成红色、黄色、黑色或红棕色。

8）马铃薯黑胫病

马铃薯黑胫病又称黑脚病，是以茎基部变黑的症状而命名的。此病也可引起块茎腐烂，故有人将此病与其他细菌引起的块茎腐烂一起统称为软腐病。

此病的典型症状是植株茎基部呈墨黑色腐烂。病害发展往往是从块茎开始，经由匍匐茎传至茎基部，继而可发展到茎上部。匍匐茎和茎部除表皮变色外维管束亦变浅褐色，病株呈矮化、僵直，叶片变黄色，小叶边缘向上卷。发病后期，茎基部呈黑色腐烂，整个植株变黄，呈萎蔫状，直至倒伏、死亡。当块茎表面潮湿时，软腐细菌可能感染皮孔，引起环形凹陷区；在块茎运输和贮存时，病斑可能迅速从此处传播开来。

9）马铃薯软腐病

马铃薯软腐病在有的地区又称腐烂病，是以块茎的发病症状而命名的。此病主要发生在块茎上，有时也发生在地上部分。病原菌只能经由皮孔和伤口侵入块茎组织。块茎皮孔受侵染后形成轻微凹陷的病斑，淡褐色至褐色，呈圆形水浸状。在潮湿温暖条件下，无论是从皮孔还是从伤口侵入形成的病斑，都可能很快扩大呈湿腐状变软，髓部组织腐烂，呈灰色或浅黄色，病组织与健康组织界限分明，通常在病区边缘呈褐色或黑色。腐烂组织一般在发病初期无明显臭味，但到后期受腐生菌二次侵染后恶臭难闻。在干燥条件下病斑的发展受到抑制，皮孔处的病斑可变成发硬的干斑。

10）马铃薯疮痂病

马铃薯疮痂病一般发生在碱性土壤，严重影响块茎质量，使块茎失去商品价值，但对产量影响不大。该病可能是肤浅的或网状的，深的或小坑状的，或者凸起状，好像薯块上长的疮疤，所以也称之为疮痂病。

11）马铃薯青枯病

病株稍矮缩，叶片浅绿或苍绿，下部叶片先萎蔫，后全株叶片下垂，早开始晚恢复；持续 4～5d 后，全株茎叶全部萎蔫死亡，但仍保持青绿色，叶片不凋落，叶脉褐变，茎出现褐色条纹，横剖可见维管束变褐，湿度大时，切面有菌液溢出。块茎染病后，轻的不明显，重的脐部呈灰褐色水浸状；切开薯块，维管束圈变褐，挤压时溢出白色黏液，但皮肉不从维管束处分离；严重时外皮龟裂，髓部溃烂如泥，别于枯萎病。

2. 马铃薯虫害

（1）马铃薯瓢虫。成虫为红褐色甲虫，鞘翅上有 28 个黑色斑点，排列整齐；幼虫中部肥大，两端稍细，身上有黑色刺毛，排列规则。每年可繁殖 2～3 代，以成虫躲在山崖石缝或在树皮、墙缝、房檐下等处越冬。

（2）马铃薯其他害虫。如蚜虫、蛴螬、蝼蛄、金针虫和地老虎等，在蔬菜生态植保部分有论述。

4.1.4.2　马铃薯主要病虫害生态防控

1）马铃薯晚疫病

①栽培抗病品种。这是防治晚疫病最经济、最有效、最简便的方法，也是国内外历史上最成功的措施。②适时早播。晚疫病的流行多发生在 8 月，如能适当提早播种，并选用早熟品种，使马铃薯在晚疫病流行之前接近成熟，可避免马铃薯的严重减产。③加厚培土层，勿使块茎露出土面。加厚培土层可以阻止植株上的孢子落到地面而侵染块茎。④提早割秧。晚疫病流行年，要提早割秧，防止大

量的病原菌孢子扩散。割下的秧蔓要运出田外。⑤做好窖藏。在下窖之前必须放在通风处脱水，把烂薯、划伤薯挑出。

2）病毒病

①选用抗病耐病优良品种。②选用脱毒种薯，确保无毒种薯种植。③现蕾前要及时发现和拔除病毒感染的花叶、卷叶、叶片皱缩、植株矮化等症状的病株。④改变栽培措施。进行轮作或轮休，中断侵染循环；改变播种期，根据蚜虫迁飞高峰时间，决定播期，早迁飞可适当晚播，以避开蚜虫迁飞高峰期，晚迁飞可适当早播，以使植株在蚜虫迁飞期已具有成龄抗性；马铃薯田远离毒源植物如茄科蔬菜、感病马铃薯等，以减少传染，还要远离油菜等开黄花的作物，减少蚜虫的趋黄降落；收获前提早杀灭并清除地上部分，以减少病毒运转到种薯的机会。

3）环腐病

①植物检疫。首先要实行种薯产地检疫，即在生长季节对种薯田进行严格调查，全部消除有病植株和薯块，严禁用感病土壤中收获的块茎作种；其次则是要采用准确可靠的检验技术，对种薯实行严格检查，禁止有病种薯外运。②建立无病留种基地，繁育无病种薯。从脱毒试管苗及原原种繁殖开始，直到各级种薯的生产，每个环节严格控制环腐病的侵染，确保种薯无病。③不要切块播种，提倡小整薯播种。切刀传病，应尽量避免用切块播种。④播种前晒种催芽，淘汰病薯。⑤装盛种薯容器的清洗和消毒。⑥种植抗病品种。

4）黑胫病

①播种前适当晾晒种薯，一则可汰除病烂薯块，二则可使受伤薯块充分木栓化，从而减少镰刀菌和其他病原菌的侵染，并杜绝黑胫病侵入途径。②采用整薯播种，尽量不用切块播，避免切刀传病。③马铃薯生长期间注意排水，避免过量浇水，以免土壤湿度太大而加重发病。④不要施用带有病残体的堆肥和厩肥，减少侵染来源。⑤及时拔除田间病株并彻底销毁，以减少病害扩大传播。⑥在晴而温暖的天气和土壤较干燥的时期收获，并使种薯晾干后入窖，减少薯块受病原菌沾染和侵入的机会。⑦注意农具和容器的清洁，必要时可用次氯酸钠、漂白粉水等进行消毒处理，以消灭沾染的病原菌，防止传染。⑧种植抗病或耐病的品种。

5）软腐病

防治软腐病的基本策略应是预防发病。首先尽量减少病原菌侵染源，其次最大限度地减少病害传播的机会，最后则是避免造成块茎和植株受伤。此外还应提倡筛选和培育抗（耐）病品种。具体防治要点如下。①收获期防治。应在块茎完全成熟时收获；应在土温低于20℃以下和土壤较干燥时收获；防止块茎在太阳光直射下暴晒造成损伤；尽量避免和减少在收获和运输过程中造成块茎破伤。②贮藏期防治。薯堆温度凉到10℃以下再入窖；保持窖内冷凉并通风良好，避免块茎表面潮湿和窖内缺氧。③播种期防治。播种前晾晒种薯，汰除有病薯块；避免在土壤湿度太大时播种，以防发生烂种死芽；用小整薯作种。④环境卫生。不要随意扔丢病薯病株和其他病植物残体，清除窖旁田边的烂菜堆、垃圾堆等以减少传染来源。⑤选育和种植抗病或耐病品种。

6）疮痂病

①种植抗病品种。这是防治普通疮痂病最重要的方法。据报道，国外有很多抗疮痂病的品种。②加强植物检疫。从国内外引种或调种时，必须防患于未然，加强检疫工作，杜绝引进或调入带病种薯。③实行合理轮作。大量事实表明，连作或轮作周期较短，会使疮痂病发病率迅速增加。相反地，在疮痂病严重的地块上，实行马铃薯和其他谷类作物 4～5 年的轮作，可使疮痂病发生减少。④其他的防治措施。如在无病的土壤上种植无病种薯，或实行种薯消毒；通过施用硫黄粉，以增加土壤的酸度；避免施入太多的石灰或草木灰；选用酸性肥料；病害特别严重时用适当的药剂消毒土壤。

7）马铃薯瓢虫

①防治重点区域。有暖冬、石质山较多的深山区和半山区，距荒山坡较近的马铃薯田。②防治指标。每 100 棵马铃薯有 30 头成虫，或每 100 棵马铃薯有卵 100 粒，就必须采取防治措施。③马铃薯瓢虫的天敌，除了常见捕食性天敌外，还可利用两种幼虫寄生蝇 *Dorgphorophaga* sp.和 *D.coberans* 和一种卵寄生蜂 *Edovum puttleri*（Kuepper，2003）。

4.1.4.3　马铃薯生态植保整体解决方案

1）选用脱毒抗病优良品种

马铃薯不同品种对晚疫病的抗病性有很大差异，生产上应因地制宜推广种植抗（耐）病性较强的品种，如晋薯系列（11 号、13 号、14 号、15 号）和冀张薯 8 号等品种。病害发生区要注意选用脱毒种薯，建立无病留种田。留种田要与大田相距 2.5km 以上，采取严格的管理措施，单打单收。

2）种薯处理技术

剔除病薯，选用无病种薯，提倡小整薯播种。选切薯种，切种应在播种前 2～3d 进行，切块大小以 30～50g 为宜，每个切块至少要带一、二个芽眼。切薯时准备二、三把切刀，置于质量分数为 0.1%的高锰酸钾溶液或质量分数为 75%的乙醇中浸泡消毒，每隔一段时间换一把；将病薯、烂薯剔除，同时要更换切刀，以防止病原菌传染。

3）栽培技术的应用

（1）高垄栽培技术。通过起垄栽培、多层结薯，达到马铃薯高产优质的目的，同时避免或减少田间积水，降低薯块带菌率。

（2）栽培防病技术。适时播种，合理轮作，尽量避免与茄科类、十字花科类作物连作或套种。合理密植，及时中耕除草，控制现蕾期徒长，保持通风透光，降低田间小气候湿度，减少发病。

4）人工捕捉成虫

利用二十八星瓢虫假死性敲打植株使其坠落，收集灭虫。人工摘除二十八星瓢虫卵块，集中处理，减少害虫数量。

5）收获与贮藏期病害预防技术

马铃薯收获前一周要进行杀秧，把茎叶清理出地块外集中处理。选择晴天收获，避免其表皮受伤。入窖前，剔除病薯和有伤口的薯块，在阴凉通风处堆放3d。贮藏前，用硫黄熏蒸消毒贮窖。贮藏期间加强通风，温度不低于4℃，湿度不高于75%。

4.1.5　杂粮作物生态植保

杂粮主要是指谷子、高粱、杂豆类作物。

4.1.5.1　杂粮作物病虫害种类

1. 杂粮作物主要病害

（1）谷子叶斑病。主要为害叶片。叶斑椭圆形，大小2～3cm，中部灰褐色，边缘褐色至红褐色。后期病斑上生出小黑粒点，即病原菌分生孢子器。

（2）谷子白发病。幼苗被害后叶表变黄，叶背有灰白色霉状物，称为灰背。旗叶期为害株顶端三、四片叶，叶变黄，并有灰白色霉状物，称为白尖。此后叶组织坏死，只剩下叶脉，呈头发状，故叫白发病。病株穗呈畸形，粒变成针状，称刺猬头。

（3）锈病。幼苗期即可出现病征，产生夏孢子堆。孢子堆边缘呈紫红色，多生于叶背上，夏孢子借气流传播，可再次侵染植株，初期呈现淡黄色小点，以后逐渐形成椭圆、稍隆起的小斑，破裂后散发出铁锈般的赤褐色和黑褐色的粉末，即夏孢子和冬孢子。冬孢子在田间病株残体上越冬。植株过密、排水不良、偏施氮肥等都会加重该病的发生。

（4）谷瘟病。叶片典型病斑为梭形，中央灰白或灰褐色，叶缘深褐色。潮湿时叶背面发生灰霉状物，穗茎危害严重时变成死穗。

（5）丝黑穗病。主要发生在穗上，俗称“乌米”。一般被害植株矮小。病症在挑旗期表现明显，旗叶紧包病穗，病穗中间鼓突，初期剥开叶片为白皮包着的丝状物，抽穗后，上部白皮略带微红色，破裂后散出黑粉，随后露出一团残留的丝状维管束组织。冬孢子通过土壤、种子传播。甜高粱种子从露白尖到幼芽长度1～1.5cm，为病原菌最适宜侵染的生育时期。

（6）叶炭疽病。从苗期到抽穗期均可发生。初期叶尖上出现褐色小点，随后扩大成椭圆形或合并成不规则的病斑，边缘紫红色或紫黑色，中央淡褐色，叶片两面的小黑点为分生孢子，在土壤湿度和大气湿度大时发病严重。病害发生时，叶片功能降低，影响茎秆和籽粒的产量。

（7）散黑穗病。在抽穗后显症，被害植株较健株抽穗晚、较矮、较细、节数减少；病穗上每个小穗的花蕊和内外颖都因受害而变成黑粉，外面有一层灰白色的薄膜，变成卵形的灰包；从颖壳伸出，外膜破裂后，散出黑褐色粉状的厚垣孢子，露出长形中轴，此轴是由寄主组织形成的；病穗的护颖也较健穗稍长。本病以种子传染为主，带病种子播种后，病原菌与种子同时发芽，侵入寄主组织，向生长点发展，最后侵入穗部，形成病穗。带菌病穗和秕粒等应集中销毁，减少菌源。

（8）高粱大斑病。叶片病斑长梭形，中央淡褐色，边缘紫红色，早期常有不规则的轮纹，病斑大，一般（4～10mm）×（20～60mm）大小，病斑的两面生黑色霉状物，即病原菌的子实体。通常自植株下部逐渐向上发展，潮湿情况下，病斑发展迅速，互相融合，引起叶片干枯。该病发生较早，7 月危害严重，是常温、多雨年份引起高粱大片翻秸的主要原因。

2. 杂粮作物主要虫害

（1）蝼蛄。我国发生的蝼蛄主要有非洲蝼蛄和华北蝼蛄，华北蝼蛄主要分布在我国北部，非洲蝼蛄则分布全国各地。生活史较长，一年或多年 1 代。昼伏夜出，趋光性很强，嗜好香甜物质。为害甜高粱的根部，造成幼苗死亡。

（2）蛴螬（金龟甲）。主要有朝鲜金龟甲和东方金龟甲。其生活史较长，以成虫或幼虫在土中越冬，成虫日出或昼伏夜出，以后者居多。夜出的种类往往具有趋光性，通常有假死习性。为害幼苗根部，造成缺苗断条。

（3）高粱长蝽象。集中在幼苗茎部，刺吸幼苗汁液，影响苗期生育，严重发生时造成幼苗死亡。

（4）蚜虫。为害甜高粱的蚜虫很多，但以甘蔗蚜危害最为严重。高温、干旱少雨时可大量发生。该虫发生世代短，繁殖快。以卵在草上越冬，春季温度达到 10℃后孵化，在草根部取食，后上移至嫩茎取食。第 2 代以后产生的有翅孤雌蚜及无翅孤雌蚜，在 6 月高粱出苗后迁至高粱，寄生在叶背取食营养；初发期多在下部叶片为害，逐渐向植株上部叶片扩散，使叶背布满虫体，并分泌大量蜜露，滴落在下部叶片和茎上，油亮发光，故称为“起油株”；影响植株光合作用及正常生长，造成叶片变红、“秃脖”、“瞎尖”、穗小粒少、籽粒单宁含量增加、米质涩，严重影响其产量与品质。

（5）舟蛾。我国华北 1 年发生 1 代，以蛹在土中 6～10cm 深处越冬，翌年 6 月下旬羽化，7 月中旬成虫盛发，交配后在高粱叶背面产卵，卵单粒散产。幼虫孵化后，取食叶片，危害期 1 个月左右，以蛹越冬。成虫昼伏夜出，有趋光性，喜潮湿、阴暗，常在叶背面。7 月间如果阴雨连绵、气候凉爽，则易大发生。黏性土壤较沙质土壤发生严重。

（6）黏虫。生长发育过程中没有滞育现象，条件适合时终年可以繁殖。因此，在我国各地发生的世代因地区纬度而异，纬度越高，发生世代越少。昼伏夜出，对黑光灯有强趋性。是禾本科作物共同的害虫，幼虫啮食叶片，甚至啃咬穗子。

（7）玉米螟。玉米螟在我国西北、华北、东北和华东的高粱产区均有危害。玉米螟发生代数因各地气候条件不同而异，每年可发生 1～6 代。

（8）条螟。在华北、河南、江苏等省（地区）1 年发生 2 代。低龄幼虫在心叶内蛀食叶肉，只剩表皮，呈窗户纸状；龄期增大则咬成不规则小孔或蛀入茎内取食为害；有的则咬伤生长点，使高粱形成枯心状，茎秆易折。老熟幼虫在高粱茎秆内越冬，主要为害夏播甜高粱或其晚熟品种。

（9）桃蛀螟。该虫在青米期危害。幼虫蛀食籽粒；3 龄后爬出结网缀合小穗，在内穿行，食害籽粒，严重时可将整穗吃光；幼虫蛀孔处排满粪便，易引起发霉，使高粱品质降低。在华北地区 1 年发生 2～3 代，长江流域 4～5 代，以末代老熟幼虫在高粱、玉米、蓖麻残株及向日葵花盘和仓储库缝隙中越冬。成虫趋化性较强，羽化后的成虫必须取食补充营养才能产卵。

（10）粟灰螟。1 年发生 2～3 代。以老熟幼虫在谷茬内越冬，东北及西北地区越冬幼虫约在 5 月下旬化蛹，危害期为 6～9 月。田间世代重叠，以 1～2 代幼虫为害幼苗，造成枯心，以老熟幼虫或蛹越冬。

4.1.5.2　杂粮作物主要病虫害生态防控

（1）锈病。适时追施氮肥，生育期注意排水防涝，加强田间管理；发病初期，注重防治；选用抗病品种。

（2）谷子褐条病。发病时，可用 72%农用链霉素进行叶面喷施。病害较重的地块，要剥除老叶，除去无效茎及过密和生长不良的植株，通风透气，降低温度。

（3）丝黑穗病。在无病田或发病很少的田块选穗留种；选用抗病品种；发现病株及时砍倒，并在灰包破裂之前将病株砍掉，离田安全处理。如果用病穗喂牲畜或沤粪，必须使其充分腐熟才能使用，以减少菌源；种子经筛选、风选扬净杂质和秕粒后，进行包衣处理；在种植结构上实行 3 年以上轮作，以减少土壤病原菌，减轻其危害。

（4）叶炭疽病。清除病株残体，烧毁或深埋；用适宜的杀菌药剂浸种消毒，冲洗后播种；发病初期用杀菌药剂防治；选用抗病品种。

（5）散黑穗病。药剂处理同丝黑穗病，带菌病穗和秕粒等应集中销毁，减少菌源。

（6）高粱大斑病。选用抗病品种；及时秋耕，将病株残体深埋土中，特别注意高粱生育后期不可缺肥，以减轻发病。

（7）蝼蛄。播种前或播种时在种植沟中条施杀虫剂；药剂拌种；在高粱田中，每隔 20m 左右挖一个小坑，然后将马粪或带水的鲜草放入坑内，将虫诱入后，白天集中捕杀，或在坑内放毒饵；春季可以挖窝灭虫，夏季挖窝灭卵。

（8）蛴螬（金龟甲）。沿种植沟每亩条施适量杀虫剂；人工捕杀或灯光诱杀成虫；施肥时必须用充分腐熟的厩肥，否则易孳生蛴螬；间作蓖麻，对多种金龟甲有诱食、毒杀作用；羽化期采用人工灯光诱杀；利用细菌杀虫剂防治蛴螬也有一定效果，主要用日本金龟芽孢杆菌。

（9）高粱长蝽象。在成虫群集越冬时，掀石块、搜草丛，捕捉越冬幼虫；在湿度较大时可用白僵菌防治。

（10）蚜虫。在开始发生时，将带有蚜虫的叶片轻轻打下，带出田间深埋，对控制蚜虫的蔓延有一定作用；可以用药剂防治，但需要注意有些品种对有机磷杀虫剂过敏，切忌使用；还可以采用大豆间作的方法，改善田间小气候；在大发生年，可用杀虫剂低容量喷雾。

（11）舟蛾。人工捕捉幼虫。该蛾幼虫体肥大，不活泼，容易捉拿，可根据被害状捕捉并杀死；越冬期间挖蛹，或在卵期摘除卵块；灯光诱杀。

（12）黏虫。自成虫产卵初期，麦田每公顷插小谷草把 150 个诱其产卵，每 2d 换 1 次，将谷草把烧毁，也可在产卵时在田间采卵；在成虫发生时，每 0.13～0.20hm^2 设置 1 个糖醋酒诱杀盆或每公顷设置 30～45 个杨枝或谷草把，逐日诱杀，可明显降低田间落卵量和幼虫密度；施用灭幼脲等对天敌杀伤力小的药剂进行药剂防治。

（13）玉米螟。玉米螟为害心叶时，喷施杀虫剂（有机磷过敏品种慎用）；卵孵化盛期，用杀虫剂进行心叶防治。

（14）条螟。与玉米螟相类似，如与玉米螟同时发生，可同时防治，如相差一段时间（10d 以上），须多喷 1 次药；条螟越冬幼虫在秆上部较多，在收割时可采取长掐穗的方法减少越冬幼虫量。

（15）桃蛀螟。清除越冬场所内的越冬虫，脱粒时将下米秆、穗子等上面的越冬虫集中消灭；仓库缝隙和果园树皮的越冬幼虫也要杀灭；在高粱抽穗始期要进行卵与幼虫数量调查，有虫（卵）株率达到 20%以上时即需药剂防治。

（16）粟灰螟。秋季翻耙田地，将根茬暴露在地面，在低温、干燥条件下将越冬幼虫杀死；人工摘除枯心苗，集中烧毁；掌握虫情，必要时进行化学防治；灯光诱杀。

4.1.5.3 杂粮作物生态植保整体解决方案

（1）掌握病虫源，强化源头治理。地埂和庄前屋后的植物残体，消灭传染源。

（2）掌握生物防治资源，全面推进生物防治。①利用害虫天敌。如用赤眼蜂防治鳞翅目害虫，利用草蛉、瓢虫、食蚜蝇、猎蝽等捕食蚜虫等。②微生物防治。如用苏云金杆菌、白僵菌、绿僵菌防治鳞翅目害虫。

（3）在适合本地种植的品种中，选择种植丰产、优质、抗病虫、抗逆性强的品种。同时注意品种的抗性表现和变化，一旦抗性丧失，应及时更新品种。选生态条件良好、无工矿企业污染源、远离医院和垃圾、空气清净、灌溉水清洁并符合土壤环境质量规定的区域作为种植田块。要合理安排茬口，尽量不要重茬，轮作倒茬间隔期一般在 3 年以上。

播前种子处理：①晒种。播前晒种既可提高种子的生活力，又可通过太阳照射杀死黏附在种子表面的病原菌。方法是，选晴天，把种子摊开翻晒 2～3d，厚度以 2～3cm 为宜，注意不要在水泥地和柏油路上晒。②选种。播前采取温汤浸种能杀死黏附在种子表面的线虫等。方法是，将种子放于 55℃的温水中浸泡 10min，捞出飘浮的秕谷及杂质，将沉下的籽粒取出晒干即可。

（4）合理密植，精耕细作，加强水肥管理。采用配方施肥技术，增施腐熟有机肥，注意微量元素的使用，以增强谷子的整体抗性。结合中耕除草拔除病虫植株，及时清理农田。

（5）诱杀。①糖醋液诱杀蛾类害虫。将糖、醋、酒、水按照 3∶4∶1∶2 的比例调匀后，再按 1%的比例加入 50%敌百虫可湿性粉剂，搅匀后放盆内，保持液深 3.3cm 左右，傍晚放在田间，杀灭成虫。也可在麦田、谷田每公顷用 75 个大谷草把，分别吊在离地 1～1.5m 高的木棍上，每隔 20～30cm 插一个，每日清晨抖草把，把落在地上的蛾子踩死。成虫盛发期，可在田内插小谷草把，诱集成虫产卵，每公顷地可散插 150～225 个小谷草把，谷草把应高出作物 30～70cm。大、小谷草把都应 5d 换一次，换下后烧掉。②黄板诱杀。在谷子田内悬挂黄色粘虫板或黄色机油板诱杀蚜虫等效果显著。方法是，每亩悬挂 50cm×50cm 或 50cm×70cm 的自制黄板 20～25 个。

4.2 经济作物生态植保方案

经济作物主要包括棉花、花生、大豆和烟草。随着农林产业结构的调整，经济作物生产在农业和整个国民经济中的地位愈来愈重要。从种到收，经济作物各生育期均可遭受多种病虫的侵袭。由于经济作物种类不同，同种作物的种植区域和种植制度不同，其主要的病虫种类、危害特点和综合防治策略也不相同。

4.2.1　棉花生态植保

植棉业在我国国民经济中占有十分重要的地位。我国有记载的棉花病害有 40 余种，其中较重要的有苗期病害如立枯病、炭疽病、红腐病、茎枯病以及角斑病等，系统侵染病害如枯萎病和黄萎病等，铃部病害如疫病、炭疽病、红腐病、红粉病和黑果病等。常见的棉花害虫约 30 种，但各棉区常年发生的种类仅为少数几种，如棉蚜、棉铃虫和棉蓟马等。棉花因病虫危害每年平均造成产量损失 15%～20%，严重危害年份达 50%以上。另外，棉花是大田作物中病虫危害最重、使用农药最多及抗药性害虫最猖獗的作物之一。因此，持续有效地控制病虫的危害，是棉花生产上的重大课题。

4.2.1.1　棉花病虫害种类

1. 棉花病害

1）棉花枯萎病

棉花枯萎病由尖镰孢菌 *Fusarium oxysporium f.*sp.*vasinfectum* 引起。我国于 1931 年在华北首次发现，现已遍及各主要产棉区。病原菌寄主范围很窄，一般只侵染棉花和秋葵。棉花苗期感病可引起大量死苗，中后期感染，叶片及蕾铃大量脱落，导致枯死。为我国植物检疫对象之一。

棉花枯萎病为系统性维管束病害，在整个生育期均可发病，以现蕾前后为发病高峰，严重时造成植株成片死亡。发病受气候条件和棉花发育阶段的影响，可表现多种症状类型，常见的有黄色网纹型、青枯型和矮缩型。黄色网纹型子叶或真叶叶脉变黄，叶肉仍保持绿色，形成黄色网纹状；青枯型叶色不变，全株或植株一侧的叶片萎蔫下垂，最后枯死；矮缩型主要发生在成株期，病株表现为节间缩短，株型矮小，叶片深绿变厚，皱缩不平，叶片和蕾铃大量脱落，直至整株枯死。同一病株有时会表现多种症状，但无论哪种症状，刨开茎部均可见维管束变为深褐色。潮湿条件下，枯死植株基部茎秆表面产生大量粉红色霉层。

病原菌可在土壤中营腐生生活达 8～10 年之久，因此带菌土壤是主要的初侵染来源；其次为带菌棉籽、棉籽饼、棉籽壳和带有病残体的土杂肥；在棉田还可通过人、畜、农具和流水等途径传播，使病情加重。异地调运带菌种子可造成远距离传播，将病害从疫区传到保护区。病原菌主要从根鞘直接侵入，但从伤口侵入发病率更高。侵入后的病原菌在维管束组织中繁殖并扩展到茎、枝、叶、果及种子等器官，同时分泌毒素破坏植株正常生理活动，引起各种症状，甚至使植株枯死。

2）棉花黄萎病

棉花黄萎病由大丽轮枝孢 *Verticillium dahliae* 和黑白轮枝孢 *Verticillium albo-atrum* 引起。分布遍及全国各主要产棉区，但以北方棉区发生重而普遍。病原菌寄主范围极广，不仅能侵染棉花，还能为害马铃薯、茄子、辣椒、番茄、烟草、芝麻、蚕豆和向日葵等。是我国棉花危害最重的病害之一，被列为植物检疫对象。棉花染病后，叶片变黄干枯，结铃少而小，纤维品质明显下降。

植株发病先由下部叶片开始，并逐渐向上扩展，发病初在叶缘和叶脉间出现不规则形淡黄色斑块，而主脉附近保持正常绿色，叶片呈现褐色掌状斑驳，病斑最后变褐枯死。夏季久旱遇雨或灌溉后，常出现急性青萎，叶片呈水烫状萎蔫；也可引起急性萎蔫落叶症状，叶片突然垂萎，呈水渍状，短时间内可致蕾铃全部脱落。刨开茎部，可见维管束变成浅褐色，由此可与棉花枯萎病相区别（图 4-19）。但当棉花黄萎病与棉花枯萎病同株混生时，常会表现出兼有两种病害的特征。

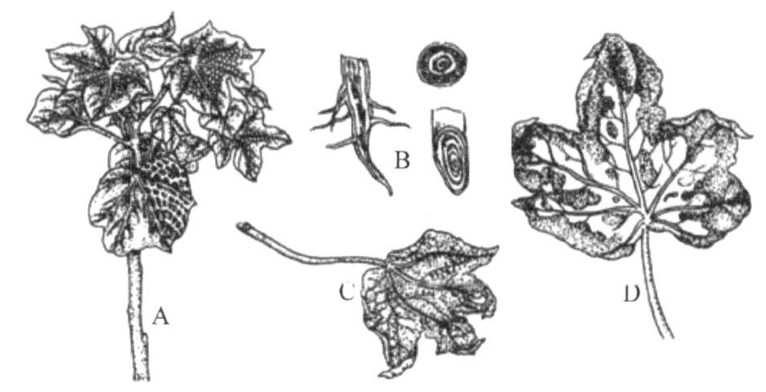

A．枯萎病病株　B．枯萎病病茎（根）剖面　C．枯萎病病叶　D．黄萎病病叶。

图 4-19　棉花枯萎病原和黄萎病

棉花黄萎病也是一种典型的维管束病害，其侵染循环规律与枯萎病基本相同。但该病发生较枯萎病稍迟，一般现蕾后开始表现症状，开花结铃期达发病高峰。

3）棉花苗期病害

棉花苗期，特别是出苗 20d 左右极易遭受多种病原菌侵袭，造成烂种、病苗和死苗，出现缺苗断垄和生长发育迟缓等现象。按其发生部位可分为两大类：一是棉苗根病，主要有立枯病、红腐病和炭疽病；二是棉苗叶病，主要有黑斑病、角斑病、疫病和茎枯病。

（1）棉花立枯病。由立枯丝核菌引起。主要为害棉花幼苗，初在幼苗茎基部形成黄褐色病斑，后逐渐扩展环绕幼茎，形成黑褐色缢缩，造成棉苗枯死。若种子染病，则引起烂种、烂芽。拔起病苗时，茎基部以下皮层因与木质部分离而留在土壤中，仅存鼠尾状木质部。潮湿条件下，病部常产生白色菌丝体。子叶受害可产生不规则黄褐色病斑，病组织易脱落而成穿孔。

（2）棉花红腐病。由串珠镰孢菌和禾谷镰孢菌引起。以根颈发病为主，一般在棉苗出土前受害，常引起烂根、烂芽。幼苗发病根尖首先变黄褐色，后逐渐扩展至整个根部变褐腐烂，有时病部略肿大，并产生纵向褐色短条纹。受害子叶多在叶缘产生黄褐色斑点，后扩大成圆形或不规则形病斑。病部组织易破碎。棉铃发病时，病斑多从铃尖、铃壳裂缝和铃基部发生，初呈绿黑色水渍状，常迅速扩及全铃而呈黑褐色腐烂。潮湿条件下，病部表面产生白色或粉红色霉层。

（3）棉花炭疽病。由棉炭疽菌 *Colletotrichum gossypii* 引起，主要为害茎部和子叶，棉铃也可受害。棉苗出土前发病，易造成烂根、烂芽。苗出土后感病，在近地面的茎部出现红褐色梭形条斑，病斑略凹陷，并沿病斑出现纵裂。严重时病部变黑，棉苗干枯死亡。子叶发病多在边缘产生圆形或半圆形褐色病斑，边缘暗红色，稍隆起，后期病斑干枯脱落，子叶边缘表现不同程度的缺刻，天气潮湿时病部表面散生黑色小点。成株期叶片的感病部位呈棕色斑点，茎部病位初为红色纵斑，后颜色变黑。锦铃发病时，初期在铃尖上产生许多小紫红色斑点，后逐渐扩大合并为暗褐色或墨绿色圆形凹陷斑。天气潮湿时，病斑中央产生红褐色黏液。

（4）棉花角斑病。由油菜黄色单胞菌棉角斑致病变种 *Xantomonas compestris pv. Malvacearum*（Smith）Dye 引起。主要为害棉花叶片、叶柄和幼芽。感病后，先在发病部位形成深绿色油渍状病斑，后病斑变黑褐色。子叶上的病斑圆形或不规则形，黑褐色，半透明状；真叶上病斑因受叶脉限制呈多角形，若病斑扩展至叶脉，则可沿叶脉扩展形成长条形；幼苗顶芽受害常造成烂顶；棉铃上则形成深褐色油浸状凹陷圆斑。夏季天气潮湿时，可在病部出现露珠状黏液，即病原菌的菌脓。

（5）棉铃疫病。由苎麻疫霉 *Phytophthora boehmeriae*（Sawada）引起。在苗期，主要为害子叶及幼嫩真叶。初期病斑呈灰绿色水渍状，病健界限明显。在高湿条件下，病斑迅速扩展呈墨绿色水渍状大斑，最后引起全叶呈青褐色至黑褐色凋萎，病叶容易脱落。铃期多发生在下部大铃，一般从棉铃基部、铃尖或铃缝开始，发病棉铃青绿色至青褐色，一般不发生软腐。天气潮湿时病铃表面生一层稀薄的白色至黄白色霉层。

棉花苗期病害的初侵染源大致可分为两类：一类是以土壤带菌传播为主，如立枯病、疫病和茎枯病。这类病原菌可以寄居在土壤中，或随病残体在土壤中越冬。当棉花播种后，病原菌萌发进行侵染，并通过农事操作，随人、畜、农具及流水等进行传播。另一类是以种子带菌为主，如炭疽病、黑斑病、角斑病和红腐病等。这类病原菌黏附于种子外部或潜伏于种子内部越冬，成为第 2 年的初侵染来源，并借气流、雨水和昆虫的活动等传播，进行再侵染。

4）棉铃病害

棉铃病害有 20 余种，一旦发生，轻者造成大量僵瓣，重者全铃烂毁，尤其在地膜覆盖、育苗移栽、施肥较多的早发旺长棉田，烂铃现象更加突出。常见的有疫病、炭疽病、角斑病、红腐病、黑果病、红粉病和灰霉病等。

（1）棉花红粉病。由玫红复端孢菌 *Cephalothecium roseum*（Link et Fr.Corda）引起。主要为害棉铃，受害棉铃腐烂，在铃缝处产生粉红色松散的霉层。开始时霉层稀薄，后期整个发病的铃壳布满橘红色厚而坚实的霉层。病铃不能开裂，棉絮成褐色僵瓣。

（2）棉铃黑果病。由棉色二孢菌 *Diplodia gossypina* Cooke 引起。主要为害中上部棉铃，发病的棉铃黑色僵硬、不易开裂，棉絮僵硬变黑，铃表面密生许多突起的小黑点，后期表面布满烟煤状物。

（3）棉铃灰霉病。由灰霉病菌 *Botrytis cinerea* 引起。多发生在疫病或炭疽病危害的棉铃上，病铃表面产生灰绒状霉层，引起棉铃干腐。

引起烂铃的病原菌，从致病力及侵染方式来看，可分为两类：一类致病力较强，能直接侵入棉铃，如棉铃疫病菌、炭疽病菌等；另一类致病力弱，只能从伤口及棉铃裂缝处侵入，如红腐病菌、红粉病菌和黑果病菌等。前一类不仅对寄主造成直接伤害，而且其形成的病斑又为后一类病原菌侵入提供了途径。棉铃病害的病原都具有较强的腐生性，普遍存在于土壤和病残体中，侵染来源广泛。

2. 棉花虫害

1）棉蚜 *Aphis gossypii*（Glover）

棉蚜又称腻虫、蜜虫等。属同翅目蚜科。除我国西藏，各棉区均有发生，尤以黄河流域、辽河流域和西北棉区发生严重。棉蚜是多食性害虫，寄主植物广泛，主要越冬寄主有花椒、石榴、木槿、鼠李和夏至草等；侨居寄主有棉花、洋麻等锦葵科植物，西瓜、南瓜等葫芦科及豆科、菊科等植物，其中以棉花和瓜类为最重要的寄主。棉蚜聚集在叶背面或嫩尖上，以口针刺吸植物汁液，受害后的棉株形成“龙头”和叶片卷缩，导致根系发育不良、生长停滞，并推迟现蕾、开花和吐絮时间。此外，棉蚜分泌的蜜露能引发煤污病，从而阻碍棉花的光合作用。

成蚜体长 1.2～1.9mm，春秋两季体深绿色、蓝黑或棕色，夏季多为黄色至黄绿色。腹管黑色、圆筒形，尾片乳头状，每侧有刚毛 3 根（图 4-20）。

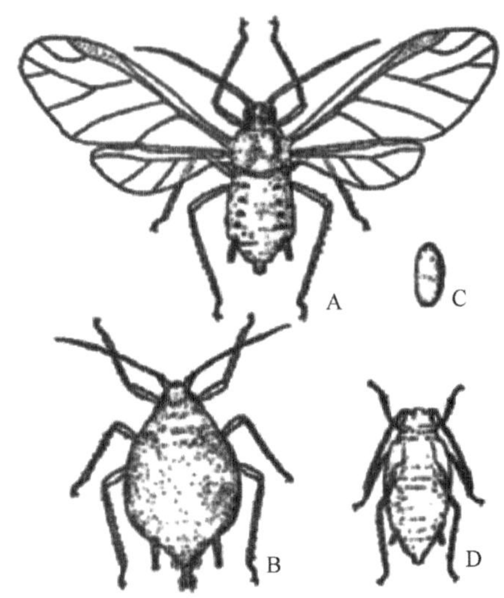

A. 有翅胎生雌蚜　B. 无翅胎生雌蚜　C. 越冬卵　D. 若蚜。

图 4-20　棉蚜

棉蚜一年发生代数从北向南逐渐增多，约 10～20 代。以卵在石榴、木槿、花椒树的枝条或夏至草等杂草的根际越冬，每年 3 月上旬开始孵化，4 月下旬至 5 月上旬棉苗出土时，产生大量有翅蚜迁飞到棉田为害。棉田在出苗后到现蕾前发生的棉蚜称为苗蚜，一般 10 多天繁殖 1 代，气温超过 28℃时，苗蚜的种群数量会自然下降，而且多分散在棉株的中下部。7 月进入伏天以后发生的棉蚜叫伏蚜，繁殖速度很快，4～5d 就能繁殖 1 代。7 月中旬进入伏天以后，如遇到时晴时雨的天气，气温降到 28℃以下、相对湿度低于 90%时，种群又会突然剧增，并转移到棉株上部为害。

棉蚜的天敌种类、数量较多，常见的如蜘蛛、瓢虫、草蛉、食蚜蝇、蚜茧蜂、捕食螨和体外寄生的绒螨等。这些天敌和致病菌在自然状态下，对棉蚜种群数量的消长起重要的控制作用。

2）棉铃虫 *Helicoverpa armigera*（Hübner）

棉铃虫属鳞翅目夜蛾科。是世界性大害虫，在我国各棉区普遍发生，尤以黄河流域、辽河流域和西北内陆棉区危害重。主要寄主有棉花、玉米、小麦、高粱、番茄、豆类、向日葵和苹果等。棉铃虫发生在棉花生长的中、后期，以幼虫啃食或蛀食棉花的顶心、蕾、花、铃和嫩叶，造成蕾、铃、花的大量脱落和烂铃，严重发生时，蕾铃脱落率达 50%以上。

成虫体长 15～20mm，前翅雌虫浅红褐色，雄虫浅青灰色；内横线、中横线和外横线不甚明显，环纹褐色，肾纹褐色，中央有一深褐色肾形斑；亚缘线和外横线间为褐色宽带，带内有 7 个小点，小点外侧白内侧黑；后翅黄白色或淡黄褐色，端区褐色或黑色，内有两个相连的半月形白色斑纹。幼虫体色多变，有黄绿色、绿色、黄褐色等，并有明显体线，主要特征是体表密布尖锐的小刺（图 4-21）。

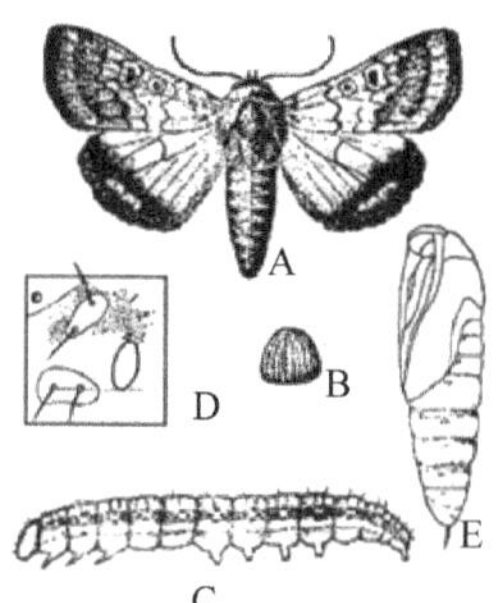

A. 成虫　B. 卵　C. 幼虫　D. 幼虫前胸左侧　E. 蛹侧面观。

图 4-21　棉铃虫

棉铃虫在黄河流域棉区年发生 3～4 代，长江流域棉区年发生 4～5 代，以滞育蛹在土中越冬。在 4 代，翌年 4 月中下旬越冬代成虫开始羽化，多在麦田产卵为害，幼虫在小麦收割前钻入松土中化蛹，一般不为害棉花。6 月上中旬羽化后飞到棉田产卵，大约 90%的卵集中产在棉花顶尖的心叶上，孵化后的第 2 代幼虫，主要为害棉花顶尖，造成无头棉和"公棉花"，严重影响棉花的正常生长。7 月中下旬为第 3 代幼虫危害盛期，8 月中下旬是第 4 代幼虫危害盛期。第 3、4 代幼虫主要为害棉花的蕾、花、铃，造成蕾、花、铃的大量脱落，对棉花产量影响很大。

在气候条件适宜，棉花贪青晚熟或种植晚熟品种的年份和地区，还可发生不完整的第 5 代。第 4、5 代幼虫除为害棉花外，有时还会成为玉米、花生、豆类、蔬菜和果树等作物上的主要害虫。9 月以后，随着气温的下降，老熟幼虫开始入土化蛹越冬。

3）棉花蓟马

棉花蓟马属缨翅目蓟马科。危害棉花的主要有棉蓟马 *Thrips tabaci*（Lindeman）和花蓟马 *Frankliniella intonsa*（Trybom）等。各棉区均有分布，但以北方危害较重。寄主植物主要有棉花、烟草、葱、洋葱、蒜、韭、瓜类和甘蓝等。以口器锉吸棉叶和生长点的汁液，棉苗子叶期受害后，生长点枯死，常形成"公棉花""破头棉"。棉叶受害后变厚变脆，叶背沿叶脉出现银白色斑点，危害重时成银白色条带，叶正面出现黄褐色斑，叶面皱褶不平，严重的全叶变成黄白色，干枯破碎。棉蕾受害后，苞叶展开、脱落。

棉蓟马成虫体长 1.0～1.3mm，背面黑褐色，腹面淡黄色；前翅淡黄褐色，上脉端鬃 4～6 根，下脉鬃 14～17 根。花蓟马雌成虫浅褐至褐色，雄虫乳白或黄白色；前胸背板前缘有 4 根长鬃；前翅上脉鬃 19～22 根，下脉鬃 14～16 根。

棉蓟马在北方年发生 6～10 代，以成、若虫或伪蛹在棉田土壤里、葱蒜叶窝内或枯枝落叶中越冬。早春先在越冬寄主上繁殖，棉苗出土后飞往棉田为害，5 月中旬至 6 月中旬进入危害盛期。棉蓟马成虫活泼，能飞善跳，飞翔力强，借助风力传播速度很快。一般在春季干旱温暖的年份危害较重。花蓟马对蓝色和白色光具有强烈的趋性，所以在地膜覆盖的棉田发生较重。

4）棉盲蝽

危害棉花的盲蝽有绿盲蝽 *Lygus lucorum*（Meyer-Dvr）、中黑盲蝽 *Adelphocoris suturalis*（Jackson）、苜蓿盲蝽 *Adelphocoris lineolatus*（Goeze）、牧草盲蝽 *Lygus pratensis*（Linnaeus）和三点盲蝽 *Adelphocoris fasciaticollis*（Reuter）等，均属半翅目盲蝽科（表 4-8）。

表 4-8　5 种棉盲蝽成虫的形态特征

比较特征	绿盲蝽	苜蓿盲蝽	牧草盲蝽	三点盲蝽	中黑盲蝽
体长/mm	5	7.5	5.5～6	7	6～7
触角	比体短	比体长	比体短	与体等长	比体长
体色	绿色	黄褐色	黄绿色	黄褐色	褐色
前胸背板	无黑色圆斑，有黑色小刻点	后缘有 2 个黑色圆斑	有橘皮状刻点，后缘有两条黑纹，中部有 4 条纵纹	前缘有 2 黑斑，后缘有 1 黑横纹	中央有 2 黑色圆斑
中胸小盾片	绿色	中央有“][”形纹	黄色，中央黑褐色下陷	与两翅楔片成 3 个绿色斑	黑色，与两侧黑色呈一黑带

绿盲蝽在全国各地普遍发生，中黑盲蝽以长江流域发生较多，苜蓿盲蝽以华北、西北棉区，尤其在种植苜蓿较多的地区危害较重，三点盲蝽是黄河流域棉区的重要种类，牧草盲蝽是新疆等西北内陆棉区的优势种。

5 种盲蝽都是多食性害虫，其重要的寄主范围较广。以口针刺入植物体内取食汁液，主要为害棉花顶芽、边心、花蕾和幼铃。棉花子叶期被害，形成无头棉；真叶出现后，顶芽被刺枯死，不定芽丛生而成多头棉；生长点处嫩叶受害时，形成“破叶疯”；幼蕾受害后，变黑脱落；大蕾受害后发育成黑心花；幼铃受害，易脱落。

各种盲蝽均以卵在棉花枯枝铃壳内或苜蓿、蓖麻茎秆、根茬内，果树皮层或断枝内及土中越冬。翌春 3～4 月旬平均温度高于 10℃或连续 5 日均温达到 10℃以上，相对湿度高于 70%，卵开始孵化。第 1、2 代多生活在紫云英、苜蓿等绿肥田中。

各种盲蝽都以第 1 代产卵最多。6～8 月多雨、温暖和高湿有利于其发生。盲蝽成虫昼夜均可活动，飞翔力强，有趋光性，喜在较阴湿处活动取食。产卵部位随寄主而异，在苜蓿上多产在蕾间隙内，在棉花上多产在幼叶主脉、叶柄、幼蕾和苞叶的表皮下。

危害棉花的次要害虫还有很多，常见的如棉红铃虫、地老虎、玉米螟、棉大卷叶螟、棉小造桥虫、棉大造桥虫和棉叶蝉等，它们在不同棉区的危害程度不同。

将棉田主要害虫的发生时期与二十四节气和棉花物候相联系，整理作图 4-22，便于对棉田害虫发生情况进行系统性和整体性把握。

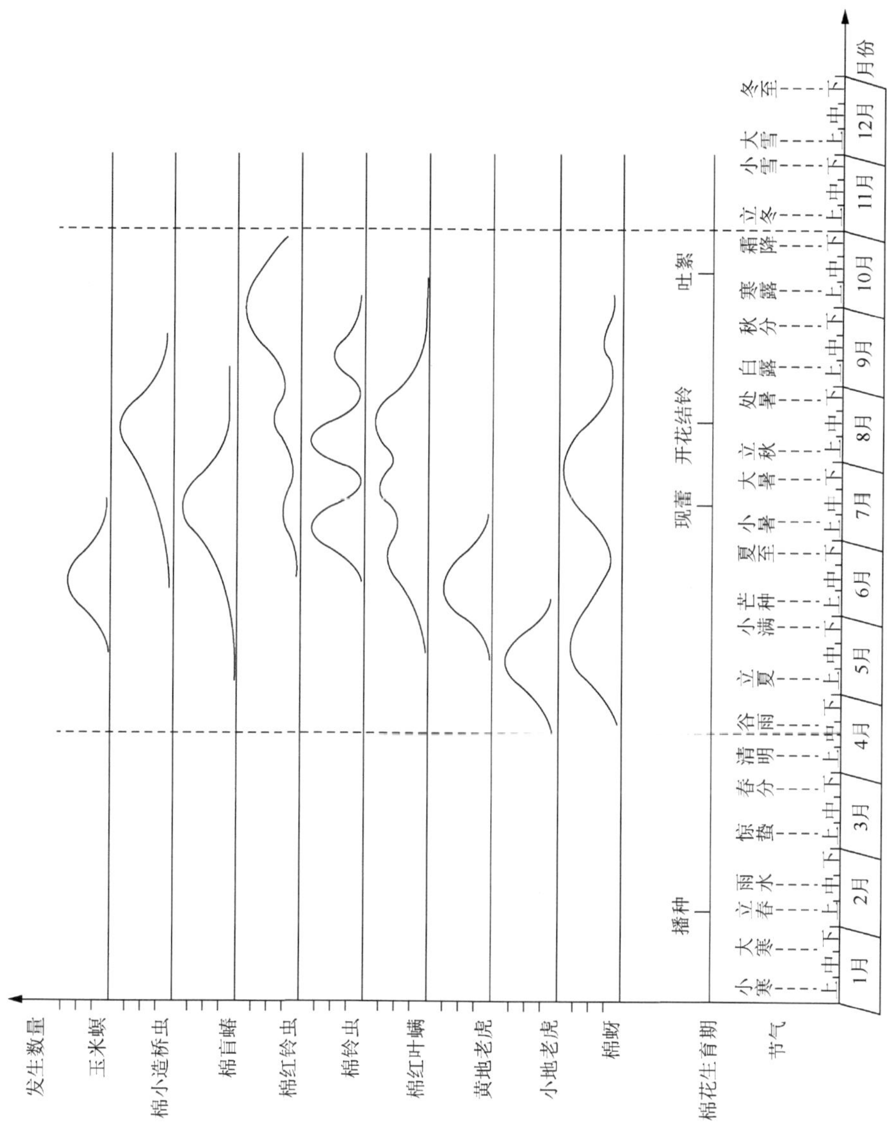

图 4-22　棉田主要害虫发生与二十四节气和棉花物候关系

4.2.1.2　棉花主要病虫害生态防控

1）棉花枯萎病生态防控

棉花枯萎病的防治应采用保护无病区、消灭零星病区、控制轻病区、改造重病区的策略，贯彻以“预防为主、综合防治”的方针，有效地控制病害的危害。

种植管理宜，①选用抗、耐病品种。抗病品种有陕401、陕5245、川73-27、鲁抗1号、86-1号、晋棉7号、盐棉48号、陕3563、川414、湘棉10号、苏棉1号、冀棉7号、辽棉10号、鲁棉11号、中棉99号、临6661、冀无2031、鲁343、晋棉12号和晋棉21号等。耐病品种有辽棉7号、晋棉16号、中棉18号和冀无252等。枯萎病、黄萎病混合发生的地区，提倡选用兼抗枯萎病、黄萎病或耐病品种，如陕1155、辽棉7号、豫棉4号和中棉12号等。②加强田间管理，实行大面积轮作。最好与禾本科作物轮作，提倡与水稻轮作。加强田间管理目的有两个，即减少病原菌传播和提高植株抗性。具体做法：一是冬闲时期及时清除棉花地的棉柴、杂草及地面的剩余棉花残枝叶，防止病原菌传播；二是秋耕深翻，把表层病原菌翻到深层，病残体深埋地下，发酵分解，减轻发病；三是加强中耕，提高土壤通透性，尤其雨后及时中耕松土，散墒降湿，可降低病害发生；四是科学施肥，增施有机肥，实行氮磷钾配方施肥，增强棉花抗病能力，减轻危害。同时根据棉花长势，进行叶面肥喷施，尤其避免后期出现脱肥现象；五是合理密植，严格防止棉株过密，影响通风透光，并及时整枝、化控，提高棉株抗逆性；六是拔除病株，清除病残体。对病株残体，带到田外烧掉，不要作积肥材料。③认真检疫，保护无病区。目前中国2/3左右的棉区尚无该病，因此要千方百计保护好无病区。无病区的棉种绝对不能从病区引调，严禁使用病区未经热榨的棉饼，防止枯萎病及黄萎病传入。提倡施用酵素菌沤制的堆肥或腐熟有机肥。④铲除土壤中菌源，及时定苗，拔除病苗，并在棉田外深埋或烧毁。发病株率0.1%以下的病田定为零星病田。在棉花生育期或收花后拔棉秆前发现病株时，把病株周围的病残株捡净；在苗期发病高峰前，及时深中耕、勤中耕，及时追肥；在病田定苗、整枝时，将病株枝叶及时清除，施用热榨处理过的饼肥；重病田不进行秸秆还田等，均有减轻发病的作用。⑤用无病土育苗移栽。⑥连续清洁棉田。连年坚持清除病田的枯枝落叶和病残体，就地烧毁，可减少菌源。

2）棉花黄萎病生态防控

①选抗病品种。这是防治黄萎病、提高棉花产量最为经济、有效的措施。②轮作倒茬。在棉田种植3～5年的田块或病株较多的田块采取轮作方式。与多年种植禾本科作物的田块轮换倒茬。③加强棉田管理。清洁棉田，减少土壤菌源，及时清沟排水，降低棉田湿度，使其不利于病原菌滋生和侵染。平衡施肥，氮、磷、钾合理配比使用，切忌过量使用氮肥，重施有机肥，侧重施氮、钾肥，以利棉株健壮生长，增强自身的抗逆能力。整个生长期喷施黄腐酸钾3～4次可减少黄萎病

的发病概率。根据黄萎病株显现明显这一特点，为了降低成本，可采取零星病点治疗法。严重者拔除棉田病株，连同枯枝落叶，集中作燃料使用，或在病田地边及时烧毁；拔除病株的同时及时灌根，以防当年或第二年侵染循环。

3）棉花立枯病生态防控

①合理轮作。与禾本科作物轮作 2～3 年。②合理施肥。精细整地，增施腐熟有机肥或 5406 菌肥。③提高播种质量。春棉以 5cm 深土温达 14℃时为适宜播期，一般播种 4～5cm 深为宜。④加强苗期管理。适当早间苗、勤中耕，降低土壤湿度，提高土温，培育壮苗。

4）棉花炭疽病生态防控

①选用无病种子和种子消毒是防治该病的关键。②播种前种子处理。温汤浸种，用 3 份开水加 1 份凉水，按水量与棉籽重量比 2.5∶1 的比例放入棉种，水温保持在 55～60℃浸泡 0.5h，捞出后晾干即可播种。该法只能杀死种子上的病原菌，防治炭疽病、红腐病效果较好；防治立枯病等土传病害还要用药剂拌种。③合理轮作，精细整地，改善土壤环境，提高播种质量。

5）棉花角斑病生态防控

①采摘完毕后及时清除棉田病株残体，集中沤肥或烧毁。②精选棉种，合理密植，雨后及时排水，防止湿气滞留，结合间苗、定苗发现病株及时拔除。③采用配方施肥技术，提倡施用酵素菌沤制的堆肥，避免偏施、过施氮肥。④提倡采用垄作或高畦，科学灌溉，严禁大水漫灌、串灌。及时中耕放墒。⑤种子处理。采取浓硫酸脱绒可消灭棉种短绒带菌。也可沿用“三开一凉”温水（55～60℃）浸种半小时。⑥选用抗病品种。陆地棉中贷字棉系统抗性强，中棉也较抗病。⑦加强田间管理，在台风、大雨过后，及时追肥，并喷洒 1∶1∶（120～200）倍式波尔多液或 72%农用硫酸链霉素 4 000 倍液。

6）棉蚜生态防控

冬春两季铲除田边、地头杂草，早春往越冬寄主上喷洒氧化乐果，消灭越冬寄主上的蚜虫。实行棉麦套种，棉田中播种或地边点种春玉米、高粱、油菜等，招引天敌控制棉田蚜虫。

7）棉铃虫生态防控

强化农业防治措施，压低棉铃虫越冬基数；坚持系统调查和监测，控制一代发生量；保护利用天敌，科学合理用药，控制二、三代密度。

（1）农业防治措施。

秋耕冬灌，压低棉铃虫越冬虫口基数。对秋季棉铃虫危害重的棉花、玉米、番茄等农田，进行秋耕冬灌和破除田埂，破坏越冬场所，提高越冬死亡率，减少第一代发生量。

优化作物布局，避免邻作棉铃虫的迁移和繁殖。在棉田田边、渠埂点种玉米诱集带，选用早熟玉米品种，每亩种 2 200 株左右。利用棉铃虫成虫喜欢在玉米喇叭口栖息和产卵的习性，每天清晨专人抽打心叶，消灭成虫，减少虫源。可减少化学农药的使用，保护天敌，有利于棉田生态的改善。

加强田间管理。适当控制棉田后期灌水，控制氮肥用量，防止棉花徒长，可降低棉铃虫危害。在棉铃虫成虫产卵期使用 2%过磷酸钙浸出液喷施叶面，既有叶面施肥的功效，又可降低棉铃虫在棉田的产卵量。适时打顶整枝，并将枝叶带出田外销毁，可将棉铃虫卵和幼虫消灭，压低棉铃虫在棉田的发生量。

（2）诱杀棉铃虫。

利用棉铃虫成虫对杨树叶挥发物具有趋性和白天在杨枝把内隐藏的特点，在成虫羽化、产卵时，在棉田摆放杨枝把诱蛾，是行之有效的方法。每亩放 6～8 把，日出前捉蛾捏死。

频振式杀虫灯诱蛾具有诱杀棉铃虫数量大、对天敌杀伤小的特点，宜在棉铃虫重发区和羽化高峰期使用。

（3）生物防治方法。

当棉田棉铃虫百株虫率一代为 5～10 头、二代为 15～20 头、三代为 25 头时，可以挑治为主，严禁盲目全面施药。

棉铃虫卵孵化盛期到幼虫二龄前，防治效果最好。二代卵多在顶部嫩叶上，宜采用摘心挑治或仅喷棉株顶部，三、四代卵较分散，可喷棉株四周。

棉铃虫的防治应以生物性农药或对天敌杀伤小的农药为主。

8）棉盲蝽与绿盲蝽生态防控

3 月棉盲蝽为害前，结合积肥除去田埂、路边和坟地的杂草，消灭越冬卵，减少早春虫口基数；收割绿肥不留残茬，翻耕绿肥时全部埋入地下，减少向棉田转移的虫量；科学合理施肥，控制棉花旺长，减轻盲蝽的危害。

绿盲蝽冬春防治，3 月以前结合积肥，去除田边、路埂杂草（图 4-23）；收割苜蓿时齐地留低茬，清洁田园。

图 4-23　绿盲蝽

9）棉蓟马生态防控

①越冬期棉蓟马的防治。在完成棉花采收工作以后，利用棉田休季的时节，立即将棉秆全部粉碎，再进行秋翻和冬灌，将棉田周边的枯枝落叶完全铲除，防止棉蓟马在此越冬。②早春棉蓟马的防治。在第 2 年春天播种以前，将棉田内部及周围的杂草全部焚烧，这样做主要是为了将已经“搬迁”到杂草的害虫清除。及时清除棉田及四周的杂草和残株落叶，进行集中处理和烧毁，压低越冬虫口密度，减少虫源，是防治棉蓟马的根本措施。③棉花生长期间棉蓟马的防治。加强田间管理，合理灌水，做好中耕，勤除杂草，清除棉田间及四周、路边、渠沟边、田埂等处杂草，可有效减轻和抑制棉蓟马的危害。由于棉蓟马喜爱蓝色和白色，因此可以在田中架设杀虫灯对成虫进行诱杀，也可以在棉田放置蓝色粘虫板，杀死棉蓟马成虫。此外，还可以对棉蓟马的天敌进行保护，如小花蝽，营造利于小花蝽生存与繁衍的环境，做到以虫治虫。④结合棉田间苗、定苗。当发现棉苗受棉蓟马的危害后，结合定苗拔除无头棉；定苗后发现有“多头棉”时，应去掉青嫩粗壮的蘖枝，留下较细的带褐色的枝条，使其最后结铃数接近正常棉株。此外，在防治棉蚜的同时，也可以防治棉蓟马。

4.2.1.3　棉花生态植保整体解决方案

20 世纪 50 年代以来，棉花病虫害防治技术已有很大的进展。初期，围绕解决当时危害严重的棉蚜、红铃虫、棉盲蝽等突出问题，采取边研究边推广的方法，发动群众人人参与、土法上马，采取以人工防治和农业防治为主的措施，收到了一定的效果。20 世纪 50 年代末、60 年代初，随着化学农药的生产应用，棉田进入了化学农药治虫阶段，在生产上发挥了巨大的作用，但副作用越来越明显。如棉蚜、棉铃虫抗性的产生，误杀大量天敌，棉田生态系统的恶性循环，次要害虫逐年加重，主要害虫再猖獗等，使棉花害虫的防治陷入被动局面。在总结经验教训的基础上，1970 年以来，加强棉花害虫的基础研究，搞清各棉区害虫的群落和区系，基本查明各棉区的天敌资源及对害虫的控制作用，研究主要害虫的生物学和生态学习性，为棉花病虫害的防治提供了理论依据。

在防治策略上，人们逐步接受了害虫综合治理的思想；在防治方法上，除继续运用化学防治，加强了对其他技术的研究利用，初步形成了棉花病虫害防治的技术体系，提高了防治效果，改善了棉田生态系统。20 世纪 90 年代之后，随着全国棉花生产布局变化、棉花栽培制度的演变，生产水平的提高，生态条件的恶化，棉花害虫种群在不断发生演替和动态变化。目前需根据害虫发生的新特点，加强病虫害源头治理，全面推进生物防治，保障棉花的高产稳产。

1. 掌握棉田病虫源状况，实施源头治理

棉花常见病虫源状况见表 4-9 和表 4-10。

表 4-9　常见棉花病害病源状况

棉花病害	越冬	越夏	发生
棉花枯萎病	以带菌土壤/种子越冬	在受侵染棉株维管束组织中以新生病原菌越夏	随着流水、灌溉水、地下害虫以及耕作活动而传播蔓延
棉花黄萎病	—	在受侵染棉株维管束组织中以新生病原菌越夏	夏季久旱遇雨或灌溉后，常出现急性青萎；适宜发病温度为 25～28℃，高于 30℃、低于 22℃发病缓慢，高于 35℃出现隐症
棉花苗期病害	—	以新生病原菌越夏	棉花出苗 20d 左右极易遭受多种病原菌侵袭
棉铃病害	—	以新生病原菌越夏	—

表 4-10　常见棉花虫害虫源状况

棉花虫害	越冬	越夏	发生
棉蚜	以卵在杂草的根际越冬	以伏蚜越夏	年发生 10～20 代
棉铃虫	以滞育蛹越冬	以幼虫越夏	年发生 3～4 代
棉花蓟马	以成、若虫或伪蛹越冬	以成虫越夏	北方年发生 6～10 代
烟粉虱	在温暖地区的野外杂草和花卉上越冬	以成虫越夏	年发生 11～15 代
棉盲蝽	以卵越冬	以成虫越夏	棉盲蝽以成虫、若虫刺吸棉株汁液，造成蕾铃大量脱落、破头叶和枝叶丛生；6～8 月多雨、温暖、高湿有利于其发生

棉花病虫害综合防治，应根据棉田生态系统的具体特点，协调应用各种有效技术措施，将病虫害控制在经济危害允许水平以下，以获得最佳的经济、生态和社会效益。以黄河流域棉区为例：清洁田园，秋耕冬灌，可消灭越冬病虫；棉花收获后及时将病叶、枯枝、落叶和烂铃等集中烧毁或深埋，以减少越冬菌源；铲除田边地角杂草可消灭越冬蚜虫、蓟马、盲蝽等害虫；通过秋耕翻，可把棉铃虫蛹、地老虎等越冬幼虫从浅土层翻入 20cm 以下土层中，再经过冬灌使其致死。

2. 掌握棉田生防资源，全面推进生物防治

棉田天敌资源种类丰富。据叶正楚等（1992）报道，我国棉田害虫天敌有 417 种，黄淮棉区的天敌在 250 种以上，这些天敌对棉花害虫发挥着巨大的自然控制作用。在众多的棉田天敌中，不同棉花生长时期，天敌的优势种群和数量不同，基本情况如下。

（1）棉花苗期（4 月中旬至 6 月中旬）。主要天敌有七星瓢虫、异色瓢虫、蚜茧蜂、食蚜蝇、绒螨、大草蛉、塔六点蓟马、T 纹豹蛛、草间小黑蛛等 10 余种（表 4-11）。

表 4-11 四种瓢虫日食蚜量　（单位：头）

天敌种类	幼虫				成虫
	1 龄	2 龄	3 龄	4 龄	
七星瓢虫	11	16	18.5	75	154
异色瓢虫	10.5	12	23.5	67.6	145.2
龟纹瓢虫	5.7	9.2	13	45	137.4
二星瓢虫	4	8.3	11.5	38	82.3

（2）棉花蕾铃期（6 月中旬至 8 月中下旬）。主要天敌有棉铃虫齿唇姬蜂、侧沟绿茧蜂、螟蛉悬茧姬蜂、拟澳赤眼蜂、塔六点蓟马、龟纹瓢虫、黑襟毛瓢虫、异色瓢虫、黑背小毛瓢虫、小花蝽、大草蛉、中华草蛉、丽草蛉、蚜茧蜂、华野姬蝽、草间小黑蛛、三实花蛛、日本水狼蛛、蚜霉菌等（表 4-12）。

表 4-12　两种草蛉幼虫期食量　（单位：头）

天敌种类	棉叶螨	棉蚜	棉铃虫			棉小造桥虫
			卵	1 龄幼虫	2 龄幼虫	1 龄幼虫
中华草蛉	1 368.3	513.7	319.9	522.7	51.9	339.1
大草蛉	361.8	990.4	570.9	375.5	195.8	749.0

（3）棉花吐絮收花期（8 月下旬以后）。主要天敌有小花蝽、华野姬猎蝽、叶色草蛉、中华草蛉、食蚜蝇、塔六点蓟马、棉铃虫齿唇姬蜂、黑胸茧蜂、草间小黑蛛、三突花蛛、日本水狼蛛等。此外，在整个棉花生育期，各种螳螂、胡蜂、青蛙、鸟类也对棉花害虫存在较强的控制作用（表 4-13）。

表 4-13　四种天敌日捕食量　（单位：头）

天敌种类	棉蚜	棉铃虫		棉小造桥虫 1～2 龄幼虫	蓟马	叶螨
		卵	1～2 龄幼虫			
草间小黑蛛	28	—	9～12	5～9	—	—
三突花蛛	11～26	17～23	—	2～5	—	—
华野姬猎蝽	78.2	24.1	30.2	—	—	—
小花蝽（3～4 龄若虫）	9～10	10	—	—	6	50～70

在掌握天敌资源种类和优势种的基础上，研究主要天敌对害虫的捕食功能反应，将会更好地了解天敌的效能，对天敌保护利用。

其他几种捕食性天敌的捕食量分别为，大灰食蚜蝇和黑带食蚜蝇高龄幼虫平均每天捕食棉蚜 120 头，整个幼虫期每头可捕食蚜虫 840～1 500 头。普通长脚胡蜂每头每天可取食 3～4 龄棉铃虫幼虫 5.5 头。广腹螳螂 2～4 龄若虫的日食蚜量分别为 66 头、218 头和 721 头，日食棉铃虫幼虫量分别为 2.4 头、3.2 头和 3.4 头。塔六点蓟马 1～3 龄若虫每日平均捕食叶螨分别为 13.5 头、15.2 头和 15.7 头。

寄生性天敌的控害作用是，棉铃虫齿唇姬蜂对棉铃虫 2～3 龄幼虫寄生率最高，一般年寄生率为 23.7%；螟蛉悬茧姬蜂的年寄生率为 15%～25%；侧沟绿茧蜂对棉铃虫的年寄生率为 55%左右；黑麦小蜂在越冬期间对棉红铃虫的寄生率为 12.1%～46.3%。

3. 合理间作、套种或轮作等，控制棉花害虫的发生

根据当地农业生态系统的特点及主要病虫害发生情况，合理布局作物，选择适当作物与棉花轮作或间作套种，可控制多种病虫的发生与危害。如在黄河流域棉区推行小麦与棉花间套作栽培制度，因小麦的屏障作用可阻止部分棉蚜有翅蚜迁至棉苗，而小麦上的天敌又易于转移到棉苗上，使苗蚜受到较好的控制，麦收前一般不需施药治蚜；在棉田间作或插播绿豆、油菜、高粱或大蒜等作物，提高棉田生物多样性，保护和利用天敌，可以增强棉田的自控能力，特别是与大蒜间作，基本可以控制苗蚜的发生与危害；种植玉米诱集带，可明显减少棉田棉铃虫的落卵量。在长江中下游棉区，推行小麦留高茬收割，可明显增加棉田天敌数量；实行稻棉轮作对控制棉花枯萎病、棉花黄萎病、棉蚜等的危害作用明显，对盲蝽类也有一定的防治效果；实行 3 年水稻 1 年棉花轮作制度，能基本控制枯、黄萎病的发生；采用营养钵育苗移栽及地膜覆盖技术，可明显减轻苗期病虫的发生。

4. 选用抗性品种与种子处理

枯、黄萎病多发地区，可推广种植 52-128、陕 401、86-1 以及中棉 12 等抗耐病品种。硫酸脱绒一定要干净，不留短绒，以控制角斑病、黄萎病和枯萎病的发生蔓延。针对苗期害虫进行种子处理时，可选用如下药剂：3%呋喃丹微粒剂，药量与干种子重量比为 1∶4；35%呋喃丹种子处理剂，用药量为干种子量的 2.9%，棉花先用硫酸脱绒后进行包衣；5%神农丹（涕灭威）颗粒剂 1.5kg/亩，拌 10 倍细土，棉苗移栽时拌土穴施，或随棉籽一起播入土中，施后 3d 浇水；70%快胜（噻虫嗪）干种衣剂药种比 1∶370，每 100kg 种子用水 1～1.5L，将药剂倒入水中，溶后搅匀，倒在种子上混匀。防治烂种和苗期病害时，可用种子量的 0.3%敌克松或 0.3%～0.4%五氯硝基苯或卫福（萎莠灵+福美双）种衣剂拌种。

5. 苗期挑治

在越冬期和播种期预防的前提下，应尽量保护和利用天敌，开展生物防治，以控制蚜虫、蓟马等苗期害虫。棉铃虫重发生年份可诱杀成虫。地老虎发生严重

时，可用糖醋酒液或毒饵诱杀成虫。当蚜虫数量大而天敌较少时，可在4～6片真叶期采用点片淹没式释放天敌的方法。

6. 中后期病虫防治

棉花中后期病虫防治的中心是保蕾、保花、保铃，在充分发挥天敌等自然控制因素作用的同时，应密切注意病虫发展趋势，及时采取药剂防治。①及时整枝、去边心、抹赘芽，并带出田间销毁。②防治棉铃虫、烟粉虱。③主治棉蚜，兼治盲蝽等。

7. 棉田生态系统与周边作物生态系统的交换

对一个大的棉花生产区域而言，棉田不是一个孤立的生态单元，而是多因子相互作用着的复合生态单元。棉区除了棉田，还有其他多种农作物。果林、杂草荒地、河流、畜禽和昆虫、人为活动等因子，它们与棉田之间存在着直接或间接的物质和能量循环，害虫和天敌也会相互转移。一般情况下，单作棉区比棉花与多种作物混种区域的棉花病虫害危害严重，大面积棉花连片种植，常为多种棉花病虫害提供了良好的生态环境或丰富的食料，而很多天敌却缺乏季节性食料而难以生活，害虫一旦暴发就难以控制。在棉花和多种作物（如小麦、油菜、豆类及各种蔬菜等）混作区，春秋两季都有不同种类的蚜虫发生，这些蚜虫绝大多数都不为害棉花，却是棉蚜天敌的季节性食料。

同样，高粱、玉米、烟草上的蚜虫为棉蚜天敌提供了夏季食料，绿肥、果林和杂草等除有类似作用，其花粉、花蜜则是食蚜蝇和寄生蜂类的饲料或补充营养；有些植物则是一些天敌的隐蔽场所或适宜的小生境。因此，大区域的复合生态系统，增加了棉田生态系统的多样性，可以丰富棉田天敌资源，是农业生态调控防御体系构建的理论依据。

危害棉花的主要害虫都是多食性害虫，它们在棉田等其他作物田生态系统之间辗转为害。因此，作物布局和棉花种植方式、复种类型都会影响害虫在棉田的发生。在长期的实践中已经明确麦棉套种、棉油间作可增加天敌的数量，减轻或控制棉蚜的危害。棉油间作还可减轻地老虎的危害，原因之一是油菜增加了天敌的数量，增强了控制作用；原因之二是地老虎更喜食油菜，被诱集栖息于油菜行下，从而避免棉苗受害。但是，棉花与豆类、芝麻等间作能加重棉红蜘蛛、棉铃虫的危害，原因是给害虫提供了适宜的生态条件和食料条件。这可通过增施深点食螨瓢虫和赤眼蜂加以调控。

不同类型复种模式中昆虫群落结构和演替十分复杂，又具有内在规律性。随着现代科技发展，生态植保运用生态学原理和系统科学相结合的方法，研究棉田生态调控对大区域生物群落的作用机制，以便在更深更高层次上维持各生物类群的生态平衡，提高棉田的自然保护控害能力。

4.2.2 花生生态植保

我国花生病害有 20 多种，常见的有细菌引起的青枯病，真菌引起的茎腐病、褐斑病、黑斑病、锈病、纹枯病、网斑病、根腐病、冠腐病、菌核病和白绢病，病毒引起的病毒病，线虫引起的根结线虫病等。花生害虫种类虽然较多，但除根颈部蚜虫、叶部蛴螬等，绝大多数种类的种群数量处于经济危害水平之下，一般无须单独防治。

4.2.2.1 花生病虫害种类

1. 花生病害

1）花生茎腐病

花生茎腐病又称倒秧病、枯萎病。由棉色二孢菌 *Diplodia gossypina* 引起。以江苏、山东、河南、河北和安徽等地发生最重，其他花生产区也有发生。病原菌除为害花生，还能为害大豆、棉花、甘薯、绿豆、甜瓜、田菁、苕子和马齿苋等。

花生从出苗到成熟期都可发病。该病主要为害花生的子叶、根和茎，以根颈部和茎基部受害最重。重病田块，花生种仁发芽后、出苗前就可感病，造成烂种。病原菌从子叶或幼根侵入，受害子叶变黑褐色干腐状，并可沿子叶柄侵入根颈部，产生褐色水渍状的不规则形病斑，然后病斑向四周扩展，包围茎基部，使茎基部呈黑褐色腐烂。地上部叶色发黄，叶片下垂，整个植株枯萎死亡。在潮湿情况下，病部产生许多黑色小颗粒。干燥情况下，病部表皮下陷，呈褐色中空状。若成株期发病，主茎和侧枝的基部变黑褐色，组织腐烂，使病部以上部分枯死，用手拔时，病部易断，部分荚果腐烂，或提早发芽。

病原菌在土壤、粪肥中的病残体内和种子上越冬，主要靠种子带菌进行初次侵染。病原菌主要从伤口侵入，也可直接侵入。5～6 月土壤含水量 50%左右时，就会造成大发生。病原菌在田间靠流水、风及人、畜、农具的农事活动传播，进行再侵染。最适合病原菌侵染的花生生育期为种子萌发至苗期，其次为结果期。

2）花生青枯病

花生青枯病由青枯假单胞杆菌 *Pseudomonas solanacerum* Smith 引起。分布范围较广，广东、广西、福建等沿海地区，苏北和山东中南部山区以及河南等地是青枯病的重病区。寄主主要有花生、烟草、番茄、辣椒、菜豆、马铃薯和芝麻等。

花生青枯病是典型的维管束病害，主要自花生根颈部开始发生，感病初期通常表现为主茎顶梢叶片失水萎蔫，早上开叶晚，午后合叶早，但夜间仍能恢复。随病势发展全株叶片自上而下急剧凋萎，整个植株青枯死亡。拔起病株，主根尖端变褐湿腐，纵切根颈可见维管束变黑褐色，用手挤压切口处，有白色的细菌液流出。

花生青枯病菌属土壤带菌。病菌从根部伤口或自然孔口侵入，通过皮层组织进入维管束，致使寄主组织分解腐烂；随后病原菌从腐烂的组织里重新散布到土壤中，借流水、田间管理活动等传播到其他植株根部，进行再侵染。花生青枯病的发病高峰期多在开花至结荚初期。

3）花生叶斑病

花生叶斑病包括黑斑病、褐斑病和网斑病，分别由球座尾孢菌 *Cercospora personata*、花生尾孢菌 *Cercospora arachidicola* 和花生茎点霉菌 *Phoma arachidicola* 引起。黑斑病、褐斑病在各花生产区普遍发生，网斑病主要发生于山东、辽宁、陕西和河南等省。3 种病原菌寄主范围均窄，只侵染花生。花生感病后，叶片光合作用下降，重者引起大量落叶。

花生叶斑病主要为害叶片，多发生于花生生长中后期。黑斑病和褐斑病是山东花生产区的常发性病害。黑斑病病斑圆形、黑褐色，反面生轮状排列小黑点。褐斑病病斑比黑斑病稍大，淡褐色至暗褐色，边缘有明显的黄色晕圈，病斑常连接成不规则形大斑，正面生灰褐色霉层。网斑病可导致花生中后期大量落叶，叶片上有两种症状类型：一种为污斑型，呈圆形深褐色污斑，周围有明显的褪绿圈；另一种为网斑型，边缘不清晰，大型呈网状不规则黑褐色病斑，两种病斑上均生有不明显的褐色小粒点（图 4-24）。叶斑病菌主要在病残体内越冬，随风、雨、昆虫等传播，由寄主表皮或气孔侵入而引起发病。

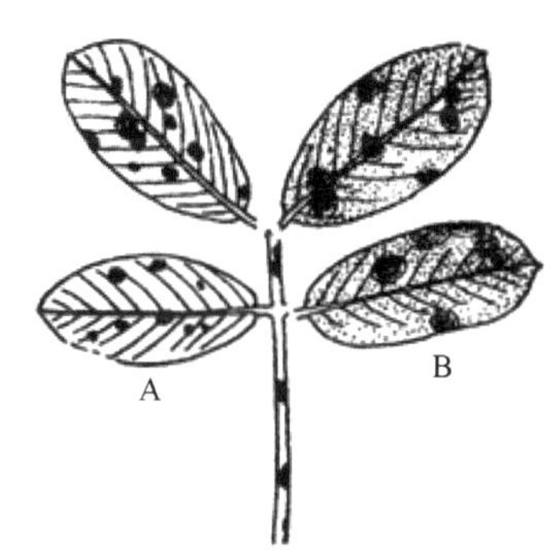

A. 黑斑病 B. 褐斑病。

图 4-24 花生叶斑病

黑斑病在北方多 6 月下旬开始发生，褐斑病多 5 月中下旬开始发病。

4）花生锈病

花生锈病由花生柄锈菌 *Puccinia arachidis* 引起。国内各花生产区都有发生，尤以广东、福建等省危害最重。发病愈早，危害愈重，一般轻病年减产约 15%，大流行年份可减产 50%以上。

花生锈病主要为害花生叶片，严重时也为害茎、叶柄、果柄和托叶。叶片受害后，在背面产生针尖大小的淡黄色斑点，后扩大为淡红色圆形突起斑，最后变红褐色而破，露出红褐色粉状夏孢子堆。植株下部叶片发病早，由下部叶片逐步向上部叶片发展。重病年份的重病田块，植株叶片全部枯死。

在我国东南沿海，病原菌可以在秋花生病株残体上及收获后长出的自生苗上越冬，作为下一年发病的初侵染源。但在北方花生产区，最初侵染源可能来自南方。花生锈病在南方自花生苗期至收获前都可发生，但以中后期发病最重。北方花生产区只发生在生长后期。某一地区初侵染发生后，只要环境条件适宜，便可进行多次再侵染，导致病害的流行。

5）花生病毒病

花生病毒病包括花生条纹病毒 *Peanut strip virus*（PStV）病、矮化病毒 *Peanut stunt virus*（PSV）病和黄花叶病毒 *Cucumber mosaic virus*（CMV）病等。在花生主产区普遍发生。PStV 在自然条件下，可侵染花生、大豆、芝麻等作物。CMV 寄主范围广，系统侵染千日红、甜菜、菠菜、刀豆、绛三叶草、豇豆、克氏烟、心叶烟、黄瓜和番茄等，局部侵染苋色藜、灰藜和曼陀罗等。PSV 在自然条件下可侵染花生、菜豆、大豆、烟草、苜蓿、三叶草和刺槐等。近 20 多年来，病害流行频繁，结果量减少，大果率下降，给花生生产造成很大损失。

花生条纹病毒病最初在嫩叶上出现褪绿斑，渐发展成浅绿与绿色相间的斑驳，后沿叶脉发展呈断续绿色条纹或橡树叶状花叶，或一直呈系统性的斑驳症状。感病早的植株稍有矮化。矮化病毒病初期顶端嫩叶的叶脉褪绿呈淡绿色，后沿侧脉出现辐射状绿色小条纹和小斑点，叶片变窄，叶缘波状扭曲。重病株仅有健株的 1/2 高。黄花叶病毒病初期顶端嫩叶上叶脉褪绿，后出现黄绿相间的黄花叶，有的表现为网状明脉和绿色条纹等症状。主茎高度一般仅为健株的 1/2～1/3。

3 种花生病毒均随贮藏种子越冬，带毒种子是主要的初侵染源，早播田的带毒苗成为田间病害扩展的主要毒源寄主。病毒的传播主要靠豆蚜、棉蚜、桃蚜，还可通过植株接触和嫁接传染，调运带毒种子可进行远距离传播。

2. 花生虫害

1）蛴螬

蛴螬俗称白土蚕、地漏子等，是鞘翅目、金龟甲类幼虫的通称。我国以黄淮海花生产区受害最重。蛴螬食性杂，主要为害大田作物和蔬菜、果树、林木的种子、幼苗及根颈，轻则缺苗断垄，重则毁种绝收。危害花生的蛴螬有 40 多种，其中以大黑鳃金龟、暗黑鳃金龟和铜绿丽金龟为优势虫种。

2）花生蚜 *Aphis medicaginis* koch

花生蚜又称豆蚜、苜蓿蚜等。属同翅目蚜科。在我国花生产区均有分布，以山东、河北、河南等省发生最重。除为害花生，还为害苜蓿、苕子、豌豆和豇豆等。以成、若蚜刺吸花生的嫩叶、嫩梢、花柄及果针，使叶片变黄卷缩，生长停滞，甚至枯死，并可传播花生病毒病。

花生蚜 1 年发生 20～30 代，主要以无翅胎生雌蚜和若蚜在背风向阳的蚕豆、豌豆等作物以及荠菜、地丁等杂草的基部和心叶内越冬。部分地区以卵在寄主作物和杂草上越冬。翌年3～4月在越冬寄主上繁殖为害，花生出苗后，迁向花生田繁殖为害。苏北、鲁南、河南等地在5月中下旬，鲁北、河北等地在6月上中旬出现第2次扩散高峰。7～8月高温季节，又产生大量有翅蚜飞向菜豆、刺槐、紫穗槐等阴凉处繁殖为害。秋季在菜豆、扁豆、紫穗槐的嫩芽，花生田的自生苗等寄主上繁殖，待越冬寄主出苗后又产生有翅蚜飞向越冬寄主繁殖并越冬。

4.2.2.2　花生主要病虫害生态防控

1）花生茎腐病

①防止种子发霉，保证种子质量。适时收获，避免种子受潮，防止发霉；晒干种子，保证含水量不超过10%；安全贮藏，注意通风防潮；不能使用霉种子、变质种子播种；麦套花生早播的花生发病轻；选用抗病品种。②合理轮作。最好和小麦、高粱、玉米等禾本科作物轮作。③施用腐熟肥料，加强田间管理。田间发现病株，应立即拔除，将其带出田外深埋，并喷施新高脂膜600～800倍液喷雾土壤表面，可保墒防水分蒸发、防晒抗旱、保温防冻、防土层板结，窒息和隔离病虫源，提高出苗率。

2）花生叶斑病

①清除病残体。收花生时，尽可能将病残体或落叶收集起来，作牲畜粗饲料。播种前及时处理堆放的花生秧垛，以消灭病害初次侵染源。②轮作换茬。花生叶斑病的寄主单一，只侵染花生，因此与甘薯、小麦作物隔年轮作或与水稻进行水旱轮作，都有很好的预防效果。

3）花生蚜

覆膜栽培花生，苗期具有明显的反光驱蚜作用，特别是使用银灰膜覆盖，可以有效减轻花生苗期蚜虫的发生与危害。

保护和利用天敌。花生蚜虫的天敌种类多，控制效果比较明显，在使用药剂防治蚜虫时应避免在天敌高峰期使用。

4.2.2.3　花生生态植保整体解决方案

播种至出苗期是花生齐苗、全苗的关键时期。影响花生齐苗、全苗的主要因素是地下虫害；苗期是蚜虫、病毒病、倒秧病、根结线虫病、地老虎及越冬大黑鳃金龟成虫和幼虫危害的高峰期，也是培育壮苗、搭好丰产架子的重要时期；开花下针期至结荚期是蛴螬、伏蚜、棉铃虫、青枯病及根结线虫病危害的高峰期；荚果成熟期是花生叶斑病、锈病等叶部病害危害的高峰期。

1. 掌握病虫源，强化源头治理

花生常见病害病源、虫害虫源状况见表4-14和表4-15。

表 4-14　常见花生病害病源状况

花生病害	越冬	越夏	发生
花生茎腐病	在病残体内和种子上越冬	以病原菌再侵染越夏	种子带菌进行初侵染，病菌从伤口侵入。5～6 月大发生。多途径造成再侵染
花生青枯病	通过土壤带菌越冬	通过腐烂组织逸散病原菌越夏	病菌从根部伤口或自然孔口侵入，通过皮层组织进入维管束。多途径形成再侵染
花生叶斑病	在病残体内越冬	以病原菌在受害叶片越夏	随风、雨、昆虫等传播；由寄主表皮或气孔侵入引起发病。5～6 月发病重
花生锈病	在我国南方，病原菌在秋花生病株残体上及收获后长出的自生苗上越冬。北方初侵染源来自南方	以病原菌在受害叶片越夏	在南方苗期至收获期都可发生，中后期发病更重，北方只发生在生长后期；条件适宜时，便可多次再侵染
生病毒病	在贮藏种子内越冬	在传毒媒介蚜虫或毒株上越夏	带毒种子是主要的初侵染源；传播主要靠豆蚜、棉蚜、桃蚜或毒株

表 4-15　常见花生虫害虫源状况

花生虫害	越冬	越夏	发生
花生蚜	以无翅胎生雌蚜和若蚜越冬，在多种植物根部及心叶处	有翅蚜迁移菜豆、刺槐、紫穗槐等阴凉处繁殖越夏	3～4 月于越冬寄主初发生，5～6 月出现第 2 次扩散高峰。年发生 20～30 代

结合收获及时清除根结线虫病、茎腐病、青枯病的病株，全部带到田外集中烧毁，对后期发病的茎腐病病株也要单独收获，不得留种。花生纹枯病、叶斑病主要靠脱落于田间的病叶引起下一年的侵染，因此及时清除田间病叶，对控制来年病害的发生有重要作用。花生收获时，结合复收可杀死大量地下害虫。

2. 细化播种前管理

①选用高产、优质、抗病品种。目前北方花生主产区推广的高产优质抗病品种有鲁花 3 号、鲁花 9 号、鲁花 11 号、鲁花 14 号和花育 16 号等。②提倡夏花生留种。夏花生留种生命力强，耐贮性好，增产显著，是花生品种复壮、防止退化、保持稳产的重要措施。③推广四级选种。四级选种即块选（选长势好、品种纯、病虫害轻、产量高的田块留种）、株选（摘果时选结果多而整齐的单株留种）、果选（在株选的基础上选双饱果）、仁选（播种前 2～3d 剥壳时，将小粒、破皮、变色、有紫斑的种仁剔除），是防治花生病害的重要措施，也是花生提纯复壮、高产稳产的重要技术。④科学整地、施肥、除草。精细整地，开好丰产沟、腰沟、田边沟，保证沟沟相通、雨过田干，采取竖畦横垄、畦宽，便于排水降渍，促进通风，改善田间小气候，可以减轻多种病害的发生，提高花生的产量。施用有机肥改良土壤、培肥地力，提高花生产量品质，每亩施肥不得低于 1 000～2 000kg，但有机肥中混有大量的草种和病株残体，必须充分腐熟后才能施用。早春除草，可减少地老虎的落卵量，清除蚜虫越冬寄主及大黑金龟甲的食物来源。

3. 合理轮作

有条件的地区推行稻茬种花生，实行水旱轮作，这是防治花生病虫害最有效、最经济的无公害措施。通过水旱轮作，不但可以控制蛴螬、金针虫、根结线虫病及青枯病的发生，而且还可大大减轻叶斑病的发生程度。无水旱轮作条件的山区、岭地，实行花生与山芋、西瓜、小麦、玉米及谷子等旱旱轮作 1～2 年，青枯病、根结线虫病易发地区轮作 3～5 年，对花生病害也有明显的防治效果。

4. 地膜覆盖

春花生随播种喷施除草剂、覆盖地膜，夏花生齐苗后覆盖地膜，是预防多种病虫和花生高产的重要措施，应大力推广。

5. 合理使用农药

播种前选用噻虫嗪拌种，可有效防治地下害虫、苗期蚜虫等，同时，可刺激作物根系发育，激发其活力潜能，使苗全苗壮，植株健壮，抗病虫能力增强，产量提高。

6. 生长期管理

花生齐苗后，花生蚜大发生时，可选用高效大功臣（通用名高效吡虫啉）、扑虱蚜、抗蚜威等进行叶面喷雾防治。花生基本封行时，可选用多效唑或矮壮素叶面喷雾，以控制花生旺长，促进营养生长与生殖生长的协调，增强植株抗病能力。花生进入荚果成熟期，也是叶斑病、锈病等多种叶面病害的发生期，应采取药肥结合（尿素+磷酸二氢钾+粉锈宁+农抗 120+代森锰锌或百菌清）的管理措施，以防止花生早衰、控制花生叶病、提高花生产量和品质。

4.2.3　大豆及豆类作物生态植保

大豆病虫害种类很多，其中危害性较大的病害有大豆孢囊线虫病、病毒病、苗期根腐病、霜霉病、灰斑病、紫斑病、锈病和细菌性叶斑病等；常年发生的虫害有地下害虫、蚜虫、造桥虫、豆荚螟、食心虫、豆芫菁、豆天蛾和卷叶螟等。

4.2.3.1　大豆病虫害种类

1. 大豆病害

1）大豆病毒病

目前已鉴定出的毒原种类有 7 个，其中以大豆花叶病毒 *Soybean mosaic virus*（SMV）最为重要。SMV 寄主范围窄，只能侵染豆科植物。在南方大豆产区发生重，北方发病较轻。大豆发病后可引起种皮斑驳，影响大豆的等级和商品价值。

大豆花叶病典型症状为植株显著矮化，叶片皱缩并呈现褪绿花叶，叶缘向下卷曲，有的沿叶脉两侧有许多深绿色的泡状突起。病株种子上常出现斑驳纹，俗称“花脸豆”。病毒由汁液接触传染或蚜虫传染，也可由种子传播。在自然条件下可与其他病毒复合侵染，引起更严重的症状。在东北地区初侵染来源为带毒种子形成的病苗，在田间由蚜虫传播引起多次再侵染，高温干旱条件下发病重。

2）大豆灰斑病

大豆灰斑病又称蛙眼病。是由半知菌亚门真菌尾孢菌 *Cercospora solani* 引起的一种世界性病害，主要分布于东北 3 省以及河北、山东、安徽、江苏、福建、四川、广西和云南等省（自治区、直辖市）。病原菌只侵染大豆和野生大豆，植株感病后不仅影响产量和发芽率，还可使蛋白质和含油量大大降低。

病原菌主要为害叶片，也可侵染茎、荚和种子。带病种子长出的子叶上可出现半圆形或圆形深褐色、稍下陷的病斑。在成株叶片上发生最重，病斑初呈红褐色小点，后逐渐扩展成为圆形，边缘褐色，中部灰色或灰褐色。当天气潮湿时，病斑表面密生灰色霉层。发病严重时，叶片上布满斑点而且相互连合，病叶干枯早落。种子上的病斑明显，为灰褐色圆形，边缘深褐色。轻病粒仅产生褐色不规则形小点。

病原菌主要在病残体上越冬，翌年遇适宜环境条件进行初侵染。大气湿度高时，植株发病重。

3）大豆霜霉病

大豆霜霉病由鞭毛菌亚门东北霜霉菌 *Peronospora manschurica*（Naum.）Syd. 引起。在我国普遍发生，以东北、华北地区发生较重。只为害大豆和野生大豆，整个生育期皆可发病，引起叶片早期枯黄、脱落。

幼苗、叶片和种子均可受害。带病种子可引起幼苗系统感病，从第 1 对真叶的基部开始，沿脉形成褪绿大斑，以后各复叶相继出现同样症状。褪绿部分逐渐扩大至全叶后，引起叶片变黄枯死。天气潮湿时，病斑背面密生灰白色霉层。病株常矮化，叶皱缩，严重时在封垄后死亡。成株叶片受害时，叶片正面产生淡黄绿色斑点，叶背形成灰白色霉层，后期病斑变黄干枯。豆荚受害外部无明显症状，但籽粒色白而无光泽，轻而小。

病原菌在种子、病荚和病叶上越冬，由胚芽侵入引起系统侵染，借气流传播引起再侵染。

4）大豆细菌性病害

大豆细菌性病害包括由丁香假单胞杆菌大豆致病变种 *Pseudomonas syringae pv．glycinea* 引起的细菌性疫病和由大豆黄单胞菌大豆变种 *Xanthomonas phaseoli var. sojenes* 引起的细菌性斑疹病。斑疹病菌除侵染大豆，还能侵染菜豆和爬豆。两种病害主要为害叶片，使病叶提早枯死脱落，影响籽粒的成熟度和粒重。

细菌性疫病在叶片上初形成水渍状的小斑，边缘有黄绿色晕环，病叶易脱落；茎及叶柄受害产生黑褐色条斑；豆荚受害多在豆荚合缝处产生小型红褐色斑；种子受害后产生不规则形褐色斑，并在病斑上出现菌脓。细菌性斑疹病在叶片上初生淡褐色小点，后扩大成多角形的褐色小斑点，寄主叶肉细胞由于受细菌分泌物的刺激，分裂加速，体积增大而隆起，细胞木栓化呈疹状，许多病斑愈合可使叶片枯死早落。

两种病原菌主要在种子及未腐烂的病残体上越冬，翌年病苗出土后，病原菌借风雨传播扩大再侵染。

2. 大豆虫害

1）豆荚螟 *Etiella zinckenella*

豆荚螟幼虫俗称蛀虫、红虫和豆瓣虫。属鳞翅目螟蛾科。广泛分布于我国各大豆产区，尤以华南、华中、华东等地受害最重，是我国南方大豆产区的主要害虫之一。

成虫体长 10～12mm，翅展 20～24mm，全体灰褐色。前翅狭长，靠近前缘从肩角至翅尖处有 1 条明显的白色纵带，近翅基 1/3 处有 1 条金黄色宽横带。后翅黄白色，沿外缘有一褐波纹。雄成虫腹部末端钝圆，且有长鳞毛丛；雌成虫腹部圆锥形，鳞毛较少。老熟幼虫体长 14mm 左右，背面紫红色，腹面绿色，前胸背板中央有“人”字形黑纹，两侧各有黑斑 1 个，近后缘中央有黑斑 2 个。

发生代数因地而异，山东等地年发生 3～4 代，陕西、辽宁南部发生 2～3 代。多以老熟幼虫在寄主附近土表下 5～6cm 处结茧越冬，少数以蛹越冬。越冬幼虫 4 月中旬开始化蛹，5 月上旬第 1 代成虫陆续羽化出土。3 代区，第 1 代幼虫发生在 6 月上旬，主要为害刺槐和柽麻；第 2 代幼虫于 7 月下旬至 8 月上旬为害春大豆、豇豆和菜豆等；第 3 代幼虫 8 月中旬至 9 月中旬为害夏大豆，9 月下旬开始脱荚入土结茧越冬。

成虫白天多栖息在豆株叶背、茎上或杂草上，羽化当日傍晚即交尾，隔日产卵。在大豆未结荚时，多产卵于幼嫩的叶柄、花柄、嫩叶背面。雌虫产卵有选择性，喜产卵于豆荚有毛的品种上。幼虫蛀荚前，先吐丝做长约 1mm 的白色小薄囊，藏身其中，逐渐咬破豆荚表皮钻入荚内，茧囊留于荚外。幼虫除为害豆荚外，有时也蛀入豆株茎内为害。幼虫老熟后，在荚上咬孔爬出落至地面，潜入植株附近土下结茧。越冬幼虫在秋大豆成熟前即脱荚入土。

2）大豆食心虫 *Legaminivora glycinivorella*（Matsumura）

大豆食心虫俗称小红虫。属鳞翅目小卷蛾科。国内以东北及山东部分地区危害严重。主要为害大豆及野生大豆等。以幼虫蛀荚咬食豆粒。

成虫体长 5～6mm，翅展 13～14mm。深茶褐色，前翅斑纹不明显，沿翅的前缘有黑紫色斜纹 10 条左右，外缘内侧中央部分色淡，有 3 个小黑点纵列；后翅色稍淡。成熟幼虫体长 8～9mm，头部褐色，胸腹部红色，前胸硬皮板淡褐色，第 3～5 腹节较粗大，胸足及腹足短小，腹足趾钩单序全环（图 4-25）。

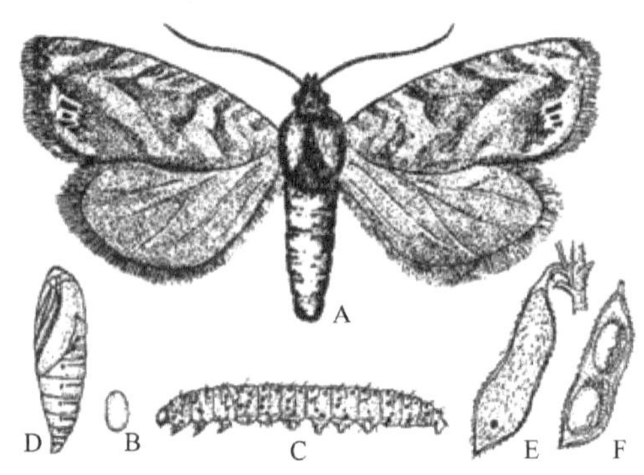

A. 成虫　B. 卵　C. 幼虫　D. 蛹　E. 幼虫脱出孔　F. 危害状。

图 4-25　大豆食心虫

4.2.3.2　大豆主要病虫害生态防控

1. 大豆病毒病

（1）选用抗病品种，建立无病留种田，选用无褐斑、饱满的豆粒作种子。

（2）加强肥水管理，培育健壮植株，增强抗病能力。

（3）及早防治蚜虫，从苗期开始就要进行蚜虫的防治，防止和减少病毒的侵染。

（4）使用化学药剂防治。春大豆病毒病应从苗期开始，这样才能提高防效。可结合苗期蚜虫的防治施药。药剂可选用 20%病毒 A500 倍液或 1.5%植病灵乳油 1 000 倍液，或者 5%菌毒清 400 倍液，连续使用 2～3 次，隔 10d 使用 1 次。

2. 大豆食心虫

（1）成虫发生盛期防治。首先要做好预测预报，掌握成虫盛发期。从 8 月初开始每天午后日落之前调查成虫蛾量，当田间蛾量突然增多，出现打团现象即是成虫盛发期（多数年份在 8 月 12 日到 18 日）。

（2）幼虫入荚前防治。大豆食心虫幼虫孵化后，在豆荚上爬行的时间一般不超过 8h。这个时间很难掌握。所以防治幼虫须经过田间调查，当大豆荚上初见卵时及时采取措施。

（3）大豆收获后防治。大豆一般进入 9 月收获，此时还有部分食心虫未脱荚，如果不及时脱粒，食心虫在荚内还可继续为害，并陆续脱荚入土。在大豆收获进入场院前，用灭杀毙乳油 1 500 倍液或其他杀虫剂浇湿大豆垛底土，湿土层深 3cm 左右，然后用木磙压实，再将收回的大豆垛在上面，这样可将后期脱荚的食心虫杀死在垛底的药土层中。

大豆收获后一般采用的防治方法，一是边收边脱粒，这样可以防止食心虫收获后在荚内继续为害；二是收后垛前在大豆垛底施药，减少翌年的虫源；三是豆田进行秋翻秋耙，破坏收割前脱荚入土的食心虫的越冬场所。

3. 豆天蛾

（1）选种抗虫品种。在种植大豆时，选用成熟晚、秆硬、皮厚、抗涝性强的品种，可以减轻豆天蛾的危害。

（2）及时秋耕、冬灌，降低豆天蛾的越冬基数。

（3）水旱轮作，尽量避免连作豆科植物，以减轻豆天蛾的危害。

（4）物理防治。利用成虫较强的趋光性，设置黑光灯诱杀成虫，可以减少豆田的落卵量。

（5）生物防治。用杀螟杆菌或青虫菌每克含孢子量 80 亿～100 亿稀释 500～700 倍液，每亩用菌液 50kg。

4.2.3.3 大豆生态植保整体解决方案

大豆常见病害病源、虫害虫源状况见表 4-16 和表 4-17。

表 4-16 常见大豆病害病源状况

大豆病害	越冬	越夏	发生
大豆病毒病	通过种子带毒越冬	在传毒媒介蚜虫及毒株上越夏	通过汁液接触传染或蚜虫传染
大豆灰斑病	在病残体中越冬	以病原菌在受害叶片越夏	主要为害叶片；大气湿度高时，发病重
大豆霜霉病	在种子、病荚和病叶上越冬	以病原菌在受害叶片和种子越夏	由胚芽侵入引起系统侵染，借气流传播引起再侵染
大豆细菌性病害	在种子及未腐烂的病残体上越冬	以病原菌在受害植株组织越夏	借风雨传播扩大再侵染

表 4-17 常见大豆虫害虫源状况

大豆虫害	越冬	越夏	发生
豆荚螟	以老熟幼虫或蛹越冬	以幼虫越夏	山东等地年发生 3～4 代，陕西、辽宁南部年发生 2～3 代
大豆食心虫	以老熟幼虫在豆田、晒场及附近土内作茧越冬	以成虫越夏	以幼虫蛀入豆荚咬食豆粒

1. 播种前预防

（1）选育、选用抗性品种。一般豆荚多毛品种受豆荚螟和大豆食心虫危害重；不同品种对土中线虫数量影响也很大。选用结荚期短、豆荚少毛或无毛的品种，可有效降低豆荚螟和大豆食心虫的落卵量。

（2）改善耕作栽培技术。大豆重茬、迎茬易使病虫害严重发生，与非寄主作物尤其是禾本科作物水旱轮作 3～5 年可显著降低大豆病虫害的发生程度；适当调整播期使作物敏感期避开病虫发生盛期，能明显减轻病虫的危害；秋季大豆收获后进行深翻和冬灌，也会消灭一部分病虫；在危害严重地区，于豆科绿肥结荚前收割，可减少豆荚螟第 1 代成虫的产卵机会。

2. 生长期防治

在大豆生长期，防治叶斑病等常发性病害时，可选用波尔多液或铜制剂进行叶面喷雾处理；防治花生蚜、棉铃虫、豆荚螟和大豆食心虫等多发性害虫时，可选用异色瓢虫、龟纹瓢虫、赤眼蜂、捕食性线虫制剂等。

4.2.4 烟草生态植保

我国各主要烟区危害较重的病害有病毒病、黑胫病、赤星病和根结线虫病等。重要害虫有烟蚜、烟青虫、斑须蝽、葱蓟马、烟盲蝽和烟粉虱等，局部地区有的年份还遭受斜纹夜蛾、灯蛾、蝗虫、潜叶蛾、蛀茎蛾、大蟋蟀和野蛞蝓的严重危害。

4.2.4.1 烟草病虫害种类

1. 烟草病害

1）烟草黑胫病

烟草黑胫病俗称烂腰病、黑根病等。由寄生疫霉烟草变种 *Phytophthora parasitica var*. *nicotianae* 引起。在我国分布范围很广，发生普遍而严重。平均发病率 10%左右，严重田块发病率高达 75%，甚至造成绝收。

烟草黑胫病是烟草生产上的毁灭性病害，在苗床期发生相对较轻，大田发病较重。发病部位以茎基部为主，根部和叶片也可受害。成株期发病，先在茎基部出现黑斑，病斑沿茎向上扩展，有时可扩展至病株的 1/3～1/2，病株叶片自下而上逐渐变黄，若遇大雨后天晴高温，即可引起全株叶片突然凋萎、枯死。纵剖病茎，可见髓部呈褐色，干缩成碟片状，碟片间有稀疏的白色霉状物。雨季，中下部叶片也可表现症状，病斑初呈水渍状，圆形，并有浓淡相间的轮纹。气候干燥时，病斑处穿孔（图 4-26）。

A. 病株　B. 病茎剖面　C. 孢子囊　D. 雄器即藏卵器。

图 4-26　烟草黑胫病

病原菌以卵孢子、厚垣孢子和菌丝体随病残体在土壤中越冬，初侵染主要来自病土和带菌肥料；田间发病后，病原菌靠风雨、灌溉水等进行传播。高温多雨、湿度大，尤以雨后乍晴，有利于病害的发生与流行；地势低洼、排水不良、土壤过湿、种植密度过大，极易诱发危害。

2）烟草赤星病

烟草赤星病俗称红斑病、火炮斑病等。由细链格孢 *Alternaria alternata*（Fr.:Fr.）Keissler 引起。我国各烟区都有发生，主要在大田生长期造成危害，特别是打顶后更易感病。病原菌除为害烟草外，还可侵染棉花、花生、大豆和番茄等多种植物。

病原菌主要为害叶片，也可侵染茎、叶柄、花梗和蒴果。叶片染病时，多从下部开始，并逐渐向上扩展。病斑初为黄褐色圆形小斑点，后扩大为褐色圆形或近圆形斑，并有赤褐色同心轮纹。病斑边缘明显，易破碎，外有黄色晕圈，湿度大时生黑色霉层。病情严重时，多个病斑融合，叶片大面积枯焦、破碎。

赤星病菌多以菌丝在病残体中越冬，病原菌若遇适宜温、湿度，并有足够的水分即可产生分生孢子侵染叶片。初侵染多发生在低位叶片，田间通过风、雨传播为害。在适宜环境条件下，可发生多次再侵染。降雨多、空气湿度大常引起病害的爆发流行。

3）烟草病毒病

烟草病毒病种类很多。国内已发现有 16 种，其中发生较为普遍的有烟草花叶病毒 *Tobacco mosaic virus*（TMV）病、黄瓜花叶病毒病、马铃薯 Y 病毒 *Potato Virus Y*（PVY）病和烟草蚀纹病毒 *Tobacco etch virus*（TEV）病等。我国大部分烟区以黄瓜花叶病毒病为主，贵州、吉林、辽宁和黑龙江等地以烟草花叶病毒病最多，山东、河南等省以马铃薯 Y 病毒病危害最重，烟草蚀纹病毒病在陕西、云南、辽宁等地呈上升趋势。

烟草花叶病毒病与黄瓜花叶病毒病引起的症状比较接近。发病初期，新叶叶脉颜色变浅，呈半透明状，随后叶脉两侧褪绿，形成黄绿相间的斑驳或花叶。田间症状因气候条件、病毒株系不同而异，可分为两种类型：一是轻型花叶，仅表现为叶片褪绿，形成黄绿相间的花叶或驳斑，植株高度及叶片形状、大小均无明显变化，一般成株期感病，易表现此类症状。另一种为重型花叶，叶片部分叶肉组织增大或增多，叶片厚薄不匀，形成很多泡状突起，叶片皱缩，扭曲畸形，叶尖细长，若苗期感病，整个植株节间缩短，严重矮化。黄瓜花叶病毒病除表现上述症状外，有时还伴有叶片狭窄，叶基呈拉紧状，叶片上茸毛稀少，叶色发暗，无光泽等。马铃薯 Y 病毒病因病毒株系不同而表现不同症状，常见有脉带型和脉斑型。

近年来，烟草病毒病的危害有逐年加重的趋势，局部地区甚至造成毁产绝收。主要原因与气候变化、种植结构及烟草生产本身有关。全球气候的变化直接影响毒源植物、虫媒、病毒和烟草本身；烟区种植结构的变化造成毒源植物和传毒昆虫的大量发生，且使得轮作制度难以实施；烟草生产本身要求种植优质的烟草品种，而品种的抗病性特别是对病毒病的抗性与品质性状又往往不能协同。

4）烟草野火病和角斑病

烟草野火病和角斑病分别由丁香单细胞杆菌烟草致病变种 *Pseudomonas syringae pv. tabaci* 和丁香假单胞杆菌角斑致病变种 *Pseudomonas syringae pv. Angulata* 引起的细菌性病害。野火病在我国东北三省、山东、云南及四川等地分布较广、危害严重。病原菌除侵染烟草外，还能为害多种豆科和茄科作物，其自然寄主还有荠菜、龙葵、稗和蓼等。两种细菌病在苗床期很少发生，主要在大田期为害叶片、花、果及茎秆。

烟草野火病初在叶片上形成圆形褪绿斑，随后在病斑中央出现褐色坏死区，病斑逐渐扩大，或多个病斑连成不规则形大斑。其典型症状是在褐色病斑周围形成黄色晕圈。植株感病后如遇暴雨，发病迅速，严重时全部叶片变褐，如同火烧状。天气潮湿或有水滴存在时，病部溢出菌脓，干燥后病斑破裂。角斑病在叶片上产生多角形或不规则形黑褐色斑，病斑边缘明显，周围无黄色晕圈。湿度大时，病部也溢有菌脓，干燥条件下病斑破裂或脱落。

烟草野火病和角斑病都属爆发性细菌病害，病原细菌主要借风雨传播，从伤口和自然孔口侵入。烟草野火病的初侵染来源主要是田间越冬的病残体及带菌种子。

2. 烟草虫害

1）烟蚜 *Myzus persicae*（Sulzer）

烟蚜又名桃蚜、菜蚜。属同翅目蚜科。国内外广泛分布。主要寄主植物有烟草、桃、杏、李、萝卜、白菜、辣椒、马铃薯、麦蒿及荠菜等。以成蚜和若蚜群集烟株上部幼嫩叶片背面刺吸汁液。受害植株生长迟缓，叶片卷缩变黄变薄，烤后变黑，并传播病毒病，严重影响烟草的产量和品质。

我国自东北至华南，烟蚜年发生10～30代不等，黄淮烟区年发生20余代。营全周期生活者，以卵在桃树芽腋、枝杈等处越冬。翌春3月上旬桃芽开绽时，越冬卵孵化为干母，为害桃树幼叶。4、5月间迅速繁殖，严重为害桃树，并不断产生有翅蚜迁向烟草等夏季寄主繁殖为害。在烟草上繁殖15代左右，以6、7月受害最重。7月下旬至8月，因春烟老熟而产生有翅蚜，迁向十字花科等蔬菜及杂草上为害，约繁殖8～9代。10月中旬至11月上旬，一部分个体产生有翅性母和雄蚜，性母飞回桃树孤雌胎生无翅产卵雌蚜，与迁来的雄蚜交配，并产卵越冬。一部分营不全周期生活的个体，可继续留在原处孤雌生殖，并以最后一代无翅孤雌胎生成、若蚜在风障冬季栽培蔬菜或菜窖内越冬。还有部分个体能在保护地黄瓜、茄子、辣椒及莴苣等蔬菜上终年繁殖为害。

2）烟青虫 *Helicoverpa assulta*

烟青虫又名烟夜蛾。属鳞翅目夜蛾科。分布遍及国内各烟区，以黄淮地区受害较重。寄主植物主要有烟草、辣椒、番茄、棉花、玉米、高粱和豌豆等。烟草旺长期，幼虫多集中在烟草心芽和嫩叶为害，将叶片咬成孔洞、缺刻或造成无头苗。留种株现蕾后，也蛀食蕾、花和果实等。

成虫体长15～18mm，翅展27～35mm。雌虫黄褐至灰褐色，雄虫黄绿色。前翅斑纹清晰，基线短，内横线和外横线为双波线，中横线上端分叉，外横线与亚外缘线之间色暗，该色带下端稍向内倾斜，但不达肾形纹下方；环纹内有1褐点，肾纹中央有1新月形褐纹。后翅端区有黑棕色宽带，带内侧有1条棕黑色线。老熟幼虫体长31～41mm，体表密生短而钝的圆锥形小刺。头部黄褐色，胴部颜色随食料和气候不同而变化，一般夏季多呈绿色或黄绿色，秋季呈红褐、黄褐、绿褐或黑褐色（图4-27）。

烟青虫年发生世代数随地理纬度不同而异，在东北烟区年发生1代、京津地区2～3代、黄淮地区4代、长江中下游地区和云贵地区4～5代、华南地区5～6代，各地均以蛹在土中滞育越冬。在黄淮烟区，第1～4代幼虫发生盛期分别为5月下旬至6月中旬、6月下旬至7月中旬、7月下旬至8月下旬和9月上旬至10月中旬。第1代为害春烟，第2代为害春烟和夏烟，第3代为害春烟花、果和夏烟，第4代为害夏烟花、果及辣椒等，其中尤以第2、3代危害严重。

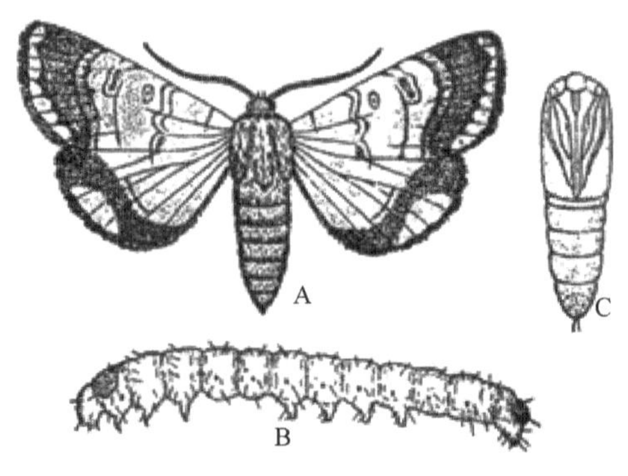

A. 成虫　B. 幼虫　C. 蛹。

图 4-27　烟青虫

3）斑须蝽和烟盲蝽

斑须蝽 *Dolycoris baccarum* 又名细毛蝽，属半翅目蝽科，各烟区均有分布。以成、若虫刺吸为害烟草、麻类、小麦、玉米、水稻、棉花、花生、大豆、蔬菜、果树、林木及杂草等。在黄淮烟区年发生 3 代，以成虫在麦苗、冬菜和杂草根际及树皮下等越冬，3 月下旬至 6 月上旬越冬成虫活动、为害和产卵。第 1～3 代卵分别发生在 4 月中旬至 6 月上旬、6 月上旬至 7 月中旬、7 月中旬至 9 月中旬。第 1 代主要为害小麦及春播作物，第 2、3 代除为害烟草，还为害麻类、豆类、玉米、蔬菜和果树等。卵多产在植株中上部叶片和花果上，在烟草上发生严重时，单株可达 10 余头。

烟盲蝽 *Cyrtopeltis tenuis*（Reuter）属半翅目盲蝽科，主要分布于黄淮、海南和云南等烟区。以成、若虫刺吸为害烟草、芝麻、大豆、蒲瓜和泡桐等。年发生 3～4 代，以成虫越冬。5 月中下旬越冬成虫迁入烟田为害烟草，6 月至 8 月上旬第 1、2 代为害旺长期烟草和二茬烟，第 3 代主要为害夏烟和留种烟株等。成虫善飞，卵散产于嫩茎、嫩叶柄和叶背主脉两侧的组织内，产卵处凹陷。以烟草中、后期虫口数量多，危害重。

4.2.4.2　主要烟草病虫害生态防控

1）烟草黑茎病

①选种抗病品种。如牛津 1 号、牛津 4 号、中烟 90、富字 64 号、抵字 101、G28、G52、G70、G140、G80、金星、偏金星、安选 4 号、安选 6 号、许金 1 号、许金 2 号、柯克 48、柯克 86、柯克 139、柯克 258、柯克 298、柯克 411、Nc13、Nc82、Nc89、Nc95、K326、Va770、Va8611、夏烟 1 号、夏烟 3 号、台烟及白肋烟中的粤白 3 号、建白 80、8701、Va509、B77 等。②与禾本科作物及甘薯轮作 3 年以上或水旱轮作。③高垄栽培育苗，垄高 30～40cm。适时早栽避开雨季。

及时中耕除草。注意排灌结合，降低田间湿度。④及时拔除病茎、病叶烧掉或深埋。

2）烟草赤星病

采用综合防治措施，以选择抗病品种、改进栽培措施的防治方法为主，以药剂防治为辅。

① 清洁田园。收烟后彻底收集田间枯枝落叶及病残体，集中烧毁，以减少下年的初侵染来源。

② 种植抗病品种。选种抗（耐）病品种，如G80、G28、柯克176、柯克86、Nc95、净叶黄、中烟90、益延一号、辽烟10、中卫1号、春雷3号和铁杆烟等。

③ 加强栽培管理。改进栽培制度，错开烟草感病阶段与高温多雨季节。

④ 适时采烤。及时采收成熟烟片，既可减少侵染的场所，又可减少菌量的累积，并降低株行间温、湿度，这是降低赤星病侵染危害和减轻危害程度的简便措施。中国多数省份改种春烟，这样就可以早成熟、早采烤，到8月中旬基本烤完，使烟草有效地躲过温暖多雨的发病季节而大大减少损失。云南多在雨水节令播种，如能适当提早到立春播种，就可避开赤星病发生的高峰而减少经济损失。

⑤ 合理密植和科学用肥。避免种植密度过大，密度过大易造成封行郁蔽，通透气不良，容易发病。云南一般田烟每亩种1 100株，地烟每亩种1 300株左右较好。

合理施肥，重施基肥。氮肥、钾肥、磷肥，最好能在移栽时一次施下。要控制化肥（氮素）用量，及时落黄，提早成熟。不能偏施氮肥，应氮、磷、钾肥合理配合。生长中后期叶面可喷0.1%～0.2%磷酸二氢钾液，15～20d喷一次，连喷2次，既增加营养又提高抗病能力。

3）烟草病毒病

①栽种抗耐病品种。这是防治烟草病毒病既经济、又有效的根本途径。选用无病株上的种子，从无病株上采种，单收、单藏，并进行细致汰选，防止混入病株残屑。②加强苗床管理，培育无病壮苗。首先要注意苗床选地，苗床要尽可能远离菜地、烤房、晾棚等场所。其次床土及肥料不可混入病株残屑，注意清除苗床附近杂草。及时间苗、定苗，合理施肥浇水、有效地控温控湿。操作时要用肥皂水洗手，严禁吸烟，尽力减少操作工具、手、衣服与烟株接触。③适当提早播种、提早移栽。移栽时要剔除病苗。注意烟田不与茄科和十字花科作物间作或轮作，重病地至少要两年内不栽种烟草。④加强田期管理，提高烟草的自然抗病能力。烟田要在冬前进行深翻晒土，翌年翻浆时反复细致地耙地，熟化耕作层，减少侵染毒源。⑤田间操作时，事先要用肥皂水洗手，工具要消毒，并禁止吸烟。

打顶抹杈要在雨露干后进行，并注意病株打顶、抹杈要最后进行。⑥注意驱避蚜虫、防其传毒。育苗床和烟田，铺设银灰色地膜，或张挂银灰色反光膜条，可有效地驱避蚜虫向烟田内迁飞。

4）烟蚜

烟蚜繁殖蔓延速度很快，在采用生物防控技术时，应坚持“伏击式、淹没式、组合式”的原则。①烟草收获后要及时清理前茬病残体，铲除田间、畦埂和地边杂草。②采用黄板诱杀或银灰色反光塑料薄膜忌避。③用 1 份 25%种衣剂 2 号与 50 份烟草种子拌裹，或 1 份卫福与 100 份烟草种子拌裹控制蚜虫有效期 30d，且可减轻苗期病毒病，增产 7%左右。④在蚜虫点片发生阶段开始释放瓢虫、蚜茧蜂。

5）斑须蝽

①6 月中旬成虫盛发时进行人工捕杀和摘除卵块，集中杀灭初孵化尚未分散的若虫。②注意保护或释放斑须蝽卵寄生蜂和稻蝽小黑卵蜂进行生物防治。③加强烟田管理，第一代成虫危害盛期及时打顶，减少其危害场所，使虫口数量迅速下降。

4.2.4.3　烟草生态植保方案

烟草常见病害病源、虫害虫源状况见表 4-18 和表 4-19。

表 4-18　常见烟草病害病源状况

烟草病害	越冬	越夏	发生
烟草黑胫病	以卵孢子、厚垣孢子和菌丝体越冬	以菌丝体在受害植株越夏	初侵染主要来自病土和带菌肥料；靠风雨、灌溉水等进行传播
烟草赤星病	多以菌丝体在病残体中越冬	以菌丝体在受害植株组织内越夏	初侵染多发生在低位叶片，通过风、雨传播为害
烟草病毒病	通过带毒植株残体、土杂肥、与种子混杂越冬	在受侵染植株及传毒媒介昆虫越夏	危害与气候变化、种植结构及烟草生产本身有关
烟草野火病和角斑病	通过病残体及带菌种子越冬	在受害植株病斑越夏	属爆发性细菌病害。从伤口和自然孔口侵入，主要借风雨传播

表 4-19　常见烟草虫害虫源状况

烟草虫害	越冬	越夏	发生
烟蚜（桃蚜）	以卵越冬	以若蚜、成蚜越夏	年发生 10～30 代。分为全周期生活型和不全周期生活型。
烟青虫	以蛹在土中滞育越冬	以幼虫和成虫越夏	年发生世代数随地理纬度不同而异
斑须蝽	以成虫越冬	以若虫、成虫、卵越夏	在黄淮烟区年发生 3 代
烟盲蝽	以成虫越冬	以若虫、成虫、卵越夏	年发生 3～4 代

根据烟叶生产的特殊性和烟田生态系统的特点，应采取“抓前控中，注意后期”的策略，及时有效地控制烟草病虫害的发生与危害。其综合防治技术主要包括选用抗耐病优良品种，严格消毒苗床和种子，培育无病虫壮苗，合理轮作，加强苗床及大田管理，推行配方施肥和科学合理的药剂防治等。

1. 幼苗期病虫害生态防控

近年来，烟草的苗期病虫害呈上升趋势，有的甚至造成严重缺苗。因此搞好苗期病虫害的综合防治，是培育壮苗、提高烟叶产量与质量的重要基础。我国烟区分布范围广，不同烟区之间气候差异较大，因而苗期病虫害种类及危害程度也各不相同。目前发生普遍、危害较重的病害主要有炭疽病、猝倒病、立枯病、黑胫病、根黑腐病、白粉病、根结线虫病及野火病等；苗期虫害主要有地下害虫（蝼蛄、地老虎、金针虫及蛴螬等）和蚜虫，南方烟区还有斑潜蝇等。

①苗床地的选择。选择地势较高、背风向阳、排水条件好，且远离烤房、村庄的地块作苗床，严禁在原烟草种植地、菜园地和相邻的田块上育苗，严禁做大棚、小拱棚进行育苗。②苗床土、肥的选用与消毒苗床土。最好选用山坡生土或未栽种过烟和菜的大田土。配制营养土的农家肥应使用腐熟的、未经烟草和蔬菜残体污染的农家肥。苗床土和营养土必须经过消毒，杀灭病原菌、线虫、地下害虫及杂草后方可使用。消毒药剂主要为溴甲烷和威百亩。溴甲烷消毒的操作方法是，于播种前 10～15d，先将土壤锄松、整平（苗床翻松厚度和营养土堆放高度为 15cm，土壤含水量约 60%），然后支架用塑料薄膜盖严密封，在膜内以 98%的溴甲烷 40～50g/m^2 投药熏蒸。熏蒸时土壤温度应在 10℃以上，15℃以上时熏蒸 24～48h 即可，15℃以下时可延长至 48～72h。熏蒸后揭去薄膜，耙松土面，通风散毒 24h 后即可播种。③选用无病种子。选用抗、耐病虫品种；或采用包衣种子；裸种可用 1%硫酸铜浸种 10min，用清水洗净后播种。④确保苗期卫生，隔离防虫。不用可能受病原污染的水育苗；每次掐、剪叶前 1d 喷防病毒剂处理，使用的工具应进行消毒；及时清除苗床周围植物残体和杂草，减少病虫害的孳生场所。育苗棚的门窗和通风口用 40 目尼龙网覆盖，以防蚜虫及斑潜蝇的危害和苗期传染病毒。⑤培育壮苗。幼苗 3 叶期前少浇水，尤其在遇阴雨、低温天气时要及时排水，加强苗床的通风排湿。膜下或棚内要保温、防寒和防高温，遇高温时应及时揭膜。于移栽前 7～10d 开始锻苗，苗床不浇水，白天揭膜、晚上盖膜；移栽前 5～7d，不再盖膜。整个苗期掐、剪叶 2～3 次。

2. 移栽至团棵期病虫害生态防控

烟苗移栽到大田后，病虫害种类逐渐增多，主要病害有黄瓜花叶病毒病、黑胫病和根结线虫病等，主要虫害有烟蚜、烟青虫及斑须蝽等。

（1）合理轮作。轮作是防治烟草病害特别是黑胫病、青枯病等土传病害最基本的措施之一。实践证明，实行隔年 1 烟、3 年 1 烟或水旱轮作等耕作措施，都能有效地预防和控制烟草土传病害等多种病害的发生蔓延。

（2）加强土肥管理。移栽前深耕深翻土壤，适时早栽，增施有机肥和磷、钾肥，实行科学施肥，可促进烟株健壮生长，提高抗病虫能力；冬春及时翻耕土地，可恶化多种在土中越冬病虫的生存环境，减少越冬虫、菌源。烟苗移栽后，定期田间检查，如发现早期病株、病叶，应及时铲除或用药防治，以防止病害的流行。

（3）黑胫病的防治。黑胫病菌主要以游动孢子在表土层活动，侵染烟株根或茎基部。对于该病流行的地区和田块，应及时进行药剂防治，目前常采用的药剂和方法有：甲霜灵或瑞毒霉—锰锌药液喷雾；敌克松药土撒施于烟株周围，并用土覆盖；烟田培土后，用敌克松药液喷洒或浇灌茎基部。

（4）根结线虫病的防治。易遭受根结线虫病危害的烟区或地块，必要时可单独采取防治措施。移栽时可选用铁灭克或克线磷、甲基异柳磷等杀线虫剂，拌细土或细砂进行穴施。

3. 旺长至采收期病虫害生态防控

烟草旺长至采收期是多种病虫并发和危害时期。烟草进入旺长期后，如前期防治不力，根部病害（如黑胫病、根结线虫病等）就会开始流行，其他大田期病害也随烟株的生长和气候因子的影响而发展蔓延，烟蚜、烟青虫、斜纹夜蛾、斑须蝽及绿盲蝽等多种害虫的危害也开始上升。因此，协调好化学防治与其他防治措施的关系，开展多种病虫的综合防治，是这一时期的中心任务。①加强田间管理。加强田间管理，增强烟草的抗性，抓住多种病虫的关键预防时期，切断其传播途径，及时有效地控制主要病虫害的扩散和流行。②病害的防治。烟草茎、叶部各种病害发生时进行防治。③虫害的防治。在烟草打顶前，蚜量达到防治指标时进行防治。

4.2.5 牧草生态植保

4.2.5.1 牧草病虫害种类

1. 牧草病害

（1）牧草锈病。有叶锈、杆锈、条锈、冠锈和脉锈等类型。一般为害牧草的茎、叶，产生褐绿色斑点，逐渐变成褐色的外缘，有黄色或淡黄色的晕圈水小斑，后期变为深褐色，病斑上有锈色粉状物。发病后及时割草，减少下茬草的病源，割草后可用粉锈宁、羟锈宁、代森锌和百菌清喷雾。

（2）牧草褐斑病。是黑麦草、红三叶的常见病。红三叶发病后在叶片的两面形成褐色或赤褐色病斑，温度高时呈黑褐色，病斑边缘无晕圈，后期病部表皮破裂，露出小盘子状子实体。黑麦草褐斑病，在整个生长期都可发病，为害根、茎、叶、叶鞘及穗。发病后及时刈割，发病盛期在每年的四月下旬至五月上旬，严重时可用多菌灵、甲基托布津和羟锈宁等。

（3）红三叶白粉病。主要为害豆科和禾本科牧草。红三叶白粉病是全球性的病害。发病的植株在叶片、茎秆、荚果上出现白色的霉层。感染后期这些部位会出现黑褐色的闭囊壳。在昼夜温差大、湿度大的情况下发病严重，可造成产草量下降 50%、种子产量下降 30%以上。

（4）黑麦草苗枯病。发病普遍，种子感病后，当幼苗长到 4 叶时，开始黑根、软腐、立枯和萎蔫。

（5）三叶草菌核病。菌核病主要发生在春季 4～5 月。主要发生在豆科牧草上，以苜蓿、沙打旺、白三叶等发病较多。侵害的主要部位是根颈和根系，造成根颈下根系变成褐色、水渍状并腐烂死亡。发病部位在春季会产生白色絮状菌丝体，随后产生小瘤状黑色的菌核。该病常常造成牧草缺苗断垄或者成片死亡，草地牧草生长不良。

（6）牧草田菟丝子。菟丝子是一种寄生植物，种子很小，易混杂在牧草的种子和土壤中。播种牧草时菟丝子种子会随牧草种子一起入地生长，有时会在种植牧草地块的土壤里直接萌发生长，形成丝黄，寄生在牧草的茎枝上。每株菟丝子缠绕牧草 3～5 株，吸取牧草的养分和水分，导致牧草因养分缺乏而生长受阻，严重时会造成牧草死亡。较普遍发生此病害的牧草主要有苜蓿、沙打旺、白三叶、野大豆和小冠花等。随着草地种植栽培面积的扩大，该病害的发生范围越来越大，对草业造成的危害越来越重。

2. 牧草虫害

（1）蚜虫。蚜虫对几乎所有科属的牧草都有危害。侵害的主要部位是牧草比较细嫩的部分。由于蚜虫咬噬和吸取牧草的营养，造成植株的嫩茎、幼叶卷缩，严重的导致叶片发黄甚至脱落，从而影响牧草的光合作用，抑制牧草的生长，降低牧草的生长，降低牧草的产草量。

（2）牧草盲蝽蟓。主要为害豆科牧草，以苜蓿受害为重。盲蝽蟓主要为害牧草的花蕾，常造成花蕾凋萎枯零，使牧草种子的结实率降低，不仅造成种子产量下降，而且会影响种子的质量。

（3）蝗虫。咀嚼牧草叶片和嫩叶，多在 5～9 月发生。在蝗虫侵入时可用恶虫威、毒死蜱和敌百虫等喷洒。

（4）地老虎。夜间为害，专食嫩茎嫩叶。

（5）蝼蛄。夜间觅食，嚼断近地的茎秆基部。

（6）蛴螬。嚼食牧草根部。

（7）草地螟。蛀食草根及茎部。

（8）黏虫。吃食嫩茎叶，成虫夜间行。

4.2.5.2　牧草主要病虫害生态防控

1. 白粉病

①选择抗病品种。②及时清理田间病株并堆腐处理。③发病严重时喷洒石灰硫黄合剂或撒施石灰粉即可控制。

2. 菌核病

①对准备种植牧草的地进行深翻，以阻止菌核的萌发。②播前对牧草种子用比重 1.03～1.10 的盐水选种，清除种子内混杂的菌核，然后再播种牧草。③对发病严重的地块应进行倒茬轮作。

3. 菟丝子

①加强检疫，防止菟丝子随牧草种子传播。②选用无菟丝子侵染的牧草种子进行种植。为此，应建立无菟丝子危害的牧草种子田。③刈割和拔除染病植株。在菟丝子结实之前拔除或者进行刈割，是防止菟丝子蔓延的有效方法。

4. 蚜虫

①利用生物多样性种植模式避蚜。②人工生产繁育释放瓢虫控蚜。

5. 牧草盲蝽蟓

①对发生虫灾的大田牧草可以采取及时收割的办法，收获后调制干草或直接饲喂畜禽。②对种子田危害不太严重时，诱集释放蜘蛛。

4.2.5.3　牧草生态植保方案

牧草播种以后，即进入田间管理阶段。人工草地田间管理，最主要的是去杂、追肥、病虫害防治、补播和围栏等措施，是一项长期的工作。

（1）去杂。出苗后的去杂，主要是清除有毒有害、侵占性强的杂草，比如，蕨类、苍耳、毒芹、曼陀罗、毛茛、野棉花、水花生、草乌、蒿枝和多种悬钩子等。去杂的主要方法是，人工拔除结合割草清除等。

（2）追肥壮苗。当出苗 10～15d 时应追肥一次，一般用农家稀粪或尿素，每亩施 30 担稀粪或 7.5kg 尿素，以后每割草一次施肥一次，施尿素最好在下雨之前或下午 5～6 点钟进行。另外每年要求施保温肥一次，也就是在每年将进入冬季，牧草基本停止生长之前，用磷肥、钾肥、农家肥拌入有机质含量较高的细土，充分发酵后均匀地撒在草地上。

（3）防治措施。①悬挂粘虫板；②安装诱虫灯；③释放瓢虫；④间种田地诱集带。

4.2.6 中草药生态植保

4.2.6.1 中草药病虫害种类

1. 中草药病害种类

（1）根腐病。发病初期先由须根、支根变褐腐烂，逐渐向主根蔓延，最后导致全根腐烂，直至地上茎叶自下向上枯萎、全株枯死。该病常与地下线虫、根螨危害有关。另外，在土壤黏重，田间积水过多时发病严重。黄芩、丹参、板蓝根、黄芪、太子参、芍药和党参等中药材易感染此病。

（2）根结线虫病。由于根结线虫的寄生，在根部长出许多瘤状物，致使植株生长缓慢，叶片发黄，最后全株枯死。受此病危害的药材主要有丹参、桔梗、黄芪、人参和北沙参等。防治时最好与禾本科作物轮作或水旱轮作，播前用甲基异柳磷等处理土壤进行消毒。

（3）白绢病。常发生在近地面的根处或茎基部，出现一层白色绢丝状物，严重时腐烂成乱麻状，最终导致叶片枯萎、全株枯死。常在高温湿季节或土壤渍水条件下发病严重。主要有黄芪、桔梗、白术、太子参和北沙参等药材感染该病。

（4）立枯病。主要发生在幼苗期，最初是幼苗茎基部出现褐斑，扩展成绕茎病斑，病斑处失水干缩，致使幼苗枯萎成片枯死。被害药材主要有黄芪、杜仲、人参、三七、白术、北沙参、防风和菊花等。

（5）枯萎病。发病初期，下部叶片失绿，继而变黄枯死；重茬地、排水不良的黏土地发病严重。黄芪、桔梗和荆芥等药材常感染此病。

（6）菌核病。发病时幼苗茎基部产生褐色水渍状病斑，幼茎很快腐烂，造成倒苗死亡。病部后期出现黑褐色颗粒即为菌核。

2. 中草药害虫种类

（1）蚜虫、介壳虫等刺吸式口器害虫。蚜虫是中草药的重要害虫类群，危害十分普遍。介壳虫主要为害一些南方生长的中草药。这类害虫吸食中草药汁液，造成黄叶、皱缩，叶、花、果脱落，严重影响中草药生长和产量、质量。有些种类还是传播病毒病的媒介，造成病毒病蔓延。

（2）地下害虫。中草药中根部入药者居多，地老虎、蛴螬等地下害虫直接为害药用部位，致使商品规格下降，影响产量和质量，因此一定要加强防治。

（3）若螨、成螨。群聚于叶背吸取汁液，使叶片呈灰白色或枯黄色细斑，严重时叶片干枯脱落；另外在叶上吐丝结网，严重影响植物生长发育。

4.2.6.2　主要中草药病虫害生态防控

1）黄芪根腐病

病菌在土壤中长期腐生。病原菌借水流、耕作传播，通过根部伤口或直接从叉根分枝裂缝及老化幼苗茎基部裂口处侵入。线虫为害造成伤口利于病原菌侵入。连阴雨后转晴，气温突然升高易发病，植株常成片死亡。中心病株一般在5月上旬出现，以后逐渐蔓延，发病盛期为7月至8月中旬，发病率为30%～50%。

①早期注意防治地下线虫。②“三清”措施。清除虫源，移栽前清除田内及周围所有野生甘草地下30cm的根颈；种苗药剂处理；发生初期清除田内胭脂蚧已危害的甘草并设置隔离带。③选择合适的种植地，避开甘草胭脂蚧适生区。④移栽苗适度深栽，芦头位于地表20cm以下为宜。⑤采用专用设备拉断甘草根状茎。⑥有灌溉条件的田块，4月、7月灌水1～2次。

2）黄芪白粉病

病菌以子囊果在病残体上越冬。气温达到20℃以上时，病原菌孢子萌发。借风传播，并迅速向邻株蔓延。8月、9月病情严重，9月下旬至10月上旬形成子囊果落入土壤越冬。田间先出现发病中心，然后向四周蔓延发病，是该病发生的特点。

3）黄芪枯萎病

带菌的土壤和种苗是主要初次浸染来源。病害常于5月下旬至6月初开始发病。7月以后严重发生，常导致植株成片枯死。

整地时进行土壤消毒。对带病种苗进行消毒后再播种。可用恶霉灵进行防治。

4）柴胡斑枯病

柴胡斑枯病由柴胡壳针孢引起。病原菌以分生孢子器或菌丝体在病残体上越冬，翌年春天分生孢子借助风雨传播，形成初侵染和再侵染。高温高湿利于发病，常常在8月为发病高峰期。

发病前或发病初期用50%退菌特1 000倍液喷雾防治。每5～7d喷1次；连续喷2～3次；也可于发病前用70%甲基托布津600倍液预防，以后每半个月喷1次。

5）大黄轮纹病

叶斑近圆形，红褐色，具有同心轮纹，后期病斑内生黑褐色小点。由大黄壳二孢引起，以菌丝体在病叶或子芽上越冬，春季分生孢子借风雨传播造成侵染。潮湿多雨利于病害发生，7～9月为发病盛期。

可选用1∶2∶300波尔多液、代森锰锌或多菌灵喷雾处理。

6）板蓝根菜粉蝶

一般年发生3～4代，以蛹在被害植株或附近的屋檐、篱笆、土缝和枯枝、落叶中越冬，而且有滞育特性。成虫只在白天活动，取食花蜜。老熟幼虫在植株等附着物上化蛹，蛹可耐-50～-32℃的低温。6月起幼虫为害叶片，7～9月危害严重。10月中下旬以后老幼虫陆续化蛹越冬。

可以套种甘蓝或花椰菜等十字花科植物，引诱成虫产卵，再集中杀灭幼虫；用虫菌粉（每克含芽孢100亿个）500～600倍液、生物农药Bt乳剂喷雾。

7）板蓝根霜霉病

板蓝根霜霉病菌以菌丝体在寄主病残组织中越冬。翌年春季天气转暖后从病部抽生孢囊梗及孢子囊，主要通过气流传播，引起再次浸染；在适宜的环境条件（主要是温、湿度）下，造成重复浸染。常常在地表部叶片出现危害。

①避免与十字花科等易感染霜霉病的作物连作或轮作。②病害流行期用1∶1∶（200～300）波尔多液或用65%代森锌600倍液喷雾+新高脂膜防治。

8）板蓝根蚜虫

以成虫或卵在残枝落叶中越冬，和降水关系密切，年发生近20代。

合理规划种植板蓝根。选择远离十字花科作物，以及桃、李等果树，以减少蚜虫迁入。

9）黄芩白粉病

病菌以闭囊壳在病残体上越冬。常在秋后发生。

10）银柴胡霜霉病

病菌以卵孢子随病残体在土壤中休眠越冬，卵孢子和孢子囊主要靠气流和雨水传播，卵孢子或孢子囊萌发后从气孔或表皮直接侵入植株。发病部位不断产生孢子囊，可进行再侵染，使病害逐步蔓延。植株生长后期，病组织内菌丝分化成藏卵器和雄器，有性结合后发育成卵孢子。

4.2.6.3　中草药生态植保方案

1. 除草、修剪和清洁田园

田间杂草和中草药收获后的残枝落叶常是病虫隐蔽及越冬场所和来年的重要病虫来源。因此，除草、修剪病虫枝叶和收获后清洁田园，将病虫残枝和枯枝落叶进行烧毁或深埋处理，可大大减少病虫越冬基数，是防治病虫害的重要农业技术措施。

2. 物理防治

用温度、光、电磁波、超声波和核辐射等物理方法防治病虫害为物理防治。温度和光应用较多。用温汤浸种可防治薏苡黑粉病和地黄脆囊线虫病。用此法要注意使用合适的温度范围和处理时间。具体对象要做具体的试验来确定，以保证安全有效。昆虫对不同波长的光或颜色有趋性，因此可利用此习性灯光诱杀某些鳞翅目成虫和金龟甲，用黄板诱蚜等。

3. 生物防治

（1）以虫治虫。利用天敌昆虫防治害虫，包括利用捕食性和寄生性两类天敌昆虫。捕食性昆虫主要有螳螂、蚜狮（草蛉幼虫）、步行虫、食虫蝽象（猎蝽等）、食蚜虻和食蚜蝇等。寄生性昆虫主要有各种卵寄生蜂、幼虫和蛹的寄生蜂。例如寄生在马兜铃凤蝶蛹中的凤蝶金小蜂、寄生在板蓝菜青虫幼虫中的茧蜂、寄生在金银花咖啡虎天牛中的肿腿蜂、寄生木通枯叶蛾卵的赤眼蜂等。这些天敌昆虫在自然界里存在于一些害虫群体中，对抑制这些害虫虫口密度起到不可忽视的作用。大量繁殖天敌昆虫并释放到田间可以有效地抑制害虫。但更重要的是注意保护田间的益虫，使其自身在田间繁衍生息，代代相传，达到控制害虫的目的。

（2）以微生物治虫。以微生物治虫主要包括利用细菌、真菌、病毒等昆虫病原微生物防治害虫。病原细菌主要是苏芸金杆菌类，它可使昆虫患败血病死亡。罹病昆虫表现食欲不振、停食、下痢、呕吐，1～3d 后死亡。虫尸软腐，有臭味。现在已有苏芸金杆菌（Bt）的各种制剂，有较广的杀虫谱。病原真菌主要有白僵菌、绿僵菌和虫霉菌等。目前应用较多的是白僵菌。罹病昆虫表现运动呆滞，食欲减退，皮色无光，有些身体有褐斑，吐黄水，3～15d 后虫体死亡僵硬。昆虫的病原病毒有核多角体病毒和细胞质多角体病毒。罹病昆虫食欲不振，横向肿大，皮肤易破并流出白色或其他颜色液体。感病 1 周后死亡。虫尸常倒挂在枝头。一般一种病毒只能寄生一种昆虫，专化性较强。

（3）抗生素和交叉保护作用在防治病害上的应用。用抗生菌防治植物病害已获得显著效果。如哈茨木霉防治甜菊白绢病，用 5406 菌肥防治荆芥茎枯病均有良好的效果。用非病原微生物有机体或不亲和的病原小种首先接种植物，可导致这些植物对以后接种的亲和性病原物的不感染性，即类似诱发的抵抗性，这称为交叉保护。应用此法防治枸杞黑果病获初步成功。

4. 生态调控措施

（1）合理轮作和间作。一种中草药在同一块地上连作，就会使其病虫源在土中积累加重。进行合理轮作和间作对防治病虫害和充分利用土壤肥力都是十分重要的。特别是对那些病虫在土中寄居或休眠的中草药，实行轮作更为重要。如土传发生病害多的人参、西洋参绝不能连作，老参地不能再种参，否则病害严重。如人参与水稻轮作数年、浙贝母与水稻隔年轮作，分别可大大减轻根腐病和灰霉病的危害。大黄与川芎或黄芪轮作可减轻大黄拟守瓜 *Callerucida* sp. 的危害。合理选择轮作物对象很重要，同科、属植物或同为某些严重病虫害寄主的植物不能选为轮作物。这些原则对选择间作物也适用。但间作物同栽种在一块地里，互相影响更大。如植物根系分泌物对相邻作物病虫害的影响；某些作物根系作用，可改善土壤通气性，不利于根腐病发生等。

（2）耕作。很多病原菌和害虫在土内越冬。因此，冬耕晒垡可以直接破坏害虫的越冬巢穴或改变栖息环境，减少越冬病虫源。例如对土传病害发生严重的人参、西洋参等，播前除必须休闲地，还要耕翻晒土几次，以改善土壤物理性状，减少土中病原菌数量，达到防病的目的。

4.3　果菜茶生态植保方案

4.3.1　果园生态植保

随着果树产业对国民经济的贡献，各类果树生产都得到很大发展。近几年，全国苹果种植面积超过 4 000 万亩，产量超过 3 000 万 t。

果园作为一种特殊类型的人工农业生态系统，具有周期长、生物相复杂、人为管理精细和经济效益高等特点，是实施生态植保的良好场所。目前我国果品产业已经到了提质增效的关键时期，在果树生产技术中，融入并强化生态植保环节，是促进供给侧结构性改革的关键技术支撑。

由于果树种类及品种复杂，分布区域生态条件各异，其病虫种类比其他农作物更为繁多。此外，由于果树为多年生乔木，果园环境比较稳定，随着果树的发育，病虫害的类别交替也比较明显。

4.3.1.1　果园病虫害种类

果树病虫害的种类很多，如苹果上的重要病虫害有苹果树腐烂病、苹果与梨轮纹病、苹果斑点落叶病、苹果霉心病，绣线菊蚜、顶梢卷叶虫、桃小食心虫、桑天牛等；梨树上有梨黑星病、梨锈病，梨木虱、梨二叉蚜、梨茎蜂等；桃树上有桃、李、杏褐腐病，桃树流胶病，桃树穿孔病，桃蚜、桃蛀螟、梨小食心虫、桃红颈天牛等。其他果树病虫害还有葡萄白腐病、葡萄黑痘病、葡萄霜霉病、果树根癌病，葡萄虎天牛、金龟甲类、叶蝉类等。

1．果园病害

1）苹果树腐烂病

苹果树腐烂病俗称烂皮病，由苹果黑腐皮壳菌 *Valsa mali* 引起，是我国北方苹果产区危害中老龄果树的一种毁灭性病害，偶尔也会发生于小树或幼苗上，为影响苹果生产的三大病害之首。发病严重的果园，树体病疤累累，枝干残缺不全，甚至造成死树和毁园。除为害苹果树，还可为害沙果、海棠和山定子等。腐烂病主要为害主干、主枝和较大的侧枝，尤以主干分杈处最易发病，引起皮层腐烂。症状表现有溃疡和枝枯两种类型，以溃疡型为主。溃疡型病斑是冬春发病盛期和夏季在极度衰弱的树上发生的典型症状。发病初期病部表面红褐色，呈水渍状，稍隆起，边缘不清晰，组织逐渐松软，手指按压病部下陷，常有黄褐色汁液流出，以后皮层湿腐状，有酒糟气味，病皮易剥离，内部组织呈红褐色；后期病部失水干缩、下陷、硬化，显黑褐色，病部与健部裂开，病部表面产生许多小突起，顶部表皮露出黑色小粒点即病原菌的子座，内有分生孢子器；雨后或天气潮湿时，从小黑点顶端涌出橘黄色、胶质卷须状的孢子角，内含大量分生孢子，遇水稀释消散；秋末，病部产生较大、颜色略深的黑色粒点，内有病原菌的子囊壳。溃疡型病斑在早春扩展迅速，在短期内常发展成大型病斑，环绕枝干一周，使上部枝干枯死。枝枯型病斑多发生在2～4年生的小枝条及剪锯口、果苔、干枯桩和果柄痕等部位，以剪锯口处发生最多。病斑形状不规则，红褐色，扩展迅速，很快环绕一周，造成全枝枯死。在生长衰弱的树上，枝枯型病斑尤为明显，可使主枝或整株发病枯死（图4-28）。

病原菌主要以菌丝体、分生孢子器、子囊壳在田间病树组织内越冬，也能在修剪下的病残枝干上越冬。越冬后，在雨后或高湿条件下，分生孢子器及子囊壳可排出大量孢子。孢子通过雨水冲溅分散后，随风雨进行大范围传播扩散。腐烂病原菌的寄生性较弱，一般只能从伤口侵入接近死亡的皮层组织，有时也可从叶痕、果柄痕、果苔和皮孔侵入。侵入伤口包括冻伤、修剪伤、机械伤、日灼伤、虫伤、环剥口和桥接口等，其中以冻伤最有利于病原菌侵入，带有死树皮的伤口最易被侵染。

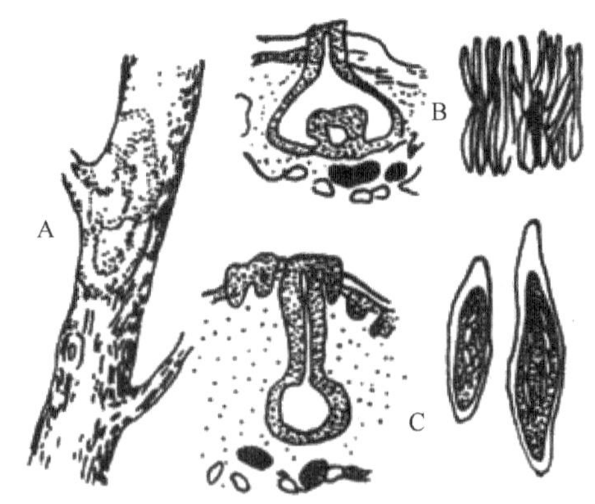

A．枝干被害状　B．分生孢子器和分生孢子梗及分生孢子
C．子囊壳和子囊及子囊孢子。

图4-28　苹果树腐烂病

苹果树腐烂病在我国北方，分别在春季和秋季有两次发病高峰。春季发病高峰，一般出现在 3～4 月。随气温上升，病斑扩展加快，新病斑数量增多，危害加重。5～6 月，枝干的抗扩展能力处于全年最强的时期，病斑停止扩展。7～9 月，新病斑开始少量出现，旧病斑又一次扩展，形成秋季发病高峰。树势强弱是影响苹果树腐烂病发生和流行的关键因素。各种导致树势衰弱的因素，如立地条件差，管理不善，施肥不足，干旱缺水，红蜘蛛、落叶病和烂根病危害严重等，均会造成营养不良，削弱树势，降低对病原菌的抵抗力，诱发腐烂病的发生。坐果大小年现象严重的果园或植株，由于树体负载量过大，也会使树体营养不良，导致严重发病。北方果区常发生的树体冻伤，也有利于病原菌的入侵。剪锯口伤、蛀干害虫造成的伤口、枝干向阳面发生的日灼伤等，均会诱发腐烂病。此外，病斑刮治不及时，病枯枝和修剪下的树枝处理不善，也会使果园内的病原菌大量积累，病害发生加重。

2）苹果、梨轮纹病

苹果、梨轮纹病又称粗皮病、瘤皮病或轮纹褐腐病等，由贝伦格葡萄座腔菌梨生专化型 *Botryosphaeria berengeriana* de Not. f. sp.（*piricola* Nose）Koganezawa et Sakuma 和贝伦格葡萄座腔菌 *Botryosphaeria berengeriana* 引起。在我国苹果、梨产区危害普遍而严重。

枝干发病导致树势衰弱，果实发病引起大量腐烂，并可在贮藏期继续发展。除为害苹果和梨树外，还可为害海棠、桃、李、杏、山楂、枣及核桃等多种果树。枝干受害，初期以皮孔为中心产生褐色突起斑点，逐渐扩大形成直径约 1cm、近圆形或不规则形、红褐色至暗褐色的病斑。病斑中心呈瘤状隆起，质地坚硬，边缘多开裂呈一环状沟。次年病部周围隆起，病健部裂纹加深，病组织翘起如“马鞍”状，病斑表面产生很多黑色小粒点（病原菌的分生孢子器和子囊壳），病组织常可剥离脱落。病斑多限于皮层，有时可深达形成层。果实受害，症状主要在近成熟期或贮藏期出现。初期以皮孔为中心生成水渍状褐色小斑点，病斑扩展后逐渐呈淡褐色至红褐色，并有明显的同心轮纹，很快使全果腐烂。病斑不凹陷，烂果不变形，病组织呈软腐状，常发出酸臭气味，并有茶褐色汁液流出。病部表面产生很多黑色小粒点，散生，不突破表皮。有的病果失水后可呈黑褐色僵果（图 4-29）。

病原菌主要以菌丝体、分生孢子器和子囊壳在枝干病斑上越冬。翌年，越冬部位的病原菌释放分生孢子或子囊孢子，经风雨传播，由皮孔或伤口侵染，引起枝干和果实发病。刚落花的幼果和生长期的果实都可遭受病原菌侵染。当年被侵染的果实，有些可在采收前发病，多数在采收后发病，发病高峰在采收后 10～20d。病原菌具有潜伏侵染的特点，侵入后可长期潜伏在果实皮孔内，

A．枝干被害状　B．果实和叶部症状　C．分生孢子器和分生孢子　D．子囊和子囊孢子。

图 4-29　苹果轮纹病

待条件适宜时扩展致病。贮藏期是重要的发病时期，但发病果实均为田间侵染所致。病害的发生和流行与气候条件特别是侵染期的降雨有密切关系。果树生长前期，降雨次数多、雨量大，侵染就严重，若果实成熟期再遇上高温干旱，则受害更重。

3）苹果斑点落叶病

苹果斑点落叶病又称褐色斑点病、大星病等，由苹果链格孢菌 *Alternaria mali* 引起。此病自 20 世纪 80 年代以来，已成为我国各苹果产区的主要病害。7～8 月新梢叶片大量染病，可引起果树提早落叶，严重影响树势和次年产量。

病原菌主要为害叶片，尤其是展叶后不久的嫩叶，也能为害 1 年生枝条和果实。叶片感病初期出现直径 2～3mm 的褐色圆点，其后病斑逐渐扩大（5～6mm），变为红褐色，边缘紫褐色，中央常具深色小点或同心轮纹。潮湿时，病部正反面均可长出墨绿色至黑色霉状物，即病原菌的分生孢子梗和分生孢子。发病中后期，有的病斑继续扩大为不整形，有的破裂成穿孔。高温多雨季节，病斑迅速扩展为长达几十毫米的不整形大斑，叶片的大部分变褐，如药害状，其后焦枯脱落。幼叶发病严重时，常扭曲变形，全叶干枯。枝条染病，在徒长或 1 年生枝条上产生褐色病斑，芽周变黑，凹陷坏死，边缘开裂。果实染病，产生斑点型、黑点型、疮痂型和褐变型病斑（图 4-30）。

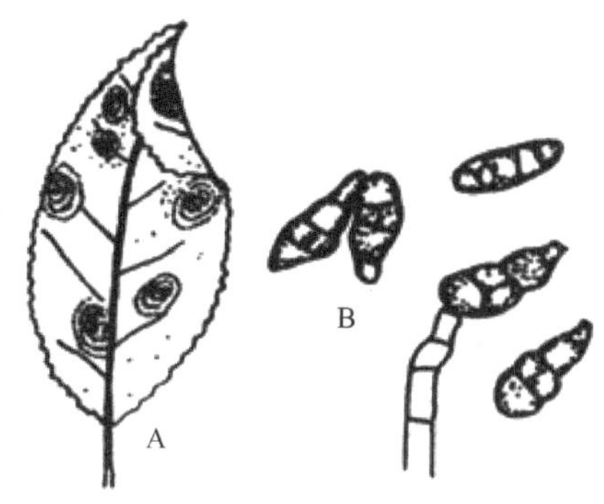

A．叶部症状 B．病原菌分生孢子梗和分生孢子。

图 4-30 苹果斑点落叶病

病原菌以菌丝体在受害叶、枝条或芽鳞中越冬，翌春产生分生孢子，随气流风雨传播，从气孔侵入进行初侵染。分生孢子 1 年有两个活动高峰。第一高峰在 5 月上旬至 6 月中旬，孢子量迅速增加，引起春秋梢和叶片大量染病，严重时造成落叶；第二高峰在 9 月，再次加重秋梢发病的严重度，造成大量落叶。病害的发生和流行与气候、品种密切相关。高温多雨病害易发生，夏季降雨量多发病重。病害流行取决于当年降雨量，特别是春、秋梢抽生期间的雨量和湿度，受温度影响较小。苹果各栽培品种中，红星、红元帅、印度、玫瑰红、青香蕉和北斗易感病；富士系、金帅系、鸡冠、祝光、嘎纳、乔纳金发病较轻。树势衰弱，通风透光不良，地势低洼，地下水位高和枝细叶嫩等易发病。

4）苹果霉心病

苹果霉心病又称心腐病、果腐病等，由粉红单端孢 *Trichothecium roseum*、链格孢 *Alternaria alternata* 和串珠镰刀菌 *Fusarium moniliforme* Sheld 等多种真菌侵染所致。在各苹果产区均有发生，其中以北斗、富士、元帅系品种发病较重。

病原菌主要侵染果实，引起果心腐烂和提早脱落。果实染病后外观常表现正常，偶尔发黄、果形不正或着色较早；有的重病果实较小，明显畸形，在果柄和萼洼处有腐烂痕迹。剖开病果，可见心室坏死变褐，逐渐向外扩展腐烂，果心充满粉红或灰绿、黑褐、白色霉状物。病原菌突破心室壁向外扩展后，引起果肉腐烂。苹果霉心病可表现霉心和心腐两种症状。霉心症状为果心发霉，而果肉不腐烂；心腐症状不仅果心发霉，而且果肉也由里向外腐烂。在贮藏期，当果心腐烂发展严重时，果实外部可见水渍状、不规则的湿腐状褐色斑块，斑块彼此相连成片，最后全果腐烂。烂果果形通常保持完整，但受压极易破碎。病果肉有苦味。

病原菌除以菌丝体潜存在苹果树体以及残留在树上或土壤等处的病僵果内，还可以孢子潜藏在芽的鳞片间越冬，次年以孢子传播侵染。关于病原菌的侵染途径，有研究认为是从果实萼筒侵染到果心，病原菌在花期侵染；也有研究认为苹果暴芽期是病原菌从芽鳞片侵入花器的重要时期。病原菌侵入后，在果心内呈潜伏侵染状态，随着果实发育而逐渐发病，至贮藏期终使果实腐烂。病害的发生与品种的抗病性密切相关。凡果实萼口开放，萼筒长并与果心相连的品种，如红星、红冠等元帅系均易感病；半开萼的金冠、国光等发病较轻；祝光为闭萼且萼筒较短，表现抗病。此外，树势弱、低湿、郁密的果园发病较重。

除上述常见病害外，在局部地区或有的年份对苹果造成严重危害的病害还有炭疽病、干腐病、白粉病、花腐病和锈果病等。

5）梨黑星病

梨黑星病又称疮痂病，由梨黑星病菌 *Venturia pirina* Aderh 引起。在梨产区普遍发生，严重时引起花和叶芽枯死，或使叶片、果实早落。幼果被害后常发生畸形，不能正常膨大。病树往往第 2 年结果减少、产量低。

梨黑星病菌可侵染果实、叶片、叶柄和新梢。果实发病，初期形成淡黄色圆形病斑，后逐渐扩大，病部稍凹陷，病斑上出现黑绿色霉层（即病原菌的分生孢子层）。严重时病斑木栓化，坚硬龟裂，病斑附近的果肉变硬，并带苦味。叶片受害，初期在叶背沿叶脉出现圆形或不规则形淡黄色斑块，不久病斑上沿主脉长出黑色霉层，边缘呈辐射状。叶柄、叶脉受害严重时，常导致早期落叶，有时梨果也随即脱落。新梢受害，初期病斑呈黑褐色，圆形或椭圆形，后逐渐凹陷，表面生黑色霉层，最后病斑开裂呈疮痂状。芽受害严重时，全芽枯死（图 4-31）。

A. 病叶　B. 病果　C. 叶柄症状　D. 分生孢子梗　E. 分生孢子
F. 子囊壳　G. 子囊及子囊孢子。

图 4-31　梨黑星病

病害的发生和流行与气候因素关系密切。春季如遇多雨、天气阴湿、气温偏低，发病早而重，特别是5～7月雨量偏多、日照不足、空气湿度大，容易引起病害流行。此外，地势低洼、树冠茂密、通风不良、湿度大的梨园以及衰弱的树株也易发病。

6）梨锈病

梨锈病又称赤星病、羊胡子，由梨胶锈菌 *Gymnosporangium haraeanum* 引起。我国梨产区均有分布，以梨园附近有桧柏栽培的地区发病重。

梨锈病病原菌主要侵染叶片和幼果。叶片受害形成病斑，严重时引起叶片早枯和脱落。病斑早期为有光泽的橙黄色斑点，后逐渐扩大，并产生淡黄色黏液。叶片常向背面隆起，产生黄色羊胡子状毛状物。幼果被害，病部凹陷，产生灰黄色丛生或束生的毛发状物，常引起畸形和早落。

病原菌以多年生菌丝体在转主寄主桧柏上的菌瘿中越冬，春雨后产生担孢子，随风雨传播，自表皮细胞或气孔侵入寄主。病害的发生和流行与转主寄主、气候条件、品种的抗性等密切相关。在担孢子传播的有效距离（1.5～3.5km）内，一般患病桧柏越多，梨锈病发生就越重。当梨芽萌发、幼叶初展时，如遇天气多雨，温度又适合冬孢子萌发，风向和风力均有利于担孢子的传播，病害的发生也会严重。

7）桃、杏、李褐腐病

桃、杏、李褐腐病又称菌核病、果腐病、实腐病等，由果生核盘菌 *Sclerot-nia fructicola*、桃褐腐核盘菌 *S.lara* 和核果核盘菌 *S. fructigena* 引起。可寄生在桃、杏、李、樱桃及梅等核果类果树上，主要为害花和果实，引起果腐、花腐和叶枯，其中以桃树受害最重，北方桃园多在多雨年份发生和流行。春季开花展叶期如遇低温多雨，常引起严重的花腐和叶枯，生长后期如遇多雨潮湿天气，则多引起果腐。

该病以菌丝体在僵果、病枝或地面浅土层中越冬。在生长季节通过雨水、昆虫进行传播，从伤口及外皮的气孔侵入。

病原菌可侵染果实、花器、叶片和枝梢等，以果实上的症状最为明显。花朵受害初期，逐渐变为褐色，直到干枯，后期病害部位形成一层灰色、褐色的粉末状物质。果实自幼果期到成熟期均可受害，但尤以成熟期受害最重。病果初期出现圆形褐色病斑，病斑蔓延迅速，病部果肉腐烂。随病斑的扩大，花朵脱落10d左右，幼果开始发病。在中央逐渐产生乳白或灰白色稍隆起的粉霉，即病原菌的孢子堆，起初呈同心轮纹状排列，后逐渐布满全果。全果腐烂后，易失水干缩成僵果。僵果常悬挂于枝头，不易脱落，有时几个僵果黏结在一起，最后变成黑褐色。

开花期及幼果期如遇低温多雨，容易引起花腐；果实成熟期温暖、多雨、多雾，易引起果腐。树势衰弱、管理不善和地势低洼或枝叶过于茂密、通风透光较差的果园发病较重。

8）桃树流胶病

桃树流胶病可分为侵染性和非侵染性流胶病两种。侵染性流胶病由茶藨子葡萄座腔菌 *Botryosphaeria ribis*（Tode）Grossenb. et Duggar 引起，主要为害枝干和果实。1 年生嫩枝染病，初产生以皮孔为中心的疣状小突起，以后逐渐扩大，形成瘤状突起物，其上散生针头状小黑点（即病原菌的分生孢子器），当年不发生流胶现象。翌年 5 月上旬瘤状物进一步扩大，瘤皮开裂，溢出树胶，吸水后膨胀成为胨状胶体。被害枝条表面粗糙变黑，并以瘤为中心逐渐下陷，形成圆形或不规则形病斑，严重时枝条凋萎枯死。多年生枝干受害产生水泡状隆起，并有树胶流出。病原菌在枝干表皮内为害或深达木质部，受害处变褐，坏死，枝干上病斑多者可引起大量流胶，致使枝干枯死，树体早衰。果实染病，初为褐色腐烂状，后逐渐密生粒点状物，湿度大时发生流胶现象，严重影响桃果品质和产量。

病原菌以菌丝体和分生孢子器在被害枝条里越冬，翌年 3 月下旬至 4 月中旬散放出分生孢子，通过风雨传播，从皮孔、伤口及侧芽侵入。潜伏病原菌的活动与温度有关。当气温达 15℃左右时，病部即可渗出胶液，随气温上升树体流胶点增多，病情逐渐加重。土壤瘠薄，肥水不足，负载量大，均可诱发流胶病。

桃树非侵染性流胶病又称生理性流胶病。主要为害主干和主枝桠杈处，小枝条、果实也可受害。主干和主枝受害初期，病部稍肿胀，早春树液流动时，从病部流出树胶，如遇雨水流胶现象更重。病部易被腐生菌侵染，引起皮层和木质部变褐腐烂，致使树势衰弱，叶片变黄、变小，严重时枝干或全株枯死。果实发病，由果核内分泌黄色胶质，溢出果面，病部硬化，严重时龟裂，不能生长发育。

生理性流胶病主要由霜害、冻害、病虫害、雹害及机械伤害等引起，也可因栽培管理不当引起。一般 4～10 月，特别是长期干旱后偶降暴雨，发病严重；树龄大的比幼龄树发病严重。果实流胶的主要诱因是蝽类等的刺吸为害。冰核细菌的存在强化冻害，进而加重生理性流胶病。

以下几个方面也可以引起桃树流胶：①负载量过大，单纯追求年产量的桃园发病重。②施肥不平衡，只注重氮、磷、钾，忽视中微量元素的桃园发病重。③剪锯口没涂愈合剂或采取相应防护措施的发病重。④土壤板结严重、根系发育不良的桃园发病重。⑤土壤酸化、盐渍化重的桃园发病重。

9）葡萄白腐病

葡萄白腐病俗称水烂或穗烂，由葡萄白腐病菌 *Coniothyrium diplodiella* 引起。北方产区一般年份果实损失率在 15%～20%，严重年份可达 60%以上。

病原菌可侵害葡萄果实、穗轴、叶片和新梢。常在果梗上先发病，初生水渍状浅褐色不规则病斑，逐渐向果粒蔓延。果粒先在基部变为淡褐色、软腐，后全粒变褐腐烂，果梗干枯缢缩。果粒发病后约一周，渐变深褐色，果皮下密生灰白色小粒点（即病原菌的分生孢子器），渐失水干缩成深褐色僵果。发病严重时常全穗腐烂。蔓上病斑初呈水渍状淡红褐色，边缘深褐色。病斑向两端扩展迅速，后期变暗褐色、凹陷，表面密生灰白色小粒点。当病斑环绕枝蔓一周时，上部叶片萎黄逐渐枯死。后期病皮呈丝状纵裂与木质部分离。叶片受害，多从叶尖、叶缘开始，先自叶缘发生黄褐色病斑，边缘水渍状，逐渐向叶片中部扩展，形成大型近圆形的淡褐色病斑，有不明显的同心轮纹。后在病叶上也产生灰白色小粒点，病组织干枯后很易破裂。

病原菌主要以分生孢子器、菌丝体在病残体和土壤中越冬。分生孢子靠雨水溅散传播，通过伤口侵入。高温高湿是病害发生和流行的主要因素。多雨年份发病重，特别在发病季节遇暴风雨或雹害，果梗、果穗受伤，常导致病害流行。此外，土壤黏重、排水不良、地下水位高或地势低洼、杂草丛生的果园，发病也重。

10）葡萄霜霉病

葡萄霜霉病由葡萄生单轴霉*Plaamopara viticola*(Berk. & Curt)Berk. & de Toni引起，在我国各葡萄产区发生普遍而严重，为葡萄的重要病害。

病原菌主要侵害叶片，也为害新梢和幼果。开始在叶正面出现不规则水渍状斑块，边缘不清晰，浅绿至浅黄色，病斑互相融合后，形成多角形大斑，叶背面出现白色霜状霉层（病原菌的孢囊梗和孢子囊）。发病后期，病斑变褐，边缘界限明显，病叶常干枯早落。幼嫩新梢、穗轴、叶柄感病，初期出现水渍状斑点，逐渐变为黄绿至褐色微凹陷的病斑，表面生霜状霉层，病梢生长停滞、扭曲，严重时枯死。果实多在初期染病，幼果染病后，病部褪色变成褐色，表面生白色霉层，萎缩脱落。较大果粒感病时，呈现红褐色病斑，内部软腐，最后僵化开裂。

病原菌以卵孢子在病组织或随病叶在土壤中越冬，翌年在适宜条件下，萌发产生芽孢子囊，再由芽孢子囊产生游动孢子，借风雨传播，通过气孔侵入。病原菌侵入寄主后，经过7～12d潜育期，即产生孢子囊，进行再侵染。只要环境条件适宜，病原菌在葡萄生长期内能不断产生孢子囊，进行重复侵染。病害的发生和流行与温、湿度和降雨密切相关。孢囊梗和孢子囊的产生，孢子囊和游动孢子的萌发、侵入，均需雨露存在。因此秋季低温多雨易引起病害流行。果园地势低洼，通风不良，也有利于病害发生。

此外，对葡萄危害较重的病害还有黑痘病、炭疽病、房枯病、褐斑病、白粉病和扇叶病等。

11）果树根癌病

果树根癌病（crown gall of fruit trees）又称冠瘿病，由根癌土壤杆菌

Agrobacterium tumefaciens（Smith and Townsend）Conn 引起。该病为害多种果树的根部，可为害 93 科 331 属 643 种植物，常给生产造成重大损失。受害严重的果树、林木和花卉有樱桃、桃树、李子、杏树、葡萄、苹果、梨树、海棠、山楂、核桃、毛白杨、啤酒花、樱花和玫瑰等。可引起树势衰弱、生长迟缓、寿命缩短甚至死亡，严重影响苗木的质量和果品的产量与品质。重茬苗圃、果园发病率为 20%～100%。

果树根癌病主要发生在果树根颈部，也可发生于侧根和支根上，以嫁接处最常见，有时也发生在茎部（如葡萄蔓上）。主要症状是在危害部位形成大小不一的癌瘤，初期幼嫩，后期木质化，严重时整个主根形成大癌瘤。癌瘤的大小差异很大，通常为球形或扁球形，也可互相愈合成不规则形。木本寄主上的癌瘤大而硬，常木质化；草本植物上的癌瘤小而软，多为肉质。癌瘤的数目少则 1～2 个，多的可达十多个。苗木上的癌瘤多发生在接穗与砧木的愈合部分。初生癌瘤乳白色或略带红色，光滑、柔软，后逐渐变褐至深褐色，木质化而坚硬，表面粗糙或凹凸不平。

病原菌在癌瘤组织的皮层内越冬，或在癌瘤破裂爆皮时进入土壤中越冬。细菌在土壤中能存活 10 年以上。雨水和灌溉水是病害传播的主要媒介，地下害虫如蛴螬、蝼蛄、线虫等在病害传播上也起一定作用。嫁接或管理造成的伤口，是病原菌侵入的主要通道。苗木带菌是远距离传播的重要途径。病害的发生与土壤温度、湿度及酸碱度密切相关。土壤温度 22℃、湿度 60%左右时，最适合病原菌的侵入和癌瘤的形成。中性至碱性土壤有利于病害的发生，pH<5 的土壤，即使病原菌存在也不发生侵染。各种创伤有利于发病，断根处是病原菌集结的主要部位。苗木切接、枝接的嫁接方式比芽接发病重。土壤黏重、排水不良的园圃发病重。

除上述常发性重要落叶果树病害，枣树上的枣疯病、板栗上的栗疫病、草莓上的褐色轮斑病等，在局部地区呈上升危害趋势，有的已发展成为主要病害。

2. 果园虫害

1）绣线菊蚜 *Aphis citricola* Van der Goot

绣线菊蚜又称苹果蚜，属同翅目蚜虫科，分布广泛，主要寄主为苹果及其砧木，也为害海棠类、木瓜、山楂和梨等。以若蚜和成蚜群聚在寄主的嫩梢及叶片背面刺吸为害，受害叶片初期表现斑驳失绿的症状，以后逐渐皱缩不平而向背面拳曲。在苗木、未结果幼树和管理粗放的杂果树上发生严重。

无翅孤雌胎生蚜体长 1.7mm，宽 0.94mm。体黄色、黄绿或绿色，腹管和尾片黑色，足和触角黄黑相间。有翅孤雌胎生蚜体长 1.7mm，宽 0.75mm。头、胸部黑色，腹部黄色、黄绿或绿色，两侧有黑斑，腹管和尾片黑色（图 4-32）。

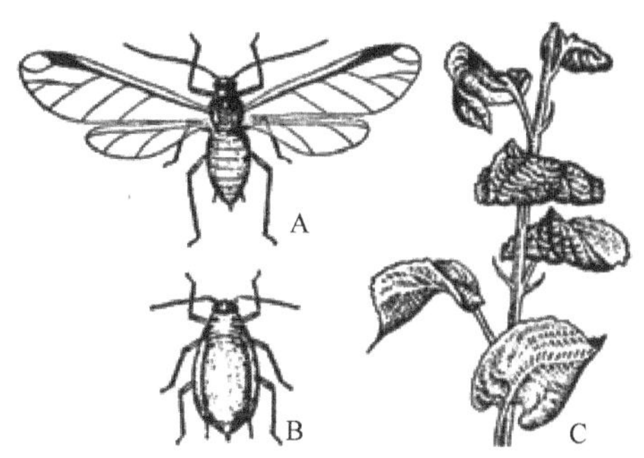

A. 有翅胎生雌蚜 B. 无翅胎生雌蚜 C. 被害状。

图 4-32 绣线菊蚜

绣线菊蚜属留守型蚜虫，其生活史在苹果及其近缘寄主上完成，无转移寄主现象。年发生 10 代以上，以卵在寄主的芽侧、芽腋间和树体裂缝内越冬。4 月中下旬，越冬卵孵化成干母，取食为害并繁殖，至 5 月上旬孵化结束。初孵若蚜群集于芽或叶上为害，经 10d 左右，即产生无翅胎生雌蚜，6～7 月繁殖速度最快，并大量出现有翅蚜扩散为害，8～9 月发生数量逐渐减少，10～11 月产生雌、雄两性蚜，交配产卵越冬。

2）苹果瘤蚜 *Myzus malisuctus*（Matsumura）

苹果瘤蚜属同翅目蚜虫科，分布普遍，寄主以苹果、海棠和木瓜为主。以若蚜或成蚜群聚在新芽、嫩叶或幼果上吸取汁液，初期被害嫩叶不能正常展开，表面密布黄色斑点，后期被害叶皱缩，叶缘向背面纵卷，且往往增生，使叶片加厚变脆，叶片上常出现红斑，随后变黑褐色而干枯死亡。树株受害严重时，枝条细弱，节间缩短，梢端叶片或整个枝条的叶片皱缩成长筒状，即使冬季也不脱落。不同品种间受害程度有明显差异，苹果以元帅、青香蕉和金冠等受害较重，国光、红玉和倭锦等受害较轻。

无翅孤雌胎生蚜体长 1.5mm，宽 0.75mm。纺锤形，绿褐、赤褐或黄绿色。额瘤显著。有翅孤雌胎生蚜体长 1.6mm，宽 0.7mm。头、胸部黑色，腹部红褐色，有明显的黑色斑纹。

苹果瘤蚜属留守型蚜虫，年发生 10 代以上。以卵在寄主 1～2 年生枝梢、芽腋或剪锯口等处越冬。4 月上旬越冬卵开始孵化，6 月中下旬为在苹果上危害最重的时期。6 月下旬后，可在卷叶中发现大量被菌类寄生的僵蚜，8 月间，在卷叶中很难找到活虫体。10～11 月出现雌、雄两性蚜，交配产卵越冬。

3）苹果绵蚜 *Eriosoma lanigerum*（Hausmann）

苹果绵蚜属同翅目绵蚜科，是植物检疫对象。我国主要分布于胶东、辽东半岛和昆明等地。主要为害苹果及其近缘寄主。在树干、树枝、果柄、根颈处寄生，刺吸树体、枝条、果柄汁液，使果树衰弱，果枝死亡。

无翅胎生雌蚜体长1.8～2.2mm，椭圆形，暗赤褐色。有翅胎生雌蚜体长2mm，翅展5.5mm左右，体暗褐色，头部、胸部黑色。初孵化若蚜体扁平圆筒形，黄褐至赤褐色，口喙细长，露出腹端，腹部绵状物较少。

苹果绵蚜无转移寄主现象，年生活史依地域不同而异，年发生15～20代。一般以第1、2龄若虫隐蔽在树皮裂缝或瘤状虫瘿下特别是腐烂病刮口边缘等处越冬，4月初越冬若蚜开始活动，生长发育和繁殖，一直危害至11月下旬。由于苹果绵蚜的蜡腺十分发达，大发生时常可见在寄主上分布有许多絮状物，对虫体具有包裹保护作用。

4）桃蚜 *Myzus persicae*（Sulzer）

桃蚜又称为烟蚜，属于同翅目蚜虫科，我国发生普遍而严重。主要寄主有桃、杏、李、樱桃、烟草以及十字花科蔬菜等多种果树、农作物和蔬菜。以若蚜和成蚜群集于寄主的嫩梢和叶背刺吸为害，引起叶片反卷或扭卷成螺旋形，严重时造成落叶。为害十字花科蔬菜和烟草叶片时，受害叶片皱缩不平，并传播各种病毒病。

有翅胎生雌蚜体长1.9mm，翅展6.6mm。头、胸部黑色，腹部绿、黄绿或赤褐色，在不同寄主上发生的体色略有差异。额瘤显著，向内倾斜。无翅胎生雌蚜体长2.0mm，绿、黄绿或褐色，体侧有较显著的乳突。

在黄淮地区年发生10～30代，生活史较复杂，其中在桃树上发生的个体为典型的乔迁蚜。在桃树上，以卵在枝条芽腋、裂缝和小枝杈等处越冬。翌年3月中下旬越冬卵开始孵化，4月下旬虫量增多，并开始造成寄主卷叶。5月蚜量迅速增殖，危害最重，并产生有翅蚜迁至烟草或十字花科蔬菜上为害，桃树上的虫量大大减少。8～10月，又以有翅蚜迁回桃树，不久即产生有性蚜，交配产卵越冬。

5）桃粉蚜 *Hyalopterus pruni*（Geoffroy）

桃粉蚜属同翅目蚜虫科，主要为害桃、杏、李、樱、桃和梅等核果类果树，春夏期间经常与桃蚜在桃树上混合发生。受害叶片背面布满白色蜡粉。

有翅胎生雌蚜体长2.0mm，翅展6.6mm左右，头、胸部暗黄至黑色，腹部黄绿色，体被白蜡粉。无翅胎生雌蚜体长2.4mm，体绿色，被白蜡粉。

年发生10～20代，以卵在桃、杏、李等树的枝梢和芽鳞片缝中越冬。翌年3月越冬卵开始孵化，若蚜聚集在蚜和叶背为害。5～6月先在越冬寄主上数量最多，危害最重，5、6月间向桃树上扩散蔓延。5月以后，也有大量个体转移到芦苇和茅根草上，10月又迁回杏、李树上产生有性蚜，交配产卵越冬。部分个体可终年在杏、李上为害。

6）桃瘤蚜 *Tuberocephalus momonis*（Matsumura）

桃瘤蚜在黄淮地区每年发生 10 多代，以卵在桃和樱桃的枝梢和芽腋处越冬。翌年 3 月卵开始孵化，若蚜群集在叶背为害，以 5～6 月繁殖最快，危害严重，并产生大量有翅蚜，陆续迁移到艾蒿及禾本科植物上为害。10 月下旬又迁回到果树上，产生性蚜，交配产卵，以卵越冬。

7）梨二叉蚜 *Toxoptera piricola*（Matsumura）

梨二叉蚜又称梨蚜、梨卷叶蚜，属同翅目蚜虫科。我国分布较普遍，目前只发现为害梨树，以春季危害较重。可造成梨树卷叶、落叶和落果。

有翅胎生雌蚜体长 1.5mm，翅展约 6mm，头、胸部黑色，复眼暗红色，其余部分绿色。无翅胎生雌蚜体长 2mm，长椭圆形，绿或暗绿色，复眼红褐色。

梨二叉蚜年发生约 20 代，属乔迁型蚜虫，既有越冬寄主又有越夏寄主。以卵在梨树的芽鳞间、叶痕外、树体裂缝中越冬。3 月中下旬，值梨花芽萌动时，越冬卵孵化为干母，先在芽的外面露绿的地方叮吸汁液，花芽绽裂后，钻入芽内为害花蕾和嫩叶，展叶后，即在叶面上为害和繁殖，以 5 月危害最重。5 月末梨叶开始老化时，出现有翅蚜，先后迁移到狗尾草等夏季寄主。9～10 月又产生有翅蚜迁回梨树，11 月见两性蚜，交配产卵越冬。

8）苹果小卷叶蛾 *Adoxophyes orana*（Fisher von Roslerstamm）

苹果小卷叶蛾属鳞翅目卷蛾科，在我国北方发生普遍，主要为害苹果和桃，也为害梨树。在其他地区还为害花生、桑树、棉花、柑橘以及荔枝等。

成虫体长 6～8mm，黄褐色。前翅前缘向后缘和外缘角有两条深褐色斜纹，其中一条达翅中部时明显加宽。卵扁平椭圆形，数十粒排成鱼鳞状卵块。幼虫身体细长，头较小，淡黄色（图 4-33）。

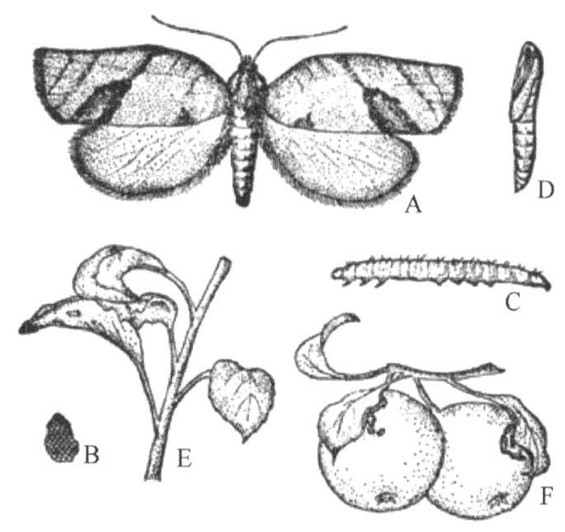

A．成虫　B．卵　C．幼虫　D．蛹　E．被害叶
F．被害果。

图 4-33　苹果小卷叶蛾

在北方地区年发生 3 代，以末代第 2 龄幼虫潜藏于树体各种缝隙中结茧越冬，其中以剪锯口内的越冬虫量最多，约占总数的 40%。翌年 4 月中旬，越冬幼虫陆续出蛰，4 月下旬为出蛰盛期，6 月上旬前后老熟幼虫结茧化蛹。越冬代、第 1 代和第 2 代成虫分别于 6 月中旬、7 月末至 8 月上旬、9 月上中旬发生。各世代间的重叠现象严重。

9）顶梢卷叶虫 *Spilonota lechriaspis* Meyrick

顶梢卷叶虫又称顶芽卷叶虫、拟白卷叶虫、白伪卷叶虫等，属鳞翅目卷蛾科，我国分布广泛。主要为害蔷薇科苹果属和梨属中的果树。在北方的苹果产区，发生较为普遍而严重，果苗及幼树受害重于结果树。幼虫为害顶芽和嫩叶，有时啮食生长点，阻碍和延缓新梢的正常生长，对快速育苗、幼树提前结果、早期丰产都有很大影响。

成虫体小型、灰褐色。前翅近长方形、暗灰色，前缘有数条并列向外斜伸的白色短线，后缘外侧 1/3 处有一块三角形暗色斑纹，静息时并成菱形。幼虫体形较粗壮，头、前胸背板及胸足漆黑色，越冬幼虫淡黄色。

在北方地区顶梢卷叶虫年发生 2 代，以 2～3 龄幼虫在寄主枝梢顶端的叶丛内结茧越冬。4 月中下旬随寄主的发芽生长，越冬幼虫开始活动，至 5 月末、6 月上旬老熟，并在原危害处化蛹，6 月中下旬为越冬代成虫羽化盛期。第 1 代幼虫于 7 月发生，7 月下旬至 8 月中旬发生第 1 代成虫。第 2 代幼虫 9～10 月先后进入越冬状态。

10）金纹细蛾 *Lithocolletis ringoniella* Mats.

金纹细蛾又称苹果细蛾，属鳞翅目细蛾科，我国分布广泛，近年来呈上升趋势。除主要为害苹果，还为害梨、李、桃、樱桃和海棠等。幼虫从寄主叶片的下表皮潜入为害，取食皮下及叶脉之间的绿色叶肉组织，造成的潜痕症状明显，使叶片背面被害部位仅剩下表皮，干缩而鼓起，外观呈泡囊状，幼虫潜伏其中。整个叶片向叶背面缩卷成瓦筒状。

成虫体长 2.5mm，翅展 6.5mm。体金黄色，头部银白色、顶端有两丛金色鳞毛。前翅近基半部中间有 1 条银白色条纹，前半部有 6 条银白色放射状条纹。幼虫体长 6mm，体稍扁、黄色。胸足及尾足较发达。

在北方地区金纹细蛾年发生 5 代，以蛹在被害落叶中越冬。翌年苹果发芽时，其出现越冬代成虫。成虫卵多产于嫩叶背面，单粒散产。前几代发生较整齐，后几代重叠现象严重。末代幼虫一般在 11 月化蛹越冬。

11）桃小食心虫

桃小食心虫又称桃小实虫、苹果食心虫等，属鳞翅目蛀果蛾科，国内分布普遍，主要以幼虫蛀食苹果、梨、桃、山楂和大枣等果实。为害苹果时，幼虫蛀果后 1～2d，果面上流出透明的水珠状果胶。早期幼果受害，不能正常生长，引起果面凹凸不平，形成“猴头果”。幼虫蛀果后，在果肉内纵横穿食，在中空的果实内，积满虫粪，形成“豆沙馅”。

雌虫体长 7～8mm，翅展 16～18mm；雄虫体长 5～6mm，翅展 13～15mm。体灰色或黄褐色，复眼深褐或红褐色。雌虫下唇须很长，雄虫的较短。翅近前缘中部有一蓝黑色三角形斑纹，基部及中央具 8 簇黄褐或蓝褐色斜立鳞片。成长幼虫体长 13～16mm，桃红色，头部黄褐色，前胸硬皮板黄褐或深褐色，末节硬皮板褐色，无臀栉（图 4-34）。

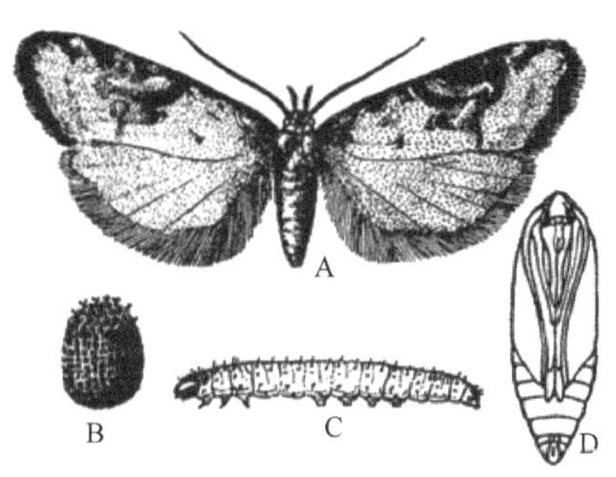

A. 成虫　B. 卵　C. 幼虫　D. 蛹。

图 4-34　桃小食心虫

桃小食心虫年发生 1～2 代，以老熟幼虫做冬茧在根颈、树冠下、地梗边、堆果场所 1～7cm 的浅土层中越冬。5 月下旬至 6 月上旬，越冬幼虫破茧而出，寻找适宜场所（地表、土石块、杂草）作一“蛹化茧”化蛹。7～8 月为第 1 代幼虫危害期，幼虫老熟后陆续脱果，多集中于树干四周入土结蛹化茧。年发生 1 代的个体，此时可直接作冬茧进入越冬状态。8～10 月为第 2 代幼虫危害期。9 月至 10 上旬，幼虫先后脱果入土越冬。

12）苹果小食心虫 *Grapholitha inopinata* Heinrich

苹果小食心虫属鳞翅目小卷蛾科，主要为害苹果、梨、海棠、沙果和山楂等。初孵幼虫蛀入果实胴部的皮下为害浅层果肉，蛀果孔呈红色小圈。随幼虫长大，被害处向四周扩大，形成漏斗状褐色虫疤，有时蛀孔上留有少许虫粪。

成虫体暗褐，略带紫灰色光泽，体长约 5mm，翅展约 11mm。前翅前缘具 7～9 组白色斜纹，翅面上杂有很多白色鳞片形成的斑点，外缘斑点排列整齐。末龄幼虫体长 6～9mm，淡红色，头、前胸硬皮板黄褐色，臀板色浅。

苹果小食心虫年发生 2 代，在晚熟梨品种上只发生 1 代。以老熟幼虫在枝干上作茧潜藏越冬。翌年 5 月下旬至 6 月上旬为越冬代成虫发生期。成虫多产卵于光滑果面上。幼虫老熟后沿枝干下行脱落，在粗皮裂缝处结茧化蛹。7 月下旬至 8 月下旬为第 1 代成虫发生期。第 1 代幼虫脱果期在 8 月下旬至 9 月下旬，幼虫脱落后结茧越冬。

13）梨木虱 *Psylla pyrisuga* Forster

梨木虱属同翅目木虱科，分布普遍，食性专一，为我国北方地区的重要梨树害虫。以成、若虫刺吸梨树芽、叶及嫩梢汁液。以若虫危害为主。叶片受害后形成褐色枯斑，受害严重时全叶变褐，引起早期落叶。若虫分泌大量黏液，诱发煤污病。新梢受害后发育不良。果实受害后果面呈烟雾状，影响视觉品质。梨木虱的危害使树势削弱、当年产量受损、花芽分化受阻，给翌年产量造成极大影响。

成虫有冬型和夏型两种。冬型体较大，体长约 3.0mm，灰褐色，前翅后缘臀区有明显的褐斑，有黑色斑纹；夏型体较小，体长 2.5～2.7mm，淡黄绿色，翅上无斑纹。两型在胸背面均有 4 条红黄色纵条纹，静息时，翅呈屋脊状叠于体背（图 4-35）。卵长椭圆形，一端尖细，连接一根长细柄；一端钝圆，有刺状突起，固着于寄主组织表面。冬型成虫早春产卵，卵为黄色，夏型成虫夏季产卵，卵为乳白色。若虫扁圆形。初孵若虫体型小，似针尖，特活跃，爬行快。2 龄若虫最活跃，爬行最快。3 龄若虫翅芽增大，呈褐色，突出在体两侧。第一代初孵若虫为乳白色，若虫稍大后转为绿色，但晚秋末代老熟若虫为褐色。若虫经 4 次蜕皮羽化为成虫。早春发芽前冬型成虫开始产卵，将卵产在幼嫩组织的绒毛内、叶缘锯齿间和叶面主脉沟内或叶背主脉两侧。

图 4-35　梨木虱（雌成虫）

梨木虱每年发生代数视不同地区而有差异。北方地区年发生 4～5 代，以成虫在枝干裂皮缝中、园内杂草、落叶及土石块缝隙中越冬。越冬代成虫 3 月上旬开始活动，多迁往 1 年生新梢上产卵。第 1 代卵高峰期在 4 月中旬。第 1～4 代成虫盛发期分别在 5 月上旬、6 月上旬、7 月上旬和 8 月中旬。第 4 代成虫多数进入越冬状态，但发生早的仍可产卵，9 月中旬出现第 5 代成虫后，进入越冬状态。

梨木虱全年以若虫群集危害较重。若虫有分泌黏液的习性。若虫身体居于黏液滴环境中发育、取食为害。黏液还可以借风力吹动或纸条摇曳将相邻叶片黏合在一起，若虫则居其中取食。梨木虱成虫能飞善跳，多在隐蔽处栖息为害。

14）梨茎蜂 *Janus piri* Okanota et Muramatsu

梨茎蜂又称梨梢茎蜂，属膜翅目茎蜂科，全国各地梨产区均有分布，是梨树春梢的重要害虫。寄主以梨为主，偶尔也为害沙果等。以幼虫蛀害春梢。

成虫体长约 10mm，体黑色具光泽，足黄色。幼虫体长 10～12mm，弯曲成“S”形，乳白或黄白色，胸足退化成小乳突状，无腹足，尾端具 1 对褐色刺突。

15）梨大食心虫 *Myelois pirivorella*（Matsumura）

梨大食心虫属鳞翅目螟蛾科。只为害梨，取食梨花芽、果实。为害芽时，从基部鳞片钻入，咬食花轴。蛀害幼果时，果实生长受阻，干硬变黑，蛀孔处留有虫粪，并常吐丝缠连果柄，使果实落叶后仍吊在树上，不能脱落。

成虫体长约 11mm，翅展约 25mm，暗灰褐色。距前翅基部 2/5 和 1/4 处，各有 1 条灰色横线，翅中室上方有 1 白色月状纹。幼虫体长 2mm，紫褐或绿褐色，前胸背板黑色。气门圆形，最后一对特别大，并稍向尾端突出。

梨大食心虫年发生 2 代，以小幼虫在梨花芽内结白色小茧越冬。翌年 3 月下旬至 4 月上旬，幼虫自越冬芽内出蛰，从花簇基部蛀入新芽为害，5 月上旬蛀入果内为害。每头幼虫能蛀食 2～3 粒果。6 月中下旬，发生越冬代成虫，6 月下旬至 7 月上旬，第 1 代幼虫孵出后，一般先蛀食芽，稍大后即转果为害，7 月中下旬为危害盛期。第 1 代成虫发生于 8 月中下旬，卵多产于芽附近。幼虫孵出后，蛀食当年的新芽。

16）桃一点叶蝉 *Erythroneura sudra*（Distant）

桃一点叶蝉又称桃一点斑叶蝉、桃小绿叶蝉、桃浮尘子等，属同翅目叶蝉科，发生普遍而严重。主要为害桃、杏，以成虫、若虫吸食寄主汁液。

成虫体长 3.2mm，体绿色，初羽化时略有光泽，几天后全身被一薄层白色蜡质。头顶短而宽，与额交界中央有一圆形黑色斑点，其外围有一白色晕环。

桃一点叶蝉各地发生世代数不一，北方地区年发生 5～6 代，多以成虫在桃园附近的常绿树木及杂草丛中越冬。3 月上中旬，先在早期发芽的杂草和蔬菜上生活，桃树现蕾萌芽时，迁往桃树为害。自第 2 代起，世代重叠现象严重。全年以 7～9 月虫口密度最高，危害最重。

17）桃潜叶蛾 *Lyonetia clerkella* L.

桃潜叶蛾属鳞翅目潜蛾科，除主要为害桃、杏外，还可为害樱桃、苹果和梨等。以幼虫潜入叶内蛀食叶肉，形成多条弯曲的潜道，并将虫粪充塞其中，叶片受害后，易枯死脱落。

成虫翅展 8mm 左右，体银白色，触角长于身体，眼罩银白挟带褐色，前翅白色，有长缘毛，中室端部有一黄褐色椭圆形斑。

桃潜叶蛾年发生约 7 代，以蛹在被害叶片背面结一白绿色茧越冬。翌年 4 月，桃树展叶后，成虫开始羽化。5 月上中旬发生第 1 代成虫，以后大约每月发生 1 代，末代发生于 11 月上旬。成虫夜间活动，卵多产于叶片表皮内，幼虫孵化后即可潜蛀。

18）桃蛀螟 *Dichocrocis punctiferalis* Guenée

桃蛀螟属鳞翅目螟蛾科，分布广泛，可为害桃、板栗、梨及苹果等多种果树和玉米、向日葵、麻等多种大田作物。以幼虫蛀食果实，使果实不能发育而变色脱落，果内充满虫粪。

成虫体长约 12mm，翅展约 25mm，橙黄色，体背散生许多黑斑和豹纹。成长幼虫体长 20～25mm，体淡红色，头部和前胸背板褐色，中、后胸及第 1～8 腹节各有 8 个灰褐色毛片。

桃蛀螟年发生 4 代，多以老熟幼虫或少数以蛹越冬，越冬场所复杂，主要有果树翘皮裂缝、树洞、梯田边、堆果处、向日葵花盘、高粱穗和玉米秸秆等。翌年 4 月越冬幼虫化蛹。5 月上旬越冬代成虫羽化，6 月上中旬为第 1 代幼虫危害盛期，第 1 代成虫于 6 月下旬至 7 月上旬发生，继续在桃树上产卵繁殖和危害。第 2、3 代成虫转移到其他寄主上产卵繁殖和危害。第 4 代卵发生在 9 月，无明显的盛期，分散在各种果树和作物上，一般对玉米造成危害。桃蛀螟成虫昼伏夜出，有趋光性和趋化性。天敌主要有甲腹茧蜂、赤眼蜂等。

19）红颈天牛 *Aromia bungii* Faldermann

红颈天牛也称桃红颈天牛，属鞘翅目天牛科，分布广泛，尤以山区丘陵地带发生严重。主要为害桃、杏、李、樱和梅等核果类。

成虫体长 28～37mm，漆黑色，有光泽，前胸多为棕红色，两侧各有 1 个刺突，背面具瘤状突起。

红颈天牛在北方地区一般 2～3 年发生 1 代，以不同龄期的幼虫在树体根颈部原危害处越冬。4 月上中旬，越冬幼虫开始活动为害，5 月后危害逐渐加重，严重时可引起寄主树体死亡，此时部分幼虫老熟化蛹。6 中下旬至 8 月中旬，为成虫发生期，羽化后的成虫在蛀道中停留 3～5d 后外出活动，再经 2～3d 后开始交配，于 7 月上开始产卵，卵多产在树干距地面 35cm 的树皮缝隙中及树干基部，7 月中旬出现当年孵化幼虫。

20）柿绒蚧 *Eriococcus kaki* Kuwana

柿绒蚧又称柿绵蚧、柿毛毡蚧，属同翅目绒蚧科，在北方各柿产区都有分布，是柿树上发生普遍而严重的害虫。仅为害柿子，刺吸枝、叶汁液。

雌成虫椭圆形，长约 1.5mm，宽约 1mm，紫红色，腹部边缘泌有细白色、弯曲的蜡毛状物，成熟时体背分泌出绒状白色蜡囊。肛环发达，有成列孔及环毛 8 根。雄成虫长约 1.2mm，翅展 2mm 左右，体紫红色，翅污白色，腹末具性刺和 1 对长蜡丝。

柿绒蚧年发生 4 代，以 2 龄若虫分散于寄主枝条的裂缝中越冬，越冬时形成半透明的蜡壳。翌年 4 月，柿树发芽抽梢时，越冬若虫先后离开越冬场所，爬到枝梢基部的鳞片下、叶腋外、叶柄、叶背等部位固着为害，以后逐渐发育长大，并分化出雌、雄两性个体，在虫体的背面形成绒质介壳。越冬代成虫 5 月下旬成熟并产卵，第 1～3 代成虫分别于 7 月上旬、8 月上旬和 9 月上旬产卵，第 1～4 代若虫孵化盛期分别为 6 月上旬、7 月上中旬、8 月中旬和 9 月中下旬。全年以 7、8 月发生的第 2、3 代若虫危害最重。

21）枣黏虫 *Ancylis sativa* Liu

枣黏虫属鳞翅目卷蛾科，是北方枣产区的重要害虫。主要寄主为大枣和酸枣，有时也为害枣林间其他作物。以幼虫为害枣树叶片，将叶片粘连在一起，幼虫隐居其中为害，危害严重时可将叶片食光。

成虫体长约 7mm，翅展约 14mm，黄褐色。前翅顶角锐突，前缘具 10 余条黑褐色短斜纹，中部有 2 条深褐色纵纹。成长幼虫体长 12～15mm，头和前胸背板红褐色，胸、腹部黄白或黄绿色，前胸背板分为 2 片，腹部末节背面具“山”字形红褐色斑。

枣黏虫年发生 4 代，以蛹在枣树裂皮缝中越冬。越冬代成虫 4 月初羽化，第 1～3 代成虫分别发生于 6 月、7 月和 8 月中下旬。幼虫自 4 月发生并危害，全年以 7 月间发生数量最大，危害最重。

22）枣尺蠖 *Chihuo zao* Yang

枣尺蠖又称枣步曲，属鳞翅目尺蛾科，国内枣产区发生普遍。主要寄主为大枣和野生酸枣。以幼虫在枣树芽萌发时为害嫩芽，严重时可将枣芽全部食光。

雌虫体长约 15mm，无翅，鼠灰色，触角丝状。雄虫体长 13mm，翅展 34mm，灰褐色，触角羽状，翅内、外横线波状、暗褐色，中横线不清晰。

枣尺蠖年发生 1 代，以蛹在树冠下 3～15cm 浅土层中越冬，但以靠近树干基部处的数量较多。3 月中旬，越冬蛹开始羽化，至 4 月中旬为羽化盛期。4 月中旬卵开始孵化，4 月下旬至 5 月上旬为幼虫孵化盛期，幼虫以 5 月间危害最重。5 月中下旬开始，老熟幼虫陆续入土化蛹越冬。

23）朝鲜球坚蚧 *Didesmococcus koreanus* Borchsenius

朝鲜球坚蚧属同翅目坚蚧科。此虫在黄淮地域发生普遍，主要为害桃、杏、李和樱桃等。以若虫寄生在果树的枝条上，终生刺吸枝叶。果树受害后，一般生长不良；严重危害时，枝条上蚧壳累累；树势极度衰弱，甚至全株死亡。朝鲜球坚蚧在黄淮地区每年发生一代，以 2 龄若虫固着在枝条上越冬。翌年 3 月上中旬开始活动，在枝条上寻找固着点为害，4 月中旬成虫开始羽化，4 月下旬至 5 月上旬交配，5 月上旬开始产卵。卵产于母体下面，单雌平均产卵量达 1 000 粒左右。5 月中旬为若虫孵化盛期，初孵若虫爬出母体后，在寄主上爬行 1～2d，多选择 2 年生枝条，寻找适宜点固着，以枝条裂缝和枝条基部叶痕处居多。固定后两侧分泌白色丝状蜡质物，覆盖在虫体背面，6 月中旬以后蜡丝又逐渐熔化为白色蜡层，包在虫体四周，以后蜕一次皮，10 月进入越冬状态。

朝鲜球坚蚧的天敌很多，主要有食蚧瓢虫和寄生性小蜂，如黑缘红瓢虫、红点唇瓢虫、红环瓢虫、蚜小蜂、金小蜂和跳小蜂等。其中黑缘红瓢虫的控制作用最大，一生可捕食 2 000 多头球坚蚧。结合其他天敌应用更好。

除上述常发性害虫，果树上危害较重的害虫还有旋纹潜叶蛾、黄斑卷叶蛾、黑星麦蛾、柿蒂虫、梨网蝽和茶翅蝽以及多种地下害虫等。

4.3.1.2 果园主要病虫害生态防控

1）苹果树腐烂病

①清除菌源。结合冬剪，清除枯死树、枯枝和残桩等，集中深度腐解，作为有机肥或作为腐蚀性昆虫或蚯蚓的饲料，进行过腹转化处理。在 5～7 月树体营养充足、愈伤能力强时重刮皮。用刮皮刀将主干、主枝、大的辅养枝及侧枝的粗皮刮净，露出新鲜组织，促进愈合。②科学施肥，多施有机肥，避免偏施氮肥。合理灌水，春灌秋控，防止春季干旱秋季积水。③冬前和早春树干涂白，防止冻害和日灼。④加强栽培管理，增强树势。根据树龄、树势、肥水条件等合理调节负载量，克服大小年现象。

2）苹果、梨轮纹病

①秋冬季清园，清扫、收集落叶、落果。分别装入麻袋，移出园外，运往环境昆虫饲养场，制成昆虫饲料；或集中堆腐，加入腐解菌剂，深度发酵，制成堆肥。②刮除枝干老皮、病斑，用 50 倍 402 抗菌剂消毒伤口；剪除病梢，集中混入落叶、杂草，深度堆腐处理。③加强栽培管理，增强树势，提高树体抗病能力。④合理修剪，使园地通风，透光良好。⑤芽萌动前喷布波美 5 度石硫合剂。⑥生长期喷药防治。4 月下旬至 5 月上旬、6 月中下旬、7 月中旬至 8 月上旬，每间隔 10～15d 喷一次 30%绿得保杀菌剂（碱式硫酸铜胶悬剂）400～500 倍，或 1∶（2～3）∶200 式波尔多液。⑦果实套袋，保护果实。

3）苹果斑点落叶病

①秋末冬初，剪除病枝，清除落叶，集中深度腐解，作为有机肥或作为腐蚀性昆虫或蚯蚓的饲料，进行过腹转化处理，切不可在园内焚烧或挖坑填埋。加强栽培管理，夏季剪除徒长枝，减少后期侵染源，改善果园通透性。低洼地、水位

高的果园要注意排水。合理施肥，增强树势，提高抗病力。②在发病前（5月中旬左右，落花后）开始喷1∶2∶200式波尔多液（波尔多液不具有内吸性功能，雨季保叶，应当在雨前喷药）、10%多氧霉素可湿性粉剂1 000倍液、3%多氧清（新多氧霉素）水剂800倍液。

4）苹果霉心病

①加强栽培管理。随时摘除病果，搜集落果，秋季翻耕土壤，冬季剪去树上各种僵果、枯枝等，均有利于减少菌源。②生物防治。从苹果树萌动开始，喷苹果益微1 000倍液，15～20d 1次，喷4～5次。③加强贮藏期管理。对田间发病较重的果实，应单存单贮。采收后24h内放入贮藏窖中，窖温最好保持在1～2℃。一般10℃以下，发病明显减轻。④发芽前喷射布波美5度石硫合剂，铲除树体上的病原菌。在初花期和盛花期喷药1～2次，可有效降低采收期的心腐果率。另外，生长期喷0.4%硝酸钙+0.3%硼砂2～3次，也能降低采收期的心腐果率。

5）梨锈病

①清除转主寄主。清除梨园周围5km以内的桧柏、龙柏等转主寄主。在新建梨园时，应考虑附近有无桧柏、龙柏等转主寄主存在，如有应全部清除；若数量较多，且不能清除，则不宜作梨园。②增湿抗旱。每年5月中旬至6月下旬，如遇连续高温、干旱气候，应及时进行增湿抗旱，有灌溉条件的果园要进行全园灌水，无灌溉条件的可以早晚对每株果树进行清水喷雾，增加果园湿度；喷雾后全面喷施新高脂膜，利用成膜物质保护土壤和树体自身营养水分不蒸发，同时防止外界气候、农药对果实的侵害，降低梨锈病的病果率。③果实套袋。在花后40～50d内，对果实进行全园套袋。这项措施一方面可以提高果实的外观品质，降低农药和有害粉尘对果实的污染；另一方面，能有效防止梨锈病的发生。

6）桃褐腐病

①消灭越冬菌源，实施源头治理。结合修剪做好清园工作，彻底清除僵果、病枝，集中堆腐。②清理果园。地面、杂草、落叶全部收集，然后进行一次深度翻土，全面喷布一遍波尔多液3～5波美度石硫合剂。③果园生草，阻抑病原菌上扬至树体。④春天气温回升后，再喷洒一次3～5波美度石硫合剂。⑤果实脱落花朵后喷布波尔多液，之后，每次间隔15d左右连续喷布2次波尔多液。⑥在果实成熟前30d，喷洒井冈霉素类水剂500倍液。⑦进行合理修剪，改善果园通风透光条件，降低果园湿度，调节光线。⑧及时防治害虫。如桃象虫、桃食心虫、桃蛀螟和桃蝽象等，应及时释放相应的天敌进行防控。有条件套袋的果园，可在5月上中旬进行套袋。

7）桃树流胶病

①加强肥水管理，根据不同树龄，增强树势，提高抗病性能。②科学修剪，注意生长季节及时疏枝回缩，冬季修剪少疏枝，减少枝干伤口；修剪后，剪口必须涂抹愈合剂或杀菌剂，预防或减轻树体流胶；适当留果。③刮除病斑，后用放线菌发酵培养物涂抹病斑消毒。④秋肥加重。有机肥和微生物菌剂的用量，以磷为主，氮、钾为辅，并足量施入长效钙、镁肥；生长期注意及时叶喷施钙、硼、锌、铁等中微量元素，幼果期重补钙，膨果期重补钾。施秋肥前测土平衡施肥，可以有效解决土壤板结、酸化和盐渍化问题，从根本上预防桃树流胶病。

8）葡萄霜霉病

①选用抗病品种。尽可能选用美洲种系列品种，因美洲种葡萄较欧亚种抗病。②越冬期防治。结合冬季修剪进行彻底的清园，剪除瘦弱枝梢，清扫枯枝落叶，集中收集，运出果园，堆肥或制作昆虫饲料。切不可挖坑填埋或焚烧。秋冬季深翻耕，减少次年的初侵染。③加强栽培管理。选择地势高、土壤肥沃、通风透光好且有良好排灌系统的地方建园。合理施肥，施足底肥，追肥应施含氮、磷、钾和微量元素的复合肥。及时绑蔓、修枝、清除病残叶及行间杂草，加强排水工作。④在发病初期施药，喷雾以叶背为主。在发病重的地区，于葡萄发病前喷 1∶0.7∶200 的波尔多液 2～3 次，进行叶面保护，对防治葡萄霜霉病有特效。

9）果树蚜虫

①选用抗病虫品种，既减轻蚜虫危害又可节省农药费用。②消灭蚜虫，从越冬期开始，可收事半功倍之效。若单纯依靠在蚜虫危害最严重的春、秋季进行，防治效果并不显著。③结合修剪，将蚜虫栖居或虫卵潜伏过的残花、病枯枝叶，彻底清除，集中烧毁。④发现少量蚜虫时，即开始释放人工生产繁育的商品性瓢虫、草蛉进行防治。⑤发现大量蚜虫时，采用淹没式释放瓢虫、蚜茧蜂，并用 1∶15 比例配制的烟叶水，泡制 4h 后进行喷洒。用 1∶4∶400 比例配制的洗衣粉、尿素、水溶液喷洒。根据蚜虫对作物品种危害的差异或蚜虫发生初期的点片或树冠上部位置，局域性或定点释放天敌瓢虫，可以获得事半功倍的效果。防控果树蚜虫要把握好三个时间点：3 月早春发生期，5 月底、6 月初高温季节迁移前期，和 9～11 月的秋季发生期。人工释放异色瓢虫防治桃蚜的 3 次时机为：3 月中旬、4 月下旬和 8 月上旬。

10）苹果小卷叶蛾

①冬春刮除老翘皮，清除部分越冬幼虫。②果树萌芽初期，幼虫尚未出蛰时，用 30 石硫合剂涂抹锯剪口、伤口、老翘皮，可杀死大量的越冬幼虫。③人工摘除“虫包”集中销毁。④花芽分化期至盛花期是越冬幼虫出蛰盛期，6 月

上中旬是苹果小卷叶蛾第一代虫卵、幼虫发生期，这两个时期是全年防控重点时期，应及时清除虫卵和刚孵化的幼虫。⑤释放六斑异瓢虫、蠋敌、黑广肩步甲。⑥在各代成虫发生期，采用“迷向法”在果园树上东南西北挂上性诱芯，干扰雄性成虫找到雌性成虫进行交配，雌性成虫得不到交配，便不能繁育后代进行为害。

11）金纹细蛾

①清洁田园。主要以蛹在落叶虫斑内越冬，春季苹果树花芽萌动时成虫开始羽化并产卵，因此果树落叶后要彻底清除落叶，集中堆腐制作堆肥，或制作成昆虫饲料，以消灭越冬蛹，并结合春季修剪剪除萌蘖。②诱杀成虫。利用害虫性信息素诱杀，从4月上旬开始，每667m^{2}悬挂3～5个性诱捕器，可大量诱杀雄虫，干扰正常交尾，降低田间落卵量。③抓关键时期。4月中下旬是金纹细蛾越冬代成虫羽化盛末期，也是药剂防治的有利时期。5月下旬到6月上旬是第1代成虫羽化盛末期，这一时期虫量少，发生较为整齐，为防治最佳时期。以后由于当年虫量不断积累，且世代重叠，发生紊乱，防治很难彻底控制。因此，防治一定要抓住两个时期：一是落花后，防治第1代初孵幼虫；二是麦收前，防治第2代初孵幼虫。④生物防治。金纹细蛾的寄生性天敌很多，以跳小蜂和姬小蜂为主。秋季寄生率可达50%以上，其中以跳小蜂数量最多，其发生代数和发生时期与金纹细蛾相吻合，应加以保护利用。化学防治时应注意农药的选择，以防杀伤天敌。有条件的，还可以将部分落叶保存在细纱网中，把金纹细蛾封闭于网内，使天敌羽化飞出，以增加天敌数量。

12）桃小食心虫

①减少越冬虫源基数。在越冬幼虫连续出土后，在树干1m范围内压3～5cm新土，并拍实，可压死夏茧中的幼虫和蛹；在幼虫出土和脱果前，清除树盘内的杂草及其他覆盖物，整平地面，堆放草堆诱集幼虫；在第一代幼虫脱果前，及时摘除虫果，并带出果园集中处理。在越冬幼虫出土前，用宽幅地膜覆盖在树盘地面上，防止越冬代成虫飞出产卵。②生物防治。桃小食心虫的寄生蜂有好几种，尤以桃小甲腹茧蜂和中国齿腿姬蜂的寄生率较高。桃小甲腹茧蜂产卵在桃小食心虫卵内，以幼虫寄生在桃小食心虫幼虫体内，当桃小食心虫越冬幼虫出土作茧后被食尽。因此可在越冬代成虫发生盛期，释放桃小甲腹茧蜂。在幼虫初孵期，喷施细菌性农药（如Bt乳剂），使桃小食心虫罹病死亡。也可使用桃小食心虫性诱剂在越冬代成虫发生期进行诱杀。③地面释放蚁狮或潜穴虻。

13）梨木虱

梨木虱防控应重点放在前期，并建立全年性生态防控的观念。采用源头治理、物理、生态措施相结合的技术体系，制订源头治理、过程管理、应急控害防治系统方案。

①源头治理。秋末冬初清洁果园，促进环保装备农机化。彻底清除树的枯枝落叶杂草，刮老树皮，严冬浇冻水，消灭越冬成虫。②人工物理防控。在梨木虱第二代若虫期，集中 3～4d 时间，对树头、背上枝、外围等部位未停止生长的新梢摘除顶部 5～6 片叶以上未展开的部分。此时梨木虱不但世代整齐，而且梨树果台副梢基本上停止生长，正是摘心的最佳期。据统计，这个时期 35.2%～98.7%未停止生长的新梢上有梨木虱发生，95%以上的梨木虱都集中在这个部位。此时摘梢与常规药剂防治相比，相当于用药 2～3 遍。③在 3 月中旬越冬成虫出蛰盛期，释放六斑异瓢虫。在 6～7 月，正常情况下，不使用化学农药，可依靠麦田迁回的龟纹瓢虫及小花蝽等天敌控制梨木虱的种群数量。对第三代梨木虱，可选择有效天敌进行扫残释放。秋季，在梨园间作少量油菜、菠菜和紫花苜蓿，引诱天敌越冬群体，减少助迁环节，可降低人工释放天敌昆虫数量。

14）桃一点叶蝉

①秋后彻底清除落叶和杂草，以减少虫源。②掌握 3 个关键时期，一是 3 月越冬成虫迁入期，二是 5 月中下旬的第 1 代若虫孵化盛期，三是 7 月中下旬果实采收后的第 2 代若虫孵化盛期。

15）桃蛀螟

①清除越冬幼虫。在每年 4 月中旬，越冬幼虫化蛹前，清除玉米、向日葵等寄主植物的残体，并刮除苹果、梨、桃等果树翘皮、集中烧毁，减少虫源。②果实套袋。根据桃树品种和桃蛀螟发生情况，常规套袋，阻止早期桃蛀螟产卵。③诱杀成虫。在桃园内点黑光灯或用糖醋液诱杀成虫，可结合诱杀梨小食心虫进行。④全面捡拾落果和摘除虫果，消灭果内幼虫。⑤生物防治。喷洒苏云金杆菌 75～150 倍液或青虫菌液 100～200 倍液，或释放赤眼蜂。

16）枣尺蠖

①阻止雌成虫、幼虫上树。成虫羽化前在树干基部绑 15～20cm 宽的塑料薄膜带，环绕树干一周，下缘用土压实，接口处钉牢，上缘涂上黏虫药带，既可阻止雌成虫上树产卵，又可防止树下幼虫孵化后爬行上树。②杀卵。在环绕树干的塑料薄膜带下方绑一圈草环，引诱雌成虫产卵其中。自成虫羽化之日起每半月换 1 次草环，将换下的草环沤制腐烂，用作堆肥或白星花金龟饲料，如此更换草环 3～4 次即可。③敲树振虫。利用 1、2 龄幼虫的假死性，可振落幼虫及时消灭。④保护天敌。肿跗姬蜂、家蚕追寄蝇和彩艳宽额寄蝇，以枣尺蠖幼虫为寄主，老熟幼虫的寄生率可以达到 30%～50%。

4.3.1.3 果园生态植保方案

果园中果树病虫害的发生和危害特点与大田作物和蔬菜等有明显不同。一方面，果树大多为多年生木本植物，种类和品种繁多，为病虫害的携带、潜伏、栖息、越冬等提供了更适宜的生态环境。另一方面，果园作为一个相对稳定的农业生态系统，更有利于多种病虫害高密度的长期积累。此外，由于果树的生长发育具有更明显的阶段性，病虫害的类别也常随之发生明显的交替。对果树病虫害的防治应根据不同果树品种及生育期，在重点控制优势种类的同时，注意兼治次要病虫害。

北方落叶果树分为四类，仁果类，如苹果、梨、山楂等；核果类，如桃、杏、李、樱桃等；浆果类，如葡萄、蓝莓等；干果类，如核桃、板栗、红枣等。山东省是苹果栽培技术的发源地。苹果是我国果品产业中第一大优势产业，种植面积2 800万亩，约占全世界苹果种植面积的36%；总产量2 600万t，约占世界苹果总产量的41%，其鲜果和加工品国际贸易量均居世界首位。

我国已经做了大量果树植保的研究工作。20世纪50年代前期，对果树病虫害及其天敌昆虫进行了初步研究，但由于药剂和器械的匮乏，人们主要用农业措施和人工捕捉的方法来防治食叶类害虫，如梨星毛虫、苹小卷叶蛾和黑星麦蛾等。这些方法在病虫害大发生时则无能为力。50年代末到60年代，果树病虫害的防治发生了巨大变化，人们大量使用有机氯、有机磷和多菌灵等农药来防治病虫害，最初使用六六六和DDT等，之后又使用内吸磷、对硫磷、乐果、氧化乐果、敌百虫和敌敌畏等杀虫剂。这些药剂迅速而有效地控制了几乎所有的主要害虫，但由于天敌也被大量误杀，生态平衡遭到破坏，原来居于次要地位的害虫数量猛增，上升成为主要害虫。此外，大量使用农药还诱使一些害虫产生了抗性。70年代初期，在吸取上述教训的基础上，使用选择性杀螨剂如三氯杀螨砜、三氯杀螨醇等，控制了叶螨类的危害。70年代中期在我国确定“预防为主，综合防治”的植保方针后，果园生物防治及生态调控等非化学防治技术普遍得到重视和研究，奠定了果树病虫害综合防治的基础。70年代后半期，禁止高残毒农药六六六、DDT等在果园使用后，替代的新农药无论在品种上或是数量上均不能满足生产的需求，在一定程度上影响对害虫的防治。80年代，果树病虫害综合防治的理论和应用技术研究又有了很大的发展，释放赤眼蜂、喷施微生物制剂、性诱剂应用等都大大促进了果园生物防治的工作。在化学防治方面，菊酯类农药的大量使用很好地解决了食心虫和食叶性鳞翅目害虫的问题，但它和有机氯农药使用的某些情况相似，引起食心虫的抗性和叶螨类的增殖，加之农村种植结构的不断调整，果园承包者的不断更替，在管理粗放的果园里某些次要害虫又严重发生，如金纹细蛾、蚜虫等，给果树害虫的综合防治提出了新问题。90年代是果树害虫综合治理的一个重要时期。进入 21 世纪，应以清洁果园、实现果园“三全”（全物质、全空间、全过程）利用为基础，以生物防治技术为主导，以生态调控为生态环境恢复与维持手段，构建果园生态植保体系。

1. 清洁田园，消除病虫源，强化源头治理

北方落叶果树，一般都是在春季萌发新生芽叶，秋末冬初时落叶，中间生长发育时期没有落叶。每年秋末冬初的落叶，保留寄生于病虫叶的病原菌和许多虫卵、虫茧，一起越冬。散落的叶片堆积于果园土壤表面或浅土层，成为病原菌的集中越冬场所。

果树休眠期至萌芽期的主要防治对象是，在浅土层、树体、枯枝落叶、杂草及其他病残组织内越冬的各种病、虫源，如隐附于树体的腐烂病、轮纹病、干腐病和白粉病等的病原物；隐藏于主干糙皮、裂翘皮缝、树洞等处的卷叶虫类、蚜虫类、叶螨类的越冬虫态等（表 4-20 和表 4-21）。因此，此期的主要防治策略是清理和消灭越冬病虫源、降低发生基数、减轻生长期病虫害的发生。主要技术措施有全面刮除树体粗老翘皮、清除枯枝落叶、剪除病虫枝梢及病虫僵果。

表 4-20　常见果园病害病源状况

果园病害	越冬	越夏	发生
苹果树腐烂病	以菌丝体、分生孢子器、子囊壳在田间病树组织内越冬	在原发病部越夏	孢子通过雨水冲溅分散后随风雨进行大范围扩散传播
苹果、梨轮纹病	以菌丝体、分生孢子器和子囊壳在枝干病斑上越冬	在原发病部越夏	分生孢子或子囊孢子，经风雨传播，由皮孔或伤口侵染
苹果斑点落叶病	以菌丝体在受害叶、枝条或芽鳞中越冬	在发病叶片或落叶中越夏	分生孢子随气流、风雨传播，从气孔侵入进行初侵染
苹果霉心病	以菌丝体或孢子越冬	在发病果实中越夏	主要侵染果实
梨黑星病	以菌丝体越冬	在原发病部越夏	发生和流行与气候因素关系密切。春季多雨、天气阴湿、气温偏低，发病早而重
梨锈病	以菌丝体越冬	在原发病部越夏	担孢子随风雨传播，自表皮细胞或气孔侵入
桃、杏、李褐腐病	以菌丝体越冬	在原发病部越夏	通过雨水、昆虫进行传播，从伤口及外皮的气孔侵入
桃树流胶病	以菌丝体和分生孢子器越冬	在原发枝干部位越夏	通过风雨传播，从皮孔、伤口以及侧芽侵入
葡萄白腐病	以分生孢子器、菌丝体越冬	在原发病果实及果穗越夏	分生孢子靠雨水溅洒传播，通过伤口侵入
葡萄霜霉病	以卵孢子越冬	在发病叶片越夏	借风雨传播，通过气孔侵入
果树根癌病	病原细菌在癌瘤组织的皮层内越冬	在发病根瘤越夏	主要随雨水和灌溉水传播；土壤温度 22℃，湿度 60%左右最适合病原菌生存

表 4-21 常见果园虫害虫源状况

果园虫害	越冬	越夏	发生
绣线菊蚜	以卵越冬	以若蚜、成蚜越夏	年发生 10 代以上
苹果小卷叶蛾	以末代第 2 龄幼虫越冬	以幼虫、成虫越夏	北方地区年发生 3 代
顶梢卷叶虫	以 2～3 龄幼虫结茧越冬	以幼虫、成虫越夏	北方地区年发生 2 代
金纹细蛾	以蛹越冬	以幼虫、成虫越夏	北方地区年发生 5 代
桃小食心虫	以老熟幼虫结冬茧越冬	以幼虫越夏	年发生 1～2 代
苹果小食心虫	以老熟幼虫结茧越冬	以成虫越夏	年发生 2 代
梨木虱	以成虫越冬	以成虫越夏	北方地区年发生 4～5 代
梨茎蜂	以老熟幼虫越冬	以幼虫越夏	以幼虫蛀害春梢
梨大食心虫	以小幼虫结白色小茧越冬	以成虫越夏	年发生 2 代
桃一点叶蝉	以成虫越冬	以成虫越夏	各地发生世代数不一
桃潜叶蛾	以蛹在叶片背面结一白绿色茧越冬	以成虫越夏	年发生约 7 代
桃蛀螟	多以老熟幼虫和少数蛹越冬	以成虫越夏	年发生 2～3 代
红颈天牛	以不同龄期的幼虫越冬	以幼虫越夏	2～3 年发生一代
柿绒蚧	以 2 龄若虫越冬	以成虫越夏	年发生 4 代
枣黏虫	以蛹越冬	以成虫越夏	年发生 4 代
枣尺蠖	以蛹越冬	以老熟幼虫越夏	年发生 1 代

在果树休眠期，果树病原菌及害虫也同步处于越冬休眠状态，是果树病虫害周年发生生命周期中的薄弱环节。冬季修剪，可剪除病虫枝梢，清除园内枯枝落叶，消灭在树冠和落叶越冬的卷叶蛾、叶斑病菌等。果园冬季耕灌，可消灭一部分在土中越冬的害虫，如桃小食心虫、舟形毛虫等。刮树皮可在早春天敌出蛰后（3 月上旬）进行，能大量消灭梨小食心虫、山楂叶螨等。早春对堆果场和果仓进行彻底处理，清仓处理残次果、烂果和病虫果，可消灭大量的桃小食心虫和梨小食心虫的越冬茧。可在果树发芽前喷布 3～5 波美度石硫合剂、含油量 5%的油乳剂或松脂合剂 40～60 倍液。秋末冬初在树干上涂白，可直接消灭部分枝干越冬病虫害，适当提前涂白可阻止大青叶蝉等在树干产卵。在草履蚧严重的山地果园，卵孵化开始上树时，可在树干涂粘虫胶带。

对于果园落叶、落果、修剪枝，以及杂草等，传统的焚烧、深埋等措施均已属于被禁止的行为。目前应坚持清扫、集中离园，采用园外安全处理的原则。具体技术有腐解菌剂深度腐化，作为有机肥或环境昆虫饲料。

2. 掌握果园生防资源，全面推进生物防治

北方果园天敌资源丰富。苹果、梨害虫天敌有 250 多种，山楂害虫天敌有 120 多种，桃、杏等害虫的天敌有 200 多种。分为以下几种类型。

1）寄生性天敌

卵寄生蜂有旋小蜂科的白带平腹小蜂、舞毒蛾平腹小蜂，赤眼蜂科的松毛虫

赤眼蜂、毒蛾赤眼蜂、舟蛾赤眼蜂，黑卵蜂科的毒蛾黑卵蜂、蝽蟓黑卵蜂、梨星毛虫赤眼蜂等。幼虫、蛹及成虫寄生蜂，种类很多，数量很大，按其寄主又可分为几类：鳞翅目幼虫蛹寄生蜂，主要有刺蛾紫姬蜂、卷叶蛾瘤姬蜂、黄眶离缘姬蜂、桃小甲腹茧蜂、食心虫白茧蜂、螟蛉黄茧蜂、卷叶蛾姬小蜂、上海五齿青蜂、卷叶蛾肿腿蜂、苹果绣绒菊蚜茧蜂、蚜虫金小蜂、苹果瘤蚜小蜂、蚜虫环腹蜂等。介壳虫的寄生蜂，主要有夏威夷软蚧蚜小蜂、粉蚧长索跳小蜂、球蚧蓝绿跳小蜂、球蚧盾纹跳小蜂和粉蚧短脚跳小蜂等。寄生蝇类天敌主要寄生鳞翅目的高龄幼虫和蛹，主要种类有金光小寄蝇、蚕饰腹寄蝇、毛虫追寄蝇、日本追寄蝇、卷叶蛾塞寄蝇和双斑撒寄蝇等。

2）捕食性天敌

蚜虫的捕食性天敌，瓢虫类有异色瓢虫、龟纹瓢虫、多异瓢虫、八斑显盾瓢虫、菱斑和瓢虫和七星瓢虫等；食蚜蝇类主要有黑带食蚜蝇、短翅细腹食蚜蝇、狭带食蚜蝇、六斑食蚜蝇和大灰食蚜蝇等；草蛉类主要种类有叶色草蛉、晋草蛉、大草蛉和中华通草蛉等；其他有些杂食性天敌也可以捕食蚜虫，如部分食虫蝽类、蜘蛛类。叶螨类的捕食性天敌，食螨瓢虫的种类有深点食螨瓢虫、黑背毛瓢虫、黑襟毛瓢虫、四斑毛瓢虫和连斑毛瓢虫等；捕食性天敌螨类有普通盲走螨、拟长毛钝绥螨、苹果巨须螨、东方钝绥螨和中华植绥螨等；其他食螨天敌有小花蝽、塔六点蓟马等。蚧类的捕食性天敌主要为瓢虫类，有黑缘红瓢虫、红点唇瓢虫、红环瓢虫、中华显盾瓢虫、圆斑弯叶毛瓢虫，另外有盾蚧小方头甲等。其他多食性的天敌资源种类多，捕食范围广，可同时捕食蚧、螨及鳞翅目害虫的卵和小幼虫等，是一类重要的天敌。可分为以下几类：食虫蝽类，种类有蠋蝽、窄姬猎蝽、华姬猎蝽、白带猎蝽、黄足猎蝽、东亚小花蝽和赤须盲蝽等；食虫虻类有虎斑食虫虻、大食虫虻和白头小食虫虻等；蜘蛛类有 T 纹豹蛛、白纹午蛛、短刺红螯蛛、三突花蛛、草间小黑蛛、草地逍遥蛛、八斑球腹蛛、鞍形花蟹蛛和黑亮腹蛛等；螳螂类有薄翅螳螂、拒斧螳螂和华北大刀螳螂等。

3）天敌的控制作用

有些果园害虫的天敌对害虫有很强的控制作用，无论是寄生性还是捕食性。主要寄生蜂种类赤毛虫赤眼蜂为果园卷叶蛾类、螟蛾类等害虫的重要天敌，尤其对苹小卷叶蛾、梨小食心虫的控制作用强。王连泉等（1991）在豫北山区的调查发现，赤毛虫赤眼蜂 7～8 月对梨小食心虫的寄生率最高，达到 70%～90%。该天敌一年可发生 18～20 代，适宜的温度为 20～30℃，适宜的相对湿度为 60%～80%，很适合果园生态环境，利用潜力极大。松毛虫赤眼蜂和其他寄生蜂是维持果园生态平衡的重要因素之一。它们占寄生性天敌的 91.9%，占整个果园天敌的 37.9%。不仅对主要害虫控制作用强，可以作为防治的手段，而且是次要害虫的限制因素，维持着果园昆虫群落的稳定。例如，黄眶离缘姬蜂一般控制梨大食心虫的危害，上海五齿青蜂常年把黄刺蛾的种群数量控制在低水平状态，梨小食心虫白茧蜂在山区果园寄生率高达70%以上等，这些足以说明寄生蜂的重要作用。

天敌东亚小花蝽的生态适应范围广，常见于作物田、菜园和果园中。它能捕食各种蚜虫、叶螨、蛾类的卵和小幼虫等，但嗜食苹果瘤蚜和叶螨。在黄淮海地区每年发生8～10代，越冬雌成虫3月开始活动，一直延续到11月。若虫和成虫日均捕食苹果叶螨（成螨和若螨）分别为40.8头和40.4～43.8头；捕食山楂叶螨（成螨和若螨）分别为40.4头和44头。一生可消灭害螨2 000头以上。总之，东亚小花蝽活动性强、繁殖力高、捕食量大，是一种优良的天敌，特别适合利用蚕豆为主体构建蚕豆—豆蚜—小花蝽载体的植物生物系统，进行保护、促繁和利用。

深点食螨瓢虫，分布很广，黄淮海地区每年发生5～6代。4月越冬成螨开始活动，持续发生至11月。该天敌食性专一，幼螨、成螨都可以取食各个发育阶段的叶螨，而幼螨更喜欢取食叶螨的卵和若螨。成螨每天捕食苹果叶螨35～90头；整个幼期阶段约捕食叶螨的成若螨100头。田间以7月发生数量最多，控制作用最强。

捕食螨类，是目前被认为前景较广的一类天敌。它们除了生活周期短、捕食量大、繁殖力强等特点，还具有独特的优点，就是当果树上害螨的密度低，食料不足时，其他天敌昆虫往往很快离去或死亡，而捕食螨仍能居留在果树上取食瘿螨、菌丝体、花粉和昆虫分泌物等，进行正常生长发育并维持群体；当害螨数量再度回升时，又能继续起控制害螨的作用。黄淮海地区捕食螨的优势种为拟长毛钝绥螨、东方钝绥螨。它们每年发生10代左右，4月开始活动，一直到10月，田间以6～8月数量最多，控制作用最强。

草蛉类，果园最常见的种类为大草蛉、中华通草蛉和丽草蛉。在黄淮海地区果园，一般4月就有草蛉活动，6～8月数量多。草蛉成、幼虫均喜食蚜虫和叶螨，日捕食量可达100头。1头草蛉一生能捕食蚜虫或叶螨1 200多头，是叶螨和蚜虫的重要天敌。

异色瓢虫是果园食蚜瓢虫的优势种。一年发生5～6代，一般3月出蛰活动，先在作物田活动一段时间，以后陆续向果园迁移，在果园以5～8月数量多，控制作用强。该天敌成、幼虫均能捕食蚜虫，一头成虫日均捕食苹果绣线菊蚜120多头，捕食桃蚜110多头；一头老龄幼虫日均捕食蚜虫90～100头。该天敌分布极为普遍，为果树蚜虫的主要天敌之一。山东农业大学刘玉升科研团队历经二十年（1997～2017）构建紫藤—紫藤蚜＋蚕豆—豌豆修尾蚜饵料蚜虫体系、越冬群体诱集和人工窖穴集中越冬技术，早春（2～3月）繁育、化蛹诱集、保藏运输、人工释放、工厂化规模生产繁育工艺等完善的技术系统，实现了大规模、低成本、周年生产繁育，为伏击式、淹没式、组合式释放应用奠定了商品化物质基础。

4）人工生态诱集与保护天敌

在果园中增添天敌食料或设置天敌隐蔽越冬场所，能把果园周围的天敌招引进来，以增强它们的自然控制作用。例如，利用果园边角余地、撂荒地、水塘附近或看护房、办公室、贮室及厕所周边空地，针对性种植一些花期较长的植物，以招引寄生蜂、寄生蝇、食蚜蝇和草蛉等到果园取食、繁殖。秋天，在树干绑草或包裹废纸、布条等，能将果园周围玉米、高粱、大豆等地的天敌，如小花蝽、各种瓢虫、蜘蛛等，诱集到果园越冬，增加天敌昆虫越冬基数。对天敌的保护措施很多，主要是保护在树干越冬的天敌。据调查，在成龄苹果树的主干树皮内、缝隙中、根颈等部位越冬的天敌数量占总虫量的40.5%～86.6%，害虫数量仅占总虫量的8.2%～33.4%，而主枝以上各部位天敌数量占总虫量的49.5%～13.4%，害虫则占91.8%～66.6%，因此，对于冬季主干的刮皮落屑应集中保存，保护利用其中的天敌资源，不可一烧了之。

5）释放赤眼蜂、捕食螨等

赤眼蜂、捕食螨均具有良好的生防控制效果，目前均已具有成熟的生产繁育技术，并商品化。

6）捕食性线虫制剂与微生物农药泰山Ⅰ号线虫防治桃小食心虫，致死率达85%以上。果园中利用最多的苏云金杆菌制剂，如青虫菌、Bt乳剂等。防治对象为鳞翅目害虫，如桃小食心虫，舟形毛虫、金纹细蛾、舞毒蛾的幼虫。青虫菌600～1 000倍液对舟形毛虫的室内药效达95%～100%。

3. 新建果园的生态植保规划

在新建果园时，应选择适合果树种植的场地和抗性品种，确定合理的种植方式和布局。园内可间作或套种一些能招引天敌的植物等，促进和保护自然天敌的定植和繁育，以增加果园生物群落的多样性，提高果园生态系统的自然调节和控制能力，控制多种果树病虫害的发生与蔓延，保护果树安全生产。

新建果园要加强对果树苗木、接穗、插条、种子等繁殖材料及果品的检疫，防止危险性病虫（如苹果黑星病、苹果棉蚜、美国白蛾等）传播蔓延，消除传播源。应选择抗逆性强的品种和无病毒苗木，保证植株生长势强、树体健壮、抗病虫能力强。

4. 仁果类果树生态植保整体解决方案

仁果类果树主要包括苹果、梨和山楂等，其主要害虫年度发生与二十四节气、果树物候期和年生活史关系见图4-36。该图以一年十二个月为基础，对应二十四节气与果树物候期，表述了主要害虫的年生活史，可为生态植保整体规划方案研制与制定提供重要参考。

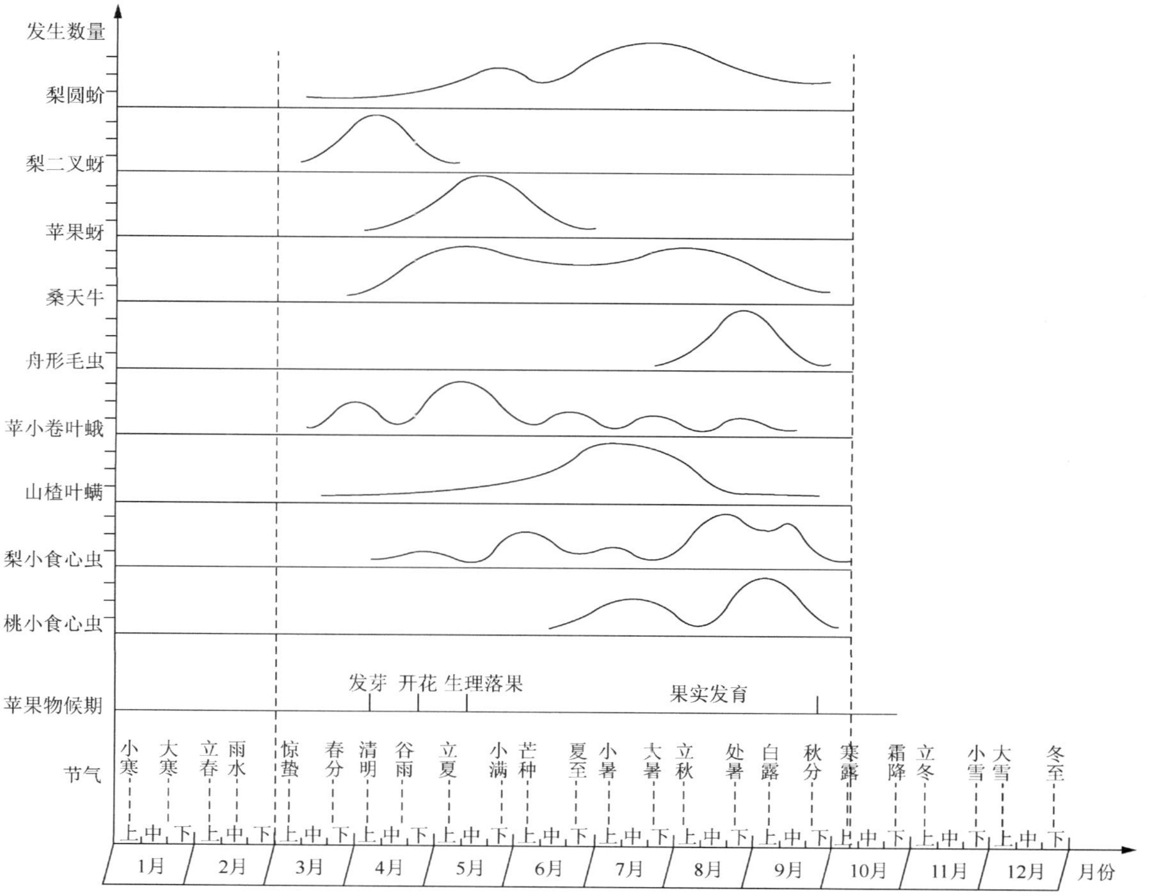

图 4-36　仁果类主要害虫发生危害时期图

（1）土壤管理。通过增施有机肥培肥地力。多年种植的果园出现酸化土壤，要通过施用生石灰、甲壳素或功能性微生物肥等办法改良土壤，恢复土壤健康，创造良好的土壤生态环境条件。

（2）休眠期至萌芽期（1 月至 3 月中旬）以苹果三大枝干病害为主，坚持“一刮、二涂、三喷”。“刮”即刮除病斑，对树干的腐烂病病斑从周围正常组织入刀，刮净病斑和粗皮。“涂”即药剂刷涂病斑，对割刮后的病斑用毛刷涂抹生防制剂。树体涂抹药剂配方为石灰∶水∶食盐比例 3∶10∶0.5，可适当加入豆浆、琼脂等黏合剂。“喷”即对全树体喷布石硫合剂，以防治潜伏于树体各部位的多种越冬病虫源。包括腐烂病、轮纹病、干腐病、白粉病及其他各类潜藏、附着于树体的病原物；山楂红蜘蛛、苹果红蜘蛛、顶梢卷叶虫、苹小卷叶虫、蚜虫类及其他在主干糙皮处、裂翘皮缝、树洞或支撑棍棒、拉绳缝隙中的越冬虫态；枯枝落叶、病虫僵果及其他病残组织内的越冬病虫源：炭疽病、霉心病、潜叶蛾等；浅土层内的越冬病虫源：各种病叶病果飘散的病原物、山楂红蜘蛛、苹果绵蚜、蚱蝉、褐斑蝉等。

熬制石硫合剂，坚持“精选料、细加工、巧使用”原则。硫黄∶石灰∶水配比为 1∶2∶30，熬出 27～30 波美度石硫合剂原液，稀释为 3～5 波美度石硫合剂喷施；常年连续使用，防效降低时，可换用或轮用 3∶2∶10 式松脂合剂 20～40 倍液。

对表现各种缺素症（Zn、Fe、B、Mn 等）的树株应在 3 月喷施 1%～3%的硫酸锌、硫酸亚铁或硼砂，可加入 0.1%～0.3%尿素或适量食醋。

（3）萌芽期至发芽期（3 月下旬至 4 月上旬）。树体进入萌芽期，各种越冬病虫开始出蛰活动，此时对药剂的抵抗力都较差，因而此期的防治是全年果园病虫害综合防治的关键。应加强对树体、地面等病虫潜伏场所及携带载体的处理。

针对蚜虫发生严重的园区，若处于点、株发生阶段，则以 1、2 年生枝条、芽腋侧、枝杈处及粗老翘皮缝为重点，定点释放当年第一批异色瓢虫幼虫，释放比例为 1∶（50～100）。

（4）花初盛期（4 月上旬至 5 月初）。随着果树发芽和叶花展开，果树进入开花初盛期，早期活动的病虫开始迅速发展，如白粉病、腐烂病及霉心病等多种病原菌开始侵染；蚜虫、叶蝉、叶螨等刺吸类害虫以及食芽、花、叶的各种甲虫开始取食为害，重点是黑绒金龟甲、苹毛丽金龟和取食量猛增的桑天牛。应及时剪除表现白粉病症状的新梢和卷叶虫的虫苞。对历年叶螨和蚜虫类发生严重的园区，第二次释放异色瓢虫和深点食螨瓢虫幼虫，以蚜虫、叶螨聚集处为释放点，释放比例为 1∶（50～100）。采用糖醋液诱杀、早晚振树捕杀金龟甲等食花害虫。果园释放黑广肩步甲、东方蚁狮和泰山潜穴虻，并与白僵菌制剂组合施用。在果园中可适当放养鸡、鸭、鹅等进行啄食。由缺硼造成缩果病的果园，可喷布 0.3%硼砂溶液，同时可提高坐果率。对草履蚧、枣尺蠖、蚱蝉等具有爬树特性的昆虫，采用在树干上涂虫胶或绑缚塑料薄膜的防控措施。

（5）春梢生长期至幼果期（5 月）。果树春梢期发生的主要病虫害有白粉病、轮纹病、炭疽病、霉心病、早期落叶病、叶螨类、蚜虫类和卷叶虫类等，应抓住主要对象进行全面预防和兼治。

此时期田间新梢生长速度快、数量大，害虫食料丰富，早期落果病初现。对于叶螨发生重的果园，以杀灭第一代幼螨为主要目标，兼治晚活动的越冬成螨和压低二代基数。加大释放深点食螨瓢虫的数量。

（6）幼果期（5 月下旬至 6 月下旬）。幼果期以控制桃小食心虫、梨小食心虫和金纹细蛾等的发生与危害为重点，也是苹毛丽金龟幼虫孵化高峰和黑绒金龟甲产卵高峰，应结合桃小食心虫的地面防治，全面治理。同时应及时预防早期落叶病的发生。

园内架挂诱虫灯或糖醋盆、性诱芯等，对多种害虫进行诱杀。地面防治桃小食心虫，树盘 1m 半径内地面施用捕食性线虫或绿僵菌制剂，释放东方蚁狮、泰山潜穴虻天敌。清洁果园落叶，摘除初病叶，剪除病叶多的枝条。树冠喷施（1∶2）～（3∶200）波尔多液防治各种初发叶斑病。

（7）果期（6 月中下旬至 8 月上中旬，幼果形成至膨大期）。主要防治桃小食心虫、金纹细蛾、叶螨类及各种叶部和果实病害。各种叶果病害随降雨而迅速扩展、再侵染和流行。叶螨的生防指标为：6 月之前，一般每叶有活动态螨 3～5 头；7 月以后，一般每叶有 7～8 头。释放天敌指标为：天敌与害螨比为 1∶50。

使用昆虫生长调节剂苏脲Ⅰ号和除虫脲Ⅲ号以及灭幼脲Ⅰ、Ⅲ号，防治桃小食心虫、金纹细蛾、舟形毛虫、舞毒蛾等，都有很好效果，且对天敌基本无害。

防治金纹细蛾，用 20%灭幼脲Ⅲ号 2 000 倍液。防治叶果病害，喷施 1～2 次 1∶（2～3）∶200 波尔多液，施用时加入总液量 0.2%～0.5%的骨胶、褐藻胶等黏着剂，起防雨、持效等作用。

（8）果实成熟、采摘期（8 月至 9 月中旬）。主要防治对象为叶果病害、腐烂病和越冬前多种病虫。

对桑天牛秋季危害高峰，释放管氏肿腿峰。对于预备贮藏的果实应于采前 30～40d 开始，相隔 10～15d，喷施 2～3 次波尔多液。

（9）树势恢复期（9 月至 10 月）。主要防治对象为各类越冬病虫。主要措施包括检查刮治腐烂病、树干缚草诱杀越冬害虫、树干涂白、清理园中病虫残体等。

5. 核果类果树生态植保整体解决方案

北方核果类果树主要包括桃、杏、李、樱桃等，其主要害虫年度发生与二十四节气、桃树物候期和年生活史关系见图 4-37。

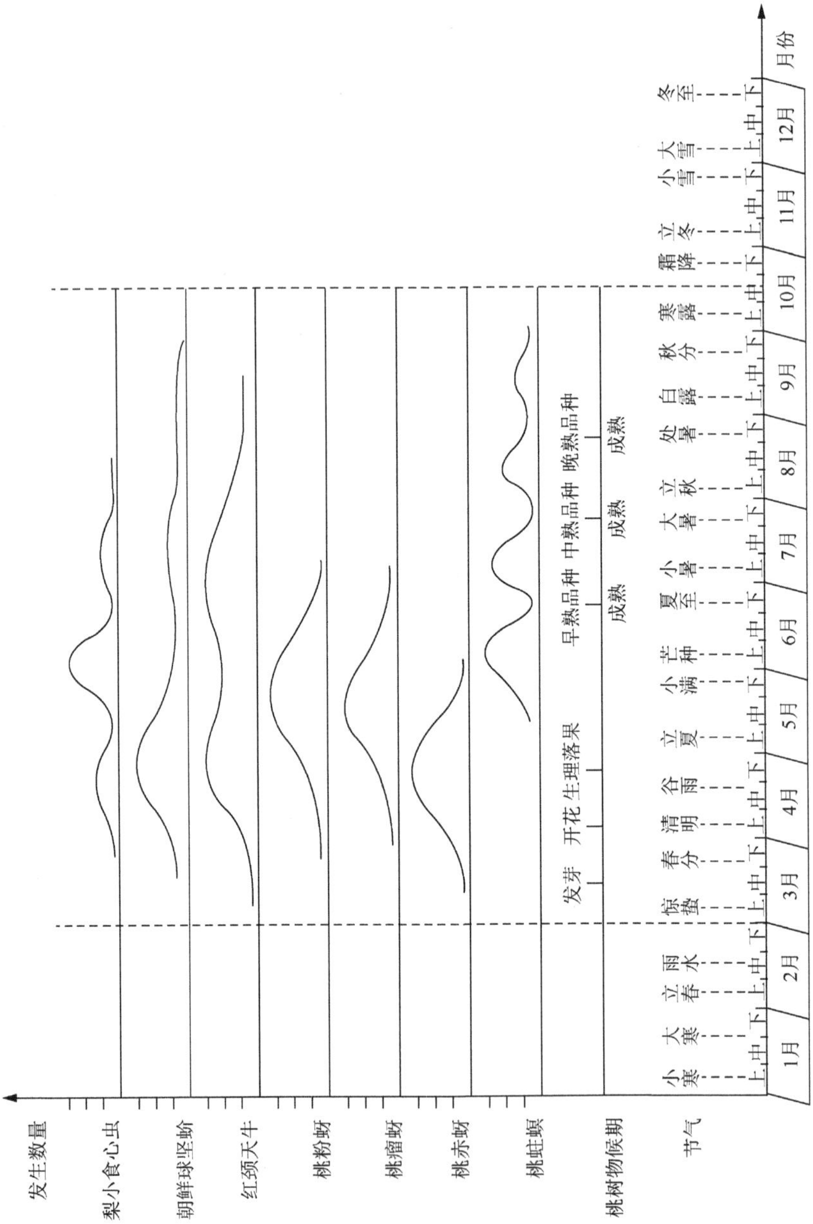

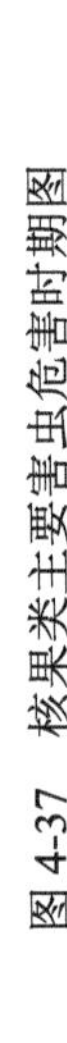

图 4-37　核果类主要害虫危害时期图

核果类果树生态植保整体解决方案见表 4-22。

表 4-22 核果类果树生态植保整体解决方案

时期（物候）	防治对象	主要治理技术措施
11 月初至翌年 2 月（休眠期）	桃枝干病害，桃流胶病、桃细菌性穿孔病、桃蛀螟、梨小食心虫、桃（桑）白蚧、桃一点叶蝉、大青叶蝉、斑衣蜡蝉、潜叶蛾类	清除果园枯枝落叶；剪除有虫枝条；人工涂白树体，刷抹介壳虫；早春刮树皮；冬耕冬灌，消灭土层中越冬害虫 将越冬天敌瓢虫从越冬窖穴中取出，置入室内进行破眠饲养，建立早春群体
3 月中下旬（萌芽期）	桃（桑）白蚧、桃一点叶蝉、三种桃树蚜虫卵、山楂红蜘蛛越冬雌成虫	喷洒 3～5 波美度石硫合剂，释放第一批异色瓢虫、深点食螨瓢虫幼虫
4 月上中旬（始花期）	桃树褐腐病（菌核病、灰霉病）桃蚜、桃瘤蚜、桃粉蚜、桃一点叶蝉、梨小食心虫	释放第二批异色瓢虫、深点食螨瓢虫幼虫；停止往人工庇护所中投放饵料黄粉虫，迫使蜘蛛捕食；蚜虫为重点防治对象
5 月至 6 月上旬（幼果期）	桃蛀螟、桃蚜、叶蝉、红蜘蛛、梨小食心虫	释放松毛虫赤眼蜂、黑广肩步甲、异色瓢虫、深点食螨瓢虫
7～9 月（秋叶、果期）	桃树炭疽病叶蝉、桃（桑）白蚧、红蜘蛛、桃红颈天牛、杏仁蜂、桃蛀螟、黑星麦蛾、桃天蛾	释放管氏肿腿蜂、天蛾绒茧蜂；喷布 2～3 遍波尔多液
10 月至翌年 1 月（越冬休眠期）	—	—

4.3.1.4 果园生草方案

果树与杂草处于不同生态位，果园生草存在生态合理性。果园生草应坚持选草、管草、用草的原则。生草的前提是选草，果园生草后必须细加管理才会获得理想效果。果园生草是一种生产行为，应把果园生草作为资源，科学利用。果园生草的方式有自然生草和人工种草两种方式。

千百年来，精耕细作的农业模式误导果农认为杂草与果树竞争，没有考虑共生的协作关系。果园连续多年除草将会带来一系列副作用，如水土流失、生物多样性下降、病虫害频发。实际上，果园生草会增加土壤孔隙，减少水土流失、维持地表温度恒定、自动调节湿度，从而可以加速果树根系的健康生长，增强吸收养分的能力；生草能够增加土壤有机质、吸附土壤中的矿物质，从而提升果实甜度及风味；果园生草还可以丰富果园生物多样性。总而言之，生草是一种先进的土壤管理和生态环境调控技术。果园生草可以同时兼顾经济和生态效应。

果园生草恰似修复果园土地的皮肤。良好的草—树结构，从生草到果树，由浅而深的根系形成绵密完整的“立体多层根系筛”，将雨水或灌溉水分吸附涵养在根系—土壤综合体中，在枯水期再慢慢释放，达到涵养保水、调节水分的作用。“养草肥田”的观念古有记载，只待今人重新向传统智慧和自然法则学习。

1. 果园生草的历史演变

在大部分农耕社会中，土壤肥力的培育或延续主要是通过休耕来实现的。如欧洲实行的耕—休制，通过休耕长草，再行烧荒和翻耕来提高土壤肥力水平。这些休耕期生长的草也就成为一种培育地力的肥料，而且草的生长量越大，对土壤的肥力提升效果越好。这就是绿肥的最初来源。后来人类发现豆科植物能固氮，能更有效地补充土壤的氮元素。进入现代，化肥的出现使大量元素容易补充，绿肥的作用更多为改善土壤的理化性质。这样，所有植物枝叶或生长物在广义上都可以作为绿肥。只要在果园里生长的植被能进行光合同化作用并固定太阳能量，并被土壤中的微生物分解利用，都对果园的整体生态系统有利。因此，果园生草既是技术，更是理念。千百年来，农民耕地除草是天经地义的事情，果园管理和农田管理的很多理念是不同的。

果园生草是在果园株行间选留原生杂草，或种植非原生草类、绿肥作物等，并加以管理，使草类与果树协调共生的一种果树栽培方式。

果园生草是一种先进的果园土壤管理方法。19 世纪中叶始于美国，20 世纪 40 年代中期，由于开沟旋耕割草机对割草问题的解决，以及果园喷灌系统的发展，这种土壤管理模式在美国得到大面积推广。随后，世界果品生产发达国家新西兰、日本、意大利和法国等国采用果园生草土壤管理模式，取得良好的生态及经济效益。我国 20 世纪 90 年代开始将果园生草作为绿色果品生产技术体系推广，建立了许多典型示范样板，取得一定成效。但实践中清耕果园面积占果园总面积 90%以上，果园生草尚处于试验与小面积应用阶段。

2. 果园生草的作用

（1）改善果园小气候。果园生草后，土壤容积热容量增大，夜间长波辐射减少，能量净支出小，果园土壤的年温差和日温差缩小，利于果树根系生长发育及对水肥的吸收利用。另外果园空间相对湿度增加，空间水气压与果树叶片气孔下腔水气压差值减小，果树蒸腾降低。近地层光、热、水、气等生态因子的明显变化，形成有利于果树生长发育的微域小气候环境。果园生草改变传统清耕果园“土壤—果树—大气”系统水热传递的模式，形成“土壤—果树+草—大气”系统，引起果园环境水热传递规律的变化。由于草对光的截取，近地表草域光照度、日最高温度较清耕区明显下降；生草同时降低地表的风速，从而减少土壤的蒸发量；另外，由于草域根系的呼吸和凋落物的分解作用，地表二氧化碳浓度上升，增强了果树的光合作用。因此，生草可使果园温湿环境相对稳定，有利于减轻枝干和果实的日烧，特别是在套袋栽培体系中对改善果实外观品质具有重要作用，但不同草种之间有明显差异。

（2）改善果园土壤环境。土壤是果园的载体，土壤质量状况在很大程度上决定着果园生产的能力、果树寿命、果实产量和品质。果园生草栽培，降低了土壤容重，增加了土壤渗水性和持水能力。活地被物残体、半腐解层在微生物的作用下，形成有机质及有效态矿质元素，不断补充土壤营养。土壤有机质的增加，进一步提高土壤酶活性，激活土壤微生物活动，使土壤氮、磷、钾移动性增加，土壤水分蒸发减缓，土壤团粒结构形成，有效孔隙和土壤容水能力提高。

（3）增加果园生物多样性。果园生草，土壤微生物、地表植被多样化、树体昆虫种类多样性各个方面都有显现，尤其是近地表的生物多样性。果园生草为天敌昆虫提供了丰富的食物及良好的栖息场所，有利于提高果园虫害的自控能力。生草区植绥螨一般具较高的多样性，其密度随季节呈单峰曲线变化；种植爪哇大豆可以作为植绥螨的库，维持全年较高的多样性；土牛膝、红苋和离药金腰箭等一些自然草种也可以作为植绥螨的寄主植物。梨园间作芳香植物后害虫数量减少，天敌数量增加；间作区主要害虫（梨木虱、康氏粉蚧、蚜虫、金龟甲和梨网蝽）及天敌（瓢虫、食蚜蝇、草蛉、蜘蛛和寄生蜂）的生态位宽度显著增加，且天敌的生态位宽度明显大于害虫生态位宽度，同时主要天敌如瓢虫、食蚜蝇与害虫的生态位重叠指数增加，呈现出对害虫明显的跟随效应和控制作用。另外，生草后猕猴桃园有机物料的增加引起了土壤线虫群落较高的多样性，羊茅草处理 0～5cm 土层多样性指数为 2.8，较清耕提高了 0.48。可见，果园生草为天敌繁衍、栖息提供了必要的场所，增加了天敌的数量，减少了虫害的发生，利于生物防治，从而减少了农药使用量，减少了经济投入。

通过生草措施实现生物多样性的关键需要解决 3 个方面的问题：①生草对害虫和天敌均“诱而集中”，天敌和害虫之间的“跟随”关系没有得到调整。应通过天敌的生产与释放加以调节。②对生草措施本身，缺乏产业化利用和科学管理。在生物防治状态下的杂草也是绿色产品或有机产品，应通过产业化利用，带动科学的管理。可以将杂草用于昆虫生产（也可以饲养其他草食动物），形成新的产业，推行“重—轻—重”的修剪、收获管理方式。杂草应该作为一类特殊的资源，即杂草是草食动物的饲料基础，更是昆虫生产养殖业的物质基础，依托杂草资源可以形成一个新型产业。③人工生草要与自然生产相结合，人工生草要经过选草、组合、生草栽培、产业利用的过程。

（4）有利于果树生态植保技术体系的实施。果园生草增加了植被多样化，为天敌提供了丰富的食物和良好的栖息场所，克服了天敌与害虫发生时间的脱节现象，使昆虫种类的多样性、富集性及自控作用得到提高，在一定程度上也增加了果园生态系统对农药的耐受性，扩大了生态容量。果园生草后优势天敌东亚小花椿、中华草蛉及肉食性螨类等数量明显增加，天敌发生量大，种群稳定。另外，果园土壤及果园空间富含寄生菌，制约着害虫的蔓延，形成果园相对较为持久的生态系统。据测定，果园生草可使树上天敌总量增加 60%，地面天敌增加 20 倍。

（5）促进果树生长发育，提高果实品质和产量。在果园生草栽培中，树体微系统与地表牧草微系统在物质循环、能量转化方面相互连接，因而，生草直接影响果树生长发育。试验表明，生草栽培果树树体营养改善，叶片中全氮、全磷、全钾含量多于清耕对照，生草后花芽比清耕对照可提高 22.5%，单果重和一级果率增加，可溶性固体物和 Vc 含量明显提高，贮藏性增强，贮藏过程中病害减轻。

3. 果园生草方式

（1）人工种草。一般于 4 月上中旬，在果园内种植白三叶草、紫花苜蓿等，同时根据果园实际情况对杂草进行刈割。对于种植的白三叶草等，采取"重—轻—重"的修剪管理方式，在春夏初（5 月底至 6 月初）修剪、收获杂草 1/3 高度以上的部分，破坏其顶端优势促使腋芽剧烈增生，保持大量的幼嫩部位，诱集近于扩散的害虫；夏季中后期（7 月中下旬），进行一次轻度修剪，即修剪、收获杂草 1/2 高度以上的部分，促进腋芽再生：夏末秋初（8 月中下旬至秋季），掌握各类不同杂草开花或种子未成熟期，最后一次进行重度修剪、收获，即修剪、收获杂草 4/5 高度以上的部分，破坏杂草种子的生成，及获取最大杂草生物质资源量，同时保持其根系组织能够诱集越冬的病虫害。

（2）果园间作栽培。果园行间种植绿肥植物，能为天敌提供良好的取食、活动和繁殖场所，从而增加对果树害虫的控制作用。例如，在果园间作光叶紫花苕子，天敌数量比非间作区显著增加，草蛉数量增加 2～6 倍，小花蝽数量增加近 10 倍。北京市一农场在苹果园间作白香草木樨后，天敌数量明显增加，控制作用显著增强，致使间作区果园 7 月山楂叶螨数量下降了 71.1%。另外，在果园周围种植其他林木，既增加果园的湿度，调节果园的风力，又增加大环境的生物多样性，成为果园天敌的"库源"，对果园病虫害的防治作用十分明显。

（3）果园覆草（秸秆）。果园覆草一般在春季果树发芽前和雨季麦收前，利用小麦、玉米、水稻等作物秸秆及杂草，覆盖树盘或行间。果园秸秆覆盖是对丘陵山区果园土层薄、肥力低、水分条件差、土壤裸露面积大而采取的一项综合管理技术。

在果树周围裸露的土壤，覆盖作物秸秆，具有培肥、保水、保温、灭草、免耕和防止水土流失等多重效应，能改善土壤生态环境，养根壮树，促进树体生长发育，进而提高产量和改善品质。在生态植保方面，主要体现诱集、繁育捕食性蜘蛛，交换生态系统和阻断病虫害食物链的效应。规则地进行田间秸秆覆草，可以诱集、栖居蜘蛛，并促成其种群"自建立"。通过实现不同生态系统的交换，作物秸秆携带的病虫源不会在果园中发生，而农田的病虫源则源源不断地被排除到原生态系统之外，达到消除作物病虫源的目的。

4.3.1.5　果园烂果、落叶、杂草的处理

果园烂果、落叶、杂草是许多病虫源的携带载体或潜伏场所。应及时清除处理，在源头治理的基础上，切断病虫害传播、再侵染途径，减少其后期的发生发展。

近几年来，水果滞销造成烂果满园或倾倒路边、沟渠的状况时有发生。造成水果滞销的原因是多方面的，与植保相关的方面有：①市场波动大，供给大于需求；②水果品质不好，处于低端市场。破解水果滞销怪圈的途径有：①选择独特、稀少、珍贵的品种；②实施生态植保技术，生产高品质的高端果品，并塑造品牌。

4.3.2　蔬菜生态植保

近年来，我国蔬菜生产发展迅速，蔬菜成为我国种植业中仅次于粮食作物的第二大农作物。据统计，目前我国蔬菜面积为3.35亿亩左右，产量达7.69亿t。保护地栽培面积的扩大和复种指数的提高，增加了切断病虫害传播蔓延的难度，蔬菜病虫害的危害呈加重趋势，蔬菜废弃物也大量积存腐烂，给生产和生活造成极大影响。蔬菜病虫害种类较多，不同科别的蔬菜病虫害种类和发生情况各不相同。据统计，我国常年各种蔬菜因病虫危害损失率高达30%左右。因此，及时有效地控制蔬菜病虫危害，清除蔬菜废弃物，洁净蔬菜生产环境，是保障蔬菜安全、优质、高产，保证公众健康和促进国际贸易发展的重要措施。

4.3.2.1　蔬菜病虫害种类

1. 蔬菜病害

1）猝倒病

猝倒病由瓜果腐霉 *Pythium aphanidermatum*（Edson）Fitzpatrick（图4-38）等多种腐霉菌引起，是蔬菜苗期主要病害之一。除主要为害茄科和葫芦科蔬菜，还可为害十字花科蔬菜和其他多种杂菜。在冬春季苗床（尤其是多年苗床）上发生普遍，轻者引起死苗缺株，发病严重时可造成大量死苗。

幼苗出土前或出土后均能受害。幼苗出土后发病时，茎基部初呈水渍状，后病部变黄褐色，缢缩成线状。病情发展迅速，常在子叶尚未凋萎，幼苗即折倒贴伏地面，但幼苗仍呈青绿色，故称之为“猝倒”。在苗床上，开始时单株幼苗发病，几天后即以此为中心向周围蔓延扩展，引起成片幼苗猝倒。茄子、番茄、辣椒和黄瓜等果实受害，常引起腐烂。

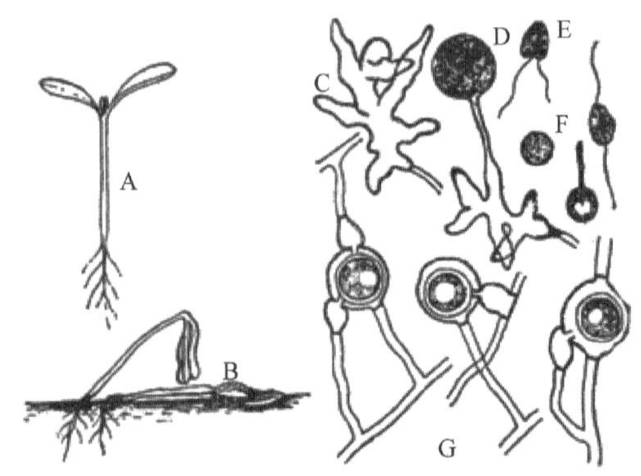

A、B．症状　C．孢子囊　D～F．孢子囊萌发产生游动孢子及休止孢子　G．卵孢子及其形成过程。

图 4-38　茄科蔬菜幼苗猝倒病

病原菌主要以卵孢子形式在土中越冬，也可以菌丝体在土中的病残体上越冬或在腐殖质中营腐生生活。病原菌的腐生性很强，可在土壤中长期存活。条件适宜时，卵孢子萌发产生游动孢子或直接萌发产生芽管侵入寄主。病原菌主要借雨水、灌溉水、带菌的堆肥和农具传播。可不断产生孢子囊，进行重复侵染，后期在病组织内产生卵孢子越冬。

2）立枯病

立枯病由立枯丝核菌侵染引起，主要寄主有茄子、番茄、辣椒、马铃薯、黄瓜、菜豆、甘蓝、白菜及棉花等。刚出土的幼苗和大苗均可受害，但一般多发生于育苗的中后期。

患病幼苗茎基部产生暗褐色病斑，早期病苗中午萎蔫，早晚恢复。病部逐渐凹陷、扩大，绕茎一周，最后病部缢缩，植株枯死。由于病苗大多直立而枯死，故称之为“立枯”。发病轻的幼苗，仅在茎基部形成褐色病斑，幼苗生长不良，但不枯死。在湿潮条件下，病部常有淡褐色、稀疏的蛛丝网状霉。

病原菌的腐生性较强，可以菌丝体和菌核在土壤或病残体中越冬，一般在土壤中可存活 2～3 年。在适宜的环境条件下，菌丝体直接侵入寄主为害。病原菌可通过雨水、灌溉水、农具转移，以及使用带菌堆肥等传播蔓延。

3）霜霉病

黄瓜霜霉病由古巴假霜霉菌 *Pseudoperonospora cubensis*（Berk. et Curt.）Rostov. 引起，白菜霜霉病由寄生霜霉菌 *Peronospora parasitica*（Persoon: Fries）Fries 引起，是黄瓜和十字花科蔬菜生产的重要病害。幼苗和成株均可发病。

霜霉病菌在黄瓜上主要为害叶片。病斑多呈黄绿色，渐变为黄褐色，受叶脉限制病斑呈多角形，不穿孔；湿度大时病斑背面产生灰黑色至紫黑色霉层（孢囊梗和孢子囊）；病重时常多个病斑连片使叶片变黄枯干。十字花科蔬菜受害，病斑黄色或黄褐色，呈多角形或不规则形，潮湿时在叶背面布满白色至灰白色霜状霉层。花轴受害后弯曲肿胀呈“龙头”状；花器受害后呈畸形，不能结实；种荚受害后瘦小，淡黄色，结实不良；空气潮湿时种荚表面可产生比较茂密的白色至灰白色霉层。

霜霉病菌都可以菌丝体潜伏于秋季发病的植株体内或随病残体或以卵孢子在土壤中越冬，也可以菌丝体随寄主窖贮或在保护地生长期越冬。越冬后，病株体内的菌丝体可形成孢囊梗和孢子囊。病原菌的生长发育需要凉爽高湿的环境条件。一般黄瓜早熟品种和多数品质好的品种抗病性差；白帮白菜品种比青帮品种抗病性差。卵孢子和孢子囊主要靠气流和雨水在田间传播，萌发后从气孔或表皮直接侵入，引起多次再侵染，导致病害流行蔓延。发病的适宜温度为16℃左右，空气相对湿度80%以上，属于低温高湿型病害。

4）疫病

疫病是指由疫霉属真菌引起的病害。蔬菜上常见的疫病有番茄晚疫病、瓜类疫病、茄子绵疫病等。番茄晚疫病由致病疫霉菌 *Phytophthora infestans*（Montagne）de Bary 引起，瓜类疫病由德氏疫霉菌 *Phytophthora drechslwei* 引起。

番茄晚疫病以叶和青果受害为重。叶片受害多从叶尖、叶缘开始发病，初呈暗绿色水浸状不规则病斑，扩大后转为褐色，高湿时叶背病健交界处长出白霉，整叶腐烂；茎秆染病产生暗褐色凹陷条斑，引起植株萎蔫；果实染病主要发生在青果上，病斑初呈油浸状暗绿色，后变成暗褐色，稍凹陷，有不规则云纹，一般不变软，湿度大时长少量白霉。

瓜类成株期发病主要在茎蔓基部和嫩茎节部产生暗绿色水浸状病斑，病部发软并显著缢缩，病部以上茎叶迅速凋萎或全株枯死，呈青枯状；瓜果受害多从接触地面处发病，病部初为暗绿色水渍状，之后缢缩凹陷，变软腐烂。

瓜类疫病病菌以卵孢子随病残体在土壤或粪肥中越冬，番茄晚疫病病菌还可以菌丝体在染病的马铃薯块茎上越冬。翌年春、夏季，卵孢子经雨水、灌溉水传播到寄主，形成发病中心。条件适宜时，病原菌经3～4d就可在中心植株上产生菌丝和孢子囊，借风雨、气流向周围传播，引起多次再侵染，导致病害流行。雨季来临早、雨量大、雨日多的年份发病早，再侵染频繁，发病重。浇水和氮肥过多，排水不良，种植过密和连作情况发病重。

5）白粉病

白粉病是十字花科、葫芦科、豆科及茄科蔬菜的重要病害，尤以瓜类蔬菜发病普遍而严重。瓜类白粉病由瓜白粉菌 *Erysiphe cucurbitacearum* Zheng et chen 和瓜单囊壳菌 *Sphaerotheca cucurbitae*（Jacz.）Z. Y. Zhao 引起，两种病原菌均营专性寄生，只能在活的寄主体内吸取营养，主要为害葫芦科植物。

白粉病自苗期至收获期都可发生，主要为害叶片，间或为害茎部和叶柄，但一般不危害果实。发病初期，叶片产生白色近圆形小粉斑，以后逐渐扩大成边缘不明显的连片白粉斑，随后许多病斑连在一起布满整个叶面，白色粉状物（病原菌的菌丝体、分生孢子梗及分生孢子）渐变成灰白色或红褐色，叶片也随之枯黄变脆，但一般不脱落。

病原菌主要以菌丝体在土壤或保护地被害寄主植物残体上越冬。次年 5～6 月当气温达 20～25℃时，越冬的闭囊壳释放出子囊孢子或由菌丝体产生分生孢子侵入寄主，造成初侵染。子囊孢子及分生孢子主要借气流、雨水传播，当条件适宜时，在当年初发病的部位，又能产生大量分生孢子进行再次侵染引起流行。田间湿度较大、温度在 16～24℃或干湿交替时，有利于病害的流行；高温干旱可抑制病情的发展。

6）灰霉病

灰霉病由灰葡萄孢菌 *Botrytis cinera* 侵染引起，寄主范围很广，几乎可以侵染所有主栽蔬菜品种，其中以茄科蔬菜受害最重。

病原菌可为害寄主叶片、茎、枝条、花和果实，自苗期至成株期均可发生。田间首先在靠近地面的衰老叶片、花瓣和果实发病，然后再侵染其他部位。苗期多为害幼茎，亦可为害叶片。幼茎被害部缢缩变细，幼苗倒折；叶片被害初为水渍状不规则形病斑，后表现湿腐症状。成株期主要为害花器和未成熟果实，造成落果、烂果。花器被害，多从开败的花及花托侵入，造成褐色腐烂，最后蔓延至果实；果实被害，病部变软、萎缩，最后腐烂。在发病部位产生灰褐色霉状物（分生孢子梗和分生孢子）。

病原菌主要以分生孢子、菌丝体或菌核在病残体和土壤中越冬，发病适温为 15～27℃，相对湿度 90%以上。翌年早春条件适宜时，萌发为分生孢子和分生孢子梗。分生孢子借气流和雨水传播，菌核可通过带有病残体的粪肥传播。分生孢子通过伤口侵入寄主植物，引起初侵染；发病部位产生的分生孢子，进行再侵染。灰霉病菌的寄生性较弱，生长健壮的植株不易被侵染感病。分生孢子的萌发对温度要求不严，但对湿度要求很高，相对湿度低于 95%时不能萌发，是一种低温高湿型病害，主要在保护地作物上发生。一般温度 15～25℃、湿度高于 85%易诱发灰霉病。因此，在潮湿条件及多雨季节，发病重；保护地栽培蔬菜，遇低温多雨天气，发病重。

7）炭疽病

蔬菜的炭疽病很多，常见的如辣椒炭疽病、瓜类炭疽病、葱炭疽病、菜豆炭疽病和白菜炭疽病等，其中以瓜类炭疽病和辣椒炭疽病发生普遍而严重。瓜类炭疽病由黄瓜炭疽菌 *Colletortrichum lagenarium* 侵染引起。

瓜类植物成株期发病，叶片上初为水浸状圆形小斑点，扩大后呈黄褐至红褐色近圆形病斑，病斑上有不明显的小黑点状轮纹，潮湿时产生粉红色黏稠状物质（分生孢子堆），干燥时病部龟裂、脱落，多个病斑相连后，导致叶片焦枯死亡。茎蔓和叶柄上病斑梭形或椭圆形，灰白至黄褐色，凹陷或纵裂，有时表面生有粉红色小点。茎蔓和叶柄被侵染环蚀后，叶片萎垂，茎蔓枯死。瓜条受害，初为淡绿色水浸状斑点，扩大后呈褐色、稍凹陷，后期病部表面生有小黑点或粉红色黏稠物，瓜条变形。

病原菌主要以菌丝体及拟菌核（未成熟的分生孢子盘）随病残体在土壤中或以菌丝体潜伏于种皮内越冬。翌春条件适宜时，菌丝体和拟菌核发育成分生孢子盘，产生分生孢子，形成初浸染源。发病后在病部形成分生孢子盘产生分生孢子，借风雨、灌溉水、农事操作等进行传播，形成多次再侵染。种子带菌是远距离传播的主要途径。炭疽病的发生和流行与温湿度关系密切。在适温（22～24℃）条件，相对湿度 95%以上时发病最重。

8）细菌性病害

蔬菜细菌性病害主要有白菜软腐病、辣椒软腐病、茄科青枯病、黄瓜角斑病及菜豆疫病等，其中以白菜软腐病发生普遍而严重。白菜软腐病由胡萝卜软腐欧文氏菌胡萝卜变种 *Erwinia carotovora* subsp. *carotovora*（Jones）Bergey et al. 引起。蔬菜细菌性病害多从柔嫩多汁的组织开始发病，初呈浸润半透明状，后变褐色，随即变为黏滑软腐状。比较坚实少汁的组织受侵染后，先呈水浸状，后逐渐腐烂，患部水分蒸发，组织干缩。

白菜软腐病多从包心期开始发病，起初外围叶片表现萎垂，早晚仍能恢复。病情发展严重时，植株结球小，叶柄基部和根颈处心髓组织完全腐烂，充满灰黄色黏稠物，有臭味。在晴暖、干燥环境下，病部常失水干枯变成薄纸状。

软腐病菌主要在病株和病残体组织中越冬。田间发病的植株，周围土壤、堆肥，春天带病的采种株以及菜窖附近的病残体上都有大量病原菌，是重要的侵染来源。病原菌主要通过昆虫、雨水和灌溉水传播，从伤口侵入寄主。病原菌的寄主范围广泛，能从春到秋在田间各种蔬菜上传播繁殖，最后传到白菜、甘蓝、萝卜等秋菜。白菜不同生育期的发病程度不同，苗期伤口愈合能力强发病轻，莲座期后愈伤能力差发病重。田间害虫数量多，造成的伤口多，发病重。包心后如遇多雨，发病也重。

9）蔬菜病毒病

各种蔬菜都有 1 种以上的病毒病，其中以瓜类、番茄和十字花科蔬菜病毒病较为严重。常见的蔬菜病毒病有花叶病、条纹病和蕨叶病 3 种类型，其中以花叶病发生最为普遍。花叶病由烟草花叶病毒引起，条纹病主要由番茄花叶病毒 *Tomato mosaic virus*（ToMV）所致，蕨叶病由黄瓜花叶病毒侵染造成。

花叶病田间常见症状有两种，一种是引起轻微花叶或微显斑驳，植株不矮化，叶片不变小、不变形，对产量影响不大；另一种表现为明显的花叶、新叶变小，叶脉变紫，叶细长狭窄、扭曲畸形，植株矮小，下部多卷叶，并大量落花落蕾，基部已坐果的果小质劣，多呈花脸状，对产量影响较大。条纹病也称条斑病，病株上部叶片呈花叶症状，植株茎秆上中部初生暗绿色下陷的短条纹，后变为深褐色下陷的油渍状坏死条斑，果面散布不规则形褐色下陷的油渍状坏死斑。蕨叶病初期症状是顶芽幼叶细长，展开比健叶慢或螺旋形下卷，叶片十分狭小，叶肉组织退化，仅存主脉，似蕨类植物叶片。

烟草花叶病毒传染性强，极易通过接触传染。番茄花叶病毒主要通过田间农事操作（如分苗、定植、绑蔓、整枝、打杈及蘸花授粉等）传播。黄瓜花叶病毒能通过桃蚜和棉蚜等多种蚜虫传播，但以桃蚜为主。

10）根部病害

蔬菜根部病害主要有枯萎病、根腐病和黄萎病等。瓜类枯萎病仍是目前生产上的难题，根腐病发生较普遍，黄萎病仅侵染茄子。

瓜类枯萎病主要由尖镰孢菌 *Fusarium oxysporum* 引起，典型症状是萎蔫。幼苗发病，子叶萎蔫或全株枯萎，茎基部变褐缢缩，导致猝倒。大田一般在植株开花后开始出现病株，发病初期，叶片由下向上逐渐萎蔫，似缺水状，数日后整株叶片枯萎下垂，茎蔓上出现纵裂，裂口处流出黄褐色胶状物，病株根部褐色腐烂，纵切病茎检查，可见维管束呈褐色。病原菌为土壤习居菌，可以厚垣孢子或菌核在土中或病残体中存活 5～6 年，菌丝体和分生孢子也可在病残体中越冬，并可营腐生生活。越冬病原菌为翌年的初侵染源。分生孢子在幼根表面萌发，主要通过根部伤口和侧根枝处、茎基部裂口处侵入，先在薄壁细胞间或细胞内生长扩展，然后进入维管束。病原菌在田间主要靠农事操作、雨水、地下害虫和线虫等传播，发生程度取决于初侵染菌量，一般当年不进行再侵染。连作地块土壤中病原菌积累多，病害往往严重。根系生长发育不良，或地下害虫和线虫多，易造成伤口，有利病原菌侵入。

根腐病主要由腐皮镰孢菌 *Fusarium solani* 和串珠镰孢菌等镰刀菌侵染引起，是园艺植物上最重要的病害之一。镰刀菌根腐病可为害大豆、菜豆、豌豆、蚕豆、番茄、辣椒、茄子、黄瓜、甜瓜、莴苣、冬寒菜及马铃薯等蔬菜。镰刀菌根腐病的共同症状特点为根的皮层细胞机能失调或死亡，根的外表呈现褐色至黑色腐烂，一般不再发新根；地上部分矮化、变色、萎蔫甚至死亡；潮湿时在病部产生粉红色的霉状物；病部维管束变褐，但不向上扩展，以此可与枯萎病区别。

2. 蔬菜虫害

1）根蛆类

韭菜迟眼蕈蚊、葱蝇、种蝇、萝卜蝇和小萝卜蝇等以幼虫为害蔬菜根颈部，统称为根蛆类。其中前 3 种发生普遍并危害严重。

（1）韭菜迟眼蕈蚊 *Bradysia odoriphaga* Yang et Zhang。

韭菜迟眼蕈蚊的幼虫又称“韭蛆”，属双翅目眼蕈蚊科。在我国北方菜区普遍发生，主要为害韭菜、葱、蒜、莴苣和十字花科等蔬菜，其中以韭菜受害最重。以幼虫群集于韭菜的鳞茎和柔嫩茎部为害，引起地下部腐烂，叶片瘦弱、枯黄或萎蔫，重者整株或成墩死亡。

成虫体小，灰黑色，触角长丝状，足胫节端部有距。幼虫乳白色，细长，头部明显、黑色，上颚有 3 个大齿和 1 个小齿，下颚有许多小齿。

韭菜迟眼蕈蚊在黄淮地区年约发生 6 代，以各龄幼虫在假茎基部或鳞茎上越冬。露地环境翌春 3 月开始为害，以 4～6 月和 9 月下旬至 10 月受害最重。保护地环境 12 月至翌年 2 月为严重危害期。成虫喜在阴湿弱光环境下活动，趋向腐殖质多的地块产卵，卵主要产在韭株基部与土壤间的缝隙、叶鞘缝隙及土块下。幼虫半腐生，老熟后多在浅层土内做薄茧化蛹。各虫态均喜湿润、有机肥多的地块。

（2）葱蝇 *Delia antiqua* Meigen。

葱蝇的幼虫又称“蒜蛆”，属双翅目花蝇科。国内主要分布在北方和中部地区。寡食性，仅为害百合科具辣味的大蒜、葱、圆葱和韭菜，其中以大蒜、圆葱受害最重。以幼虫蛀食大蒜的鳞茎，引起腐烂，严重时引起整株枯死。

成虫体灰黄色，足黑色。幼虫体长 5～7mm，乳白色，蛆状。口钩下缘无齿，腹末周缘有 5 对三角形片状突起，第 5 对明显大于第 4 对。

葱蝇年发生 2～3 代，以蛹及少数幼虫在寄主根际越冬。4 月中旬末为越冬代成虫产卵高峰，4 月下旬至 5 月下旬为春季危害盛期。5 月下旬以蛹在土中越夏，9 月下旬至 10 月为秋季幼虫危害盛期。成虫白天活动，以花蜜为食，趋向于破伤的植株和较干燥的蒜地产卵，卵多产在植株根部附近的马粪堆、地块、土缝及植株枯萎叶片基部的叶鞘内。幼虫孵化后直接钻入土内，蛀食寄主。

2）潜叶蝇类

潜叶蝇类属双翅目潜蝇科，以幼虫潜入寄主叶片的上下表皮之间，穿行取食绿色叶肉组织，致使被害叶片呈现灰白色弯曲的线状蛀道或上下表皮分离的泡状斑块。在蔬菜上发生的潜叶蝇类主要有美洲斑潜蝇、南（拉）美斑潜蝇、豌豆潜叶蝇、菠菜潜叶蝇和大葱潜叶蝇等，其中美洲斑潜蝇和豌豆潜叶蝇的危害普遍而严重。

（1）美洲斑潜蝇 *Liriomyza sativae*（Blanchard）。

美洲斑潜蝇是近几年传入我国的检疫性害虫，在我国传播蔓延迅速，目前已分布于 25 个省、自治区、直辖市，造成了严重危害。寄主植物主要有豆科、葫芦科、茄科、十字花科蔬菜以及锦葵科和菊科的多种植物。幼虫潜叶蛀道在叶片正面呈灰白色弯曲的线状，以中、下部叶片受害较重，严重影响光合作用，导致寄主植物早衰、落花、落果，丧失商品或观赏价值，甚至绝收。

成虫体长 1.3～2.0mm，浅灰黑色，触角第 3 节黄色，中胸背板亮黑色，中胸小盾片及体腹面和侧板黄色。幼虫蛆状，初孵化时半透明，后变为橙黄色，后气门呈圆锥状突起，末端具 3 孔。

美洲斑潜蝇在广东年发生 16～20 代，周年发生。在华北年发生 6～14 代，田间自然条件下不能越冬，但在保护地可越冬并继续为害。在山东等地露地危害盛期为 8～9 月，在保护地危害盛期为 11 月和翌年 4～6 月。成虫白天活动，羽化高峰为 8～11 时，喜在已伸展开的叶片上产卵，卵多散产在叶片表皮下。老熟幼虫在蛀道端部咬破叶片表皮爬出，在叶面上或落到土中化蛹。在发生区内主要通过成虫的迁移或气流扩散，远距离传播主要靠寄主植物或产品的调运和携带。

（2）豌豆潜叶蝇 *Chromatomyia horticola*（Gouyeau）。

豌豆潜叶蝇在我国广泛分布，是北方地区的常发性害虫。主要为害十字花科蔬菜留种株、豌豆、蚕豆、莴苣、茼蒿及多种草本花卉和杂草。受幼虫潜食的叶片正反面均呈现灰白色迂回曲折的蛇形蛀道，内有细小的颗粒状虫粪，蛀道端部可见椭圆形、淡黄白色的蛹。

成虫体长 1.8～2.5mm，灰黑色，多鬃毛。老熟幼虫体长约 3mm，黄白色，体透明，头咽骨上臂较长，分两叉，向后方略弯成弧形，咽骨下臂较短，左右合并成 1 片。

豌豆潜叶蝇在华北地区年发生 5 代，以蛹在被害叶片内越冬。从早春起虫口数量逐渐上升，春末夏初进入危害盛期。在山东等地 4、5 月集中为害蜜源植物十字花科蔬菜留种株和莴苣。成虫白天活动，喜食花蜜和嫩叶汁液作为补充营养，喜产卵于嫩叶的叶尖和叶缘。老熟幼虫在蛀道端部化蛹。豌豆潜叶蝇不耐高温，幼虫在略高于 20℃时发育最快。

3）蚜虫类

蚜虫类属同翅目蚜虫科，通称为菜蚜。发生在蔬菜上的蚜虫种类较多，常见的主要有桃蚜、萝卜蚜 *Lipaphis erysimi*（Kaltenbach）、菜豆蚜 *Aphis craccivora*、瓜蚜 *Aphis gossypii* Glover 和芹菜蚜等，但不同蔬菜品种发生的蚜虫种类有所不同。均以成、若蚜群集在寄主幼嫩部分及叶背刺吸汁液，受害部位常表现为叶片皱缩卷曲，外叶枯黄塌软，留种株籽粒不实等。此外，还可导致煤烟病，传播多种蔬菜病毒病。各种菜蚜均在春末夏初和秋季形成两次危害高峰。

4）菜粉蝶 *Pieris rapae*（L.）

菜粉蝶幼虫又称菜青虫，属鳞翅目粉蝶科，全国各地均有分布，但以北方地区发生普遍而严重。主要为害十字花科蔬菜，喜食厚叶片的甘蓝、花椰菜等。以幼虫蚕食寄主叶片，形成孔洞和缺刻，严重时仅剩叶柄和叶脉，甚至引起软腐病。

成虫前、后翅均粉白色，前翅基部灰黑色，顶角有一黑色三角形斑纹。前翅中部偏外方有 2 个黑色圆斑，后翅前缘也有 1 个黑色圆斑。幼虫圆筒形、青绿色，每一体节具 4～5 条横皱纹，体表密生黑色小毛瘤和短毛，体两侧各有 1 条黄色的气门线（图 4-39）。

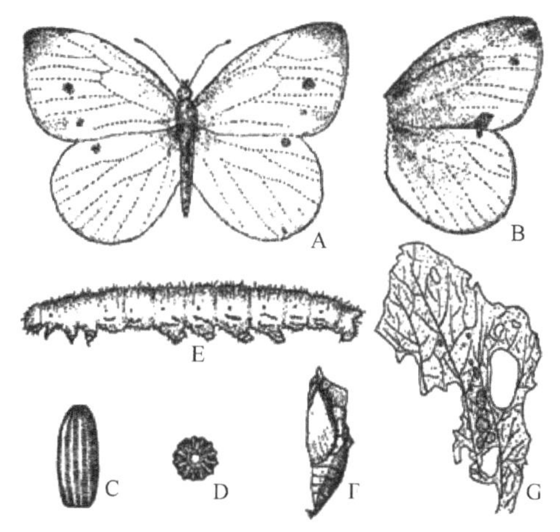

A．雄成虫　B．雌成虫前后翅　C．卵侧面观　D．卵顶面观
E．幼虫　F．蛹　G．危害状。

图 4-39　菜粉蝶

菜粉蝶年发生世代数由北向南逐渐增加，山东等地 4～6 代，均以蛹在墙壁、篱笆、树干、土缝、土块、杂草或残株落叶上越冬。3 月中旬前后出现越冬代成虫，以后各世代重叠严重。5 月下旬至 7 月和 9 月至 10 月甘蓝等十字花科蔬菜生长旺季，危害最重。成虫白天活动，吸食花蜜作为补充营养，成虫产卵对含芥子油糖苷的十字花科蔬菜趋性很强，以甘蓝、花椰菜等和离蜜源植物近的地块寄主落卵量最多。幼虫 3 龄前喜在寄主叶背为害，3 龄后转到叶表蚕食，老熟后在老叶背面、植株底部化蛹，越冬代多远离菜地化蛹。

5）小菜蛾 *Plutella xylostella*

小菜蛾幼虫俗称小青虫，属鳞翅目菜蛾科。我国各省菜区都有分布，以南方地区发生严重，北方地区近年有上升的趋势。主要为害十字花科蔬菜。以幼虫取食寄主叶片，初龄幼虫可钻入叶内取食叶肉形成透明斑点，1 龄末、2 龄初幼虫从蛀道中钻出，3～4 龄幼虫将寄主叶片咬成孔洞或缺刻。苗期多集中于心叶为害，也可为害留种株的嫩茎和幼荚。

成虫小型，灰褐色，前后翅狭长，有缘毛，前翅近后缘有一条呈三度曲折的黄白色带状纹，两前翅合垄后，体背呈现 3 个斜方形斑纹。幼虫细小，淡青绿色，体表有较长的黑色刚毛，臀足细长，伸向后方（图 4-40）。

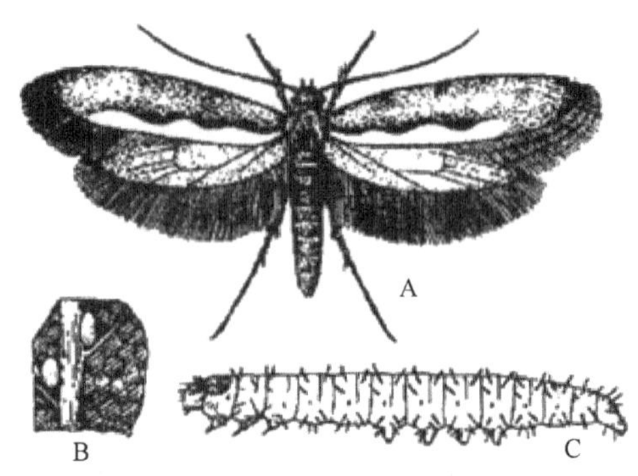

A. 成虫　B. 卵　C. 幼虫。

图 4-40　小菜蛾

小菜蛾在北方地区年发生 3～4 代，以蛹在枯枝落叶上越冬，4～6 月发生较重，主要为害春甘蓝和十字花科蔬菜留种株。成虫昼伏夜出，具趋光性，卵多产于叶片。幼虫苗期集中为害心叶，结球期为害叶球表层和外层老叶，老熟后在原危害处化蛹。

6）菜螟 *Hellula undalis* Fabricius

菜螟的幼虫俗称钻心虫、剜心虫，属鳞翅目螟蛾科，我国分布广泛。仅为害十字花科蔬菜，以薄叶类的萝卜、白菜受害较重。以幼虫蛀食寄主幼苗和生长期的心叶、叶柄，取食叶片，常造成苗期缺苗断垄，成株期多头生长，或仅剩 3～4 片较大的外围叶片。

成虫体灰褐或黄褐色，前翅具灰白色双重波状的内、外横线，肾形纹明显。幼虫头胸黑褐色，胴部淡黄或暗白色，体线清晰，腹部第 3～6 节气门后上方各有一与气门同大的黑色斑点。

菜螟在山东等地年发生 3～4 代，以多数老熟幼虫和少数蛹在土内越冬。各地均以 8、9 月发生最重。成虫昼伏夜出，趋光性不强，多产卵于寄主心叶附近。幼虫 3 龄后蛀入菜心，吐丝缠绕心叶。成虫盛发期一般与寄主 2～4 真叶期相吻合。

7）豆蛀螟 *Maruca testulalis* Geyer

豆蛀螟又称豆荚螟、豆荚野螟等，属鳞翅目螟蛾科。我国各地均有分布，北方地区发生普遍而严重。主要为害豇豆、菜豆、扁豆及大豆等豆类蔬菜。幼虫主要蛀食豆荚，也蛀害蕾、花瓣、嫩茎等，并可吐丝卷食叶片，造成落荚、落蕾、落花和枯梢。蛀食后期果荚、种子被食，蛀孔处堆有腐烂状的绿色虫粪，严重影响豆科蔬菜的产量和质量。

成虫体中小型，灰褐色，前翅黄褐色，在中室端部有1白色透明带状斑，中室内及中室下方各有白色透明小斑。幼虫体长18～23mm，黄绿色，中后胸背板及腹部背面各有6个黑褐色毛片，前列4个，后列2个。

豆蛀螟在西北、华北地区年发生3～4代，在华东、华中地区年发生5～6代，以蛹在土中越冬。越冬代成虫出现于5月上中旬，6月中旬至8月下旬为幼虫危害盛期，9月后集中在扁豆上发生。山东等地成虫不能越冬，6月在豇豆上出现幼虫，7月豇豆盛荚期达第1次田间高峰，8月以后迁到菜豆、扁豆上为害。成虫昼伏夜出，有趋光性，卵多产在花蕾、花瓣、苞叶、花托上。初孵幼虫多蛀入花器，取食雌雄蕊，少数蛀食内荚，被害花蕾和嫩荚不久便脱落。幼虫3龄后多蛀入果荚内食害豆粒，蛀孔圆形，被害荚雨后常致腐烂。幼虫有转移为害习性，多在傍晚爬行转移。老熟幼虫多钻入土缝内做土室结茧化蛹。成虫盛发期一般与寄主花蕾期相吻合。

8）粉虱类害虫

我国北方地区常发粉虱类害虫主要有温室白粉虱 *Trialeurodes vaporariorum*（Westwood）和烟粉虱 *Bemisia tabaci*（Gennadius），目前前者已被后者基本取代。我国关于外来烟粉虱的记载始于1949年，当时仅为危害程度不大的A型烟粉虱，仅分布于台湾、云南等省区市。1997年B型烟粉虱开始在我国广东东莞大爆发，到2001年已扩散到全国22个省区市，对蔬菜、花卉、棉花等作物造成严重危害。目前，我国大部分地区都遭受B型烟粉虱侵害，这种"超级害虫"的入侵给我国农业生产带来了巨大的危害。我国科学家发现B型烟粉虱之所以能实现"超级入侵"，是因为B型烟粉虱与土著烟粉虱之间存在着一种"非对称交配互作"，这一机制使得B型烟粉虱不断压抑土著烟粉虱种群的增长，最终取代危害性不大的土著烟粉虱。

粉虱类害虫属同翅目粉虱科，分布广泛。主要为害蔬菜、花卉、烟草、中草药等，以北方保护地蔬菜受害较重。在蔬菜上偏嗜嫩绿和叶背多毛的寄主，以黄瓜、茄子、番茄、辣椒、豆类、莴苣受害最重。以成、若虫群集于叶背刺吸寄主汁液，受害叶片褪绿变黄、萎蔫，甚至枯死。

温室白粉虱成虫体长1.0～1.5mm，复眼暗红色，体被白色蜡粉，外观全体白色。若虫椭圆形、扁平，2、3龄后触角和足退化。伪蛹椭圆形，白或淡黄色，体背具5～8对针状腊丝。

温室白粉虱在北方地区温室年发生10余代，世代重叠严重，以各虫态在温室越冬或继续繁殖为害。露地春季虫源均来自温室、大棚，以 8、9 月危害最重。成虫具强烈的趋嫩性，多集中于嫩叶背取食和产卵。

B 型烟粉虱起源于地中海—小亚细亚地区，又名棉粉虱、甘薯粉虱等，目前已伴随着一品红等植物传播到世界各地，并造成严重危害。可使多种蔬菜和花卉、烟草、棉花等经济作物严重减产或绝产。

B 型烟粉虱以成虫和若虫群集于寄主植物叶背，直接刺吸寄主植物汁液，使作物叶片褪绿、黄化甚至枯死，导致植株衰弱；若虫和成虫还可以分泌蜜露，诱发煤污病，密度高时，叶片呈现黑色，严重污染蔬菜并影响光合作用。成虫产卵时以卵柄插入叶片组织，也会造成微伤口失水。另外，B 型烟粉虱还可以在 30 种作物上传播 70 种以上的病毒病，不同生物型传播不同的病毒。烟粉虱对不同的植物有不同的危害症状：叶菜类如甘蓝、花椰菜受害表现为叶片萎缩、黄化、枯萎；根茎类如萝卜受害表现为颜色白化、无味、重量减轻；果菜类如番茄受害表现为果实成熟不均匀，西葫芦表现为银叶；在花卉上，可以导致一品红白茎、叶片黄化、落叶；在棉花上，使叶正面出现褐色斑，虫口密度高时有成片黄斑出现，严重时导致蕾铃脱落，影响棉花产量和纤维质量。

B 型烟粉虱取食营养不均匀的植物韧皮部，高度依赖内共生细菌提供必需的营养物质。这些细菌通常被特化的寄主细胞——含菌细胞所包裹。此类内共生细菌有两个显著特点：①基因组退化；②通过雌虫卵巢垂直传播。然而，长期以来，有关“退化的共生细菌如何实现代谢功能，共生细菌如何实现垂直传播，含菌细胞在昆虫发育过程中的命运”等问题我们知之甚少。

B 型烟粉虱在温室内可常年繁殖为害，寿命较长，世代重叠，第二年春季转入露地，随风扩散，并可随寄主植物远距离传播，因此，该虫具有危害猖獗、蔓延迅速等特点。冬季，在加温温室和节能日光温室中繁殖为害，无滞育或休眠现象，第二年春季通过菜苗或由通风口迁飞至大棚、露地，成为大棚露地蔬菜的年际初始虫源。成虫在嫩叶上产卵，单雌产卵量达 100 余粒。在 18～21℃室温时繁殖快，特别在温室条件下，1 个月左右即可完成一代。5 月中旬和 9 月上中旬易形成高峰。露地蔬菜粉虱于春末夏初种群数量上升，夏季高温多雨时有所下降，秋季天气凉爽时再次迅速上升，达到高峰。10 月下旬至 11 月初气温下降，虫口数量逐渐减少，再由露地大棚转入温室，使粉虱能够持续周年发生。

粉虱类害虫危害严重的原因分析如下：①保护地环境适宜发生，繁殖力强；粉虱适应能力很强，一年可以发生 10 余代，且世代重叠严重。②寄主范围广，不同作物之间迁移。粉虱的寄主范围广为粉虱的连续繁殖提供充足的食物，而不同作物之间迁飞，为粉虱的防治增加了难度。③危害隐蔽，粉虱的成虫和若虫多聚集在叶片白面为害，隐蔽性强，喷药时药液难以触及虫体。④抗药性强。高频次地使用化学农药，使粉虱产生了抗药性，同时也杀死了粉虱的大部分天敌。⑤粉虱传播病毒病危害严重，粉虱的成虫和若虫除了直接取食植物汁液，造成危害，其作为介体所传播的病毒病危害尤其引人关注。⑥粉虱若虫危害处易引发霉污菌，也会影响植物叶片光合作用。

4.3.2.2　蔬菜主要病虫害生态防控

1）蔬菜猝倒病生态防控

①选地。露地育苗应选择地势较高、能排能灌、不黏重、无病或轻病地作苗圃，不用旧苗床土。保护地育苗用育苗盘播种。地温低时，在电热温床上播种。②适期播种。在可能条件下，应尽量避开低温时期，同时最好使幼苗出芽后 1 个月避开梅雨季节。

2）蔬菜立枯病生态防控

土壤处理主要包括农业措施。可以采用深耕高畦的方法，把苗定植在高的畦上，有效地避免积水，从而减少病害。多施一些有机肥，尽量多施一些追肥，也可以有效防止病害扩展。

3）黄瓜霜霉病生态防控

应该以预防为主，预防的时期根据温湿度条件而定。一般在阴雨天到来之前及连续阴雨的情况下，进行预防。另外要注意选用霜霉病抗病良种；加强栽培管理，适当稀植，采用高畦栽培；浇小水，严禁大水漫灌，雨天注意防漏，大力推广滴灌技术；收获后彻底清除病残落叶，并带至棚、室外妥善处理。

（1）创造一个低湿的生态环境条件，控制霜霉病的发生与发展。

发病初期适当控制浇水。保护地栽培注意增强通风，降低空气湿度。温室内，夜间空气相对湿度多高于 90%，清晨拉苫后，要随即开启通风口，通风排湿，降低室内湿度，并以较低温度控制病害发展。9 点后室内温度上升迅速时，关闭通风口，使室内温度快速提升至 34℃，尽力维持在 33～34℃，通过高温降低室内空气湿度和控制病害。下午 3 点后逐渐加大通风口，加速排湿。覆盖草苫前，只要室温不低于 16℃就尽量加大风口，若温度低于 16℃，须及时关闭风口进行保温。放苫后，可于 22 点前后，再次从草苫的下面开启风口（通风口开启的大小，以清晨室内温度不低于 10℃为限），通风排湿，降低室内空气湿度，使环境条件不利于黄瓜霜霉病孢子囊的形成和萌发浸染。

如果黄瓜霜霉病已经发生并蔓延开了，可进行高温灭菌处理：在晴天的清晨先通风浇水、落秧，使黄瓜瓜秧生长点处于同一高度，10 点时，关闭风口，封闭温室，进行提温。注意观察温度（从顶风口均匀分散吊放 2～3 个温度计，吊放高度与生长点同），当温度达到 42℃时，开始记录时间，维持 42～44℃达 2h，后逐渐通风，缓慢降温至 30℃。可比较彻底地杀灭黄瓜霜霉病菌与孢子囊。

总之，用控制温湿度的方法，使其不利于病原菌生长发育，降低病情的发展，是有效防治黄瓜霜霉病的生态防控技术。

（2）选用抗病品种。不同品种的黄瓜对霜霉病的抗病性差异很大。在正常情况下晚熟品种具有更强的抗性，品质较差的品种比品质好的品种抗性强。培育无病壮苗，增施基肥，注意氮、磷、钾肥合理搭配。区分植株立体发育状况。幼苗期的子叶较抗病；成株期的顶部嫩叶比成熟期的中下部嫩叶更具抗性。因此，植株上部嫩叶通常发病较轻，中部和下部叶片发病较严重。

（3）注意实行轮作，增施有机肥料，合理浇水，调控平衡营养生长与生殖生长的关系，促进瓜秧健壮，提高黄瓜植株的抗病能力。只要能坚持始终，不但黄瓜霜霉病很少发生或不发生，其他病害也会很少发生。

（4）生态防控。改革耕作方法，改善生态环境，实行地膜覆盖，减少土壤水分蒸发，降低空气湿度，并提高地温。进行膜下暗灌，在晴天上午浇水，严禁阴雨天浇水，防止湿度过大，叶片结露。浇水后及时排除湿气，防止夜间叶面结露。加强温度管理，上午将棚室温度控制在28～32℃，最高35℃，空气相对湿度60%～70%，每天不要过早地放风。

（5）科学施肥。施足基肥，生长期不要过多地追施氮肥。植株发病常与其体内“碳氮比”失调有关，碳元素含量相对较低时易发病。根据这一原理，通过叶面喷肥，提高碳元素比例，可提高黄瓜的抗病力。

4）番茄晚疫病生态防控

①选用抗病品种。如百利、L-402、中蔬4号、中蔬5号、中杂4号、圆红、渝红2号、强丰、佳粉15号、佳粉17号等品种。②条件许可时可与非茄科蔬菜实行3～4年轮作。选择地势高、排灌方便的地块种植，合理密植。合理施用氮肥，增施钾肥。切忌大水漫灌，雨后及时排水。加强通风透光，保护地栽培时要及时放风，避免植株叶面结露或出现水膜。③培育无病壮苗。病原菌主要在土壤或病残体中越冬，因此，育苗土必须严格选用没有种植过茄科作物的土壤，提倡用营养钵、营养袋、穴盘等培育无病壮苗。④清洁田园。番茄、黄瓜、辣椒、芹菜等作物收获后，彻底清除病株、病果，减少初侵染源。经常检查植株下部靠近地面的叶片，一旦发现中心病株，立即除去病叶、病枝、病果或整个病株，在远离田块的地方深埋或烧毁，防止病害蔓延。⑤避免在有番茄晚疫病的棚内育苗，定植前仔细检查剔除病株，并喷1次药。雨季及时排涝，降低田间湿度。

5）蔬菜白粉病生态防控

①清洁田园，清除田间病残体、老叶、秧蔓，实施病菌源头治理。②培育抗性品种。目前生产中已经有多种抗白粉病作物和观赏植物品种，应确保选购抗性品种。③充足的阳光照射。在荫凉处生长的作物特别容易发生白粉病，而阳光照

射充足时则白粉病发生轻。④注意调节棚室内温湿度。白天室内温度维持在 30℃以上，夜晚尽量使室内温度降至作物适宜温度的下限；最大限度地降低室内湿度，以高温低湿和低温低湿抑制分生孢子萌发，减少发病。如果栽培西葫芦，可把夜温降得更低些，只要清晨室内温度不低于 6℃，就可有效地防止分生孢子的萌发，而不会影响西葫芦的生长结瓜。⑤改变发病环境的 pH。白粉病病菌对其微生态环境 pH 变化非常敏感，可以通过喷洒碱性溶液增加 pH，或用酸性溶液减小 pH。由于酸、碱可以破坏植物组织及白粉病病菌孢子，因此，应保持一定的浓度。使用碳酸氢钠（或钾），将一汤匙小苏打加入 3.7L 水中。为了增加喷雾效果，可以再加一汤匙植物油或洗洁精。喷施乙酸，将 5%乙酸 200mL，加入 3.7L 水摇匀，喷雾于白粉病病斑处。

6）蔬菜灰霉病生态防控

①选择抗病品种。利用品种自身抗性抑制灰霉病的发生，可有效减少施药次数，降低生产成本，从而提高作物产量和经济效益。②及时、彻底清理病残秧蔓、老叶，以及病果等。③实施轮作 3 年以上，选择地势较高、排水畅通的田块栽植。④合理施肥。增施腐熟的有机肥，做好配方施肥，重施磷钾肥，可有效提高植株抗病能力。

7）蔬菜炭疽病生态防控

①注意轮作，收获后清洁好田园，深翻土壤。②种子播种前用 55℃温水浸种 5min。

8）蔬菜细菌性病害生态防控

①种子处理。②土壤消毒处理。播种前，清除棚内病株残体，然后结合整地，每亩匀撒 50kg 生石灰、50kg 草木灰、1kg 硫黄粉，晒土两天后，再播种。③加强棚内管理。棚内管理主要是湿度管理，合理密植；采用半高垄地膜栽培；应用无滴膜作棚膜；灌溉时，采用滴灌，避免浸灌；早晨露水大和棚内田间湿度大时，不进行田间农事操作等，这些措施都能有效防止细菌病害的发生。④合理轮作。进行不同种类作物轮作，仍是防治细菌病害的有效方法。⑤及时治虫和防止人为伤害植株，从而减少病原细菌的侵染机会。

9）蔬菜病毒病生态防控

选择抗病品种，增强植株抗性。可以用苗床预防法，即在辣椒等进行育苗时，用 2%氨基寡聚糖素 60mL，拌土进行撒施，处理苗床。既可促进种子早发芽，快生根，提高免疫力，使苗体健壮，又能预防多种苗期病害。对于蔬菜病毒病来说，增强植株抗性应该放在第一位，该技术可以在根本上解决问题。此外，还可叶面喷施增强抗性的调理剂甲壳素、芸苔素类。

注意补充微量元素。在病毒病防治中，有些类型的病毒病发生与植株营养元素的缺乏有关。如黄化病毒、蕨叶病毒类与铁锌等微量元素缺乏有关，因此在防治中要增施对应的微量元素。

减少人为制造伤口。蔬菜的病毒病大多通过伤口侵入，田间农事操作是造成温室病毒病大发生的一个重要方面，如吊绳、摘果、摘叶等。

收获时彻底清除病株根系。在蔬菜采收时，要将植株拔出干净，不要让大量根系留在土壤中。在拔园之前要先将土壤浇水，2～3d 后再将植株拔出，否则会有大量根系残留在土壤中。

10）蔬菜根部病害生态防控

沤根的预防应减少浇水量或次数，天旱温高，必须浇水时，切记不要大水漫灌。沤根的防治，应浇水后，待土壤稍干，可划锄松土，增加透气，避免根系长时间处于缺氧状态。温度低时，少浇水，浇小水。最有效的手段是采用滴灌。

根腐病的防治宗旨是“预防为主”。

枯萎病目前在番茄发病较多，而茄子、黄瓜较少。原因是后两种蔬菜采取嫁接种植，一旦发病，防治困难。因而预防是防治枯萎病的最重要措施。预防所用药剂和方法与根腐病一样，突出一个“早”字是关键。定植缓苗后就应进行预防。为配合预防，减少缓苗的时间同样重要，并提前缓苗 2d 左右；定植水可掺入促进生根的物质如甲壳素，以明显增加根量，根贝贝是甲壳素的升级产品，效果更佳。

11）大白菜腐烂病生态防控

对于病因比较复杂的大白菜腐烂病防控，应该多方面分析入手。

（1）防控先烂心的腐烂病，必须先从根源抓起。①首先选择优良品种。②播种之后，如果遇到多雨季节，必须及时排干积水，防止土壤含水量大而影响大白菜正常生长。③就是及时防除害虫，如菜青虫、小菜蛾、甜菜夜蛾等。④发现已经烂心的大白菜，及时拔除，带出田外处理。

（2）在腐烂病高发期，做好预防工作。①在发病初期，及时喷布波尔多液防止病菌扩散。②对于带菌菜株，及时、彻底拔除并带出田外处理。③采用高畦栽培、少量多次浇水方式，避免根系受伤。④合理换茬。因为连续种植可使病原菌在土壤中积累，雨季容易扩散而感染。

12）蔬菜田蝼蛄类害虫生态防控

①灯光诱杀。利用蝼蛄的趋光性诱杀，在降雨之前或天气闷热时效果更佳。②粪坑诱杀。利用新鲜的牛马粪诱杀，间隔 3～5m，挖掘直径 30cm、深度 50cm 的诱集坑，于傍晚时分放入牛马粪 1～1.5kg，上面覆盖青草，即可诱杀蝼蛄。

13）根蛆类害虫生态防控

①栽培防治。实行轮作倒茬，深翻改土，施用充分腐熟的农家肥料或功能性

微生物肥料。②选种。大蒜播前要选择无虫、无病、无霉、无损，形状周正的健康蒜瓣栽种，栽前剥皮，以缩短发芽时间，减轻受害。不栽霉烂蒜瓣，防止腐烂发臭、招引成虫产卵。③糖醋液诱杀成虫。在成虫发生期，可将糖、醋、水按1∶1∶2.5 的比例混合，盛入小容器中，按 30～50m 间隔距离摆放在田间，诱杀成虫。④施用捕食性线虫制剂。

14）潜叶蝇类害虫综合防治方法

①低温冷冻晒垄。即在冬季 1 月育苗之前，将棚室敞开暴露在低温环境中 7～10d，自然冷冻，可消灭越冬虫源。②高温闷棚。即在夏季高温换茬时将棚室密闭 7～10d，具体方法是在上茬作物收获后，先不清除遗留残株，而将棚室全部封闭，昼夜不开缝，使晴天棚室温度达 60～70℃，以杀死大量病虫源。待处理完毕再清除棚内残株，如此省工、省力，又防止虫源扩散到露地。③覆盖防虫网。在秋季和春季的保护地通风口处设置防虫网，防止露地和棚内的虫源交换。④悬挂黄板诱杀成虫。即在保护地内架设黄板，诱杀保护地中的斑潜蝇成虫，如能保持黄板的悬挂高度始终在作物生长点上方 20cm 并保持黄板的黏着性，则可收到很好的效果。

15）菜粉蝶生态防控

菜粉蝶的防治应以培育无虫壮苗、健身栽培为重点，以农业防治措施为主，协调化学防治和生物防治，适当采用物理防治。保护利用天敌，有选择地使用生物农药和化学农药。

合理布局，尽量避免十字花科蔬菜周年连作。在一定时间、空间内，切断害虫的食物源。十字花科蔬菜收获后，清除田间残株，消灭田间残留的幼虫和蛹。前春可通过覆盖地膜，提前春甘蓝的定植期，避过第 2 代菜青虫的危害。

保护利用天敌。在天敌大量发生期间，应注意尽量少使用化学药品，尤其是广谱性和残效期长的农药。可释放蝶蛹金小蜂、赤眼蜂等天敌。可使用 Bt 乳油喷雾，或菜粉蝶颗粒体病毒和寄生性线虫等。现今用于防治菜青虫的真菌性农药主要是金龟甲绿僵菌和球孢白僵菌。其中金龟甲绿僵菌具有致病力强、对人畜无毒、无残毒、容易生产、持效期长等优点；球孢白僵菌具有容易大量生产、防效好、防治成本较低、不伤害天敌等特点。

16）蔬菜蚜虫类生态防控

①银灰色膜避蚜。蚜虫对不同颜色的趋性差异很大，银灰色对传毒蚜虫有较好的忌避作用。收集一些银灰色食品袋或奶粉袋。使用时将这种塑料袋翻转过去，使银灰色朝外，有彩色的画面朝里，用小木棍插到菜田或苗床上，可起到驱避菜蚜、减轻病毒对多种十字花科蔬菜危害的作用。②黄板诱蚜。黄色对蚜虫有很强的引诱作用，生产中可制作大小 15cm×20cm 的黄色纸板，最好在纸板上涂一层

10 号机油或治蚜常用的农药，插或挂于蔬菜行间与蔬菜持平。有翅蚜一见到黄色纸板，便纷纷降落其上。机油黄板诱满蚜后要及时更换，药物黄板使蚜虫触药即死，大大减少了有翅蚜既向菜田传播病毒又直接食用蔬菜汁液的双重危害。③天敌控蚜。蚜虫的天敌有七星瓢虫、异色瓢虫、食蚜蝇及蚜霉菌等。目前已经实现异色瓢虫周年化的大规模、低成本生产繁育技术，可根据发生情况，及时人工释放进行防治。

17）豆蛀螟

蛀食豆荚的螟虫主要有两种，一种是主要为害豇豆、菜豆、扁豆的豆野螟（又名豇豆荚螟、豆荚野螟），另一种是以为害大豆（毛豆）为主，兼为害菜豆、扁豆的豆荚螟。它们均以幼虫在荚内取食，从外面喷药不会触及虫体，因此难于防治。如用药防治，必须抓住发蛾盛期、产卵盛期，在幼虫孵化后、蛀入豆荚之前把它们杀灭，即在豇豆、菜豆现蕾期和花期每 7～10d 喷药一次，连喷 2～3 次，做到“治花不治荚”。

18）粉虱类害虫

白粉虱类蔬菜害虫生态防控是以清洁田园、消除白粉虱各个虫态的依附载体、培育“无虫壮苗”为基础，大力推进生物防治和物理防治措施。

①培育“无虫壮苗”。育苗时把苗床和生产温室分开，育苗前对苗房进行熏蒸消毒，消灭残余虫口；通风口增设尼龙纱或防虫网等，以防外来虫源侵入。②清除杂草、残株，保证蔬菜生产场所洁净。③合理种植、避免混栽。避免混栽黄瓜、番茄、菜豆等白粉虱喜食的蔬菜，提倡第一茬种植芹菜、甜椒、油菜等白粉虱不喜食、危害较轻的蔬菜；二茬栽种黄瓜、番茄。这样的轮作安排可以切断白粉虱的食物链。④物理防治技术。利用白粉虱强烈的趋黄习性，在发生初期，可挂放黄板于蔬菜植株行间，诱杀成虫。与诱虫灯组合使用，效果更佳。⑤生物防控。人工释放丽蚜小蜂、中华通草蛉和龟纹瓢虫等天敌防治白粉虱类害虫。人工生产繁育龟纹瓢虫和丽蚜小蜂技术已经成熟并形成商品化。当番茄平均每株白粉虱成虫在 1.0～4.0 头时，每隔 2 周连续 3 次释放龟纹瓢虫各 10 头/株；白粉虱成虫达 8～10 头时，释放丽蚜小蜂每株共 30～50 头，可控制白粉虱的发生与危害。筛选野生苘麻、龙葵、薄叶萝卜、厚叶甘蓝、多头向日葵等白粉虱寄主植物，完善栽培技术。

4.3.2.3　蔬菜生态植保整体解决方案

蔬菜植保大致可以分为 5 个发展阶段。一是 20 世纪 50 年代前后，蔬菜品种少，面积小，种植分散，病虫害种类少，防治手段较原始。基本以人工防治为主，辅以土法生产的植物性农药，施用土杂肥、草木灰为主。二是 20 世纪六七十年代，化学农药开始使用，以杀虫剂、有机氯、有机磷农药为主，用药量不断加大，大量杀伤天敌；杀菌剂、除草剂也广泛使用，严重破坏了菜田生态平衡，病虫害种类不断增多，菜蚜、小菜蛾、菜青虫、棉铃虫、白粉虱等逐渐成为主要害虫，防治难度越来越大。三是20世纪70年代到80年代中期，综合防治概念逐步建立，开始推广应用微生物农药，逐渐采用农业措施等非农药防治技术。但这一时期，仍以化学防治为主，农药品种、用药量有增无减，病虫害抗药性水平愈加增强，农药残留与环境污染、生态破坏问题引起社会关注。四是20世纪80年代中期以后，我国推进“菜篮子”工程，蔬菜有机生产、绿色生产不断涌现，多元化治理技术得到大面积推广应用。目前进入第五个阶段，即以清洁菜园为基础，大力推进物理、生物防治技术，最大程度限制化学农药施用。

近年来，随着蔬菜种植面积的不断扩大、品种增多、种植方式多样，以及化学农药的大量使用，多种病虫发生与危害加重（表4-23和表4-24）。因此，在蔬菜病虫害的防治上，更应强调协调运用以农业和生物等环境友好措施为主的多种综合技术措施，严格控制化学农药的使用和安全间隔期，以确保蔬菜生产的安全、优质、高产和高效。

表4-23　常见蔬菜病害病源状况

蔬菜病害	越冬	越夏	发生
猝倒病	以土中卵孢子或病残体菌丝体越冬	以菌丝体或孢子囊越夏	借雨水、灌溉水、带菌的堆肥和农具传播
立枯病	以菌丝体和菌核在土壤或病残体中越冬	以菌丝体在受害植株体内越夏	通过雨水、灌溉水、农具传播
霜霉病	以菌丝体或卵孢子越冬	以菌丝体或孢子囊在受害植株组织越夏	卵孢子和孢子囊靠气流和雨水传播
疫病	以卵孢子或菌丝体越冬	以菌丝体和孢子囊在受害植株越夏	卵孢子经雨水、灌溉水传播或风雨、气流传播
白粉病	以菌丝体越冬	在受害植株上越夏	子囊孢子和分生孢子主要借气流、雨水传播；20～25℃为适宜温度
灰霉病	以分生孢子、菌丝体或菌核越冬	在受害植株上越夏	分生孢子借气流和雨水传播；低温多雨天气发病重
炭疽病	以菌丝体及拟菌核越冬	以子囊孢子及分生孢子越夏	借风雨、灌溉水、农事操作等进行传播；22～24℃，相对湿度95%以上发病最重
细菌性病害	在病株和病残体组织中越冬	在受害植株上越夏	通过昆虫、雨水和灌溉水传播，从伤口侵入

表4-24　常见蔬菜虫害虫源状况

蔬菜虫害	越冬	越夏	发生
根蛆类	以幼虫或蛹越冬	以幼虫、成虫越夏	以幼虫为害蔬菜根颈部
潜叶蝇类	以蛹越冬	以幼虫、蛹、成虫越夏	主要危害蔬菜叶片

续表

蔬菜虫害	越冬	越夏	发生
蚜虫类	以若蚜、成蚜越冬	以若蚜、成蚜越夏	以成、若蚜群集在寄主幼嫩部分及叶背刺吸汁液
菜粉蝶	以蛹越冬	以幼虫、蛹、成虫越夏	年发生世代数由北向南逐渐增加，山东等地4～6 代
小菜蛾	以蛹越冬	以幼虫、蛹、成虫越夏	北方地区年发生 3～4 代；4～6 月发生较重
菜螟	以老熟幼虫和蛹越冬	以幼虫越夏	年发生 3～4 代；8、9 月发生较重
豆蛀螟	以蛹越冬	以幼虫越夏	西北华北地区年发生 3～4 代
温室白粉虱	以各虫态越冬	以各虫态越夏	北方地区温室年发生 10 余代

1. 实施清洁菜园，实现病虫害源头治理

①深耕翻土，冬季灌水。在蔬菜收获后的秋冬季节，及时深耕翻土或冬灌，可将多种在土中越冬的害虫（如甜菜夜蛾、根蛆等）和病原菌等翻至地面，并破坏其越冬场所，利用冬季严寒冷冻和机械杀伤，减少越冬虫、菌源。②清洁田园，铲除杂草。秋季蔬菜采收后，及时清除田间残株落叶。早春及时铲除田中及周围杂草，可消灭附着其上的害虫和病原菌，减少害虫的产卵寄主和食料及病原菌的侵染来源。

2. 掌握生物防治资源，大力推进生物防治技术

据叶正楚和王韧（1992）报道，全国蔬菜害虫的天敌共有 781 种。除棉铃虫、蚜虫、红蜘蛛、一些地下害虫的天敌资源分散于其他内容中有所介绍，主要蔬菜害虫的天敌如下。

（1）寄生性天敌。主要有广赤眼蜂、拟澳赤眼蜂、松毛虫赤眼蜂、菜蝽黑卵蜂、粉蝶绒茧蜂、粉蝶金小蜂、广大腿小蜂、次生大腿小蜂、粉蝶黑瘤姬蜂、菜蛾绒茧蜂、菜蛾啮小蜂、跳甲茧蜂、丽蚜小蜂、多种寄生蝇等。其中广赤眼蜂、粉蝶金小蜂对菜粉蝶的控制作用强；拟澳赤眼蜂对斜纹夜蛾的控制作用强；菜蝽黑卵蜂是菜蝽的主要控制因子；各种寄生蜂对危害蔬菜的多种夜蛾有很强的控制作用，使其一直处于次要害虫的地位。

（2）捕食性天敌。主要有瓢虫类、草蛉类、食蚜蝇类、蚜茧蜂类、食虫蝽类、蜘蛛类、捕食螨类等。这些天敌食性杂，迁移性强，控制作用有明显的季节性。它们对菜蚜类、鳞翅目害虫的卵和小幼虫、螨类等的控制作用都比较强。

（3）蔬菜致病微生物。主要有病毒类，如菜白蝶颗粒体病毒、斜纹夜蛾核多角体病毒、小菜蛾病毒等。细菌类，如苏云金杆菌、青虫菌、HD-1、7216 等。真菌类，如白僵菌、蚜霉菌、赤座孢菌等。这类天敌不但有很强的控制作用，而且为微生物农药的开发利用提供了基础。

在菜园生态系统特定的环境条件下，蔬菜害虫天敌有 4 个特点：一是从群落种类来说，寄生性天敌、致病性天敌占多数；捕食性天敌中，中小型天敌数量多。二是 R 类天敌多于 K 类生态对策天敌。三是许多天敌在菜园和其他作物田之间进行频繁的转移和交换。四是就天敌的季节性变化而言，春季较少，夏季常常转移到其他作物生态系统，秋季数量最多，控制作用最强。所以，人工生产繁育和释放应用天敌的关键时期应放在早春季节，以助增天敌数量，逆转“害虫—天敌”跟随关系，重构“蔬菜—害虫—天敌”为“蔬菜—天敌—害虫”生态结构关系。

3. 播种期防治

（1）选用抗病虫品种。栽培抗病虫的蔬菜品种，是控制病虫危害的有效措施，可避免或减轻某些病虫的危害，如番茄毛粉 802 品种的多毛性状可抗蚜虫和温室白粉虱的危害。

（2）合理安排种植布局。尽量避免小范围内十字花科蔬菜的周年连作或单一品种的大面积种植，以减轻多种病虫害；轮作不仅有利于蔬菜生长，还可减少土壤中积年流行病害病原的积累和单食性、寡食性害虫的食源。如甘蓝与薄荷或番茄间作或套种，可驱避菜粉蝶产卵。

（3）适当调整播期或选用早熟品种。在可能的范围内适当调整蔬菜的播种期或选用早熟品种，可以避开某些害虫的发生高峰期或传毒昆虫的迁飞期，从而减轻这些病虫的危害。如十字花科蔬菜适期晚播，可减轻病毒病的发生；种植甘蓝时，采用早春地膜或小拱棚保护地栽培可免受菜青虫的危害，并可减少根部病害的发生；春播蒜适期早播，可使烂母期避开蒜蛆成虫的产卵高峰，从而减轻受害。

（4）培育无病虫苗。培育无病虫壮苗是冬季保护地栽培的关键措施之一，同时也可预防多种病虫的发生。对在北方露地栽培条件下不能越冬的害虫如温室白粉虱、茶黄螨和美洲斑潜蝇，以及西葫芦病毒病、姜腐烂病等的防治，培育种植无病虫壮苗尤为重要。

（5）种子和土壤药剂处理。播种时用高效低毒的药剂处理种子或土壤，可以防治各种地下害虫和根结线虫病、枯萎病、苗期立枯病、猝倒病等土传病害的发生与危害。对于各种细菌性病害，病穴土壤的药剂处理是减轻其传播蔓延的重要措施。控制细菌性病害时，还可采用甲醛浸种进行种子消毒；预防真菌性病害时，可用福美双或多菌灵等杀菌剂拌种。种子消毒的药剂剂量和处理时间视蔬菜品种而定。

4. 生长期防治

（1）农业防治。主要是加强栽培管理和合理浇水施肥。可采用的主要措施有：

定植前喷药，带药移栽，防止苗期将病虫带入大田；移栽前深耕，减少虫、菌源；定植后至生长前期适当控制浇水，及时追肥、小水勤浇，防止大水漫灌；及时摘除病叶、老叶、病果，收获后彻底清除病虫残体，防止其传播蔓延；覆盖地膜，阻止病虫侵入和扩散等。保护地盖有地膜的应膜下浇水，以避免棚室湿度过大而利于发病；发病田深翻土壤后灌水，再密闭棚室提升温度，促使病原在土壤中腐烂死亡。

（2）物理生态控制。目前可采用的主要措施有：利用遮阳网、防虫网等，既防虫，又有利于作物生长，还可减轻蚜传病毒病的发生；利用蚜虫、温室白粉虱喜黄色，蚜虫忌避银灰色的特性，田间铺银灰膜或悬挂银灰膜条避蚜，采用黄板或黄皿诱杀蚜虫和温室白粉虱；利用灯光诱杀一些趋光性害虫；人为调控保护地小生境的温、湿度，抑制某些病原菌的生长等。

5. 保护地蔬菜害虫生态防控

保护地作物栽培是相对于露地作物栽培的技术，用于作物反季节栽培生产。保护地蔬菜生产形式主要为大拱棚和各种档次的冬暖式日光温室，此外还有小拱棚等多种形式。

大拱棚是保护地蔬菜栽培的主要形式，总面积远远超过冬暖式日光温室。大拱棚适宜种植的蔬菜种类有：马铃薯、番茄、甘蓝、黄瓜、茄子、番茄、丝瓜、芫荽、白菜，以及荠菜等野生特菜。

保护地（小拱棚、日光温室、塑料大棚等）蔬菜害虫主要有粉虱类、蚜虫类、叶螨类。保护地的独立性、封闭性特点，非常适合采取生物防治技术。

在人工生产繁育释放天敌昆虫时，要考虑到不同有益生物类群生存的时间长短不同。对于只有几天生活周期的天敌（如寄生性天敌或微生物制剂），通常 2 周内释放 1 次；而另一些能生活几周的天敌（如捕食性天敌），可以减少释放频率（Greer and Diver，1999）。温室中白粉虱类害虫控制，多使用寄生蜂，如丽蚜小蜂寄生若虫和蛹。另外，小黑瓢虫 *Delphastus pusillus* 主要捕食粉虱的卵和若虫，瓢虫的成虫 1d 可取食 160 粒卵和 120 头高龄若虫，1 头瓢虫幼虫在其发育阶段可取食 1 000 粒粉虱卵。温室控制蚜虫的天敌类群主要有瓢虫、草蛉、寄生蜂，瓢虫适合于较低的温度，草蛉适合于较高的温度，寄生蜂则适合于所有温度范围。

6. 环境温湿度调控与病虫害防治

蔬菜生产中，影响病虫害发生的主要因素是环境温度和湿度。不同病害发生的适宜温湿度不同，应依据不同温室内具体情况，科学管理，通过温湿度调控来减少或减轻病害的发生。具体措施包括合理通风、适时浇水、合理调理土壤、科学施肥、改善光照条件等，有条件的，还可安装专业的温湿度调控智能机。

保护地作物发生的虫害，在早春（2 月中下旬）气温迅速回升、设施内部温度快速提高时极易发生。保护地作物蚜虫应控制在第一代、第二代发生期，以后世代重叠，防治难度极大，甚至会失控。保护地作物粉虱类害虫生长的适宜温度在 18～20℃，2 月中下旬是进行生物防治的关键时期。保护地作物上叶螨（红蜘蛛、白蜘蛛）繁殖的最适温度为 29～31℃，相对湿度为 35%～55%，高温、低湿、干燥的条件容易发生。保护地作物蚜虫类、粉虱类、红蜘蛛类有害生物繁殖速度快，一年能繁殖几代甚至十几代，因此抗药性产生极快且水平提升迅速，很多农药连续使用几次以后效果骤减甚至失效。

保护地作物病虫害的防治除了温湿度调控，应该构建物理防治技术压低虫源基数，大力推进生态植保技术体系：①放风口及时设置遮虫网。遮虫网具有双重功能，对外阻隔粉虱等通过飞行传播的害虫，对内保护人工释放的授粉蜜蜂、雄蜂和天敌瓢虫等不逃逸失散。②悬挂粘虫板诱杀。粘虫板不但可以诱杀粉虱、有翅蚜虫、蓟马等害虫，还可以据此预测预报虫情，估算虫口密度，为天敌昆虫释放提供理论依据。③高温灭杀。针对蚜虫、粉虱、蓟马和红蜘蛛等对环境温度敏感的特点，即高于 35℃活动力降低、后代孵化率低甚至死亡，如果种植作物为黄瓜、苦瓜、丝瓜、西瓜等耐高温的蔬菜，可以利用晴好天气，关闭通风口使棚内温度达到 35～38℃，连续维持 2h 左右，以杀死大部分害虫，抑制其进一步的快速繁殖。④保护地作物上蚜虫、粉虱、蓟马和红蜘蛛等，成虫、卵、幼虫（若虫）、蛹等不同虫态同时存在，要保证防治效果，应实施天敌昆虫组合释放。捕食性天敌瓢虫、寄主性天敌丽蚜小蜂和捕食螨等生物防治技术已经成熟并进入实用推广阶段。

7. 菜园蜘蛛资源的利用

在菜园或边界处环境选择偏僻隐蔽处，挖一条宽 40cm、深 30cm 的槽沟，长度根据菜园具体情形确定。沟槽内放置农作物秸秆或杂草，内部撒放低龄黄粉虫或白星花金龟幼虫，吸引蜘蛛前来。蜘蛛喜欢湿度大、中等温度、可以躲藏的场所。只要人为创造蓬松的覆盖物，并保持湿润及凉爽，即可成为蜘蛛优选栖息地。蜘蛛迁移的高峰期在每年的 4～5 月，此时菜园还没有大面积种植。如果在蔬菜播种或移栽前及早使用，甚至在每年 10 月中下旬，最迟 11 月初使用蜘蛛诱集庇护所，为蜘蛛提供良好的居住环境，则可以诱集更多的蜘蛛定居繁殖。我们在山东省泰安市有机蔬菜基地经过两年连续研究，比较使用和不使用覆盖物生态庇护所的菜园，发现有覆盖物生态庇护所的菜园损失减少 60%～80%，蜘蛛数量则增加 10～30 倍之多。在移除蜘蛛以后，则蔬菜遭受的损失很快回到与没有设置覆盖物生态庇护所的菜园相近的状态。

4.3.3　茶园生态植保

2017 年，我国茶叶产量 260.9 万 t，同比增长 6.1%；消费量 190 万 t，同比增长 4.4%。我国现有茶叶消费人口 4.9 亿，茶产业产值 1 900 亿元。如同其他农业产业领域一样，茶产业转型升级的关键在于品质提高，建立茶园生态植保技术体系十分必要。

4.3.3.1　茶园病虫害种类

1. 茶园病害

1）茶白星病

①症状。主要为害嫩叶和新梢。初生针头大的褐色小点，后渐扩大成圆形小病斑，直径小于 2mm，中央凹陷，呈灰白色，周围有褐色隆起线。后期病斑散生黑色小粒点，一片嫩叶上多达百多个病斑。②发病规律。该病属低温高湿型病害。以菌丝体在病枝叶上越冬，次年春季，当气温升至 10℃以上时，在高湿条件下，病斑上形成分生孢子，借风雨传播，侵害幼嫩芽梢。低温多雨春茶季节，最适于孢子形成，容易引起病害流行。高山及幼龄茶园容易发病。土壤瘠薄、偏施氮肥、管理不当都易发病。

2）茶饼病

茶饼病又名茶叶肿病，常发生在高海拔茶区。为害嫩叶、嫩梢、叶柄，病叶制成的茶味苦易碎。①症状。初期叶上出现淡黄色水渍状小斑，后渐扩大成淡黄褐色斑，边缘明显，正面凹陷，背面突起成饼状，上生灰白色粉状物，后转为暗褐色溃疡状斑。②发病规律。以菌丝体在病叶中越冬或越夏。温度 15～20℃，相对湿度 85%以上环境容易发病。一般 3～5 月和 9～10 月间危害严重。坡地茶园阴面较阳面易发病。管理粗放、杂草丛生、施肥不当、遮阴茶园也易发病。

3）茶炭疽病

①症状。主要为害成叶或老叶。病斑多从叶缘或叶尖产生，初为水渍状，暗绿色圆形，后渐扩大或呈不规则形大病斑，色泽黄褐色或淡褐色，最后变灰白色，上面散生黑色小粒点。病斑上无轮纹，边缘有黄褐色隆起线，与健部分界明显。②发病规律。以菌丝体在病叶中越冬，次年当气温升至 20℃，相对湿度 80%以上时形成孢子，借雨水传播。温度 25～27℃、高湿条件下最有利于发病。全年以梅雨季节和秋雨季节发生最盛。扦插茶园、台刈茶园，叶片幼嫩，水分含量高，有利于发病。偏施氮肥茶园发病也重。

4）茶云纹叶枯病

茶云纹叶枯病主要为害老叶，嫩叶、果实、枝条上也可发生。病斑多发生在叶尖、叶缘，呈半圆形或不规则形，初为黄褐色、水渍状，后转褐色，其上有波状轮纹，形似云纹状，最后病斑由中央向外变灰白色，上生灰黑色小粒点，沿轮纹排列。该病在高温（20℃以上）高湿 （相对湿度 80%以上）条件下发病最盛。树势衰弱、管理不善，遭受冻害、虫害的茶园发病也重。

5）茶轮斑病

茶轮斑病以成叶和老叶上发生较多。先从叶尖、叶缘产生黄绿色小点，以后逐渐扩大呈圆形、半圆形或不规则形病斑，病斑褐色，有明显的同心圆状轮纹。后期中央变灰白色，上生浓黑色较粗的小粒点，沿轮纹排成环状，病斑边缘常有褐色隆起线。该病原菌从伤口侵入茶树组织产生新病斑，高温高湿的夏秋季发病较多。修剪或机采茶园及虫害多发茶园发病较重。树势衰弱、排水不良茶园发病也重。

2. 茶园虫害

无论南方茶区，还是北方茶区，茶园都常发生茶小绿叶蝉、黑刺粉虱、茶蚜、茶尺蠖、茶丽纹象甲、茶卷叶蛾等害虫。

1）茶小绿叶蝉

茶小绿叶蝉主要以成虫、若虫刺吸茶树嫩梢汁液。雌成虫产卵于嫩梢茎内，致使茶树生长受阻，被害芽叶卷曲、硬化，叶尖、叶缘红褐焦枯。在低山茶区该虫年发生 12～13 代，危害盛期在 5～6 月及 9～10 月；高山茶区该虫年发生 8～9 代，危害盛期在 7～9 月。以成虫在茶树、豆科植物及杂草上越冬。成虫多产卵于新梢第二、三叶间嫩茎内。

2）茶蚜

茶蚜多聚于新梢叶背且常以芽下一、二叶最多，以口针刺进嫩叶组织内不时尽力吸食为害，致芽叶萎缩，伸长停止，甚至芽梢枯死；其排泄物“蜜露”不仅污染嫩梢且能诱发霉病。一年发生 20 代以上，全部以卵或无翅蚜在叶背越冬，早春虫口多在茶丛中下部嫩叶上，春暖后渐向中上部芽梢转移，炎夏虫口较少，且以下部为多，秋季又以中上部芽梢为多。

3）黑刺粉虱

黑刺粉虱以幼虫聚集叶背，固定吸食汁液，并排泄“蜜露”，诱发煤烟病发生。被害枝叶发黑，严重时大量落叶，致使树势衰弱，影响茶叶产量和质量。该虫年发生 4 代，以老熟幼虫在叶背越冬，次年 3 月化蛹，4 月上中旬羽化。各代幼虫发生期分别为 4 月下旬至 6 月下旬、6 月下旬至 7 月上旬、7 月中旬至 8 月上旬和 10 月上旬至 12 月。成虫产卵于叶背，初孵若虫爬行，即固定吸汁危害。

4）茶丽纹象甲

茶丽纹象甲又名茶小黑象鼻虫。幼虫在土中食须根，主要以成虫咬食叶片，致使叶片边缘呈弧形缺刻。严重时全园残叶秃脉，对茶叶产量和品质影响很大。

一年发生一代，以幼虫在茶丛树冠下土中越冬，次年 3 月下旬陆续化蛹，4 月上旬开始陆续羽化、出土，5～6 月为成虫危害盛期。成虫有假死性，遇惊动即缩足落地。

5）茶卷叶蛾

茶卷叶蛾幼虫卷结嫩梢新叶或将数张叶片黏结成苞，多达 4～10 叶，幼虫潜伏其中取食为害。严重时大大降低茶叶品质和产量。该虫年发生 6 代，以老熟幼虫在虫苞中越冬。各代幼虫始见期常在 3 月下旬、5 月下旬、7 月下旬、8 月上旬、9 月上旬、11 月上旬，世代重叠发生，幼虫共 6 龄。成虫有趋光性，卵呈块多产在叶面。

6）茶枝蠊蛾

茶枝蠊蛾又名蛀梗虫。幼虫蛀食枝条，常蛀枝干，初期枝上芽叶停止伸长，后期蛀枝中空部位以上枝叶全部枯死。该虫年发生一代，以幼虫在蛀枝中越冬。次年 3 月下旬开始化蛹，4 月下旬化蛹盛期，5 月中下旬为成虫盛期。成虫产卵于嫩梢二、三叶节间。幼虫蛀入嫩梢数天后，上方芽叶枯萎。幼虫三龄后蛀入枝干内，终蛀近地处。蛀道较直，每隔一定距离向阴面咬穿近圆形排泄孔，孔内下方积絮状残屑，附近叶或地面散积暗黄色短柱形粪粒。

4.3.3.2　茶园病虫害生态防控

1）茶饼病

①茶饼病可通过茶苗调运传播，应加强检疫。②勤除杂草，茶园间适当修剪，促进通风透光，可减轻发病。③增施磷钾肥，提高抗病力，冬季或早春结合茶园管理摘除病叶，可有效减少病原菌基数。

2）茶炭疽病

加强茶园管理，增施磷、钾肥，提高茶树抗病力。

3）茶小绿叶蝉

茶小绿叶蝉生性活泼，防治难度较大。①清洁茶园，将茶园内外环境中的落叶、杂草清除集中。②在茶园边角或其他隐蔽区域，挖掘修建长 3～5m、宽 15～40cm、深 20～30cm 的微型壕沟，将收集的所有茶园清洁物塞填于其中贮放。③在浅壕沟中撒入清水鸡蛋末、黄粉虫干燥虫体碎末，培养蜘蛛的自然种群，用于捕杀茶园叶蝉。

加强茶园管理，清除园间杂草，及时分批多次采摘，可减少虫卵并恶化营养和繁殖条件，减轻危害。

4）黑刺粉虱

①加强茶园管理。结合修剪、台刈、中耕除草，改善茶园通风透光条件，抑制其发生。②生物防治。用韦伯虫座孢菌菌粉 0.5～1.0kg/亩喷施，或用挂菌枝法，

即将韦伯虫座孢菌枝分别挂放茶丛四周，每平方米 5～10 枝。③龟纹瓢虫与丽蚜小蜂组合释放。

5）茶丽纹象甲

①耕翻松土，可除杀幼虫和蛹。②利用成虫假死性，地面铺塑料薄膜，然后用力振落集中消灭。③于成虫出土前撒施球孢白僵菌粉剂，亩用菌粉 1～2kg，拌细土施土。

6）茶卷叶蛾

①随手摘除卵块、虫苞，并注意保护寄生蜂。②灯光诱杀成虫。

7）茶枝蠊蛾

①在成虫羽化盛期，灯光诱杀成虫。②秋茶结束后，从最下一个排泄孔下方 5 寸①处，剪除虫枝并杀死枝内幼虫。

4.3.3.3 茶园生态植保整体解决方案

1. 茶园病虫害源头治理

茶叶主要在春秋两季受害。由于害虫对化学农药抗性的增强，农药用量越来越大，甚至给茶叶带来大量农药残留。为了茶叶的安全生产，急需构建茶园生态植保技术体系。

（1）清洁茶园。修剪茶树与清除茶园。于冬季时节，对茶树进行轻修剪，剪除茶树冠面上的鸡爪枝、干枯枝、病虫枝及未成熟的新梢，同时清除园内的落叶、枯枝、杂草等。可将土表层和落叶层中越冬的害虫，如角胸叶甲、金龟甲、茶尺蠖、扁刺蛾等的蛹、幼虫和卵及多种病原物清理。此外，对丽纹象甲发生严重的田块，在春茶开采前深翻 1 次，能大量减少害虫的发生量。须作封园处理，通过喷洒石硫合剂清除越冬病虫源，以减少第 2 年病虫害的发生。

（2）中耕翻土。中耕翻土可扰乱或打破土壤害虫自然生活史。也可将深土层中越冬的害虫如象甲类幼虫暴露于地面，使之因环境不适或天敌捕食而死。翻土时结合适当镇压，可造成机械死亡或虫蛹翌年无法羽化出土。中耕可促进通风透气，促进根系生长和土壤微生物活动，破坏害虫的地下栖息场所。一般夏秋季节翻土 1～2 次为宜。

2. 生态调控

（1）适度修剪。适度进行茶树修剪，剪去病虫为害过的枝叶，清除枯死病枝，对清除的病虫枝叶进行深埋或火烧处理。早春进行轻修剪 1 次，在秋茶期再进行 1 次重修剪，剪去被害枝干，控制茶树高度低于 80cm，可减少茶蚜、茶毛虫和茶

① 1 寸≈3.33cm。

黑毒蛾等越冬虫卵块，减少茶小卷叶蛾、螨类、蚧类的残留基数，减少轮斑病、茶饼病的越冬菌源。

（2）适时采摘。适时分批多次按标准采摘芽叶可提高茶叶品质，恶化病虫的营养条件，避免茶丛郁蔽，有利于减少这些病虫的危害。采摘茶叶时要做到及时、分批、留叶采摘，以除去新枝上茶小卷叶蛾、茶小绿叶蝉等害虫的低龄若虫和卵块，还可减少茶树叶枯病、芽枯病、茶饼病、茶白星病的危害。

3. 物理防治

（1）杀虫灯诱杀。根据茶树害虫的趋光习性，在茶园内按每 $2hm^2$ 悬挂 1 盏频振式杀虫灯诱杀茶树害虫，可大大降低茶园害虫的种群数量。

（2）黄板诱杀。根据茶树害虫的趋黄习性，在茶园中悬挂黄色粘虫板诱杀茶树害虫，可减轻茶小绿叶蝉等害虫的危害。根据试验，每亩挂黄（蓝）板 15～20 片，平均 1 片黄（蓝）板 1d 可诱杀黑刺粉虱 33～40 头，诱杀小绿叶蝉 13～37 头。

4. 生物防治

1）保护茶园的生态环境和生物种群的多样性

合理布局种植防护林、遮阴树，实行茶果、茶林间作套种等。夏季与冬季时节，为保护茶树，在茶树与茶树行之间种草。一般来说，春、夏茶之前是浅锄杂草的最佳时间，频次为 1 次。秋季时节，除杂草应采用深挖的方式，次数也宜为 1 次。为丰富茶园生物群落，可采取建立复合生态系统（人工）的措施，复合生态系统对调节茶园小气候，保护及引导天敌（具备捕食性与寄生性特点）颇有益处。

应充分保护茶园中捕食性天敌如草蛉、瓢虫、蜘蛛、捕食螨和寄生性昆虫如赤眼蜂、绒茧蜂等有益生物，禁用限用广谱杀虫剂，减少人为因素对天敌的伤害，提高茶园自身的控害能力。如三突花蛛日均捕食假眼小绿叶蝉成虫 17.3 头，日捕食假眼小绿叶蝉成虫 18.3 头。

2）人工繁育释放天敌

当天敌的自然控制力量不足时，尤其是在害虫发生初期，通过人工室内饲养繁殖天敌，释放于茶园捕食或寄生茶园害虫，可取得良好的防治效果。目前在生产上推广应用的茶园害虫天敌主要有螯蜂、绒茧蜂、赤眼蜂、捕食螨、草蛉、食虫瓢虫以及家禽等，如广西中华螯蜂、茶栖螯蜂和炎黄螯蜂对茶小绿叶蝉的寄生率达 10.5%～25.0%，最高达 35.0%；湖南缨小蜂对假眼茶小绿叶蝉卵的寄生率达 41.96%。

3）推广使用生物农药

在病虫害防治中使用生物农药，具有对人畜无毒、无污染、不杀伤天敌、病虫不易产生抗药性、残效期长等特点，如鱼藤酮、苦参碱、Bt、阿维菌素、核多角体病毒（如茶毛虫 NPV）、宁南霉素、新植霉素等。

4）性外激素诱杀

昆虫性诱技术是利用雄虫对雌性信息的趋向性，通过诱芯释放人工合成的性信息化合物，引诱雄虫至诱捕器内进行诱杀，从而破坏昆虫的正常交配，减少雌虫产卵量，达到防治目的。目前人工合成的诱芯主要有茶毛虫、茶卷叶蛾、茶细蛾等少数茶园专用诱芯。在实际生产中也可将未交配的活体雌虫如茶尺蠖、黑毒蛾放在诱捕器内，利用其释放的性激素诱捕雄虫。

5）“推-拉”栖境管理策略

以大量的茶树害虫化学生态学研究工作为基础，依照“推-拉”策略的调控原理和基本构成元素，也可设想利用有行为调控功能的植物挥发物，来构建针对不同茶树害虫的“推-拉”栖境管理策略（“Push-Pull” habitat management strategy）模型（表 4-25）。另外，茶园中稳健可靠的“推-拉”策略的建立和应用还必须进行大量工作：①继续全面深入地进行茶树—植食性昆虫—天敌互作关系的行为和化学生态学相关研究；②健全茶园害虫的监测预警系统；③开发茶树害虫行为调控剂的相关应用技术等。实现茶园害虫生态调控，“推-拉”栖境管理策略研究和开发应用将是未来的发展方向，可望取得重大突破（张正群，2013）。

表 4-25　防治茶树害虫的“推-拉”栖境管理策略模型

靶标害虫	“推”单元刺激物	“拉”单元刺激物	降低种群措施	参考文献
假眼小绿叶蝉 *Empoasca vitis*	决明子挥发物 SC 及信息化合物：对伞花烃，柠檬烯和 1,8-桉叶素 NT	（E-2-己烯醛、（E）-罗勒烯和芳樟醇 SC	捕食性天敌，蜘蛛、瓢虫和草蛉；寄生性天敌：缨小蜂 *Stethynium empoascae*+NT	Mu 等，2012；赵冬香等，2002；穆丹，2011
茶尺蠖 *Ectropis obliqua*	迷迭香挥发物 SC 及信息化合物：β 月桂烯，y-萜品烯，芳樟醇，马鞭草烯醇，薄荷酵素和马鞭草烯酮 NT	茶尺蠖幼虫取食诱导产生的 HIPVsNT	粘虫板 SC；单白绵绒茧蜂 *Apanieles* sp.+NT	张正群，2013，黄毅等，2009
茶蚜 *Toxopiera auranlii*	茶蚜取食诱导茶树产生忌避物质	顺-3-己烯醇 SC	粘虫板+SC；捕食性和寄生性天敌 N；诱捕器+SC	韩宝瑜和陈宗懋，1999
茶丽纹象甲 *Myllocerinus aurolineatus*	挥发物 N 植物精油：大蒜油、芸香油…	(E/Z)-β -罗勒烯和（Z-3-己烯醋酸酯 SC	—	边文波等，2012

4.4　园林花卉植物生态植保方案

园林花卉植物病虫害常导致花、草、树木生长发育不良，根、茎、叶、花、果出现坏死斑，或发生畸形、凋萎、腐烂以及形态残缺不全、落叶和根腐等现象，甚至引起整株死亡，使其失去观赏价值和绿化效果。有些病虫害能使某些花卉品种逐年退化，终至全部毁种，或使城市绿化树种、风景林大片衰败或死亡，从而造成重大经济损失。例如月季黑斑病、菊花褐斑病、芍药和牡丹红斑病、香石竹叶斑病等发生普遍而严重；花卉病毒病发生也极普遍，有些已影响花卉生产和出口；线虫病现在也成为花卉生产的潜在危险。在花卉害虫中被称为“五小”的蚧虫、蚜虫、蓟马、粉虱和叶螨等害虫和害螨，虫体微小、繁殖力强、扩散蔓延快，初期被害状往往又不明显，因而不易被人们及时发现，常常引起花、草、树木的枝、叶、花枯萎，甚至整株死亡。菊天牛、中华锯天牛可分别引起菊花和牡丹的茎梢枯萎，或蛀食根部而导致整株死亡，严重影响了切花和药材的产量和质量。因此，加强园林花卉植物病虫害防治，是提高园林花卉植物观赏价值和经济价值的重要保证。

4.4.1　园林花卉植物病虫害种类

1. 园林植物主要病害

1）叶花果病害

园林植物的叶、花、果病害主要有白粉病类、锈病类、炭疽病类、灰霉病类、叶斑病类和病毒病类等。

（1）月季白粉病。

月季白粉病由蔷薇单囊壳菌 *Sphaerotheca pannosa*（Wallr.）Lev. 侵染引起。我国各地均有发生。

病原菌主要侵染月季的叶片、叶柄、花蕾及嫩梢。早春，病芽展开的叶片上布满白粉层，叶片皱缩反卷、变厚，呈紫绿色，后逐渐干枯死亡，早脱落。生长季节叶片受害，先出现白色小粉斑，后逐渐扩大为圆形或不规则形白粉斑，严重时白粉斑相互连接成片。嫩梢和叶柄发病时病斑略肿大，节间缩短，病梢有回枯现象。花蕾受害，萎缩干枯，轻者开出畸形花朵。

病原菌主要以菌丝体在芽、叶或枝上越冬，翌年以子囊孢子侵染寄主。子囊孢子主要由风传播，并能直接侵入。温室栽种及广东等地可终年发病，北方地区5～6月和9～10月为发病盛期。土壤中氮肥过多、钾肥不足时易发病；夜间温度较低（15～16℃）、湿度较高（90%～99%）有利于孢子萌发及侵入；白天气温高（23～27℃）、湿度较低（40%～70%）有利于孢子的形成与释放。

（2）草坪草锈病（结缕草锈病）。

草坪草锈病由结缕草柄锈菌 *Puccinia zoysiae*（Diet.）引起，是草坪草的常见病害。主要发生在结缕草的叶片，严重时也侵染草茎。

早春叶片一展开即可被侵染。发病初期叶片上下表皮均可出现疱状小点，逐渐扩展形成圆形或长条状的黄褐色病斑，病斑周围叶肉组织失绿变为浅黄色，严重时整个叶片枯黄、卷曲干枯，使用价值和观赏性降低（图 4-41）。

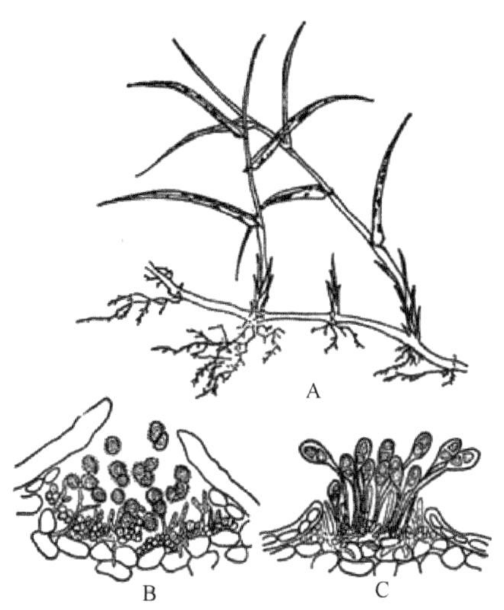

A. 症状　B. 锈菌的夏孢子堆　C. 冬孢子堆。

图 4-41　草坪草锈病

病原菌以菌丝体和冬孢子堆在病株或病残体上越冬。一般 5～6 月细叶结缕草叶片上出现褪绿色病斑，发病缓慢，9～10 月发病严重，草叶枯黄。9 月底、10 月初产生冬孢子堆。光照不足、土壤板结、土质贫瘠、偏施氮肥的草坪发病重。

（3）玫瑰锈病。

玫瑰锈病由多胞锈菌属 *Phragmidium* 的真菌引起，侵染玫瑰植株地上部分的各个绿色器官，主要为害叶片和芽。

早春展叶后，叶片布满鲜黄色粉状物，背面出现黄色稍隆起的小斑点（锈孢子器），初生于表皮下，成熟后突破表皮散出橘红色粉末，病斑外围往往有褪色环圈。随着病情的发展，叶背又出现近圆形的橘黄色粉堆（夏孢子堆）。生长季节末期，叶背出现大量的黑色小粉堆（冬孢子堆）。嫩梢、叶柄、果实受害，病斑明显隆起。严重时引起植株早落叶，生长势衰弱。

病原菌以菌丝体在芽内或发病部位越冬，也可以冬孢子在枯枝落叶上越冬。玫瑰锈菌为单主寄生，夏孢子在生长季节又多次再侵染。夏孢子由气孔侵入，经风雨传播。6 月下旬至 7 月中旬和 8 月下旬至 9 月上旬有两次发病高峰。四季温暖、多雨、多露、多雾的天气，均有利于病害发生。偏施氮肥能加重病害的发生。

（4）兰花炭疽病。

兰花炭疽病由炭疽菌属 *Colletotrichum* 的两种真菌 *C. orchidaerum* 和 *C. orchidearum* f. *cymbidii* 引起，分布广泛。

兰花炭疽病在各种兰花上有不同表现症状，发生于叶缘时为平圆形斑，发生于叶中部时为圆形斑，发生于叶尖部时部分叶段枯死，发生于叶基部时多个病斑连成一片，也会造成整叶枯死。病斑初为红褐色，后变为黑褐色，病斑上可见轮生小黑点。上半年一般为老叶发病时间，下半年为新叶发病时间。

病原菌主要以菌丝体及分生孢子盘在病叶、病残体、假鳞茎上越冬，借风雨和昆虫传播。一般自伤口侵入，在幼嫩叶片上也可直接侵入。高湿闷热、天气忽晴忽雨、通风不良、花盆内积水均可加重病害的发生；株丛过密，叶片相互摩擦易造成伤口，蚧虫危害严重时也有利于病害的发生。不同品种抗病性差异明显，春兰、寒兰、风寒兰、报春兰和大富贵等品种感病；蕙兰抗性中等；台兰、秋兰、墨兰和建兰等较为抗病。

（5）仙客来灰霉病。

仙客来灰霉病由灰葡萄孢霉 *Botrytis cinerea* 引起，是温室、大棚栽培中的重要病害。

病原菌主要侵染叶片、叶柄及花冠等部位。发病初期，叶缘部分常出现暗绿色水渍状病斑。病斑扩展较快，很快蔓延至整个叶片，叶片变为褐色，迅速干枯。湿度大时，腐烂部分长出密实的灰色霉层（分生孢子及分生孢子梗）。叶柄和花梗发病也出现水渍状腐烂，并生出灰色霉层。花瓣发病时，则出现变色，白色品种花瓣变成淡褐色，红色品种的花瓣褪色，并出现水渍状圆斑，严重时花瓣腐烂，密生灰色霉层。

病原菌以分生孢子或菌核在病叶等病组织内越冬，在温暖、湿润的温室内可周年发病。一般 6～7 月梅雨季节和 10 月以后的开花期发病重。在梅雨期，病原菌由老叶上的伤口侵入。10 月后，植株外围生长衰弱的老叶易发病，随后腐烂，并向叶片扩展。湿度高、光照不足可加重病害的发生。

（6）月季黑斑病。

月季黑斑病由蔷薇放线孢菌 *Actinonema rosae* 引起，主要侵害月季的叶片，也侵害叶柄、叶脉、嫩梢等部位。

发病初期，叶片正面出现褐色小斑点，后逐渐扩展成近圆或不规则形黑紫色病斑，病斑边缘呈放射状，后期病斑中央组织变为灰白色，上生许多黑色小点粒（分生孢子盘）。有的月季品种病斑周围组织变黄，有的则在黄色组织与病斑之间有绿色组织，称为“绿岛”。病斑之间相互连接使叶片变黄、脱落。嫩梢上的病斑紫褐色，长椭圆形，后变黑色，病斑稍隆起。花蕾上的病斑多为紫褐色的椭圆形斑。发病严重时，引起叶片提早脱落，削弱植株长势，扦插成苗率低。

病原菌的越冬方式因栽植方式而异。露地栽培的以菌丝体在芽鳞、叶痕及枯枝落叶上越冬，翌春产生分生孢子进行初侵染；温室栽培的以孢子和菌丝体在病部越冬，分生孢子借雨水、灌溉水传播，由表皮直接侵入，生长季节又多次再侵染。

（7）芍药（牡丹）红斑病。

芍药（牡丹）红斑病由牡丹枝孢霉 *Cladosporium paeoniae* 引起，是芍药（牡丹）栽培品种上最常见的病害。国内外均有发生。红斑病主要为害叶片，也侵染枝条、花和果壳等部位。

早春叶片一展开即可受侵染，叶背出现针尖大小的凹陷斑点，逐渐扩大成近圆或不规则形病斑。叶边缘的病斑多为半圆形，叶片正面的病斑颜色为暗紫红色或黄褐色，叶背为淡褐色（因品种而异）。病斑相互连接成片，可使整个叶片皱缩、枯焦和破碎。幼茎及枝条上的病斑长椭圆形、红褐色，叶柄基部或枝干分叉处发病呈黑褐色溃疡斑，病部易折断。萼片、花瓣上的病斑均为紫红色小斑点。在潮湿的条件下，叶片病斑背面产生墨绿色霉层（分生孢子及分生孢子梗）。连年发病削弱植株生长势，致使植株矮小，开花少而小，乃至全株枯死。

病原菌主要以菌丝体在病残体上越冬，翌春产生分生孢子借气流、雨水传播，自伤口侵入或直接侵入，在生长季节均可发病。在山东菏泽，始发期为 4 月下旬至 5 月上旬，盛发期为 8 月上中旬。发病早晚及严重程度与春雨的早晚、降雨量大小密切相关。春雨早、降雨量适中发病早，危害重。

（8）郁金香碎锦病。

郁金香碎锦病由郁金香碎色病毒 *Tulip breaking virus*（TuBV）引起，主要侵害郁金香的叶片及花冠。

发病初期，叶片上出现淡绿或灰白色条斑，花瓣畸形。由于病毒侵染影响花青素的形成，色彩纯一的花瓣上常出现淡黄色、白色条纹，或不规则的斑点，称为“碎锦”。症状的发展受品种及病毒株系的影响，或因病株发病时间长短、环境条件变化而不同。白色花品系的花冠多不变色，少数白色花可变成粉红或红色；粉色和浅红色品系的花冠色泽变化不大；黑色品系的花冠常由黑色变成灰黑色。病鳞茎退化变小，植株生长不良、矮化；花变小或不开花。麝香百合品种受侵染后产生花叶症状或隐症现象。

郁金香碎色病毒在病鳞茎内越冬，成为次年的初侵染源。该病毒由桃蚜等蚜虫进行非持久性传播。病毒的寄主范围广，主要有福斯特氏郁金香、锐尖郁金香、山丹、卷丹、威尔逊氏百合、朝鲜百合、好望角万年青等。

2）枝干（茎）病害

园林植物枝干病害种类虽不及叶部病害多，但对园林植物的危害极大，受害植株往往会枝枯或全株枯死。常见的枝干病害主要有干锈病、溃疡病（包括腐烂病）、丛枝病、萎蔫病、立木腐朽和流脂流胶等。

（1）松疱锈病。

松疱锈病是一类危险性病害，被列为国内外重要检疫对象。我国已发现数种松疱锈病，分别发生在多种二针松和五针松上。松疱锈病病菌种类和寄主范围，因树种和地理位置而有所不同，但其表现症状和发生规律都有共同之处，现以红松疱锈病为例作一介绍。

红松疱锈病由茶藨生柱锈菌 *Cronartium ribicola* Fisher 引起，主要为害幼苗和 20 年以内的幼树枝干皮部。开始在枝干皮部出现淡橙黄色的病斑，病斑逐渐扩展并生裂缝，8 月下旬至 9 月初在病部挤出初为白色后变为橘黄色的蜜滴。生蜜滴的皮下干后，形成“血迹斑”。第 2～3 年的 4～5 月，在病部长出橘黄色疱囊，囊破散放出黄色的锈孢子，皮部加粗变厚，并流出松脂，病部稍显粗肿（图 4-42）。

红松疱锈病病原菌的转主寄主是返顾马先蒿及其多枝变种穗花马先蒿、东北茶藤子、兴安茶蔗子、刺李等。冬孢子最早出现于 7 月底，并萌发产生担子和担孢子，借风力传播，萌发后主要经气孔侵入寄主，菌丝不断蔓延至枝干皮层中。至第 2～3 年，枝干皮部出现病斑，生裂缝。8～9 月生蜜滴（为性孢子混合液），第 3～4 年开始每年 5～7 月在病部产生锈孢子器，内含锈孢子。锈孢子借风力传播，转主寄生。

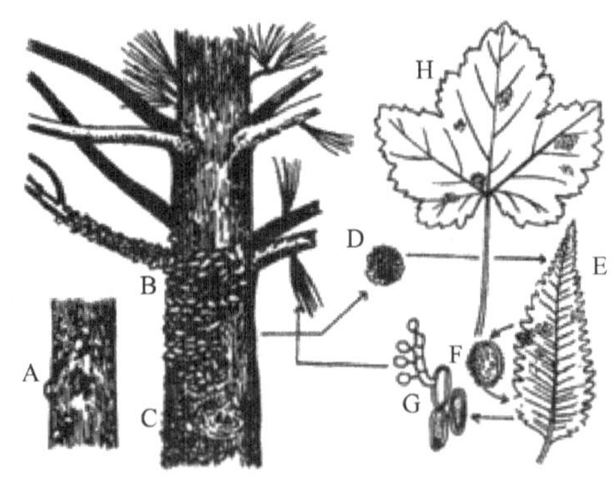

A. 发生在红松树上的蜜滴　B. 红松枝干上的锈孢子器　C. 老病皮
D. 锈孢子　E. 叶上的冬孢子柱　F. 夏孢子　G. 冬孢子萌发产生担子
和担孢子　H. 东北茶藨子叶上的冬孢子柱。

图 4-42　红松疱锈病

（2）杨树溃疡病。

杨树溃疡病由茶藨子葡萄座腔菌 *Botryosphaeria ribis*（Tode）Grossenb. et

Duggar 引起，是我国杨树枝干的重要病害，分布普遍，严重影响造林后的成活及生长。

幼树时溃疡病斑主要发生于树干的中、下部，大树受害时枝条上也出现病斑。3 月底 4 月初，在树干上出现褐色、水渍状圆形或椭圆形病斑，质地松软，后有紫红色液流出。有时病斑呈水泡型，树皮凹陷，用手压之有褐色黏液溢出。水泡型病斑多出现于秋季，仅见于光皮杨树上。后期病斑下陷，呈灰褐色，病斑不明显。皮层溃疡病斑除常见的水渍状型及水泡型以外，尚有小斑型和大斑型等。多数溃疡斑发生于皮层内，但大斑型溃疡斑可深至木质部，引起病部树皮纵裂。当病斑环绕树干 1 周时，上部枝干死亡。

病原菌主要以菌丝体或未成熟的子实体在病组织内越冬，各地的发生时间不尽相同。北京地区 3 月底至 4 月初开始发病，5 月下旬为发病高峰期，此后病势减弱，8 月下旬后又出现病斑，10 月以后停止发展。山东地区 4 月开始发病，5 月下旬至 6 月和 9 月出现 2 个发病高峰，10 月以后停止发展。病原菌主要借风雨传播，带菌苗木和接穗等繁殖材料的调运可进行远距离传播。

3）根部病害

园林植物根部病害的种类虽不及叶部、枝干（茎）病害种类多，但所造成的危害常是毁灭性的。常见的根部病害主要有白绢病类、茎腐病类、线虫病类、根癌病类、紫纹羽病类、白纹羽病类和苗木猝倒病（立枯病）类等。

（1）樱花根癌病。

樱花根癌病由根癌土壤杆菌引起，是樱花的重要病害和国内检疫对象。病害主要发生在根颈处，也可发生在主根、侧根以及地上部的主干和侧枝上。发病初期病部膨大呈球形瘤状，幼瘤初为白色，质地柔软，表面光滑，以后随瘤增大，质地变硬，变褐或黑褐色，表面粗糙，龟裂。发病轻的造成植株生长缓慢，叶色不正，重则引起全株死亡。

病原菌可在病瘤内或土壤病株残体上生活 1 年以上，通过灌溉水、雨水、采条、嫁接、耕作、地下害虫等在田间传播。远距离传播靠病苗和种条。病原细菌从伤口侵入。偏碱性、湿度大的沙壤土发病率高，连作有利于病害的发生。

（2）幼苗猝倒病和立枯病。

幼苗猝倒病和立枯病是由非侵染性和侵染性两类病原引起的园林植物常见病害，分布范围广，危害重。非侵染性病原主要包括圃地积水、土壤干旱、地表温度过高、根颈灼伤和农药污染等；侵染性病原主要是真菌中的腐霉菌 *Pythium* spp.、丝核菌 *Rhizoctonia* spp.和镰刀菌 *Fusarium* spp.。

常见的症状主要有种芽腐烂型、茎叶腐烂型、幼苗猝倒型和苗木立枯型等。种子或尚未出土的幼芽被病原菌侵染后，造成土中种芽腐烂型；幼苗出土期湿度过大、苗木过密，或撤除覆盖物过迟，易引起病原菌侵染幼苗，造成茎叶腐烂型；出土幼苗木质化之前，在幼茎基部出现水渍状病斑，病部缢缩变褐腐烂，造成幼苗猝倒型；幼茎木质化后，根部或根颈部皮层腐烂，幼苗逐渐枯死，而不倒伏，则引起苗木立枯型。

引起幼苗猝倒病和立枯病的病原菌腐生性很强，可在土壤中长期存活，所以土壤带菌是最重要的侵染来源。病原菌可借雨水、灌溉水传播，在适宜条件下进行再侵染。

2. 园林植物害虫

1）食叶类害虫

园林植物的食叶害虫种类很多，其中主要有鳞翅目的刺蛾、袋蛾、舟蛾、毒蛾、天蛾、夜蛾、螟蛾、枯叶蛾、尺蛾等。此外，还包括鞘翅目的叶甲、金龟甲和膜翅目的叶蜂、直翅目的蝗虫等。

（1）黄刺蛾 *Cnidocampa flavescens*（Walker）。

黄刺蛾属鳞翅目刺蛾科。主要以幼虫为害枫杨、茶花、悬铃木、樱花、石榴、紫荆、月季、紫薇、桂花等多种园林植物，发生较为普遍。

成虫体长约 15mm，翅展 32mm。头和胸部黄色，胸背黑褐色。前翅内半部黄色，外半部褐色，有 2 条暗褐色斜线，在翅尖汇合于一点，呈倒“V”形。老熟幼虫体长约 22mm，头小，黄褐色。茧灰白色，表面光滑，茧壳上有几道褐色长短不一的纵纹，形似雀卵。

黄刺蛾在大部分地区年发生 1 代，以老熟幼虫在小枝分杈处、主侧枝及树干粗皮结茧越冬。翌年 4～5 月化蛹，5～6 月出现成虫。成虫羽化多在傍晚，产卵多在叶背。

此外，危害园林植物的刺蛾类还有丽绿刺蛾 *Latoia lepida*（Cramer）、扁刺蛾 *Thosea sinensis*、褐刺蛾 *Setora postornata*（Hampson）等。

（2）蒲瑞大袋蛾 *Eumeta pryeri*。

蒲瑞大袋蛾属鳞翅目袋蛾科。主要以幼虫为害月季、蔷薇、美人蕉、悬铃木、侧柏、桂花等园林植物，大发生年份常将园林植物叶片吃光。

雄成虫体长约 18mm，翅展 40mm，体黑褐色。雌成虫体肥胖，足与翅均退化。护囊纺锤形，上有较大的碎片和小枝条，排列不整齐。

蒲瑞大袋蛾年发生 1 代，以老熟幼虫在护囊内越冬。翌年 4 月上旬成虫羽化及产卵，5 月底 6 月初出现幼虫危害。幼虫暴食期在 7～9 月。

（3）舞毒蛾 *Lymantria dispar* Linnaeus。

舞毒蛾属鳞翅目毒蛾科。寄主很广，主要以幼虫为害叶片，在园林植物中以悬铃木、紫薇、栎等受害最重。

雌成虫较大，黄白色，前翅具4条锯齿状黑色横线，中室有小黑点，中室端部横脉中有“<”形黑褐色纹。雄成虫瘦小，棕黑色。幼虫体色多变，有黑、灰、黄多种色型，具暗色纵纹。头部黄褐色，具“八”字形黑纹。

舞毒蛾年发生1代，以卵块在树皮及梯田堰缝、石缝中越冬，翌年4月下旬至5月上旬孵化，6月中旬幼虫老熟，6月下旬至7月上旬化蛹，7月中、下旬为羽化盛期。

（4）银纹夜蛾 *Argyrogramma agnata*（Staudinger）。

银纹夜蛾俗称豆步曲，属鳞翅目夜蛾科。危害的园林花卉主要有大丽花、菊花、美人蕉、一串红、海棠、槐、香石竹等。

成虫体长16mm，翅展34mm，头、胸部灰褐色，前翅灰褐色，后翅暗褐色，有金属光泽和纵向的格子形斑。老熟幼虫体长25～32mm。

银纹夜蛾年发生3代，以蛹在土中越冬。翌年5～6月出现越冬代成虫，7～9月为幼虫危害期。老熟幼虫多在叶背吐丝做粉白色茧化蛹。

（5）槐尺蠖 *Semiothisa cinerearia*（Bremer et Grey）。

槐尺蠖属鳞翅目尺蛾科。主要以幼虫为害国槐、龙爪槐等。

雌成虫体长13mm，翅展30～45mm，雄成虫体长约15mm，翅展30～43mm。体褐色，触角丝状。幼虫有春型和秋型之分，春型老熟幼虫体长约40mm，粉绿色；秋型老熟幼虫体长约50mm。

槐尺蠖年发生3～4代，以蛹越冬。越冬蛹于4月下旬至5月中旬羽化，羽化时间多在夜间。第1代幼虫始见于5月上旬，各代幼虫危害盛期分别为5月下旬、7月中旬和8月下旬至9月上旬。老熟幼虫多在树干基部及其周围松土中化蛹。

（6）霜天蛾 *Psilogramma menephron*。

霜天蛾又名泡桐霜天蛾，属鳞翅目天蛾科。主要以幼虫为害悬铃木、樟、柳、白蜡树、桂花等园林花木。

成虫体长45～50mm，翅展90～130mm。体暗灰色，混杂霜状白粉。老熟幼虫体长75～96mm，头部淡绿色，胸部绿色。

霜天蛾年发生1～3代，以蛹在土中越冬。1代地区（北京）成虫6～7月出现，3代地区（江西南昌）成虫分别于4～5月、8月和11月上旬出现。幼虫孵化后，先啃食叶表皮，稍大后蚕食叶片，咬成缺刻或孔洞，危害猖獗时地面可见大块碎片及虫粪。

2）刺吸类害虫

园林植物的刺吸类害虫主要包括蚧类、蚜虫类、粉虱类、木虱类、蓟马类、叶蝉类、蝽类及螨类等。该类害虫多因个体小，发生初期往往被害状不明显，而被忽视。但又因其繁殖力强，扩散蔓延快，往往在短期内造成严重危害。

（1）蚧类。

蚧类通称为介壳虫，属同翅目蚧总科。是多种园林植物的一大类重要害虫类群。以雌成虫和若虫吮吸寄主汁液，影响生长发育，严重时造成枝条枯死。蚧类包括的种类繁多，具有明显的雌雄二型现象，即雌虫无翅、口器发达，雄虫有翅、口器退化。常见的重要种类如下。

紫薇绒蚧 *Eriococcus legerstroemiae* Kuwana，又名石榴毡蚧、石榴绒蚧，主要为害紫薇、石榴、桑等花木。雌虫椭圆形，暗紫红色，老熟时被包于灰白色的绒茧中。年发生 2 代，以卵或若虫越冬，翌年 6 月若虫大量孵化，固定在枝干缝隙、芽腋等处吮吸为害。

日本龟蜡蚧 *Ceroplastes japonicus* Green，主要为害腊梅、栀子花、石榴、桂花、山茶、紫荆、紫薇、紫玉兰等花木。雌成虫宽卵圆形，红褐色，体表覆盖一层坚实不透明的灰白色蜡壳，背部中央隆起。雄若虫蜡壳椭圆形，雪白色，周围 13 根放射状蜡芒。年发生 1 代，以受精雌成虫在枝条上越冬，翌年 5 月中旬大量产卵，若虫于 6 月上旬孵化，8 月下旬至 9 月上旬迁移到 1～2 年生枝条上固定为害。

朝鲜球坚蚧 *Didesmococcus koreanus* Borchs，主要为害梅花、海棠、樱花、碧桃、红叶李、杏等花木。雌成虫体近球形，初期介壳质软，黄褐色，后期变硬，黑褐或紫褐色，有光泽。雄成虫介壳椭圆形，半透明，背有龟甲状隆起线。年发生 1 代，以若虫在枝条上越冬。3～4 月开始活动，群集为害枝条。4～5 月成虫羽化并交尾，5 月下旬至 6 月上旬孵化出新若虫，分散危害至 10 月进入越冬。

吹绵蚧 *Icerya purchasi* Maskell，主要为害牡丹、玫瑰、月季、桂花、含笑、米兰、芙蓉、扶桑、石榴、山茶、玉兰和常春藤等。雌成虫及若虫椭圆形，腹面平，背面隆起。雌成虫产卵前在腹部后方产生白色卵囊，上有脊状隆起线 14～16 条。年发生代数因地而异，以雌成虫或若虫在枝干上越冬。

草履蚧 *Drosicha corpulenta* Kuwana，主要为害白蜡、广玉兰、樱花、无花果等花木。雌成虫长椭圆形，黄褐或红褐色，体被细毛和白色蜡粉，形似草鞋，卵产于白色卵囊中。若虫外形与雌虫相似。年发生 1 代，以卵在树下土壤内、杂草、土石缝隙等处越冬。翌年 2 月若虫孵化，气温上升后出土上树，多集中在 1～2 年生枝上为害，以 4 月危害最烈。

蔷薇白轮盾蚧 *Aulacaspis rosae*，又名玫瑰白轮盾蚧，主要为害蔷薇、玫瑰、月季等花木。雌介壳圆形，略隆起，白色，壳点在介壳边缘，被有白色分泌物。雄介壳长形，两侧平行，背面有 3 条脊线，壳点在前端，黄或黄褐色。大多年发生 2 代，以受精雌成虫在枝干上越冬。第 1 代成虫于 7 月上旬出现，第 2 代于 10 月上旬出现。若虫及成虫常聚集在枝干上为害。在温室中可全年为害。

糠片盾蚧 *Parlatoria pergandii* Comstock，又名糠片蚧、灰点蚧，主要为害多种花木如茉莉、蔷薇、月季、樱花、桂花、紫薇以及木槿等。雌介壳长椭圆形，灰白或灰色，介壳边缘黄或棕色，因其形状和颜色酷似糠壳而得名。年发生世代数因地而异，以受精雌成虫或卵越冬。各世代间有重叠现象，第 1 代若虫主要为害枝、叶，第 2、3 代主要为害果实。

桑盾蚧 *Pseudaulacaspis pentagona* Tar.，又名桑白蚧、黄点蚧、桑拟轮蚧，主要为害梅花、碧桃、丁香、桂花、榆叶梅、木槿、玫瑰及红叶李等花木。雌介壳圆形或近圆形，灰白色，背面略隆起有螺旋纹，壳点 2 个，黄褐色，在介壳边缘，但不突出。雄介壳细长，白色，背面有 3 条纵脊，壳点橙黄色，位于介壳前端（图 4-43）。年发生世代数因地而异，以受精雌成虫在枝条上越冬。翌年 4 月开始产卵，各代若虫孵化期分别为 5 月上中旬、7 月中下旬、9 月上中旬。

梨笠圆盾蚧 *Quadraspidiotus perniciosus*（Comstock），又名梨圆蚧，主要为害梅花、樱花、珍珠梅、红叶李、苹果、梨和桃等花木及果树。雌介壳圆形，突起，灰白或黑色，有同心轮纹，壳点 2 个在介壳中部。雄介壳稍小，圆形或椭圆形，壳点偏在一旁。发生代数因气候和寄主不同而异，以 2 龄若虫越冬。翌年 5 月上中旬出现成虫。各代若虫扩散期分别为 5 月下旬至 6 月中旬、7 月上旬至 8 月中旬和 9 月中旬至 10 月上旬。

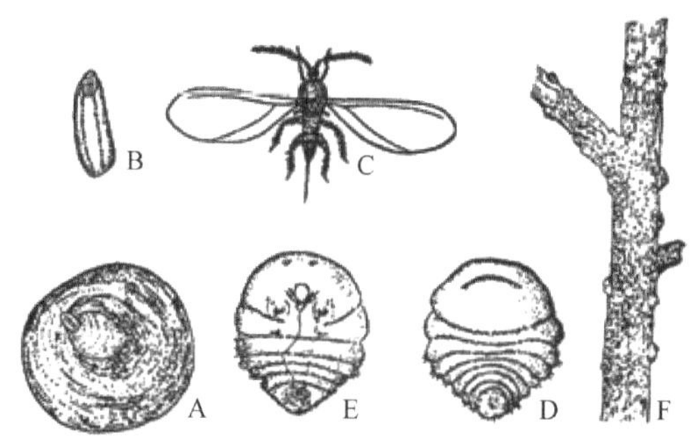

A．雌介壳　B．雄介壳　C．雄成虫　D．雌虫背面　E．雌虫腹面
F．枝条受害状。

图 4-43　桑盾蚧

（2）蚜虫类。

园林植物的蚜虫种类很多，其中大部分是与大田农作物、果树、蔬菜等共有的类群，仅在某一时期转移到园林作物为害，或同时为害上述多种植物，如棉蚜、绣线菊蚜、桃蚜和桃粉蚜等；但也有一些主要为害某一类或某一种园林植物，如月季长管蚜和菊小长管蚜等。

月季长管蚜 *Longicaudus trirhodus* Walker，主要为害月季等蔷薇属植物，早春以成、若蚜刺吸寄主嫩梢汁液，大量发生时，常盖满嫩梢。无翅胎生蚜长卵圆形，黄绿、灰绿至黄色，腹管短筒形，有瓦纹，尾片长度为腹管的 3 倍以上。年发生多代，以卵在蔷薇、月季等幼枝上越冬，早春蔷薇和月季发芽时，越冬卵孵化，为害嫩梢。4 月下旬至 5 月上旬有翅蚜迁飞至夏季寄主（唐松草等）上为害，10 月上中旬产生性蚜，在月季、蔷薇上交配产卵越冬。

菊小长管蚜 *Macrosiphoniella sanborni*（Gillette），又名菊姬长管蚜，主要为害菊花、滁菊、香叶菊等属植物，成、若蚜常聚集于嫩梢和叶柄为害，秋季菊花开花前，还可群集为害花梗、花蕾，严重影响新叶展开、嫩梢生长及开花。无翅胎生蚜深红褐色，触角、腹管、尾片暗褐色，腹管长，向端部渐细。年发生 10 多代，以无翅胎生蚜在留种菊株叶腋和芽旁越冬等处越冬，翌年 3～4 月开始活动，温室和家庭养花可终年胎生繁殖。

（3）蓟马类。

蓟马类为缨翅目昆虫的通称。许多种蓟马不仅是大田作物、果树、蔬菜和林木的重要害虫，同时也可为害多种园林观赏植物。蓟马以口器锉吸寄主汁液，被害处常呈黄白色斑点或斑块，引起嫩芽、心叶凋萎，叶片卷曲、皱缩、枯黄，花朵凋谢。危害园林植物的蓟马主要有花蓟马、黄胸蓟马 *Thrips hawaiiensis*（Morgan）、温室网纹蓟马 *Heliothrips haemor rhoidalis*（Bouche）、红带网纹蓟马 *Selenothrips rubrocinctus*（Giard）、烟蓟马 *Thrips tabaci*、小头蓟马 *Microcephalothrips abdominalis*、中华皮蓟马 *Haplothrips chinensis*（Priesner）等。蓟马的体形微小，在寄主上通常不易被发现。年发生代数因地区和种类而异，多为十几代。

（4）叶蝉类。

叶蝉类又称浮尘子，属同翅目叶蝉总科。是危害多种经济植物的一大害虫类群。各种园林植物均可遭受不同种类叶蝉的侵害。叶蝉对园林花木的危害主要表现在 3 个方面，一是刺吸取食为害，影响寄主的正常生长；二是以锯状产卵器划破枝干，引起枝干逐渐枯萎，造成产卵危害；三是传播多种病毒病，引致更大的间接危害。叶蝉类的体形较小，成、若虫均行动活泼，趋光性较强。年发生世代数因地区和种类不同而异，多以卵在枝干、枝条表皮下越冬。危害木芙蓉、杜鹃、梅、李、樱花、海棠、梧桐、扁柏等多种园林植物的常见叶蝉种类有大青叶蝉 *Cicadella viridis*、葡萄斑叶蝉 *Erythroneura apicalis*（Nawa）、桃一点斑叶蝉 *Erythroneura sudra*（Distant）、小绿叶蝉 *Empoasca flavescens*（Fab.）和棉叶蝉 *Empoasca biguttula*（Shiraki）等。

（5）梧桐木虱 *Thysanogyza limbata* Enderlein。

梧桐木虱属同翅目木虱科。主要为害梧桐。以成、若虫群集于嫩梢或枝叶上吮吸汁液，发生量大时，若虫分泌的白色棉絮状蜡质物覆盖叶片，影响树木光合作用，严重时引起树叶早落，枝梢干枯。

雌虫体黄绿色，体长约 5mm，翅展约 13mm。触角 10 节，黄色，翅透明。雄虫体稍小。

梧桐木虱年发生 2 代，以卵在枝条内越冬。翌年 4 月底 5 月初越冬卵孵化，6 月上中旬开始羽化为成虫。第 2 代若虫发生期在 7 月中旬，8 月上中旬为羽化期，8 月下旬产卵越冬。

3）钻蛀性害虫

钻蛀为害枝梢及树干的害虫统称为钻蛀性害虫。危害园林植物的钻蛀性害虫主要有天牛类、小蠹类、吉丁虫类、木蠹蛾类及透翅蛾类等。这类害虫除了成虫期在植物外部生活，其他各虫态都在植物的韧皮部、木质部隐蔽生活，通过蛀食植物的韧皮部、木质部，吸食树体汁液生存。所以，遭受蛀干害虫为害的树木，会出现掉木屑、虫孔附近往外冒虫粪屑的现象。

（1）天牛类。

危害园林植物的常见天牛科害虫主要有菊小筒天牛、锈色粒肩天牛和双条杉天牛等。

菊小筒天牛 *Phytoecia rufiventris* Gautier，又名菊天牛、菊虎，主要为害菊花。成虫产卵时将菊花茎梢咬成一圈小孔，使茎梢部分失水萎蔫，容易折断。幼虫钻蛀茎秆，有时在被蛀茎秆分枝处折断，愈合后成微肿大的结节，被害枝不开花或整株枯死。成虫体长约 9mm，宽 2.2mm，黑色，圆筒形，鞘翅被稀疏的灰色绒毛，触角几乎与体等长，前胸背板中央有一略卵圆形的橙红色斑，腹部及足橘红色。幼虫淡黄色，前胸背板近方形，两侧缘各有 1 条深褐色凹陷，背板前半部为一大型淡褐色斑，中央有 1 白色纵纹。年发生 1 代，以成虫在菊花根部越冬，翌年 6 月前后交尾产卵，卵多产于茎内，幼虫孵化后向下蛀食，9 月蛀入根部化蛹，10 月成虫羽化并越冬。

锈色粒肩天牛 *Apriona swainsoni*，主要为害槐、柳等。雄虫体长约 30mm，宽 10mm，雌虫体长 36mm，宽 12mm，黑褐色，全体密被锈色短绒毛，头、胸及鞘翅基部颜色较深暗。幼虫老熟时黄白色，长约 50mm。2 年发生 1 代，以幼虫在枝干蛀道内越冬。4 月上旬开始蛀食为害，5 月上旬化蛹。成虫于 6 月上旬开始出现，产卵于树皮缝隙内。

双条杉天牛，主要为害侧柏、桧柏、杉木等。幼虫多侵害衰弱树，使叶枯黄，被害树很快枯死。春季植树时，正是成虫产卵期，新栽的柏树常被害死亡。成虫体长 6～20mm，体扁，黑褐色，前胸背板中央有 5 个光滑小突起，呈梅花式排列。鞘翅密生黄褐色绒毛，中部及近端部有 2 条橙黄色横带。初龄幼虫淡红色，末龄幼虫长约 20mm，乳白色，头部黄褐色，前胸背板有 1“小”形凹陷及 4 块黄褐斑。年发生 1 代，以成虫在树木边材处越冬。翌年 3～4 月咬孔钻出，喜产卵于衰弱树或新移植后处于缓苗期的柏树。初孵幼虫先在树皮表面取食，5 月以后蛀入树皮下咬成扁平虫坑，8～10 月老幼虫在边材蛹室中化蛹，9～10 月羽化为成虫并越冬。

此外，危害园林植物的天牛类还有桃红颈天牛 *Aromia bungi*、中华锯花天牛 *Apatophysis sinica*（Semenov-Tian-Shanskij）、双条合欢天牛 *Xystrocera globosa*（Olivier）、松褐天牛等。

（2）柳小吉丁虫（*Agrilus* sp.）。

柳小吉丁虫属鞘翅目吉丁虫科。主要以幼虫钻蛀为害柳树树干。

成虫体长约 5mm，狭长，黑色，有青铜色光泽。头小，触角锯齿状，11 节。前胸发达，翅鞘褐色，密布小点刻。幼虫体细长，稍扁平，淡黄白色。

柳小吉丁虫年发生 1 代，以幼虫在枝干木质部内越冬。翌年 5 月初开始化蛹，5 月底至 6 月上旬为成虫羽化盛期，6 月上中旬为产卵盛期，6 月中下旬为孵化盛期。

（3）蔗扁蛾。

蔗扁蛾是 20 世纪 90 年代传入我国的检疫性害虫。以幼虫蛀入巴西木的皮层内取食，严重时将皮层全部食空，只剩一层外表皮，皮下充满粪屑。

成虫黄褐色，体长约 9mm，前翅深棕色，后翅黄褐色。老熟幼虫体长约 30mm，宽 3mm，乳白色，透明。

蔗扁蛾年发生 3～4 代，以幼虫在温室或盆栽花木的盆土中越冬，翌年温度适宜时上树为害。老熟幼虫夏季多在木桩顶部或上部的表皮结茧化蛹，茧外黏着木屑和纤维等，秋冬季多在花盆土下结茧化蛹，茧外黏着土粒等。

4）蚂蚁类

蚂蚁通常不被作物危险害虫，但它们在园林环境尤其是草坪上会造成严重的健康和美观损害。控制草坪蚂蚁非常重要。蚂蚁在草地上做巢穴形成土丘，破坏草地景观并造成草的死亡。蚂蚁还是各种花草蚜虫、粉蚧的保护者和共存者。

4.4.2　主要园林花卉植物病虫害生态防控

1. 月季白粉病

①加强栽培管理，注意适时浇水，降低田间湿度。②合理施肥，氮肥不宜过多，适当增施钾、钙肥，以增强植株长势，保持健壮的植株，抗御自然界杂菌的

侵袭；深翻地灭茬，促使病残体分解。③适时修剪整形，去掉病梢、病叶，改善植株间通风、透光条件。室内盆栽月季，应置于通风良好、光照充足之处。冬季要控制室内温湿，夜间要注意通气。秋末冬初移入温室前，应仔细检查，发现病叶、病梢立即剪除并烧毁，以免将病原菌带入室内传播蔓延。

2. 结缕草锈病

①新建草坪，选用无病种草。②改良黏重、贫瘠的土壤，并做好排水，防止潮湿。③增施有机肥和磷钾肥，不偏施氮肥。④发病初期，可喷洒20%粉锈宁乳剂4 000倍液或托布津800倍液。

3. 牡丹红斑病

冬季整枝时必须将病枝、叶清除，盆土表面挖去10cm左右，重新垫上新土。

4. 天牛类害虫

1）预防措施

① 剪除枯枝、病虫枝。结合冬季修剪，将枯枝、病虫枝、有虫卵的纸条剪除，并运出园外集中进行资源化利用。

② 清理翘皮。在冬天或早春及时刮除树木粗老翘皮，减少成虫产卵场所，有利于消灭越冬病虫，获得综合防控效应。

③ 树干涂白或喷施石硫合剂。在树干和主枝上涂刷石灰或者专用涂白剂；也可以对枝干、大枝喷施3～5波美度石硫合剂，这样可以阻止成虫产卵和其他害虫越冬。

防止天牛产卵，多在5月下旬前后进行涂白。涂白剂配料比例：生石灰10份，硫黄粉1份（或石硫合剂原液2份），食盐0.3份，动物或植物油0.2份，水35～40份。配制方法：将生石灰加水溶解，趁高温马上加入其他配料，待生石灰充分反应后搅拌。涂白多数只涂果树主干，桑天牛、光肩星天牛等往往也在粗主枝上产卵，因而大主枝下部也要涂白。果树枝干病重的多不涂白，涂后不便检查病灶；一般树也要在检查防治枝干病后再涂白。

2）人工捕杀成虫

①天牛成虫羽化期有飞翔力弱、假死性的特点，尤其在阴雨、气温较低时这些特点表现尤为突出。此时可人工捕捉成虫，或用力摇晃树（枝）震落，然后迅速捡拾假死成虫将其杀死。②人工杀卵和初孵幼虫。成虫产卵时，先咬破枝干皮层，把卵产在咬破的伤口中，这些产卵口很容易识别，特别是桑天牛、桃红颈天牛、星天牛等多把卵产在大枝干上，产卵处更易识别。可在成虫产卵期5～6d检查1次，

发现产卵口后用有尖的刀（如切接刀）把卵或幼虫挖出，或用钢条捅死蛀入浅层的幼虫。一般成虫产卵后3～4周内可以用此法杀死卵和幼虫。

3）诱杀成虫

① 利用嗜食植物诱杀。

多种天牛都有自己嗜食的植物，成虫产卵前需啃食植物补充能量，如果果园内或附近有天牛的嗜食植物，其成虫就会聚集在嗜食植物上啃食嫩皮和叶等。生产上利用天牛这一特性诱集成虫，进行人工捕杀和喷药防治。根据当地多发天牛种类，在果园周边或果园内道路栽植天牛嗜食植物，按20～50株（丛）/hm^2的密度栽植；对乔木类嗜食植物，采用制矮措施使树冠矮小，以便防治成虫。如桃红颈天牛嗜食榆树树胶，成虫发生时，可截短部分树枝或敲击大枝干造成伤口流胶诱集成虫。

在没有栽植嗜食植物的果园，根据天牛发生的主要种类，在成虫发生期，可采集相应的嗜食植物枝条，把枝条下端浸入盛水的器皿中，然后将器皿均匀摆放在果园内诱杀成虫。

天牛的嗜食植物还可以用来预报天牛成虫羽化情况。当嗜食植物上连续3～5d诱到成虫，并且数量有增多的趋势时，说明羽化高峰到来，要做好人工捕捉和药物防治等工作。

② 灯光诱杀。可以利用蛀干害虫的趋光性，利用诱虫灯进行灯光诱杀。

③ 饵木诱杀。在成虫产卵期，在园区中放置饵木进行诱杀，成本低，便于操作，效果好。

4）幼虫期防控

①生物防治。在天牛幼虫发生危害期释放管氏肿腿蜂或花绒寄甲进行防治。②幼虫期防治可用毒签法、熏蒸法、裹干法等生态用药方式，最大限度地降低化学农药施用量。

5. 美国白蛾

美国白蛾为农林植物检疫对象，对多种植物造成严重危害。

1）预防方法

加强美国白蛾的预防、控制，可以从根源上减少美国白蛾的危害程度。可以从以下几个方面进行预防。

①对园林绿化工程植物进行改造。结合工程等，增加绿化植物的多样性，重新配置景观植物，形成以“乔木、灌木、草本植物”互相结合的绿化格局，通过植物的多样性提高植物对美国白蛾危害的抵抗能力。②改善园林植物的管理。针对园林绿化工程项目，可以增加管线引水的安装，加大喜湿植物的补水量，

一些地区浇水困难可采用水车浇水；冬季还可将积雪埋置其中，有利保墒等，这些措施均可以提高植物的抵抗力。③加强联防联治。进一步完善美国白蛾防治管理体系，成立专门的防控指挥部，加大排查力度；针对美国白蛾危害的不同时期安排专人进行反复排查，实行“定人、定岗、定经费”的责任管理模式；发现美国白蛾要及时处理，并做好详细的管理记录，以积累更加丰富的防治经验。

2）防治方法

①加强检疫工作。防止美国白蛾传入，做到防患于未然。②人工剪除网幕。在美国白蛾网幕期，人工剪除网幕，并就地销毁。③人工挖蛹。美国白蛾化蛹时，采取人工挖蛹的措施，可以取得较好防治效果。④灯光诱杀。在各代成虫期，利用美国白蛾成虫趋光性，悬挂杀虫灯诱杀成虫。⑤草把诱集。根据老熟幼虫下树化蛹的特性，于老熟幼虫下树前，在 1.5m 树干高处，围成下紧上松的草把，诱集老熟幼虫集中化蛹，虫口密度大时每隔 1 周换 1 次，解下草把连同老熟幼虫集中销毁。⑥释放周氏啮小蜂。该蜂是美国白蛾的专一性天敌。最佳时期是白蛾老熟幼虫至化蛹时期，选择晴朗天气的 10:00～16:00 时放蜂，并且一个美国白蛾世代放蜂 2 次以上，间隔 7～10d 防治效果最好。

4.4.3　园林花卉植物生态植保整体解决方案

园林植物是绿化、美化人类生存环境的特种植物，在丰富人们的精神文化生活方面发挥重要作用，所产生的生态效益远远大于其产生的直接经济效益。园林植物病虫害的发生，具有区别于各种大田作物的显著特点。首先，风景园林植物种类和配植的多样性和多样化，以及栽培方式的多样化，使园林区域环境比其他植物复杂得多；其次，城市建设和旅游业的迅速发展，使城市人流、物流更加频繁，为园林病虫害的传播蔓延创造了有利条件；另外，很多园林植物的害虫和病原不易被察觉，极易随苗木、接穗等传播，特别是从国外引进花卉、苗木及种子的逐年增多，带进一些新的病虫害（表 4-26 和表 4-27）。因此，在园林病虫害的防治中，除应加强检疫，防止危险性病虫的传入或传出，还必须根据不同环境、不同植物和病虫种类，综合运用多种防控技术措施，保证园林植物的安全和可观赏性。

1. 园林花卉植物病虫源状况

掌握园林花卉植物病虫源状况，为源头治理提供理论依据。

表 4-26　常见园林植物病害病源状况

园林植物病害	越冬	越夏	发生
月季白粉病	以菌丝体越冬	以菌丝体在受害植株组织越夏	主要由风传播，以子囊孢子侵染寄主
草坪草锈病	以菌丝体和冬孢子堆越冬	以菌丝体在受害植株组织越夏	9～10 月发病严重
玫瑰锈病	以菌丝体或冬孢子在芽内或发病部位越冬	以菌丝体或夏孢子越夏	单主寄生；夏孢子由气孔侵入，经风雨传播
兰花炭疽病	以菌丝体及分生孢子盘越冬	以菌丝体在受害植株组织越夏	借风雨和昆虫传播；一般自伤口侵入，在幼嫩叶片也可直接侵入
仙客来灰霉病	以分生孢子或菌核越冬	以菌丝体或分生孢子在受害植株组织越夏	在温暖、湿润的温室内可周年发病；病原菌由老叶上的伤口侵入
月季黑斑病	以菌丝体或分生孢子越冬	以菌丝体或分生孢子在病害发生部位越夏	分生孢子借雨水、灌溉水传播，由表皮直接侵入
芍药（牡丹）红斑病	以菌丝体越冬	以菌丝体或分生孢子在病害发生部位越夏	分生孢子借气流、雨水传播，自伤口侵入或直接侵入
郁金香碎锦病	病毒在病鳞茎内越冬	在传毒媒介蚜虫或毒株中越夏	病毒由桃蚜等蚜虫进行非持久性传播
松疱锈病	以菌丝体在枝干皮部越冬	以担孢子或锈孢子越夏	担子和担孢子借风力传播，萌发后主要经气孔侵入寄主
杨树溃疡病	以菌丝体或未成熟的子实体越冬	以菌丝体在受害组织内越夏	病原菌主要借风雨传播
樱花根癌病	病原菌在病瘤内或土壤病株残体上越冬	细菌菌体在受害部位组织中越夏	通过灌溉水、雨水、采条、嫁接、耕作、地下害虫等进行田间传播

表 4-27　常见园林植物虫害虫源状况

园林植物虫害	越冬	越夏	发生
黄刺蛾	以老熟幼虫（茧）越冬	以幼虫、成虫越夏	年发生 1 代
蒲瑞大袋蛾	以老熟幼虫越冬	以幼虫越夏	年发生 1 代
舞毒蛾	以卵越冬	以幼虫、成虫越夏	年发生 1 代
银纹夜蛾	以蛹越冬	以幼虫、成虫越夏	年发生 1 代
槐尺蠖	以蛹越冬	以幼虫越夏	年发生 3～4 代
霜天蛾	以蛹越冬	以幼虫、成虫越夏	年发生 1～3 代
梧桐木虱	以卵越冬	以若虫、成虫越夏	年发生 2 代
天牛类	以各龄幼虫越冬	以老熟幼虫越夏	—
柳小吉丁虫	以幼虫越冬	以幼虫、成虫越夏	年发生 1 代
蔗扁蛾	以幼虫越冬	以幼虫、蛹越夏	年发生 3～4 代

2. 园林病害防治

1）叶花果病害的防治

①减少侵染来源。保持场圃卫生对减少侵染病源起重要作用，如收集病落叶

并及时处理，剪除有病枝叶等；在园林种植规划设计中，避免多种寄主植物混植；严禁使用带病种苗和接穗；于生长季节及时摘除病叶或在休眠期喷洒五氯酚钠、硫酸铜或石硫合剂，杀死病株残体上的越冬菌源。②化学防治。生长季节发病严重时，可选用下列杀菌剂叶面喷雾处理：防治白粉病类和锈病类时，于发病初期喷洒粉锈宁或苯来特、敌力脱、特富灵等；防治炭疽病类时，可选用炭特灵或苯菌灵·环己锌、施保功、甲基托布津、等量式波尔多液等；防治各种叶斑病时，可于发病初期喷洒代森锰锌或百菌清、苯菌灵、等量式波尔多液、多菌铜等，并注意药剂的交替使用。③改善环境条件，控制病害发生。注意水肥的科学管理，通风透光，如灌水最好采用滴灌、沟灌或沿盆边浇水，灌水时间最好是晴天的上午，以便使叶片保持干燥。栽植密度、花盆摆放密度要适宜，以利通风透气。增施有机肥，磷、钾肥，氮肥要适量，使植株生长健壮，提高抗病性。

2）茎干病害的防治

①清除侵染源。剪除病枝，拔除病株，铲除枝干锈病的转主寄主。②改善养护管理措施，增强花木生长势，提高抗病力。③药物防治。先刮除病部组织，再用化学药剂和生物制剂涂刷病斑，通常选用的涂刷剂有石硫合剂等。少数珍贵的木本花卉和树种也可采用注射法施药液。生长期内可选用多菌灵或甲基托布津、甲基硫菌灵、代森锌等进行病部喷雾。④选育抗病品种。

3）根部病害防治

根部非侵染性病害的发生与土壤的理化性质密切相关，因此对这类病害的防治，应把改良土壤的理化性状作为根本性预防措施。

对根部侵染性病害的防治，主要是栽植前处理，以减少初侵染菌源。如防治根癌病可选用链霉素或硫酸铜溶液浸泡根部消毒；病株可用“402”浇灌或切除肿瘤后用链霉素或土霉素涂抹伤口。

3. 园林害虫防治

1）食叶害虫的防治

①越冬期防治。主要是冬季清理越冬场所或消灭越冬虫源。如刺蛾类越冬虫茧历期长，可结合园林植物的修枝、抚育、松土等，铲除越冬虫茧；可人工摘除袋囊，消灭蒲瑞大袋蛾的越冬幼虫；可清除石块下、树干等处越夏、越冬的舞毒蛾卵块；可翻耕土壤杀死银纹夜蛾、霜天蛾等的越冬蛹等。②生长期防治。园林植物的生长季节一般也是食叶害虫发生与危害的时期，可采取多种措施进行综合防治。

a．诱杀。如根据刺蛾类、舞毒蛾、夜蛾类、霜天蛾成虫的趋光性，用诱虫灯进行诱杀；根据夜蛾类的趋化性，用糖醋液进行诱杀等。

b．人工防治。人工摘除虫叶、袋囊等减轻某些害虫的危害。如刺蛾类的初孵幼虫有群集性，被害叶片呈透明枯斑，可人工找出虫叶，消灭幼虫；袋蛾类行动迟缓，在虫口比较集中、危害症状明显时，可人工摘除袋囊，消灭幼虫。

c．生物防治。食叶害虫的天敌很多，如蒲瑞大袋蛾、舞毒蛾的核型多角体病毒和苏云金杆菌等，有条件时可采用生物防治。

2）刺吸性害虫的防治

（1）越冬期防治。对蚧类越冬雌虫和若虫，可喷施松脂合剂或机油乳剂、石硫合剂等防治；对木本花卉上的蚜虫、梧桐木虱和大青叶蝉等，可在早春刮除老树皮及剪除受害枝条，消灭越冬卵。

（2）生长期防治。

主要有以下措施：①园林技术措施。实行轮作可减少蚧虫的发生；合理疏枝，保持通风、透光，可减轻蚧虫的危害；清除大棚和温室周围杂草，可减轻温室白粉虱、叶蝉和蓟马等的危害。②诱杀。如蚜虫和白粉虱，均对黄色光有趋性，可用黄色粘胶板诱杀；在叶蝉成虫盛发期，可用黑光灯诱杀。③保护和利用天敌。刺吸类害虫的天敌种类很多，如澳洲瓢虫可捕食吹绵蚧，大红瓢虫和红缘黑瓢虫可捕食草履蚧，红点唇瓢虫可捕食日本蜡蚧、桑白盾蚧及紫薇绒蚧；寄生盾蚧的有多种小蜂；蚜虫的天敌有瓢虫、草蛉，食蚜蝇、蚜茧蜂、蚜小蜂和蚜霉菌等，应注意保护和开发利用。

3）钻蛀性害虫的防治

钻蛀性害虫大部分时间在寄主茎干内为害，防治时除考虑危害期外，重点加强对成虫活动期的防治。①加强抚育管理。及时剪除及砍伐严重受害株，消灭已蛀入的幼虫。如防治菊小筒天牛，要连根将被害株清除；双条杉天牛喜为害衰弱树，大树移植后应迅速恢复树势。②人工捕杀成虫。在钻蛀性害虫的成虫活动期，应及时捕杀成虫，以压低后代的虫口基数；并根据其产卵部位，用小刀刮除虫卵。③人工钩杀幼虫。对尚未蛀入木质部或仅在木质表层为害，或蛀道不深的幼虫，可用钢丝钩杀幼虫。

4）草坪蚂蚁的生态防控

①查寻蚂蚁山丘，定期用耙子进行清理扫平，坚持1～2周巡查清理一遍。②在清理蚁丘以后，在蚂蚁巢穴处喷灌3%洗洁精溶液或肥皂水、洗衣粉水，可以加入适量樟脑球。③人工饲养释放钩臀蚁蛉 *Myrmeleon bore*。以不同规格的泡沫箱为饲养场所，以黄粉虫和紫藤蚜作为活体饵料，高密度饲养钩臀蚁蛉，备用。在发现蚁丘后，释放蚁蛳加以控制。

第五章　重要有害生物生态防控

5.1　植物螨害生态防控

5.1.1　植物螨类概述

螨类，俗称红蜘蛛、黄蜘蛛、壁虱等，属于节肢动物门、蛛形纲 Arachnida、蜱螨亚纲 Acari 中的真螨目 Acariformes 和寄螨目 Parasitoformes。其中真螨目叶螨总科 Tetranychoidea 中的叶螨科 Tetranychidae、细须螨科 Tenuipalpidae，瘿螨总科 Eriophyoidea 中的瘿螨科 Eriophyidae，跗线螨总科 Tarsonemoidea 中的跗线螨科 Tarsonemidae，肉食螨总科 Cheyletoidea 中的肉食螨科 Cheyletidae 以及寄螨目植绥螨总科 Phytoseioidea 中的植绥螨科 Phytoseiidae 与农林关系最为密切。

螨类体型微小，体长多在 2mm 以下，体躯柔软，多为红、绿、黄等色，足 4 对，无触角和翅，体躯分为颚体、躯体（包括前足体、后足体、末体，或前半体和后半体）等（图 5-1）。

颚体是分类的重要特征，由螯肢、须肢、气门沟等组成。螨类身体背面常有许多刚毛，根据其功能可分为触毛、感毛和黏毛等，其数目和排列形式是分类的依据。

螨类的生长发育过程一般经过卵、幼螨、若螨、成螨 4 个阶段。以叶螨总科为例，其生长发育过程为：卵—幼螨—第 1 若螨—第 2 若螨—成螨。雌、雄螨发育过程相同，但雄螨较雌螨发育历期偏短。雌螨羽化为成螨后随即交尾，交尾后 1～3d 开始产卵，产卵期和寿命较长，产卵量因种类不同而有较大差异；雄螨寿命较短，交尾后 1～2d 即死亡。在一定温度范围内，发育历期随温度增高而缩短。

螨类的生殖方式有两性生殖和产雄孤雌生殖两类，两性生殖繁殖的后代有雌雄两性个体，未经交配受精所繁殖的后代全为雄性。

螨类的滞育多为兼性滞育，即同一世代的个体中部分进入滞育而另一部分继续发育。光周期、温度、营养是引起滞育的主要因素。滞育螨态多为雌成螨或卵（如叶螨），雌成螨滞育种类的滞育越冬场所多在树皮裂缝、虫孔、杂草及枯枝落叶下；卵滞育种类的滞育多在枝条粗糙处、芽腋、轮痕等处。

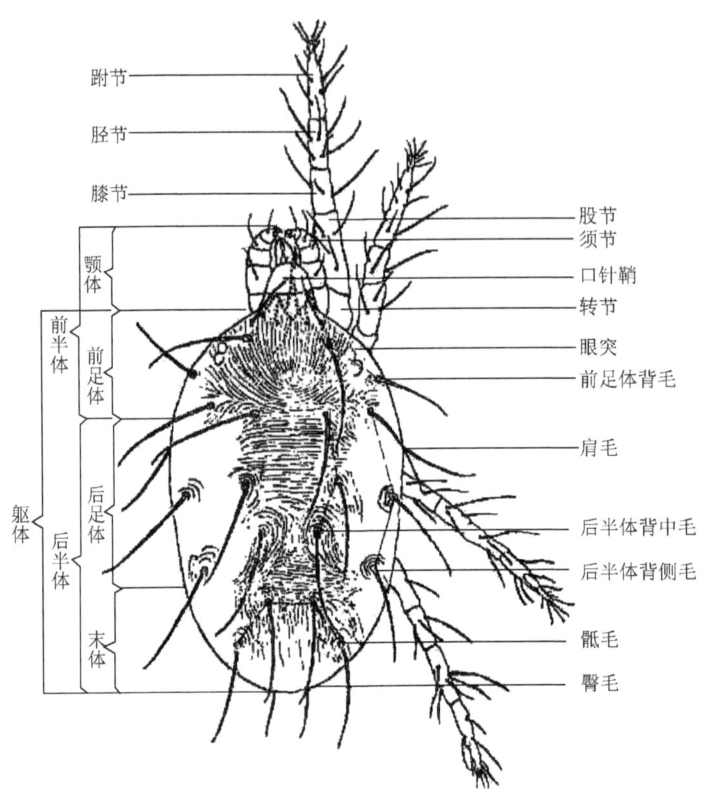

图 5-1　朱砂叶螨的体躯

螨类的食性复杂，有植食性的，如叶螨和瘿螨；有捕食性的，如植绥螨和肉食螨；也有腐食性的，如甲螨；还有寄生性的，如皮刺螨、疥螨和痒螨等。其中叶螨类对植物的危害最重且种类多、分布广。寄主叶片受害后，表面多呈灰白色小点，引起失绿和失水，影响光合作用，导致植株生长缓慢甚至停滞，严重时落叶枯死。

5.1.2　重要农业害螨种类

农林植物发生的螨类主要有真螨目叶螨科中的麦岩螨、朱砂叶螨、二斑叶螨、山楂叶螨、截形叶螨、神泽叶螨、柑橘全爪螨、苹果全爪螨、柑橘始叶螨、构始叶螨、针叶小爪螨、柏小爪螨、云杉小爪螨、东方真叶螨、竹裂爪螨和竹缺爪螨；细须螨科的刘氏短须螨；跗线螨科的侧多食跗线螨、刺足根螨等。这些种类在我国不同地区的分布与危害差异较大，发生状况不一。现将危害较为普遍和常见的重要种类介绍如下。

5.1.2.1　小麦红蜘蛛

1. 分布与危害

黄淮地区发生的小麦红蜘蛛主要有两种。一种是麦岩螨（即麦长腿红蜘蛛），属真螨目叶螨科；另一种是麦圆蜘蛛，属真螨目叶爪螨科。麦岩螨发生在地势较高、干旱、小麦长势差的丘陵坡地。麦圆蜘蛛多发生在水浇地或地势低洼、地下水位高、土壤黏重、植株生长过密的麦田。两种小麦红蜘蛛均以成、若螨在小麦茎叶上吸食汁液，叶面出现由白变黄的斑点，严重时全叶枯黄，叶端枯焦，生长萎缩，甚至全株枯死，对产量影响较大。麦岩螨对小麦产量的影响最大。小麦红蜘蛛除为害小麦，还为害大麦、豌豆、棉花等作物。

2. 形态特征

1）麦岩螨雌螨

麦岩螨雌螨体长 0.57mm，宽 0.34mm。体椭圆形，绿褐色。须肢跗节长柱形，具 7 根刚毛，其中一根粗而长，刺状；另一根呈小枝状，壁薄；其他几根多呈刚毛状。端感器和背感器不易区分。口针鞘前端圆钝，中央无凹陷。气门沟末端似牛角状，表面具有纵条纹。背毛 26 根，细短，近于等长，顶端圆钝，具微茸毛，不着生于突起上。雄螨体略小于雌螨，梨形，其余特征类似雌螨。

2）麦圆蜘蛛

麦圆蜘蛛成虫休长 0.6～0.98mm，宽 0.43～0.65mm，卵圆形，黑褐色。4 对足，第 1 对长，第 4 对居二，第 2、3 对等长。具背肛。足、肛门周围红色。卵长 0.2mm 左右，椭圆形，初暗褐色，后变浅红色。若螨共 4 龄。1 龄称幼螨，3 对足，初浅红色，后变草绿色至黑褐色。2、3、4 龄若螨 4 对足，体似成螨。

麦圆蜘蛛年生 2～3 代，即春季繁殖 1 代，秋季 1～2 代，完成 1 个世代 46～80d，以成虫或卵及若虫越冬。冬季几乎不休眠，耐寒力强，翌春 2～3 月越冬螨陆续孵化为害。3 月中下旬至 4 月上旬虫口数量大，4 月下旬大部分死亡，成虫把卵产在麦茬或土块上，10 月越夏卵孵化，为害秋播麦苗。多行孤雌生殖，每个雌虫产卵 20 多粒；春季多把卵产在小麦分蘖丛或土块上，秋季多产在须根或土块上，多聚集成堆，每堆数十粒，卵期 20～90d，越夏卵期 4～5 个月。生长发育适温 8～15℃，相对湿度高于 70%，水浇地易发生。江苏早春降雨是影响该蜘蛛年度间发生程度的关键因素。

3. 发生规律

麦岩螨 1 年发生 3～4 代，以成螨或卵在麦田及田边杂草上越冬。翌年 2～3 月越冬成螨开始活动，3 月中下旬平均气温达到 8℃左右时，越冬成螨开始产卵，越冬卵也相继孵化。4 月中下旬为第 1 代发生盛期。5 月上中旬发生第 2 代，此时气温升高，地表高温干燥，常造成大量繁殖为害。5 月下旬至 6 月上旬为第 3 代发生期。6 月上旬以后，当平均气温高于 20℃时，即产生滞育越夏卵，成螨和若螨数量也随之下降。当年 10 月，部分夏卵孵化，在秋播麦田造成危害。卵散产，多产于麦株附近的土块、干粪等硬物上，距离麦根越近的覆盖物与地面接触的部位滞育卵更多。麦岩螨在麦株上的活动与时间有关，日间 10 时和 18 时左右是上升至茎叶部为害的两个高峰时间，也为药剂防治的适宜时间。麦岩螨的发生密度及危害程度与雨量、土壤及栽培条件等密切相关。雨量少的年份或干旱地块发生猖獗；黏质土壤发生重；沙质土壤发生少；叶片直立或茸毛短硬的小麦品种发生较轻，反之则重。

麦圆蜘蛛在黄淮地区年发生 2～3 代，以成螨或卵在麦田或田边杂草上越冬。成螨抗寒力强，无真正的休眠越冬现象，如遇晴日中午温度较高，仍可爬至麦苗上活动繁殖为害，并能产卵繁殖。第二年小麦返青时种群数量开始上升，3 月中下旬至 4 月中下旬为危害盛期，在郁闭度大的麦田，危害期可延长至 5 月上旬，之后数量锐减。麦圆蜘蛛在此期间繁殖 1 代后，在根际的土块、枯叶及麦苗、杂草的须根上产出滞育的越夏卵，滞育期可达 110～140d。经夏季到 10 月上中旬越冬卵开始孵化，在麦苗和杂草上为害。11 月上旬出现第二代成螨，形成一个数量小高峰。此代成螨在麦苗或杂草上产卵，早产的卵可以孵化发生第三代，晚产的卵则直接进入越冬状态。

4. 生活习性

两种小麦红蜘蛛的生活习性差别较大。麦岩螨（麦长腿红蜘蛛）以孤雌生殖为主，多产卵于麦田的硬物，如土块、石块、干粪块、根茬或干枯的枝叶上等。滞育卵有多年滞育的习性，有些卵可以在土中存活两年。麦岩螨具有群集的习性，遇惊扰下坠土缝躲藏。一天中的活动规律为：一般在 9 时以后开始爬至麦株上活动为害，以 11～15 时活动最盛，16 时以后活动减弱并向下转移，但在 5 月中旬以后，由于温度较高，麦岩螨分上午和下午两个活动高峰。

麦圆蜘蛛多行孤雌生殖，每雌产卵 20 多粒。春季多把卵产在小麦分蘖丛或土块上，秋季多把卵产在须根或土块上，多聚集成堆，每堆数十粒，卵期 20～90d，越夏卵期 4～5 个月。生长发育适温 8～15℃，相对湿度高于 70%，在水浇地容易发生。北方早春降雨是影响该蜘蛛年度间发生程度的关键因素。

5.1.2.2　朱砂叶螨

1. 分布与危害

朱砂叶螨 *Tetranychus cinnabarinus*（Boisduval）属真螨目叶螨科。在我国华

北、华东、西北、华南和华中等地都有分布，是园林树木、花卉、果树、桑树及农作物等多种植物的重要害螨。以幼、若、成螨在叶片表面吸食汁液，造成叶片失绿，呈现灰白色或黄褐色斑点，严重时造成叶片枯黄脱落。

2. 形态特征

1）雌螨

体长 0.45～0.50mm，宽 0.30～0.32mm。体椭圆形，锈红色或深红色。须肢端感器长约为宽的 2 倍。背感器梭形，与端感器近于等长。口针鞘前端圆钝，中央无凹陷。气门沟末端呈“U”形弯曲。后半体背表皮纹构成菱形图形。肤纹突呈三角形。背毛 13 对。各足爪间突裂开为 3 对针状毛。足 I 胫节和跗节的毛数常有变异。

2）雄螨

体长 0.30～0.35mm，宽 0.25mm。须肢端感器长约为宽的 3 倍。背感器略短于端感器。足 I 跗节爪间突呈 1 对粗爪状，背面具粗壮的背距。足 I 跗节双毛近基侧有 3 根触毛和 1 根感毛，另一根触毛在双毛近旁。胫节有 7 根触毛。

3. 发生规律

朱砂叶螨在我国北方 1 年发生 12～15 代。以雌成螨在树皮裂缝、虫孔内、杂草落叶下、根际土缝等处越冬。翌年 3 月中下旬平均气温达 7℃以上时，开始出蛰活动，并取食产卵。先在附近的寄主上繁殖，4 月下旬后转移至叶片为害。该螨世代重叠现象严重，各代的发生无明显的时间界限。10 月中下旬，雌成螨交配后寻找场所越冬。

朱砂叶螨个体发育阶段的历期随温度升高而缩短。雄螨常较雌螨提早 0.5～1.0d 发育为成螨。雌螨一经羽化随即与雄螨交尾，且多次交尾多次产卵；雌螨不交尾也能产卵，但孵化后均为雄性。完成一个世代的历期，在 20℃、25℃和 30℃分别为 20d、13d 和 9d。温度和湿度对其种群密度影响较大，高温干旱有利于繁殖，常造成严重危害；降雨特别是暴雨的机械冲刷作用，可使其密度降低。

5.1.2.3　二斑叶螨

1. 分布与危害

二斑叶螨 *Tetranychus urticae*（Koch）又称二点叶螨，属真螨目叶螨科。在我国分布极为广泛。形态特征和危害规律与朱砂叶螨相似。主要为害棉花、玉米、豆类、瓜类、烟草、茄子，苹果、梨、桃等果树，以及月季、蔷薇、玫瑰、牡丹、锦葵、腊梅、海棠、木槿和木芙蓉等 100 多种观赏植物。常自植株下部向上部叶片扩展为害，多在叶片背面刺吸汁液为害，并吐丝结网，受害叶片初呈灰白色小点，后为黄红或紫红色，直至呈连片铁锈色，严重时引起叶片早落。

2. 形态特征

1）雌螨

体长 0.40～0.50mm，宽 0.30～0.35mm。体椭圆形，淡黄或黄绿色。体躯两侧各有 1 块黑斑，其外侧 3 裂形。须肢端感器长约为宽的 2 倍，背感器较端感器短。气门沟呈“U”形分支。背表皮纹在第 3 对背中毛和内骶毛之间纵向，形成明显的菱形。肤纹突呈半圆形。背毛 26 根，长度超过横列间距。

2）雄螨

体长 0.37mm，宽 0.19mm。须肢端感器长约为宽的 3 倍，背感器较端感器短。阳具端锤弯向背面，微小，两侧突起尖利。

3. 发生规律

二斑叶螨在我国南方地区 1 年发生 20 余代，滞育现象不明显。在北方地区二斑叶螨发生 12 代以上，多以雌成螨在寄主枝干表层缝隙间、土缝中及田间杂草根际滞育越冬。翌春 3 月下旬至 4 月上旬开始活动，5～10 月，种群密度变化起伏很大。高温干旱，适于该螨的发育和扩散为害。雌螨在长日照条件下，不发生滞育；而在短日照条件下大部分个体进入滞育状态。滞育个体的抗寒性、抗水性和抗药性显著增强。

5.1.2.4　山楂叶螨

1. 分布与危害

山楂叶螨 *Tetranychus viennensis* 属蛛形纲蜱螨目叶螨科。广泛分布于我国东北、华北、西北、华东和华中等地。主要寄主有山楂、苹果、杏、桃、李、梨、樱桃、月季、玫瑰、草莓、茄子、栎、核桃以及刺槐等，其中以苹果、桃、樱桃和梨等受害严重，对树势、产量、质量影响较大。早春在刚萌发的芽、小叶和根蘖处为害，随着叶片生长，逐渐蔓延全树。叶片被害后，表面呈现灰白色失绿斑点，严重时叶片提早脱落，常造成二次开花，造成树体营养大量消耗。

2. 形态特征

雌螨体长 0.45～0.50mm，宽 0.25mm。体椭圆形，深红色，足及颚体部呈橘黄色，越冬雌成螨橘红色。须肢端感器短锥形，长度与基部宽度略等；背感器小枝状，长略短于端感器。口针鞘前端略呈方形，中央无凹陷。气门沟末端具分支，且彼此缠结。背毛 26 根，排列成 6 排，刚毛基部无瘤突。卵圆球形，前期产的卵为橙黄色。随着产卵量的增多，卵色逐渐变淡至黄白色。幼螨足 3 对，初孵时为圆形，黄白色，取食后渐成绿色。若螨足 4 对，有前期若螨和后期若螨之分，前期若螨体背开始出现刚毛，体背两侧透露出明显的黑绿色斑纹；后期若螨较前者大，形似成螨，可辨别雌雄。

雄螨体长 0.35～0.43mm，宽 0.20mm。橘黄色。须肢端感器短锥形，但较雌螨细小；背感器略长于端感器。足 I 跗节爪间突呈 1 对粗壮的刺毛；足 I 跗节双毛近基侧有 4 根触毛和 3 根感毛，其中 1 根感毛与基侧双毛位于同一水平。

3. 发生规律

山楂叶螨在北方落叶果区年发生 9～11 代，南方可达 10 代以上。以受精雌成螨在树皮裂缝、翘皮下虫孔、枯枝落叶杂草内或根颈周围的土缝等处越冬。越冬雌成螨多在 3 月下旬苹果花芽萌动时开始出蛰，4 月中旬为出蛰盛期。在根颈处越冬的个体出蛰略早，出蛰后先在附近早萌发的根蘖芽、杂草等的叶片上吸食，随着气温升高，逐渐转移至刚萌发的新叶、花柄、花萼上吸食为害。常造成嫩芽枯黄，不能开花展叶。日平均气温达 15℃以上时开始产卵，梨树盛花期第 1 代幼螨开始孵化，发生盛期在盛花期后一个月左右，发生较为整齐，此后，世代重叠严重。5 月中旬至 6 月中旬，山楂叶螨多集中在内螳为害，为内膛聚集阶段。一般 6 月上旬前种群数量增长缓慢，中旬开始数量激增；6 月中旬至 7 月中旬，由内膛扩散至外围枝条，为外围扩散阶段。种群数量消长与春季气温和 7～8 月的雨量有关。进入雨季后，种群密度骤降；8 月下旬至 9 月中旬出现第 2 个小高峰；9 月下旬后雌成螨逐渐进入越冬状态。

5.1.2.5 针叶小爪螨

1. 分布与危害

针叶小爪螨 *Oligonychus ununguis*（Jacobi）又称板栗红蜘蛛，属真螨目叶螨科。在我国主要分布于华东和华北地区。主要为害松科、柏科、杉科、壳斗科及蔷薇科植物，以北方板栗产区受害最重。针叶小爪螨为害针叶树和阔叶树的两个种群。在阔叶树上发生时，常在叶片上形成大小不等的群落，叶脉两侧较其他部位受害严重。受害叶轻者呈现灰白色小点，重者全叶变为红褐色、硬化，甚至焦枯，宛如火烧状，严重影响果树生长和果实产量。

2. 形态特征

雌螨体长 0.40～0.49mm，宽 0.31～0.35mm。体椭圆形，红褐色，足及颚体部橘红色。须肢端感器顶端略呈方形，长度约为宽的 1.5 倍；背感器小枝状，较细，短于端感器。口针鞘顶端圆钝，中央有一凹陷。气门沟末端膨大。背表皮纹在前足体为纵向，在后半体第 1、2 对背毛之间横向，在第 3 对背中毛之间基本呈横向，但不规则。背毛共 26 根，末端尖细，具茸毛，不着生于突起上，其长均超过横列间距。足 I 跗节爪间突的腹基侧具 5 对针状毛，前双毛的腹面仅具 1 根触毛。

雄螨体长 0.28～33mm，宽 0.12mm。须肢端感器短锥形，其长度与基部的宽度相等；背感器小枝状，与端感器等长。

3. 发生规律

针叶小爪螨的年发生代数在不同地区间差异较大。一般 1 年发生 6～12 代，均以滞育卵在 1～4 年生枝条上越冬。山东、河北等地翌年 4 月中旬越冬卵开始孵化，4 月下旬至 5 月上旬为孵化盛期，幼螨孵化后即爬到新叶上吸食为害。种群消长因地区、年份而异。一般以 6 月上旬至 8 月上旬的种群数量最大。发育历期随温度升高而缩短，在平均气温 20℃左右时完成 1 代需 20d 左右，7～8 月高温季节完成 1 代需 10～13d。夏卵多产于叶片正面的叶脉两侧。滞育卵的出现受温度、光照、食物、降雨等多种因子的影响，产滞育卵的盛期一般在 7 月上旬至 8 月上旬。

5.1.2.6　柏小爪螨

1. 分布与危害

柏小爪螨 *Oligonychus perditus* 属真螨目叶螨科。在我国主要分布于华北、华东、华南和西南等地。主要为害多种柏树。树木受害后，先是鳞叶基部出现枯黄，严重时整个树冠显现黄色，鳞叶之间有丝网。

2. 形态特征

雌螨体长 0.35～0.40mm，宽 0.25～0.35mm。体椭圆形，绿褐或红褐色，足及颚体部橘黄色。须肢跗节端感器柱形，长度约为宽的 2 倍；背感器小枝状，短于端感器。气门沟末端膨大。前足体背表皮纹纵向，后半体基本为横向，生殖盖及生殖盖前区表皮纹横向。

雄螨体长 0.30～0.35mm，宽 0.20mm。近菱形。须肢端感器短小，背感器小枝状。

3. 发生规律

柏小爪螨年发生 7～9 代。以卵在枝条、针叶基部、树干缝隙等处越冬。越冬卵翌年 3 月下旬至 4 月上旬开始孵化，4 月底、5 月上旬发育为第 1 代成螨，并开始产卵。5 月至 7 月上旬为该螨的发生盛期，种群密度逐渐增大，并出现世代重叠。7 月中旬至 8 月下旬，因气温高、雨水多，种群密度较低。9～10 月种群数量又再度回升。10 月中旬后，雌成螨开始产卵越冬。柏小爪螨的发生与温度和降雨密切相关，夏季高温多雨是抑制其种群数量的关键因子。

5.1.2.7　柑橘全爪螨

1. 分布与危害

柑橘全爪螨 *Panonychus citri*（McGregor）属真螨目、叶螨科。主要分布于华东、华南、西南及湖南、湖北、陕西等地。主要寄主植物有柑橘类、桂花、蔷薇等花木。叶片受害后，在正面出现许多灰白色小点，失去光泽，严重时一片苍白，造成大量落叶，使花木失去观赏价值。

2. 形态特征

雌螨体长 0.40～0.45mm，宽 0.27～0.35mm。体圆形，深红色。背毛 26 根，白色，着生于粗大的红色毛瘤上，其长度超过横列间距。足橘黄色。须肢端感器顶端略呈方形，背感器小枝状。气门沟末端膨大。

雄螨体长 0.30～0.35mm，宽 0.27～0.30mm。体鲜红色，后端较狭，呈楔形。

3. 发生规律

柑橘全爪螨发生代数因地区而异。在四川等地 1 年可发生 16～17 代，以卵和成螨在枝条裂缝及叶背越冬。发育历期随温度的升高而缩短，20～30℃为发育和繁殖的适温范围。雌螨一生可交配多次，交配后 2～4d 开始产卵，卵多产在当年生枝条和叶背主脉两侧。

5.1.2.8　苹果全爪螨

1. 分布与危害

苹果全爪螨 *Panonychus ulmi*（Koch）又称榆全爪螨、苹果红蜘蛛等，属真螨目叶螨科。广泛分布于华北、华东、华中和西北等地，尤以北方沿海苹果产区发生严重。寄主植物主要有苹果、梨、沙果、桃、杏、樱桃、海棠、李、山楂、樱花、月季和紫藤等。多在叶片背面为害，叶片背面出现许多灰白色小点，发生严重时造成落叶。

2. 形态特征

雌螨体长 0.38mm，宽 0.29mm。体圆形，侧面观呈半球形，体色深红。背毛白色，着生于黄白色的毛瘤上。须肢端感器长度略大于宽，顶端稍膨大；背感器小枝状，与端感器等长。刺状毛较长，约为端感器的 2 倍。口针鞘前端圆形，中央微凹。气门沟末端膨大，呈球形。背表皮纹纤细。背毛 26 根，粗壮，具粗茸毛，着生于粗大的突起上。除前足体第 1 对背毛、肩毛、骶毛和臀毛，其他背毛均较长。

雄螨体长 0.25mm。须肢端感器柱形，长宽略相等。背感器小枝状，长于端感器，刺状毛长度约为端感器的 2 倍。

3. 发生规律

苹果全爪螨在山东、河北、河南、山西、陕西等地年发生 9～12 代。以卵在果苔、芽鳞、芽腋、枝条轮痕、1～2 年生枝条基部等处越冬。翌年苹果花序伸展时，越冬卵开始孵化，国光品种初花期前后达孵化盛期。第 1 代成螨于 5 月中旬盛发，此后出现世代重叠。6～8 月进入全年的发生高峰期，尤以 6 月下旬到 7 月上旬危害最重。6～8 月，完成 1 代需 15d 左右。9 月下旬，雌成螨开始产越冬卵，10 月中下旬绝大部分个体产完越冬卵，并以卵进入越冬状态。

5.1.3 农业害螨生态防控整体解决方案

植物害螨的发生和危害与植物害虫有许多相似之处。首先表现在生物学特性上，螨类也具有蜕皮变态的特点，只是不像昆虫的变态那样显著。其次表现在寄主植物的范围上，无论是大田作物、蔬菜，还是果树、花卉、林木等，螨类均可受害。再次表现在对环境条件的适应上，螨类的发生、种群数量变动、越冬和越夏等，也受环境因子特别是温度、湿度等气候因子和寄主植物、天敌等生物因子的影响，因而表现出与昆虫相似的周期性节律，并常常与某些害虫在同一寄主上混合发生。最后表现在危害特点上，螨类的危害与刺吸式口器害虫极为相似，也是主要吸食寄主汁液，引起寄主植物营养不良、受害部位失绿和形成斑点，严重时造成叶片提早脱落甚至整株枯死。因此，对于植物害螨的防治，也可参考害虫防控的策略和措施，有时可以在防治害虫的同时进行兼治。

1）因地制宜，保护利用自然天敌

螨类的天敌种类较多，常见的有深点食螨瓢虫、束管食螨瓢虫、中华草蛉、大草蛉、塔六点蓟马、小花蝽等天敌昆虫和捕食螨等。在自然状态下，这些天敌对害螨起着重要的控制作用，应注意加以保护和利用。如对浇水条件较好的果园，在树冠下种植矮秆作物或作绿肥及牧草用的草本植物，也可种植中草药及野菜，就能起到增加园内生物多样性，为天敌提供栖息、繁殖场所的作用。

绝大多数红蜘蛛 5～8 月为发生高峰期，6 月下旬至 7 月上旬危害最重。应人工生产繁育深点食螨瓢虫、束管食螨瓢虫和捕食螨，以“伏击式、淹没式、组合式”为原则进行释放应用。初次释放时间为 4 月底至 5 月上旬，第二次释放为 5 月底至6月上旬，第三次释放为6月下旬。每次释放数量以调查和计算红蜘蛛发生量和瓢螨比确定。

2）合理施肥

氮肥施用过多，营养比例失调，不仅会造成植物徒长，还会引起叶螨特别是山楂叶螨等繁殖能力增强。因此，尽量增施圈肥、绿肥等有机肥，不施高氮、纯氮化肥，以有效地减轻多种叶螨的危害。

3）加强栽培管理

改善生态环境，抑制危害。红蜘蛛喜欢燥热干旱的环境，温度越高，湿度越小，发生越快。因此，要及时施肥、灌水、合理修剪等。在水分管理上，要以水调墒，保持田间土壤湿润。当气温过高时，应适时放风降温。不仅可以起到增强作物长势和抗耐螨害的作用，抑制叶螨快速繁殖，同时还能直接杀死大量叶螨和多种其他病虫害。

4）树干绑草，诱杀害螨

对于常年害螨发生严重的果园，于每年8月下旬至9月上旬，将杂草绑缚在树干主枝分杈或树皮粗糙处，待秋后清理果园时一同清除干净，可以大大压低雌成螨越冬种类的来年螨口基数。

5）及时摘除老叶，清除虫源。对于已经被红蜘蛛危害的草莓，基部老叶，随时发现随手摘除，并带出棚外彻底清除或减轻虫源。

6）秋季无果期防治

苹果、桃、梨、山楂等果园，果实采收后，仍有部分发育较晚的叶螨个体在叶片上为害，尚未进入滞育状态。此时及时、全面、细致地喷布一遍杀螨剂或杀虫剂，对减少越冬螨口基数作用很大。

7）冬季全面清理田园

作物收获或果树落叶后，对田园进行全面彻底清理，如清除杂草、枯枝、落叶，刮除粗皮、翘皮，用石硫合剂废渣堵塞枝干上的虫孔等，不仅对叶螨类具有较好的防治效果，也对多种病虫如落叶病类、枝干病害、果实病害以及食心虫类、卷叶虫类、潜叶蛾类、毒蛾类、蚧类等有很好的防治作用。

5.2 作物根结线虫生态防控

5.2.1 根结线虫的概念

根结线虫是一类植物寄主性线虫，触引植物根系形成根结，并更容易感染其他真菌和细菌性病害。1855年M.J.Berkeley首次报道温室中黄瓜根结病的病原是线虫。

根结线虫寄生于 2 000 多种植物并可快速繁殖，再加上相对短的生活史等特点，具有极大的危害。

蔬菜根结线虫病由根结线虫属 *Meloidogyne* spp. 的南方根结线虫 *Meloidogyne incognita*（Kofold & White）Chitwood、花生根结线虫 *Meloidogyne arenaria* Chitwood、北方根结线虫 *Meloidogyne hapla* Chitwood 和爪哇根结线虫 *Meloidogyne javanica* Chitwood 等侵染引起，其中南方根结线虫（图 5-2）为优势种群。

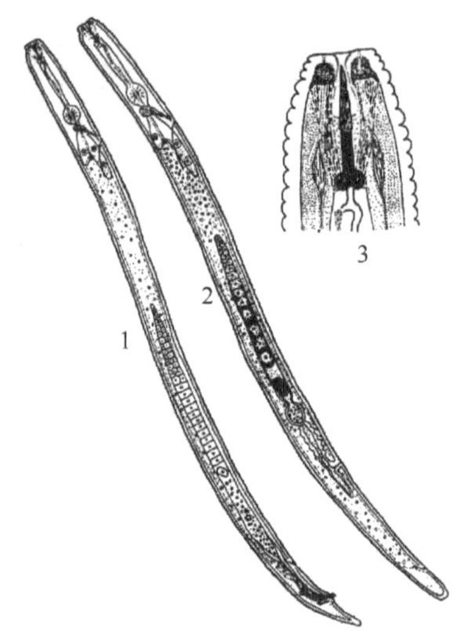

1．成虫（♂）　2．雌虫（♀）　3．头部。

图 5-2　根结线虫

5.2.2　根结线虫的形态特征

根结线虫在棚室环境一年发生 10 代左右，每个雌虫产卵 300 粒左右（图 5-3）。

卵：形如蚕状，半透明，外壳坚韧，长约 0.1mm，宽约 0.05mm。

幼虫：1 龄幼虫孵化后蜷缩在卵内；2 龄幼虫进入侵染期，侵入寄主后，虫体逐渐膨大，由线状变成豆荚状；3 龄幼虫呈茄子状，并开始雌雄分化；4 龄幼虫已完成雌雄分化，雌性呈茄子状或梨状，雄性呈卷曲线状。

成虫：雌成虫呈洋梨形或柠檬形，乳白色，多埋藏在寄主组织内。雄成虫呈线状，尾端稍远，体色较透明，体细小。

5.2.3　根结线虫的生活习性

根结线虫主要以卵和 2 龄幼虫随根瘤在土壤中，或直接在土壤中越冬。在土壤无寄主植物的情况下可存活 3 年之久。

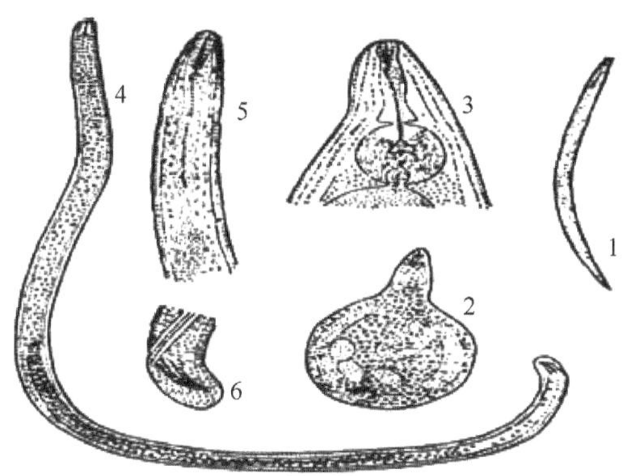

1. 2 龄幼虫 2. 雌虫 3. 雌虫前端 4. 雄虫 5. 雄虫前端 6. 雄虫尾端。

图 5-3 根结线虫生活史图解

2 龄幼虫为根结线虫的侵染龄，通常由根尖侵入。线虫在寄主根结或根瘤内生长发育至 4 龄，雄虫与雌虫交尾，交尾后雌虫在根结内产卵，雄虫钻出寄主组织进入上中自然死亡。根结内的卵孵化成 2 龄幼虫，离开寄主进入土中，生活一段时间重新侵入寄主或留在土壤中越冬。

5.2.4 根结线虫的生物学特性

土壤温度达 10℃以上时，卵可孵化，幼虫多在土层 1～20cm 处活动。土壤温度高于 40℃或低于 10℃很少活动，温度 55℃，10min 致死。

土壤适宜相对湿度 40%～70%。在干燥或过湿土壤中，线虫活动受到抑制。适宜土壤 pH 为 7～8，土壤质地疏松、盐分低的条件适宜线虫活动，有利发病。一般砂土较黏土发病重，连作地发病重。

根结线虫在保护地环境一年发生 10 代左右，每个雌虫产卵 300 粒左右。幼虫为移动性内寄生，雌虫为固定内寄生。2 龄幼虫穿刺侵入寄主植物根部，在维管束附近形成取食位，其头区周围细胞融合形成巨型细胞。

设施栽培生产的土壤中线虫发生普遍，但分布不均匀。

5.2.5 根结线虫的危害性

根结线虫常为害瓜类、茄果类、豆类及萝卜、胡萝卜、莴苣、白菜等 30 多种蔬菜，对葡萄、柑橘、香蕉、火龙果也有严重危害。

5.2.5.1 蔬菜受害

根结线虫直接为害蔬菜根部。受害蔬菜根部瘤状突起、生长不良、沤根腐烂。由于根系受到影响，大多数受害植株初期地上部分迟缓，叶片变小、变黄，呈点片缺肥状，不结实或结实不良，严重时，生长停滞，节间缩短，植株矮小甚至萎蔫。根结线虫破坏了根组织的正常分化和生理活动，水分和养料的运输受到阻碍，光合作用下降，果实常发生畸形或着色不均匀，造成产量下降，品质降低。

不同蔬菜根部危害症状存在一定的差异。

1）番茄、茄子

侧根根类形成绿豆或小米大小串球状瘤状物及小根结，根结上不再产生小侧根，严重时多个根结连在一起，形成直径大小不一的肿瘤。

2）苦瓜和黄瓜

侧根或须根上形成大小不一不等的根瘤或根肿大，多个根结相连，呈不规则形，表面有分裂，晚期粗糙易腐烂。

3）芹菜、辣椒和豇豆

侧根、支根最易受害，发瘤根上形成大量大小不一近球形根结，像珠状相互联结。

5.2.5.2 花生受害

引起花生受害的病原线虫有两种：花生根结线虫和北方根结线虫。此病最早发生在山东烟台，以后大部分花生产区都有发生，以山东省发病最重。花生根结线虫的寄主范围很广，是花生生产的毁灭性病害，被列为我国植物检疫对象。

花生的根、荚果、果柄都可受害，但以根部尤其根端受害最重。花生出苗前后线虫就侵入主根尖端，使根尖膨大成纺锤形或不规则形的米粒状虫瘤，初期乳白色，后变黄褐色，以后在虫瘤上长出许多细小的须根，须根尖端又被线虫侵染形成虫瘤。如此反复侵染，最后使病株根部变成乱丝状的须根虫瘤团。刨开虫瘤，可见乳白色针尖大小的线虫。线虫也可侵染果柄、果壳、根颈，并形成虫瘤。幼果被害形成乳白色的小虫瘤，在成熟荚果的果壳上形成褐色突起的较大虫瘤，根颈和果柄上形成像葡萄果穗一样的虫瘤。病株根系受到线虫的危害，吸收能力大大降低，引起地上部生长不良。一般在花生始花前后地上部开始表现症状，病株生长缓慢；始花后，植株基部叶片变黄，叶焦枯，提前脱落，而且花少，开花迟；至盛花期，整个病株萎黄不长；在雨季，病株虽能转绿继续生长，但较健株矮，田间常常出现一片片的病窝，却很少死亡。轻病株结果少，且大都为瘪果，重病株很少结果（图 5-4）。

花生根结线虫主要以卵和幼虫在土壤、病残体及粪肥中越冬。翌年平均气温稳定上升到 11～12℃时，卵开始孵化并侵染花生。在 1 年内发生的世代数主要取决于温度。一般年份，南方年发生 4～5 代，北方发生 2～3 代。根结线虫在田间传播，除线虫自身扩散，主要靠人、畜、农具等农事活动的携带及雨水冲刷进行传播。另外，带虫的土杂肥以及感病的野生寄主植物也能传病。远距离传播主要靠带虫种子及荚果的运输。

A．病株　B．雄成虫　C．雌成虫　D．卵。

图 5-4　花生根结线虫病

5.2.5.3　果树受害

根结线虫主要为害根部，使根组织过度生长，结果形成大小不等的根瘤。根部呈根瘤状肿大，为该病的主要症状。

根瘤大多数发生在细根上，感染严重时，可出现次生根瘤，并发生大量小根，使根系盘结成团，形成须根团。

由于根系受到破坏，正常机能受到影响，水分和养分难于输送，加上老熟根瘤腐烂，最后使病根坏死。

在一般发病情况下，病株的地上部无明显症状，但随着根系受害逐步严重，树冠出现枝短梢弱，叶片变小，长势衰退等症状。受害严重时，叶片发黄，叶脉肿胀，无光泽，叶缘卷曲，呈缺水状。

1）柑橘受害

柑橘受害，其幼嫩根组织过度生长，形成大小不一的根瘤，以细根和小支根受害最重，根尖上形成大小不等的根瘤。纺锤形或不规则形，近芝麻粒至绿豆粒大小，初呈乳白色，后呈黄褐色至黑褐色，根毛稀小。

严重时还可出现次生根瘤，使整个根系形成盘结带瘤的须根团，老根瘤腐烂，根系坏死。病株初期地上部无明显症状，随着病情加重，树冠表现枝梢短弱，叶片黄化，卷曲，脱落，甚至小枝枯死。

2）葡萄受害

葡萄受害时，根结线虫在土壤里通过头部敏感组织寻找葡萄根系。主要浸入根系幼嫩部位，可以刺穿根部细胞壁，并将食道分泌的有毒物质注入，从而引起葡萄根系的变化，继而影响葡萄上部组织生长。

5.2.5.4 仙客来根结线虫病

仙客来根结线虫病由南方根结线虫侵染所致，是仙客来常见而严重的病害。线虫侵害仙客来球茎及根系的侧根和支根，在球茎上形成大的瘤状物，在侧根和支根上的瘤较小，一般单生。根瘤初为淡黄色，表皮光滑，以后变为褐色，表皮粗糙，切开根瘤，在剖面上可见有发亮的白色点粒（梨形的雌虫体）。受害植株地上部分矮小，叶色发黄，严重时叶片枯死。

病原线虫以成虫、卵及幼虫在病残体、土壤及病株内越冬，病土是最主要的侵染来源。在病土内越冬的 2 龄幼虫，可直接侵入寄主的幼根，刺激寄主中柱组织，形成巨型细胞，并形成根结。线虫 1 年可发生多代，通过水流、肥料、种苗传播。温度高和土壤湿度大均有利于病害发生。

5.2.6 根结线虫生态防控整体解决方案

5.2.6.1 蔬菜根结线虫生态防控整体解决方案

1）及时清除病残体，重病地嫁接栽培

及时清理菜棚内病根、病株、病残体、杂草，沤制成环境昆虫腐熟饲料。对在棚内使用过的农具也要进行擦拭或消毒，防止根结线虫病传播蔓延。

在重病地用嫁接的方法栽培，可以有效提高植株的耐病性。该法地上部症状明显减轻，效果较好。

2）深翻土壤，倒茬轮作

要求翻耕深度 25cm 以上，使土壤深层中的线虫翻到土壤表层，且使表层土壤疏松，日晒后土壤含水量降低，不利于残虫存活。

3）高温闷棚，土壤处理

利用夏季土壤休闲时期高温闷棚。具体操作为：清翻土壤，灌水后覆薄膜，日晒，土温达 50～70℃即可。可以杀死大部分线虫。同时，可以把土壤中根结线虫赖以生存的植物残体分解掉。

4）土壤功能性微生物菌剂处理

试验表明，整地施基肥时，施入功能性微生物菌剂或甲壳素制剂、酵素等，刺激土壤放线菌大量生长繁殖，可有效抑制线虫繁衍生长与危害。

5.2.6.2 花生根结线虫生态防控整体解决方案

1）加强检疫

加强检疫，不从病区调运花生种子，如确需调种时，应剥去果壳，只调果仁，并在调种前将其干燥到含水量 10%以下。在调运其他寄主植物时，也应实施检疫。

2）轮作倒茬

与非寄主作物或不良寄主作物轮作2～3年。

3）清洁田园

清洁田园，深刨病根，集中烧毁。增肥改土，增施腐熟有机肥。

4）加强田间管理

加强田间管理，铲除杂草，重病田可改为夏播。修建排水沟。忌串灌，防止水流传播。

5）生物防治

应用淡紫拟青霉和厚垣孢子轮枝菌能明显起到降低线虫群体和消解其卵的作用。

5.2.6.3　果树根结线虫生态防控整体解决方案

（1）严禁从病区调运苗木，移栽前对苗木消毒。可在移栽前用48℃热水浸根15min。

（2）选栽线虫嗜好的草本植物诱集线虫。

（3）增施有机肥，加强栽培管理，养根活根。

适当增施有机肥，增强树势，减轻危害。此外，如土壤沙质较重时，逐年改土，也能有效地减轻危害。及时养根，保根促根，恢复根系活力。

5.2.7　大豆孢囊线虫及其生态防控

5.2.7.1　大豆孢囊线虫病

大豆孢囊线虫病又称黄萎病、火龙秧子等。由大豆孢囊线虫 *Heterodera glycines lchinobe* 引起。是我国东北三省大豆主产区的主要病害之一，在安徽、山西、河北、山东及内蒙古等地也有不同程度的发生。大豆孢囊线虫除侵染大豆外，还为害小豆和菜豆等。

线虫感染大豆后，大豆植株明显矮化，叶片变黄，生长瘦弱，与缺氮肥或缺水症状相似。病株根系侧根少，须根增多，根瘤稀少，须根上附有许多细小的黄白色颗粒，即孢囊线虫的雌成虫。病株叶片常早落，结荚少或不结荚，籽粒小、质量差。根部的表皮因被雌虫胀破后常被腐生菌侵染而引起腐烂，使植株提早枯死（图5-5）。

大豆孢囊线虫主要以孢囊在土壤中越冬，带有孢囊的土块夹杂在种子中也可越冬。孢囊对不良环境的抵抗力很强，在贮藏条件下可保持生活力3～5年。翌年天气转暖后，线虫开始孵化，以2龄幼虫侵入寄主根部皮层取食发育。大豆收获前，孢囊脱落于土中，成为下年的初侵染源。大豆孢囊线虫1年大致可完成3代，在田间主要通过农事操作传播，也可通过灌溉水及未腐熟的有机肥扩散。调运夹带孢囊的种子是造成远距离传播的主要途径。

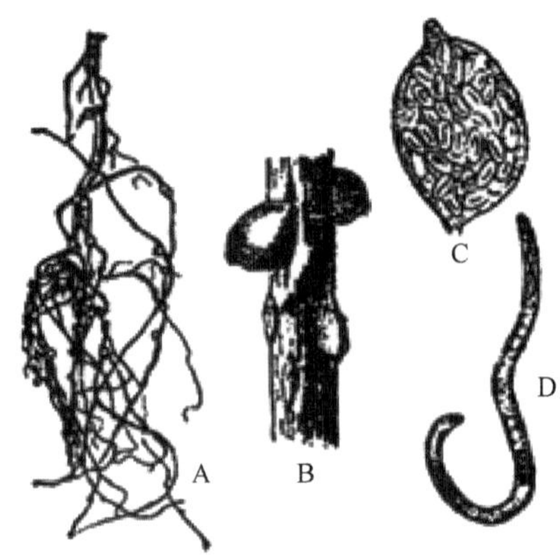

A. 病株 B. 孢囊 C. 雌成虫 D. 雄成虫。

图 5-5 大豆孢囊线虫

5.2.7.2 大豆孢囊线虫病生态防控

（1）种子检验。大豆种子上黏附有线虫如泥花脸豆，种子间混杂有线虫土粒，农机具上残留有含线虫的泥土以及种子调运是造成线虫远距离传播的主要途径。所以，要搞好种子的检验，杜绝带线虫的种子进入无病区。

（2）选用抗病品种。如嫩丰 15 号、抗线虫 4 号、抗线虫 5 号。选择多种抗性品种的轮换种植，以及抗病与耐病品种、普通品种的轮换种植，可有效避免强毒力生理小种的出现。

（3）轮作。进行合理的轮作制度，避免连作、重茬。与高粱、玉米等禾谷类作物实行 3～5 年轮作，是行之有效的农业防治措施，病田种玉米或水稻后，孢囊量下降 30%以上。

（4）适时灌水。土壤干旱有利于大豆孢囊线虫的危害，因而适时灌水，增加土壤湿度，可减轻其发生和危害。

（5）测土配方施肥。土壤有机质在 3%以内地块不能种大豆，土壤有机质在 3%以上地块提倡测土配方施肥，调节好氮、磷、钾比例，改善土壤环境，增加大豆所需养分、肥料，特别是提倡增施优质农肥，促进根系发达，增强抗逆能力。

（6）生物防治。生物防治是利用大豆胞囊线虫的天敌来控制虫口数量和限制线虫引起的损失。其中包括昆虫防线虫、细菌防线虫和真菌防线虫。

5.3　农田杂草生态防控

在除草剂问世之前，人们一直采用人工除草方法，如人工拔除、中耕除草等。随着除草剂的发明并应用于生产，化学除草剂得到越来越广泛的推广和普及。除草剂省工、省力、高效，但其负作用特别明显，特别是对生态平衡的影响，越来越引起人们的重视和关注。

随着现代农业的发展，国家生态文明战略的实施，“一控双减三基本”的推进，杂草的防除朝着无害化、农药减量以及资源利用方向发展。

5.3.1　杂草概述

地球上自从有了人类农耕活动，植物在人类的不断选择和驯化下，分化成了野生植物、栽培作物和杂草。广义地说，杂草是指农田中人们非有意识栽培的“长错了地方”的植物。

5.3.1.1　杂草的作用

杂草既不同于作物，也不同于野生植物，对农业生产和人类活动具有多重影响。首先，杂草既然是在各种选择压力下演化而来的植物，就难以被轻易除尽，而且即使除尽杂草也不一定有益；其次，杂草介于野生植物与栽培植物之间，是引种和育种的良好的原始材料；最后，杂草在生态系统中具有多重作用，应当避其害而促其利。

1. 杂草的有害方面

杂草的有害作用表现在许多方面，其中最主要的是与作物争夺养分、水分和阳光，影响作物生长，降低作物产量。杂草一般生命力都很强，生长速率快，需要从土壤中吸收大量的营养物质，迅速形成地上组织，因而可很快与作物抢占地盘。许多杂草比小麦消耗的氮多 4～32 倍，每平方米有 1 年生阔叶杂草 100～200 株时，可使作物减产 50～100kg/亩，即每亩田中的杂草将从土中夺去氮 4～9kg、磷 1.2～2kg、钾 6.5～9kg。杂草具有发达的根系，还掠夺土壤中的大量水分。在作物幼苗期，一些早出土的杂草严重遮挡阳光，使作物幼苗黄化、矮小。

同时，许多杂草还是多种病虫害的栖息、越冬场所和寄主。如夏枯草、通泉草和紫花地丁是蚜虫等的越冬寄主；鹅冠草、狗牙根等禾本科杂草是麦类赤霉病、锈病病菌的越冬寄主。许多杂草是作物病虫害的传播媒介。如棉蚜先在夏枯草、小蓟、紫花地丁上栖息越冬，待春天棉花出苗后，再转移到棉花上为害。黏虫发生初期先是取食杂草，然后再转移到禾本科作物上为害。禾本科杂草感染麦角病、大麦黄矮病毒和小麦丛矮病毒，再通过昆虫传播给麦类作物。玉米田中大量生长的葎草，小麦田生长的猪殃殃，花生田生长的狗牙根、马唐，大豆田生长的菟丝子等，都严重影响作物的管理和收获。有些杂草的根、茎、叶能够分泌某些化合物，影响作物的生长发育甚至出苗，如匍匐冰草根系的分泌物能抑制小麦的发芽和生长、母菊根系分泌物能抑制大麦生长等。一些杂草植株和种子被人畜误食后还会引起中毒或死亡。如莨菪是菜地常见杂草，若混在蔬菜中被人畜食用后，就会发生中毒；毒麦种子若混入小麦中，人吃了含有4%毒麦的面粉就有中毒甚至致死的危险；豚草花粉可引起人的“花粉过敏症”。

2. 杂草的有益方面

杂草和作物对人类的影响，有的已变换了位置。如早期人类种植的苋菜、藜和田白芥，后来被淘汰，就变成了杂草。同样，人们又把早期的杂草燕麦、冬黑麦草、大豆驯化成了今天的作物。向日葵在其故乡北美洲原是一种野生植物，西班牙人1510年把它带到欧洲后，培育了200多年，才形成了今天含油率高的大颗粒种子作物……因此，人类在关注杂草有害性的同时，也不能忽视它的益处。

杂草对人类的益处还表现在其他许多方面。如防止水土流失或沙漠化、肥田养土等；如合萌的固氮能力是大豆的2.8～5.8倍，是良好的绿肥；每5t浮萍绿肥可提高稻谷产量52%、稻草产量50%，与尿素效果相同；大量杂草通过沤制后可作为重要有机肥用于农田，提高作物产量。一些杂草体内含有防病治虫的物质。如菖蒲根颈浸出液对棉蚜的防治效果可达50%～60%，其粉碎根颈后可用来防治仓储害虫绿豆象和米螟等。某些杂草产生的他感化合物可以抑制其他植物的生长发育与繁殖。如水葫芦是一种水生恶性杂草，在其生长环境中加入水车前以后，其生长发育就会受到抑制。许多野生杂草可以作为人类的食品，如荠菜、苋菜、独行菜的幼苗是营养极好而味美的蔬菜；稗草种子可以作为食物，亦可酿酒；一些杂草经过驯化可转变成作物；许多杂草可作为牲畜的饲料；还有一些杂草可作为中草药材。此外，许多杂草还具有消除污染和美化环境的作用，如一些水生杂草可吸收水中的重金属，脱去过量的氮、磷、钾，净化灌溉水；一些杂草如虞美人、凤眼莲、石竹等已培育成观赏性花草。

5.3.1.2 农田杂草的分类

农田杂草的分类方法很多，除根据植物系统学分类外，在生产实践中多根据其生态学或生物学特性进行分类。

根据植物生物学特性，可将杂草分为一年生、二年生、多年生和寄生性杂草四大类。一年生杂草是指在1年内完成从出苗、生长、开花结实到死亡的杂草，如反枝苋、藜、稗、金狗尾草、苘麻及苍耳等；二年生杂草是指在两个生长季节内或跨两个日历年度完成从出苗、生长到开花结实生活史的杂草，这类杂草通常是在冬季出苗，翌年春末夏初开花结实、死亡，如荠菜、播娘蒿、看麦娘等；多年生杂草是指在多个生长季节生长并开花结实的杂草，以种子与营养器官繁殖，冬季地上部死亡，营养器官存活，次年萌发新株，如白茅、芦苇、香附子、慈姑等；寄生性杂草是指不能独立进行光合作用和制造养分，必须寄生在其他植物上，靠特殊的器官吸取寄主的养分而生活的杂草，如菟丝子、列当等。

根据杂草的形态特征，可将其分为禾本科杂草、阔叶杂草和莎草科杂草三大类。该分类方法对于化学除草具有重要实践意义，因为许多除草剂是通过杂草的形态结构获得选择性的。禾本科杂草茎圆或略扁，节间明显，茎中空，叶鞘开张，常有叶舌，胚具 1 个子叶，叶片狭窄而长，叶脉平行，叶无柄；阔叶杂草包括所有双子叶植物杂草及部分单子叶植物杂草，茎圆形或四棱形，叶片宽阔，具网状叶脉，叶有柄，胚常具 2 子叶；莎草科杂草，茎三棱形或扁三棱形，无节与节间的区别，茎常实心，叶鞘不开张，无叶舌，胚具 1 子叶，叶片狭窄而长，平行叶脉，叶无柄。

根据杂草的生态学特性即生长环境中水分含量的不同，可将农田杂草分为旱田杂草和水田杂草两类。旱田杂草绝大多数属中生类型，水田杂草又可分为湿生型、沼生型、沉水型和浮水型 4 类。湿生型杂草喜充分湿润的土壤，也能在旱田中生长，水层保持 15cm 就会抑制其生长，幼苗长期淹水便死亡，该类杂草在稻田分布广泛，危害严重，如稗草等；沼生型杂草的根生于土中，茎叶部分在水中，部分露出水面，无水层时发育不良或死亡，但水层深浅对其生育影响不大，如雨久花、鸭舌草等；浮水型杂草植株或叶漂浮于水面或部分沉没于水中，根不入土或入土，如浮萍等；沉水型杂草植株体全部沉没于水中，根生于水底土中或仅有不定根生长于水中，如菹草、小茨藻等。

5.3.2　农田杂草种类

1）麦田杂草

我国麦田杂草种类较多，主要禾本科杂草有野燕麦、看麦娘、马唐、牛筋草、狗尾草、硬草、罔草、棒头草及双穗雀稗等；主要阔叶杂草有荠菜、播娘蒿、繁缕、猪殃殃、麦瓶草、大巢菜、刺儿菜、田旋花、麦家公、泽漆和小藜等。在冬麦区，越年生杂草发生严重，大量杂草在上年 10～11 月出土，以根芽或幼苗越冬，第 2 年随小麦返青时长出新芽。麦田杂草区域分布性较强，长江流域及以南稻麦轮作区，禾本科杂草与阔叶杂草混合发生，主要杂草为看麦娘、硬草、早熟禾、牛繁缕和猪殃殃等；山东、河南、河北一带以阔叶杂草为主，主要有荠菜、播娘蒿、猪殃殃、泽漆、麦家公和麦瓶草等；西北地区以野燕麦为主；北方春小麦种植区以藜、小藜、卷茎蓼、刺儿菜、鸭跖草、野燕麦和狗尾草等为主。

2）稻田杂草

我国水稻种植区域范围广，稻田杂草发生种类和群落结构复杂。

3）玉米田杂草

玉米田杂草主要有禾本科杂草马唐、牛筋草、稗草、狗尾草和千金子等，阔叶杂草反枝苋、皱果苋、凹头苋、藜、小藜、铁苋菜、苘麻、苍耳、刺儿菜及田旋花等，莎草科杂草香附子等。

4）棉田杂草

棉田的禾本科杂草主要有马唐、牛筋草、稗草、狗尾草和千金子等，阔叶杂草主要有反枝苋、凹头苋、马齿苋、藜、田旋花、刺儿菜等，莎草科杂草主要为香附子。

5）花生田杂草

花生田杂草主要有马唐、牛筋草、狗尾草、稗草、狗牙根、千金子等禾本科杂草和反枝苋、皱果苋、凹头苋、马齿苋、铁苋菜、鳢肠、田旋花、鸭跖草、刺儿菜、紫花地丁等阔叶杂草。

6）大豆田杂草

大豆田常见的主要禾本科杂草有马唐、牛筋草、狗尾草、稗草和野燕麦等，阔叶杂草有反枝苋、皱果苋、铁苋菜、龙葵、马齿苋、苍耳、鸭跖草、苘麻、藜及刺儿菜等。

7）蔬菜田杂草

蔬菜品种繁多，种植方式多种多样，倒茬时期交错不一，杂草种类多，发生规律复杂。蔬菜田常见的杂草有马唐、牛筋草、狗尾草、稗、画眉草、看麦娘等禾本科杂草，苋、藜、马齿苋、鳢肠、繁缕、牛繁缕、铁苋菜、通泉草、荠菜、凤花菜、婆婆纳等阔叶杂草，以及香附子、三棱草等莎草科杂草。

8）果园杂草

果园中常见杂草有马唐、牛筋草、稗草、狗尾草、狗牙根、芦苇、白茅、狐尾草、野燕麦、看麦娘、苋、藜、小藜、繁缕、牛繁缕、龙葵、铁苋菜、马齿苋、苍耳及香附子等。由于成年果树根系较深，可利用位差选择性保留杂草，实现果园自然生草。

5.3.3　杂草的生物学特性

1. 多实性、连续结实性和落粒性

在杂草的生活环境中，种子所起的作用很大。多实性是杂草的重要生物学特性之一，也是造成其传播、蔓延和危害的基本途径。大多数杂草的结实数高于作

物数十倍乃至数百倍，如藜、苋、香薷等的每株结实粒数可达 10 000 粒以上，酸模叶蓼、绿狗尾草、稗等的结实数在 1 000 粒以上。

一年生杂草的营养生长和繁殖生长往往是同时进行的，其结实期可从其伴生作物的生育中期一直持续到生长季节末期，如麦田杂草荠菜和玉米田杂草反枝苋、马唐、稗草等。杂草种子成熟后，经风吹草动即脱落入土中，或随风、水流传播到其他地方，而不会因收获作物被清除田外。

2. 杂草种子的长寿性

杂草种子的寿命一般都很长。据考古资料证明，藜和大爪草的种子可在土壤中存活 1 700 年之久，繁缕和匍枝毛茛的种子寿命可达 600 年左右，狗尾草和野燕麦的种子寿命在土壤中可分别维持 9 年和 3 年以上。一般情况下，草籽的种皮越硬、透水性越差，其寿命就越长。由于能够长期保持其生命力而不丧失发芽能力，能长期滞留在土壤中，杂草种子成为农田草害的源源不断的再感染源。

3. 种子的多途径传播

不同地区同种农作物的田间恶性杂草常大同小异，如稻田中的稗草，豆田中的马唐、狗尾草、反枝苋、苍耳，麦田中的播娘蒿、看麦娘等。但这些杂草并非分别起源于上述各地，而是通过作物的引种从一地传播到另一地。杂草的传播途径多种多样，其中人类活动在杂草的远距离传播方面起重要作用。如引种、播种、灌水、施肥、耕作、整地、移土和包装运输等，都有可能直接或间接地将杂草传播到其他地区。杂草种子本身也具有多种传播方式，而且大部分杂草或其果实都具有特殊的传播种子的结构。如列当种子质量仅 6～10g，易被风吹走；蒲公英、苣荬菜、黄鹌菜等的果实有冠毛，可借风力传播数十乃至数百米以外；酸模及遏兰菜的果实有气囊，便于随风传播；猪毛菜等成熟后，全株与根部脱离，被风吹得很远，称为“风卷球”；泽泻、慈姑等种子有贮气装置，可漂浮水面，借水流传播；苍耳、鬼针草、狼把草、鹤虱等果实有刺、倒钩刺或锚状刺，可附着于人、畜体带到远处；牻牛儿苗、猫眼草等果实成熟时，果荚开裂或果皮干时收缩，能将种子弹出；稗、荠、碎米荠等可借助自身重力散落到地面；马唐和薹草属杂草的种子长有稃毛，易随水传播；荠菜、车前、早熟禾、繁缕的种子经动物消化后仍有发芽能力，可通过动物的粪便传播蔓延。

4. 杂草的多途径授粉

杂草一般既能异花授粉，又能自花授粉，且对传粉媒介要求不严格，其花粉均可通过风、水、动物或人从一株传到另一株上。杂草多具有远缘亲合性和自交亲合性，如早雀麦、紫羊茅、粘泽兰等自交可育，而栽培泽兰则自交败育。异花授粉有利于为杂草种群创造新的变异和生命力更强的变种，自花授粉则可保证某株杂草在其单独存在时仍可正常受精结实，保持种的世代延续。

5. 出苗时间持续不一

作物种子出苗多整齐一致，杂草则不然，其出苗期可自作物播种期一直持续到作物的成熟收获期。这主要是由于不同草籽的休眠度不一致，在适宜的萌发条件下，随着各草籽休眠的陆续解除，田间不断出现新的杂草；不同草籽对萌发条件的要求和反应不同，对发芽条件要求不严格的草籽一般萌发出土较早；受土壤耕作的干扰，许多作物苗期需要中耕，中耕在铲除已出苗的杂草的同时，又常把处于土壤深层的草籽翻至表层，为其萌发出苗创造了条件，致使田间多次出现杂草出苗高峰。

6. 杂草的可塑性

可塑性是指植物在不同时期生境下对其大小、个数和生长量的自我调节能力，多数杂草都具有不同程度的可塑性。如藜和苋的株高最低的仅有 1cm，最高的可达 300cm；结实数最少的仅有 5 粒，而多的可达百万粒以上。可塑性使得杂草能在多变的农田生态条件下，自我调节其群体结构，尤其是在密度较低的情况下能通过其个体结实量的提高来生产出可观数量的种子。如稗草的群体生长量起初随密度的增大而增大，而其个体分蘖数和干物重随着密度的增大而减少。稗草密度为 1 株/盆时，其分蘖数为 3.3 个/株，单株干重为 13.3g；而当密度增加到 20 株时，其分蘖数为零，单株干重降低到 1.2g，群体重增加到 23.4g/盆。此外，杂草种子的发芽率也有可塑性，当土壤中草籽密度很大时，草籽的发芽率大大下降，从而防止由于群体过大而引起个体死亡率的增加。

7. 杂草多具 C4 光合途径

许多重要杂草都属于 C4 植物。C4 植物净光合速率、光合/呼吸比、对水分和氮的利用率等都较高，因而在田间具有较强的竞争优势，尤其是在高光强和高温条件下更为明显。例如，稗草和水稻在同样的稻田生态环境中，由于稗草是 C4 植物，其净光合速率高，生长迅速，因而严重抑制 C3 植物水稻的正常生长。

8. 杂草对作物的拟态性

几乎所有有作物的地方就有杂草，某些杂草总是与作物形影不离。如稗草与水稻，谷子与狗尾草，亚麻与亚麻荠等，它们在形态、生育规律以及对环境条件的要求上都有很多相似之处。杂草对作物的这种拟态使其在农田中经常鱼目混珠，给除草特别是人工除草带来极大困难。例如，印度有一种野稻，遍布全国稻田，花前其幼苗形态与当地推广的水稻品种极为相似，以致无法将其与水稻分开，花后虽易区分，但除草已为时太晚，结果给水稻生产造成巨大损失；在我国，狗尾草经常混杂在谷子中，被一起播种、管理和收获，甚至在脱壳后的小米中仍可找到许多草籽。

5.3.4 农田杂草生态防除整体解决方案

杂草的防除方法很多，常采用的有农业措施防除、物理防除、生物防除及化学防除等。其中农业措施包括轮作，精选种子，施用腐熟的肥料，清除田边、路旁和沟边杂草以及合理密植等；物理防除包括人工拔草、人工或动力锄草、焚烧杂草等；生物防除包括以昆虫、病原菌和养殖动物灭草等；化学除草是目前最为有效的方法之一，具有见效快、持效期长等优点。

（1）控制杂草种源。掌握在杂草初蕾期之前刈割收集杂草。此时正值营养生长阶段向生殖生长的转折期，生物量最多。此时快递刈割，可使杂草不能形成种子。

（2）以草生态替代治草。如人工播种有肥效作用的一年生豆科草本植物，占据“杂草”的生态位，或者种植匍匐生长且密度很大的岩垂草或蛇莓。这种方式在苹果园、桃园、梨园和葡萄园等果园中非常有效。

（3）堆腐的秸秆杂草覆盖。依据交换生态系统的原理，将上茬作物的秸秆粉碎，集中堆腐，然后还田，利用秸秆中的生化物质对“杂草”实施抑制。

（4）“半割半覆”或“割二覆一”式除草法。即在果园行间，将其中 1/2 的杂草刈割后覆盖在另一半未刈割的杂草上；或者将两个行间的杂草刈割后，覆盖于二者之间的行间杂草上。由于后者压覆的草量大，所以效果更好。

（5）坚持作物轮作，不让杂草适应人类的生产种植规律。

（6）人工拔除杂草，饲喂牛、驴、羊、兔、鹅等食草动物。

（7）生产饲养昆虫，目前已经成功的种类有东亚飞蝗、白星花金龟、黄粉鹿角金龟、小青花金龟等。禾本科杂草可用于生产养殖东亚飞蝗和蟋蟀。堆腐杂草可用于饲养白星花金龟、小青花金龟、黄粉鹿角金龟。

5.4 有害软体动物生态防控

5.4.1 蜗牛生态防控

蜗牛属于软体动物门、腹足纲，是蔬菜等多种作物的重要害虫。我国最为常见的是同型巴蜗牛、灰巴蜗牛。蜗牛食性杂，可为害小麦、玉米、棉花以及各类蔬菜，能取食多种蔬菜的不同组织部位，以叶片为主；既取食新鲜的菜株，又能取食蔬菜残体，如腐烂的菜叶、菜根、未腐熟的有机肥等。近年来，蜗牛在我国蔬菜发生与危害逐年加重。蔬菜受害后，叶片严重受损，并留下污痕，蔬菜产量、品质均受严重的影响。

5.4.1.1　蜗牛的危害特点

蜗牛的食性杂，寄主种类很多。蜗牛危害的蔬菜主要有：十字花科的大白菜、小白菜、甘蓝、油菜等，藜科的菠菜、甜菜；伞形科的胡萝卜、芫荽；豆科的豌豆、豇豆、大豆、菜豆；葫芦科的黄瓜、南瓜等；茄科的辣椒、番茄、茄子；百合科的葱、蒜；旋花科的蕹菜；菊科的莴苣、结球生菜等。

5.4.1.2　蜗牛的发生规律

蜗牛特别喜食多汁、幼嫩的植物组织，成虫食量大，口器“尖锐”，对麦苗、蔬菜嫩叶、嫩茎和幼果不停地“啃食”，常造成叶片破碎成网格状、孔洞、缺刻，咬断茎秆断苗，乃至整张叶片被吃光。能够引发病原菌侵染，导致腐烂。成虫在损害作物的同时，排泄和分泌黏液影响光合作用。蜗牛在春秋季发生严重危害，盛夏季节高温干旱休眠躲藏。8～9月温度降至25℃和春季温度上升到15℃时，均可进行为害。

一年中蜗牛取食为害有2个明显高峰：3～6月和9～12月，其中4～6月和9～10月发生量大，危害最重。在早春，3月上中旬越冬成贝在塑料大棚中开始活动，直接为害蔬菜幼苗，其中叶菜类、黄瓜苗受害最重，可将菜苗和瓜苗的叶片、叶柄吃光，导致植株死亡，但番茄、辣椒、茄子等很少受害。4月上中旬，为害露地栽培的豆科、叶菜类蔬菜，7～8月进入土壤中或草丛中避夏。秋天天气转凉时避夏成贝出来活动，大量取食各类秋播蔬菜，尤其嗜食大白菜、小白菜、菠菜、胡萝卜等刚出土的幼苗及定植后的大白菜、小白菜等，常将幼苗咬断，将叶片、叶柄吃光。10～11月以后则大量取食豌豆苗，严重时将豌豆苗吃光，导致重播。萝卜、胡萝卜、菠菜等植株长大以后则受害很轻。蜗牛夏天越夏和冬天越冬时均躲在土缝里，春、秋季危害时，白天多潜伏不动，或潜伏土中，或潜伏在植株蔸部的菜叶背面，或潜伏在大白菜、小白菜、莴苣、甘蓝等的叶片之间，只有夜间才出来取食，如遇阴雨天气，昼夜均可取食。由于蜗牛属于软体动物，杀虫剂对它没有防治效果。蜗牛雌雄同体，既可异体受精，也可自体受精繁殖。任何一个个体均能产卵，一个成贝一次可产卵50～60粒，一生可产卵300～2 000粒，而且产卵集中，成堆产卵于一处，幼贝孵化时也比较整齐。因此，常集中在蔬菜植株上取食。

蜗牛多喜欢温暖潮湿的环境，且畏光怕热，趋于阴暗环境中。尤其30℃左右的阴雨天，活动频频，损害较大。它们多休息在草丛、乱石堆、枯草簇，以及作物的根部；气候温度低或高时，也在以上部位处停滞休眠。活动时机多为夜间、早上、傍晚或阴雨天，有昼伏夜出的习性。

5.4.1.3　蜗牛发生危害加重的原因分析

蜗牛多发生于温暖潮湿的地块，其危害性近几年来逐年加重的原因有：①气候变暖，特别是许多保护地蔬菜常年潮湿温暖；②种植结构的调整和作物多样性水平的提高；③绿化发展迅速；④减少农药、化肥的使用。

5.4.1.4　蜗牛生态防控整体解决方案

首要改良田间环境，整理大田周边的杂草和乱石堆，排放田间积水，避免潮湿，尽可能增加蜗牛的田边栖息和产卵越冬场所，以便集中消灭。在越冬和产卵期（5～6 月），对大田实施深翻，把越冬虫和卵晒裂，并促成天敌啄食消除虫源。

利用地膜覆盖可明显抑制蜗牛的活动和危害。经常清洁田园，及时中耕，破坏它们的栖息地和产卵场所，减少虫源。秋冬深翻地，可把卵和越冬成虫翻至地表，晒死或被天敌吃掉。在蜗牛发生较严重的地方，在冬春季和秋季翻耕土地时留一小块杂草地，堆积草堆或秸秆引诱蜗牛，然后集中消灭。春、秋耕翻土地后及时清除畦面杂草和作物残体，可利用树叶、杂草、菜叶在菜地做成诱集堆，洒水造成阴湿环境引诱蜗牛，天亮后集中捕捉加以消灭。蔬菜收获后，及时清除菜地的杂草及作物残渣。不施用未腐熟的有机肥。

利用蜗牛的爬行习性，用生石灰封锁防治。在大白菜、小白菜等蔬菜定植后，及时在植株的周围撒一层生石灰，但不要撒在菜叶正面，以免影响光合作用。蜗牛晚间出来取食时碰到生石灰就会死亡。或把生石灰撒在农田沟边、垄间，形成封锁带。每亩用生石灰 5～7kg 可短期防治蜗牛和蛞蝓进入菜田为害。

鸡鸭捕捉。晴天的夜晚，一般在傍晚 7 点钟以后，蜗牛开始活动时即可进行捕捉，捕捉的最佳时间为 8～9 点，连续 3～4 个晚上，基本上可控制蜗牛的危害。也可在雨后、阴天或晴天清晨捕捉，但效果较差。

5.4.2　蛞蝓生态防控

蛞蝓 *Agriolimax agrestis* Linnaeus 是一类软体动物，属软体动物门腹足纲。危害农作物的蛞蝓，国内报道有野蛞蝓和黄蛞蝓 *Limax fiavus* Linnaeus 两种，山东省及北方地区危害蔬菜的仅有野蛞蝓 1 种。

野蛞蝓在我国危害蔬菜、瓜果、花生等寄主的叶片和幼苗；还常在室内阴湿的环境里发生；有时厨房里也会发生，污染食物、器皿等；还是家畜、家禽某些寄生虫的中间寄主。野蛞蝓群栖在大白菜叶片上咬食组织，使寄主叶片形成若干孔洞，附近还残留若干黑绿色虫粪。定植不久的大白菜苗就开始受其危害，随着白菜的生长和虫量的增加、体积的增长，寄主受害逐渐严重，不但大白菜的外叶受害，中帮层也受害，中帮层受害后还能引起菌类入侵而腐烂发臭，直接影响食用。蛞蝓不但在田间为害，随白菜收获被带入贮藏环境里，仍继续为害而形成严重烂菜。随着保护地蔬菜面积的快速扩展，蛞蝓除为害秋种大白菜，在温室及塑料大棚中发生也日渐严重。

5.4.2.1　成体的形态鉴别

体长 20～25mm，爬行时伸长达 30～36mm，体宽 4～6mm，灰褐色。体壁柔软，被一层黏液因而黏滑，爬行后黏液干燥呈现薄层液迹。体背有蚌壳状、色较深的外套膜，距离头部 3～4mm。前触角，长约 1mm，具感触作用，后触角，长约 4mm，顶端着生眼。在右后触角后方约 2mm 处是生殖孔（亦是交配孔）。两前触角中间凹陷处是口，口内有一定数目的齿状物排列，用以咀嚼食物。腹足部背面呈现树皮纹状花纹。

5.4.2.2　发生规律

野蛞蝓每年 9～11 月在田间发生。以成体和幼体在大、小麦和草籽等春化作物的根颈部越冬，并没有真正冬眠。越冬虫体，3 月日平均气温 10℃以上时，又开始大量活动。4 月后，越冬幼体逐渐变为成体，进入交配、产卵阶段。7～9 月由于气温高、干旱，野蛞蝓潜入植株根际、麦草堆下、石块下等处越夏。但遇阴雨、露水多的天气，仍能活动为害，所以不是真正的夏眠观象。9 月中旬起，日平均气温逐步下降至 26℃以下，再度活动为害夏、秋蔬菜，10 月中旬起，又为害草籽幼苗、春化作物等。11 月中旬起，逐渐转入越冬状态。

野蛞蝓都在夜间活动为害，自黄昏后陆续从土下或根际爬出为害寄主叶片，甚至将全株咬断。潜伏在大白菜中帮内的蛞蝓日间也活动为害，4 月、5 月为交配繁殖季节。野蛞蝓是一种雌雄同体、异体受精的软体动物，交配时头部相对以右侧相互靠拢，各自生殖孔伸出阴茎插入交配孔内。交配后 2～3d 即行产卵，将卵产入土中 1.5cm 深处。每次产 1 个卵堆，隔 1～2d 后再产第 2 个卵堆，一般每条能产 3～4 个卵堆。10 月为秋季繁殖季节。卵怕干燥，卵堆若暴露在外，或日光暴晒，会自行爆裂。幼体孵出后，在土下 1～2d 内不太活动，约 3d 后才爬出觅食，逐渐长大，半年后才变为成体。

5.4.2.3　蛞蝓生态防控整体解决方案

早春在温室春茬作物定植以后，蛞蝓即可为害下部嫩叶，造成叶片孔洞和缺刻，一些贴近地面的果实，也会出现被咬噬的情况。由于保护地环境长期保持高湿的状态，为蛞蝓提供了良好的生存空间，每年入春以后棚内的高温高湿尤其是大棚前侧高温高湿杂草丛生的区域，非常有利于蛞蝓的生长繁殖。在高温高湿环境种植叶菜类，尤其是薄叶片类的生菜、菠菜、小白菜等，蛞蝓危害更为严重。蛞蝓惧光，强光照下 2～3h 即可死亡，因此，均为夜间活动，傍晚开始出动，晚上 10～11 点达到高峰，清晨之前又陆续潜入土中或杂草多的隐蔽环境。

蛞蝓生态防控整体解决方案内容包括：

（1）阻挡隔离。蛞蝓身体表面被一层黏液，这些黏液可维持蛞蝓的生理活动，因此在蛞蝓爬过或为害后会留下黏液痕迹。一旦蛞蝓身体表面失水则很快死亡。我们可以在蛞蝓经常出没活动区域或危害场所撒施草木灰、生石灰、食盐等来阻挡破坏蛞蝓的活动。石灰的用量大约为 7kg/亩，可根据蛞蝓危害程度和分布区域大小调节。

（2）诱饵灭杀。蛞蝓对于一些叶菜类蔬菜更加喜爱，因此可以采取莴苣、甘蓝、白菜叶作为诱饵进行捕杀。将叶片放在蛞蝓出没的区域，在叶片周围撒施生石灰等，撒施时要形成环状留有缺口。

（3）撒施黑广肩步甲、绿步甲成虫或幼虫。保持 20 只/亩的释放量即可达到理想的效果。

5.5 鸟类驱赶技术

一般鸟类对人类有益，不属于有害生物。随着绿化面积的增加，保护鸟类意识的增强，某些鸟类偏爱聚集在人类生活、生产区域，在机器或建筑缝隙中筑巢。鸟类散落或堆积，可能危害农田、果园、机场、食品仓储和加工企业、电力企业等特殊场所。

我国果园果实成熟期，会遭受鸟的啄食危害。通常每年因鸟啄食的损失占总产量的 5%左右。但是，近几年来野生动物保护法越来越严厉，鸟的种类和数量增加，对成熟果实的危害也由常年 5%上升至 10%～20%，严重者可达 30%以上。因此，果园防鸟也逐渐成为植物保护的新内容。果园防鸟可采用果园放养鹅驱鸟。利用鸟占据地盘的生物学特性，在果园中放养大型禽类鹅，可以防鸟，效果明显。农田鸟类的驱赶，目前尚无便捷高效的方法。常见的方法有在田间扎放奇形怪状的稻草人，用棍子悬挂花花绿绿的衣物、塑料袋、丝带等。

5.6 植物检疫

5.6.1 植物检疫的概念

植物检疫（plant quarantine）是国家或地方政府，为防止检疫性有害生物随植物及其产品人为引入和传播，以法律手段和行政措施强制实施的植物保护措施。通过阻止危险性有害生物的传入和扩散，达到避免植物遭受其危害的目的。

5.6.2 植物检疫的实施内容

植物检疫依据进出境的性质，分为对国家间货物流动实施的外检（口岸检疫）和对国内地区间实施的内检。植物检疫内容，主要包括检疫对象的确定、疫区和非疫区的划分、转运植物及植物产品的检验与检测、疫情的处理和相关法规及规章等的制定与实施。

5.6.2.1 有害生物的风险评估与检疫对象的确定

自然界由于地理因素、气候因素和寄主分布不同所造成的隔离，地区间有害生物的分布存在明显差异。而这种隔离差异很容易被人为破坏，使有害生物扩散蔓延。一般来说，有害生物经人为传播至新地区后，会出现 3 种结果：一是传入的有害生物不能适应当地的气候和生物环境，无法生存定居，而不造成危害，如小麦腥黑穗病在气候较冷的地区发生严重，而在年平均气温 20℃以上的地区则不能生存；二是当地生态环境与原分布区相近，或因有害生物适应能力较强，在传入区可以生存定居，并造成危害；三是传入地区的生态环境更适宜有害生物，一旦传入，便迅速蔓延，危害成灾。因此，了解有害生物的分布、生物学习性和适生环境，了解其在传入区的危险性，确定危险性检疫有害生物，是植物检疫的首要任务。

植物检疫对象，又称检疫性有害生物。根据国际植物保护公约（1979）的定义，检疫性有害生物（quarantine pests）是指一个受威胁国家目前尚未分布，或虽有分布但分布未广，对该国具有潜在经济重要性的有害生物。由于自然界有害生物种类很多，且不少国家又有利用植物检疫设置技术壁垒的趋向，为了保证植物检疫的有效实施和公平贸易，各国在确定检疫对象时，必须对有害生物进行风险评估，并提供足够的科学依据，以增加透明度。

有害生物风险评估的内容主要包括传入可能性、定殖及扩散可能性和危险程度等。一般来说，传入可能性的评估主要考虑有害生物感染流动商品及运输工具的机会、运输环境条件下的存活情况、被检测到的难易程度以及可能被感染的物品的量及频率。定殖及扩散可能性评估主要考虑气候和寄主等生态环境的适宜性、有害生物的适应性、自然扩散能力及被感染商品的流动性与用途。危险程度评估包括有害生物的危害程度，寄主植物的重要性，防治或根除的难易程度，防治费用及可能对经济、社会和环境造成的恶劣影响等。

经风险评估后，凡符合局部地区发生、能随植物或植物产品人为传播，且传入后危险性大、难以防除的有害生物，均可由国家法律、法规规定的相关部门颁布为检疫对象。

5.6.2.2　疫区和非疫区的划分

疫区是指由官方划定、发现有检疫性有害生物危害并由官方控制的地区。而非疫区则是指有科学证据证明未发现某种有害生物，并由官方维持的地区。疫区和非疫区主要根据调查和信息资料，依据有害生物的分布和适生区进行划分，并经官方认定，由政府宣布。一经宣布，就必须采取相应的植物检疫措施加以控制，以阻止检疫性有害生物从疫区向非疫区传播。

随着现代贸易的发展和风险管理水平的提高，商品携带检疫性有害生物的零允许量已被突破，疫区和非疫区也被进一步细化，进而出现了有害生物低度流行区和受威胁地区的概念。低度流行区是指经主管当局认定的，某种检疫性有害生物发生水平低，并已采取了有效的监控或根除措施的地区。受威胁地区是指适合某种检疫性有害生物定殖，且定殖后可能造成重大危害的地区，因而是植物检疫和严加保护的地区。

5.6.2.3　植物及植物产品的检验与检测

植物检疫通过对植物及植物产品的检验来检测、鉴定有害生物，确定其中是否携带检疫性有害生物及其种类和数量，以便出证放行或采取相应的检疫措施。植物检疫检验一般包括产地检验、关卡检验和隔离场圃检验等，要求使用的方法必须：①准确可靠、灵敏度高；②快速、简便、易行；③有标准化操作规程、重复性好；④安全且保证有害生物不会扩散。由于有害生物及被检的植物、植物产品和包装运输器具种类繁多，适用于不同种类的检测方法不同，在不少情况下，需要几种方法的配合使用。

产地检验是指在调运农产品的生产基地实施的检验。对于关卡检验较难检测或检测灵敏度不高的检疫对象常采用此法。产地检验一般是在有害生物发生期前往生产基地，实地调查应检验有害生物及其危害情况，包括考查其发生历史和防治状况等。对于田间现场检测未发现检疫对象的，即可签发产地检疫合格证书；对于发现检疫对象的则必须经过有效的消毒处理后，方可签发产地检疫证书；而对于难以进行消毒处理的，则应采取销毁、改变用途或停止调运并控制使用等相应措施。

关卡检验是指货物进出境或过境时对调运或携带物品实施的检验，包括货物进出国境和国内地区间货物调运时的检验。关卡检验的实施通常包括现场直接检测和取样后的实验室检测。

5.6.2.4　疫情处理

疫情是指某一单位范围内，植物和植物产品被检疫性有害生物感染或污染的情况。植物检疫检验发现有检疫性有害生物感染或污染的植物和植物产品时，必须采取适当的措施进行处理，以阻止其传播蔓延。疫情处理所采取的措施依情况而定。一般在产地或隔离场圃发现有检疫性有害生物，常由官方划定疫区，实施隔离和根除扑灭等控制措施。关卡检验发现检疫性有害生物时，则通常采用退回或销毁货物、除害处理和异地转运等检疫措施。正常调运货物被查出有禁止或限制入境的有害生物，经隔离除害处理后，达到入境标准的也可出证放行。

除害处理是植物检疫处理常用的方法，主要有机械处理、温热处理、微波或射线处理等物理方法和药物熏蒸、浸泡或喷洒处理等化学方法。所采取的处理措施必须能彻底消灭有害生物和完全阻止有害生物的传播和扩展，且安全可靠、不造成中毒事故、无残留、不污染环境等。

5.6.2.5　植物检疫法的制定与实施

植物检疫法是有关植物检疫的法律、法令、法规和规章等所有法律规范的总称，是实施植物检疫的法律依据，如我国制定的《中华人民共和国进出境动植物检疫法》和《植物检疫条例》等。根据法规涉及的范围，可将植物检疫法规分为国际性法规、区域性法规、国家级法规等。国际性植物检疫法规是国际组织制定的、需要各国共同遵守的行为准则，包括有关公约、协定和协议等。如联合国粮农组织制定的《国际植物保护公约》和世界贸易组织制定的《动植物检疫与卫生措施协议》等。区域性法规是由相近生物地理区域内的不同国家，根据其相互经济往来情况，自愿组成的区域性植物保护专业组织所制定的有关章程和规定，如《亚洲和太平洋区域植物保护协定》等。

植物检疫法规的实施通常由法律授权的特定部门负责。目前，各国一般均设有专门的植物检疫机构，具体负责有关法规的制定和实施。我国有关植物检疫法规的立法和管理由农业农村部和林业草原局负责。口岸植物检疫主要负责与动植物检疫有关的国际交往活动，制定国际贸易双边或多边协定中有关植物检疫的条款，处理贸易中出现的检疫问题。国内检疫主要是根据《植物检疫条例》，制定植物检疫对象和应检物名单，实施产地、调运、邮件及旅行物品检验，签发植物检疫有关证书等。

5.6.3　植物检疫的特点

植物检疫以法律为依据，实施强制性检疫检验。通过对人类农产品经营活动的限制来控制检疫性危险性有害生物的传播，因而与其他有害生物防治技术措施具有明显不同。首先，植物检疫具有法律的强制性，植物检疫法不可侵犯，任何集体和个人不得违反。其次，植物检疫具有宏观战略性，不计局部地区当时的利益得失，而主要考虑全局的长远利益。最后，植物检疫的防治策略是对有害生物进行全种群控制，即采取一切必要手段，将检疫性危险性有害生物控制在局部地区，并力争彻底消灭。植物检疫是一项根本性的预防措施，是植物保护的第一道关口。

5.7　生物入侵与入侵生物

5.7.1　生物入侵

生物入侵（biological invasion）是指生物由原生境经自然或人为途径被有意或无意带到一个新生境，由于在新生境缺乏竞争对象或天敌，其在新生境不断繁殖，形成单一优势种群，减少入侵地的生物多样性，影响入侵地农林牧渔生产，危害人类健康以及对入侵地造成经济损失或生态灾难的过程（万方浩，2002）。生物入侵是 21 世纪五大全球性环境问题之一，是影响全球生物多样性的第二大因素。

5.7.2　入侵生物

自然界的物种总是处于不断迁移、扩散的动态变化中。而频繁的人类活动又进一步加剧了物种的扩散，使得许多生物得以突破地理隔离而拓展至其他环境。由于迁移、扩散、人为活动等因素，某物种出现在其自然分布范围之外的新环境，该物种统称为外来种。在外来种中，一部分物种是由于其用途被人类有意地从一个地方引进到另外一个地方，这些物种被称为引入种。这些物种大多需要在人为管理下才可能生存，一般对环境并没有危害。在外来种（包括引入种）中，也有一些物种在移入新环境后逸散到环境中处于野生状态。若环境中没有天敌控制，加上旺盛的繁殖力和强大的竞争力，外来种就会转变为入侵种，排挤环境中的原生种，破坏当地生态平衡，甚至造成对人类经济的危害。此类外来种统称为入侵生物（invasive species）。

第六章　农业航空植保

航空植保是利用飞行器施药进行农林业有害生物防控或相关作业的植物保护，简称为飞防。在 2015 年 5 月的第六届中国国际现代农业博览会上，植保无人飞机生产企业占据了博览会的一半空间。它们不仅带来了先进的飞控技术，更带来了超前的现代农业服务理念。目前，航空植保发展迅速，市场潜力极大。植保无人机进入田间施药阶段。

6.1　航空植保现状与无人机植保优势

6.1.1　国内外航空植保现状

在航空植保领域，美国、日本、韩国等发达国家走在前列，美国是应用航空喷雾最发达的国家，农用飞机以作业效率较高的有人驾驶固定翼飞机为主，农用航空作业项目除了飞机播种、施肥、施农药，还包括人工降雨、森林灭火、空气清洁、杀灭病原菌等。日本无人机喷洒农药已有将近 30 年历史。发达国家在器械设备研制、药剂研制、智能化装备及植保技术应用等方面为我国提供了可借鉴的经验。

发达国家对航空喷雾技术的研究主要集中在以下两个方面：一是可控雾滴技术的应用与雾滴飘移控制的研究。通过按作业要求选择适宜的喷头和喷雾参数，控制雾滴粒径、飘移率等以取得最佳喷雾效果；通过建立飞机喷雾的雾滴分布仿真数学模型，运用模型分析雾滴沉降规律，研究航高、航速、风速、雾滴粒径、不同机型对雾滴飘移的影响。二是全球卫星定位系统（GPS）及精准施药技术的使用。航空喷雾作业时，通过扫描软件计算不同区域（较小的面积单元）所需的农药制剂、肥料用量，进行变量喷施；随着可视化技术的发展，远程控制平台也开始得到应用，即当飞机到达作业区域时，GPS 能实时将作业区域的信息图像传送到控制平台（电脑），达到作业位置精确定位与自动导航，最终实现精确施药及喷幅精确的对接。

我国开展飞机施药防治农业林业有害生物和卫生防疫工作已有 50 余年历史，对突发性、暴发性有害生物的控制取得很好的效果。近年来，随着我国土地流转和集中、农民防控意识的转变，植保无人机异军突起，迅速发展。2014 年、2015 年中央一号文件明确提出要加强农用航空建设，为航空植保的发展注入了新的动力。据统计，我国大田作物约 15 亿亩，按平均每亩施药 3 次计算，共需 45 亿亩次施药作业。估计无人机植保市场是 600 亿～1 000 亿元，可见市场需求量很大。但无人机植保作为一个快速发展的新生事物，实际应用中也发现许多亟待改进的问题，如农药雾滴沉降率低、飘移，防治效果不稳定，环境污染以及适合飞防的专用药剂、助剂、喷嘴和飞行器质量等。

6.1.2　无人机植保优势

无人飞机植保适于专业化统防统治，无人飞机喷洒农药效率高、时效快，特别是农村土地规模化经营，人口大量转移，劳力缺乏，植保费工费时，技术性强，更需要专业统防统治服务的航空植保。

相对于常规人工喷洒农药，无人机植保主要具有以下优势。

（1）效率高。无人机喷洒农药速度快，更适合病虫防治，时效性强，符合大规模作业的要求。

（2）适应性强。不受山地、水田等地形因素，以及垄作、平作等种植方式和高秆、矮秆、林果以及作物生长周期的限制，有效解决作业难问题。

（3）穿透性强。试验证明无人机喷洒农药均匀，农药对植物的穿透性好，可以喷到植物底部。

（4）节水。无人机喷洒技术可以节约 90%用水，可很大程度降低资源成本。

6.2　航空植保的发展

6.2.1　农业航空的优势

农业航空（agricultural aviation）是指使用民用航空器从事农业、林业、牧业、渔业生产及抢险救灾的飞行作业。农业航空植保是农业航空的重要组成部分，与传统的人工施药和地面机械施药方法相比，农业航空植保作业具有以下几方面优势。

（1）农业航空植保作业效率高，有利于抢时防治。农业航空植保作业效率是地面机具作业的 10～15 倍，是人工作业的 200～250 倍，特别对大面积突发性病虫害的防治具有不可替代性。

（2）农业航空植保不受地理因素的制约，不受地面状况限制，可到达地面机械不能到达的地方，可有效解决高秆作物、水田和丘陵山地人工和地面机械作业难的问题。

（3）农业航空作业应用广泛。不仅用于植物防治病虫害，还可用于施肥、除草、棉花催熟、水稻播种等 30 余项生产作业。

（4）农业航空植保作业可提高农药利用率，可节省农药 15%～20%，减小农田环境污染，提高农产品质量安全。

（5）农业航空植保可有效解决由于城镇化发展带来的农村劳动力不足等问题，减少地面人工植保施药安全的问题。

6.2.2　航空植保发展概况

1903 年，莱特兄弟发明了世界上第一架载人动力飞机。美国在 1918 年第一次用飞机喷洒农药杀灭棉虫，开创了农业航空的历史。随后，加拿大、苏联、德国和新西兰等国也将飞机用于农业。第二次世界大战以后，化学杀虫剂、除草剂等农药相继出现，同时战后大量小型飞机过剩，纷纷转用到农业，农业航空得到迅速发展。20 世纪 50 年代以后，为农业设计的专用和多用途飞机相继出现，到 20 世纪 50 年代末直升机也加入农业航空行列。在农业航空的发展中曾少量使用过热气球和飞艇，后很少采用。目前，全世界有农林用飞机大约 3 万架，年作业面积 1 亿 hm^2，作业面积占总耕地面积的 17%。美国以农用飞机为主，每年农业航空植保作业面积占总耕地面积的 50%；日本以小型无人直升机为主，每年防治面积 250 万～300 万 hm^2，60%水田的农药喷施由无人机完成；发达国家的农业航空产业从机型设计、加工制造、关键部件、喷施液剂型到运维服务已形成了一个重要的产业链。

我国从 1951 年开始用飞机参加防治东亚飞蝗、护林防火和播种造林等工作。1956 年中国民用航空局设立专业航空机构，开展多种农业航空业务。我国农用航空的应用水平与农业发展的需要不适应，与国外相比差距较大。1983 年新疆通航公司成立，1985 年北大荒通用航空公司成立，在垦区主要使用国产的“农林 5”“Y5B”“Y11”等机型进行农业航空作业。20 世纪 90 年代出现了专门为轻型飞机如海燕等配套设计的农药喷洒设备，可广泛用于小麦、棉花等大田农作物的病虫害防治，化学除草、草原灭蝗、森林害虫防治以及喷洒植物生长调节剂、叶面施肥、棉花落叶剂等。

2010 年以来，无人机航空植保作业在我国逐渐兴起，发展迅猛，但仍处起步阶段。经过几十年的发展，我国农业航空作业量逐年增加，到 2015 年年底，我国通用机场（含临时起降点）已经有 300 多个；通航公司 281 家，通用飞机 2 186 架，飞行时间 73.5 万 h，五年复合增长率分别为 20.4%、15.9%和 14.9%；通用航空从业人员达到 14 500 多人，比 2011 年增长了 6.2 倍。

6.2.3　我国航空植保的发展前景

我国地域辽阔，地理及气象条件多样，农业土地面积大，截至 2007 年年底全国耕地面积约 121.78Mhm^2，农作物病虫害发生面积每年约 449Mhm^2 次。据农业部门统计，我国手动植保机具约 35 种、社会保有量约 5 807.99 万架，负责全国农作物病、虫、草害防治面积的 70%以上；机动植保机械社会保有量约 261.73 万台，其中担架式机动喷雾机社会保有量约 16.82 万台，小型机动及电动喷雾机社会保有量 25.35 万台，拖拉机悬挂式或牵引的喷杆式喷雾机及风送式喷雾机的社会保有量 4.16 万台，航空植保作业装备保有量仅 1 000 多架。

地面植保机具作业效率低，对于迁飞性害虫暴发和大区域流行性病害发生，不能快速实现大面积的防治。根据新疆地区的使用记录显示，飞机的作业效率是目前地面植保机具防治效率最高的高架喷雾器作业效率的 8.38 倍。飞机作业不仅作业效率高，能节省大量人力和农药，且完成同样作业面积的耗油量比拖拉机等农业机械少。在我国大量农业劳动力向第二、三产业转移的情况下，为满足我国农业生产发展和环境保护的需要，航空植保的发展前景广阔，市场潜力巨大。

6.3 航空植保生防产品选择

6.3.1 航空植保生防产品

航空植保技术是伴随农药技术发展而兴起的。航空植保发展的初期目标是航空植保机械与高效、超高效、低毒、环境友好型农药新品种的结合。在当今生态植保理论与实践体系中，航空植保发展的趋势是航空植保机械与生物防治产品的结合，如白僵菌、绿僵菌、害虫病毒制剂、赤眼蜂、天敌瓢虫、天敌步甲等。

6.3.2 生防产品安全使用技术要点

（1）确定防治对象，对症下药。当田间出现病、虫、草、鼠害时，首先要根据其特征和危害症状进行确诊，特别是作物病害，常见的病害可根据病症和病状进行判断，一些在当地新出现的病害，一定要咨询植保技术部门，通过试验或仪器诊断清楚后，再选用防治药剂。

（2）选用针对性生防产品，掌握适宜的防治时期，提高防治效果。不同生防产品对不同病虫害的控制力有差异。

（3）采用正确的使用方法，科学使用生防产品。如对天敌昆虫产品的使用，存在单独释放、多种组合释放、嵌入式生物防治技术等方式，应根据实际情况科学选择。如，天敌昆虫产品的点簇释放或均匀释放方式等。

（4）掌握合理的用量和次数。用量应根据生防产品的性能、不同的作物、不同的生育期、不同的施用方法确定。如作物苗期用药量比生长中后期少。施用次数要根据病虫害发生时期的长短、药剂的持效期及上次施药后的防治效果来确定。

6.4 航空植保安全

6.4.1 飞行安全

《中华人民共和国民用航空法》规定：飞机的安全实行机长负责制，飞机必须按照空中交通管制部门指定的航路和飞行高度飞行，除按照国家规定经特别批准，不得飞入禁区和限制区。飞行时要特别注意高压线。

6.4.2 人畜安全

航空植保实施之前，各地都要以县市区人民政府的名义发布飞机防治通告，主要内容为：时间、区域、用药、注意事项。航空植保作业时，飞机离树梢最低高度 5～7m。沿线群众不要放风筝、燃放烟花爆竹。同时，不要在沿线放蜂、养蚕和室外放置食品，以确保人畜安全。

6.4.3 非靶标生物安全

航空植保的药剂对虾、蟹等甲壳类动物，蚕和蜂的生长发育有害，防治时务必做好相关的防护，防止发生次生灾害。

6.4.4 气象安全

适合飞机防治的气象条件是，风速：≤5m/s；气温：＞20℃；能见度：＞5km；无浮尘、无扬沙，无沙尘暴；喷药后 3h 无降雨。航空防治飞行作业期间，必须密切关注气象预报，掌握天气飞行作业。

6.5 航空植保发展的方向

航空植保是未来植保机械发展的趋势，具有高效、全域作业、节省人工、节水等突出优势，但其负效应也十分明显。主要表现：①农药雾滴沉降率低，造成了更多数量、更大比例的农药浪费，污染了环境；②航空施药与目标有害生物的对应性差，使高效施工和优良防效相距越来越大，实质上降低了防效；③农药飘移，误伤蜜蜂、家蚕、蝗虫、蝴蝶等养殖昆虫，破坏了生物多样性；④污染水源，误伤鱼、虾等养殖水产品；⑤大大增加了避开航空植保操作时期的社会成本，甚至引发一些社会矛盾和冲突。

航空植保技术发展也必须适应农业绿色发展、农药产业发展的趋势。全国农药药效试验总结暨农药技术交流会介绍行业发展信息，我国农药产业的发展新趋势，将是大力开发、生产和应用生物农药，为保护生态环境和促进农业可持续发展做贡献。

航空植保技术要在发展过程中不断完善：①进一步提升航空飞行器的质量和性能；②进一步完善航空植保的有关管理制度和政策；③扩大航空植保应用领域，由少种类向多种类大范围拓展；④最重要的是大力推进生防产品在航空植保中的应用，研发航空植保领域施用生防产品的技术，尽快取代化学农药在航空植保中的应用。

参考文献

包建中，古德祥，1998．中国生物防治[M]．山西：山西科学技术出版社．

边文波，王国昌，龚一飞，等，2012．十九种植物精油对茶丽纹象甲成虫的驱避和拒食活性[J]．应用昆虫学报，49（2）：496-502．

彩万志，花保祯，2009．昆虫学概论[M]．北京：中国农业大学出版社．

常杰，葛滢，2017．生态文明中的生态原理[M]．杭州：浙江大学出版社．

陈昌洁，1990．松毛虫综合管理[M]．北京：中国林业出版社．

陈常铭，赵和庚，李实福，1984．稻纵卷叶螟经济阈值的研究[J]．生态学报（2）：149-156．

陈建峰，2009．21 世纪绿色植物保护的重要方向之一：生物防治技术[C]//成卓敏．粮食安全与植保科技创新．北京：中国农业科学技术出版社．

陈明，2001．优质牧草高产栽培与利用[M]．北京：中国农业出版社．

陈文华，1991．中国古代农业科技史图谱[M]．北京：中国农业出版社．

丁岩钦，1980．昆虫种群生态学[M]．北京：科学出版社．

杜宏彬，2014．绿色植物空间效益研究[M]．北京：中国农业科学技术出版社．

高慰曾，1980．夜蛾趋光特性的研究：向灯飞原因的进一步分析[J]．昆虫学报，23（4）：369-373．

高喜荣，2005．生草栽培对苹果园土壤及树体养分的影响[J]．河南农业科学，34（7）：75-77．

谷奉天，刘俊展，2002．农田杂草鉴别[M]．济南：齐鲁音像出版社．

顾国华，葛红，陈小波，等，2004．几种夜出性昆虫夜间扑等节律研究及应用[J]．湖北农学院学报，24（3）：174-177．

郭予元，戴小枫，1991．棉花虫害防治新技术[M]．北京：金盾出版社．

韩宝瑜，陈宗懋，1999．蚜茧蜂对不同味源的选择性[J]．茶叶科学（1）：30-35．

韩召军，杜相革，徐志宏，2008．园艺昆虫学[M]．北京：中国农业大学出版社．

贺丽敏，于丽辰，焦蕊，等，2011．人工繁殖中华甲虫蒲螨的替代寄主研究[J]．中国生物防治学报，27（2）：165-170．

洪黎民，1996．共生概念发展的历史、现状及展望[J]．中国微生态学杂志，8（4）：50-54．

黄毅，韩宝瑜，唐茜，等，2009．茶尺蠖绒茧蜂对茶梢挥发物的 EAG 和行为反应[J]．昆虫学报，52（11）：1191-1198．

江汉华，陈晓社，刘忠平，等，1984．深点食螨瓢虫 Stethorus punctillure Weise 生物学的研究[J]．湖南农学院学报（2）：17-22．

蒋庆琅，2015．生命表及其应用[M]．北京：中国统计出版社．

蒋志胜，万树青，尚稚珍，等，1997．新型具保幼激素活性昆虫生长调节剂与羧酸酯酶动力学常数的关系[J]．中山大学学报论丛（5）：117-120．

金鉴明，卞有生，2011．生态农业：21 世纪的阳光农业[M]．广州：暨南大学出版社．

李正跃，M. A. 阿尔蒂尔瑞，朱有勇，2009．生物多样性与害虫综合治理[M]．北京：科学出版社．

林振山，2007．种群动力学[M]．北京：科学出版社．

刘玉升，1990．我对“害虫防治”与“害虫治理”的理解[J]．昆虫知识（应用昆虫学报）（1）：63．

刘玉升，1995．苹果、梨、桃病虫害防治[M]．北京：中国农业出版社．

刘玉升，1999．果园农用药物使用手册[M]．北京：中国标准出版社．

刘玉升，2000a．菜园农用药物使用手册[M]．北京：中国标准出版社．

刘玉升，2000b．构建腐屑生态系统开辟农业生产新战场[J]．农业系统科学与综合研究，16（1）：57-59．

刘玉升，2009．苹果园绿色植保“三生”技术体系构建与实践[C]//成卓敏．粮食安全与植保科技创新．北京：中国农业科学技术出版社．

刘玉升，2010a．果园生物质资源转化利用与果品有机生产[J]．烟台果树（3）：1-2．

刘玉升，2010b．果园生物治理技术与果品有机生产[J]．烟台果树（4）：1-3．

刘玉升，2010c．苹果园绿色植保“三生”技术体系[J]．烟台果树（2）：5-7．

刘玉升，2011．果园生态环境调控技术与果品有机生产[J]．烟台果树，2（总114）：1-2．

刘玉升，程家安，牟吉元，1997．桃小食心虫的研究概况[J]．山东农业大学学报（2）：113-120．

刘玉升，郭建英，万方浩，2007．果树害虫生物防治[M]．北京：金盾出版社．

卢慧林，孙小媛，2017．藿香蓟和假臭草对柑桔木虱种群发展的影响[J]．环境昆虫学报，39（6）：1214-1218．

骆世明，2010．农业生物多样性利用的原理与技术[M]．北京：化学工业出版社．

吕伟珊，2006．谷子病虫害综合防治技术[J]．安徽农学通报（3）：97．

马瑞燕，王韧，丁建清，2003．利用传统生物防治控制外来杂草的入侵[J]．生态学报，12（23）：2677-2688．

马育华，1982．植物数量性状遗传的研究和进展[J]．遗传（1）：1-4．

穆丹，2011．茶树挥发性信息素调控假眼小绿叶蝉及叶蝉三棒缨小蜂行为的功效[D]．北京：中国农业科学院．

穆洪雁，郝立武，孔丽娜，等，2012．LED杀虫灯对鸡腿菇害虫的诱集效果[J]．食用菌（3）：53-54．

农业部农作物病虫草害生物防治资源研究与利用重点实验，2011．果树害虫生物防治[M]．北京：金盾出版社．

彭世奖，1992．我国传统农业中对生物间相生相克因素的利用[J]．农业考古（1）：139-146．

邱德文，2010．我国植物病害生物防治的现状及发展策略[J]．植物保护，36（4）：15-18．

沈佐锐，2009．昆虫生态学及害虫防治的生态学原理[M]．北京：中国农业大学出版社．

首章北，龚慧青，1985．稻飞虱为害损失率测定的研究[J]．昆虫知识（6）：241-246．

孙源正，任宝珍，2000．山东农业害虫天敌[M]．北京：中国农业出版社．

田毓起，任惠芳，魏炳传，等，1983．释放丽蚜小蜂防治温室白粉虱的试验[J]．中国蔬菜，1（2）：14-20．

汪思龙，陈楚莹，2010．森林残落物生态学[M]．北京：科学出版社．

王方浩，郭建英，王德辉，2002．中国外来入侵生物的危害与管理对策[J]．生物多样性，10（1）：119-125．

王鸿哲，李宽胜，1992．陕北枣树主要害虫防治对策[J]．陕西林业科技（3）：52-55．

王建斌，2010．辐射不育技术在害虫防治中的应用[J]．西南林学院学报，30（Sl）：33-35．

王连泉，石生福，王运兵，等，1981．麦田蚜虫发生特点与产量损失研究初报[J]．河南科技学院学报（自然科学版）(1)：30-38．

王运兵，王连泉，1995．农业害虫综合治理[M]．郑州：河南科学技术出版社．

仵均祥，2011．农业昆虫学：北方本[M]．北京：中国农业出版社．

杨殿林，修伟明，2011．生物多样性与生态农业[M]．北京：科学出版社．

杨枫，王甦，2017．增殖植物和植物诱导性挥发物质对东亚小花蝽和浅黄恩蚜小蜂的嗅觉行为影响及田间诱集作用[J]．环境昆虫学报，39（6）：1250-1257．

杨洪强，2010．生态果园必读[M]．北京：中国农业出版社．

杨忠岐，2004．利用天敌昆虫控制我国重大林木害虫研究进展[J]．中国生物防治，20（4）：221-227．

杨忠岐，2009．生物防治我国重大林木害虫研究进展[C]//成卓敏．粮食安全与植保科技创新．北京：中国农业科学技术出版社．

叶恭银，2006．植物保护学[M]．杭州：浙江大学出版社．

叶正楚，王韧，1992．中国农业害虫生物防治概况与进展[J]．应用昆虫学报（3）：179-182．

游修龄，1999．农史研究文集[M]．北京：中国农业出版社．

虞国跃，2005．中国麦田瓢虫名录（鞘翅目：瓢虫科）[C]//第七届全国昆虫区系分类与多样性学术研讨会论文集．

张恒庆，张文辉，2012．保护生物学[M]．北京：科学出版社．

张翔，宗世祥，骆有庆，2013．麦蒲螨繁殖、贮存和运输的初步探究[J]．西北农业学报，22（8）：108-111．

张正群，2013．非生境植物挥发物对茶树害虫的行为调控功能[D]．北京：中国农业科学院．

赵冬香，陈宗懋，程家安，2002．茶树–假眼小绿叶蝉–白斑猎蛛间化学通讯物的分离与活性鉴定[J]．茶叶科学，22（2）：109-114．

赵建伟，何玉仙，翁启勇，2008．诱虫灯在中国的应用研究概况[J]．华东昆虫学报，17（1）：76-80．

郑之明，1992．山东常见杂草及其化学防除[M]．济南：山东大学出版社．

中国科协学会学术部，2016．农田生态系统健康的修复：国际视野下的中国途径[M]．北京：中国科学技术出版社．

中国生物多样性国情研究报告编写组，1998．中国生物多样性国情研究报告[M]．北京：中国环境科学出版社．

周煜，2016．无公害茶园绿色防控技术集成[J]．中国农业信息（7）：75-76．

朱国仁，张芝利，康总江，1983．利用丽蚜小蜂和黄板诱杀综合防治温室白粉虱的研究初报[J]．中国蔬菜，1（3）：15-18，38．

BERGOT B J, SCHOOLEY D A, de KORT C A D, 1981. Identification of JH III as the princpal juvenile hormone in Locusta migratoria[J]. Experientia, 37(8): 909-910.

BLOCK A, ORNATI Z, 1987. Compensating corporate venture managers[J]. Journal of Business Venturing, 2(1): 41-52.

BOYLE C A, BAETZ B W, 1997. A prototype knowledge-based decision support system for industrial waste management: II. Application to a Trinidadian industrial estate case study[J]. Waste Manage, 17(7): 411-428.

CALTAGIRONE L E, DOUTT R L, 1989. Stürmer ailton bereit für wechsel von istanbul nach Hamburg[J]. Annual Review of Entomology, 34(1): 1-16.

CHIANG C, 1979. A theory of threshold switching in amorphous thin films[J]. physica status solidi, 54(2): 735-738.

COOK S M, KHAN Z R, PICKETT J A, 2007. The use of push-pull strategies in integrated pest management[J]. Annual Review of Entomology, 52(1): 375-400.

DOUGLAS A E, 1994. Symbiotic interactions[M]. Oxford: Oxford University Press.

FRISVOLD G B, SULLIVAN J, RANESES A, 2003. Genetic improvements in major US crops:the size and distribution of benefits[J]. Agricultural Economics, 28(2): 109-119.

GUERENA M, SULLIVAN P, 2003. Organic cotton production[J/OL]. National Sustainable Agriculture Information Service [2019-03-19]. http://www.attra.ncat.org.

HANSKI I, 2006. 萎缩的世界:生境丧失的生态学后果[M]. 张大勇，陈小勇，译. 北京: 高等教育出版社.

K. V. 克里施纳默西, 2006. 生物多样性教程[M]. 张正旺，译. 北京: 化学工业出版社.

KFIR R, OVERHOLT W A, KHAN Z R, et al., 2002. Biology and management of economically important lepidopteran cereal stem borers in africa[J]. Annual Review of Entomology, 47: 701-731.

KHAN Z R, AMPONG-NYARKO K, CHILISWA P, et al., 1997. Intercropping increases parasitism of pests[J]. Nature, 388: 631-632.

KHAN Z R, PICKETT J A, BERG J, et al., 2000. Exploiting chemical ecology and species diversity: Stem borer and striga control for maize in africa[J]. Pest Management Science, 56: 957-962.

KIMANI S M, CHHABRA S C, LWANDE W, et al., 2000. Airborne volatiles from melinis minutiflora *P. Beauv.*, a non-host plant of the spotted stem borer[J]. Journal of Essential oil Research, 12(2): 221-224.

MCCANN K, 2000. The diversity-stability debate[J]. Nature, 405: 228-233.

PARE P W, TUMLINSON J H, 1997. De Novo biosynthesis of volatiles induced by insect herbivory in cotton plants[J]. Plant Physiology, 114(4): 1161-1167.

PICKETT J A, WOODCOCK C M, MIDEGA C A, et al., 2014. Push-ull farming systems[J]. Current Opinion in Biotechnology, 26(4): 125-132.

SAITO T, BROWNBRIDGE M, 2016. Compatibility of soil-dwelling predators and microbial agents and their efficacy in controlling soil-dwelling stages of western flower thrips Frankliniella occidentalis[J]. Biological Control, 92: 92-100.

WETZEL W C, KHAROUBA H M, ROBINSON M, et al, 2016. Variability in plant nutrients reduces insect herbivore performance[J]. Nature, 539(7629): 425.

后　记

经过40年努力，在我国农业发展取得重大成就的同时，我国农业发展方式依然粗放，农业资源与生态环境保护仍面临诸多困难和问题，生态环境“紧箍咒”对农业的约束日益趋紧。一方面，农业资源长期透支、过度开发，大量开荒种地、围湖造田和开采地下水，资源利用的弦绷得越来越紧；另一方面，农业面源污染加重，土壤退化，生态环境的承载能力越来越接近极限，已经亮起“红灯”。

2017年中央一号文件提出，要推行绿色生产方式，增强农业可持续发展能力。绿色是农业的本色，绿色发展是农业供给侧结构性改革的基本要求。植保技术水平与农业绿色发展存在直接密切的关系。

党的十九大报告提出，实施乡村振兴战略是党的“三农”工作一系列方针政策的继承和发展，是中国特色社会主义进入新时代做好“三农”工作的总抓手。2017年年底召开的中央农村工作会议，明确了必须深化农业供给侧结构性改革，走质量兴农之路。质量兴农和绿色兴农是实施乡村振兴战略的重要举措，是我国农业强、农村美和农民富的必由之路，是2018年乃至今后一个时期农村重点工作。

从创新技术角度分析，生态植保与绿色兴农关系极为密切。绿色兴农，必须加快开创支撑绿色兴农的技术体系。这不仅构成质量兴农的有机组成部分，而且关系到农村人居环境。农业投入和资源要素等是直接影响农产品质量的重要因素。农药化肥投入不当，土壤水体大气有害物质超标，不仅造成农产品品质下降，而且还会提升食品安全风险。大面积减少甚至特殊环境杜绝化学农药的施用，是解决农业面源污染的重要领域。大力推进生态植保，走绿色发展道路，可为实现乡村产业兴旺、建设生态宜居乡村做出贡献。

如果继续因循工业化农药植保的思维方式、生产方式和生活方式，势必对生态造成更加严重的破坏、对环境造成更加严重的污染、对食品安全造成更加严重的后果。我们必须跳离工业化农药植保的轨迹，独辟蹊径，选择不同于甚至完全抛弃农药的植保技术和经济实践。生态植保坚持“预防为主，综合防治”植保方针，以生态文明为指导，以预测预报为依据，以源头治理为基础，以全程管理为保障，以末端治理为应急，以绿色发展为目标，是一套病虫害防治的综合策略，既可达到控制病虫害的目的，又可以减少生态环境污染和保障农产品质量安全。

生态植物保护学应用前景广阔。我国耕地18亿亩，种植面积22亿亩，目前绿色防控面积5亿亩；我国农作物病虫草害发生面积70亿亩次，各种绿色防控技术应用面积累计 15 亿亩次；我国农药市场绿色防控技术产品仅占不到 5%，其中生物农药类仅占 2%。目前，绿色防控技术主要应用于高端农产品生产单位，如有机蔬菜采摘园等生产基地。目前有机认证机构 10 116 家，产品 24 027 个，基地 696 个，面积 1.73 亿亩。我国种植业生产中，粮食作物，特别是口粮作物水稻、小麦绿色防控技术覆盖率较蔬菜、果树低；而这两种作物面积达 8 亿多亩，病虫草发生面积 35 亿亩次左右；果、菜、茶病虫发生面积 10 亿亩次以上，全程多种病虫害混合重叠发生，需要多种技术配套使用；其他如玉米、油料、棉花、马铃薯等作物，绿色防控技术应用潜力也十分巨大。

生态植物保护学是一个生态环境问题，其复杂性使其无法单独依靠一门学科实现完整解释，跨学科博物学式的研究对于生态植物保护学问题的解答具有重要意义。党的十九大报告对于深化生态文明体制改革、建设美丽中国的战略部署，对于生态植物保护学既提出了重大的理论技术和实践创新要求，也提供了一个巨大的协同发展机遇。

刘玉升

2017 年 10 月 28 日